核聚变堆设计

冈崎隆司　著

万发荣　叶民友

王　炼　刘智民　译

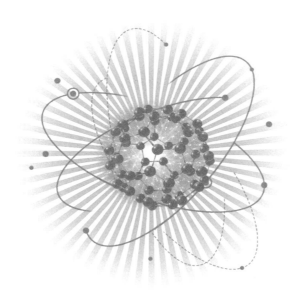

INTRODUCTION TO
FUSION REACTOR DESIGN

中国科学技术大学出版社

安徽省版权局著作权合同登记号:第 12212025 号

Reprint of the simplified Chinese Translation from Japanese language edition
核融合炉設計入門
Copyright 2019 Takashi OKAZAKI
All Rights Reserved.

图书在版编目(CIP)数据

核聚变堆设计/(日)冈崎隆司著;万发荣等译.—合肥:中国科学技术大学出版社,
2023.1
(核聚变科学出版工程)
"十四五"国家重点出版物出版规划项目
ISBN 978-7-312-05445-7

Ⅰ.核… Ⅱ.①冈… ②万… Ⅲ.核能—聚变堆—设计 Ⅳ.TL64

中国国家版本馆 CIP 数据核字(2022)第 158212 号

核聚变堆设计
HE JUBIAN DUI SHEJI

出版	中国科学技术大学出版社
	安徽省合肥市金寨路 96 号,230026
	http://press.ustc.edu.cn
	https://zgkxjsdxcbs.tmall.com
印刷	安徽国文彩印有限公司
发行	中国科学技术大学出版社
开本	787 mm×1092 mm 1/16
印张	40
字数	805 千
版次	2023 年 1 月第 1 版
印次	2023 年 1 月第 1 次印刷
定价	150.00 元

内 容 简 介

　　核聚变堆包含构成能源的等离子体和各种设备,在核聚变堆开发过程中,了解它们之间的关系十分重要。本书作为核聚变堆的设计书,对等离子体基础知识以及各种设备进行了系统说明,对于我国核聚变堆相关技术的发展,尤其是对于中国聚变工程实验堆(CFETR)的设计与建设,具有重要的参考价值。本书适合从事聚变堆设计的专业人员阅读。

中文版自序

衷心祝贺中文版《核聚变堆设计》得以出版。作为原著日文版（丸善出版）的著者，我感到非常高兴。中国现在参加了国际热核聚变实验堆ITER的开发项目，同时也正在强力推进本国的核聚变能开发研究，对于此次中文版的出版，我感到非常光荣。同时，本书英文版（Wiley-VCH）也得以出版，可算是双喜临门。

国际上核聚变能的研究始于20世纪50年代中期。到了20世纪70年代，石油供应紧迫带来油价高涨，引发石油危机，核聚变能作为重要能源受到广泛关注。近年来，由于不会排放二氧化碳，核聚变发电被认为是应对全球变暖问题的有力候补能源。核聚变能开发正进入世界首座实验堆ITER的建设阶段。

如何应对全球变暖是一个世界性的课题，作为解决方法之一，全世界的研究人员和技术人员正在通力合作，开发核聚变发电，这对于解决全球变暖以及能源问题，具有极为重大的意义。出于控制全球变暖的需要，必须加快核聚变开发。从这一点来看，核聚变开发的意义比以往任何时期都显得更加重要。

核聚变堆由众多装置组成,各装置之间相互关联,形成一个巨大的系统。重要的是,从开发阶段开始,就需要考虑到各种效率问题,以建设能够相互均衡匹配的系统。我在企业的研究所时,一直从事核聚变堆的设计研究。核聚变堆的开发跨越多个领域,需要大量的研究人员和技术人员进行合作。

本书着眼于大学本科生和研究生,对从等离子体基础到构成核聚变堆的各种装置,进行了系统介绍,尽量使本书成为一本容易理解的入门书。

希望本书能够为更多的人提供一个了解核聚变的契机,同时对于该领域的研究人员和技术人员的研究开发,希望也能起到一定帮助作用。希望核聚变开发进一步发展,早日实现核聚变发电的实用化。

最后,感谢以万发荣教授为首的翻译团队付出的辛苦努力!

冈崎隆司

2022 年 6 月 10 日

中文版序

以开发实用能源为目标的受控核聚变研究,经过世界各国科学家和工程技术人员半个多世纪的不懈努力,通过广泛的国际交流与合作,在核聚变等离子体物理学和相关的材料与工程技术领域取得了长足的进步。进入本世纪以来,集成了全球最新科学和工程技术成果的"国际热核聚变实验堆"(ITER)计划进入实施阶段,这是人类为开发核聚变能源而联合建造的"国际大科学工程",是实现核聚变能源商用化的重大里程碑事件。以此为标志,国际范围内的受控核聚变研究进入到工程规模实施阶段。

ITER 计划的各参与国除了承担相应的国际义务之外,均根据自己国情提出核聚变能源开发的战略和发展路线图,开展"后 ITER 时代"核聚变堆的设计研究和关键技术(工艺)研究,部分国家甚至开始了进行示范(电站)堆 DEMO 的设计工作。我国作为 ITER 计划成员方之一,国内聚变界也在工业部门的广泛参与下,研讨并凝练出我国自己的核聚变能源发展战略和路线图,国家科技部并据此进行了部署和安排。在国家重大专项支持下,我国正在开展"中国聚变工程实验堆"(CFETR)的设计研究和相关关键工程技术预研工作,并在燃烧等离子体物理学、先进磁体材料、关键堆芯材料技术、关键燃料循环技术、遥操运维技术和核心部件制备等方面取得多项实质进展。恰逢此时,由日本科学家冈崎隆司编写、万发荣教授等人翻译的《核聚变堆设计》(中文版)在国内出版发行,可喜可贺!本书除了对国内核聚变堆设计团队和正在开展的设计研究工作具有重要参考和借鉴价值外,同时也为国内相关专业研究生的培养教育提供了一本视角新颖且知识面较宽的教科书。

聚变堆是一个由众多子系统和零部件组成的复杂系统,各子系统/部件各司其职,整体密不可分,共同完成约束(控制)等离子体、维持核反应条件、维持核燃料循环、输出核聚变功率、转化能量及保障核安全等各项功能。作为一本核聚变堆设计专著,作者的视角理应更多地关注聚变堆结构、子系统功能、实现功能的工程技术条件、设计合理性及其验证、子系统(部件)之间的兼容性、子系统(部件)的可加工性及可维护性等方面工程技术要素,但冈崎隆司先生却用了3章篇幅来介绍实现核聚变必需的等离子体物理学的基础,这使得本书的可读性大大提高。让单纯从事工程技术研究的人员也能理解燃烧等离子体物理学的基础性及其重要作用,同时也使得等离子体物理学学家们可以一览核聚变堆的总体工程技术概貌,认识聚变堆的"核"本质,不至于以偏概全和一叶障目。

热烈祝贺《核聚变堆设计》(中文版)的出版发行,感谢冈崎隆司先生和万发荣团队的辛勤劳动!期待本书在我国核聚变堆设计研究工作中和青年科技人才的培养教育中发挥作用。

2022 年 5 月 17 日

译者序

2019 年 3 月,在日本札幌市的纪伊国屋书店,我看到刚出版不久的日文版《核聚变堆设计》,心里充满了惊喜。同时感叹著者竟然能够以一人之力,完成覆盖如此宽大领域的巨著。

当我向国内核聚变同行报告此书的出版消息时,大家都认为应该尽快翻译出来。我国核聚变能的研究开发目前十分活跃,本书中文版的出版应是正逢其时。

我自己以前与著者冈崎隆司先生并无联系,此次通过日本北海道大学的相熟教授,才辗转联系上他,并得到他对中文翻译工作的热情支持。

本书翻译由北京科技大学万发荣(前言,1、2、7、8、11、12、20 章)、中国科学技术大学叶民友(9、10 章)、核工业西南物理研究院王炼(3、4、5、6章)、中国科学院等离子体物理研究所刘智民(13、14、15、16、17、18、19

章)承担,最后由万发荣负责统稿。另外,在征得著者同意的前提下,对原书个别地方进行了订正。

感谢核工业西南物理研究院原院长潘传红为此书中文版作序!

万发荣

2022 年 6 月 10 日

前言

　　现在已经出版了许多有关等离子体与核聚变堆工程的书籍,从入门书到面向研究生和学者的专业书,其中有不少名著。核聚变开发目前正处于实验堆的建设阶段,原型堆也进入了视野。但是,还没有关于核聚变堆设计的入门书。因此,本人不顾才疏学浅,凭借个人蛮勇,在参与了包括等离子体加热、电流驱动、包层、偏滤器、安全性研究等核聚变堆设计项目所取得的经验基础上,决心写这本有关核聚变堆设计的入门书。

　　核聚变堆包括众多的设备,各设备之间彼此相关,因此在推进核聚变堆开发过程中,把握它们之间的关系就显得十分重要。本书以将要学习等离子体物理和核聚变堆的大学生、研究生为对象。对于该领域的研究人员和技术人员,希望本书也能为他们向更高研究和技术的发展提供一个契机。本书虽然只与托卡马克型核聚变堆有关,但希望也能够为其他约束方式的核聚变堆设计提供参考。

　　许多学术论文在展开数学公式时,一般都尽量做到简洁,使得读者在读懂和推导这些公式时,常常需要花费很多时间。而本书则尽量详细地推导公式,从而使读者能够顺畅地阅读公式。而且,为了容易说明物理的和结构的图像,还尽可能利用附图来表示。本书第1～2章概要叙述核聚变堆。在第3～5章中,大致说明核聚变堆所需的等离子体物理知识:第3章叙述等离子体分析基础,第4章叙述等离子体平衡和稳定性,第5章叙述等离子体输运和约束。第6章叙述堆芯等离子体设计。在第7～18章中,分别叙述构成核聚变堆的各种机器,如包层、偏滤器等面向等离子体壁、超导线圈、等离子体加热、电流驱动系统、真空容器等,以及这些机器应具备的功能、为实现这些功能所需的研究内容、评估技术和设计示例等。第19章叙述安全性。第20章叙述堆设计时所需的分析程序。

本书所涉领域仍处于发展中,还存在许多物理研究不充分、仍需继续进行技术开发的内容。从第4章起,各章末尾添加了今后的课题发展的内容。由于第3章所述的等离子体分析仍适用于第4章之后的各章,有关等离子体分析的课题则仍列入这些章节之中。

理所当然,应该尽量简化各种装置,在开发初始阶段就应该具有降低成本的意识。核聚变堆是一个巨大的复杂装置,包含有各种大小不同的部件,因此仔细地构筑各个部件十分重要。希望本书在这一方面能够对读者有所帮助。

在本书的写作过程中,笔者参考了日本国内外许多著作和文献,但书中仍存在说明不充分以及错误和不准确的地方,期待诸位读者的批评指正,以期进一步完善本书。

本书在参考各种著作和文献的基础上,制作了附图。在制作附图时,标注了所参考的著作和文献。在从著作和文献转载附图时,取得了著者或出版社的许可。据此,得以对过去的优秀成果进行介绍,这里对相关人员和单位表示感谢。

本书出版时,得到 Maruzen Planet Co., Ltd 的白石好男先生的巨大帮助,在此致以衷心感谢。

冈崎隆司

2018 年 12 月

目录

中文版自序 —— 001

中文版序 —— 003

译者序 —— 005

前言 —— 007

第 1 章
核聚变堆特征 —— 001

1.1 作为能源的核聚变 —— 001

1.2 核聚变反应 —— 004

　1.2.1 用于核聚变堆的核反应 —— 004

　1.2.2 核聚变反应截面 —— 005

　1.2.3 反应速率 —— 006

1.3 等离子体约束方式 —— 008

　1.3.1 磁约束 —— 008

1.3.2　惯性约束 ——— 015

第 2 章
核聚变堆基础——— 019

2.1　能量平衡 ——— 019

2.2　核聚变堆结构 ——— 021

2.3　核聚变堆的发电条件 ——— 023

2.4　堆芯等离子体条件 ——— 025

2.5　核聚变堆对于等离子体的要求 ——— 028

2.6　运行方案 ——— 029

2.7　核聚变堆的开发研究阶段 ——— 032

第 3 章
等离子体解析基础——— 034

3.1　玻尔兹曼方程 ——— 034

3.2　等离子体解析 ——— 036

3.3　磁流体动力学方程 ——— 038

3.4　动力学方程 ——— 044

3.5　线性近似后的动力学求解（一维） ——— 045

3.6　线性近似后的动力学求解（三维） ——— 048

3.7　准线性理论 ——— 052

3.8　湍流理论 ——— 056

3.9　中子输运理论 ——— 060

第 4 章
等离子体平衡与稳定性——— 064

4.1　等离子体平衡 ——— 064

4.1.1　等离子体压力 ——— 064

4.1.2　平衡方程 ——— 067

4.1.3　托卡马克平衡 ——— 069

4.1.4　等离子体截面形状 ——— 072

4.2 MHD 稳定性 —— 073

4.2.1 能量原理 —— 073

4.2.2 能量积分 —— 078

4.2.3 MHD 不稳定性 —— 078

4.2.4 MHD 模与共振面 —— 079

4.3 等离子体位移不稳定性 —— 081

4.4 扭曲不稳定性 —— 084

4.5 交换不稳定性 —— 087

4.6 气球不稳定性 —— 088

4.7 电阻不稳定性 —— 093

4.7.1 撕裂模 —— 094

4.7.2 新经典撕裂模 —— 100

4.8 漂移不稳定性 —— 101

4.8.1 存在密度梯度的情况 —— 101

4.8.2 离子中存在密度梯度、温度梯度的情况 —— 102

4.8.3 电阻漂移模 —— 105

4.8.4 漂移波对等离子体输运的影响 —— 108

4.9 电阻壁不稳定性 —— 109

4.10 高能量粒子导致的不稳定性 —— 111

4.10.1 阿尔芬本征模 —— 111

4.10.2 鱼骨震荡 —— 115

4.11 锯齿震荡 —— 116

4.12 边缘局域模 —— 116

4.13 锁模 —— 116

4.14 今后的研究课题 —— 117

附录 4.2A —— 117

附录 4.2B —— 121

第 5 章

等离子体输运与约束 —— 129

5.1 约束时间 —— 129

5.2 等离子体输运 —— 131

  5.2.1 碰撞引起的扩散 —— 131

  5.2.2 湍流引起的扩散 —— 132

5.3 约束定标律 —— 137

5.4 边缘局域模 —— 142

5.5 比压极限 —— 146

5.6 密度极限 —— 147

5.7 高能量粒子的约束 —— 148

5.8 破裂 —— 149

  5.8.1 破裂发生时等离子体的行为以及破裂发生的原因 —— 150

  5.8.2 对反应堆部件的影响 —— 153

  5.8.3 应对破裂的措施 —— 155

5.9 今后的课题 —— 156

第6章

芯部等离子体设计 —— 160

6.1 等离子体中粒子与能量的平衡（一维）—— 160

6.2 等离子体中粒子与能量的平衡（0维）—— 165

6.3 燃烧率 —— 168

6.4 等离子体回路 —— 170

6.5 堆结构 —— 173

6.6 今后的课题 —— 177

第7章

包层 —— 178

7.1 包层应具备的功能 —— 178

7.2 氚生产 —— 179

  7.2.1 氚生产的必要性 —— 179

  7.2.2 氚增殖比 —— 180

  7.2.3 氚倍增时间 —— 181

  7.2.4 提高氚增殖比的方法 —— 182

7.2.5 氚的回收 —— 186

7.3 热量的取出 —— 187

7.3.1 能量倍增率 —— 187

7.3.2 发电效率与冷却剂温度 —— 188

7.3.3 温度分布 —— 190

7.3.4 发电方式 —— 192

7.4 屏蔽功能 —— 197

7.5 维护 —— 198

7.5.1 长寿命化 —— 198

7.5.2 维护方式 —— 201

7.6 包层设计 —— 202

7.6.1 包层分类 —— 202

7.6.2 设计条件 —— 202

7.6.3 包层概念 —— 203

7.6.4 设计示例 —— 206

7.7 今后的课题 —— 210

第 8 章

面向等离子体壁 —— 213

8.1 面向等离子体壁应具备的功能 —— 213

8.1.1 应具备的功能 —— 213

8.1.2 限制器与偏滤器 —— 214

8.2 偏滤器特性(稳态时) —— 215

8.2.1 偏滤器等离子体的基本特性 —— 215

8.2.2 2 点近似模型 —— 217

8.2.3 接触、非接触状态 —— 218

8.2.4 2 维偏滤器分析模型 —— 219

8.2.5 降低粒子、热负荷的方法 —— 222

8.3 偏滤器特性(非稳态时) —— 224

8.3.1 ELM —— 224

8.3.2 等离子体破裂 —— 225

8.4　限制器、偏滤器的结构 —— 227

　　8.4.1　限制器、偏滤器的形状与种类 —— 227

　　8.4.2　单零与双零的比较 —— 229

　　8.4.3　偏滤器的形状 —— 230

8.5　偏滤器设计 —— 233

　　8.5.1　设计条件与设计项目 —— 233

　　8.5.2　材料选择 —— 234

　　8.5.3　结构概念 —— 236

　　8.5.4　设计示例 —— 237

8.6　第一壁 —— 240

　　8.6.1　热负荷、粒子负荷 —— 240

　　8.6.2　第一壁结构 —— 241

　　8.6.3　设计示例 —— 243

8.7　今后的课题 —— 244

第9章
线圈系统—— 248

9.1　核聚变堆的线圈 —— 248

9.2　超导线圈基础 —— 249

　　9.2.1　超导特性 —— 249

　　9.2.2　超导材料 —— 250

　　9.2.3　超导线材的制造方法 —— 251

　　9.2.4　超导导线 —— 253

　　9.2.5　冷却方式 —— 254

　　9.2.6　导体结构 —— 256

　　9.2.7　线圈结构 —— 259

9.3　环向磁场线圈基础 —— 260

　　9.3.1　环向磁场线圈应具备的功能 —— 260

　　9.3.2　线圈电流和线圈数量 —— 261

　　9.3.3　线圈产生的电磁力 —— 263

　　9.3.4　线圈形状 —— 265

9.3.5　最大经验磁场 —— 267

9.4　环向磁场线圈的设计 —— 268

9.4.1　导体设计 —— 269

9.4.2　线圈构造设计 —— 269

9.4.3　支撑方式 —— 270

9.4.4　设计示例 —— 274

9.5　极向磁场线圈基础 —— 278

9.5.1　极向磁场线圈应具备的功能 —— 278

9.5.2　与控制等离子体位置和形状关联的线圈通电模式 —— 279

9.5.3　极向磁场线圈的设置位置 —— 279

9.6　极向磁场线圈的电流控制 —— 280

9.6.1　确定等离子体形状的磁场位形 —— 280

9.6.2　等离子体位置形状控制 —— 282

9.6.3　控制方式 —— 282

9.6.4　不同功能的线圈方式 —— 284

9.6.5　混合线圈方式 —— 284

9.7　极向磁场线圈设计 —— 287

9.7.1　导体设计 —— 287

9.7.2　线圈结构设计 —— 288

9.7.3　设计示例 —— 288

9.8　中心螺管线圈基础 —— 290

9.8.1　中心螺管线圈应具备的功能 —— 290

9.8.2　中心螺管线圈的磁场 —— 291

9.8.3　磁通量的供给 —— 292

9.9　中心螺管线圈的设计 —— 292

9.9.1　导体设计 —— 293

9.9.2　线圈结构设计 —— 293

9.9.3　设计示例 —— 294

9.10　今后的课题 —— 296

第 10 章

等离子体加热　电流驱动——298

10.1　等离子体加热及电流驱动的必要性 —— 298

10.2　NBI 加热基础 —— 300

　　10.2.1　中性粒子束的离子化 —— 300

　　10.2.2　离子束流的轨迹 —— 302

　　10.2.3　能量交换引起的等离子体加热 —— 304

10.3　NBI 电流驱动基础 —— 307

　　10.3.1　驱动电流 —— 307

　　10.3.2　电流驱动效率 —— 308

　　10.3.3　穿透率 —— 310

　　10.3.4　实验求得的电流驱动效率 —— 311

10.4　自举电流 —— 311

10.5　射频波加热基础 —— 313

　　10.5.1　色散关系 —— 313

　　10.5.2　冷等离子体的色散关系 —— 315

　　10.5.3　热等离子体的色散关系 —— 316

　　10.5.4　麦克斯韦分布等离子体的色散关系 —— 317

　　10.5.5　射频波的性质 —— 318

　　10.5.6　射频波的传播特性 —— 321

　　10.5.7　加热原理 —— 325

　　10.5.8　波在非均匀等离子体中的传播 —— 327

10.6　各种射频波的传播特性 —— 329

　　10.6.1　阿尔芬波 —— 330

　　10.6.2　离子回旋波 —— 331

　　10.6.3　低混杂波 —— 335

　　10.6.4　电子回旋波 —— 338

10.7　射频波电流驱动基础 —— 340

　　10.7.1　电流驱动的一般理论 —— 340

　　10.7.2　利用波的动量实现电流驱动 —— 344

10.7.3　利用速度空间各向异性实现电流驱动 —— 348

10.7.4　实验获得的电流驱动效率 —— 356

10.8　NBI 系统设计 —— 359

10.8.1　设计要点 —— 359

10.8.2　系统概要 —— 360

10.8.3　负离子源 —— 362

10.8.4　束流输送系统 —— 364

10.8.5　设计示例 —— 365

10.8.6　今后的课题 —— 367

10.9　离子回旋波系统设计 —— 367

10.9.1　设计要点 —— 367

10.9.2　系统概要 —— 369

10.9.3　设计示例 —— 370

10.9.4　今后的课题 —— 372

10.10　低混杂波系统设计 —— 372

10.10.1　设计要点 —— 372

10.10.2　系统概要 —— 374

10.10.3　设计示例 —— 378

10.10.4　今后的课题 —— 380

10.11　电子回旋波系统设计 —— 380

10.11.1　设计要点 —— 380

10.11.2　系统概要 —— 382

10.11.3　设计示例 —— 385

10.11.4　今后的课题 —— 387

附录 10.5A —— 388

附录 10.5B —— 393

附录 10.7A —— 399

附录 10.7B —— 403

附录 10.7C —— 408

第 11 章
真空容器——— 417

11.1 真空容器应具备的功能 ——— 417

11.2 超高真空维持与高温烘烤 ——— 418

11.3 电阻的确保、等离子体位置控制、环向磁场纹波度 ——— 420

11.4 堆内结构件的支撑、电磁力的支撑 ——— 423

11.5 真空容器的冷却、辐射屏蔽、封闭、组装和维护 ——— 425

11.6 真空容器设计 ——— 427

   11.6.1 构造规格 ——— 427

   11.6.2 设计项目 ——— 428

   11.6.3 设计示例 ——— 429

11.7 今后的课题 ——— 433

第 12 章
燃料循环系统——— 435

12.1 燃料循环系统应具备的功能 ——— 435

12.2 燃料循环系统的结构 ——— 436

12.3 燃料注入系统 ——— 437

12.4 排气系统 ——— 438

   12.4.1 不同产生源的排放气体 ——— 438

   12.4.2 真空排气系统 ——— 439

12.5 燃料精炼系统 ——— 444

12.6 氢同位素分离系统 ——— 446

12.7 空气中氚处理系统 ——— 448

12.8 氚水处理系统 ——— 449

12.9 燃料储存系统 ——— 449

12.10 氚的计量管理 ——— 450

12.11 设计示例 ——— 451

12.12 今后的课题 ——— 454

第 13 章

低温恒温器—— 456

13.1 低温恒温器应具备的功能 —— 456

13.2 低温恒温器的结构 —— 457

13.3 热屏 —— 458

13.4 设计示例 —— 460

13.5 今后的课题 —— 462

第 14 章

核设计—— 465

14.1 核设计中应具备的项目 —— 465

14.2 射线屏蔽 —— 467

  14.2.1 主要屏蔽体 —— 467

  14.2.2 射线屏蔽的评估法 —— 469

14.3 剂量率 —— 471

14.4 核发热量 —— 471

14.5 射线辐照损伤 —— 472

  14.5.1 表面损伤 —— 472

  14.5.2 体积损伤 —— 474

14.6 放射性废弃物 —— 477

14.7 设计示例 —— 479

14.8 今后的课题 —— 484

第 15 章

运行维护—— 487

15.1 运行维护应具备的功能 —— 487

15.2 运行时间 —— 488

15.3 检查、维护对象设备 —— 490

15.4 维护频度 —— 491

15.5 远程维护方式 —— 491

15.6 远程维护过程 —— 493

15.7 堆内搬运设备 —— 494

15.8 设计示例 —— 495

15.9 今后的课题 —— 499

第 16 章
冷却系统—— 501

16.1 冷却系统应具备的功能 —— 501

16.2 冷却系统的构成 —— 502

16.3 冷却性能 —— 504

16.4 设计示例 —— 505

  16.4.1 冷却系统构成 —— 505

  16.4.2 紧急状况时除去衰变热 —— 508

16.5 今后的课题 —— 508

第 17 章
电源系统—— 510

17.1 电源系统应具备的功能 —— 510

17.2 电源系统的特性 —— 511

  17.2.1 电源设备容量 —— 511

  17.2.2 电力供应的装置和设备 —— 512

  17.2.3 降低线圈电源设备容量的技术 —— 512

  17.2.4 电源结构 —— 515

17.3 环向磁场线圈电源 —— 516

17.4 极向磁场线圈电源 —— 519

17.5 设计示例 —— 522

17.6 今后的课题 —— 525

第 18 章
运行控制系统和测量系统—— 527

18.1 运行控制系统和测量系统应具备的功能 —— 527

18.2　控制基础 ——— 528

18.3　运行控制系统 ——— 533

 18.3.1　全系统控制 ——— 533

 18.3.2　等离子体控制 ——— 533

18.4　测量系统 ——— 537

 18.4.1　被动性测量和主动性测量 ——— 537

 18.4.2　探针测量 ——— 538

 18.4.3　电磁波测量 ——— 540

 18.4.4　粒子测量 ——— 547

18.5　设计示例 ——— 554

 18.5.1　运行控制系统 ——— 554

 18.5.2　测量系统 ——— 558

18.6　今后的课题 ——— 559

第 19 章

安全性——— 562

19.1　安全性应具备的事项 ——— 562

19.2　放射性物质 ——— 563

19.3　确保安全的方法 ——— 568

 19.3.1　安全上的特点 ——— 568

 19.3.2　安全性目标 ——— 569

 19.3.3　确保安全的基本想法 ——— 570

 19.3.4　安全设计的基本想法 ——— 571

 19.3.5　安全设计的评估 ——— 573

 19.3.6　废弃物处理 ——— 574

19.4　设计示例 ——— 575

19.5　今后的课题 ——— 581

第 20 章

分析程序——— 584

20.1　堆设计流程 ——— 584

20.1.1　设计流程 ——— 584

20.1.2　堆设计流程 ——— 585

20.2　各种分析程序 ——— 588

20.3　堆设计系统程序 ——— 589

20.4　堆概念设计程序 ——— 591

20.5　经济性评估程序 ——— 600

20.6　等离子体动态特性评估程序 ——— 603

20.7　今后的课题 ——— 612

第1章

核聚变堆特征

能够用于核聚变堆的核聚变反应以及等离子体的约束方式有许多种类。本章介绍核聚变堆的特征。

1.1 作为能源的核聚变

1. 世界能源消费量的变化

人类生活离不开能源。人类通过开发利用能源,创建了文明社会。图 1.1.1 给出了世界能源消费量的变化。伴随人口增加、经济增长,世界能源消费量也不断增加,预计今后也将会继续增加。另一方面,随着作为化石能源的煤炭、石油、天然气的利用增加,二氧化碳的排放量大幅增加,从而带来了大气污染、地球变暖等环境问题。为了进一步发展,人类必须同时考虑能源消费增加和环境问题对策这两方面的问题。

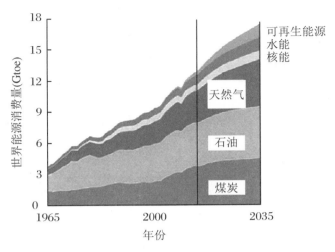

图 1.1.1　世界能源消费量的变化[1]

（toe 为油当量，tonne of equivalent）

2. 能源分类

从自然界获取的能源称为一次能源，从一次能源转换的便于使用的能源则称为二次能源。表 1.1.1 给出了能源的分类情况。

作为一次能源，有以化石燃料形式存在的化石能源（煤炭、石油、天然气、页岩油、页岩气、甲烷水合物等），以及非化石能源的核能、水力能源、可再生能源（太阳光、风力、水力、地热、太阳热、大气中的热能等自然界中存在的热能、生物质能等）。特别是可再生能源中的水力以中小规模为对象。二次能源有电力、石油制品、天然气制品、热能等。二次能源经过送配电、输送后，作为最终能源进行消费。最终能源可以分成电力和燃料。下面介绍可以转变为电力的能源。

燃烧化石燃料的火力发电可以大规模稳定地供应电力，但在发电过程中会产生大量的二氧化碳，因此在开发火力发电时需要抑制二氧化碳的排放量。如果继续消费化石燃料，将来还存在资源枯竭的问题，需要采取措施，延长资源的可开采年数。

核能发电也能够大规模稳定地供应电力，其可供给的燃料数量的情况与化石燃料大致相同，但是基本上没有二氧化碳的排放问题。然而，关于安全性、放射性废物的处理、钚的管理等方面，社会承受能力是一个重要问题。

（大规模的）水力发电基本上不会排放二氧化碳，但受到地形限制，开发的余地正在变小。可再生能源大都没有二氧化碳的排放，然而如何缓和气候或日照时间的影响，是一个重要的问题。因此,需要考虑这些能源的特点,实现合理的电源结构(能源组合)。

表 1.1.1　能源分类

主要的一次能源		二次能源	最终能源
化石能源	石油	火力发电	电力
	煤炭		
	天然气		
核能源		核能发电	
水力能源		水力发电(大规模)	
可再生能源	水力	水力发电(中小规模)	
	太阳光	新能源发电	
	风力		
化石能源	石油	石油制品	燃料
	煤炭	煤炭制品	
	天然气	天然气制品	
可再生能源	太阳热	热、蒸汽	
	生物质能		
	地热		

3. 核聚变发电

根据所采用的核聚变反应的类型,可以将核聚变堆分类为:第一代的 DT 反应堆,第二代的 DD 反应堆,以及第三代的 p-B(质子-硼)反应堆、D-^{3}He 反应堆。在第一代的 DT 反应堆中,采用的燃料是氘(D)和氚(T)。从资源量来说,海水中含有的氘非常丰富,可以说是近似无限。氚在自然界几乎不存在,需要让 DT 反应生成的中子与锂进行反应来生成氚。锂资源可以来自锂矿山,也可以从海水中回收。所以,作为骨干替代能源的核聚变堆,可以说其资源量是十分丰富的[2~4]。

还有,核聚变堆不会排放二氧化碳。在 DT 反应堆中,使用了放射性的氚,同时 DT 反应生成的中子会使反应堆结构材料活化,从而带来了放射性废物的处理问题。但是,这都是低剂量的废弃物,不会产生高剂量的放射性废物。对于第二代和第三代的核聚变堆,由于所产生的中子能量要低于 DT 反应堆,因此放射性的问题更小。

现在,核聚变堆的开发处于实验堆的开发阶段。核聚变堆发电实现大规模稳定地供应电力的可能性很高,有望在电源结构中成为骨干能源。

1.2 核聚变反应

1.2.1 用于核聚变堆的核反应

所谓核聚变,指的是某些元素的原子核相互之间发生结合的现象。原子核相互靠近时,会受到静电的排斥力。如果相互碰撞力大于这种排斥力,核力将发挥作用,原子核就会结合在一起发生聚变。在各种核聚变反应当中,可以作为能源用于核聚变堆的核聚变反应必须具有如下特点:具有小的原子核之间的排斥力,即能够在低能量下实现核聚变反应,同时其反应截面积大,并是放热反应。可以考虑的核聚变反应如下:

$$^2_1D + ^2_1D \rightarrow ^3_2He(0.82\,\mathrm{MeV}) + ^1_0n(2.45\,\mathrm{MeV}) \tag{1.2.1}$$

$$^2_1D + ^2_1D \rightarrow ^3_1T(1.01\,\mathrm{MeV}) + ^1_1p(3.03\,\mathrm{MeV}) \tag{1.2.2}$$

$$^2_1D + ^3_1T \rightarrow ^4_2He(3.52\,\mathrm{MeV}) + ^1_0n(14.06\,\mathrm{MeV}) \tag{1.2.3}$$

$$^2_1D + ^3_2He \rightarrow ^4_2He(3.67\,\mathrm{MeV}) + ^1_1n(14.67\,\mathrm{MeV}) \tag{1.2.4}$$

$$^2_1D + ^6_3Li \rightarrow 2\,^4_2He(22.4\,\mathrm{MeV}) \tag{1.2.5}$$

$$^2_1D + ^7_3Li \rightarrow 2\,^4_2He(17.3\,\mathrm{MeV}) \tag{1.2.6}$$

$$^1_1p + ^6_3Li \rightarrow ^3_2He + ^4_2He + 4.0\,\mathrm{MeV} \tag{1.2.7}$$

$$^1_1p + ^{11}_5B \rightarrow 3\,^4_2He + 8.7\,\mathrm{MeV} \tag{1.2.8}$$

这里,^2_1D 为氘(deuterium),^3_1T 为氚(tritium),^1_1p 为质子(proton),^1_0n 为中子(neutron),^4_2He 为氦(helium),又称为 α 粒子(alpha particle)。

为了产生这些反应,可以考虑通过加速器加速粒子,然后利用这些粒子轰击固体靶或气体靶。但是,此时大都是加速粒子与靶粒子的核外电子之间发生弹性碰撞,基本上不会产生核聚变反应,而且被加速的粒子数量也受到限制,难以实现大量的核聚变反应。为此采用的方法是:使整个燃料形成几乎电中性的离子和电子的混合体,即等离子体(plasma),并将其封闭在一定的空间,将其温度升高,利用热运动导致的离子间碰撞,实现核聚变反应。这种方法可以增加碰撞频率,从而提高了实现核聚变堆的可能性。由于该反应利用了高温时的热运动,因此称为热核聚变反应(thermonuclear fusion reaction)。

实际上在太阳和其他天体中正发生着核聚变反应,然而这并不意味着在地球上可以随意地利用核聚变反应来释放能源。为了将核聚变反应用在发电用的反应堆中,需要在有限的空间内控制核聚变反应缓慢进行。这也是热核聚变反应又称为可控热核聚变反应(controlled thermonuclear fusion reaction)的原因。

1.2.2 核聚变反应截面

如上所述,处于热平衡状态的等离子体内的粒子之间发生碰撞,引发核聚变反应。一般来说,利用截面积(cross-section)来表示发生碰撞的难易程度。粒子束入射到靶子时的碰撞截面积被定义为

$$\sigma = \frac{\text{单位时间内与 1 个靶标粒子发生碰撞的次数}}{\text{入射粒子束的强度}}$$

图 1.2.1 为入射束与靶子的模型。此时,具有密度 n、速度 v、束流截面积 S 的粒子束入射到靶粒子密度为 N、厚度为 Δx 的薄板。入射粒子束的强度为 nv。由于碰撞导致的粒子束密度的减少量为 Δn。这一减少量来自库仑散射引起的束流偏转和核反应,这里所要求解的截面积包括所有的效应[5]。

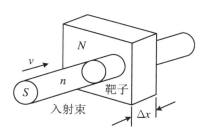

图 1.2.1 入射束与靶子的模型[5]

粒子束与靶子相交的体积为 $S\Delta x$,其中靶子粒子数为 $NS\Delta x$。粒子束通过这一区域的时间为 $\Delta x/v$,此时引起的碰撞次数为 $\Delta nS\Delta x$。因此,单位时间内每个靶粒子所引发的碰撞次数为 $\Delta nS\Delta x/(\Delta x/v)/(NS\Delta x)$,碰撞截面积为

$$\sigma = \frac{\Delta nS\Delta x/(\Delta x/v)/(NS\Delta x)}{nv} = \frac{\Delta n}{Nn\Delta x} \tag{1.2.9}$$

如果在靶子物质中通过距离 x 后的入射粒子束密度为 $n(x)$,利用公式(1.2.9),对束流的粒子密度的减少量加上负号,则有

$$\frac{\mathrm{d}n}{\mathrm{d}x} = -\sigma N n \qquad (1.2.10)$$

对 x 进行积分,得

$$n(x) = n_0 \exp(-\sigma N x) \qquad (1.2.11)$$

这里,n_0 为入射到靶子之前的粒子密度。核碰撞截面的单位采用 barn($= 10^{-24}\ \mathrm{cm}^2$)。宏观截面积 Σ 表示为 $\Sigma = \sigma N$,束流的平均自由程 ℓ 则为 $\ell = 1/\Sigma$。

通过实验求得的代表性的核聚变反应截面积如图 1.2.2 所示[6~10]。DD 反应为公式(1.2.1)与公式(1.2.2)的截面积的和。在测定截面积的实验中,将一方粒子固定在实验室,另一方粒子作为入射粒子。与其他反应相比,DT 反应从低能领域开始就具有很大的截面积。因此,利用 DT 反应的核聚变堆就成为第一代,担负起实现核聚变堆的使命。

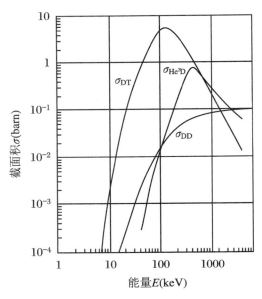

图 1.2.2　核聚变反应截面积[6]

1.2.3　反应速率

在考虑核聚变反应的输出时,比较方便的是采用在单位体积、单位时间内产生的反应次数,即反应速率 R(reaction rate)。在考虑处于热平衡状态的等离子体粒子之间的碰撞时,由于等离子体粒子并不是同一速度,因此不能直接使用公式(1.2.9),而需要在

核聚变堆设计

速度空间进行平均化操作。

假设入射束粒子的粒子密度为 n_1，速度为 v_1，速度分布函数为 $f_1(v_1)$；靶的粒子密度、速度、速度分布函数分别为 n_2、v_2、$f_2(v_2)$。速度空间的体积微分 dv_1 中所包含的密度为 $dn_1 = n_1 f_1(v_1) dv_1$ 的粒子、速度空间的体积微分 dv_2 中所包含的密度为 $dn_2 = n_2 f_2(v_2) dv_2$ 的粒子、以相对速度 $v_r = v_1 - v_2$ 进行碰撞时单位时间内的碰撞次数即反应次数 dR 之间，存在如下关系：

$$dR = dn_1 dn_2 \sigma(v_r) v_r \qquad (1.2.12)$$

这里，$v_r = |v_r|$。

在速度空间对公式(1.2.12)进行积分，得到等离子体单位体积单位时间内的反应速率为

$$R = n_1 n_2 \langle \sigma v_r \rangle \qquad (1.2.13)$$

这里，核聚变反应速率(fusion reactivity)如下式所示：

$$\langle \sigma v_r \rangle = \int_{v_1} dv_1 \int_{v_2} dv_2 \sigma(v_r) v_r f_1(v_1) f_2(v_2) \qquad (1.2.14)$$

利用热平衡状态的速度分布函数求得 $\langle \sigma v_r \rangle$。以下将其表示为 $\langle \sigma v \rangle$。

采用 DT 反应时，公式(1.2.3)的反应能量为 $E_f = 17.58$ MeV。因此，单位时间、单位体积内产生的核聚变输出为

$$P_f = n_D n_T \langle \sigma v \rangle_{DT} k E_f \qquad (1.2.15)$$

这里，n_D、n_T 分别为 D 和 T 的密度。另外

$$k = 1.6021 \times 10^{-19} \text{ J/eV}$$

$$1 \text{ eV} = 1.6021 \times 10^{-19} \text{ J}/(1.38054 \times 10^{-23} \text{ J/K}) = 1.16 \times 10^4 \text{ K}$$

主要的核聚变反应速率如图 1.2.3 所示[6~11]。

对于 DT 反应核聚变堆来说，当等离子体温度为 $10 \sim 30$ keV 时，可近似取

$$\langle \sigma v \rangle_{DT} = 1.1 \times 10^{-24} T_{ikeV}^2 \quad (\text{m}^3/\text{s}) \qquad (1.2.16)$$

这里，$T_{ikeV} = T_i/1000$ 的单位为 keV[12]。

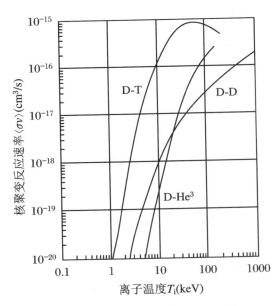

图 1.2.3　主要的核聚变反应速率[6]

1.3　等离子体约束方式

等离子体由离子和电子组成,是基本上呈电中性的电离气体。当等离子体被约束在金属等容器内,与容器壁碰撞,就会变成中性的气体。如表 1.3.1 所示,存在各种等离子体约束方式。约束方式大致可以分为利用磁场的约束方式(magnetic confinement),以及在等离子体发生碰撞之前、处于惯性停留状态时发生核聚变反应的惯性约束方式(inertial confinement)[6,13]。

1.3.1　磁约束

磁约束方式还可以分为直线系统(开端系统,open end system)和环形系统(环系统,toroidal system)。

表 1.3.1　各种等离子体约束方式

分类				约束方式
磁场约束	直线系(开端系)			单纯磁镜、最小磁场磁镜、串级磁镜
				会切
				德尔塔箍缩
	环形系统（环形系）	无旋转变换系		反场磁镜（FRM）
				反场配置（FRC）
		旋转变换系	轴对称系	托卡马克
				球形环
				球马克
				反场箍缩（RFP）
				内部导体系统
			非轴对称系	螺旋系(仿星器、扭曲器/螺旋器)
				立体磁轴
				皱褶环
惯性约束	激光			钕玻璃激光器
				二氧化碳激光器
				准分子激光器
	带电粒子束			电子束
				轻离子束
				重离子束

1. 直线系(开端系)

最简单的开放终端系统就是单纯磁镜(simple mirror)。如图 1.3.1 所示,在 2 个圆形线圈中通有相同方向的电流[6]。此时,等离子体沿着磁力线,从磁镜磁场(magnetic mirror)的开放终端跑出,从而产生终端损失(end loss)。串级磁镜(tandem mirror)是对单纯磁镜进行改良之后的类型。如图 1.3.2 所示,通过将线圈进行线性排列,可以抑制终端损失[14]。

会切磁场(cusp field)如图 1.3.3 所示,并列排列的圆形线圈中通有相反的电流,因而有一个磁场为零的最小磁场点[6]。这也会产生等离子体终端损失。德尔塔箍缩(theta-pinch)时,在封入等离子体的圆筒容器的周围,绕有一圈板状线圈。如果让该线圈通过瞬间大电流,将产生如图 1.3.4 所示的磁场,从而可以约束等离子体[15]。

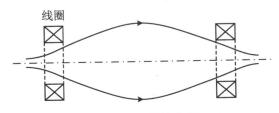

图 1.3.1　单纯磁镜

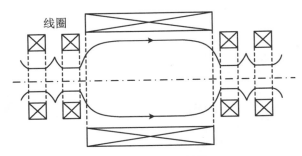

图 1.3.2　串级磁镜

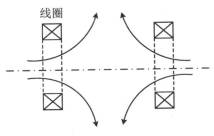

图 1.3.3　会切

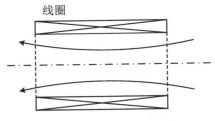

图 1.3.4　德尔塔箍缩

　　在磁镜磁场中,两端的磁场强度与装置中心的磁场强度之比,称为磁镜比(mirror ratio)。该比值越大,越多的粒子会受到两端的反射,从而约束性能越好。阴阳线圈(yin-yan coil)是为了提高磁镜比而制作的线圈。

2．环状系统（环形系）

开端系统存在着终端损失，为了消除终端损失，将两端连接在一起，以改善这一性能。其中方法之一是环配置。单纯将两端连接在一起的环形磁场如图 1.3.5(a)所示，磁场在环中心侧大，沿径向向外逐渐减小。粒子的拉默半径（Larmor radius）的变化如图 1.3.5(b)所示，粒子沿 z 方向发生漂移。因为电子与离子的漂移方向相反，因而出现电荷分离（charge separation），产生电场，在 $\boldsymbol{E} \times \boldsymbol{B}$ 漂移作用下，等离子体粒子向系统外侧逃逸。为了防止这一现象，需要利用磁力线连接环形上部与下部，形成一个使空间电荷短路的磁场（极向磁场）。

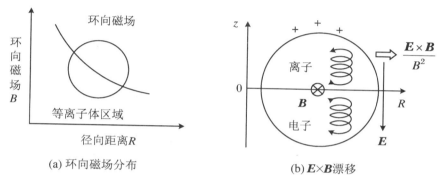

(a) 环向磁场分布　　　　　　　　(b) $\boldsymbol{E} \times \boldsymbol{B}$ 漂移

图 1.3.5　环向磁场与 $\boldsymbol{E} \times \boldsymbol{B}$ 漂移

在环向磁场 B_t 与极向磁场 B_p 的合成下，构成磁力线。沿磁力线绕环形一周时，会沿极向方向转动一个角度，这个角度称为旋转变换角（rotational transform angle）。根据该极向磁场的制作方法即旋转变换，可以进一步区分环状系统。

1）无旋转变换系

在没有环向磁场的无旋转变换系（no rotational transform system）中，存在反场磁镜和反场配置。根据反场磁镜（FRM，field reversed mirror）方式，从外部向磁镜磁场注入粒子束，形成环向电流，从而产生极向磁场，使得磁镜磁场中心部的磁场方向发生逆转，如图 1.3.6 所示，在磁镜磁场内部产生环状的闭合磁力线[14]。

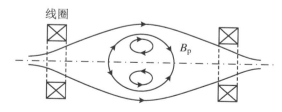

图 1.3.6　反场磁镜 FRM

根据反场配置（FRC，field reversed configuration，又称磁场反转配置）方式，配置在圆筒容器外部的德尔塔箍缩线圈中通有电流，产生磁场，形成等离子体。接着，通过向反方向启动线圈电流，在圆筒放电容器内壁附近激发一个与最初形成的磁场方向相反的磁场。其结果是在等离子体中间产生闭合的极向磁场，如图1.3.7所示[14]。

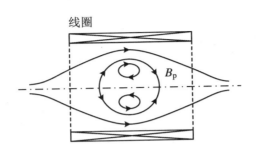

图 1.3.7 反场配置 FRC

2）旋转变换系

（1）轴对称系

在具有环向磁场的旋转变换系（rotational transform system）中，根据产生旋转变换的方法，可以区分为轴对称系和非轴对称系。如果系统沿着环轴周围旋转也不会发生变化，则称为轴对称系（也称为旋转对称系），其他则称为非轴对称系（旋转非对称系）。非轴对称系中，还有即使沿着螺旋状移动也不会变化的螺旋对称系等。

在托卡马克（tokamak）约束方式中，如图1.3.8所示，在线圈产生的环向磁场中，通有等离子体电流 I_p，该等离子体电流产生的极向磁场与环向磁场组合在一起，对等离子体进行约束。

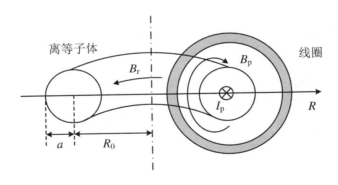

图 1.3.8 托卡马克

球形环（ST，spherical torus，球状托卡马克）就是托卡马克中的环径比（$A = R_0/a$，

R_0 为大半径,a 为小半径)小于 2 的约束方式。如图 1.3.9 所示,等离子体截面为 D 形,从外部来看呈现球状,故称为球形环[16]。

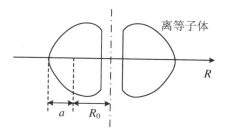

图 1.3.9　球形环

在球马克(spheromak)约束方式中,如图 1.3.10 所示,在反场配置上施加有环向磁场[17]。球马克的形成方法中,有感应方式和等离子体枪方式。

感应方式与反场配置的形成方法类似,如图 1.3.10(a)所示,在两端部设置电极,与反向磁场注入产生的极向磁场同步,利用电极施加等离子体电压,从而在轴方向感应脉冲电流 I_z,并利用它进行环向磁场注入。

等离子体枪方式中,采用同轴型等离子体枪。在等离子体枪的出口部,产生径向磁场。等离子体在同轴型等离子体枪内部时维持环状磁束,通过等离子体枪的前端引出时,拖曳径向磁场,得到极向磁束,形成球马克。等离子体截面如图 1.3.10(b)所示。紧凑环(compact torus)又称为球马克、反场配置、反场磁镜。

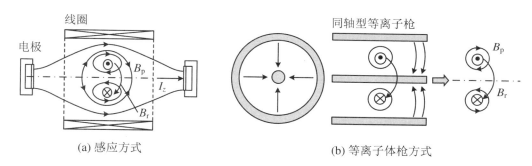

(a) 感应方式　　　　　　　　　　　(b) 等离子体枪方式

图 1.3.10　球马克

反场箍缩(RFP,reversed field pinch)与托卡马克一样,通过外部线圈形成的环向磁场和等离子体中流动的电流形成的极向磁场,约束等离子体。反场箍缩的特征如图 1.3.11 所示,在等离子体中心部,环向磁场与极向磁场的强度大致相同,但环向磁场沿小半径方向逐渐减小,等离子体周边的环向磁场方向刚好与等离子体中心的环向磁场相反。作为这种反场配置的形成方法,有利用某种条件下等离子体出现缓和从而自发地形成这一磁场配置的方法,也有在等离子体形成后从外部高速产生反向磁场的方法[18,19]。

　　在内部导体系统中,在环状真空容器中设置铜或超导体,加上电流后产生磁场[6]。由于采用铜线圈时,电流接头或线圈的支撑构件会横切磁面,因此也有考虑采用超导线圈的磁悬浮内部导体系统。

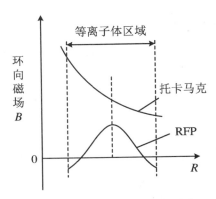

图 1.3.11　反场箍缩的磁场分布

（2）非轴对称系

　　也可以不利用等离子体电流,只通过外部线圈产生极向磁场。在仿星器(stellarator)中,如图 1.3.12(a)所示,采用了环向磁场线圈以及用以产生极向磁场且电流方向相反的螺旋线圈对($\ell=1,2,3,\cdots$)。

　　扭曲器(torsatron)和螺旋器(heliotron)的约束方式中,采用电流方向相同的螺旋线圈。这种螺旋线圈也会产生环向的电流成分。在扭曲器中,通过适当选择螺旋线圈的间距,从而可以不要环向磁场线圈。在螺旋器中,也使用环向磁场线圈。由于在扭曲器和螺旋器中会产生垂直磁场,为了抵消这个垂直磁场,设置有垂直磁场线圈(图中未表示)[20,21]。

(a) 仿星器　　　　　　(b) 扭曲器　　　　　　(c) 螺旋器

图 1.3.12　螺旋系的约束方式[20]

　　通过扭转环向磁场线圈,也可以产生环向磁场和极向磁场。还有,可以通过配置环向磁场线圈,形成螺旋形状的环向磁场线圈的磁轴,从而产生环向磁场和极向磁场。这就是立体磁轴(spatial magnetic axis,non-planar magnetic axis)。图 1.3.13 是立体磁轴的一个例子。

在皱褶环（bumpy tours）中，如图 1.3.14 所示，将单纯磁镜线圈排列成环状，从而消除终端损失。磁镜连成环状后，环内侧磁场强，环外侧磁场弱，从而产生荷电分离。一般来说，磁场中出现梯度后，粒子的引导中心会发生漂移（∇B 漂移）。磁镜磁场存在着磁场梯度，从中心朝径方向外侧逐渐减弱，因此在该 ∇B 漂移作用下，等离子体粒子朝极向转动。这与仿星器磁场的转动变换的作用一样，可抵消荷电分离。

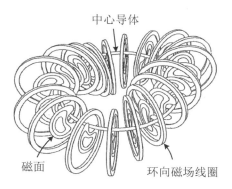

图 1.3.13　立体磁轴[22]

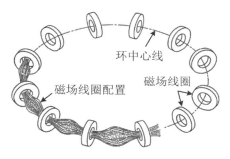

图 1.3.14　皱褶环[23]

还有，磁镜磁场线圈之间的磁场比线圈附近要弱，因而不稳定。使其实现稳定的方法有：在等离子体中施加径方向电场，利用 $E \times B$ 漂移进行约束的方法；以及在磁镜线圈之间入射微波，形成由相对论电子（数百 keV）构成的电子环（electron ring），利用电子环产生的磁场对等离子体进行约束的方法。

1.3.2　惯性约束

惯性约束（inertial confinement）是在等离子体发生膨胀逸散之前注入能量进行核聚变的方式。此时利用了等离子体保持原位不动的性质即惯性，所以称为惯性约束。图

1.3.15 给出了惯性约束核聚变的原理。靶是具有多层结构的直径为 $1\sim2$ mm 的小球（又称为靶丸），图 1.3.15(a) 显示的是具有三层结构的靶丸。为了进行对称爆缩，燃料靶丸制成球状。首先，靶丸最外层的烧熔层(abrator)在激光等的能量注入下，变成等离子体后朝外喷射。其结果如图 1.3.15(b) 所示，推进层(pusher)在烧熔层喷射的反作用下向内挤压，从而压缩其内侧的 D、T 等核聚变燃料物质。核聚变燃料物质在这一急剧压缩加热(爆缩)作用下发生核聚变反应(点火)。

在这一方法中，需要向靶丸表面均匀地注入能量。此时注入能量的装置称为能量驱动器(energy driver)。根据靶丸结构与惯性约束时间的关系，对于能量驱动器的要求也不相同，脉冲宽度约为 10 ns，脉冲波形近似矩形，开始部分增加很快，从而可以提高对高密度等离子体的能量吸收效率。为了避免预热(preheat)等现象，对激光的波长也有要求。

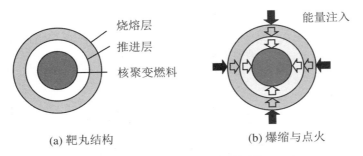

(a) 靶丸结构　　　　　　　　　　(b) 爆缩与点火

图 1.3.15　惯性核聚变的原理

作为能量驱动器，有激光器和带电粒子束。作为大输出激光器，现在采用的有钕玻璃激光器、二氧化碳激光器等。将来的能量驱动器也在考虑采用氙气体激光器、准分子激光之一的 KrF 激光器、半导体激光激发的固体激光器等。

作为带电粒子束，有相对论电子束、轻离子束、重离子束等。相对论电子(REB, relativistic electron beam)可以在 1 ns 内，通过马克斯发生器(Marx generator)生成 1 MeV、1 MA 左右的能量，从电输出到束流功率的转换效率可超过 90%。如果采用轻离子束(LIB, light ion beam)，例如采用氚离子，其束流传播性要优于 REB。虽然转换效率不如 REB，但与激光相比要大得多，是数量级的区别。如果采用重离子束(HIB, heavy ion beam)，对像铀(U)那样重于 LIB 的原子的离子进行加速，可实现降低磁场影响、增大注入动量、利用铀裂变进行能量注入等目标。

根据辐照方法的不同，可以分成直接辐照方式和间接辐照方式。前者将激光/带电粒子束直接照射到燃料靶丸上进行爆缩。后者让激光/带电粒子束在金等重金属的空洞内转变为 X 射线，然后将该 X 射线照射到燃料靶丸上。

根据核聚变点火方法的不同，可以分成中心点火法和高速点火法[24]。前者利用在爆缩等离子体中心自然产生的高温等离子体引发核聚变,后者利用超短脉冲高强度激光对低温高密度的爆缩等离子体进行追加热引发核聚变。根据能量驱动器的特性,确定辐照方法、点火方法的组合方式。

如上所述,等离子体约束方式有许多种。电厂要求的是能够稳定不变地供应电力,大型电厂本身就是一个复杂的系统,从反应堆工程的观点来看,希望核聚变堆的结构尽量简单,以便容易制造和维护。因此,核聚变堆必须选择能够满足这些要求的等离子体约束方式。在后续章节中将要介绍的托卡马克核聚变堆,是有望能够满足这些要求的系统之一。

参 考 文 献

［1］ BP p.l.c.，BP Energy Outlook 2035，London，United Kingdom（2015）.

［2］ 池上英雄，山中龍彦，宮本健郎，等，核融合研究 I 核融合プラズマ，名古屋出版会（1996）.

［3］ テキスト核融合炉専門委員会，プラズマ・核融合学会誌，第 87 卷増刊（2011）.

［4］ 井上信幸，芳野隆治，トコトンやさしい核融合エネルギーの本，日刊工業新聞社（2005）.

［5］ 内田岱二郎，井上信幸，核融合とプラズマの制御（上），東京大学出版会（1980）.

［6］ 宮本健郎，核融合のためのプラズマ物理，岩波书店（1976）.

［7］ W.R. Arnold，J.A. Phillips，G.A. Sawyer，et al.，Phys. Rev.，Vol.93，483（1954）.

［8］ W.B. Thompson，Proc. Phys. Soc.（London），B70，1（1957）.

［9］ C.F. Wandel，T. Hesselberg Jensen and O. Kofoed-Hansen，Nucl. Instr. Methods，Vol. 4，249（1959）.

［10］ S. Glasstone and R.H. Lovberg，Controlled Thermonuclear Reactions，Van Nostrand，Princeton，New Jersey（1960）.

［11］ J.L. Tuck，Nucl. Fusion，Vol.1，201-202（1961）.

［12］ T. Kammash，Fusion Reactor Physics principles and technology，ANN ARBOR SCIENCE PUBLISHERS INC/THE BUTTERWORTH GROUP（1975）.

［13］ 「核融合炉調査」研究専門委員会，核融合研究の進歩と動力炉開発への展望，日本原子力学会（1976）.

［14］ 桂井誠，核融合研究，第 57 卷第 1 期，5（1987）.

［15］ 丹生慶四郎，杉浦賢，核融合，共立出版株式会社（1979）.

［16］ 長山好夫，電気学会誌，论文 A，123 卷 4 期，323-328（2003）.

［17］ 桂井誠，日本原子力学会誌，Vol.27，No.10，885-889（1985）.

［18］ 平野洋一，プラズマ・核融合学会誌，第 75 卷第 5 期，614-630（1999）.

［19］ 平野洋一，榊田創，小口治久，J. Plasma Fusion Res.，Vol.87，No.6，382-411（2011）.

［20］ Weston M. Stacey，Jr.，FUSION An Introduction to the Physics and Technology of Magnetic Confinement Fusion，A WILEY-INTERSCIENCE PUBLICATION，JOHN WILEY & SONS，Inc.（1984）.

［21］ 本島修，プラズマ・核融合学会誌，第 70 卷第 5 期，574（1994）.

［22］ 長尾重夫，核融合研究，第 51 卷第 2 期，81-100（1984）.

［23］ M.O. Hagler，M. Kristiansen，著，武田進，译，核融合工学入門，东明社（1980）.

［24］ 白神宏之，畦地宏，三間圆興，J. Plasma Fusion Res.，Vol.90，No.11，655-682（2014）.

第 2 章

核聚变堆基础

核聚变研究的目的是为了实现核聚变堆,从而使核聚变发电实用化。本章作为核聚变堆的基础,以托卡马克核聚变堆为对象,介绍实现核聚变堆的条件。

2.1　能量平衡

在托卡马克中,利用环向磁场和极向磁场形成磁面,从而对等离子体进行约束。所谓磁面,指的是一根磁力线沿环一周时,在极向方向转动所形成的覆盖面。作为带电粒子的等离子体粒子,一边环绕磁力线,一边沿着磁力线自由移动。磁面可以分成闭合磁面(closed magnetic surface)和开放磁面(open magnetic surface)。这两种磁面的分界面称为分界面(separatrix)。

图 2.1.1 表示等离子体截面。被闭合磁面所封闭的等离子体称为主等离子体(简称

等离子体,在核聚变堆中称为堆芯等离子体)。被开放磁面包围的主等离子体的周围等离子体称为刮削等离子体(scrape off plasma)或刮削层(scrape off layer)。

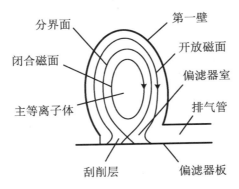

图 2.1.1　等离子体截面

核聚变堆的尺寸有限,开放磁面最终会与边界的壁(面向等离子体壁)相碰撞。面向等离子体壁(plasma facing component)包括第一壁(first wall)、限制器(limiter)、偏滤器(divertor)。

在公式(1.2.3)所示的 DT 反应中,生成中子和 α 粒子。作为此时得到的核聚变输出,中子和 α 粒子具有功率。图 2.1.2 表示该核聚变输出的能量平衡[1]。

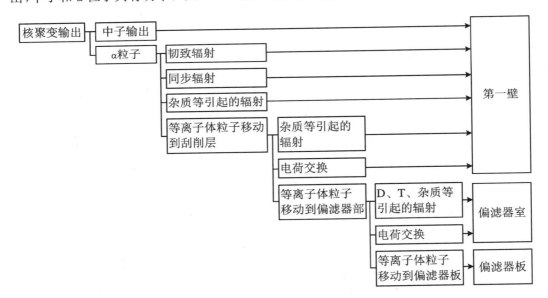

图 2.1.2　主等离子体的能量平衡

中子向四面八方飞散,不会缠绕磁力线。最先承受这些中子所具有的能量的是第一壁。

α粒子是带电粒子,它一边缠绕磁力线一边运动,将能量赋予主等离子体中的DT等离子体粒子,对其进行加热。DT等离子体粒子所具有的能量中,有一部分以韧致辐射、同步辐射、杂质引起的辐射等方式向四面八方飞散,到达第一壁。具有剩余能量的等离子体粒子在缠绕磁力线运动的同时,在主等离子体内通过热传导和对流的方式,从等离子体中心输运到周围,从闭合磁面移动到刮削层。

在通过刮削层输运到偏滤器部的途中,有一部分等离子体粒子通过杂质引起的辐射或电荷交换(charge exchange)的形式,将能量传递到第一壁。剩余的等离子体粒子沿着磁力线,到达偏滤器部。

在偏滤器部,阻挡磁力线的壁是偏滤器板(divertor plate)。在偏滤器部形成的等离子体称为偏滤器等离子体(divertor plasma),其领域称为偏滤器室。在偏滤器室,一部分的能量通过该处存在的杂质引起的辐射或电荷交换的形式,分散到偏滤器室整体。具有剩余能量的等离子体粒子沿着磁力线到达偏滤器板,在那里实现中性化,作为中性粒子释放到偏滤器室。所释放的中性粒子经离子化后,再度沿着磁力线朝向偏滤器板运动。在该循环(recycling)中,偏滤器室的密度上升到一定值,维持压力平衡。偏滤器板暴露在处于该压力平衡的等离子体中,受其热负荷的影响。

2.2 核聚变堆结构

图2.2.1表示采用DT反应的托卡马克型核聚变堆的结构。在堆芯等离子体处,为了生成和保持等离子体,需要设置保持高真空的真空容器(vacuum vessel)、保持该高真空的真空排气系统(vacuum exhaust system)。还需要线圈,用以产生约束等离子体的磁

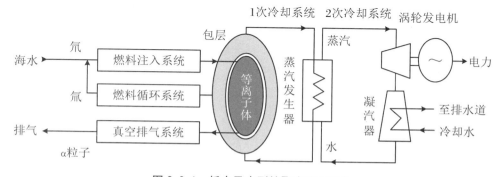

图2.2.1　托卡马克型核聚变堆的结构

场。如果这些线圈是超导线圈（superconducting coil），还需要有超导线圈的制冷系统（cryogenic system）。另外，为了维持超导线圈的低温，需要低温恒温器（cryostat）。

为了产生核聚变反应，必须提高等离子体的温度，因此需要等离子体加热装置（plasma heating）。在托卡马克中，利用等离子体电流所产生的磁场来约束等离子体，因此需要等离子体电流驱动装置（current drive）。如果利用电磁感应来产生等离子体电流，则需要相应的线圈。对于非电磁感应来说，为了产生等离子体电流，也需要相应的装置。

在DT反应产生的能量中，中子携带的能量占了80%。这些中子将飞向面向等离子体壁，不受磁场的束缚。为了将该能量转换为热量，需要在堆芯等离子体的周围设置包层（blanket）。在包层生成的热能经过回收后，生成水蒸气以推动涡轮进行发电。包层还具有能够生成DT反应所消费掉的氚的功能。氚的生成反应是发热反应，该热能可以有效地用于发电。利用DT反应的核聚变堆是一个内部包含有燃料循环的反应堆。

DT反应生成的α粒子能量可以用来维持DT等离子体的温度，如2.1节所述，其中一部分能量成为辐射能量，与中子一样施加在面向等离子体壁上。中子负荷与辐射带来的热负荷是造成机器损伤的原因，因此需要在面向等离子体壁上设置第一壁，以进行热量处理。该热能也可以回收用于发电。

偏滤器的作用除了处理等离子体粒子与辐射带来的热量外，由于等离子体粒子轰击偏滤器板时产生的中性粒子和杂质混入堆芯等离子体后会对核聚变反应带来坏的影响，因此偏滤器还应具有控制杂质从而抑制该坏影响的功能。为了不对核聚变反应产生坏影响，也需要排除等离子体加热后的α粒子。此时产生的热能回收后也能够用于发电。

为了弥补中子对机器产生的损伤、氚增殖材料的消耗等，需要对机器进行维护。需要在考虑维护方法的基础上，建造包括真空容器、线圈、包层、偏滤器等机器的反应堆结构。在包层外侧，为了防止中子对机器的辐照损伤以及生体防护等目的，需要设置屏蔽物体，以屏蔽中子和伽马射线。

还需要用于冷却在包层和真空容器处产生的核热的冷却系统，用于对包层产生的氚进行回收、分离精炼、贮存的燃料循环系统，用于对等离子体注入燃料的燃料注入系统。为了运行这些系统，需要控制室和测量系统。各机器还需要电源系统。这些机器一起构成核聚变反应堆。

2.3 核聚变堆的发电条件

1. 发电厂的能量平衡

作为利用核聚变能的发电厂，需要考虑其能量收支。图 2.3.1 表示发电厂的能量平衡[2]。在核聚变堆中，为了补充辐射等能量损失，需要对等离子体进行加热，直至发生核聚变反应。该等离子体加热能量（功率）为 P_h。核聚变输出为 P_f，DT 核聚变反应时，α 粒子能量为 P_α，中子具有的能量为 P_n，则有 $P_f = P_\alpha + P_n$。

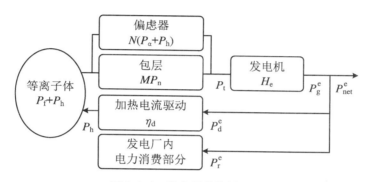

图 2.3.1 发电厂的能量平衡

假设中子能量经过包层、屏蔽体等后，由于核反应增加 M 倍，而沿着磁力线运动的 α 粒子的能量 P_α 与加热能量 P_h 经过偏滤器等后，增加 N 倍，则总热输出 P_t 为

$$P_t = N(P_\alpha + P_h) + MP_n \tag{2.3.1}$$

发电机从热到电转换时的发电效率（热效率）为 H_e，则发电电力 P_g^e 为

$$P_g^e = H_e P_t \tag{2.3.2}$$

所得到的电力输出中，去除加热能量 P_d^e 和发电厂内消费部分 P_r^e 后，得到发电厂外电力 P_{net}^e 为

$$P_{net}^e = P_g^e - P_d^e - P_r^e \tag{2.3.3}$$

如果从注入加热装置的电力输出 P_d^e 到加热能量 P_h 的转换效率为 η_d，则有

$$P_h = \eta_d P_d^e \tag{2.3.4}$$

在稳定状态下,电力比等于能量比,能量倍增率(energy multiplication factor)可以用 $Q = P_f/P_h$ 来表示。如果

$$P_n = (14.06\,\text{MeV}/17.58\,\text{MeV})P_f = \frac{4}{5}P_f$$

$$P_\alpha = (3.52\,\text{MeV}/17.58\,\text{MeV})P_f = \frac{1}{5}P_f$$

则有

$$P_d^e = \frac{P_h}{\eta_d} = \frac{P_f}{\eta_d Q} = \frac{P_t}{\eta_d Q\{(N+4M)/5 + N/Q\}} \tag{2.3.5}$$

2. 发电厂效率

如果发电厂效率(送电端热效率)表示为 $\eta = P_{net}^e/P_t$,则有

$$\eta = H_e - \frac{1}{\eta_d Q\{(N+4M)/5 + N/Q\}} - \frac{P_r^e}{P_t} \tag{2.3.6}$$

从公式(2.3.6)可知,要提高发电厂效率 η,就需要增加 H_e、η_d、Q、N、M,减小 P_r^e。上述公式可以变为如下的形式:

$$\frac{P_{net}^e + P_r^e}{P_g^e} = 1 - \frac{1}{H_e \eta_d Q\{(N+4M)/5 + N/Q\}} \tag{2.3.7}$$

图 2.3.2 给出了 $H_e = 0.3$、$\eta_d = 0.5$、$N = M = 1$ 时,发电厂外电力 P_{net}^e 与能量倍增率

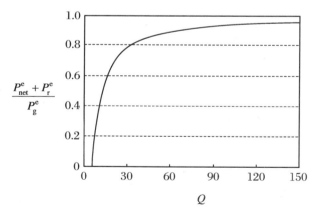

图 2.3.2 发电厂外电力 P_{net}^e 与能量倍增率 Q 之间的关系

Q 之间的关系。如果 P_r^e 为一定值,纵轴表示向发电厂外输出的电力比值,为了增大 P_{net}^e,则需要增加 Q 值。由于 P_{net}^e/P_g^e 随着 Q 值的增加而收敛于某值,所以需要在考虑发电厂整体平衡的前提下设定 Q 值。

从热转换为电的发电效率 H_e 取决于发电方式。η_d 取决于电流驱动方式。N、M 取决于一直传送到发电机的冷却剂和冷却方式。P_r^e 取决于冷却系统、氚处理系统以及驱动这些系统的电力系统等发电厂结构。Q 值取决于等离子体设定条件。为了提高发电效率,需要适当设定这些参数,而这些参数规定了发电厂的开发条件。发电厂效率的提高将导致经济性的提高。

3. 燃料供给方案

核聚变发电厂不仅要生产作为自身燃料的氚的消耗部分,还要生产用于下一个发电厂初始装料的氚。核聚变发电厂的引进速度取决于氚倍增时间。氚倍增时间将在 7.2.3 小节中介绍。

2.4 堆芯等离子体条件

1. 临界条件与自我点火条件

$Q=1$ 称为临界条件(break even condition),即外部加热功率与核聚变输出相等时的条件。$Q=\infty$ 表示 DT 反应所产生的 α 粒子被约束在等离子体内对等离子体进行加热,而外部对等离子体的加热功率为零的状态,又称为自我点火条件(self ignition condition)。由于核聚变输出与 α 粒子产生的等离子体加热功率之间的比值为 $P_f/P_\alpha=5$,因此 $Q=5$ 就成为在氢等离子体实验中将核聚变输出换算为 DT 实验时的一个里程碑。

在托卡马克中,如果将等离子体电流驱动时的电流驱动功率维持在恒定值,持续注入等离子体中,由于是利用 α 加热功率与电流驱动功率维持等离子体的燃烧,因此不可能有 $Q=\infty$,而是在 $Q<\infty$(subignition)的状态下运行。Q 值越大,发电厂的效率越高。但是如前所述,Q 值大到一定程度,P_{net}^e 接近 P_g^e,如果要进一步增加 P_{net}^e,根据公式 (2.3.3),则要减小电流驱动功率 P_g^e,从而将会过分地增加开发电流驱动装置的负担。因此,为了达到发电厂系统整体的良好平衡,需要适当地选择 Q 值。

2. 劳逊判据（Lawson criterion）

劳逊从发电效率 H_e 着手，考虑核聚变堆的能量收支，给出了核聚变堆的等离子体条件。劳逊将等离子体的能量损失看成韧致辐射（bremsstrahlung radiation）的功率 P_{br} 与热传导或等离子体粒子逃出等离子体的损失 P_L 的和值。为弥补这一损失，维持核聚变反应所需的能量等于包括核聚变反应 P_f 在内的从等离子体出来的所有能量的 η_L 倍：

$$P_{br} + P_L = \eta_L(P_f + P_{br} + P_L) \tag{2.4.1}$$

等离子体在单位体积、单位时间内损失的韧致辐射为

$$P_{br} = 1.41 \times 10^{-38} Z_{eff} n^2 T^{1/2} \quad (W/m^3) \tag{2.4.2}$$

这里，离子、电子的密度、温度分别为 $n_e = n_i = n$、$T_e = T_i = T$。密度、温度的单位分别为 m^{-3}、eV。Z_{eff} 为有效电荷，能量约束时间（energy confinement time）为 τ_E，热传导或粒子损失导致的能量损失 P_L 包括电子和离子的能量：

$$P_L = 3nkT/\tau_E \tag{2.4.3}$$

这里 $k = 1.6021 \times 10^{-19} \text{ J/eV}$。核聚变输出密度 $P_f(W/m^3)$ 为

$$P_f = \frac{n^2}{4} \langle \sigma v \rangle k E_f \tag{2.4.4}$$

E_f 为每一次 DT 反应产生的能量，$E_f = 17.58 \text{ MeV}$。核聚变反应率[3]为

$$\langle \sigma v \rangle_{DT} = 3.7 \times 10^{-18} \frac{1}{T_{ikeV}^{2/3} h} \exp(-20/T_{ikeV}^{1/3}) \quad (m^3/s) \tag{2.4.5}$$

$$h = \frac{T_{ikeV}}{37} + \frac{5.45}{3 + T_{ikeV}\{1 + (T_{ikeV}/37.5)^{2.8}\}}$$

$T_{ikeV} = T/1000$ 的单位是 keV。公式（2.4.1）变为

$$n\tau_E = \frac{3kT}{\dfrac{\eta_L}{1 - \eta_L} \dfrac{1}{4} \langle \sigma v \rangle k E_f - 1.41 \times 10^{-38} Z_{eff} T^{1/2}} \tag{2.4.6}$$

在公式（2.4.6）中，$n\tau_E$ 只是 T 的函数。

图 2.4.1 是公式（2.4.6）所表示的 $n\tau_E$、T 之间的关系曲线。由于劳逊最早讨论 $n\tau_E$，这个曲线也被称为劳逊曲线，常用于表示核聚变堆的等离子体条件或核聚变开发的进程。

等离子体的能量平衡为

$$P_{br} + P_L = P_{\alpha} + P_h = \left(\frac{1}{5} + \frac{1}{Q}\right)P_f \tag{2.4.7}$$

将上式代入公式(2.4.1),得到如下公式:

$$\eta_L = \frac{Q+5}{6Q+5} \tag{2.4.8}$$

所以,在 $n\tau_E$-T 曲线上表示临界条件 $Q=1$ 时,$\eta_L = 0.545$。作为 DT 反应的一个标准,$Q=5$ 时,$\eta_L = 0.286$。$Q=20$ 时,$\eta_L = 0.2$。自我点火条件 $Q=\infty$ 时,没有外部加热,仅靠 α 粒子加热来维持核聚变,相当于 $P_{\alpha} = P_{br} + P_L$,根据公式(2.4.1),$\eta_L = 0.167$。也可以根据公式(2.4.8),利用 $Q=\infty$ 来求得这个值。

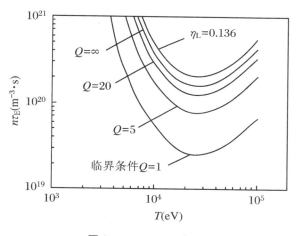

图 2.4.1 $n\tau_E$-T 曲线

考虑自我点火条件,再加上氚增殖时的 ^{6}Li-n 反应产生的能量 $P_M = 4.8$ MeV,此时,公式(2.4.1)变成

$$P_{br} + P_L = \eta_L(P_f + P_{br} + P_L + P_M) \tag{2.4.9}$$

这里,利用每次反应产生的核聚变能量 $P_f = 5P_{\alpha}$、$P_M = 4.8$ MeV、$P_{br} + P_L = P_{\alpha} = 3.53$ MeV,得 $\eta_L = 0.136$。这相当于增加了公式(2.3.1)中的 M。

3. 典型的堆型

作为一个典型示例,来看看等离子体温度 $T = 10$ keV、$n\tau_E = 10^{20}$ m^{-3} · s 的情况。有两个实现这种情况的方法。对于惯性核聚变来说,等离子体密度选择为固体的 10^3 倍即 10^{31} m^{-3} 左右;对于磁约束堆型,则设定为 $n = 10^{20}$ m^{-3}、$\tau_E = 1$ s 左右的区域。

作为增加包层的能量倍增率 M(energy enhancement factor,全部能量/核聚变中子能量)的方法,提出了核聚变裂变混合堆(fusion-fission hybrid reactor)[4],此时将核聚变产生的中子用于大能量的核裂变核种(fissile nuclide)。例如,采用如下的核裂变核种:

$$^{238}\mathrm{U} + \mathrm{n} \rightarrow {}^{239}\mathrm{U} + \gamma \tag{2.4.10}$$

$$^{238}\mathrm{U} + \mathrm{n} \rightarrow {}^{237}\mathrm{U} + 2\mathrm{n}' \tag{2.4.11}$$

$$^{238}\mathrm{U} + \mathrm{n} \rightarrow {}^{236}\mathrm{U} + 3\mathrm{n}' \tag{2.4.12}$$

$$^{238}\mathrm{U} + \mathrm{n} \rightarrow \mathrm{fission} \tag{2.4.13}$$

$$^{239}\mathrm{Pu} + \mathrm{n} \rightarrow \mathrm{fission} \tag{2.4.14}$$

由于一次核裂变可以产生能量 200 MeV 和 2~3 个中子,所以增加了能量倍增率。不过,此时需要考虑社会承受能力。

2.5 核聚变堆对于等离子体的要求

利用 DT 反应的托卡马克中,等离子体需要满足如下的 3 个指标。

1. 三乘积

为了简单起见,假设 $n_i = n_e = n$、$T_i = T_e = T$。核聚变输出密度由公式(2.4.4)表示,DT 反应核聚变的反应率可以由公式(1.2.16)近似表示,则有

$$P_f \propto n^2 T^2 \tag{2.5.1}$$

因此,能量倍增率为

$$Q = \frac{P_f}{P_h} \approx \frac{n^2 T^2}{nT/\tau_E} \propto nT\tau_E \tag{2.5.2}$$

这个值又称为三乘积(triple product)。为了增大能量倍增率,必须增大这个三乘积[5]。

2. 比压值

比压值由如下公式定义:

$$\beta_t = \frac{p}{B_0^2/2\mu_0} \tag{2.5.3}$$

在与极向比压值进行区别时,这个值又称为环向比压值。B_0 为环向磁场,p 为等离子体压力,$p = n_i k T_i + n_e k T_e \propto nT$。因此,核聚变输出密度为

$$P_f \propto p^2 \propto \beta_t^2 B_0^4 \tag{2.5.4}$$

所以,为了提高核聚变输出密度,需要提高 $\beta_t^2 B_0^4$。

3. 电流驱动效率

如前述临界条件与自我点火条件所示,为了稳态运行,需要提高电流驱动功率。托卡马克的非感应电流驱动的电流驱动效率 η_{CD} 由下列公式确定(参考 10.3 节、10.7 节):

$$\eta_{CD} = nR_0 I_{CD} / P_{CD} \tag{2.5.5}$$

此时,$P_h = P_{CD}$。I_{CD}、P_{CD} 分别为驱动电流、驱动功率。n 为等离子体密度,R_0 为等离子体大半径。如果减小 P_{CD},则可以增大 Q,所以需要提高电流驱动效率 η_{CD}。

对于自举电流(bootstrap current,靴带电流),如果 I_p 为等离子体电流,f_{BS} 为自举电流比例,则 $I_{CD} = I_p(1 - f_{BS})$。如果利用自举电流,就可以减小电流驱动引起的电流部分。在公式(2.3.4)中,如果利用含有变换率 η_d 的加热/电流驱动系统的系统效率 η_s 取代变换率 η_d,电力输出 P_d^e 为

$$P_d^e = \frac{P_{CD}}{\eta_s} = \frac{(1 - f_{BS})}{\eta_s \eta_{CD}} nR_0 I_p \tag{2.5.6}$$

为了提高发电厂效率而减小 P_d^e,就需要增大 η_{CD},同时增大 η_s 和 f_{BS}。

2.6　运行方案

确定核聚变堆如何运行的是运行方案(operation scenario)。核聚变堆的运行方案大致可以分为如下 3 种。

1. 脉冲运行

脉冲运行(pulse operation)指的是断续反复地进行等离子体的运行。在采用电磁感应电流驱动(inductive current drive)的托卡马克中,采用中心螺旋管线圈(CS 线圈,参考

第9章)来驱动等离子体电流。为了驱动等离子体电流,必须改变 CS 线圈的磁通(或称为伏秒、V·s)ϕ_{CS},即持续地增加或减小 CS 线圈电流。由于现实中 CS 线圈中的电流值是有限的,不可能在无限时间内持续增加或减小(参考 10.1 节),因此运行必然是脉冲的。图 2.6.1 给出了脉冲运行的运行方案[6]。

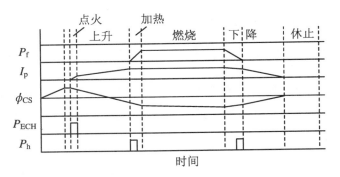

图 2.6.1 脉冲运行的运行方案

脉冲运行可以分为如下期间:

(1) 等离子体点火期(break down phase)

对中性气体施加电压,对中心气体中的离子和电子进行加速,使等离子体点火。可以利用电子束产生种电子,或者利用电子回旋波加热(ECH)等进行点火。

(2) 等离子体上升期(plasma startup phase)

在该期间,实现等离子体电流的上升(current ramp-up)、等离子体密度温度的增加。在使等离子体平衡位形保持在一定形状的同时,提升等离子体。这里,要考虑平衡线圈电流的提升模型。

(3) 燃烧期(burn phase)

在该期间产生核聚变反应,进行发电。

(4) 等离子体下降期(plasma shut-down phase)

由于等离子体的急剧下降会使得线圈的电源电压急剧增加,因此需要在与等离子体上升同等程度的时间内降低等离子体。

(5) 休止期(dwell phase)

准备下一次放电的期间,即进行真空度的调整、壁条件的调整、线圈电流的回流等。

包括等离子体点火在内的等离子体上升时间、燃烧时间、下降时间、休止时间分别为 t_{st}、t_b、t_{sd}、t_d。在一个脉冲时间 $T = t_{st} + t_b + t_{sd} + t_d$ 内,核聚变输出的时间越长,反应堆的效率则越好。作为表征指标,可以用输出效率(duty cycle)η_{dc}:

$$\eta_{dc} = t_b/T \tag{2.6.1}$$

核聚变堆用于发电时,必须稳定地供应电力。对于脉冲运行反应堆来说,需要采用蓄热器(energy reservoir)来实现电力供给的平稳化。在反应堆结构中,由于会发生热循环疲劳和电磁循环疲劳的问题,必须采取相应的对策。

2. 准稳态运行

准稳态运行(quasi-steady state operation)的托卡马克中,交互循环利用电磁感应和非电磁感应驱动等离子体电流,这样基本上可以维持稳定的等离子体电流,但产生核聚变反应的高温高密度等离子体的形成处于脉冲运行状态,因此称为准稳态运行。图2.6.2为准稳态运行的运行方案[7]。

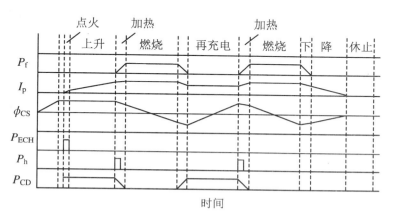

图 2.6.2　准稳态运行方案

准稳态运行时,除了等离子体点火期、等离子体上升期、燃烧期之外,还需要再充电期。循环进行燃烧期、再充电期,最后经过等离子体下降期,结束运行。

在再充电期,为了恢复燃烧期所消耗的磁通,即再充电,要使 CS 线圈的电流反过来恢复到燃烧初期的原来的电流值。在此期间,CS 线圈朝着与燃烧期相反的方向驱动等离子体电流,因此利用非电磁感应驱动与其抵消,使等离子体电流的方向与燃烧期相同。这样可以减轻电磁的循环疲劳,但热的循环疲劳程度则与脉冲运行相同。核聚变燃烧与脉冲堆一样,需要蓄热器。

3. 稳态运行

所谓稳态运行(steady-state operation),原理上是无限时间连续运行,包括仿星器/螺旋器、会切(cusp)、磁镜以及非电磁感应电流驱动的托卡马克等。图2.6.3为托卡马克稳态运行时的运行方案。

在稳态运行中,等离子体点火期、等离子体上升期、燃烧期、等离子体下降期构成一个循环。此时需要开发用于驱动等离子体电流的非电磁感应电流驱动方法。稳态运行不需要蓄热器,可以减轻热循环疲劳和电磁循环疲劳。

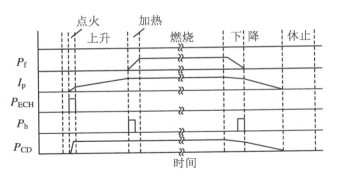

图 2.6.3　稳态运行方案

通过非电磁感应电流驱动来维持等离子体电流时,不需要 CS 线圈。但利用电磁感应维持等离子体电流时,则需要 CS 线圈。CS 线圈直径的尺寸是决定反应堆尺寸的一个因素。第 6 章将介绍核聚变堆的径向构造(radial build)。为了启动/维持等离子体电流,对线圈配置、线圈通电模型有要求,以将等离子体平衡位形维持在规定的形状。这些内容将在第 9 章介绍。等离子体加热和非电磁感应电流驱动的内容将在第 10 章介绍。发电厂整体的运行维护将在第 15 章介绍。

2.7　核聚变堆的开发研究阶段

在核聚变堆研究中,作为科学验证,TFTR(美国)、JET(EU)、JT-60(日本)等大型托卡马克已经实现了临界等离子体条件。科学验证之后,为了核聚变堆实用化,正在考虑实验堆→原型堆→商用堆的开发阶段。

1. 实验堆

实验堆(experimental reactor)的目的是进行核聚变堆的工程验证。特别是在物理上,目标是实现核聚变燃烧等离子体和长时间燃烧,在工程上验证反应堆工程技术。但不进行核聚变发电。

20 世纪七八十年代,NET(欧洲)、FER(日本)等对实验堆进行了研究。在国际原子能机构 IAEA 的指导下,开展了 INTOR(International Tokamok Reactor,1978～1987)

计划[8]。之后,开展了 ITER(International Thermonuclear Experimental Reactor)计划的概念设计活动(EDA,engineering design activities)及工程设计活动。现在,ITER 处于建设阶段。

2. 原型堆

原型堆(demonstration reactor)的目标是验证核聚变发电。在核聚变领域,原型堆被称为 demo 堆。在轻水堆等反应堆领域,原型堆被称为 prototype reactor,验证堆被称为 demonstration reactor。对于核聚变来说,从核聚变输出来看,原型堆与验证堆的差别比较小,原型堆的功能与验证堆的功能没有什么差别,因此采用上述使用方法。

3. 验证堆/商用堆

商用堆(commercial reactor)是用于验证经济性的动力堆(power reactor)。动力堆以动力生产为目的,目标是发电堆。广义上也包括了火箭等推进用反应堆。实用堆或商用堆是经过研究开发期后到达了实用阶段的动力堆。

参 考 文 献

[1] 日本原子力研究所,堆设计研究室,JAERI-M 83-214 (1984).

[2] 井上信幸,信頼度の高い既存の科学知識に基づいた核融合炉の早期実現最適シナリオの確立,1993~1994 年度科学研究費资助基金(综合研究 A)研究成果报告书,1995 年 3 月 (2005).

[3] T. Takizuka and M. Yamagiwa, 日本原子力研究所, JAERI-M 87-066 (1987).

[4] T. Kammash, Fusion Reactor Physics principles and technology, ANN ARBOR SCIENCE PUBLISHERS INC/THE BUTTERWORTH GROUP (1975).

[5] J. G. Cordey, R. J. Goldston and R. R. Parker, Physics Today, 22-30, Jan. (1992).

[6] ITER Interim Design Report, ITER EDA Document Series No. 7, IAEA, Vienna (1996).

[7] 日本原子力研究所,堆设计研究室,JAERI-M 84-212 (1985).

[8] INTOR GROUP, International Tokamak Reactor, Phase Two A, Part III, Vol. 1, IAEA, Vienna (1988).

第 3 章

等离子体解析基础

本章讲述核聚变反应堆设计中所必要的解析基础。要设计建造核聚变反应堆,必须掌握等离子体和中子的行为。在本章中,将介绍等离子体物理的基础与描述中子的解析方法。

3.1 玻尔兹曼方程

等离子体是大量的离子与电子的集合。在核聚变反应中产生的中子与 γ 射线也有各自的集合。为了描述这样的某种粒子集合的运动,引入速度分布函数 $f(r,v,t)$,从而时刻为 t,空间位置为 $r\sim dr$,具有速度 $v\sim dv$ 的粒子数可表示为 $f(r,v,t)drdv$。从 t 时刻开始,相空间中点 (r,v) 附近的微元 $drdv$ 由于运动经过 dt 的时间后变为点 (r',v') 附近的微元 $dr'dv'$,此过程中该相空间中的微元保持不变,这就是刘维尔定理

(Liouville's theorem)。从该定理出发,利用速度分布函数 $f(\boldsymbol{r}, \boldsymbol{v}, t)$,可以得到如下的玻尔兹曼方程(Boltzmann equation):

$$\frac{\partial f}{\partial t} + \boldsymbol{v} \cdot \frac{\partial f}{\partial \boldsymbol{r}} + \frac{q}{m}(\boldsymbol{E} + \boldsymbol{v} \times \boldsymbol{B}) \cdot \frac{\partial f}{\partial \boldsymbol{v}} = \left(\frac{\partial f}{\partial t}\right)_{\mathrm{C}} \tag{3.1.1}$$

其中各符号的含义为,t 为时间,$\boldsymbol{r}$ 为位置,$\boldsymbol{v}$ 为速度,q 为电荷量,m 为静止质量,$\boldsymbol{E}$ 为电场,$\boldsymbol{B}$ 为磁感应强度(有时也简称磁场),$(\partial f/\partial t)_{\mathrm{C}}$ 是由于粒子间的碰撞引起粒子数增减的碰撞项,表示分布函数的变化量。构成等离子体的带电粒子以电场和磁场为媒介相互作用,不带电荷的中子及 γ 射线则通过碰撞过程相互作用。

当等离子体十分稀薄从而可以忽略粒子间的碰撞时,可以使用忽略碰撞项的玻尔兹曼方程,或者弗拉索夫方程(Vlasov equation)来描述等离子体:

$$\frac{\partial f}{\partial t} + \boldsymbol{v} \cdot \frac{\partial f}{\partial \boldsymbol{r}} + \frac{q}{m}(\boldsymbol{E} + \boldsymbol{v} \times \boldsymbol{B}) \cdot \frac{\partial f}{\partial \boldsymbol{v}} = 0 \tag{3.1.2}$$

等离子体粒子间的相互作用可以通过电场与磁场进行求解。此时,必须联立麦克斯韦方程组。麦克斯韦方程组如下:

$$\nabla \times \boldsymbol{E} = -\frac{\partial \boldsymbol{B}}{\partial t} \tag{3.1.3}$$

$$\nabla \times \boldsymbol{H} = \frac{\partial \boldsymbol{D}}{\partial t} + \boldsymbol{j} \tag{3.1.4}$$

$$\nabla \cdot \boldsymbol{B} = 0 \tag{3.1.5}$$

$$\nabla \cdot \boldsymbol{D} = \rho \tag{3.1.6}$$

其中,$\boldsymbol{H}$ 为磁场强度,$\boldsymbol{D}$ 为电位移矢量或者电通量密度,$\boldsymbol{j}$ 为电流密度,ρ 为电荷密度。若设介质的介电常数为 ε,磁导率为 μ,则有如下关系:

$$\boldsymbol{B} = \mu \boldsymbol{H} \tag{3.1.7}$$

$$\boldsymbol{D} = \varepsilon \boldsymbol{E} \tag{3.1.8}$$

若将真空中的介电常数表示为 ε_0,磁导率表示为 μ_0,则有

$$\varepsilon_0 = \frac{10^7}{4\pi c^2} = 8.854 \times 10^{-12} \, (\mathrm{F/m}) \tag{3.1.9}$$

$$\mu_0 = 4\pi \times 10^{-7} = 1.257 \times 10^{-6} \, (\mathrm{H/m}) \tag{3.1.10}$$

其中,c 为真空中的光速。

当密度为均匀分布且达到热平衡状态时,速度分布函数 f 演变为麦克斯韦分布(Maxwell distribution):

$$f(v) = n\left(\frac{m}{2\pi k_B T}\right)^{3/2} \exp\left(-\frac{mv^2}{2k_B T}\right) \tag{3.1.11}$$

其中,n 为密度,k_B 为玻尔兹曼常数(1.38054×10^{-23} J/K),T 为等离子体粒子的温度(绝对温度)。热速度为 $v_t = (k_B T/m)^{1/2}$。等离子体粒子的温度 T 常用电子伏特(eV)的单位表示,变换为以焦耳(J)为单位时需要乘以一个常数 $k = 1.6021\times10^{-19}$ J/eV。

电荷密度与电流密度分别为

$$\rho = \sum q\int f\mathrm{d}v \tag{3.1.12}$$

$$j = \sum q\int vf\mathrm{d}v \tag{3.1.13}$$

$\sum$ 表示按等离子体粒子种类求和。

3.2　等离子体解析

等离子体解析是指联立麦克斯韦方程组对弗拉索夫方程进行求解。弗拉索夫方程是非线性方程,其解法可按照以下观点进行分类。

1. 速度信息的有无

利用速度分布函数 $f(r,v,t)$,将物理量按照速度进行积分从而舍去与速度的相关性,只讨论在速度空间的平均量,这就是磁流体动力学方程(magnetohydrodynamic equation)。由于自变量从 (r,v,t) 减少为 (r,t),因而十分有利于复杂系统的求解。对于因速度空间的变化而引起的不稳定性以及波动现象,则仍需要从运动学出发,使用动力学方程(kinetic equation)进行求解。换言之,仍然使用弗拉索夫方程进行求解。

无论是否有外部磁场,如果等离子体中只存在静电波,则静电波近似成立,联立 MHD 方程与泊松方程(Poisson equation)或弗拉索夫方程与泊松方程即可求解。但当等离子体中存在电磁波时,则不能使用静电波近似,必须联立 MHD 方程与麦克斯韦方程组或弗拉索夫方程与麦克斯韦方程组进行求解,使得求解过程变得复杂。

2. 是否考虑非线性效应

等离子体具有非线性[1,2]。按照是否考虑非线性效应可对求解过程进行分类。一般而言,非线性求解很难得到解析解,求解的关键是按微扰展开。线性响应理论(linear response theory)[3]就是著名的解法之一。非线性现象包括由相同的空间依赖性决定的相干非线性现象和由随机的集团振动导致的湍流(turbulence,也称紊流)。

3. 是否存在外部电磁场

考虑平衡状态及平衡状态附近的扰动时,平衡状态的电场 E_0、磁场 B_0 存在以下情况:(1) $E_0 = B_0 = 0$,(2) $E_0 \neq 0$,$B_0 = 0$,(3) $E_0 = 0$,$B_0 \neq 0$,(4) $E_0 \neq 0$,$B_0 \neq 0$。

4. 数值模拟

除上述观点外,还可以使用数值模拟来理解等离子体的复杂行为。然而,等离子体在时间尺度和空间尺度上的跨度都很广,所需的计算量容量十分庞大,使得计算机的使用受到限制。因此,进行数值模拟时必须采用可以使用计算机进行计算的近似模型。目前,已有多个近似模型相继提出。

5. 主要的等离子体解析理论

表 3.2.1 中列出了主要的等离子体解析理论。值得注意的是,除表中所列内容外,各个理论还朝着更加细化的方向拓展,同时从线性领域向非线性领域延伸,并取得了较为显著的成果。

表 3.2.1　主要的等离子体解析理论

方程组合	线性解析	非线性解析	
		相干	湍流
MHD 方程与泊松方程	朗缪尔波、离子声波	非线性朗缪尔波、孤立波、参数不稳定性	湍流输运
MHD 方程与麦克斯韦方程组	等离子体平衡、MHD 不稳定性、波动解析	—	湍流输运
弗拉索夫方程与泊松方程	朗道阻尼	大振幅电场捕获粒子、BGK 模	湍流输运、准线性理论、受激散射、重整化理论
弗拉索夫方程与麦克斯韦方程组	波动解析	—	准线性理论

线性解析主要包括等离子体平衡、MHD 不稳定性、波动解析等,常用于等离子体设计之中,将在第 4 章、第 10 章等进行介绍。

非线性解析包含作为相干（coherent）非线性现象的非线性朗缪尔波和孤立波（soliton）[4,5]。递减微扰法[6]是引入多尺度变量的奇异微扰法。描述孤立波的 KDV 方程（Korteweg-de Vries equation）可用反散射法进行求解[7]。参数不稳定性是由 3 波及 4 波相互作用导致的不稳定性[8]。对于外加大振幅电场时的捕获粒子[4,5]以及 BGK 模[9]等可以用静电波近似进行求解。

湍流（扰乱状态）可分为弱湍流（weak turbulence）和强湍流（strong turbulence）。对于弱湍流，电磁场的能量 E_f 远远小于粒子的动能 E_{kin}（$E_f \ll E_{kin}$），而对于强湍流，则有 $E_f \cong E_{kin}$[5]。弱湍流理论[4,10~12]主要是利用空间平均值或集合平均值，对平衡状态附近进行微扰展开。

等离子体湍流输运主要通过联立 MHD 方程与泊松方程进行求解[13]，或者联立 MHD 方程与麦克斯韦方程组进行求解[14]。另外，联立弗拉索夫方程与泊松方程进行求解的研究也在进行中[11,15]。

涉及部分非线性的理论包括使用弗拉索夫方程与泊松方程的准线性理论（quasi-linear theory）[4,10,16]以及使用弗拉索夫方程与麦克斯韦方程组的准线性理论[10]。受激散射与波动动力学方程（wave kinetic equation）等也可归入弱湍流理论中（参考 3.8 节）。另外，有相关示例表明弱湍流理论对等离子体加热同样适用[17]。

重整化理论是指将包括高阶量在内的扰动的各阶量重整为线性算符的微扰论[18]。将速度分布函数划分为平均量和涨落量，甚至再将涨落量细分为相干项和非相干项（噪声），并对求解各个项的非线性效应的方法进行研究[19,20]。

求解复杂等离子体时可以采用数值模拟，而对于能够影响等离子体约束的湍流输运，其求解也可以采用数值模拟。通过理论、模拟和实验来研究湍流等离子体的构造和形成是目前的主流。

接下来，将会在 3.3 节中首先给出 MHD 方程的推导，然后在 3.4～3.6 节给出线性近似下的动力学处理，在 3.7～3.8 节给出考虑非线性效应的动力学处理。导致等离子体中出现不稳定性波的湍流与输运及其关系在 4.8.4 小节给出，湍流输运的相关扩散系数则在 5.2.2 小节给出。

3.3 磁流体动力学方程

将玻尔兹曼方程按照速度积分，则速度作为平均量从速度分布函数 $f(r, v, t)$ 中舍去,得到的方程就是磁流体动力学方程(MHD 方程)。

1. 宏观物理量

速度 v 可以表示为由速度分布函数确定的平均量 u 与涨落量 w 之和,即

$$v = u + w \tag{3.3.1}$$

一般而言,有以下关系式:

$$n = \int f(r, v, t) \mathrm{d}v$$

$$\langle g \rangle = \int g(r, v, t) f(r, v, t) \mathrm{d}v \Big/ \int f(r, v, t) \mathrm{d}v \tag{3.3.2}$$

其中 n 为粒子的密度。相应的,对速度 v,有

$$\langle v \rangle = \int v f(r, v, t) \mathrm{d}v \Big/ \int f(r, v, t) \mathrm{d}v = u \tag{3.3.3}$$

同时满足 $\langle v \rangle = \langle u + w \rangle = u + \langle w \rangle = u$,$\langle w \rangle = 0$。

对物理量 $g(r, v, t)$ 取矩(利用速度分布函数取平均)可以获得诸多宏观物理量[23~25]。

(1) 动量通量张量 $P(r, t)$

对 $g(r, v, t) = m v_i v_j$ 取一阶矩可得

$$P_{ij} = n \langle m v_i v_j \rangle = \int m v_i v_j f(r, v, t) \mathrm{d}v \tag{3.3.4}$$

写成并矢形式为

$$P = n \langle m v v \rangle \tag{3.3.5}$$

其中,并矢(diadic)是指由矢量 A、B 构成的形如下式的张量:

$$AB = \begin{pmatrix} A_x B_x & A_x B_y & A_x B_z \\ A_y B_x & A_y B_y & A_y B_z \\ A_z B_x & A_z B_y & A_z B_z \end{pmatrix} \tag{3.3.6}$$

(2) 压力张量 $p(r, t)$

由 $\langle v_i v_j \rangle = \langle (u_i + w_i)(u_j + w_j) \rangle = u_i u_j + \langle w_i w_j \rangle$ 可知,$g(r, v, t) = m w_i w_j$ 的一阶矩为

$$p_{ij} = n \langle m w_i w_j \rangle = P_{ij} - n m u_i u_j \tag{3.3.7}$$

其并矢形式为

$$p = P - nmuu \tag{3.3.8}$$

(3) 能量密度 $\varepsilon(\boldsymbol{r}, t)$

对 $g(\boldsymbol{r}, \boldsymbol{v}, t) = \frac{1}{2}mv^2$ 取一阶矩有

$$\varepsilon = n\left\langle \frac{1}{2}mv^2 \right\rangle = n\left\langle \sum_i \frac{1}{2}mv_i^2 \right\rangle = \frac{1}{2}(P_{xx} + P_{yy} + P_{zz}) = \frac{1}{2}\mathrm{Tr}(P_{ij})$$

$$\tag{3.3.9}$$

其中，Tr 表示对矩阵对角线求和。

(4) 内能密度 $U(\boldsymbol{r}, t)$

对 $g(\boldsymbol{r}, \boldsymbol{v}, t) = \frac{1}{2}mw^2$ 取一阶矩有

$$U = n\left\langle \frac{1}{2}mw^2 \right\rangle = n\left\langle \sum_i \frac{1}{2}mw_i^2 \right\rangle = \frac{1}{2}(p_{xx} + p_{yy} + p_{zz}) = \frac{1}{2}\mathrm{Tr}(p_{ij})$$

$$\tag{3.3.10}$$

当压力张量为各向同性，即 $p_{xx} = p_{yy} = p_{zz} = p$ 时，利用 $p = nk_\mathrm{B}T$ 可得，$U = \frac{3}{2}p = \frac{3}{2}nk_\mathrm{B}T$。

(5) 能量流束矢量 $\boldsymbol{Q}(\boldsymbol{r}, t)$

对 $g(\boldsymbol{r}, \boldsymbol{v}, t) = \frac{1}{2}mv^2\boldsymbol{v}$ 取一阶矩有

$$\boldsymbol{Q} = n\left\langle \frac{1}{2}mv^2\boldsymbol{v} \right\rangle = n\left\langle \sum_i \frac{1}{2}mv_i^2v \right\rangle = \frac{1}{2}nm\sum_i \left\langle (u_i + w_i)^2(u + w) \right\rangle$$

$$= \frac{1}{2}nm\sum_i \left[u_i^2\boldsymbol{u} + \left\langle w_i^2 \right\rangle\boldsymbol{u} + 2u_i\left\langle w_iw \right\rangle + \left\langle w_i^2w \right\rangle \right] \tag{3.3.11}$$

上式右边第二项为

$$\frac{1}{2}nm\sum_i \left\langle w_i^2 \right\rangle\boldsymbol{u} = \frac{1}{2}\mathrm{Tr}(p_{ij})\boldsymbol{u} = U\boldsymbol{u} = U\boldsymbol{I} \cdot \boldsymbol{u} \tag{3.3.12}$$

其中，$\boldsymbol{I}$ 为单位对角张量：

$$I = \begin{bmatrix} 1 & 0 & 0 \\ 0 & 1 & 0 \\ 0 & 0 & 1 \end{bmatrix} \tag{3.3.13}$$

公式(3.3.11)右边第三项为

$$\frac{1}{2}nm\sum_i 2u_i\langle w_i\boldsymbol{w}\rangle = nm\sum_i u_i\langle w_iw_j\rangle = nm\sum_i u_i\frac{p_{ij}}{nm} = \boldsymbol{u}\cdot\boldsymbol{p} \tag{3.3.14}$$

从而公式(3.3.11)可改写为

$$\boldsymbol{Q} = n\left\langle\frac{1}{2}mv^2\boldsymbol{v}\right\rangle = \frac{1}{2}nmu^2\boldsymbol{u} + (\boldsymbol{p} + U\boldsymbol{I})\cdot\boldsymbol{u} + n\left\langle\frac{1}{2}mw^2\boldsymbol{w}\right\rangle \tag{3.3.15}$$

上式右边第一项为动能通量,第二项表示由对流引起的能量通量,第三项表示来自于热传导的热流通量,可以用热传导率 κ_c 对热流通量进行改写[26],从而有

$$\boldsymbol{Q} = n\left\langle\frac{1}{2}mv^2\boldsymbol{v}\right\rangle = \frac{1}{2}nmu^2\boldsymbol{u} + (\boldsymbol{p} + U\boldsymbol{I})\cdot\boldsymbol{u} - \kappa_c\nabla_r T \tag{3.3.16}$$

热传导率 κ_c(thermal conductivity)的单位为 W/(mK),温度 T 的单位为 K。

2. 粒子数守恒定律(连续性方程)

在上述结果的基础上,把玻尔兹曼方程的两端都乘以函数 $g(\boldsymbol{r},\boldsymbol{v},t)$ 并按速度 $\boldsymbol{v}$ 积分,有

$$\int g\frac{\partial f}{\partial t}\mathrm{d}\boldsymbol{v} + \int g\boldsymbol{v}\cdot\frac{\partial f}{\partial\boldsymbol{r}}\mathrm{d}\boldsymbol{v} + \int g\frac{q}{m}(\boldsymbol{E} + \boldsymbol{v}\times\boldsymbol{B})\cdot\frac{\partial f}{\partial\boldsymbol{v}}\mathrm{d}\boldsymbol{v} = \int g\left(\frac{\partial f}{\partial t}\right)_C\mathrm{d}\boldsymbol{v} \tag{3.3.17}$$

若分别令 $g(\boldsymbol{v}) = 1, m\boldsymbol{v}, mv^2/2$,则可以导出密度、动量和能量的方程。记 $\boldsymbol{F} = q(\boldsymbol{E} + \boldsymbol{v}\times\boldsymbol{B})$,则公式(3.3.17)左边各项可改写为

$$\int g\frac{\partial f}{\partial t}\mathrm{d}\boldsymbol{v} = \int\frac{\partial}{\partial t}gf\mathrm{d}\boldsymbol{v} = \frac{\partial}{\partial t}n\langle g\rangle \tag{3.3.18}$$

$$\int gv_i\frac{\partial f}{\partial x_i}\mathrm{d}\boldsymbol{v} = \int\frac{\partial}{\partial x_i}gv_if\mathrm{d}\boldsymbol{v} = \frac{\partial}{\partial x_i}n\langle gv_i\rangle = \nabla_r\cdot(n\langle g\boldsymbol{v}\rangle) \tag{3.3.19}$$

$$\int g\frac{F_i}{m}\frac{\partial f}{\partial v_i}\mathrm{d}\boldsymbol{v} = \int\mathrm{d}v_j\mathrm{d}v_k\left\{g\frac{F_i}{m}f\Big|_{v_i=-\infty}^{v_i=+\infty} - \int\mathrm{d}v_if\frac{\partial}{\partial v_i}\left(g\frac{F_i}{m}\right)\right\}$$

$$= -\int\mathrm{d}v_j\mathrm{d}v_k\left\{\int\mathrm{d}v_if\left(g\frac{\partial}{\partial v_i}\frac{F_i}{m} + \frac{F_i}{m}\frac{\partial g}{\partial v_i}\right)\right\}$$

$$= -n\left\langle\frac{F_i}{m}\frac{\partial g}{\partial v_i}\right\rangle = -\frac{n}{m}\langle(\boldsymbol{F}\cdot\nabla_v)g\rangle \tag{3.3.20}$$

从而公式(3.3.17)可改写为

$$\frac{\partial}{\partial t}n\langle g\rangle + \nabla_r \cdot (n\langle g\boldsymbol{v}\rangle) - \frac{n}{m}\langle(\boldsymbol{F}\cdot\nabla_v)g\rangle = \int g\left(\frac{\partial f}{\partial t}\right)_{\mathrm{C}}\mathrm{d}\boldsymbol{v} \tag{3.3.21}$$

令 $g(\boldsymbol{v})=1$,则由公式(3.3.21)可得出如下连续性方程:

$$\frac{\partial n}{\partial t} + \nabla_r \cdot (n\boldsymbol{u}) = \int\left(\frac{\partial f}{\partial t}\right)_{\mathrm{C}}\mathrm{d}\boldsymbol{v} \tag{3.3.22}$$

对于碰撞项,若不存在电离、再结合等过程,则碰撞项为 0,故可得

$$\frac{\partial n}{\partial t} + \nabla_r \cdot (n\boldsymbol{u}) = 0 \tag{3.3.23}$$

上式即粒子数守恒定律。

3. 动量守恒定律

令 $g(\boldsymbol{v})=m\boldsymbol{v}$,利用公式(3.3.5),由公式(3.3.21)可得

$$\frac{\partial}{\partial t}mn\boldsymbol{u} + \nabla_r \cdot \boldsymbol{P} - qn(\boldsymbol{E}+\boldsymbol{u}\times\boldsymbol{B}) = \int m\boldsymbol{v}\left(\frac{\partial f}{\partial t}\right)_{\mathrm{C}}\mathrm{d}\boldsymbol{v} \tag{3.3.24}$$

利用公式(3.3.8)以及公式 $\nabla_r \cdot (\boldsymbol{ab}) = (\nabla_r \cdot \boldsymbol{a})\boldsymbol{b} + (\boldsymbol{a}\cdot\nabla_r)\boldsymbol{b}$,有

$$\frac{\partial}{\partial t}mn\boldsymbol{u} + \nabla_r \cdot \boldsymbol{P} = \frac{\partial}{\partial t}mn\boldsymbol{u} + \nabla_r \cdot (\boldsymbol{p}+mn\boldsymbol{uu})$$

$$= mn\frac{\partial\boldsymbol{u}}{\partial t} + \boldsymbol{u}\frac{\partial mn}{\partial t} + \nabla_r \cdot \boldsymbol{p} + mn(\boldsymbol{u}\cdot\nabla_r)\boldsymbol{u} + \boldsymbol{u}\nabla_r \cdot (mn\boldsymbol{u})$$

$$\tag{3.3.25}$$

沿流动方向观测的全微分,即拉格朗日(Lagrange)微分可以表示为如下形式:

$$\frac{\mathrm{d}}{\mathrm{d}t} = \frac{\partial}{\partial t} + \boldsymbol{u}\cdot\nabla_r \tag{3.3.26}$$

再利用粒子数守恒定律,从而从公式(3.3.24)可以得到如下的动量守恒方程:

$$mn\frac{\mathrm{d}\boldsymbol{u}}{\mathrm{d}t} + \nabla_r \cdot \boldsymbol{p} - qn(\boldsymbol{E}+\boldsymbol{u}\times\boldsymbol{B}) = \boldsymbol{R} \tag{3.3.27}$$

其中,等式右端为

$$R = \int m\boldsymbol{v} \left(\frac{\partial f}{\partial t}\right)_C \mathrm{d}\boldsymbol{v} \tag{3.3.28}$$

对于定常状态、无碰撞且电磁场强度很弱可以忽略的情况,公式(3.3.24)可改写为如下形式:

$$\nabla_r \cdot (\boldsymbol{p} + mn\boldsymbol{u}\boldsymbol{u}) = 0 \tag{3.3.29}$$

4. 能量守恒定律

令 $g(\boldsymbol{v}) = mv^2/2$,则由公式(3.3.21)可得如下形式:

$$\frac{\partial}{\partial t} n\left\langle \frac{1}{2}mv^2 \right\rangle + \nabla_r \cdot n\left\langle \frac{1}{2}mv^2\boldsymbol{v} \right\rangle - \frac{n}{m}\left\langle (\boldsymbol{F} \cdot \nabla_v)\frac{1}{2}mv^2 \right\rangle = \int \frac{1}{2}mv^2 \left(\frac{\partial f}{\partial t}\right)_C \mathrm{d}\boldsymbol{v} \tag{3.3.30}$$

左边第三项为

$$-\frac{n}{m}\left\langle (\boldsymbol{F} \cdot \nabla_v)\frac{1}{2}mv^2 \right\rangle = -\frac{n}{m}\left\langle \left(\boldsymbol{F} \cdot \frac{\partial}{\partial v_i}\right)\frac{1}{2}mv^2 \right\rangle = -\frac{n}{m}\langle \boldsymbol{F} \cdot m\boldsymbol{v} \rangle \tag{3.3.31}$$

利用公式(3.3.9)、(3.3.11)以及 $(\boldsymbol{v} \times \boldsymbol{B}) \cdot \boldsymbol{v} = 0$,可得如下所示的能量守恒方程:

$$\frac{\partial \varepsilon}{\partial t} + \nabla_r \cdot \boldsymbol{Q} - qn\boldsymbol{E} \cdot \boldsymbol{u} = \int \frac{1}{2}mv^2 \left(\frac{\partial f}{\partial t}\right)_C \mathrm{d}\boldsymbol{v} \tag{3.3.32}$$

再利用公式(3.3.10)、(3.3.15)以及 $\langle v_i^2 \rangle = \langle (u_i + w_i)^2 \rangle = u_i^2 + \langle w_i^2 \rangle$,上式可进一步改写为

$$\frac{\partial}{\partial t}\left(\frac{1}{2}mnu^2 + \frac{3}{2}nk_\mathrm{B}T\right) + \nabla_r \cdot \left[\frac{1}{2}mnu^2\boldsymbol{u} + \boldsymbol{p} \cdot \boldsymbol{u} + U\boldsymbol{u} + n\left\langle \frac{1}{2}mw^2\boldsymbol{w} \right\rangle\right] - qn\boldsymbol{E} \cdot \boldsymbol{u}$$
$$= \int \frac{1}{2}mv^2 \left(\frac{\partial f}{\partial t}\right)_C \mathrm{d}\boldsymbol{v} \tag{3.3.33}$$

对于定常状态、无碰撞、电场强度很弱可以忽略且热流通量较大的情况,再利用公式(3.3.16),公式(3.3.32)可改写为如下形式:

$$\nabla_r \cdot \boldsymbol{Q} = \nabla_r \cdot (-\kappa_c \nabla_r T) = 0 \tag{3.3.34}$$

由于弗拉索夫方程为非线性方程,因此从弗拉索夫方程中导出的 MHD 方程也是非线性方程。当等离子体的电导率非常高(电阻率 $\eta = 0$)时,MHD 方程又称为理想 MHD 方程。将理想 MHD 方程线性近似,可以用于求解等离子体的平衡和稳定性(参考第4章)。同时,也可以用于求解冷等离子体中的波(参考第10章)。

3.4 动力学方程

等离子体的动力学处理是指求解由公式(3.1.2)~(3.1.6)导出的动力学方程(kinetic equation)。为了简单起见,在这里先考虑一维电子等离子体中的静电波。此时,弗拉索夫方程为

$$\frac{\partial f}{\partial t} + v\,\frac{\partial f}{\partial x} + \frac{q}{m}E\,\frac{\partial f}{\partial v} = 0 \tag{3.4.1}$$

泊松方程为

$$\frac{\partial E}{\partial x} = \frac{q}{\varepsilon_0}\int f\mathrm{d}v \tag{3.4.2}$$

利用下面的公式可以对上述方程进行傅里叶(Fourier)变换:

$$f(k,v,t) = \int_{-\infty}^{+\infty} f(x,v,t)\mathrm{e}^{-ikx}\mathrm{d}x, \quad f(x,v,t) = \frac{1}{2\pi}\int_{-\infty}^{+\infty} f(k,v,t)\mathrm{e}^{ikx}\mathrm{d}k \tag{3.4.3}$$

$$E(k,t) = \int_{-\infty}^{+\infty} E(x,t)\mathrm{e}^{-ikx}\mathrm{d}x, \quad E(x,t) = \frac{1}{2\pi}\int_{-\infty}^{+\infty} E(k,t)\mathrm{e}^{ikx}\mathrm{d}k \tag{3.4.4}$$

将弗拉索夫方程两端乘以 e^{-ikx} 并对 x 积分即可进行傅里叶变换:

$$\int_{-\infty}^{+\infty} \frac{\partial f(x,v,t)}{\partial t}\mathrm{e}^{-ikx}\mathrm{d}x = \frac{\partial}{\partial t}\int_{-\infty}^{+\infty} f(x,v,t)\mathrm{e}^{-ikx}\mathrm{d}x = \frac{\partial f(k,v,t)}{\partial t} \tag{3.4.5}$$

$$\int_{-\infty}^{+\infty} v\,\frac{\partial f(x,v,t)}{\partial x}\mathrm{e}^{-ikx}\mathrm{d}x = vf(x,u,t)\mathrm{e}^{-ikx}\,\big|_{x=-\infty}^{x=+\infty} + ikv\int_{-\infty}^{+\infty} f(x,v,t)\mathrm{e}^{-ikx}\mathrm{d}x$$
$$= ikvf(k,v,t) \tag{3.4.6}$$

$$\int_{-\infty}^{+\infty} \frac{q}{m}E(x,t)\frac{\partial f(x,v,t)}{\partial v}\mathrm{e}^{-ikx}\mathrm{d}x = \frac{q}{m}\int_{-\infty}^{+\infty}\mathrm{d}x\,\frac{1}{2\pi}\int_{-\infty}^{+\infty}E(k',t)\mathrm{e}^{ik'x}\mathrm{d}k'\,\frac{\partial f(x,v,t)}{\partial v}\mathrm{e}^{-ikx}$$
$$= \frac{q}{m}\frac{1}{2\pi}\int_{-\infty}^{+\infty}\mathrm{d}k'E(k',t)\frac{\partial f(k-k',v,t)}{\partial v} \tag{3.4.7}$$

从而公式(3.4.1)可以改写为

$$\frac{\partial f(k,v,t)}{\partial t} + \mathrm{i}kvf(k,v,t) + \frac{q}{m}\frac{1}{2\pi}\int_{-\infty}^{+\infty}\mathrm{d}k'E(k',t)\frac{\partial f(k-k',v,t)}{\partial v} = 0 \quad (3.4.8)$$

更进一步,还可以进行拉普拉斯(Laplace)变换。拉普拉斯变换为

$$f(x,v,\omega) = \int_0^{+\infty} f(x,v,t)\mathrm{e}^{\mathrm{i}\omega t}\mathrm{d}t, \quad f(x,v,t) = \frac{1}{2\pi}\int_L f(x,v,\omega)\mathrm{e}^{-\mathrm{i}\omega t}\mathrm{d}\omega \quad (3.4.9)$$

$$E(x,v,\omega) = \int_{-\infty}^{+\infty} E(x,t)\mathrm{e}^{\mathrm{i}\omega t}\mathrm{d}t, \quad E(x,v,t) = \frac{1}{2\pi}\int_L E(x,\omega)\mathrm{e}^{-\mathrm{i}\omega t}\mathrm{d}\omega \quad (3.4.10)$$

其中,拉普拉斯逆变换的积分路径为复数 ω 平面内的水平线,该水平线位于包含 $E(k,\omega)$ 的零点在内的全部奇点的上方。拉普拉斯变换可以视为是对函数 $\tilde{g}$ 的傅里叶变换,其中 $\tilde{g}$ 满足:当 $t>0$ 时,$\tilde{g}=g(t)$;当 $t<0$ 时,$\tilde{g}=0$。将 ω 表示为 $\omega=\omega_r+\mathrm{i}\omega_i$,对于拉普拉斯的逆变换,当 $t<0$ 时,由于积分路径位于全部奇点的上方,可令 $\omega_i\to\infty$,此时有 $\exp(-\mathrm{i}\omega t)\approx\exp(\omega_i t)=\exp(-\omega_i|t|)\to 0$,因此积分路径可以在复平面的上半平面封闭,积分值为 0,从而 $\tilde{g}=0$[4]。

进行拉普拉斯变换后的弗拉索夫方程为

$$-\mathrm{i}(\omega-kv)f(k,v,\omega) + \frac{q}{m}\left(\frac{1}{2\pi}\right)^2\int_{-\infty}^{+\infty}\mathrm{d}k'\int\mathrm{d}\omega'E(k',\omega')\frac{\partial f(k-k',v,\omega-\omega')}{\partial v} = 0$$

$$(3.4.11)$$

左边第二项为非线性项。从上式可得速度分布函数为

$$f(k,v,\omega) = \frac{-\mathrm{i}}{(\omega-kv)}\frac{q}{m}\left(\frac{1}{2\pi}\right)^2\int_{-\infty}^{+\infty}\mathrm{d}k'\int\mathrm{d}\omega'E(k',\omega')\frac{\partial f(k-k',v,\omega-\omega')}{\partial v}$$

$$(3.4.12)$$

式中,(k',ω') 与 $(k-k',\omega-\omega')$ 之间存在相互关联性,因此如何对其进行近似成为求解的关键。接下来,就相互关联性的线性近似的相关方法进行介绍。

3.5　线性近似后的动力学求解(一维)

将速度分布函数划分为平衡量 f_0 与平衡量附近的扰动量 f_1,即

$$f = f_0 + f_1 \quad (3.5.1)$$

令 $f_1 \ll f_0$，并考虑电场为一次项，则公式(3.4.1)中的一次项为

$$\frac{\partial f_1}{\partial t} + v\frac{\partial f_1}{\partial x} + \frac{q}{m}E\frac{\partial f_0}{\partial v} = 0 \qquad (3.5.2)$$

对上式进行傅里叶变换和拉普拉斯变换，有

$$f_1(k,v,\omega) = \frac{-\mathrm{i}}{(\omega - kv)}\frac{q}{m}E(k,\omega)\frac{\partial f_0(v)}{\partial v} \qquad (3.5.3)$$

此时，公式(3.4.12)中(k',ω')与$(k-k',\omega-\omega')$之间存在的相互关联性已经被切断，这个过程就是线性近似。从上式出发可以求出需要的物理量。

作为一个例子，下面利用公式(3.5.3)对朗道阻尼(Landau damping)进行介绍。将进行傅里叶变换和拉普拉斯变换后的泊松方程代入公式(3.5.3)后可得

$$\varepsilon(k,\omega)E(k,\omega) = 0 \qquad (3.5.4)$$

$$\varepsilon(k,\omega) = 1 - \frac{\omega_{\mathrm{p}}^2}{k^2}\frac{1}{n}\int_{-\infty}^{+\infty}\frac{1}{(v-\omega/k)}\frac{\partial f_0(v)}{\partial v}\mathrm{d}v \qquad (3.5.5)$$

其中，$\varepsilon(k,\omega)$是介电函数，$\omega_{\mathrm{p}}^2 = nq^2/(\varepsilon_0 m)$是等离子体的角频率。图 3.5.1 中给出了公式(3.5.5)中右边第二项的积分路径。记 v 的实部为 v_{r}，虚部为 v_{i}。由于拉普拉斯逆变换的积分路径位于包含 $\varepsilon(k,\omega)$ 全部零点在内的所有奇点的上方，若定义在实数域上的函数在复平面内解析，计算 $\varepsilon(k,\omega)$ 时可以令 $\omega_{\mathrm{i}} > 0$，则奇点 $v = \omega/k$ 位于复平面 v 的上半平面，可以按照图 3.5.1(a)中所示路径直接沿实轴进行积分。当 $\omega_{\mathrm{i}} < 0$ 时，认为横穿实轴时 $\varepsilon(k,\omega)$ 的值保持不变，可以按照图 3.5.1(b)中所示路径进行积分。而当 $\omega_{\mathrm{i}} = 0$ 时，则按照图 3.5.1(c)中所示路径积分[4]。这就是朗道积分路径。

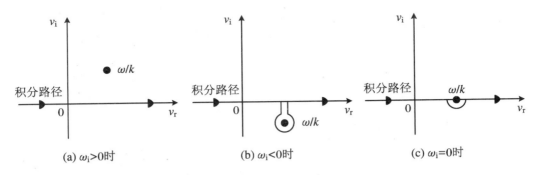

(a) $\omega_{\mathrm{i}} > 0$时　　　　(b) $\omega_{\mathrm{i}} < 0$时　　　　(c) $\omega_{\mathrm{i}} = 0$时

图 3.5.1　复数积分的积分路径

令 $\omega = \omega_{\mathrm{r}} + \mathrm{i}\omega_{\mathrm{i}}$，且$|\omega_{\mathrm{r}}| \gg |\omega_{\mathrm{i}}|$，当 $\omega_{\mathrm{i}} \to 0$ 时，按照图 3.5.1(c)中所示积分路径进行

积分可得

$$\frac{\omega_{\mathrm{p}}^2}{k^2} \frac{1}{n} \int_{-\infty}^{+\infty} \frac{1}{(v - \omega/k)} \frac{\partial f_0(v)}{\partial v} \mathrm{d}v$$

$$= P \frac{\omega_{\mathrm{p}}^2}{k^2} \frac{1}{n} \int_{-\infty}^{+\infty} \frac{1}{(v - \omega/k)} \frac{\partial f_0(v)}{\partial v} \mathrm{d}v + \pi \mathrm{i} \frac{\omega_{\mathrm{p}}^2}{k^2} \frac{1}{n} \left. \frac{\partial f_0(v)}{\partial v} \right|_{v = \omega/k} \quad (3.5.6)$$

其中，P 表示积分主值。按照图 3.5.1(c)所示积分路径中的半圆形路径进行积分，在留数值的基础上乘以 $\pi \mathrm{i}$ 可以得到等式右边第二项。从积分路径考虑，使用相应的 Plemelj 公式(Sokhotski-Plemelj theorem)：

$$\ell \lim_{\varepsilon \to 0} \frac{1}{x - a - \mathrm{i}|\varepsilon|} = P \frac{1}{x - a} + \pi \mathrm{i} \delta(x - a) \quad (3.5.7)$$

进行计算可以得到相同的结果。

主值积分为

$$P \int_{-\infty}^{+\infty} \frac{1}{(v - \omega/k)} \frac{\partial f_0(v)}{\partial v} \mathrm{d}v = \ell \lim_{\varepsilon \to 0} \left(\int_{-\infty}^{\omega/k - \varepsilon} + \int_{\omega/k + \varepsilon}^{+\infty} \right) \frac{1}{(v - \omega/k)} \frac{\partial f_0(v)}{\partial v} \mathrm{d}v$$

$$(3.5.8)$$

麦克斯韦分布表示为

$$f_0(v) = n \left(\frac{m}{2\pi k_{\mathrm{B}} T} \right)^{1/2} \exp\left(-\frac{mv^2}{2k_{\mathrm{B}} T} \right) \quad (3.5.9)$$

当相速度 ω/k 远远大于热速度从而 $v \ll \omega/k$ 时，有

$$P \int_{-\infty}^{+\infty} \frac{1}{(v - \omega/k)} \frac{\partial f_0(v)}{\partial v} \mathrm{d}v = \left. \frac{f_0(v)}{(v - \omega/k)} \right|_{v=-\infty}^{v=+\infty} + \int_{-\infty}^{+\infty} \frac{k^2}{\omega^2} \frac{1}{(1 - kv/\omega)^2} f_0(v) \mathrm{d}v$$

$$= \int_{-\infty}^{+\infty} \frac{k^2}{\omega^2} \left\{ 1 + 2\frac{kv}{\omega} + 3\left(\frac{kv}{\omega}\right)^2 + \cdots \right\} f_0(v) \mathrm{d}v$$

$$= \frac{k^2 n^2}{\omega^2} \left\{ 1 + 3\left(\frac{k}{\omega}\right)^2 \frac{k_{\mathrm{B}} T}{m} + \cdots \right\} \quad (3.5.10)$$

由于 $E(k, \omega) \neq 0$，因此 $\varepsilon(k, \omega) = 0$，由公式(3.5.5)，运用留数定理可得

$$1 = \frac{\omega_{\mathrm{p}}^2}{\omega^2} \left\{ 1 + 3\left(\frac{k}{\omega}\right)^2 \frac{k_{\mathrm{B}} T}{m} + \cdots \right\} + \pi \mathrm{i} \frac{\omega_{\mathrm{p}}^2}{k^2} \frac{1}{n} \left. \frac{\partial f_0(v)}{\partial v} \right|_{v = \omega/k} \quad (3.5.11)$$

将 $\omega = \omega_{\mathrm{r}} + \mathrm{i}\omega_{\mathrm{i}}$ 代入公式(3.5.11)，则实部和虚部分别满足如下两式：

$$\omega_r = \omega_p + \frac{3}{2}(k^2/\omega_p)\frac{k_B T}{m} \tag{3.5.12}$$

$$\omega_i = \frac{\pi}{2}\frac{\omega_p^2}{k^2}\frac{1}{n}\frac{\partial f_0(v)}{\partial v}\bigg|_{v=\omega/k} \tag{3.5.13}$$

公式（3.5.12）称为朗缪尔波的色散方程（色散关系）。由于 $v \ll \omega/k$，因此 $\partial f_0(v)/\partial v|_{v=\omega/k}$ 为负值，从而 ω_i 也为负值，波受到衰减作用。ω_i 称为朗道阻尼率。

3.6 线性近似后的动力学求解（三维）

本节介绍求解公式(3.1.2)～(3.1.6)的弗拉索夫方程与麦克斯韦方程组的三维动力学方程。三维动力学方程可以用于求解等离子体中的电磁波。将 0 次无扰动状态下等离子体中的磁场视为定常磁场。

若将无扰动量用下角标 0 表示，1 次的扰动量用下角标 1 表示，则有

$$f = f_0 + f_1 \tag{3.6.1}$$

$$\boldsymbol{B} = \boldsymbol{B}_0 + \boldsymbol{B}_1 \tag{3.6.2}$$

$$\boldsymbol{E} = 0 + \boldsymbol{E}_1 \tag{3.6.3}$$

令均匀磁场的方向为 z 轴方向，记为 $\boldsymbol{B}_0 = B_0\boldsymbol{e}_z$。对于 1 次的扰动量，认为其变化符合 $\exp i(\boldsymbol{k} \cdot \boldsymbol{r} - \omega t)$ 的形式。将弗拉索夫方程进行线性近似后可以求解。0 次和 1 次的方程分别为

$$\frac{\partial f_0}{\partial t} + \boldsymbol{v} \cdot \frac{\partial f_0}{\partial \boldsymbol{r}} + \frac{q}{m}\boldsymbol{v} \times \boldsymbol{B}_0 \cdot \frac{\partial f_0}{\partial \boldsymbol{v}} = 0 \tag{3.6.4}$$

$$\frac{\partial f_1}{\partial t} + \boldsymbol{v} \cdot \frac{\partial f_1}{\partial \boldsymbol{r}} + \frac{q}{m}\boldsymbol{v} \times \boldsymbol{B}_0 \cdot \frac{\partial f_1}{\partial \boldsymbol{v}} + \frac{q}{m}(\boldsymbol{E}_1 + \boldsymbol{v} \times \boldsymbol{B}_1) \cdot \frac{\partial f_0}{\partial \boldsymbol{v}} = 0 \tag{3.6.5}$$

将 0 次方程的解，即速度分布函数表示为

$$f_0(\boldsymbol{v}) = f_0(v_\perp, v_\parallel) \tag{3.6.6}$$

其中，$v_\perp^2 = v_x^2 + v_y^2$。0 次粒子的运动方程为

$$\frac{\mathrm{d}\boldsymbol{v}}{\mathrm{d}t} = \frac{q}{m}\boldsymbol{v} \times \boldsymbol{B}_0 \tag{3.6.7}$$

由于沿 0 次粒子轨道的全微分为

$$\frac{\mathrm{d}}{\mathrm{d}t} = \frac{\partial}{\partial t} + \boldsymbol{v} \cdot \frac{\partial}{\partial \boldsymbol{r}} + \frac{q}{m} \boldsymbol{v} \times \boldsymbol{B}_0 \cdot \frac{\partial}{\partial \boldsymbol{v}} \tag{3.6.8}$$

从而公式(3.6.5)可改写为

$$\frac{\mathrm{d}f_1}{\mathrm{d}t} = \frac{\partial f_1}{\partial t} + \boldsymbol{v} \cdot \frac{\partial f_1}{\partial \boldsymbol{r}} + \frac{q}{m} \boldsymbol{v} \times \boldsymbol{B}_0 \cdot \frac{\partial f_1}{\partial \boldsymbol{v}} = -\frac{q}{m} (\boldsymbol{E}_1 + \boldsymbol{v} \times \boldsymbol{B}_1) \cdot \frac{\partial f_0}{\partial \boldsymbol{v}} \tag{3.6.9}$$

故可得

$$f_1(\boldsymbol{r}, \boldsymbol{v}, t) = -\frac{q}{m} \int_{-\infty}^{t} \{\boldsymbol{E}_1(\boldsymbol{r}', t') + \boldsymbol{v}' \times \boldsymbol{B}_1(\boldsymbol{r}', t')\} \cdot \frac{\partial f_0(\boldsymbol{r}', \boldsymbol{v}', t')}{\partial \boldsymbol{v}'} \mathrm{d}t'$$

$$\tag{3.6.10}$$

式中,$\boldsymbol{r}'$、$\boldsymbol{v}'$ 表示 0 次粒子的轨道,积分沿 0 次粒子的轨道进行。

由公式(3.6.7)可得,0 次粒子的速度为

$$\begin{aligned}
v'_x(t') &= v_\perp \cos\{\theta + \boldsymbol{\Omega}_{c\ell}(t' - t)\} \\
v'_y(t') &= v_\perp \sin\{\theta + \boldsymbol{\Omega}_{c\ell}(t' - t)\} \\
v'_z(t') &= v_\parallel
\end{aligned} \tag{3.6.11}$$

0 次粒子的轨道为

$$x'(t') = x + \frac{v_\perp}{\boldsymbol{\Omega}_{c\ell}} \left[\sin\{\theta + \boldsymbol{\Omega}_{c\ell}(t' - t)\} - \sin\theta\right]$$

$$y'(t') = y - \frac{v_\perp}{\boldsymbol{\Omega}_{c\ell}} \left[\cos\{\theta + \boldsymbol{\Omega}_{c\ell}(t' - t)\} - \cos\theta\right] \tag{3.6.12}$$

$$z'(t') = z + v_\parallel(t' - t)$$

其中,种类为 ℓ 的带电粒子的回旋角频率为 $\boldsymbol{\Omega}_{c\ell} = -q_\ell B_0/m_\ell$。电场如下式所示:

$$\boldsymbol{E}_1(\boldsymbol{r}', t') = \boldsymbol{E}_1(\boldsymbol{k}, \omega) \exp\mathrm{i}(\boldsymbol{k} \cdot \boldsymbol{r}' - \omega t') \tag{3.6.13}$$

如图 3.6.1 所示,将磁场 $\boldsymbol{B}_0$ 的方向作为 z 轴,并将 x 轴固定在 $\boldsymbol{B}_0$ 与 $\boldsymbol{k}$ 构成的平面内,则有 $\boldsymbol{k} = (k_x, 0, k_z)$。

由公式(3.1.3)可得

$$\boldsymbol{k} \times \boldsymbol{E}_1(\boldsymbol{k}, \omega) = \omega \boldsymbol{B}_1(\boldsymbol{k}, \omega) \tag{3.6.14}$$

利用上式,公式(3.6.10)可改写为

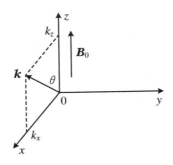

图 3.6.1　波矢 $\boldsymbol{k}$ 与磁场 $\boldsymbol{B}_0$ 的坐标

$$f_1(\boldsymbol{r},\boldsymbol{v},t) = -\frac{q}{m}\int_{-\infty}^{t}\left\{\left(1-\frac{\boldsymbol{k}\cdot\boldsymbol{v}'}{\omega}\right)\boldsymbol{E}_1 + (\boldsymbol{v}'\cdot\boldsymbol{E}_1)\frac{\boldsymbol{k}}{\omega}\right\}$$

$$\cdot\frac{\partial f_0(\boldsymbol{r}',\boldsymbol{v}',t')}{\partial\boldsymbol{v}'}\exp\mathrm{i}(\boldsymbol{k}\cdot\boldsymbol{r}'-\omega t')\mathrm{d}t' \tag{3.6.15}$$

首先,计算以下部分:

$$\left\{\left(1-\frac{\boldsymbol{k}\cdot\boldsymbol{v}'}{\omega}\right)\boldsymbol{E}_1 + (\boldsymbol{v}'\cdot\boldsymbol{E}_1)\frac{\boldsymbol{k}}{\omega}\right\}\cdot\frac{\partial f_0(\boldsymbol{r}',\boldsymbol{v}',t')}{\partial\boldsymbol{v}'}$$

$$= \left\{\left(1-\frac{\boldsymbol{k}\cdot\boldsymbol{v}'}{\omega}\right)E_{1x} + (\boldsymbol{v}'\cdot\boldsymbol{E}_1)\frac{k_x}{\omega}\right\}\frac{\partial f_0(\boldsymbol{r}',\boldsymbol{v}',t')}{\partial v_\perp}\frac{\partial v_\perp}{\partial v'_x}$$

$$+ \left(1-\frac{\boldsymbol{k}\cdot\boldsymbol{v}'}{\omega}\right)E_{1y}\frac{\partial f_0(\boldsymbol{r}',\boldsymbol{v}',t')}{\partial v_\perp}\frac{\partial v_\perp}{\partial v'_y}$$

$$+ \left\{\left(1-\frac{\boldsymbol{k}\cdot\boldsymbol{v}'}{\omega}\right)E_{1z} + (\boldsymbol{v}'\cdot\boldsymbol{E}_1)\frac{k_z}{\omega}\right\}\frac{\partial f_0(\boldsymbol{r}',\boldsymbol{v}',t')}{\partial v_\parallel}\frac{\partial v_\parallel}{\partial v'_z}$$

$$= \left\{\left(1-\frac{k_x v'_x + k_z v'_z}{\omega}\right)E_{1z} + (v'_x E_{1x} + v'_y E_{1y} + v'_z E_{1z})\frac{k_z}{\omega}\right\}\frac{\partial f_0}{\partial v_\parallel}$$

$$+ \left(1-\frac{k_x v'_x + k_z v'_z}{\omega}\right)\left(E_{1x}\frac{v'_x}{v_\perp}\frac{\partial f_0}{\partial v_\perp} + E_{1y}\frac{v'_y}{v_\perp}\frac{\partial f_0}{\partial v_\perp}\right)$$

$$+ (v'_x E_{1x} + v'_y E_{1y} + v'_z E_{1z})\frac{k_x}{\omega}\frac{v'_x}{v_\perp}\frac{\partial f_0}{\partial v_\perp}$$

$$= U\left(E_{1x}\frac{v'_x}{v_\perp} + E_{1y}\frac{v'_y}{v_\perp}\right) + WE_{1z}\frac{v'_x}{v_\perp} + \frac{\partial f_0}{\partial v_\parallel}E_{1z} \tag{3.6.16}$$

在这里,利用了 $v'^2_x + v'^2_y = v^2_\perp$,并有

$$U = \left(1-\frac{k_z v'_z}{\omega}\right)\frac{\partial f_0}{\partial v_\perp} + \frac{k_z v_\perp}{\omega}\frac{\partial f_0}{\partial v_\parallel} \tag{3.6.17}$$

$$W = \frac{k_x v_z'}{\omega}\frac{\partial f_0}{\partial v_\perp} - \frac{k_x v_\perp}{\omega}\frac{\partial f_0}{\partial v_\parallel} \tag{3.6.18}$$

对于公式(3.6.16)，可以更进一步利用 $\tau = t' - t$，可得

$$\left\{\left(1 - \frac{\boldsymbol{k}\cdot\boldsymbol{v}'}{\omega}\right)\boldsymbol{E}_1 + (\boldsymbol{v}'\cdot\boldsymbol{E}_1)\frac{\boldsymbol{k}}{\omega}\right\}\cdot\frac{\partial f_0(\boldsymbol{r}',\boldsymbol{v}',t')}{\partial \boldsymbol{v}'}$$

$$= UE_{1x}\frac{\mathrm{e}^{\mathrm{i}(\theta+\boldsymbol{\Omega}_{c\ell}\tau)} + \mathrm{e}^{-\mathrm{i}(\theta+\boldsymbol{\Omega}_{c\ell}\tau)}}{2} + UE_{1y}\frac{\mathrm{e}^{\mathrm{i}(\theta+\boldsymbol{\Omega}_{c\ell}\tau)} - \mathrm{e}^{-\mathrm{i}(\theta+\boldsymbol{\Omega}_{c\ell}\tau)}}{2\mathrm{i}}$$

$$+ \left\{W\frac{\mathrm{e}^{\mathrm{i}(\theta+\boldsymbol{\Omega}_{c\ell}\tau)} + \mathrm{e}^{-\mathrm{i}(\theta+\boldsymbol{\Omega}_{c\ell}\tau)}}{2} + \frac{\partial f_0}{\partial v_\parallel}\right\}E_{1z} \tag{3.6.19}$$

接下来，利用贝塞尔函数公式：

$$\exp(\mathrm{i}a\sin\theta) = \sum_{m=-\infty}^{+\infty} \mathrm{J}_m(a)\exp(\mathrm{i}m\theta), \quad \mathrm{J}_{-m}(a) = (-1)^m\mathrm{J}_m(a)$$

以及公式(3.6.12)，可得

$$\exp\mathrm{i}(\boldsymbol{k}\cdot\boldsymbol{r}' - \omega t') = \exp\mathrm{i}\left[k_x x + a\{\sin(\theta+\boldsymbol{\Omega}_{c\ell}\tau) - \sin\theta\} + k_z z + k_z v_\parallel\tau - \omega t'\right]$$

$$= \exp\mathrm{i}(k_x x + k_z z - \omega t)\sum_{n=-\infty}^{+\infty} \mathrm{J}_n(a)\exp\mathrm{i}n(\theta+\boldsymbol{\Omega}_{c\ell}\tau)$$

$$\times \sum_{m=-\infty}^{+\infty} \mathrm{J}_m(a)\exp(-\mathrm{i}m\theta)\exp\mathrm{i}(k_z v_\parallel - \omega)\tau$$

$$= \exp\mathrm{i}(k_x x + k_z z - \omega t)\sum_{m=-\infty}^{+\infty}\sum_{n=-\infty}^{+\infty} \mathrm{J}_m(a)\mathrm{J}_n(a)$$

$$\times \exp(-\mathrm{i}(m-n)\theta)\exp\mathrm{i}(k_z v_\parallel - \omega + n\boldsymbol{\Omega}_{c\ell})\tau \tag{3.6.20}$$

其中，$a = k_x v_\perp/\boldsymbol{\Omega}_{c\ell}$。

将公式(3.6.19)、(3.6.20)代入公式(3.6.15)并对 τ 进行积分，可得

$$f_1(\boldsymbol{r},\boldsymbol{v},t) = -\frac{q}{m}\exp\mathrm{i}(k_x x + k_z z - \omega t)\int_{-\infty}^{0}\mathrm{d}\tau\sum_{m=-\infty}^{+\infty}\sum_{n=-\infty}^{+\infty} \mathrm{J}_m(a)\mathrm{J}_n(a)$$

$$\times \left\{UE_{1x}\frac{\mathrm{e}^{\mathrm{i}(\theta+\boldsymbol{\Omega}_{c\ell}\tau)} + \mathrm{e}^{-\mathrm{i}(\theta+\boldsymbol{\Omega}_{c\ell}\tau)}}{2} + UE_{1y}\frac{\mathrm{e}^{\mathrm{i}(\theta+\boldsymbol{\Omega}_{c\ell}\tau)} - \mathrm{e}^{-\mathrm{i}(\theta+\boldsymbol{\Omega}_{c\ell}\tau)}}{2\mathrm{i}}\right.$$

$$\left. + \left[W\frac{\mathrm{e}^{\mathrm{i}(\theta+\boldsymbol{\Omega}_{c\ell}\tau)} + \mathrm{e}^{-\mathrm{i}(\theta+\boldsymbol{\Omega}_{c\ell}\tau)}}{2} + \frac{\partial f_0}{\partial v_\parallel}\right]E_{1z}\right\}$$

$$\times \exp(-\mathrm{i}(m-n)\theta)\exp\mathrm{i}(k_z v_\parallel - \omega + n\boldsymbol{\Omega}_{c\ell})\tau$$

$$= -\frac{q}{m}\exp\mathrm{i}(k_x x + k_z z - \omega t)\int_{-\infty}^{0}\mathrm{d}\tau\sum_{m=-\infty}^{+\infty}\sum_{n=-\infty}^{+\infty} \mathrm{J}_m(a)$$

$$\times \left\{ UE_{1x} \frac{J_{n-1}(a) + J_{n+1}(a)}{2} + UE_{1y} \frac{J_{n-1}(a) + J_{n+1}(a)}{2i} \right.$$

$$\left. + \left[W \frac{J_{n-1}(a) + J_{n+1}(a)}{2} + \frac{\partial f_0}{\partial v_{\parallel}} J_n(a) \right] E_{1z} \right\}$$

$$\times \exp(-i(m-n)\theta) \exp i(k_z v_{\parallel} - \omega + n\boldsymbol{\Omega}_{cl})\tau$$

$$= -\frac{q}{m} \exp i(k_x x + k_z z - \omega t) \sum_{m=-\infty}^{+\infty} \sum_{n=-\infty}^{+\infty} J_m(a)$$

$$\times \left\{ UE_{1x} \frac{J_{n-1}(a) + J_{n+1}(a)}{2} + UE_{1y} \frac{J_{n-1}(a) + J_{n+1}(a)}{2i} \right.$$

$$\left. + \left[W \frac{J_{n-1}(a) + J_{n+1}(a)}{2} + \frac{\partial f_0}{\partial v_{\parallel}} J_n(a) \right] E_{1z} \right\}$$

$$\times \frac{\exp(-i(m-n)\theta)}{i(k_z v_{\parallel} - \omega + n\boldsymbol{\Omega}_{cl})} \tag{3.6.21}$$

至此,速度分布函数的一阶量的表达式已经求得。按照不同的目的利用此式可以求解不同的物理量。热等离子体中的色散方程将在 10.5.3 小节进行介绍。

3.7　准线性理论

将速度分布函数划分为缓慢变化的部分 f_0 与快速变化的部分 f_1:

$$f = f_0 + f_1 \tag{3.7.1}$$

这样的分离是指空间平均、相位平均或者集合平均。若用 $\langle \rangle$ 表示平均,则有 $\langle f \rangle = f_0$, $\langle f_1 \rangle = 0$。同时,令电场的缓慢变化部分为 $0(E_0 = 0)$,从而只包含快速变化的部分,即 $\langle E \rangle = 0$。需要注意的是,这里的平均与 3.3 节所示的速度平均 $\langle \rangle$ 是不同的。弗拉索夫方程的平均部分为

$$\frac{\partial f_0}{\partial t} + v \frac{\partial f_0}{\partial x} + \frac{q}{m} \left\langle E \frac{\partial f_1}{\partial v} \right\rangle = 0 \tag{3.7.2}$$

将公式(3.4.1)与公式(3.7.2)做差可得

$$\frac{\partial f_1}{\partial t} + v \frac{\partial f_1}{\partial x} + \frac{q}{m} E \frac{\partial f_0}{\partial v} + \frac{q}{m} E \frac{\partial f_1}{\partial v} - \frac{q}{m} \left\langle E \frac{\partial f_1}{\partial v} \right\rangle = 0 \tag{3.7.3}$$

核聚变科学出版工程

核聚变堆设计

对上式进行傅里叶变换和拉普拉斯变换,则有

$$
-\mathrm{i}(\omega - kv)f_1(k,v,\omega) + \frac{q}{m}E(k,\omega)\frac{\partial f_0}{\partial v} + \frac{q}{m}\left(\frac{1}{2\pi}\right)^2
$$

$$
\times \int_{-\infty}^{+\infty}\mathrm{d}k'\int\mathrm{d}\omega'\left\langle E(k',\omega')\frac{\partial f_1(k-k',v,\omega-\omega')}{\partial v}\right.
$$

$$
\left. - \left\langle E(k',\omega')\frac{\partial f_1(k-k',v,\omega-\omega')}{\partial v}\right\rangle\right\rangle = 0 \qquad (3.7.4)
$$

公式(3.7.4)左边的第 3 项表示波与波之间的相互作用等非线性相互作用过程,由于其是快速变化部分的 2 次项,因而与其他项相比该项很小,可以近似忽略,从而从公式(3.7.4)可以得出与公式(3.5.3)相同的结果:

$$
f_1(k,v,\omega) = \frac{-\mathrm{i}}{(\omega - kv)}\frac{q}{m}E(k,\omega)\frac{\partial f_0}{\partial v} \qquad (3.7.5)
$$

假定等离子体在空间为均匀分布,则由公式(3.7.2)有

$$
\frac{\partial f_0(v,t)}{\partial t} = -\frac{q}{m}\left\langle E(x,t)\frac{\partial f_1(x,v,t)}{\partial v}\right\rangle \qquad (3.7.6)
$$

虽然该等式右边同样是非线性的快速变化部分的 2 次项,但由于公式(3.7.4)中已经忽略了非线性项,这里将该非线性项保留。这种保留部分非线性的理论称为准线性理论[4,10,16]。

利用拉普拉斯逆变换后的波的色散方程,电场 $E(k,t)$ 可表示为

$$
E(k,t) = E(k)\mathrm{e}^{-\mathrm{i}\omega(k)t} \qquad (3.7.7)
$$

角频率可以划分为实部与虚部并写成如下形式:

$$
\omega(k) = \omega_\mathrm{r}(k) + \mathrm{i}\omega_\mathrm{i}(k) \qquad (3.7.8)
$$

利用上式,电场可改写为

$$
E(x,t) = \frac{1}{2\pi}\int_{-\infty}^{+\infty}E(k,t)\mathrm{e}^{\mathrm{i}kx}\mathrm{d}k = \frac{1}{2\pi}\int_{-\infty}^{+\infty}E(k)\exp\{\mathrm{i}(kx - \omega(k)t)\}\mathrm{d}k
$$

$$
(3.7.9)
$$

其中,采用了 $E(k,\omega(k)) = E(k)$ 的表示方法。将公式(3.7.5)与公式(3.7.9)代入公式(3.7.6)可得

$$
\frac{\partial f_0(v,t)}{\partial t} = \left(\frac{q}{m}\right)^2\left\langle \frac{1}{2\pi}\int_{-\infty}^{+\infty}\mathrm{d}k_1 E(k_1)\exp\{\mathrm{i}(k_1 x - \omega(k_1)t)\}\right.
$$

$$\times \frac{1}{2\pi} \int_{-\infty}^{+\infty} \mathrm{d}kE(k)\exp\{\mathrm{i}(kx - \omega(k)t)\}\frac{\partial}{\partial v}\frac{\mathrm{i}}{(\omega(k) - kv)}\frac{\partial f_0}{\partial v}\Big\rangle$$

$$(3.7.10)$$

接下来，按照下式所示定义函数 g 的相位平均为

$$\langle g \rangle = 2\pi \int_{-\infty}^{+\infty} \mathrm{d}xg \tag{3.7.11}$$

利用上式可得，电场能量密度的平均为

$$\langle E(x,t)^2 \rangle$$

$$= \Big\langle \frac{1}{2\pi} \int_{-\infty}^{+\infty} E(k)\exp\{\mathrm{i}(kx - \omega(k)t)\}\mathrm{d}k \frac{1}{2\pi}\int_{-\infty}^{+\infty} E(k_1)\exp\{\mathrm{i}(k_1 x - \omega(k_1)t)\}\mathrm{d}k_1 \Big\rangle$$

$$= \frac{1}{2\pi}\int_{-\infty}^{+\infty}\mathrm{d}x\exp\{\mathrm{i}(k + k_1)x\}\int_{-\infty}^{+\infty}\mathrm{d}k\int_{-\infty}^{+\infty}\mathrm{d}k_1 E(k)E(k_1)\exp[-\mathrm{i}\{\omega(k) + \omega(k_1)\}t]$$

$$= \int_{-\infty}^{+\infty}\mathrm{d}k\int_{-\infty}^{+\infty}\mathrm{d}k_1\delta(k + k_1)E(k)E(k_1)\exp[-\mathrm{i}\{\omega(k) + \omega(k_1)\}t]$$

$$= \int_{-\infty}^{+\infty}\mathrm{d}kE(k)E(-k)\exp[-\mathrm{i}\{\omega(k) + \omega(-k)\}t] \tag{3.7.12}$$

其中，利用了

$$\int_{-\infty}^{+\infty}\mathrm{d}x\mathrm{e}^{\mathrm{i}kx} = 2\pi\delta(k) \tag{3.7.13}$$

满足 $k + k_1 \neq 0$ 的成分互相抵消，只留下满足 $k + k_1 = 0$ 的成分，这称为随机相位近似（random phase approximation），而相位平均就可以通过随机相位近似进行求解。公式（3.7.10）可改写为

$$\frac{\partial f_0(v,t)}{\partial t} = \left(\frac{q}{m}\right)^2\left(\frac{1}{2\pi}\right)\int_{-\infty}^{+\infty}\mathrm{d}x\exp\{\mathrm{i}(k + k_1)x\}$$

$$\times \int_{-\infty}^{+\infty}\mathrm{d}k\int_{-\infty}^{+\infty}\mathrm{d}k_1 E(k)E(k_1)\exp[-\mathrm{i}\{\omega(k) + \omega(k_1)\}t]$$

$$\times \frac{\partial}{\partial v}\frac{\mathrm{i}}{(\omega(k) - kv)}\frac{\partial f_0}{\partial v}$$

$$= \left(\frac{q}{m}\right)^2\int_{-\infty}^{+\infty}\mathrm{d}k\int_{-\infty}^{+\infty}\mathrm{d}k_1\delta(k + k_1)E(k)E(k_1)\exp[-\mathrm{i}\{\omega(k) + \omega(k_1)\}t]$$

$$\times \frac{\partial}{\partial v}\frac{\mathrm{i}}{(\omega(k) - kv)}\frac{\partial f_0}{\partial v}$$

$$= \left(\frac{q}{m}\right)^2\int_{-\infty}^{+\infty}\mathrm{d}kE(k)E(-k)\exp\{-\mathrm{i}[\omega(k) + \omega(-k)]t\}$$

$$\times \frac{\partial}{\partial v} \frac{i}{(\omega(k) - kv)} \frac{\partial f_0}{\partial v} \tag{3.7.14}$$

由于 $E(x,t)$ 是实数,由公式(3.7.8)、(3.7.9)可得

$$E(-k) = E^*(k), \quad \omega_r(-k) = -\omega_r(k), \quad \omega_i(-k) = \omega_i(k) \tag{3.7.15}$$

其中,记号 $*$ 表示复数共轭(complex conjugate)。从而,公式(3.7.14)变为

$$\frac{\partial f_0(v,t)}{\partial t} = \frac{\partial}{\partial v} D \frac{\partial f_0(v,t)}{\partial v} \tag{3.7.16}$$

其中

$$D = \left(\frac{q}{m}\right)^2 \int_{-\infty}^{+\infty} dk \, |E(k)|^2 \exp\{2\omega_i(k)t\} \frac{i}{\omega(k) - kv} \tag{3.7.17}$$

上式的被积函数为

$$\frac{i|E(k)|^2 \exp\{2\omega_i(k)t\}}{\omega_r(k) - kv + i\omega_i(k)} = \frac{i\{\omega_r(k) - kv - i\omega_i(k)\}|E(k)|^2 \exp\{2\omega_i(k)t\}}{\{\omega_r(k) - kv\}^2 + \omega_i(k)^2}$$

$$\tag{3.7.18}$$

由公式(3.7.15)可知上式的虚部为奇函数,因此积分后虚部消失,从而

$$D = \left(\frac{q}{m}\right)^2 \int_{-\infty}^{+\infty} dk \, |E(k)|^2 \exp\{2\omega_i(k)t\} \frac{\omega_i(k)}{\{\omega_r(k) - kv\}^2 + \omega_i(k)^2} \tag{3.7.19}$$

考虑 $\omega_i(k)/\omega_r(k) \ll 1$ 的情况,并利用公式

$$\lim_{\omega_i \to 0} \frac{\omega_i}{(\omega_r - kv)^2 + \omega_i^2} = \pi\delta(\omega_r - kv), \quad \delta(kv - \omega_r) = \frac{1}{|v|}\delta(k - \omega_r/v)$$

$$\tag{3.7.20}$$

从而有

$$D = \left(\frac{q}{m}\right)^2 \int_{-\infty}^{+\infty} dk \, |E(k)|^2 \exp\{2\omega_i(k)t\} \pi\delta(\omega_r(k) - kv)$$

$$= \left(\frac{q}{m}\right)^2 \frac{\pi}{|v|} |E(k)|^2 \exp\{2\omega_i(k)t\}_{k=\omega_r(k)/v} \tag{3.7.21}$$

另外,将公式(3.7.19)的积分按照积分路径积分后可知,积分主值在 $\omega_i(k) \to 0$ 时为 0,利用留数定理可以得到同样的结果。公式(3.7.21)称为速度空间的扩散系数,公式(3.7.16)称为扩散方程。

3.8 湍流理论

1. 弱湍流理论

将速度分布函数划分为缓慢变化的部分 f_0 与快速变化的部分 f_1,从而满足 $f = f_0 + f_1$,而电场没有缓慢变化的部分,只有快速变化的电场 E。按照与准线性理论相同的操作对弗拉索夫方程进行平均,得到公式(3.7.4)。弱湍流理论将公式(3.7.4)中左边第三项包含在考虑范围之内进行求解[4,10~12]。

在这里,定义算符 $g(k,\omega)$ 为

$$g(k,\omega) = \frac{-\mathrm{i}}{\omega - kv} \frac{q}{m} \frac{\partial}{\partial v} \tag{3.8.1}$$

则公式(3.7.4)可以表示为如下形式:

$$f_1(k,v,\omega) = g(k,\omega)E(k,\omega)f_0 + \left(\frac{1}{2\pi}\right)^2 \int_{-\infty}^{+\infty} \mathrm{d}k' \int \mathrm{d}\omega' g(k,\omega)$$
$$\times \{E(k',\omega')f_1(k-k',v,\omega-\omega') - \langle E(k',\omega')f_1(k-k',v,\omega-\omega')\rangle\} \tag{3.8.2}$$

求解 $f(k,v,\omega)$ 的公式(3.8.2)的右边就包含 $f(k,v,\omega)$ 本身,因此要求解 $f(k,v,\omega)$ 必须将 $f(k,v,\omega)$ 本身进行迭代。当等离子体处于弱扰动的状态时,将电场视为 1 阶扰动量,则可以求解电场的有限次幂。为了表示的简单,记 $\kappa = (k,\omega)$,则有

$$f(k,v,\omega) \equiv f(\kappa) \tag{3.8.3}$$

$$E(k,\omega) \equiv E(\kappa) \tag{3.8.4}$$

$$g(k,\omega) \equiv g(\kappa) \tag{3.8.5}$$

$$\int_{-\infty}^{+\infty} \mathrm{d}k \int \mathrm{d}\omega \equiv \int \mathrm{d}\kappa \tag{3.8.6}$$

式中,省略了下角标 1 以及 $f(k,v,\omega)$ 中的 v。从而,公式(3.8.2)可改写为

$$f(\kappa) = g(\kappa)E(\kappa)f_0 + \left(\frac{1}{2\pi}\right)^2 \int d\kappa_1 g(\kappa)\{E(\kappa_1)f(\kappa - \kappa_1) - \langle E(\kappa_1)f(\kappa - \kappa_1)\rangle\}$$

$$(3.8.7)$$

对公式(3.8.7)右边的第二项 $f(\kappa - \kappa_1)$，运用公式(3.8.7)本身进行迭代可将其表示为

$$f(\kappa - \kappa_1) = g(\kappa - \kappa_1)E(\kappa - \kappa_1)f_0 + \left(\frac{1}{2\pi}\right)^2$$

$$\times \int d\kappa_2 g(\kappa - \kappa_1)\{E(\kappa_2)f(\kappa - \kappa_1 - \kappa_2) - \langle E(\kappa_2)f(\kappa - \kappa_1 - \kappa_2)\rangle\}$$

$$(3.8.8)$$

再将公式(3.8.8)回代到公式(3.8.7)中。首先，将公式(3.8.8)的第 1 项代入到公式(3.8.7)右边第二项中，有

$$I_1 \equiv \left(\frac{1}{2\pi}\right)^2 \int d\kappa_1 g(\kappa)\{E(\kappa_1)f(\kappa - \kappa_1) - \langle E(\kappa_1)f(\kappa - \kappa_1)\rangle\}$$

$$= \left(\frac{1}{2\pi}\right)^2 \int d\kappa_1 g(\kappa)\{E(\kappa_1)g(\kappa - \kappa_1)E(\kappa - \kappa_1)f_0 - \langle E(\kappa_1)g(\kappa - \kappa_1)E(\kappa - \kappa_1)f_0\rangle\}$$

$$= \left(\frac{1}{2\pi}\right)^2 \int d\kappa_1 d\kappa_2 g(\kappa)g(\kappa_2)f_0\{E(\kappa_1)E(\kappa_2) - \langle E(\kappa_1)E(\kappa_2)\rangle\}\delta(\kappa - \kappa_1 - \kappa_1)$$

$$(3.8.9)$$

紧接着，将公式(3.8.8)的第 2 项代入到公式(3.8.7)右边第 2 项中，有

$$I_2 \equiv \left(\frac{1}{2\pi}\right)^2 \int d\kappa_1 g(\kappa)\{E(\kappa_1)f(\kappa - \kappa_1) - \langle E(\kappa_1)f(\kappa - \kappa_1)\rangle\}$$

$$= \left(\frac{1}{2\pi}\right)^2 \int d\kappa_1 g(\kappa)\left(\frac{1}{2\pi}\right)^2 \int d\kappa_2 g(\kappa - \kappa_1)\{E(\kappa_1)E(\kappa_2)f(\kappa - \kappa_1 - \kappa_2)$$

$$- E(\kappa_1)\langle E(\kappa_2)f(\kappa - \kappa_1 - \kappa_2)\rangle$$

$$- \langle E(\kappa_1)E(\kappa_2)f(\kappa - \kappa_1 - \kappa_2)\rangle + \langle E(\kappa_1)\langle E(\kappa_2)f(\kappa - \kappa_1 - \kappa_2)\rangle\rangle\}$$

$$(3.8.10)$$

更进一步，利用公式(3.8.7)迭代 $f(\kappa - \kappa_1 - \kappa_2)$，从而对公式(3.8.10)进行改写：

$$I_2 \equiv \left(\frac{1}{2\pi}\right)^2 \int d\kappa_1 g(\kappa)\{E(\kappa_1)f(\kappa - \kappa_1) - \langle E(\kappa_1)f(\kappa - \kappa_1)\rangle\}$$

$$= \left(\frac{1}{2\pi}\right)^4 \int d\kappa_1 d\kappa_2 g(\kappa)g(\kappa - \kappa_1)\{E(\kappa_1)E(\kappa_2)g(\kappa - \kappa_1 - \kappa_2)E(\kappa - \kappa_1 - \kappa_2)f_0$$

$$- E(\kappa_1)\langle E(\kappa_2)g(\kappa - \kappa_1 - \kappa_2)E(\kappa - \kappa_1 - \kappa_2)f_0\rangle$$

$$- \langle E(\kappa_1)E(\kappa_2)g(\kappa - \kappa_1 - \kappa_2)E(\kappa - \kappa_1 - \kappa_2)f_0\rangle\}$$

$$= \left(\frac{1}{2\pi}\right)^4 \int d\kappa_1 d\kappa_2 d\kappa_3 \, g(\kappa)g(\kappa - \kappa_1)g(\kappa_3)f_0\{E(\kappa_1)E(\kappa_2)E(\kappa_3)$$

$$- E(\kappa_1)\langle E(\kappa_2)E(\kappa_3)\rangle - \langle E(\kappa_1)E(\kappa_2)E(\kappa_3)\rangle\}\delta(\kappa - \kappa_1 - \kappa_2 - \kappa_3)$$

$$(3.8.11)$$

这里利用了

$$\langle E(\kappa_1)\langle E(\kappa_2)f(\kappa - \kappa_1 - \kappa_2)\rangle\rangle$$

$$= \langle E(\kappa_1)\langle E(\kappa_2)g(\kappa - \kappa_1 - \kappa_2)E(\kappa - \kappa_1 - \kappa_2)f_0\rangle\rangle$$

$$= \langle E(\kappa_1)\rangle\langle E(\kappa_2)g(\kappa - \kappa_1 - \kappa_2)E(\kappa - \kappa_1 - \kappa_2)f_0\rangle = 0 \quad (3.8.12)$$

综合以上过程,公式(3.8.7)变为

$$f_1(\kappa)$$

$$= g(\kappa)E(\kappa)f_0$$

$$+ \left(\frac{1}{2\pi}\right)^2 \int d\kappa_1 d\kappa_2 \, g(\kappa)g(\kappa_2)f_0\{E(\kappa_1)E(\kappa_2) - \langle E(\kappa_1)E(\kappa_2)\rangle\}\delta(\kappa - \kappa_1 - \kappa_1)$$

$$+ \left(\frac{1}{2\pi}\right)^4 \int d\kappa_1 d\kappa_2 d\kappa_3 \, g(\kappa)g(\kappa - \kappa_1)g(\kappa_3)f_0\{E(\kappa_1)E(\kappa_2)E(\kappa_3)$$

$$- E(\kappa_1)\langle E(\kappa_2)E(\kappa_3)\rangle - \langle E(\kappa_1)E(\kappa_2)E(\kappa_3)\rangle\}\delta(\kappa - \kappa_1 - \kappa_2 - \kappa_3)$$

$$(3.8.13)$$

如此一来,可以求解包含电场3次幂为止的速度分布函数。

按照目前的近似,出现了以下所示的几种波与粒子的相互作用[5]:

(1) 波与粒子的相互作用

公式(3.8.13)中 $g(\kappa)$ 包含的子式可改写为

$$\frac{1}{\omega - kv} = P\left(\frac{1}{\omega - kv}\right) + \pi i\delta(\omega - kv) \qquad (3.8.14)$$

P 表示积分主值。在这里出现了

$$\omega = kv \qquad (3.8.15)$$

这表示速度为 v 的粒子与相速度为 ω/k 的波发生共振。当满足上述条件时,粒子与波之间形成强烈的线性相互作用。线性朗道阻尼就是指这个过程。

（2）波与波（3 波）相互作用

公式（3.8.13）中 $\delta(\kappa - \kappa_1 - \kappa_2)$ 包含的相互作用为

$$\omega = \omega_1 + \omega_2, \quad k = k_1 + k_2 \tag{3.8.16}$$

这表示 3 波之间的非线性相互作用，这种情况下没有粒子的参与。

（3）非线性波与粒子的相互作用

公式（3.8.13）中 $g(\kappa - \kappa_1)$ 包含的相互作用为

$$\omega - \omega_1 = (k - k_1)v \tag{3.8.17}$$

这表示两波与单粒子之间发生共振的情况，发生条件为速度 v 等于两波的差拍的传播速度 $(\omega - \omega_1)/(k - k_1)$。两波与粒子间的相互作用为非线性相互作用。当某一强波与粒子相互作用时，可以将能量传给另一弱波，因此诱导散射属于非线性波与粒子相互作用的一种[4]。

（4）波与波（4 波）相互作用

公式（3.8.13）中 $\delta(\kappa - \kappa_1 - \kappa_2 - \kappa_3)$ 包含的相互作用为

$$\omega = \omega_1 + \omega_2 + \omega_3, \quad k = k_1 + k_2 + k_3 \tag{3.8.18}$$

这表示 4 波之间的非线性相互作用，这种情况下，没有粒子的参与。

对处于弱扰动状态下的等离子体，求解过程中如何处理作为解析对象的非线性效应，其关键在于如何对该非线性相互作用的相互关联项进行近似。速度分布函数已经由公式（3.8.13）求出，利用此式，根据解析对象以及目的的不同，可以对必要的物理量进行求解。

接下来，作为一个例子，介绍关于波的动力学方程。将电场的 2 次项按照下式进行近似，并导入谱密度函数 $I(\kappa_1)$：

$$\langle E(\kappa_1)E(\kappa_2)\rangle = I(\kappa_1)\delta(\kappa_1 - \kappa_2) \tag{3.8.19}$$

将公式（3.8.13）代入公式（3.4.2）中，两边乘以 $E(\kappa_4)$ 并取相位平均可得关于电场 4 次幂的方程。电场的 4 次项可以用电场的 2 次项来表示：

$$\langle E(\kappa_1)E(\kappa_2)E(\kappa_3)E(\kappa_4)\rangle$$
$$= \langle E(\kappa_1)E(\kappa_2)\rangle\langle E(\kappa_3)E(\kappa_4)\rangle + \langle E(\kappa_1)E(\kappa_3)\rangle\langle E(\kappa_2)E(\kappa_4)\rangle$$

$$+\langle E(\kappa_1)E(\kappa_4)\rangle\langle E(\kappa_2)E(\kappa_3)\rangle \tag{3.8.20}$$

因此,关于 $I(\kappa)$ 的方程,即关于波的动力学方程,可以简略表示如下[10,11]:

$$\frac{\partial I(\kappa)}{\partial t} = 2\gamma I(\kappa) + q - \alpha I(\kappa)^2 \tag{3.8.21}$$

其中,γ 为增长率,q 为热噪声项,α 表示波与波之间的相互作用。

2. 强湍流理论

对处于强扰动状态下的等离子体,考虑波与波之间相互作用较弱的情况[11,15]。将速度分布函数划分为缓慢变化的部分 f_0 与快速变化的部分 f_1,从而满足 $f = f_0 + f_1$,电场则只包含快速变化的部分并引入静电势 φ_1。更进一步,将快速变化的部分划分为统计独立的部分与引发非线性效应的振荡部分,即 $f_1 = f^{(0)} + f^{(1)}$,$\varphi_1 = \varphi^{(0)} + \varphi^{(1)}$,且满足 $|f^{(0)}| \gg |f^{(1)}|$,$|\varphi^{(0)}| \gg |\varphi^{(1)}|$。利用弗拉索夫方程与泊松方程,并进行相位平均与随机相位近似,可以用 $\varphi^{(0)}$ 表示 $f^{(1)}$ 和 $\varphi^{(1)}$。强湍流理论更深一步的研究期待今后的进展。

3.9 中子输运理论

对于核聚变反应中产生的中子以及与中子发生反应产生的 γ 射线,其解析基础是公式(3.1.1)所示的玻尔兹曼方程。中子与 γ 射线虽然不受电磁力的影响,但会与反应堆容器中的物质发生碰撞以及核反应。

1. 输运方程

记沿运动方向的单位矢量为 $\boldsymbol{\Omega}$,在位置 $\boldsymbol{r}$、立体角 $\mathrm{d}\boldsymbol{\Omega}$ 范围内,能量介于 E 与 $\mathrm{d}E$ 之间的中子在单位时间内通过与 $\boldsymbol{\Omega}$ 方向垂直的单位面积上的数量为 $\phi(\boldsymbol{r},\boldsymbol{\Omega},E)\mathrm{d}\boldsymbol{\Omega}\mathrm{d}E$。$\phi(\boldsymbol{r},\boldsymbol{\Omega},E)$ 称为中子通量分布函数或中子通量。记中子的密度为 n,速度为 v,则有 $\phi = nv$。中子通量的玻尔兹曼方程(或者称为输运方程)如下所示:

$$
\frac{1}{v}\frac{\partial}{\partial t}\phi(\boldsymbol{r},\boldsymbol{\Omega},E) + \boldsymbol{\Omega} \cdot \nabla\phi(\boldsymbol{r},\boldsymbol{\Omega},E) + \sum_t(\boldsymbol{r},E)\phi(\boldsymbol{r},\boldsymbol{\Omega},E)
$$

$$
= \sum_i n_i(\boldsymbol{r})\int d\boldsymbol{\Omega}'\int dE'\sigma_{si}(\boldsymbol{\Omega}'\to\boldsymbol{\Omega},E'\to E)\phi(\boldsymbol{r},\boldsymbol{\Omega}',E') + S(\boldsymbol{r},\boldsymbol{\Omega},E)
$$

$$(3.9.1)$$

其中,左边第一项表示随时间减少的量,第二项表示沿 $\boldsymbol{\Omega}$ 方向运动的中子从相空间体积微元 $d\tau = drd\boldsymbol{\Omega}dE$ 中流出的量,第三项表示中子与总宏观截面为 $\sum_t(\boldsymbol{r},E)$ 的靶核发生碰撞而从相空间体积微元 $d\tau$ 中损失的量。右边第一项表示运动方向为 $\boldsymbol{\Omega}'$、能量为 E' 的中子由于与靶核的碰撞而发生散射,运动方向变为 $\boldsymbol{\Omega}$,能量变为 E,从而流入相空间体积微元 $d\tau$ 的量。物质一般包含不同种类的原子核,用 i 来表示构成物质的原子核的种类, $n_i(\boldsymbol{r})$、$\sigma_{si}(\boldsymbol{\Omega}'\to\boldsymbol{\Omega},E'\to E)$ 分别表示靶核的密度以及对应的散射截面。右边第二项表示相空间体积微元 $d\tau$ 中的外源[28]。对于公式(3.9.1),一般在定常状态下求解。运用以下所示的原子核数据通过计算机代码进行数值求解(参考 14.2.2 小节)。

2. 中子与物质的相互作用

当中子穿过物质时,会与构成物质的原子核以及电子发生相互作用。中子与物质的各种相互作用如表 3.9.1 所示。

表 3.9.1　中子与物质的相互作用

发生相互作用的对象	分类	内容
电子	—	截面很小,几乎可以忽略
原子核	散射	弹性散射
		非弹性散射
	吸收	捕获
		核转变

一般而言,对于入射粒子 a 打到靶核 X 上,生成出射粒子 b 与剩余核 Y 的核反应,记为 $X + a \to Y + b$,或者 $X(a,b)Y$。与轻核发生的弹性碰撞,以及与重核发生的非弹性碰撞,是中子减速的主要途径。弹性散射不改变靶核的内能,中子与靶核构成的系统符合动能守恒定律,记为 $_{Z}^{A}X_{N}(n,n)_{Z}^{A}X_{N}$。其中,$A$、$Z$、$N$ 分别表示质量数、原子序数以及中子数。非弹性散射过程中会形成复合核,复合核放出中子后留下处于激发态的剩余核,剩余核在放出一个以上的 γ 射线后返回基态,记为 $_{Z}^{A}X_{N}(n,n')_{Z}^{A}X_{N}$ 或者

${}^A_Z X_N (n, n\gamma) {}^A_Z X_N$。当中子能量低于靶核的第一激发态所需能量,该能量称为阈值 (threshold),不会引发非弹性散射。捕获反应是指中子被剩余核捕获并放出 γ 射线的核反应,记为 ${}^A_Z X_N (n, \gamma) {}^A_Z X_{N+1}$。

对于核反应截面(微观截面),记散射反应的截面为 σ_s,吸收反应的截面为 σ_a,将所有反应截面加起来就得到了全截面 σ_t。记靶核中物质 i 的密度为 $n_i(\mathbf{r})$,与物质 i 发生核反应 x 的截面为 $\sigma_{xi}(\mathbf{\Omega}, E)$,则宏观截面为 $\sum_x (\mathbf{r}, \mathbf{\Omega}, E) = \sum_i n_i(\mathbf{r}) \sigma_{xi}(\mathbf{\Omega}, E)$。

要求解公式(3.9.1),必须要有上述的原子核数据。针对原子核数据的研究开展广泛,主要表现为反应截面数据的积累。

参 考 文 献

[1]　矢嶋信男,核融合研究,第 59 卷第 4 期,274-276(1988).

[2]　市川芳彦,核融合研究,第 59 卷第 4 期,277-295(1988).

[3]　R. Kubo, J. Phys. Soc. Jpn, 12, 570(1957). R. Kubo, J. Math. Phys., 4, 174(1963).

[4]　Dwight R. Nicholson, Introduction to Plasma Theory, John Wiley & Sons, Inc. (1983),小笠原正忠,加藤鞆一,译,プラズマ物理の基礎,丸善株式会社(1986).

[5]　R. C. Davidson, Methods in Nonlinear Plasma Theory, Academic Press, New York(1972).

[6]　T. Taniuti and N. Yajima, J. Math. Phys., 10, 1369(1969).

[7]　C. S. Gardner, J. M. Greene, M. D. Kruskal, R. M. Miura, Phys. Rev. Lett., 19, 1095-1097 (1967).

[8]　K. Nishikawa, J. Phys. Soc. Jpn., 24, 916, 1152(1968).

[9]　I. B. Bernstein, J. M. Greene and M. D. Kruskal, Phys. Rev., 108, 546(1957).

[10]　A. I. Akhiezer, I. A. Akhiezer, R. V. Polovin et al., Plasma Electrodynamics Vol. 2:Non-Linear Theory and Fluctuations, Pergamon Press Ltd. (1975).

[11]　B. B. Kadomtsev, Plasma Turbulence, Academic Press Inc. (London) Ltd. (1965).

[12]　V. N. Tsytovich, An Introduction to the Theory of Plasma turbulence, Pergamon Press Ltd. (1972).

[13]　宫本健郎,プラズマ物理の基礎,朝仓书店(2014).

[14]　横井喜充,吉澤徹,生产研究,第 51 卷第 1 期,5-10(1999).

[15]　S.-I. Itoh and K. Itoh, J. Phys. Soc. Jpn., 78, 124502(2009).

[16]　W. E. Drummond and D. Pines,Nucl. Fusion, Suppl. Part 3, 1049(1962).

[17]　T. Okazaki and T. Kato, J. Phys. Soc. Jpn. 49, 1524-1531(1980). T. Okazaki, J. Phys. Soc. Jpn. 49 1532-1541(1980).

［18］ Y. Z. Zhang and S. M. Mahajan，Phys. Rev. A 32，1759（1985）.

［19］ H. Mori，Prog. Theor. Phys.，33，423（1965）.

［20］ S.-I. Itoh，K. Itoh and H. Mori，J. Phys. Soc. Jpn.，75，034501（2006）.

［21］ 伊藤早苗，J. Plasma Fusion Res.，Vol. 86，No. 6，334-370（2010）.

［22］ 伊藤早苗，稲垣滋，藤澤彰英，伊藤公孝，J. Plasma Fusion Res.，Vol. 90，No. 12，793-820 （2014）.

［23］ A. I. Akhiezer，I. A. Akhiezer，R. V. Polovin et al.，Plasma Electrodynamics Vol. 1：Linear Theory，Pergamon Press Ltd.（1975）.

［24］ 宮本健郎，核融合のためのプラズマ物理，岩波书店（1976）.

［25］ 内田岱二郎，井上信幸，核融合とプラズマの制御（上），東京大学出版会（1980）.

［26］ 関口忠，一丸節夫，プラズマ物性工学，オーム社（Ohmsha）（1969）.

［27］ L. D. Landau，J. Phys. USSR，10，25（1946）.

［28］ 竹内清，船舶技術研究所報告，第 9 卷第 6 期，323-389（1972）.

第4章

等离子体平衡与稳定性

一般而言系统平衡是指系统处于平衡状态。例如,热力学平衡是指热力学系统在热学、化学和力学上均处于平衡状态。等离子体的平衡是指等离子体的压力梯度与电磁力达到平衡。在本章中,将介绍等离子体的平衡与稳定性。

4.1　等离子体平衡

4.1.1　等离子体压力

等离子体的约束要利用磁场将高温的等离子体约束在与周围的器壁保持分离的状态下。要约束住等离子体,磁场与等离子体作为力学系统必须达到静态平衡,换言之,约束等离子体需要创造出平衡状态（equilibrium state）。这里先考虑等离子体的宏观平衡。为简单起见，认为等离子体处于定常状态且分布具有各向同性，而电场可以忽略，此时，由公式（3.3.27）可得，等离子体的受力平衡方程（force balance equation）为

$$\nabla p = \boldsymbol{j} \times \boldsymbol{B} \tag{4.1.1}$$

其中，$\boldsymbol{j} = qn\boldsymbol{u}$。由麦克斯韦方程组可知，电流密度 $\boldsymbol{j}$ 与磁场 $\boldsymbol{B}$ 满足定常状态的麦克斯韦方程组（Maxwell equation）：

$$\nabla \times \boldsymbol{B} = \mu_0 \boldsymbol{j} \tag{4.1.2}$$

$$\nabla \cdot \boldsymbol{B} = 0 \tag{4.1.3}$$

这些公式构成了等离子体平衡的基本方程。由公式（4.1.2）可得

$$\nabla \cdot \boldsymbol{j} = 0 \tag{4.1.4}$$

因此可知，平衡状态下既没有电流的流出途径，也没有电流的流入途径。在公式（4.1.1）两边做 $\boldsymbol{B}$ 或者 $\boldsymbol{j}$ 的内积可得

$$\boldsymbol{B} \cdot \nabla p = 0 \tag{4.1.5}$$

$$\boldsymbol{j} \cdot \nabla p = 0 \tag{4.1.6}$$

从而可知 $\boldsymbol{B}$、$\boldsymbol{j}$ 均与等离子体压力梯度正交。由于压力一定的等压面（isobaric surface）$p(\boldsymbol{r}) = \text{const}$ 与 ∇p 正交，因此 $\boldsymbol{B}$、$\boldsymbol{j}$ 一定与等压面平行。另一方面，记磁力线（magnetic field line）的方向矢量为 $\mathrm{d}\boldsymbol{r}$，由于 $\boldsymbol{B}$ 与 $\mathrm{d}\boldsymbol{r}$ 相互平行，引入标量 $\lambda(\boldsymbol{r})$，则有

$$\frac{\mathrm{d}x}{\mathrm{d}B_x} = \frac{\mathrm{d}y}{\mathrm{d}B_y} = \frac{\mathrm{d}z}{\mathrm{d}B_z} = \lambda(\boldsymbol{r}) \tag{4.1.7}$$

从这组微分方程可以导出以下两个积分：

$$\Psi_1(\boldsymbol{r}) = C_1, \quad \Psi_2(\boldsymbol{r}) = C_2 \tag{4.1.8}$$

它们表示空间中的曲面[1]。称这些曲面为磁面（magnetic surface），两个曲面的交线就是磁力线。由于磁场位于磁面内（反之，由于磁面完全包含同一根磁力线），与磁面垂直的矢量 $\nabla \Psi$ 满足

$$\boldsymbol{B} \cdot \nabla \Psi = 0 \tag{4.1.9}$$

比较公式（4.1.5）与公式（4.1.9）可知，等压面 p 与磁面 Ψ 方向一致。将公式（4.1.2）代入公式（4.1.1），并利用公式 $(\nabla \times \boldsymbol{a}) \times \boldsymbol{a} = (\boldsymbol{a} \cdot \nabla)\boldsymbol{a} - (1/2)\nabla a^2$，可得

$$\nabla\left(p + \frac{B^2}{2\mu_0}\right) = \frac{1}{\mu_0}(\boldsymbol{B} \cdot \nabla)\boldsymbol{B} \tag{4.1.10}$$

当磁场的曲率半径很大,且沿磁力线方向磁场的变化很小时,方程右边为 0。等离子体压力与外部磁场 B 的压力之比称为比压,表示为

$$\beta = \frac{p}{B^2/2\mu_0} \tag{4.1.11}$$

等离子体压力与环向磁场 B_0 的压力之比称为环向比压,记为 β_t。比压越大意味着要平衡相同的等离子体压力所需的磁场越小,因此比压可以作为评价等离子体约束效率的一个指标(参考 2.5 节)。

考虑将有限圆柱的两端连接起来构成一个环形的情况。图 4.1.1 给出了柱坐标 (r,φ,z) 下的环形等离子体的示意图。记等离子体的大半径为 R_0,小半径为 a,则有

$$A = R_0/a \tag{4.1.12}$$

将 A 称为环径比(aspect ratio)。同时,将其倒数

$$A^{-1} = a/R_0 \equiv \varepsilon \tag{4.1.13}$$

称为反环径比(inverse aspect ratio)。这里先考虑 $A^{-1} \ll 1$ 的情况。

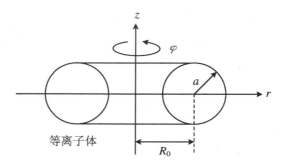

图 4.1.1　柱坐标下的环形等离子体

等离子体环的内外存在 φ 方向的环向磁场,记等离子体内部的磁场为 B_i,外侧的磁场为 B_e。等离子体中沿环向流有电流 I_p,该等离子体电流在等离子体表面形成的磁场为

$$B_p = \mu_0 I_p/(2\pi a) \tag{4.1.14}$$

其中,当 I_p 的单位为 MA,a 的单位为 m 时,$B_p = I_p/5a$ 的单位为 T。称这种位于 $\varphi = $ const 面内的磁场为极向磁场。

若忽略环向磁场的曲率,等离子体表面上小半径方向的压力平衡可表示为

$$p + \frac{B_i^2}{2\mu_0} = \frac{B_p^2}{2\mu_0} + \frac{B_e^2}{2\mu_0} \tag{4.1.15}$$

等离子体环内的 p 与 B_i 取等离子体截面内的平均值。极向比压定义为

$$\beta_p = \frac{p}{B_p^2/2\mu_0} \tag{4.1.16}$$

由公式(4.1.15)、(4.1.16)可得

$$\beta_p = 1 + \frac{B_e^2 - B_i^2}{B_p^2} \tag{4.1.17}$$

对于 $\beta_p > 1$ 的等离子体有 $B_e^2 > B_i^2$，此时等离子体内的磁场小于等离子体外的磁场，即等离子体表现出逆磁性。反之，$\beta_p < 1$ 时有 $B_e^2 < B_i^2$，等离子体仍然表现为顺磁性。

4.1.2　平衡方程

等离子体平衡方程可以用接下来推导出的单一微分方程进行描述[1,2]。磁场 $\boldsymbol{B}$ 可用磁矢势 $\boldsymbol{A}$ 表示为

$$\boldsymbol{B} = \nabla \times \boldsymbol{A} \tag{4.1.18}$$

在柱坐标 (r, φ, z) 下有

$$B_r = \frac{1}{r}\frac{\partial A_z}{\partial \varphi} - \frac{\partial A_\varphi}{\partial z}, \quad B_\varphi = \frac{\partial A_r}{\partial z} - \frac{\partial A_z}{\partial r}, \quad B_z = \frac{1}{r}\frac{\partial}{\partial r}(rA_\varphi) - \frac{1}{r}\frac{\partial A_r}{\partial \varphi} \tag{4.1.19}$$

当电流只沿 φ 方向流动时(系统满足轴对称)，$A_r = A_z = 0$，从而有

$$\Psi = rA_\varphi(r, z) \tag{4.1.20}$$

故公式(4.1.19)可改写为

$$B_r = -\frac{1}{r}\frac{\partial \Psi}{\partial z}, \quad B_\varphi = B_\varphi(r, z), \quad B_z = \frac{1}{r}\frac{\partial \Psi}{\partial r} \tag{4.1.21}$$

将公式(4.1.21)分别代入公式(4.1.3)、(4.1.9)可得

$$\nabla \cdot \boldsymbol{B} = \frac{1}{r}\frac{\partial}{\partial r}(rB_r) + \frac{1}{r}\frac{\partial B_\varphi}{\partial \varphi} + \frac{\partial B_z}{\partial z} = 0 \tag{4.1.22}$$

$$\boldsymbol{B} \cdot \nabla \Psi = B_r \frac{\partial \Psi}{\partial r} + B_\varphi \frac{1}{r} \frac{\partial \Psi}{\partial \varphi} + B_z \frac{\partial \Psi}{\partial z} = 0 \tag{4.1.23}$$

电流密度 $\boldsymbol{j}$ 满足与磁场类似的公式(4.1.4)和公式(4.1.6),因此存在相当于磁面 Ψ 的函数 I,满足

$$j_r = -\frac{1}{r} \frac{\partial I}{\partial z}, \quad j_\varphi = j_\varphi(r, z), \quad j_z = \frac{1}{r} \frac{\partial I}{\partial r} \tag{4.1.24}$$

将公式(4.1.2)代入公式(4.1.1)可得

$$(\nabla \times \boldsymbol{B}) \times \boldsymbol{B} = \mu_0 \nabla p \tag{4.1.25}$$

再将公式(4.1.21)代入上式的各个分量中,则有

$$\mu_0 \frac{\partial p}{\partial r} + \frac{B_\varphi}{r} \frac{\partial}{\partial r}(rB_\varphi) + \frac{1}{r^2} \frac{\partial \Psi}{\partial r} L\Psi = 0 \tag{4.1.26}$$

$$\frac{\partial \Psi}{\partial r} \frac{\partial}{\partial z}(rB_\varphi) - \frac{\partial \Psi}{\partial z} \frac{\partial}{\partial r}(rB_\varphi) = 0 \tag{4.1.27}$$

$$\mu_0 \frac{\partial p}{\partial z} + B_\varphi \frac{\partial B_\varphi}{\partial z} + \frac{1}{r^2} \frac{\partial \Psi}{\partial z} L\Psi = 0 \tag{4.1.28}$$

其中

$$L\Psi = \frac{\partial^2 \Psi}{\partial r^2} - \frac{1}{r} \frac{\partial \Psi}{\partial r} + \frac{\partial^2 \Psi}{\partial z^2} \tag{4.1.29}$$

由公式(4.1.2)的 z 分量可得

$$\frac{1}{r} \frac{\partial}{\partial r}(rB_\varphi) = \mu_0 j_z \tag{4.1.30}$$

因此利用公式(4.1.21)有

$$rB_\varphi = \mu_0 I \tag{4.1.31}$$

利用上式对公式(4.1.26)、(4.1.28)进行改写,有

$$\mu_0 \frac{\partial p}{\partial r} + \frac{\mu_0^2}{2r^2} \frac{\partial I^2}{\partial r} + \frac{1}{r^2} \frac{\partial \Psi}{\partial r} L\Psi = 0 \tag{4.1.32}$$

$$\mu_0 \frac{\partial p}{\partial z} + \frac{\mu_0^2}{2r^2} \frac{\partial I^2}{\partial z} + \frac{1}{r^2} \frac{\partial \Psi}{\partial z} L\Psi = 0 \tag{4.1.33}$$

由上述两式求得 $L\Psi$ 为

$$LΨ = \frac{\partial^2 Ψ}{\partial r^2} - \frac{1}{r}\frac{\partial Ψ}{\partial r} + \frac{\partial^2 Ψ}{\partial z^2} = -\frac{μ_0^2}{2}\frac{\partial I^2}{\partial Ψ} - μ_0 r^2 \frac{\partial p}{\partial Ψ} \tag{4.1.34}$$

由公式(4.1.1)的 r 分量可得

$$j_φ B_z - j_z B_φ = \frac{\partial p}{\partial r} \tag{4.1.35}$$

将公式(4.1.21)、(4.1.24)和(4.1.31)代入上式则有

$$j_φ = \frac{μ_0}{2r}\frac{\partial I^2}{\partial Ψ} + r\frac{\partial p}{\partial Ψ} = -\frac{1}{μ_0 r}\left(-\frac{μ_0^2}{2}\frac{\partial I^2}{\partial Ψ} - μ_0 r^2 \frac{\partial p}{\partial Ψ}\right) \tag{4.1.36}$$

从而可知公式(4.1.34)右边等于 $-μ_0 r j_φ$。称公式(4.1.34)为 Grad-Shafranov 方程（Grad-Shafranov equation）。该方程中包含函数 I 和压力 p。若能确定以上参数，则可以通过求解 Grad-Shafranov 方程来获得等离子体的平衡位形。

4.1.3　托卡马克平衡

下面求解环形等离子体的受力。环形等离子体受到三个力的作用：① 等离子体压力 F_p，② 环向磁场带来的张力 F_m，③ 极向磁场带来的张力 F_h。等离子体压力使等离子体环朝着扩大的方向，即大半径方向运动，如图 4.1.2 所示。记绕等离子体环一周的等离子体压力为 F_p，等离子体极向截面积为 S。记大半径方向的单位矢量为 e_r，考虑环向角为 $dφ$ 的微元，由于该微元两边受到等离子体压力 p 的作用，等离子体环受到如下式所示的朝着环扩大方向的力：

$$d\mathbf{F}_p = 2pS\sin(dφ/2)\mathbf{e}_r = pS dφ \mathbf{e}_r \tag{4.1.37}$$

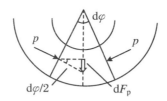

图 4.1.2　等离子体环受到等离子体压力的作用

对等离子体环的一周进行积分则有 $F_p = 2πpS$。利用公式(4.1.14)、(4.1.16)以及 $S = πa^2$ 可得

$$F_p = \frac{1}{4}\mu_0 I_p^2 \beta_p \tag{4.1.38}$$

接下来研究由环向磁场张力导致的沿大半径方向的力 F_m。对于托卡马克,环向磁场满足 $B_0 \propto (1/R_0)\boldsymbol{e}_\varphi$($R_0$:大半径,$\boldsymbol{e}_\varphi$:环向单位矢量)。考虑与计算等离子体压力时类似的环向角为 $\mathrm{d}\varphi$ 的微元可知,等离子体内的磁场 B_i 带来的张力 F_i 朝着大半径缩小的方向,大小为

$$F_i = -2\pi \frac{B_i^2}{2\mu_0} S \tag{4.1.39}$$

对于外部磁场 B_e 带来的张力,可以按照下面的方法进行考虑。当等离子体内外只存在外部磁场时,由该磁场导致的磁压应该使包括产生该磁场的线圈在内的系统达到平衡状态。实际上等离子体内部没有外部磁场,因此外部磁场带来的张力应该朝着大半径扩大的方向,其大小 F_e 为

$$F_e = 2\pi \frac{B_e^2}{2\mu_0} S \tag{4.1.40}$$

利用公式(4.1.15)可知,环向磁场实际作用在等离子体环上的张力为

$$F_m = \frac{\pi S}{\mu_0}(B_e^2 - B_i^2) = \frac{1}{4}\mu_0 I_p^2(\beta_p - 1) \tag{4.1.41}$$

最后来研究环向电流与极向磁场带来的作用力。环向电流密度 j_t 产生的极向磁场在环的中心侧密集,边缘侧稀疏,若记环的中心侧和边缘侧的极向磁场分别为 B_{pi}、B_{po},则有 $B_{pi} > B_{po}$。等离子体环在中心侧的受力使其向外运动,而在边缘侧的受力则使其向内运动。等离子体环整体受力大小为 $j_t \times B_{pi} - j_t \times B_{po}$,方向为向外。将该力称为紧箍力(hoop force)。

等离子体环所保存的磁能为

$$U_m = \frac{1}{2}L_p I_p^2 \tag{4.1.42}$$

其中,L_p 为等离子体的自感(plasma inductance),即

$$L_p = \mu_0 r \left(\ell n \frac{8r}{a} + \frac{\ell_i}{2} - 2 \right) \tag{4.1.43}$$

ℓ_i 等于等离子体的内部电感乘以 $4\pi/\mu_0$。记等离子体小半径为 ρ 处的极向磁场为 $B_p(\rho)$,则单位长度等离子体的磁能可表示为

$$\frac{1}{2}\left(\frac{\mu_0}{4\pi}\ell_i\right)I_p^2 = \int_0^a \frac{B_p^2(\rho)}{2\mu_0}2\pi\rho\mathrm{d}\rho \tag{4.1.44}$$

将公式(4.1.14)代入公式(4.1.44)可得

$$\ell_i = \frac{2}{a^2 B_p^2}\int_0^a B_p^2(\rho)\rho\mathrm{d}\rho \tag{4.1.45}$$

$B_p(\rho)$ 由等离子体中的电流分布决定,当电流只分布在等离子体表面时,等离子体内部没有磁场,从而 $B_p(\rho)=0$,$\ell_i=0$。当电流密度为均匀分布 $j(\rho)=j_0$ 时,有

$$I_p(\rho) = 2\pi\int_0^\rho j_0\rho\mathrm{d}\rho = \pi\rho^2 j_0 = (\rho/a)^2 I_p, \quad B_p(\rho) = (\mu_0/2\pi\rho)I_p(\rho) \tag{4.1.46}$$

从而 $\ell_i = 1/2$。当电流密度为 2 次分布 $j(\rho) = (2I_p/\pi a^2)(1-\rho^2/a^2)$ 时,有

$$I_p(\rho) = (2I_p/a^2)(\rho^2 - \rho^4/2a^2), \quad B_p(\rho) = (\mu_0 I_p/2\pi\rho)(2/a)(\rho - \rho^3/2a^2) \tag{4.1.47}$$

从而 $\ell_i = 11/12$。等离子体电流密度分布的中心峰度越大,则 ℓ_i 的值越大。

紧箍力使得等离子体环扩张时所做的功应该等于 U_m 的变化量,故有

$$F_h = \frac{\partial U_m}{\partial r} = \frac{1}{2}\mu_0 I_p^2\left(\ell\mathrm{n}\frac{8r}{a} + \frac{\ell_i}{2} - 2\right) \tag{4.1.48}$$

综上可知,F_p、F_m、F_h 的合力会导致等离子体环沿大半径方向向外扩张,系统不能维持在平衡状态。因此,可以考虑对等离子体环施加一个向下穿过等离子体的垂直磁场 B_z,从而使等离子体保持平衡,如图 4.1.3 所示。垂直磁场与等离子体电流相互作用带来的作用力为

$$F_v = 2\pi R_0 I_p B_z \tag{4.1.49}$$

方向为向内。因此,等离子体受力平衡的条件为 $F_p + F_m + F_h + F_v = 0$。满足该条件所需的垂直磁场在 $r = R_0$ 时为

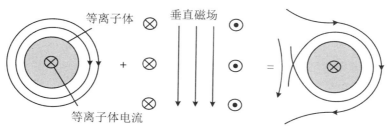

图 4.1.3 等离子体电流产生的极向磁场与垂直磁场的合成磁场

$$B_z = -\frac{\mu_0 I_p}{4\pi R_0}\left(\ell n\,\frac{8R_0}{a} + \frac{\ell_i}{2} + \beta_p - \frac{3}{2}\right) \qquad (4.1.50)$$

为了保持等离子体平衡,必须施加该垂直磁场[3]。

4.1.4　等离子体截面形状

等离子体截面形状能够影响等离子体的性能,因此需要对多种形状进行考虑。图 4.1.4 给出了主要的等离子体截面形状的示意图。对于圆形等离子体,若增大等离子体压力,则等离子体在大半径方向有扩张的趋势,因此需要增大垂直磁场的强度。若增大垂直磁场的强度,则由图 4.1.3 可知,等离子体区域由于外侧受到挤压而变小。为了避免这样的问题,可使等离子体变成纵向较长的椭圆形。椭圆形的长短轴之比称为拉长比(ellipticity),或称不圆度(elongation),记为 $\kappa = b/a$。椭圆的周长比为 $\kappa_\ell = \sqrt{(1+\kappa^2)/2}$。对于相同的截面积,纵向较长的椭圆形较圆形而言大半径更短,有利于反应堆的紧凑化。

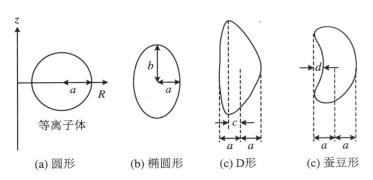

(a) 圆形　　(b) 椭圆形　　(c) D形　　(c) 蚕豆形

图 4.1.4　等离子体截面形状

磁力线存在两个区域,即位于环内侧的有利于等离子体稳定的好曲率区域以及位于环外侧的坏曲率区域(参考 4.6 节)。若使等离子体截面形状变为 D 形,可以增加等离子体位于好曲率区域的份额,从而可以更进一步提高等离子体的压力。同时,D 形的环向磁场线圈也比圆形线圈具有更高的电磁力耐受性能,可谓一举两得。D 形的非圆截面可以用拉长比和三角度(triangularity)$\delta = c/a$ 来描述。蚕豆形(bean-shape)是在 D 形的基础上更进一步的形状,用凹度(indentation)$i = d/2a$ 来描述。凹度一般用百分数%来表示。

核聚变科学出版工程

核聚变堆设计

4.2 MHD 稳定性

4.2.1 能量原理

1. MHD 方程

求解等离子体内的 MHD 现象的基本方程是 MHD 方程和麦克斯韦方程组（参考 3.3 节）。对于由多种类粒子构成的等离子体，引入以下物理量。若用下角标 j 表示粒子种类，则质量密度和电荷密度分别为

$$\rho_{\mathrm{m}} = \sum_j n_j m_j = n_{\mathrm{e}} m_{\mathrm{e}} + n_{\mathrm{i}} m_{\mathrm{i}} \tag{4.2.1}$$

$$\rho_{\mathrm{e}} = \sum_j Z_j q_j n_j = - e n_{\mathrm{e}} + Z_{\mathrm{i}} e n_{\mathrm{i}} \tag{4.2.2}$$

利用从速度分布函数中取平均得到的平均速度 $\boldsymbol{u}_j$ 可得，等离子体的平均速度和电流密度分别为

$$\boldsymbol{V}(\boldsymbol{r}, t) = \frac{1}{\rho_{\mathrm{m}}} \sum_j n_j m_j \boldsymbol{u}_j = \frac{1}{\rho_{\mathrm{m}}} (n_{\mathrm{e}} m_{\mathrm{e}} \boldsymbol{u}_{\mathrm{e}} + n_{\mathrm{i}} m_{\mathrm{i}} \boldsymbol{u}_{\mathrm{i}}) \tag{4.2.3}$$

$$\boldsymbol{j}(\boldsymbol{r}, t) = \sum_j Z_j n_j q_j \boldsymbol{u}_j = - e n_{\mathrm{e}} \boldsymbol{u}_{\mathrm{e}} + Z_{\mathrm{i}} e n_{\mathrm{i}} \boldsymbol{u}_{\mathrm{i}} \tag{4.2.4}$$

等离子体的质量守恒方程以及电荷守恒方程分别为

$$\frac{\partial \rho_{\mathrm{m}}}{\partial t} + \nabla_r \cdot (\rho_{\mathrm{m}} \boldsymbol{V}) = 0 \tag{4.2.5}$$

$$\frac{\partial \rho_{\mathrm{e}}}{\partial t} + \nabla_r \cdot \boldsymbol{j} = 0 \tag{4.2.6}$$

动量守恒方程为

$$\rho_{\mathrm{m}} \frac{\partial \boldsymbol{v}}{\partial t} + \rho_{\mathrm{m}} (\boldsymbol{V} \cdot \nabla_r) \boldsymbol{V} = - \nabla p + \boldsymbol{j} \times \boldsymbol{B} \tag{4.2.7}$$

记电阻率为 η，欧姆定律为

$$\boldsymbol{E} + \boldsymbol{V} \times \boldsymbol{B} = \eta \boldsymbol{j} \tag{4.2.8}$$

绝热方程为

$$\frac{\mathrm{d}}{\mathrm{d}t}(p\rho_\mathrm{m}^{-\gamma}) = \left(\frac{\partial}{\partial t} + \boldsymbol{V} \cdot \nabla_r\right)(p\rho_\mathrm{m}^{-\gamma}) = 0 \tag{4.2.9}$$

其中，γ 为定压比热容与定容比热容的比值，若用 δ 表示自由度，则 $\gamma = (\delta + 2)/\delta$，在三维的情况下有 $\gamma = 5/3$。当电位移矢量很小从而可以忽略时，麦克斯韦方程组可改写为如下形式：

$$\nabla \times \boldsymbol{E} = -\frac{\partial \boldsymbol{B}}{\partial t} \tag{4.2.10}$$

$$\nabla \times \boldsymbol{B} = \mu_0 \boldsymbol{j} \tag{4.2.11}$$

$$\nabla \cdot \boldsymbol{B} = 0 \tag{4.2.12}$$

由公式(4.2.9)有

$$\frac{\mathrm{d}}{\mathrm{d}t}(p\rho_\mathrm{m}^{-\gamma}) = \frac{\mathrm{d}p}{\mathrm{d}t}\rho_\mathrm{m}^{-\gamma} - \gamma\rho_\mathrm{m}^{-\gamma-1}p\,\frac{\mathrm{d}\rho_\mathrm{m}}{\mathrm{d}t} = 0 \tag{4.2.13}$$

从而有

$$\frac{\mathrm{d}p}{\mathrm{d}t} = \gamma\rho_\mathrm{m}^{-1}p\,\frac{\mathrm{d}\rho_\mathrm{m}}{\mathrm{d}t} = \gamma\rho_\mathrm{m}^{-1}p\left(\frac{\partial\rho_\mathrm{m}}{\partial t} + \boldsymbol{V} \cdot \nabla_r\rho_\mathrm{m}\right) \tag{4.2.14}$$

利用公式(4.2.5)以及公式 $\nabla \cdot (f\boldsymbol{a}) = f\nabla \cdot \boldsymbol{a} + \boldsymbol{a} \cdot \nabla f$ 可得

$$\frac{\mathrm{d}p}{\mathrm{d}t} = -\gamma p\nabla_r \cdot \boldsymbol{V} \tag{4.2.15}$$

最终可得

$$\frac{\partial p}{\partial t} + \boldsymbol{V} \cdot \nabla_r p = -\gamma p\nabla_r \cdot \boldsymbol{V} \tag{4.2.16}$$

2. 线性近似下的理想 MHD 方程

当等离子体可近似看作具有很高电导率的连续体（$\eta = 0$）时，采用处理理想磁流体动力学(ideal magnetohydrodynamics)的理想 MHD 方程。将物理量分解为平衡量（下角标0）和1次扰动量（下角标1），则有

$$\rho_\mathrm{m} = \rho_0(\boldsymbol{r}) + \rho_1(\boldsymbol{r}, t) \tag{4.2.17}$$

核聚变科学出版工程

核聚变堆设计

$$p = p_0(\boldsymbol{r}) + p_1(\boldsymbol{r}, t) \qquad (4.2.18)$$

$$\boldsymbol{V} = \boldsymbol{V}_1(\boldsymbol{r}, t) \qquad (4.2.19)$$

$$\boldsymbol{E} = \boldsymbol{E}_1(\boldsymbol{r}, t) \qquad (4.2.20)$$

$$\boldsymbol{B} = \boldsymbol{B}_0(\boldsymbol{r}) + \boldsymbol{B}_1(\boldsymbol{r}, t) \qquad (4.2.21)$$

$$\boldsymbol{j} = \boldsymbol{j}_0(\boldsymbol{r}) + \boldsymbol{j}_1(\boldsymbol{r}, t) \qquad (4.2.22)$$

式中，认为 $\boldsymbol{V}_0(\boldsymbol{r}) = 0$，$\boldsymbol{E}_0(\boldsymbol{r}) = 0$。

接下来，对公式(4.2.5)、(4.2.7)～(4.2.12)进行线性近似。0 次平衡量的方程为

$$\nabla p_0 = \boldsymbol{j}_0 \times \boldsymbol{B}_0 \qquad (4.2.23)$$

$$\nabla \times \boldsymbol{B}_0 = \mu_0 \boldsymbol{j}_0 \qquad (4.2.24)$$

$$\nabla \cdot \boldsymbol{B}_0 = 0 \qquad (4.2.25)$$

1 次项的方程为

$$\frac{\partial \rho_1}{\partial t} + \nabla \cdot (\rho_1 \boldsymbol{V}_1) = 0 \qquad (4.2.26)$$

$$\rho_0 \frac{\partial \boldsymbol{v}_1}{\partial t} + \nabla p_1 = \boldsymbol{j}_0 \times \boldsymbol{B}_1 + \boldsymbol{j}_1 \times \boldsymbol{B}_0 \qquad (4.2.27)$$

$$\frac{\partial p_1}{\partial t} + (\boldsymbol{V}_1 \cdot \nabla) p_0 + \gamma p_0 \nabla \cdot \boldsymbol{V}_1 = 0 \qquad (4.2.28)$$

从这里开始，将省略空间微分算符 ∇_r 的下角标 r。公式(4.2.8)的 1 次项为

$$\boldsymbol{E}_1 + \boldsymbol{V}_1 \times \boldsymbol{B}_0 = 0 \qquad (4.2.29)$$

利用上式，公式(4.2.10)可改写为

$$\frac{\partial \boldsymbol{B}_1}{\partial t} = \nabla \times (\boldsymbol{V}_1 \times \boldsymbol{B}_0) \qquad (4.2.30)$$

同时有

$$\nabla \times \boldsymbol{B}_1 = \mu_0 \boldsymbol{j}_1 \qquad (4.2.31)$$

$$\nabla \cdot \boldsymbol{B}_1 = 0 \qquad (4.2.32)$$

等离子体的边界条件如图 4.2.1 所示。等离子体的外侧是真空，真空的外侧则由良导体的容器(壁)包围。

3. 能量原理

若用 $\boldsymbol{\xi}(\boldsymbol{r}_0, t)$ 表示等离子体离开平衡位置的位移，则有

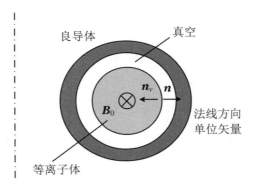

图 4.2.1　等离子体的边界条件

$$\boldsymbol{\xi}(\boldsymbol{r}_0, t) = \boldsymbol{r} - \boldsymbol{r}_0 \tag{4.2.33}$$

$$\boldsymbol{V}_1 = \frac{\mathrm{d}\boldsymbol{\xi}}{\mathrm{d}t} = \frac{\partial \boldsymbol{\xi}}{\partial t} \tag{4.2.34}$$

利用上式,由公式(4.2.28)、(4.2.30)分别可得

$$p_1 = -(\boldsymbol{\xi} \cdot \nabla) p_0 - \gamma p_0 \nabla \cdot \boldsymbol{\xi} \tag{4.2.35}$$

$$\boldsymbol{B}_1 = \nabla \times (\boldsymbol{\xi} \times \boldsymbol{B}_0) \tag{4.2.36}$$

由公式(4.2.27)可得

$$\rho_0 \frac{\partial^2 \boldsymbol{\xi}}{\partial t^2} = -\nabla p_1 + \boldsymbol{j}_0 \times \boldsymbol{B}_1 + \boldsymbol{j}_1 \times \boldsymbol{B}_0 \tag{4.2.37}$$

将公式(4.2.24)、(4.2.31)和(4.2.35)代入上式可得

$$\rho_0 \frac{\partial^2 \boldsymbol{\xi}}{\partial t^2} = \boldsymbol{F}(\boldsymbol{\xi}) \tag{4.2.38}$$

$$\boldsymbol{F}(\boldsymbol{\xi}) = \nabla\{(\boldsymbol{\xi} \cdot \nabla) p_0 + \gamma p_0 \nabla \cdot \boldsymbol{\xi}\} + \frac{1}{\mu_0} (\nabla \times \boldsymbol{B}_0) \times \boldsymbol{B}_1 + \frac{1}{\mu_0} (\nabla \times \boldsymbol{B}_1) \times \boldsymbol{B}_0 \tag{4.2.39}$$

$\boldsymbol{F}(\boldsymbol{\xi})$只与$\boldsymbol{\xi}$有关,故可表示为$\boldsymbol{F}(\boldsymbol{\xi}) = -\boldsymbol{K} \cdot \boldsymbol{\xi}$。其中,$\boldsymbol{K}$为线性算符。若将$\boldsymbol{K}$看作弹性系数,则公式(4.2.38)与表示简谐振动的微分方程具有相同的形式。

将公式(4.2.38)两边同时乘以$\partial \boldsymbol{\xi}/\partial t$并对整体积分可得

$$\int \rho_0 \frac{\partial \boldsymbol{\xi}}{\partial t} \frac{\partial^2 \boldsymbol{\xi}}{\partial t^2} \mathrm{d}\boldsymbol{r} = \int \frac{\partial \boldsymbol{\xi}}{\partial t} \cdot \boldsymbol{F}(\boldsymbol{\xi}) \mathrm{d}\boldsymbol{r} \tag{4.2.40}$$

上式左边为

$$\int \rho_0 \frac{\partial \boldsymbol{\xi}}{\partial t} \frac{\partial^2 \boldsymbol{\xi}}{\partial t^2} \mathrm{d}\boldsymbol{r} = \frac{\mathrm{d}}{\mathrm{d}t} \int \frac{1}{2} \rho_0 \left(\frac{\partial \boldsymbol{\xi}}{\partial t} \right)^2 \mathrm{d}\boldsymbol{r} \qquad (4.2.41)$$

对于任意一个满足与位移 $\boldsymbol{\xi}$ 相同的边界条件的位移矢量 $\boldsymbol{\zeta}$，若任意函数 $\boldsymbol{F}(\boldsymbol{\xi})$ 满足

$$\int \boldsymbol{\zeta} \cdot \boldsymbol{F}(\boldsymbol{\xi}) \mathrm{d}\boldsymbol{r} = \int \boldsymbol{\xi} \cdot \boldsymbol{F}(\boldsymbol{\zeta}) \mathrm{d}\boldsymbol{r} \qquad (4.2.42)$$

则称 $\boldsymbol{F}(\boldsymbol{\xi})$ 是自共轭的。前面定义的 $\boldsymbol{F}(\boldsymbol{\xi})$ 满足公式 (4.2.42) 并得到了证明[1,3~5]。此时，称算符 K 为厄米算符（Hermite operator 或者 self-adjoint operator）。

令 $\boldsymbol{\zeta} = \partial \boldsymbol{\xi} / \partial t$，利用公式 (4.2.42)，公式 (4.2.40) 的右边可改写为

$$\int \frac{\partial \boldsymbol{\xi}}{\partial t} \cdot \boldsymbol{F}(\boldsymbol{\xi}) \mathrm{d}\boldsymbol{r} = \frac{1}{2} \left\{ \int \frac{\partial \boldsymbol{\xi}}{\partial t} \cdot \boldsymbol{F}(\boldsymbol{\xi}) \mathrm{d}\boldsymbol{r} + \int \boldsymbol{\xi} \cdot \boldsymbol{F}\left(\frac{\partial \boldsymbol{\xi}}{\partial t} \right) \mathrm{d}\boldsymbol{r} \right\}$$

$$= \frac{\mathrm{d}}{\mathrm{d}t} \int \frac{1}{2} \boldsymbol{\xi} \cdot \boldsymbol{F}(\boldsymbol{\xi}) \mathrm{d}\boldsymbol{r} \qquad (4.2.43)$$

从而可得系统的能量守恒方程为

$$\frac{\mathrm{d}}{\mathrm{d}t}(K + W) = 0 \qquad (4.2.44)$$

$$K = \int \frac{1}{2} \rho_0 \left(\frac{\partial \boldsymbol{\xi}}{\partial t} \right)^2 \mathrm{d}\boldsymbol{r} \qquad (4.2.45)$$

$$W = -\int \frac{1}{2} \boldsymbol{\xi} \cdot \boldsymbol{F}(\boldsymbol{\xi}) \mathrm{d}\boldsymbol{r} \qquad (4.2.46)$$

其中，K 表示动能，W 表示势能。系统的稳定性如图 4.2.2 所示。

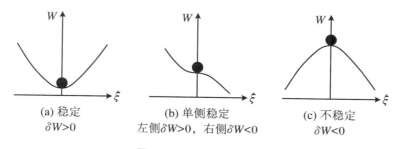

图 4.2.2　系统的稳定性

用 δK 表示动能的变化，δW 表示势能的变化。对于任意偏离平衡位置的位移，若系统的势能变化为正（$\delta W > 0$），而动能减小（$\delta K < 0$），那么系统是稳定的；反之，$\delta W < 0$，而动能增大（$\delta K > 0$）的系统是不稳定的[6]。像这样，根据系统势能的变化就能判断出系统的稳定性，这种方法就称为根据能量原理（energy principle）的稳定性判断法。

4.2.2 能量积分

将公式(4.2.46)表示为

$$W = \frac{1}{2} \int d\boldsymbol{r} \left[\boldsymbol{\xi} \cdot \nabla p_1 - \frac{1}{\mu_0} \boldsymbol{\xi} \cdot \{ (\nabla \times \boldsymbol{B}_0) \times \boldsymbol{B}_1 \} - \frac{1}{\mu_0} \boldsymbol{\xi} \cdot \{ (\nabla \times \boldsymbol{B}_1) \times \boldsymbol{B}_0 \} \right]$$

$$(4.2.47)$$

并对各项进行改写。详细的推导过程见附录 4.2A。推导的结果如下:

$$W = \frac{1}{2} \int d\boldsymbol{r} \{ (\boldsymbol{\xi} \cdot \nabla p_0)(\nabla \cdot \boldsymbol{\xi}) + \gamma p_0 (\nabla \cdot \boldsymbol{\xi})^2 \}$$

$$- \frac{1}{2} \int d\boldsymbol{r} \frac{1}{\mu_0} \{ \boldsymbol{\xi} \times (\nabla \times \boldsymbol{B}_0) \} \cdot \{ \nabla \times (\boldsymbol{\xi} \times \boldsymbol{B}_0) \} + \frac{1}{2} \int d\boldsymbol{r} \frac{1}{\mu_0} \{ \boldsymbol{\xi} \times (\nabla \times \boldsymbol{B}_0) \}^2$$

$$- \frac{1}{2} \int_S dS \xi_n^2 \frac{\partial}{\partial n} \left(p_0 + \frac{B_0^2}{2\mu_0} - \frac{B_{v0}^2}{2\mu_0} \right) + \int_V d\boldsymbol{r} \frac{\boldsymbol{B}_{v1}^2}{2\mu_0} \qquad (4.2.48)$$

从上式可知,右边的第 1~3 项表示等离子体及等离子体内部的磁能的贡献(W_p),第 4 项表示等离子体边界电流与等离子体位移的贡献(W_S),第 5 项表示真空区域的磁能的贡献(W_V)。

4.2.3 MHD 不稳定性

可以对公式(4.2.48)的 W_p 部分进行进一步的改写。详细的推导过程见附录 4.2B。推导的结果如下:

$$W_p = \frac{1}{2} \int d\boldsymbol{r} \left\{ \frac{1}{\mu_0} | \boldsymbol{B}_{1\perp} |^2 + \mu_0 \left| \frac{\boldsymbol{B}_{1\parallel}}{\mu_0} - \frac{\boldsymbol{B}_0}{B_0^2} (\boldsymbol{\xi} \cdot \nabla p_0) \right|^2 + \gamma p_0 (\nabla \cdot \boldsymbol{\xi})^2 \right.$$

$$\left. - \frac{\boldsymbol{j}_0 \cdot \boldsymbol{B}_0}{B_0^2} (\boldsymbol{\xi}_\perp \times \boldsymbol{B}_0) \cdot \boldsymbol{B}_1 - 2(\boldsymbol{\xi} \cdot \nabla p_0)(\boldsymbol{\xi} \cdot \boldsymbol{\kappa}) \right\} \qquad (4.2.49)$$

公式(4.2.49)的被积函数的第 1 项与弯曲磁力线的能量有关,表示剪切阿尔芬波(shear Alfvén wave)的激励能。第 2 项与压缩磁力线的能量有关,表示压缩阿尔芬波(compressional Alfvén wave)的激励能。第 3 项与压缩等离子体的能量有关,表示音波(sound wave)的激励能。这些项都是正数,因而有助于等离子体的稳定。第 4 项和第 5

项可正可负,当它们为负数的情况下就会导致等离子体中不稳定性的发生。由于第 4 项包含 $\boldsymbol{J}_0 \cdot \boldsymbol{B}_0 / B_0 = j_{0\parallel}$,因此其与电流的平行成分成比例,而第 5 项包含 $\nabla p = \boldsymbol{J}_{0\perp} \times \boldsymbol{B}_0$,因此其与电流的垂直成分成比例。第 4 项称为电流驱动型模(current-driven modes),包括扭曲模(kink modes)等。第 5 项称为压力驱动型模(pressure-driven modes),包括气球模(ballooning modes)等。这些将在 4.3 节之后介绍。

4.2.4　MHD 模与共振面

对于环形等离子体,记极向和环向的模数分别为 m 和 n,则等离子体的位移可表示为

$$\boldsymbol{\xi} = \boldsymbol{\xi}(r) \exp\left[-\mathrm{i}\omega t + \mathrm{i}(m\theta - n\varphi) \right] \tag{4.2.50}$$

其中,θ 和 φ 分别为极向角和环向角。将环形等离子体近似看作长度为 $2\pi R_0$、半径为 a 的圆柱形等离子体,并采用如图 4.2.3 所示的以圆柱轴线为 z 轴的柱坐标 (r, θ, z),则位移可表示为

$$\boldsymbol{\xi} = \boldsymbol{\xi}(r) \exp\left[-\mathrm{i}\omega t + \mathrm{i}\left(m\theta - \frac{n}{R_0}z \right) \right] \tag{4.2.51}$$

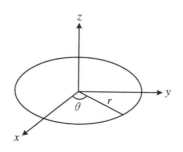

图 4.2.3　柱坐标 (r, θ, z)

图 4.2.4 给出了极向截面上等离子体截面形状随极向模式的不同而变化的示意图。对于环向模式,在大半径一定 $R = R_0$ 的位置,从 φ 方向看等离子体形状的变化与图 4.2.4 所示的极向截面的形状变化一致。

为了防止托卡马克中出现电荷分离(参考图 1.3.5),通常让等离子体中流过电流从而产生极向磁场,该磁场与环向磁场合成从而使磁力线发生扭曲后再闭合。

磁面内磁力线的斜度可以用旋转变换 $\iota / 2\pi$,或者安全因子 $q(r) = 2\pi / \iota$ 来表示。磁

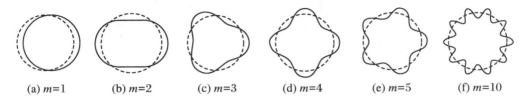

(a) $m=1$ (b) $m=2$ (c) $m=3$ (d) $m=4$ (e) $m=5$ (f) $m=10$

图 4.2.4　极向截面上的极向模式

面内磁力线的斜度如图 4.2.5 所示。图 4.2.5 中给出了磁力线绕环向一周后恰好也绕极向一周的情形。磁面内磁力线的斜度为

$$\frac{r\mathrm{d}\theta}{R\mathrm{d}\varphi} = \frac{B_\theta}{B_z} \tag{4.2.52}$$

从而有

$$\iota/2\pi = \frac{\mathrm{d}\theta}{\mathrm{d}\varphi} = \frac{RB_\theta}{rB_z} \tag{4.2.53}$$

故安全因子为

$$q(r) = \frac{r}{R}\frac{B_z}{B_\theta} \tag{4.2.54}$$

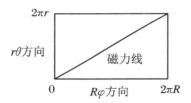

图 4.2.5　磁面内磁力线的斜度

　　不同磁面的旋转变换之间有差异的情况称为磁剪切,表示为 $(1/2\pi)\mathrm{d}\iota/\mathrm{d}r$。旋转变换为有理数($=i/j$, i, j 为整数)时,称该磁面为有理面。当旋转变换为无理数(无理面)时,磁力线无论绕环向多少圈都不会回到起点,但当旋转变换为有理数时,磁力线绕环向 j 圈后就可以回到起点形成闭合回路。此时,如果某处发生了扰动(微扰),等离子体就会在该处反复受到扰动从而造成不稳定性的发生。因此,将这样的面称为共振面(resonant surface)。

　　记扰动的波矢为 $\boldsymbol{k}$,将扰动分为垂直磁场 $\boldsymbol{B}_0$($\boldsymbol{k}\perp\boldsymbol{B}_0$,即 $\boldsymbol{k}\cdot\boldsymbol{B}_0=0$)传播的扰动与不垂直磁场 $\boldsymbol{B}_0$($\boldsymbol{k}\cdot\boldsymbol{B}_0\neq0$)传播的扰动,对于后者,扰动需要克服磁力线的弯曲做功,而对于前者,扰动不需要克服磁力线的弯曲做功,因此垂直磁力线传播的扰动更容易形成

不稳定性。对于 $\boldsymbol{k} \cdot \boldsymbol{B}_0 = 0$ 的扰动，(m,n) 模满足

$$\boldsymbol{k} \cdot \boldsymbol{B}_0 = \frac{m}{r}B_\theta - \frac{n}{R_0}B_z = \frac{B_z}{R_0}\left(\frac{m}{q(r)} - n\right) = 0 \tag{4.2.55}$$

$q(r) = m/n$ 的有理面满足 $\boldsymbol{k} \cdot \boldsymbol{B}_0 = 0$，将这样的磁面称为模 (m,n) 的共振有理面。接下来介绍如下所示的 MHD 不稳定性模。

4.3 等离子体位移不稳定性

等离子体位移不稳定性与 $n=0$ 的轴对称模（$n=0$ axisymmetric mode）有关[7]。在等离子体的平衡位置上施加如公式(4.1.50)所示的垂直磁场，并求解等离子体位置偏离平衡情况下的稳定条件[1]。要回到平衡位置，考虑弯曲的垂直磁场。将磁场的 B_z 分量记为

$$B_z = B_{z0}\left(\frac{R_0}{r}\right)^{n_z}, \quad B_{z0} < 0 \tag{4.3.1}$$

n_z 称为磁场的衰减系数（decay index, n index），定义为

$$n_z = -\frac{r}{B_z}\frac{\partial B_z}{\partial r} \tag{4.3.2}$$

图 4.3.1 给出了等离子体位置与垂直磁场的示意图。等离子体在 z 方向的受力为

$$F_z(r,z) = -2\pi r I_p B_z \tag{4.3.3}$$

记等离子体的平衡位置为 $r = R_0, z = 0$，并认为在平衡位置处满足 $F_z(R_0, 0) = 0$。将离开平衡位置的位移视为小量，则在 $z=0$ 附近对公式(4.3.3)进行泰勒展开有

$$F_z(r,z) = F_z(R_0,z) + z\left.\frac{\partial F_z}{\partial z}\right|_{z=0} = z\left.\frac{\partial F_z}{\partial z}\right|_{z=0} \tag{4.3.4}$$

当等离子体在 z 方向离开平衡位置并产生 Δz 的位移时，其受力为

$$F_z(R_0, \Delta z) = \Delta z\left.\frac{\partial F_z}{\partial z}\right|_{z=0} \tag{4.3.5}$$

要使该力充当回复力，只需使 Δz 为正时该力为负，Δz 为负时该力为正即可，故有

$$\left.\frac{\partial F_z}{\partial z}\right|_{z=0} < 0 \tag{4.3.6}$$

外部磁场满足的麦克斯韦方程为

$$\nabla \times \boldsymbol{B} = \left(\frac{1}{r}\frac{\partial B_z}{\partial \theta} - \frac{\partial B_\theta}{\partial z}\right)\boldsymbol{e}_r + \left(\frac{\partial B_r}{\partial z} - \frac{\partial B_z}{\partial r}\right)\boldsymbol{e}_\theta + \left(\frac{1}{r}\frac{\partial rB_\theta}{\partial r} - \frac{1}{r}\frac{\partial B_r}{\partial \theta}\right)\boldsymbol{e}_z = 0$$

$$\tag{4.3.7}$$

从而有

$$\frac{\partial B_r}{\partial z} = \frac{\partial B_z}{\partial r} \tag{4.3.8}$$

由公式(4.3.3)可得

$$\frac{\partial F_z}{\partial z} = -2\pi r I_{\mathrm{p}}\frac{\partial B_r}{\partial z} = -2\pi r I_{\mathrm{p}}\frac{\partial B_z}{\partial r} = 2\pi r I_{\mathrm{p}}\left(-\frac{n_z}{r}B_z\right) \tag{4.3.9}$$

因此可知,要满足公式(4.3.6),就必须满足

$$n_z > 0 \tag{4.3.10}$$

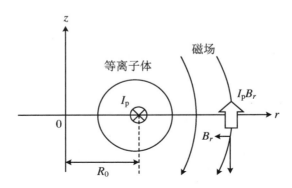

图 4.3.1 等离子体位置与垂直磁场的示意图

等离子体在 r 方向的受力 F_r 可以由求解公式(4.1.50)时的受力平衡求得,即

$$F_r(r) = F_{\mathrm{p}} + F_{\mathrm{m}} + F_{\mathrm{h}} + F_{\mathrm{v}}$$
$$= \frac{1}{2}\mu_0 I_{\mathrm{p}}^2\left(\ell \mathrm{n}\frac{8r}{a} + \frac{\ell_{\mathrm{i}}}{2} + \beta_{\mathrm{p}} - \frac{3}{2}\right) + 2\pi r I_{\mathrm{p}}B_z \tag{4.3.11}$$

对于一般的等离子体,下面各式成立:

核聚变科学出版工程

核聚变堆设计

$$\ell n \frac{8R_0}{a} \gg 1, \quad \ell_i \approx 1, \quad \beta_p \approx 1 \tag{4.3.12}$$

记 $\ell = \ell n(8r/a)$,利用以上各式,公式(4.3.11)可改写为

$$F_r(r) = \frac{1}{2} \mu_0 \ell I_p^2 + 2\pi r I_p B_z \tag{4.3.13}$$

在平衡状态下有 $F_r(R_0) = 0$,从而有

$$\frac{1}{2} \mu_0 \ell I_p^2 + 2\pi R_0 B_{z0} I_p = 0 \tag{4.3.14}$$

按照求解 z 方向的稳定条件时同样的方法,可以求得 r 方向回复力的稳定条件为

$$\frac{\partial F_r}{\partial r}\bigg|_{r=R_0} = \frac{1}{2R_0} \mu_0 I_p^2 + (\mu_0 \ell I_p + 2\pi R_0 B_{z0}) \frac{\partial I_p}{\partial r} + 2\pi I_p B_{z0}(1 - n_z) < 0 \tag{4.3.15}$$

穿过等离子体的磁通满足守恒定律,不随等离子体大半径的变化而变化,因此有

$$\frac{\partial \Phi}{\partial r} = \frac{\partial}{\partial r}\left(L_p I_p + 2\pi \int_0^r B_z r \mathrm{d}r\right) = 0 \tag{4.3.16}$$

利用公式(4.1.43),上式可改写为

$$\mu_0 \ell I_p + \mu_0 I_p + \mu_0 R_0 \ell \frac{\partial I_p}{\partial r} + 2\pi R_0 B_{z0} = 0 \tag{4.3.17}$$

将公式(4.3.14)代入公式(4.3.15)的第1项和第2项,再将由公式(4.3.17)得出的 $\partial I_p/\partial r$ 代入公式(4.3.15),合并包含 $I_p B_{z0}$ 的项并取 $\ell \gg 1$ 的近似,可得

$$\frac{\partial F_r}{\partial r}\bigg|_{r=R_0} = 2\pi I_p B_{z0}\left(\frac{3}{2} - n_z\right) < 0 \tag{4.3.18}$$

由于 $B_{z0} < 0$,结合公式(4.3.10)可得

$$0 < n_z < \frac{3}{2} \tag{4.3.19}$$

这就是关于等离子体位移的稳定条件。

4.4 扭曲不稳定性

1. 特征

圆柱等离子体中的模式由图 4.4.1 给出[1]。如图中所示,当扰动使得半径减小,或者使得等离子体偏离磁轴并变细时,极向磁场会进一步增大从而导致扰动的增强,换言之,导致不稳定性的发生。$m=0$ 的模称为腊肠不稳定性,$m=1$ 的模称为扭曲模,其不稳定性称为扭曲不稳定性。

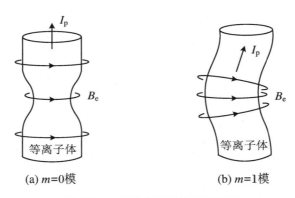

(a) $m=0$ 模　　　　　　　(b) $m=1$ 模

图 4.4.1　圆柱等离子体中的模式

2. 色散方程

从公式(4.2.38)出发求解色散方程。为简单起见,采用如图 4.4.2 所示的柱坐标,并认为等离子体内的磁场 $\boldsymbol{B}_0 = B_0 \boldsymbol{e}_z$,等离子体外的磁场 $\boldsymbol{B}_{v0z} = B_{v0z}\boldsymbol{e}_z$ 为定值。如公式(4.1.14)所示,等离子体电流产生的极向磁场 B_p(这里表示为 B_θ)在半径为 r 处为

$$B_\theta = \frac{\mu_0 I_p}{2\pi r} \tag{4.4.1}$$

从而可知,0 次的外部磁场(真空区域中的磁场)为 $\boldsymbol{B}_{v0} = B_\theta \boldsymbol{e}_\theta + B_{v0z}\boldsymbol{e}_z$[2]。

记等离子体位移为

$$\boldsymbol{\xi} = \boldsymbol{\xi}(r)\exp[-\mathrm{i}\omega t + \mathrm{i}(m\theta + kz)] \tag{4.4.2}$$

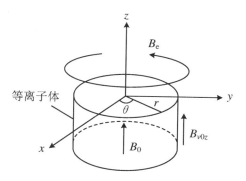

图 4.4.2　具有表面电流的等离子体

由于在公式(4.2.49)中，$\nabla\cdot\boldsymbol{\xi}$ 的项对势能的贡献为正，因此从安全的角度考虑，应使等离子体保持非压缩性，即 $\nabla\cdot\boldsymbol{\xi}=0$。利用 $\nabla\cdot\boldsymbol{\xi}=0$，$\nabla\cdot\boldsymbol{B}_0=0$ 以及公式 $\nabla\times(\boldsymbol{a}\times\boldsymbol{b})=\boldsymbol{a}(\nabla\cdot\boldsymbol{b})-\boldsymbol{b}(\nabla\cdot\boldsymbol{a})+(\boldsymbol{b}\cdot\nabla)\boldsymbol{a}-(\boldsymbol{a}\cdot\nabla)\boldsymbol{b}$，由公式(4.2.36)可得

$$\boldsymbol{B}_1=\nabla\times(\boldsymbol{\xi}\times\boldsymbol{B})=(\boldsymbol{B}_0\cdot\nabla)\boldsymbol{\xi}-(\boldsymbol{\xi}\cdot\nabla)\boldsymbol{B}_0=\mathrm{i}(\boldsymbol{k}\cdot\boldsymbol{B}_0)\boldsymbol{\xi}=\mathrm{i}kB_0\boldsymbol{\xi}\quad(4.4.3)$$

接下来，利用公式 $\nabla(\boldsymbol{a}\cdot\boldsymbol{b})=\boldsymbol{a}\times(\nabla\times\boldsymbol{b})+\boldsymbol{b}\times(\nabla\times\boldsymbol{a})+(\boldsymbol{a}\cdot\nabla)\boldsymbol{b}+(\boldsymbol{b}\cdot\nabla)\boldsymbol{a}$ 可得

$$(\nabla\times\boldsymbol{B}_0)\times\boldsymbol{B}_1+(\nabla\times\boldsymbol{B}_1)\times\boldsymbol{B}_0=-\nabla(\boldsymbol{B}_0\cdot\boldsymbol{B}_1)+(\boldsymbol{B}_0\cdot\nabla)\boldsymbol{B}_1+(\boldsymbol{B}_1\cdot\nabla)\boldsymbol{B}_0$$

$$(4.4.4)$$

利用公式(4.4.3)有

$$(\boldsymbol{B}_0\cdot\nabla)\boldsymbol{B}_1+(\boldsymbol{B}_1\cdot\nabla)\boldsymbol{B}_0=B_0\frac{\partial}{\partial z}(\mathrm{i}kB_0\boldsymbol{\xi})=-(kB_0)^2\boldsymbol{\xi}\quad(4.4.5)$$

从而公式(4.2.38)可改写为

$$\left\{-\omega^2\rho_0+\frac{(kB_0)^2}{\mu_0}\right\}\boldsymbol{\xi}=-\nabla\left\{p_1+\frac{(\boldsymbol{B}_0\cdot\boldsymbol{B}_1)}{\mu_0}\right\}\equiv-\nabla p^*\quad(4.4.6)$$

其中，$p^*=p_1+(\boldsymbol{B}_0\cdot\boldsymbol{B}_1)/\mu_0$，并有

$$p^*=p^*(r)\exp[-\mathrm{i}\omega t+\mathrm{i}(m\theta+kz)]\quad(4.4.7)$$

若把公式(4.4.6)左边 $\{\ \}$ 内视为常数，则由 $\nabla\cdot\boldsymbol{\xi}=0$ 可知，$\nabla^2p^*=0$，即

$$\left\{\frac{\mathrm{d}^2}{\mathrm{d}r^2}+\frac{1}{r}\frac{\mathrm{d}}{\mathrm{d}r}-\left(k^2+\frac{m^2}{r^2}\right)\right\}p^*(r)=0\quad(4.4.8)$$

这是一个 2 阶的线性微分方程，因此存在两个线性无关的特解。上式同时也是一个虚宗量贝塞尔(Bessel)微分方程，故可由 m 次的第 1 类虚宗量贝塞尔函数 $\mathrm{I}_m(kr)$ 和第 2 类虚宗量贝塞尔函数 $\mathrm{K}_m(kr)$ 构成方程的特解。由于在 $r=0$ 处非奇异的解是第 1 类虚宗量贝塞尔函数 $\mathrm{I}_m(kr)$，因此公式(4.4.8)的解为

$$p^*(r) = p^*(a) \frac{\mathrm{I}_m(kr)}{\mathrm{I}_m(ka)} \tag{4.4.9}$$

将公式(4.4.9)代入公式(4.4.6)，由其 r 分量可得

$$\xi_r(a) = \frac{kp^*(a)\mathrm{I}_m'(ka)/\mathrm{I}_m(ka)}{\omega^2 \rho_0 - (kB_0)^2/\mu_0} \tag{4.4.10}$$

外部磁场(真空区域中的磁场)的扰动 $\boldsymbol{B}_{v1}$ 满足 $\nabla \times \boldsymbol{B}_{v1} = 0, \nabla \cdot \boldsymbol{B}_{v1} = 0$，若记 $\boldsymbol{B}_{v1} = \nabla \Psi$，则有 $\nabla^2 \Psi = 0$，从而与公式(4.4.8)类似地同样构成虚宗量贝塞尔微分方程。由于满足 $r \to \infty$ 时 $\Psi \to 0$ 的边界条件的解是第 2 类虚宗量贝塞尔函数，因此该方程的解为

$$\Psi = C \frac{\mathrm{K}_m(kr)}{\mathrm{K}_m(ka)} \exp[-\mathrm{i}\omega t + \mathrm{i}(m\theta + kz)] \tag{4.4.11}$$

其中，C 为积分常数。由公式(4.4A.17)，即得边界上的压力平衡方程为

$$p^* = p_1 + \frac{\boldsymbol{B}_0 \cdot \boldsymbol{B}_1}{\mu_0} = \frac{\boldsymbol{B}_{v0} \cdot \boldsymbol{B}_{v1}}{\mu_0} + \xi_n \frac{\partial}{\partial n}\left(\frac{B_{v0}^2}{2\mu_0} - \frac{B_0^2}{2\mu_0} - p_0\right)$$

$$= \frac{\boldsymbol{B}_{v0} \cdot \boldsymbol{B}_{v1}}{\mu_0} + (\boldsymbol{\xi} \cdot \nabla)\left(\frac{B_\theta^2}{2\mu_0}\right) \tag{4.4.12}$$

将公式(4.4.1)、(4.4.11)代入公式(4.4.12)可得

$$p^*(a) = \frac{1}{\mu_0}\left(B_{v0z} \frac{\partial \Psi}{\partial z} + B_\theta \frac{1}{r} \frac{\partial \Psi}{\partial \theta}\right) + \xi_r \frac{\partial}{\partial r}\left(\frac{B_\theta^2}{2\mu_0}\right)$$

$$= \frac{\mathrm{i}}{\mu_0}\left(kB_{v0z} + \frac{m}{a}B_\theta\right)C - \frac{B_\theta^2}{\mu_0 a}\xi_r(a) \tag{4.4.13}$$

在等离子体边界面上，磁场在法线方向的分量为 0，故有 $\boldsymbol{n} \cdot \boldsymbol{B}_{v1} = \boldsymbol{n} \cdot \{\nabla \times (\boldsymbol{\xi} \times \boldsymbol{B}_{v0})\}$。由公式(4.4.3)有 $\boldsymbol{B}_{v1} = (\boldsymbol{B}_{v0} \cdot \nabla)\boldsymbol{\xi} = \mathrm{i}(\boldsymbol{k} \cdot \boldsymbol{B}_{v0})\boldsymbol{\xi}$。同时，由 $\boldsymbol{B}_{v1} = \nabla \Psi$ 可知 $B_{v1r} = \partial \Psi/\partial r$。综合以上各式可得，$\partial \Psi/\partial r = \mathrm{i}(\boldsymbol{k} \cdot \boldsymbol{B}_{v0})\xi_r(r)$，从而有

$$C \frac{k\mathrm{K}_m'(kr)}{\mathrm{K}_m(ka)} = \mathrm{i}\left(\frac{m}{a}B_\theta + kB_{v0z}\right)\xi_r(a) \tag{4.4.14}$$

由上式可求得积分常数 C。将公式(4.4.9)代入公式(4.4.6)并令 $r = a$，再利用公式(4.4.10)、(4.4.13)可得如下的色散方程：

$$\frac{\omega^2}{k^2} = \frac{B_0^2}{\mu_0 \rho_0} - \frac{1}{\mu_0 \rho_0 k^2}\left(kB_{v0z} + \frac{m}{a}B_\theta\right)^2 \frac{\mathrm{I}_m'(ka)}{\mathrm{I}_m(ka)} \frac{\mathrm{K}_m(ka)}{\mathrm{K}_m'(ka)} - \frac{B_\theta^2}{\mu_0 \rho_0 ka} \frac{\mathrm{I}_m'(ka)}{\mathrm{I}_m(ka)}$$

$$\tag{4.4.15}$$

3. 稳定条件

当 $B_{v0z}=0, m=0$ 时,公式(4.4.15)变为

$$\frac{\omega^2}{k^2} = \frac{B_0^2}{\mu_0\rho_0}\left\{1 - \frac{B_\theta^2}{B_0^2}\frac{I_0'(ka)}{ka\,I_0(ka)}\right\} \tag{4.4.16}$$

由于 $I_0'(ka)/\{ka\,I_0(ka)\}<1/2$,故只需满足

$$B_\theta^2/B_0^2 < 2 \tag{4.4.17}$$

则公式(4.4.16)为正数,从而 ω 为实数,等离子体处于稳定状态。这就是 $m=0$ 的腊肠不稳定性的稳定条件。

当 $B_{v0z}=0, m=1$ 时,利用 $-K_1'(z)=K_0(z)+K_1(z)/z$,公式(4.4.15)变为

$$\frac{\omega^2}{k^2} = \frac{B_0^2}{\mu_0\rho_0}\left\{1 + \frac{B_\theta^2}{B_0^2}\frac{1}{ak}\frac{I_1'(ka)}{I_1(ka)}\frac{K_0(ka)}{K_1'(ka)}\right\} \tag{4.4.18}$$

当波长很长从而 $1/(ka)\to\infty$ 时,将虚宗量贝塞尔函数展开可得

$$\frac{\omega^2}{k^2} = \frac{B_0^2}{\mu_0\rho_0}\left\{1 - \frac{B_\theta^2}{B_0^2}\ell n\left(\frac{1}{ak}\right)\right\} \tag{4.4.19}$$

由于该值为负数,因此会造成不稳定性的发生[1]。这就是扭曲不稳定性。到这一步为止的处理都是简化后的,实际上的等离子体中还分布有等离子体电流,处理过程中必须对其进行考虑。

扭曲模分为外扭曲模(external kink mode)和内扭曲模(internal kink mode)。若满足安全系数 $q=m/n$ 的共振面位于等离子体的外侧,则称为外扭曲模;若共振面位于等离子体内,则称为内扭曲模。一般而言,引起大扰动的模式基本上都是低 n 低 m 的模式。就扭曲模的抑制方法而言,外扭曲模与电阻壁模(参考4.9节)有关,而内扭曲模与鱼骨震荡(参考4.10.2小节)以及锯齿震荡(参考4.11节)有关,这些将在后续相应章节进行介绍。

4.5 交换不稳定性

当轻流体支撑重流体时就会发生瑞利-泰勒(Rayleigh-Taylor)不稳定性。当磁场支

撑等离子体时也会由于重力而发生不稳定性。除重力外，作用在等离子体上的离心力也会引发同样的不稳定性。如图 4.5.1 所示建立坐标系，将重力加速度 g 的方向作为 x 轴，将等离子体与真空的交界面选定为 $x = 0$ 的位置，同时将磁场 B_0 的方向作为 z 轴。

在动量守恒方程公式(4.2.7)的基础上考虑重力加速度 g 的影响，为了简单起见令 $T_e = 0$，$T_i = 0$，由于重力加速度的作用，离子与电子会按照下式所示的速度发生漂移运动。这样的漂移会导致电荷分离从而产生电场 E。在 $E \times B_0$ 漂移的作用下，扰动一旦出现就会逐渐得到增强从而造成不稳定性的发生。由于等离子体区域与真空区域交替出现，因此称这种不稳定性为交换不稳定性(interchange instability)。在沿磁力线的方向会形成槽纹(flute)，因此也称为槽纹(flute)不稳定性。这种模式的传播方向与磁场垂直。若使等离子体从坏曲率(参见 4.6 节)区域移动到加速度方向相反的好曲率区域，交换不稳定性就可以得到抑制[3]。

$$v_{gi} = \frac{m_i}{e} \frac{g \times B}{B_0^2}, \quad v_{ge} = -\frac{m_e}{e} \frac{g \times B}{B_0^2} \tag{4.5.1}$$

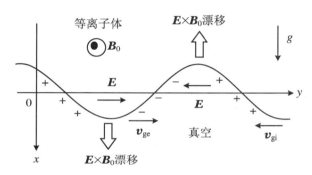

图 4.5.1 交换模的电场与粒子漂移

4.6 气球不稳定性

1. 特征

带电粒子沿弯曲的磁力线运动时会受到离心力的作用。图 4.6.1 给出了磁场的曲率与等离子体位置的示意图。当环形等离子体位于磁轴以内的环内侧时，作用在等离子体上的离心加速度与等离子体压力梯度 $-\nabla p$ 方向相反,因此即使产生了扰动,由于两力相互抵消,等离子体依旧可以保持稳定。由于以上原因,称这个区域的磁力线具有好曲率。反之,在环外侧,作用在等离子体上的离心加速度与等离子体压力梯度方向相同,当扰动发生后,两力就会对其进行加强从而造成不稳定性的发生。因此,称这个区域的磁力线具有坏曲率[1]。

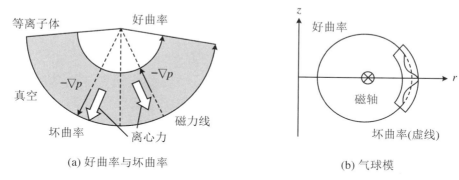

(a) 好曲率与坏曲率   (b) 气球模

图 4.6.1   磁场的曲率与等离子体的位置

当环外侧产生的扰动沿磁力线传播到环内侧时,好曲率的区域可以对其进行稳定从而抑制扰动的长大。当存在磁剪切时,磁面内磁力线的方向随磁面的不同而变化,这同样也具有抑制扰动的效果。但是,当等离子体压力逐渐升高时,这些稳定效果都会逐渐失效,等离子体就会像气球一样鼓起,而等离子体约束也变得不稳定,这就是气球不稳定性。将这种模式称为气球模(ballooning mode)。图 4.6.1(b)中给出了气球模的模式图。

同样,如图 1.3.5 所示,由 ∇B 漂移引起的电荷分离而导致的 $\boldsymbol{E} \times \boldsymbol{B}$ 漂移在环内侧与压力梯度 $-\nabla p$ 方向相反,因此有助于等离子体的稳定,但在环外侧,$\boldsymbol{E} \times \boldsymbol{B}$ 漂移与压力梯度方向相同,因而会引起不稳定性的发生,这就是导致气球不稳定性发生的原因。

2. 能量积分

对于气球模,考虑 $k_{\parallel}/k_{\perp} \ll 1$,且 $k_{\parallel} \neq 0$ 的情况。由公式(4.2.48)可得[8]

$$W_{\mathrm{p}} = \frac{1}{2\mu_0} \int \mathrm{d}\boldsymbol{r} \big[\{\nabla \times (\boldsymbol{\xi} \times \boldsymbol{B}_0)\}^2 - \{\boldsymbol{\xi} \times (\nabla \times \boldsymbol{B}_0)\} \cdot \{\nabla \times (\boldsymbol{\xi} \times \boldsymbol{B}_0)\}$$

$$+ \gamma \mu_0 p_0 (\nabla \cdot \boldsymbol{\xi})^2 + \mu_0 (\boldsymbol{\xi} \cdot \nabla p)(\nabla \cdot \boldsymbol{\xi}) \big] \tag{4.6.1}$$

将公式(4.6.1)中[　]内各项分别记为 H_1、H_2、H_3 和 H_4。

对于 $\boldsymbol{\xi}$,考虑可以将其表示为

$$\boldsymbol{\xi} = \frac{\boldsymbol{B}_0 \times \nabla \phi}{B_0^2} \tag{4.6.2}$$

的情况。一般而言,利用矢量势 $\boldsymbol{A}$ 和标量势 ϕ 可以将磁场和电场分别表示为 $\boldsymbol{B} = \nabla \times \boldsymbol{A}$ 和 $\boldsymbol{E} = -\nabla \phi - \partial \boldsymbol{A}/\partial t$。此时,由公式(4.2.29)、(4.2.34)可得,$\boldsymbol{E}_1 + \partial \boldsymbol{\xi}/\partial t \times \boldsymbol{B}_0 = 0$,对于电场 $\boldsymbol{E}$,若令 $\boldsymbol{E}_1 = -\partial \nabla \phi/\partial t$,则有 $\nabla \phi = \boldsymbol{\xi} \times \boldsymbol{B}_0$。利用此式,再由 $\boldsymbol{B}_0 \times \nabla \phi = \boldsymbol{B}_0 \times (\boldsymbol{\xi} \times \boldsymbol{B}_0)$ 便可以得到公式(4.6.2)。可以认为这里的 ϕ 相当于电场的 1 次标量势的时间积分。

由公式(4.6.2),利用公式 $\boldsymbol{a} \times (\boldsymbol{b} \times \boldsymbol{c}) = (\boldsymbol{a} \cdot \boldsymbol{c})\boldsymbol{b} - (\boldsymbol{a} \cdot \boldsymbol{b})\boldsymbol{c}$ 可得

$$\boldsymbol{\xi} \times \boldsymbol{B}_0 = -\frac{\boldsymbol{B}_0 \times (\boldsymbol{B}_0 \times \nabla \phi)}{B_0^2} = -\nabla_\parallel \phi + \nabla \phi = \nabla_\perp \phi \tag{4.6.3}$$

另外,利用公式 $\nabla \cdot (\boldsymbol{a} \times \boldsymbol{b}) = \boldsymbol{b} \cdot (\nabla \times \boldsymbol{a}) - \boldsymbol{a} \cdot (\nabla \times \boldsymbol{b})$,$\nabla \times (f\boldsymbol{a}) = f(\nabla \times \boldsymbol{a}) + (\nabla f) \times \boldsymbol{a}$ 以及 $\nabla \times \nabla f = 0$ 可得

$$\nabla \cdot \boldsymbol{\xi} = \nabla \cdot \left(\frac{\boldsymbol{B}_0}{B_0^2} \times \nabla \phi \right) = \nabla \phi \cdot \nabla \times \left(\frac{\boldsymbol{B}_0}{B_0^2} \right) - \left(\frac{\boldsymbol{B}_0}{B_0^2} \right) \cdot (\nabla \times \nabla \phi)$$

$$= \nabla \phi \cdot \left\{ \nabla \left(\frac{1}{B_0^2} \right) \times \boldsymbol{B}_0 + \frac{1}{B_0^2} \nabla \times \boldsymbol{B}_0 \right\} \tag{4.6.4}$$

低比压时,上式中第 2 项远小于第 1 项。从而由公式 $\boldsymbol{a} \cdot (\boldsymbol{b} \times \boldsymbol{c}) = \boldsymbol{b} \cdot (\boldsymbol{c} \times \boldsymbol{a}) = \boldsymbol{c} \cdot (\boldsymbol{a} \times \boldsymbol{b})$ 可得

$$\nabla \cdot \boldsymbol{\xi} = \nabla \phi \cdot \left\{ \nabla \left(\frac{1}{B_0^2} \right) \times \boldsymbol{B}_0 \right\} = \nabla \left(\frac{1}{B_0^2} \right) \cdot (\boldsymbol{B}_0 \times \nabla \phi)$$

$$= \nabla \left(\frac{1}{B_0^2} \right) \cdot (\boldsymbol{B}_0 \times \nabla_\perp \phi) \tag{4.6.5}$$

由公式(4.6.3)有

$$H_1 \equiv \{ \nabla \times (\boldsymbol{\xi} \times \boldsymbol{B}_0) \}^2 = (\nabla \times \nabla_\perp \phi)^2 \tag{4.6.6}$$

利用公式(4.2.24)可得

$$H_2 \equiv -\{ \boldsymbol{\xi} \times (\nabla \times \boldsymbol{B}_0) \} \cdot \{ \nabla \times (\boldsymbol{\xi} \times \boldsymbol{B}_0) \}$$

$$= -\left\{ \frac{\boldsymbol{B}_0 \times \nabla \phi}{B_0^2} \times (\mu_0 \boldsymbol{j}_0) \right\} \cdot \{ \nabla \times (\nabla_\perp \phi) \}$$

$$= \mu_0 \frac{(\boldsymbol{j}_0 \cdot \nabla_\perp \phi)\boldsymbol{B}_0 - (\boldsymbol{j}_0 \cdot \boldsymbol{B}_0)\nabla_\perp \phi}{B_0^2} \cdot \{ \nabla \times (\nabla_\perp \phi) \}$$

$$= \mu_0 \frac{1}{B_0^2} \left\{ \frac{(\boldsymbol{B}_0 \times \nabla p_0)}{B_0^2} \cdot \nabla_\perp \phi \right\} \boldsymbol{B}_0 \cdot \{ \nabla \times (\nabla_\perp \phi) \}]$$

$$- \mu_0 \frac{(\boldsymbol{j}_0 \cdot \boldsymbol{B}_0)}{B_0^2} [\nabla_\perp \phi \cdot \{ \nabla \times (\nabla_\perp \phi) \}]$$

$$= \mu_0 \frac{\nabla p_0 \cdot (\nabla_\perp \phi \times \boldsymbol{B}_0)}{B_0^2} \frac{\boldsymbol{B}_0 \cdot \{ \nabla \times (\nabla_\perp \phi) \}}{B_0^2}$$

$$- \mu_0 \frac{(\boldsymbol{j}_0 \cdot \boldsymbol{B}_0) [\nabla_\perp \phi \cdot \{ \nabla \times (\nabla_\perp \phi) \}]}{B_0^2} \tag{4.6.7}$$

同时有

$$H_3 \equiv \gamma \mu_0 p_0 (\nabla \cdot \boldsymbol{\xi})^2 = \gamma \mu_0 p_0 \left\{ \nabla \left(\frac{1}{B_0^2} \right) \cdot (\boldsymbol{B}_0 \times \nabla_\perp \phi) \right\}^2 \tag{4.6.8}$$

$$H_4 \equiv \mu_0 (\boldsymbol{\xi} \cdot \nabla p)(\nabla \cdot \boldsymbol{\xi}) = \mu_0 \frac{\nabla p_0 \cdot (\boldsymbol{B}_0 \times \nabla_\perp \phi)}{B_0^2} \left\{ \nabla \left(\frac{1}{B_0^2} \right) \cdot (\boldsymbol{B}_0 \times \nabla_\perp \phi) \right\}$$

$$\tag{4.6.9}$$

若采用柱坐标,则有

$$\nabla p_0 = p_0' \boldsymbol{e}_r, \quad \phi(r, \theta, z) = \phi(r, z) \mathrm{Re}[\exp(\mathrm{i}m\theta)] \tag{4.6.10}$$

$$\nabla \phi = \frac{\partial \phi}{\partial r} \boldsymbol{e}_r + \frac{1}{r} \frac{\partial \phi}{\partial \theta} \boldsymbol{e}_\theta + \frac{\partial \phi}{\partial z} \boldsymbol{e}_z, \quad \boldsymbol{B}_0 = B_0 (1 - r/R_0) \boldsymbol{e}_z \tag{4.6.11}$$

其中,Re 表示实部。由此可得

$$\nabla_\perp \phi = \nabla \phi - \nabla_\parallel \phi = \frac{\partial \phi}{\partial r} \cos(m\theta) \boldsymbol{e}_r - \frac{m}{r} \phi \sin(m\theta) \boldsymbol{e}_\theta \tag{4.6.12}$$

$$\nabla \times (\nabla_\perp \phi) = \frac{m}{r} \frac{\partial \phi}{\partial z} \sin(m\theta) \boldsymbol{e}_r + \frac{\partial^2 \phi}{\partial z \partial r} \cos(m\theta) \boldsymbol{e}_\theta \tag{4.6.13}$$

$$\boldsymbol{B}_0 \times \nabla_\perp \phi = \frac{m}{r} B_0 \phi \sin(m\theta) \boldsymbol{e}_r + B_0 \frac{\partial \phi}{\partial r} \cos(m\theta) \boldsymbol{e}_\theta \tag{4.6.14}$$

$$\nabla \left(\frac{1}{B_0^2} \right) = - \frac{1}{B_0^4} \nabla B_0^2 = - \frac{1}{B_0^4} \frac{\partial B_0^2}{\partial r} \boldsymbol{e}_r = \frac{2}{B_0^2 R_0} \boldsymbol{e}_r \tag{4.6.15}$$

从而有

$$H_1 = \left(\frac{m}{r} \right)^2 \left(\frac{\partial \phi}{\partial z} \right)^2 \sin^2(m\theta) + \left(\frac{\partial^2 \phi}{\partial z \partial r} \right)^2 \cos^2(m\theta) \tag{4.6.16}$$

由 $\boldsymbol{B}_0 \cdot \{ \nabla \times (\nabla_\perp \phi) \} = 0$ 以及 $(\boldsymbol{j}_0 \cdot \boldsymbol{B}_0) = 0$ 可知,$H_2 = 0$。同时可得

$$H_3 = \gamma\mu_0 p_0 \left\{ \frac{2}{B_0^2 R_0} \frac{m}{r} B_0 \phi \sin(m\theta) \right\}^2 = \frac{2\gamma\beta}{R_0^2} \left(\frac{m}{r}\right)^2 \phi^2 \sin^2(m\theta) \quad (4.6.17)$$

$$H_4 = \mu_0 \frac{p_0'}{B_0^2} \frac{m}{r} B_0 \phi \sin(m\theta) \left\{ \frac{2}{B_0^2 R_0} \frac{m}{r} B_0 \phi \sin(m\theta) \right\}$$

$$= -\frac{\beta}{r_p R_0} \left(\frac{m}{r}\right)^2 \phi^2 \sin^2(m\theta) \quad (4.6.18)$$

其中,$\beta = p_0/(B_0^2/2\mu_0)$,$p_0'/p_0 = -1/r_p$。若考虑公式(4.6.16)中第 1 项远大于第 2 项,同时认为 $R_0/r_p \gg 1$,$H_4 \gg H_3$,则公式(4.6.1)可改写为如下形式:

$$W_p = \frac{1}{2\mu_0} \int \mathrm{d}r \left(\frac{m}{r}\right)^2 \sin^2(m\theta) \left\{ \left(\frac{\partial\phi}{\partial z}\right)^2 - \frac{\beta}{r_p R_0}\phi^2 \right\} \quad (4.6.19)$$

3. 稳定条件

由公式(4.6.19)可知,若 $W_p > 0$,则系统可以保持稳定。若记 $\partial\phi/\partial z = k_\parallel \phi$,则要使系统保持稳定必须满足 $\beta < r_p R_0 k_\parallel^2$。由公式(4.2.55)可得 $k_\parallel = n/R_0 = m/(R_0 q)$,若令 $m = 1$,则有 $\beta < r_p/(R_0 q^2)$。由此可知,气球模是一种规定了比压上限的模式。

气球模存在几种类型。将环向模数较小的低 n 气球模称为扭曲气球模(kink ballooning mode)[7]。$n \gg 1$ 的高 n 气球模只局部存在于环形等离子体的低磁场侧,当等离子体的压力梯度很大时容易形成不稳定性。剥离模(peeling mode)是由于等离子体边缘压力梯度与电流密度的增大而导致的不稳定模式[9]。剥离模与气球模两者混合形成的模称为剥离气球模。

气球模的解析过程使用了公式(4.2.38)。从而可知,类似气球模这样的压力驱动型不稳定性,横跨磁力线的波长越短,越容易形成不稳定性[10]。当环向模数 $n \gg 1$ 时,利用程函近似,可以将等离子体位移划分为横跨磁力线的快速振动部分和缓慢变化的波包部分,再以环向模数的倒数作为参数进行近似展开,最终就能导出气球方程[11],求解该方程就可以获得气球模的稳定条件。

利用剪切参量 s,归一化压力梯度 α 以及表征磁阱深度的指标 d_M 来求解气球模的稳定区域,如图 4.6.2 所示。

$$s = \frac{r}{q} \frac{\mathrm{d}q}{\mathrm{d}r}, \quad \alpha = -\frac{q^2 R}{B^2/(2\mu_0)} \frac{\mathrm{d}p}{\mathrm{d}r}, \quad d_M = \frac{D_M s^2}{\alpha} \quad (4.6.20)$$

其中,D_M 表示 Mercier 稳定性的判别系数。在图 4.6.2(a)中可以看出,边缘电流越大,剥离模(图中的 Pure Peeling)越不稳定,而 α 越大,则由于磁阱效应,剥离模越稳定。高 n 气球模(图中的 Pure Ballooning)的不稳定区域位于高 α 区域,与剥离模的不稳定区域相隔甚远。当存在模式混合时,若减小 d_M,就会打开通往位于高 α 区域的第二个稳定区域的窗口[13],如图 4.6.2(b)所示。

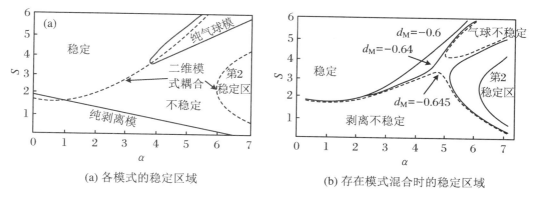

(a) 各模式的稳定区域　　　　　　　(b) 存在模式混合时的稳定区域

图 4.6.2　气球模的稳定区域[12]

气球模与 4.12 节的边缘局域模 ELM(edge localized mode)有关,针对 ELM 的相关对策将在 5.4 节进行介绍。

4.7　电阻不稳定性

到目前为止的推导中使用了 $\eta=0$ 的理想磁流体动力学近似,对于具有一定电阻 $\eta \neq 0$ 的等离子体,由公式(4.2.8)、(4.2.10)~(4.2.12),并利用公式 $\nabla \times (\nabla \times \boldsymbol{a}) = \nabla(\nabla \cdot \boldsymbol{a}) - \nabla^2 \boldsymbol{a}$,可得

$$\frac{\partial \boldsymbol{B}}{\partial t} = -\nabla \times \boldsymbol{E} = -\nabla \times (-\boldsymbol{V} \times \boldsymbol{B} + \eta \boldsymbol{j}) = \nabla \times (\boldsymbol{V} \times \boldsymbol{B}) - \frac{\eta}{\mu_0} \nabla \times (\nabla \times \boldsymbol{B})$$

$$= \nabla \times (\boldsymbol{V} \times \boldsymbol{B}) + \frac{\eta}{\mu_0} \nabla^2 \boldsymbol{B} \tag{4.7.1}$$

为了简单起见,令 $\boldsymbol{V}=\boldsymbol{0}$,则上式变为扩散方程,表示具有一定电阻的等离子体中磁能的耗散过程。从反应堆设计的角度出发,要利用超导线圈保持等离子体的位移就必须持续补充等离子体的磁能。

由于等离子体具有电阻而出现的不稳定模式称为电阻模(resistive mode)。与此相对,即使等离子体的电阻为零也会出现的不稳定模式称为理想模(ideal mode)。

为简单起见,考虑 $\boldsymbol{E}=\boldsymbol{0}$ 的情形。作用在等离子体上的力为 $\boldsymbol{F} = \boldsymbol{j} \times \boldsymbol{B} = (\boldsymbol{V} \times \boldsymbol{B}) \times$

B/η。当 $\eta \to 0$ 时 $F \to \infty$，这将使得等离子体绑在磁力线上无法离开。也即，$\eta \to 0$ 时磁场冻结在等离子体上无法移动[14]，但当电阻不为 0 时，磁场就可以移动并离开等离子体。平衡时离开等离子体的磁力线会发生重联（reconnection），形成磁岛（magnetic island）。

4.7.1 撕裂模

1. 特征

由于电阻不稳定性发生在共振面附近的薄层区域内，故可以 r 方向为 x 轴，$r\theta$ 方向为 y 轴建立直角坐标系。图 4.7.1 给出了具有一定电阻的等离子体中不稳定模式的示意图[1,2,14]。

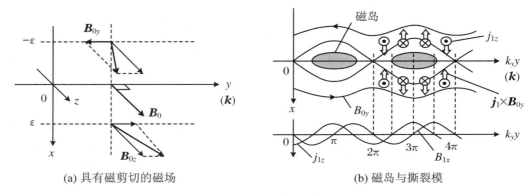

(a) 具有磁剪切的磁场　　　　　　(b) 磁岛与撕裂模

图 4.7.1　具有一定电阻的等离子体中的不稳定模式

图 4.7.1(a)中给出了具有磁剪切的磁场 $\boldsymbol{B}_0$。令波矢 $\boldsymbol{k}$ 的方向为 y 轴方向。与 x 轴垂直的面中存在一个满足波矢 $\boldsymbol{k}$ 与磁场 $\boldsymbol{B}_0$ 正交的面（共振面），与前面类似将该面作为 $x = 0$ 的位置。在该面的上、下 B_{0y} 的方向相反。图 4.7.1(b)中给出了位于 xy 平面内的磁场 $\boldsymbol{B}$。当存在扰动时，一般而言扰动项可表示为

$$X(\boldsymbol{r}, t) = X(x)\exp\{\gamma t + \mathrm{i}(k_y y + k_z z)\} \tag{4.7.2}$$

由公式(4.2.10)可知，电场的 1 次扰动项为 $E_{1z} = \mathrm{i}\gamma B_{1x}/k_y$。若令磁场的 1 次扰动项为

$$B_{1x} = B_{1x}(x, t)\sin k_y y \tag{4.7.3}$$

则流过的电流为 $j_{1z} = E_{1z}/\eta = (\gamma B_{1x}(x, t)/k_y \eta)\cos(k_y y)$[14,15]。电流与磁场 $\boldsymbol{B}_{0y}$ 的相互作用会产生洛伦兹力 $\boldsymbol{j}_1 \times \boldsymbol{B}_{0y} = -j_{1z} B_{0y} \boldsymbol{e}_x$，在该力的作用下，电流在 x 轴方向产生流动，使得电流面发生撕裂。其结果如图 4.7.1(b)所示，由于磁面的分离和结合最终会形

成磁岛。将这种不稳定模式称为撕裂模（tearing mode）。

2. 基本方程

撕裂模的基本方程是公式(4.2.38)和公式(4.7.1)。包含1次项的方程为[2]

$$\rho_0 \frac{\partial V}{\partial t} = -\nabla p + \frac{1}{\mu_0}(\nabla \times B_0) \times B_1 + \frac{1}{\mu_0}(\nabla \times B_1) \times B_0 \tag{4.7.4}$$

$$\frac{\partial B_1}{\partial t} = \nabla \times (V \times B_0) + \frac{\eta}{\mu_0}\nabla^2 B_1 \tag{4.7.5}$$

式中采用的不是公式(4.2.34)所示的位移 $\boldsymbol{\xi}$，而是速度的1次扰动项 V（省略了下角标1）。磁场 B_0 为

$$B_0 = B_{0y}(x)e_y + B_{0z}(x)e_z \tag{4.7.6}$$

另外，假设等离子体具有非压缩性，即 $\nabla \cdot V = 0, \nabla \cdot B = 0$。

利用公式 $\nabla(a \cdot b) = a \times (\nabla \times b) + b \times (\nabla \times a) + (a \cdot \nabla)b + (b \cdot \nabla)a$，$\nabla \times (\nabla f) = 0$ 可得

$$\nabla \times \frac{1}{\mu_0}\{(\nabla \times B_0) \times B_1 + (\nabla \times B_1) \times B_0\} = \frac{1}{\mu_0}\nabla \times \{(B_0 \cdot \nabla)B_1 + (B_1 \cdot \nabla)B_0\}$$
$$= \frac{1}{\mu_0}\nabla \times \left\{ i(k \cdot \nabla)B_1 + \left(B_{1x}\frac{\partial}{\partial x}\right)B_0 \right\} \tag{4.7.7}$$

从而公式(4.7.4)可改写为

$$\rho_0 \gamma \nabla \times V = \frac{1}{\mu_0}\nabla \times \left\{ i(k \cdot \nabla)B_1 + \left(B_{1x}\frac{\partial}{\partial x}\right)B_0 \right\} \tag{4.7.8}$$

同时，利用公式 $\nabla \times (a \times b) = a(\nabla \cdot b) - b(\nabla \cdot a) + (b \cdot \nabla)a - (a \cdot \nabla)b$ 可得

$$\nabla \times (V \times B_0) = i(k \cdot B_0)V - (V \cdot \nabla)B_0 \tag{4.7.9}$$

由公式(4.7.9)可知，公式(4.7.5)的 x 分量为

$$\gamma B_{1x} = i(k \cdot B_0)V_x + \frac{\eta}{\mu_0}\left(\frac{\partial^2}{\partial x^2} - k^2\right)B_{1x} \tag{4.7.10}$$

其中，$k^2 = k_y^2 + k_z^2$。由非压缩性 $\nabla \cdot V = 0, \nabla \cdot B = 0$ 可得

$$\frac{\partial V_x}{\partial x} + ik_y V_y + ik_z V_z = 0 \tag{4.7.11}$$

$$\frac{\partial B_x}{\partial x} + \mathrm{i}k_y B_y + \mathrm{i}k_z B_z = 0 \tag{4.7.12}$$

将公式(4.7.8)的 z 分量乘以 k_y，y 分量乘以 k_z 并取两式的差，再利用公式(4.7.11)、(4.7.12)可得

$$\mu_0 \rho_0 \gamma \left(\frac{\partial^2}{\partial x^2} - k^2 \right) V_x = \mathrm{i}(\boldsymbol{k} \cdot \boldsymbol{B}_0) \left(\frac{\partial^2}{\partial x^2} - k^2 \right) B_{1x} - \mathrm{i}(\boldsymbol{k} \cdot \boldsymbol{B}_0)'' B_{1x} \tag{4.7.13}$$

其中，$(\boldsymbol{k} \cdot \boldsymbol{B}_0)''$ 表示 $(\boldsymbol{k} \cdot \boldsymbol{B}_0)$ 对 x 的 2 阶偏导数。

对共振区域附近以外满足 $|x| > \varepsilon$ 的区域，公式(4.7.13)左边可以忽略。若记 $F(x) = (\boldsymbol{k} \cdot \boldsymbol{B}_0)$，则公式(4.7.13)变为

$$\frac{\partial^2 B_{1x}}{\partial x^2} - k^2 B_{1x} = \frac{F''}{F} B_{1x} \tag{4.7.14}$$

当 $x > 0$ 时，有

$$B_{1x} = \mathrm{e}^{-kx} \left\{ \int_{-\infty}^{x} \mathrm{e}^{2k\xi} \mathrm{d}\xi \int_{\infty}^{\xi} (F''/F) B_{1x} \mathrm{e}^{-k\eta} \mathrm{d}\eta + C_1 \right\} \tag{4.7.15}$$

当 $x < 0$ 时，有

$$B_{1x} = \mathrm{e}^{kx} \left\{ \int_{\infty}^{x} \mathrm{e}^{-2k\xi} \mathrm{d}\xi \int_{\infty}^{\xi} (F''/F) B_{1x} \mathrm{e}^{k\eta} \mathrm{d}\eta + C_2 \right\} \tag{4.7.16}$$

其中，C_1、C_2 为积分常数。

当 $|x| < \varepsilon$ 时，需要求解公式(4.7.10)和公式(4.7.13)，即需要求解关于 B_{1x} 的 4 阶微分方程。

在这里，定义 $x = +\varepsilon$ 处 $B'_{1x}(+\varepsilon)$ 和 $x = -\varepsilon$ 处 $B'_{1x}(-\varepsilon)$ 的对数微分差如下：

$$\Delta' = \lim_{\varepsilon \to 0} \left(\left.\frac{\partial \ln B_{1x}}{\partial x}\right|_{+\varepsilon} - \left.\frac{\partial \ln B_{1x}}{\partial x}\right|_{-\varepsilon} \right) = \lim_{\varepsilon \to 0} \frac{B'_{1x}(+\varepsilon) - B'_{1x}(-\varepsilon)}{B_{1x}(0)} \tag{4.7.17}$$

其中，$B'_{1x} = \partial B_{1x}/\partial x$。要使共振区域外侧的解与内侧的解不互相矛盾并保持一致，必须使由外侧的解求得的 Δ' 和由内侧的解求得的 Δ' 相同。使得解具有一致性是讨论等离子体稳定性的前提。

3. 磁岛的大小

下面来求解磁岛的大小。图 4.7.2 中给出了共振面附近的磁场 B_{0y} 的示意图。在满足 $(\boldsymbol{k} \cdot \boldsymbol{B}_0) = 0$ 的位置 $x = 0$ 附近，磁场可以表示为

$$B_{0y} = B'_{0y} x \tag{4.7.18}$$

式中,取 $B'_{0y} > 0$。

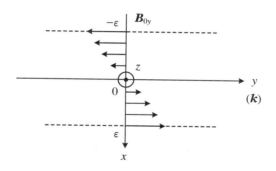

图 4.7.2　共振面附近的磁场 B_{0y}

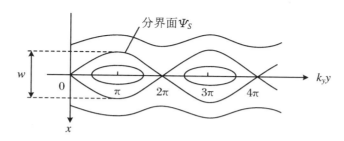

图 4.7.3　撕裂模的磁面

同时,利用磁通函数 Ψ 可将磁矢势表示为 $\boldsymbol{A} = (0, 0, -\Psi)$,故由 $\boldsymbol{B} = \nabla \times \boldsymbol{A}$,$\boldsymbol{E} = -\partial \boldsymbol{A}/\partial t$ 可得

$$B_x = -\frac{\partial \Psi}{\partial y}, \quad B_y = \frac{\partial \Psi}{\partial x}, \quad E_z = \frac{\partial \Psi}{\partial t} \tag{4.7.19}$$

将磁场表示为 $\boldsymbol{B} = \boldsymbol{B}_0 + \boldsymbol{B}_1$,并令 B_{0z} 为定值,可得

$$\boldsymbol{B}_0 = 0\boldsymbol{e}_x + B'_{0y}\boldsymbol{e}_y + B_{0z}\boldsymbol{e}_z \tag{4.7.20}$$

$$\boldsymbol{B}_1 = B_{1x}\sin k_y y \boldsymbol{e}_x + 0\boldsymbol{e}_y + 0\boldsymbol{e}_z \tag{4.7.21}$$

$$\boldsymbol{k} = 0\boldsymbol{e}_x + k_y\boldsymbol{e}_y + k_z\boldsymbol{e}_z \tag{4.7.22}$$

由公式(4.7.19)~(4.7.21),有

$$\Psi(x, y, t) = \Psi_C + \frac{1}{2}B'_{0y}x^2 + \frac{B_{1x}}{k_y}\cos k_y y \tag{4.7.23}$$

其中,Ψ_C 为积分常数。$\Psi = \text{const}$ 表示如图 4.7.3 所示的磁面。

磁岛的边界用分界面 Ψ_S 表示,由于分界面通过 $x = 0$,$k_y y = 0$,将其代入公式

(4.7.23)可得

$$\Psi_S = \Psi_C + \frac{B_{1x}}{k_y} \tag{4.7.24}$$

如图4.7.3所示,记磁岛的大小为 w,将 $x = \pm w/2$,$k_y y = \pi$ 代入公式(4.7.23)可得

$$\Psi_S = \Psi_C + \frac{1}{2}B'_{0y}\left(\frac{w}{2}\right)^2 - \frac{B_{1x}}{k_y} \tag{4.7.25}$$

由公式(4.7.24),公式(4.7.25)可以消去 Ψ_C、Ψ_S,从而可知磁岛的大小为

$$w = 4(\Psi_A/\alpha)^{1/2} \tag{4.7.26}$$

其中,$\Psi_A = B_{1x}(x,t)/k_y$,$\alpha = B'_{0y}$。

4. 描述磁岛的方程

在前面的小节中,为了使共振区域内外的解不发生矛盾并保持一致,引入了对数微分差 Δ'。在本节中,将利用对数微分差来求解描述磁岛的方程。

从公式(4.7.23)出发,为简单起见,令 $\Psi_C = 0$,则有

$$\Psi = \Psi_0 + \Psi_1 = \frac{\alpha}{2}x^2 + \Psi_A \cos k_y y, \quad \Psi_1 = \Psi_A \cos k_y y \tag{4.7.27}$$

对数微分差 Δ' 如下式所示:

$$\Delta' = \frac{1}{\Psi_A}\left(\frac{\partial \Psi_A}{\partial x}\bigg|_{x=+0} - \frac{\partial \Psi_A}{\partial x}\bigg|_{x=-0}\right) = \frac{\partial}{\partial x}\ln\Psi_A\bigg|_{x=-0}^{x=+0} \tag{4.7.28}$$

在公式(4.7.20)中,令 $|B_{0y}| \ll |B_{0z}|$。当 $\boldsymbol{V} = (\boldsymbol{E}_1 \times \boldsymbol{B}_0)/B_0^2$ 时,可将 $\boldsymbol{V}$ 表示为 $\boldsymbol{V} = (E_{1y}/B_{0z}, -E_{1x}/B_{0z}, 0) = -(1/B_{0z})(\partial \varphi/\partial y)\boldsymbol{e}_x + (1/B_{0z})(\partial \varphi/\partial x)\boldsymbol{e}_y$。利用流函数 φ,可进一步将 $\boldsymbol{V}$ 表示为 $\boldsymbol{V} = -(\partial \varphi/\partial y)\boldsymbol{e}_x + (\partial \varphi/\partial x)\boldsymbol{e}_y$。利用公式(4.7.27)和公式(4.2.8)的 z 分量可将公式(4.7.19)的 E_z 改写为

$$E_z = \frac{\partial \Psi}{\partial t} = \frac{\partial \Psi_0}{\partial t} + \frac{\partial \Psi_1}{\partial t} = -(\boldsymbol{V} \times \boldsymbol{B}_0)_z + \eta j_{1z} = -V_x B'_{0y}x + \eta j_{1z} \tag{4.7.29}$$

利用 $\partial \Psi_0/\partial t = \eta j_{0z}$ 可得

$$\frac{\partial \Psi_1}{\partial t} = \frac{\partial \varphi}{\partial y}B'_{0y}x + \eta j_{1z} - \eta j_{0z} \tag{4.7.30}$$

接下来,如下式所示,当 Ψ 一定时,对 y 取平均,从而消去 φ:

$$\langle g \rangle = \frac{k_y}{2\pi} \int_0^{2\pi/k_y} g \, dy \tag{4.7.31}$$

将公式(4.7.30)除以 x,然后对 y 取平均可得

$$j_{1z} = j_{0z} + \frac{1}{\eta} \left\langle \frac{\partial \Psi_1 / \partial t}{(\Psi - \Psi_1)^{1/2}} \right\rangle \left\langle \frac{1}{(\Psi - \Psi_1)^{1/2}} \right\rangle^{-1} \tag{4.7.32}$$

其中,利用了由公式(4.7.27)得出的 $x = (2/\alpha)^{1/2}(\Psi - \Psi_1)^{1/2}$。由 $\nabla \times \boldsymbol{B}_1 = \mu_0 \boldsymbol{j}_1$ 以及公式(4.7.19)可得 $\nabla^2 \Psi_1 = \mu_0 j_{1z}$。在共振面附近的薄层内,该式可近似为[2,15]

$$\frac{\partial^2 \Psi_1}{\partial x^2} = \mu_0 j_{1z} \tag{4.7.33}$$

将公式(4.7.28)乘以 $\cos^2 k_y y$ 并对 y 取平均,并利用 $j_{0z} = 0$ 以及公式(4.7.33),可得

$$\langle \Delta' \Psi_A \cos^2 k_y y \rangle = \left\langle \cos^2 k_y y \frac{\partial \Psi_A}{\partial x} \right\rangle = \left\langle \cos k_y y \int_{-\infty}^{+\infty} \mu_0 j_{1z} \, dx \right\rangle \tag{4.7.34}$$

上式左边为

$$\langle \Delta' \Psi_A \cos^2 k_y y \rangle = \Delta' \Psi_A \frac{k_y}{2\pi} \int_0^{2\pi/k_y} \cos^2 k_y y \, dy = \frac{1}{2} \Delta' \Psi_A \tag{4.7.35}$$

将公式(4.7.32)代入公式(4.7.34),注意到作为被积函数的 Ψ 是一个偶函数,并采用 $W = \Psi / \Psi_A$ 的积分变换,可得

$$\begin{aligned}
\Delta' \Psi_A &= 4 \left\langle \cos k_y y \int_{\Psi_{\min}}^{+\infty} \frac{\mu_0}{\eta} \left\langle \frac{\partial \Psi_1 / \partial t}{(\Psi - \Psi_1)^{1/2}} \right\rangle \left\langle \frac{1}{(\Psi - \Psi_1)^{1/2}} \right\rangle^{-1} \left(\frac{1}{2\alpha} \right)^{1/2} \frac{d\Psi}{(\Psi - \Psi_1)^{1/2}} \right\rangle \\
&= 4 \left(\frac{1}{2\alpha} \right)^{1/2} \frac{\mu_0}{\eta} \int_{\Psi_{\min}}^{+\infty} d\Psi \frac{\partial \Psi_A}{\partial t} \left\langle \frac{\cos k_y y}{(\Psi - \Psi_1)^{1/2}} \right\rangle \left\langle \frac{1}{(\Psi - \Psi_1)^{1/2}} \right\rangle^{-1} \left\langle \frac{\cos k_y y}{(\Psi - \Psi_1)^{1/2}} \right\rangle \\
&= \frac{4\mu_0}{(2\alpha)^{1/2} \eta} \frac{\partial \Psi_A}{\partial t} \Psi_A^{1/2} \int_{W_{\min}}^{+\infty} dW \left\langle \frac{\cos k_y y}{(W - \cos k_y y)^{1/2}} \right\rangle^2 \left\langle \frac{1}{(W - \cos k_y y)^{1/2}} \right\rangle^{-1}
\end{aligned} \tag{4.7.36}$$

若将上式的积分记为 A,则有

$$\Delta' = \frac{4\mu_0}{(2\alpha)^{1/2} \eta} \frac{\partial \Psi_A}{\partial t} \Psi_A^{-1/2} A \tag{4.7.37}$$

由公式(4.7.26)可得

$$\frac{dw}{dt} = 2 \left(\frac{1}{\alpha} \right)^{1/2} \Psi_A^{-1/2} \frac{\partial \Psi_A}{\partial t} = \frac{1}{2^{1/2} A} \frac{\eta}{\mu_0} \Delta' \approx \frac{\eta}{\mu_0} \Delta' \tag{4.7.38}$$

由公式(4.7.28)可知 Δ' 是 $B_{1x}(x,t)$ 的函数,故由公式(4.7.38)可知,撕裂模磁岛的大小随 $B_{1x}(x,t)$ 的增加而增加。

5. 稳定方法

要稳定撕裂模,可以从控制磁岛内的电流分布和电阻分布入手。可选方案有:利用电子回旋波加热(ECH)对磁岛内的局部进行加热,或利用低杂波电流驱动(LHCD)以及电子回旋波电流驱动(ECCD)对磁岛周围以及磁岛内的电流分布进行控制[16,17]。

4.7.2 新经典撕裂模

1. 特征

在高 β_p 的等离子体中,当碰撞频率很低时就会产生自举电流 j_{bs}(参考10.4节)。当磁岛形成后,磁岛内等离子体压力变平坦,从而出现没有自举电流流过的区域,导致电流分布的改变。由此造成的磁岛内外的电流差 Δj_{bs} 会产生电场 E_{1z}^b。

$$E_{1z}^b = \frac{\partial \Psi_1^b}{\partial t} = \eta \Delta j_{1z}^b \tag{4.7.39}$$

由该电场的出现而引发的不稳定模式称为新经典撕裂模(neoclassical tearing mode, NTM)[2,18]。

2. 由自举电流导致的对数微分差

当磁岛的大小远远小于等离子体的小半径时,在径向 r、极向 $r\theta$ 和环向 z 坐标系下的坐标 (r,θ,z) 可以用直角坐标系下的坐标 (x,y,z) 来近似[2]。此时,可以按照处理撕裂模时一样的方法,求解由自举电流导致的对数微分差 Δ'。由公式(10.4.3),有

$$\Delta j_{bs} \equiv \Delta j_{1z}^b = 0 - \left(-\varepsilon^{1/2} \frac{1}{B_p} \frac{dp}{dr} \right) = \varepsilon^{1/2} \frac{1}{B_p} \frac{dp}{dr} \tag{4.7.40}$$

此时,没有必要再像公式(4.7.34)那样,将公式(4.7.28)乘以 $\cos^2 k_y y$ 并对 y 取平均。类似于公式(4.7.28)、(4.7.33)的关系同样成立,对 Δ_b' 有

$$\Delta_b' \Psi_A^b = \frac{\partial \Psi_A^b}{\partial r} = \int \mu_0 \Delta j_{1z}^b dr = \mu_0 \varepsilon^{1/2} \frac{1}{B_p} \frac{dp}{dr} w \tag{4.7.41}$$

利用由公式(4.7.26)得到的 $\Psi_A^b = \alpha w^2/16$ 便可以得到下式：

$$\Delta'_b = \frac{16\mu_0}{\alpha w} \frac{\varepsilon^{1/2}}{B_p} \frac{\mathrm{d}p}{\mathrm{d}r} \tag{4.7.42}$$

3. 描述磁岛的方程

利用由自举电流导致的对数微分差 Δ'_b，可以得出类似于公式(4.7.38)的公式：

$$\frac{\mathrm{d}w_b}{\mathrm{d}t} \approx \frac{\eta}{\mu_0}\Delta'_b \tag{4.7.43}$$

自举电流可以和普通的等离子体电流叠加，故磁岛的大小如下式所示：

$$\frac{\mathrm{d}w}{\mathrm{d}t} = \frac{\eta}{\mu_0}(\Delta' + \Delta'_b) \tag{4.7.44}$$

从式中可知两种效应的叠加使得磁岛的大小增加。外部驱动电流能够补充由磁岛的运动而导致的电流分流以及磁岛内损失的自举电流，因此在公式(4.7.44)的基础上再增加考虑外部驱动电流的稳定效应，就可以讨论磁岛的长大和衰减[18]。

4. 稳定方法

该不稳定模式是由等离子体的电阻和电流分布引起的，因此要抑制该不稳定模式，可以考虑利用 ECH 对磁岛内的局部进行加热，或利用 ECCD 以及中性束电流驱动(NB-CD)来驱动电流补充磁岛内损失的自举电流[18,19]。

4.8 漂移不稳定性

4.8.1 存在密度梯度的情况

如图 4.8.1 所示，考虑在 z 方向上的均匀磁场 $\boldsymbol{B}_0 = B_0\boldsymbol{e}_z$ 中存在密度梯度的等离子体。将密度梯度表示为 $\nabla p = k_B T \nabla n$。为简单起见，令 $n_e = n_i = n$。由公式(4.1.1)可

知,离子与电子分别以速度

$$\boldsymbol{u}_i = \frac{k_B T_i}{en}\frac{\boldsymbol{B}\times\nabla n}{B_0^2}, \quad \boldsymbol{u}_e = -\frac{k_B T_e}{en}\frac{\boldsymbol{B}\times\nabla n}{B_0^2} \tag{4.8.1}$$

发生漂移运动。由于漂移运动导致的电荷分离会产生电场 $\boldsymbol{E}$,当密度存在扰动时,从边界处伸入真空的部分在 $\boldsymbol{E}\times\boldsymbol{B}$ 漂移的作用下继续向真空侧运动,从而造成不稳定性的发生,这就是漂移不稳定性。

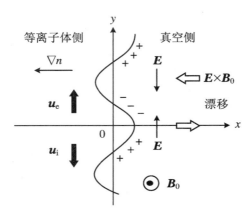

图 4.8.1 存在密度梯度的等离子体

4.8.2 离子中存在密度梯度、温度梯度的情况

考虑在 z 方向上的均匀磁场 $\boldsymbol{B}_0 = B_0 \boldsymbol{e}_z$ 中存在密度梯度和温度梯度的等离子体[1]。首先,如下式所示定义电子漂移频率 ω_{ne}^*、ω_{Te}^* 和离子漂移频率 ω_{ni}^*、ω_{Ti}^*。

$$\omega_{ne}^* = -\frac{k_\theta T_e}{eB_0 n_e}\frac{dn_e}{dr}, \quad \omega_{ni}^* = \frac{k_\theta T_i}{eB_0 n_i}\frac{dn_i}{dr} \tag{4.8.2}$$

$$\omega_{Te}^* = -\frac{k_\theta}{eB_0}\frac{dT_e}{dr}, \quad \omega_{Ti}^* = -\frac{k_\theta}{eB_0}\frac{dT_i}{dr} \tag{4.8.3}$$

其中,温度 T 已经包含了玻尔兹曼常数 k_B。同时,定义密度梯度与温度梯度的比为

$$\eta_e = \frac{1}{T_e}\frac{dT_e}{dr} \Big/ \frac{1}{n_e}\frac{dn_e}{dr}, \quad \eta_i = \frac{1}{T_i}\frac{dT_i}{dr} \Big/ \frac{1}{n_i}\frac{dn_i}{dr} \tag{4.8.4}$$

当系统中存在扰动时,记离子密度为 $n_i = n_{i0} + n_{i1}$。同样,令 $n_e = n_{e0} + n_{e1}$,$T_i = T_{i0} + T_{i1}$,$T_e = T_{e0} + T_{e1}$,$p_i = p_{i0} + p_{i1}$,并有 $p_{i0} = n_{i0}T_{i0}$。一般而言,在柱坐标下,上述的密度

和温度可以表示为如下形式($j=\mathrm{e},\mathrm{i}$)：

$$X_j = X_{j0}(r) + X_{j1}\exp\{-\mathrm{i}\omega t + \mathrm{i}(k_\theta r\theta + k_\parallel z)\} \tag{4.8.5}$$

为简单起见，令 $n_{\mathrm{i}0}=n_{\mathrm{e}0}$，$n_{\mathrm{i}1}=n_{\mathrm{e}1}$，$T_{\mathrm{i}0}=T_{\mathrm{e}0}$。采用静电近似 $\boldsymbol{E}=-\nabla\phi$，并将电场 $\boldsymbol{E}$ 和速度 $\boldsymbol{u}_j$ 视为 1 次扰动量。

由公式(3.3.23)可得，离子的粒子数守恒方程为

$$\frac{\partial n_{\mathrm{i}}}{\partial t} + \nabla\boldsymbol{\cdot}(n_{\mathrm{i}}\boldsymbol{u}_{\mathrm{i}}) = 0 \tag{4.8.6}$$

由公式(3.3.27)可得，离子的动量守恒方程在平行磁场方向上的分量式为

$$m_{\mathrm{i}}n_{\mathrm{i}}\frac{\mathrm{d}u_{\mathrm{i}\parallel}}{\mathrm{d}t} = -\nabla_\parallel p_{\mathrm{i}} - en_{\mathrm{i}}\nabla_\parallel\phi \tag{4.8.7}$$

由公式(4.2.9)可得，绝热方程为

$$\frac{\partial}{\partial t}(p_{\mathrm{i}}n_{\mathrm{i}}^{-\gamma}) + \boldsymbol{u}_{\mathrm{i}}\boldsymbol{\cdot}\nabla(p_{\mathrm{i}}n_{\mathrm{i}}^{-\gamma}) = 0 \tag{4.8.8}$$

其中，$\gamma=5/3$。考虑电子密度服从麦克斯韦分布的情况，即

$$n_{\mathrm{e}1} = n_{\mathrm{e}0}\left\{\exp\left(\frac{e\phi}{T_{\mathrm{e}}}\right)-1\right\} = n_{\mathrm{e}0}\frac{e\phi}{T_{\mathrm{e}}} \tag{4.8.9}$$

由 $\boldsymbol{u}_{\mathrm{i}}=(\boldsymbol{E}\times\boldsymbol{B}_0)/B_0^2$ 可得

$$u_{\mathrm{i}r} = \frac{E_\theta}{B_0} = -\frac{1}{r}\frac{\partial\phi}{\partial\theta}\frac{1}{B_0} = -\frac{\mathrm{i}k_\theta\phi}{B_0}, \quad u_{\mathrm{i}\theta} = -\frac{E_r}{B_0} = \frac{\partial\phi}{\partial r}\frac{1}{B_0} \tag{4.8.10}$$

将公式(4.8.6)线性化可知，1 次项的方程为

$$\frac{\partial n_{\mathrm{i}1}}{\partial t} + \boldsymbol{u}_{\mathrm{i}}\boldsymbol{\cdot}\nabla n_{\mathrm{i}0} + n_{\mathrm{i}0}\nabla\boldsymbol{\cdot}\boldsymbol{u}_{\mathrm{i}} = 0 \tag{4.8.11}$$

即

$$-\mathrm{i}\omega n_{\mathrm{i}1} + u_{\mathrm{i}r}\frac{\partial n_{\mathrm{i}0}}{\partial r} + n_{\mathrm{i}0}\left(\frac{1}{r}\frac{\partial}{\partial r}ru_{\mathrm{i}r} + \frac{1}{r}\frac{\partial}{\partial\theta}u_{\mathrm{i}\theta} + \mathrm{i}k_\parallel u_{\mathrm{i}\parallel}\right) = 0 \tag{4.8.12}$$

利用公式(4.8.2)、(4.8.10)，公式(4.8.12)可改写为

$$\frac{n_{\mathrm{i}1}}{n_{\mathrm{i}0}} = \frac{u_{\mathrm{i}\parallel}}{\omega/k_\parallel} + \frac{\omega_{\mathrm{ne}}^*}{\omega}\frac{e\phi}{T_{\mathrm{e}}} \tag{4.8.13}$$

将公式(4.8.7)线性化可得

$$-\,\mathrm{i}\omega m_{\mathrm{i}}n_{\mathrm{i}0}u_{\mathrm{i}\parallel} = -\,\mathrm{i}k_{\parallel}\left(p_{\mathrm{i}1} + en_{\mathrm{i}0}\phi\right) \tag{4.8.14}$$

从而有

$$\frac{u_{\mathrm{i}\parallel}}{\omega/k_{\parallel}} = \frac{1}{m_{\mathrm{i}}\left(\omega/k_{\parallel}\right)^2}\left(\frac{p_{\mathrm{i}1}}{n_{\mathrm{i}0}} + e\phi\right) \tag{4.8.15}$$

接下来,将公式(4.8.8)线性化。首先,有

$$p_{\mathrm{i}}n_{\mathrm{i}}^{-5/3} = \left(p_{\mathrm{i}0} + p_{\mathrm{i}1}\right)\left(n_{\mathrm{i}0} + n_{\mathrm{i}1}\right)^{-5/3} = p_{\mathrm{i}0}n_{\mathrm{i}0}^{-5/3} + p_{\mathrm{i}1}n_{\mathrm{i}0}^{-5/3} - \frac{5}{3}p_{\mathrm{i}0}n_{\mathrm{i}0}^{-5/3}\frac{n_{\mathrm{i}1}}{n_{\mathrm{i}0}}$$

$$\tag{4.8.16}$$

从而公式(4.8.8)变为

$$\frac{\partial}{\partial t}\left(p_{\mathrm{i}1}n_{\mathrm{i}0}^{-5/3} - \frac{5}{3}p_{\mathrm{i}0}n_{\mathrm{i}0}^{-5/3}\frac{n_{\mathrm{i}1}}{n_{\mathrm{i}0}}\right) + u_{\mathrm{i}r}\frac{\partial}{\partial r}\left(p_{\mathrm{i}0}n_{\mathrm{i}0}^{-5/3}\right) = 0 \tag{4.8.17}$$

故有

$$-\,\mathrm{i}\omega\left(\frac{p_{\mathrm{i}1}}{p_{\mathrm{i}0}} - \frac{5}{3}\frac{n_{\mathrm{i}1}}{n_{\mathrm{i}0}}\right) - \frac{\mathrm{i}k_{\theta}\phi}{B_0}\left(\frac{1}{T_{\mathrm{i}0}}\frac{\partial T_{\mathrm{i}0}}{\partial r} - \frac{2}{3}\frac{1}{n_{\mathrm{i}0}}\frac{\partial n_{\mathrm{i}0}}{\partial r}\right) = 0 \tag{4.8.18}$$

再利用公式(4.8.2)、(4.8.4),便可以得到下式:

$$\frac{p_{\mathrm{i}1}}{p_{\mathrm{i}0}} - \frac{5}{3}\frac{n_{\mathrm{i}1}}{n_{\mathrm{i}0}} = \frac{\omega_{\mathrm{ne}}^{*}}{\omega}\left(\eta_{\mathrm{i}} - \frac{2}{3}\right)\frac{e\phi}{T_{\mathrm{e}}} \tag{4.8.19}$$

由公式(4.8.9)、(4.8.13)求出 $u_{\mathrm{i}\parallel}/(\omega/k_{\parallel})$,并将其代入公式(4.8.15),可得

$$1 - \frac{\omega_{\mathrm{ne}}^{*}}{\omega} = \frac{1}{m_{\mathrm{i}}\left(\omega/k_{\parallel}\right)^2}\left(\frac{p_{\mathrm{i}}}{n_{\mathrm{i}0}} + e\phi\right)\frac{n_{\mathrm{i}0}}{n_{\mathrm{i}1}} = \frac{1}{m_{\mathrm{i}}\left(\omega/k_{\parallel}\right)^2}\left(\frac{p_{\mathrm{i}1}}{p_{\mathrm{i}0}}\frac{p_{\mathrm{i}0}}{n_{\mathrm{i}1}} + T_{\mathrm{e}}\right) \tag{4.8.20}$$

再将公式(4.8.19)代入上式可得

$$1 - \frac{\omega_{\mathrm{ne}}^{*}}{\omega} - \frac{v_{\mathrm{ti}}^2}{\left(\omega/k_{\parallel}\right)^2}\left\{\frac{T_{\mathrm{e}}}{T_{\mathrm{i}}} + \frac{5}{3} + \frac{\omega_{\mathrm{ne}}^{*}}{\omega}\left(\eta_{\mathrm{i}} - \frac{2}{3}\right)\right\} = 0 \tag{4.8.21}$$

其中,$v_{\mathrm{ti}} = \left(T_{\mathrm{i}}/m_{\mathrm{i}}\right)^{1/2}$。当 $(\omega_{\mathrm{ne}}^{*}/\omega)^2 \gg 1$ 时,公式(4.8.21)变为

$$\omega^2 = -\,k_{\parallel}^2 v_{\mathrm{ti}}^2\left(\eta_{\mathrm{i}} - \frac{2}{3}\right) \tag{4.8.22}$$

此时,若 $\eta_{\mathrm{i}} > 2/3$,就会造成不稳定性的发生。这种模式就是 η_{i} 模,而这种不稳定性就称为 η_{i} 不稳定性。或者,也可以将这种模式称为 ITG 模(ion temperature gradient mode),

而将相应的不稳定性称为离子温度梯度不稳定性。与离子的情况类似,由电子温度梯度导致的不稳定性就称为 η_e 不稳定性,或者称为 ETG 模(electron temperature gradient mode),而将相应的不稳定性称为电子温度梯度不稳定性。

4.8.3 电阻漂移模

在 z 方向上存在均匀磁场 $\boldsymbol{B}_0 = B_0 \boldsymbol{e}_z$ 的条件下,考虑在等离子体边界上存在 x 方向的密度梯度并具有一定电阻的等离子体。同时,考虑与密度的不均匀性相比,温度的不均匀性可以忽略的情况。电阻漂移模的平面模型如图 4.8.2 所示。当系统中存在扰动时,记压力为 $p = p_0 + p_i$。同样,令 $n_i = n_{i0} + n_{i1}$,$n_e = n_{e0} + n_{e1}$。为简单起见,令离子温度为 $T_i = 0$,并认为 $n_{e0} = n_{i0} = n_0$,$n_{e1} = n_{i1} = n_1$,$n = n_0 + n_1$。由 $p_0 = p_0(x)$ 可知,$\nabla p_1 = T_e \nabla n_1$。式中,温度 T 已经包含了玻尔兹曼常数 k_B。0 次的等离子体电流为 $\nabla p_0 = \boldsymbol{j}_0 \times \boldsymbol{B}_0$,由此可知,$\boldsymbol{j}_0 = (p_0'/B_0)\boldsymbol{e}_y$。利用静电近似有 $\boldsymbol{E} = -\nabla \phi$,并令 $\boldsymbol{B}_1 = 0$。令电场 $\boldsymbol{E}$ 和粒子速度 $\boldsymbol{V}$ 为 1 次扰动量。同时,令

$$n_1(x,y,z,t) = n_1 \mathrm{expi}(ky + k_{\parallel} z - \omega t), \quad \phi(x,y,z,t) = \phi \mathrm{expi}(ky + k_{\parallel} z - \omega t)$$

$$(4.8.23)$$

并认为 $\partial n_1/\partial x = 0$,$\partial \phi/\partial x = 0$。

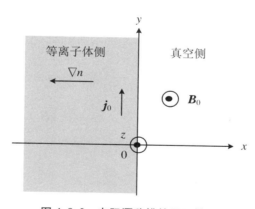

图 4.8.2　电阻漂移模的平面模型

基本方程如下所示。由公式(4.2.7)可得

$$m_i n \frac{\partial \boldsymbol{V}}{\partial t} = -\nabla p + \boldsymbol{j} \times \boldsymbol{B} \qquad (4.8.24)$$

由一般形式的欧姆定律可知[8,14]

$$\boldsymbol{E} + \boldsymbol{V} \times \boldsymbol{B} = \eta \boldsymbol{j} + \frac{1}{en}(\boldsymbol{j} \times \boldsymbol{B} - \nabla p) \qquad (4.8.25)$$

由公式$(3.3.23)$,若令$\boldsymbol{u}_i \approx \boldsymbol{V}$,则离子所满足的粒子数守恒方程为

$$\frac{\partial n}{\partial t} + \nabla \cdot (n\boldsymbol{V}) = 0 \qquad (4.8.26)$$

最后一个用到的基本方程为

$$\nabla \cdot \boldsymbol{j} = 0 \qquad (4.8.27)$$

将公式$(4.8.24)$、$(4.8.25)$线性化可得

$$-\mathrm{i}\omega m_i n_0 \boldsymbol{V} = \boldsymbol{j}_1 \times \boldsymbol{B}_0 - T_e \nabla n_1 \qquad (4.8.28)$$

$$\boldsymbol{j}_1 \times \boldsymbol{B}_0 - T_e \nabla n_1 = en_0(-\nabla \phi + \boldsymbol{V} \times \boldsymbol{B}_0 + \eta \boldsymbol{j}_1) - en_1 \eta \boldsymbol{j}_0 \qquad (4.8.29)$$

由上两式可得

$$\mathrm{i}\omega m_i \boldsymbol{V} = e(-\nabla \phi + \boldsymbol{V} \times \boldsymbol{B}_0 + \eta \boldsymbol{j}_1) + en_1 \eta \boldsymbol{j}_0 / n_0 \qquad (4.8.30)$$

在这里,由 $\eta = m_e \nu_{ei}/n_0 e^2$ 可知

$$\frac{e\eta}{\omega m_i}\left(j_1 + j_0 \frac{n_1}{n_0}\right) = \frac{e}{\omega m_i} \frac{m_e \nu_{ei}}{n_0 e^2}\left(en_0 v_1 + en_0 v_0 \frac{n_1}{n_0}\right) = \frac{\nu_{ei}}{\omega} \frac{m_e}{m_i}\left(v_1 + v_0 \frac{n_1}{n_0}\right) \ll 1$$
$$(4.8.31)$$

利用以上近似,同时考虑到对低频波有 $\omega^2/\Omega_{ci}^2 \ll 1$,则由公式$(4.8.30)$可得

$$V_x = -\mathrm{i}k\frac{\phi}{B_0}, \quad V_y = \frac{\omega}{\Omega_{ci}}\frac{e\phi}{B_0}, \quad V_z = -\frac{\Omega_{ci}}{\omega}\frac{k_\parallel \phi}{B_0} \qquad (4.8.32)$$

由公式$(3.6.12)$、$(10.5.17)$可知,回旋角频率为 $\Omega_{ci} = -eB_0/m_i$。由公式$(4.8.28)$的 x、y 分量,以及公式$(4.8.29)$的 z 分量可得

$$j_{1x} = -\mathrm{i}k\frac{T_e n_1}{B_0}, \quad j_{1y} = kn_0 \frac{\omega}{\Omega_{ci}}\frac{e\phi}{B_0}, \quad j_{1z} = \frac{\mathrm{i}k_\parallel}{e\eta}\left(\frac{T_e n_1}{n_0} - e\phi\right) \qquad (4.8.33)$$

由公式$(4.8.26)$、$(4.8.27)$可得

$$-\mathrm{i}\omega n_1 + \frac{\partial n_0}{\partial x}V_x + n_0(\mathrm{i}kV_y + \mathrm{i}k_\parallel V_z) = 0 \qquad (4.8.34)$$

$$\frac{\partial j_{1x}}{\partial x} + \mathrm{i}kj_{1y} + \mathrm{i}k_\parallel j_{1z} = 0 \qquad (4.8.35)$$

将公式(4.8.32)、(4.8.33)代入上两式,并记 $n'_0 = \partial n_0/\partial x$,则有

$$\frac{n_1}{n_0} + \left(-\frac{k^2}{\Omega_{ci}} + \frac{k_\parallel^2 \Omega_{ci}}{\omega^2} + \frac{n'_0}{n_0}\frac{k}{\omega}\right)\frac{\phi}{B_0} = 0 \qquad (4.8.36)$$

$$\frac{k_\parallel^2 T_e}{e\eta}\frac{n_1}{n_0} - \left(\frac{k_\parallel^2 B_0}{\eta} + \mathrm{i}k^2 e n_0 \frac{\omega}{\Omega_{ci}}\right)\frac{\phi}{B_0} = 0 \qquad (4.8.37)$$

对于公式(4.8.36)、(4.8.37),若存在关于 n_1 和 ϕ 的解,则系数行列式为 0,故有

$$\left(\frac{\omega}{\Omega_{ci}}\right)^2 - \mathrm{i}\frac{\omega}{\Omega_{ci}}\left(\frac{k_\parallel}{k}\right)^2\frac{B_0}{en_0\eta}\left(1 - \frac{T_e}{eB_0}\frac{k^2}{\Omega_{ci}} - \frac{T_e}{m_i}\frac{k_\parallel^2}{\omega^2}\right) - \mathrm{i}\left(\frac{k_\parallel}{k}\right)^2\frac{B_0}{en_0\eta}\frac{T_e}{eB_0}\frac{k}{\Omega_{ci}}\frac{n'_0}{n_0} = 0$$

$$(4.8.38)$$

这就是电阻漂移模的色散方程。

由 $\nabla p_0 = \boldsymbol{j}_0 \times \boldsymbol{B}_0$ 可知,离子与电子的漂移速度分别为

$$\boldsymbol{u}_{di} = -\frac{T_i(\nabla n_0/n_0)\times\boldsymbol{e}_z}{eB_0} = -\frac{T_i}{eB_0}\left(\frac{n'_0}{n_0}\right)\boldsymbol{e}_x\times\boldsymbol{e}_z = \frac{T_i}{eB_0}\left(\frac{n'_0}{n_0}\right)\boldsymbol{e}_y \quad (4.8.39)$$

$$\boldsymbol{u}_{de} = \frac{T_e(\nabla n_0/n_0)\times\boldsymbol{e}_z}{eB_0} = \frac{T_e}{eB_0}\left(\frac{n'_0}{n_0}\right)\boldsymbol{e}_x\times\boldsymbol{e}_z = -\frac{T_e}{eB_0}\left(\frac{n'_0}{n_0}\right)\boldsymbol{e}_y \quad (4.8.40)$$

定义离子和电子的漂移频率分别为

$$\omega_i^* = ku_{di} = k\frac{T_i}{eB_0}\left(\frac{n'_0}{n_0}\right) = -k\left(\frac{n'_0}{n_0}\right)\frac{T_i}{m_i\Omega_{ci}} \qquad (4.8.41)$$

$$\omega_e^* = ku_{de} = k\frac{T_e}{eB_0}\left(-\frac{n'_0}{n_0}\right) = k\left(-\frac{n'_0}{n_0}\right)\frac{T_e}{m_e\Omega_{ce}} \qquad (4.8.42)$$

在这里,可以计算公式(4.8.38)中如下的部分:

$$-\frac{T_e}{eB_0}\frac{k^2}{\Omega_{ci}} = \frac{T_e}{m_i}\frac{k^2}{\Omega_{ci}^2} = \frac{v_{ti}^2}{\Omega_{ci}^2}k^2 = (k\rho_i)^2 \qquad (4.8.43)$$

其中,ρ_i 是温度为 T_e 的离子的回旋半径。将公式(4.8.38)两边乘以 $(\Omega_{ci}/\omega_e^*)^2$ 可得

$$\left(\frac{\omega}{\omega_e^*}\right)^2 - \mathrm{i}\left\{1 + (k\rho_i)^2 - \frac{T_e}{m_i}\frac{k_\parallel^2}{\omega^2}\right\}\frac{\Omega_{ce}\Omega_{ci}}{\nu_{ei}\omega_e^*}\left(\frac{k_\parallel}{k}\right)^2\frac{\omega}{\omega_e^*} + \mathrm{i}\frac{\Omega_{ce}\Omega_{ci}}{\nu_{ei}\omega_e^*}\left(\frac{k_\parallel}{k}\right)^2 = 0$$

$$(4.8.44)$$

若 $(k\rho_i)^2 - (T_e/m_i)(k_\parallel^2/\omega^2)\ll 1$,则有

$$\left(\frac{\omega}{\omega_e^*}\right)^2 - \mathrm{i}\frac{\Omega_{ce}\Omega_{ci}}{\nu_{ei}\omega_e^*}\left(\frac{k_\parallel}{k}\right)^2\frac{\omega}{\omega_e^*} + \mathrm{i}\frac{\Omega_{ce}\Omega_{ci}}{\nu_{ei}\omega_e^*}\left(\frac{k_\parallel}{k}\right)^2 = 0 \qquad (4.8.45)$$

当 ω/ω_e^* 的虚部为正时,这种模式就会形成不稳定性。将这种不稳定性称为电阻漂移不稳定性(resistive drift instability)或者耗散漂移不稳定性(dissipative drift instability)。

4.8.4 漂移波对等离子体输运的影响

由等离子体中各种不稳定性引发的湍流是造成等离子体反常输运的原因,而反常输运的主要原因之一就是由漂移波引起的湍流(漂移波湍流)。漂移波湍流可以用长谷川-三间方程来描述[20]。

求解等离子体湍流需要处理非线性效应,而大部分情况下要获得解析解十分困难,因此多采用计算机模拟来进行数值求解。从理论上说,在数值解析的过程中,只要忠实地求解等离子体系统中各个粒子的动力学方程即可,但这样做势必需要庞大的计算时间与内存容量,这对于现在的计算机技术而言不具有现实性。为了减轻计算机的负担,一般采用① 回旋流体模型(gyrofluid model),② 回旋动力学模型(gyrokinetic model),以及③ 完全粒子轨道模型等相关数值模拟模型对等离子体湍流进行研究[2]。

模型①和模型②采用的是将粒子运动的回旋轨道(圆轨道)进行平均化之后的方程,并将粒子的轨道用导向中心的运动来进行近似。其中,模型①求解将粒子轨道用导向中心的运动进行近似后的 MHD 方程组,而模型②求解将粒子轨道用导向中心的运动进行近似后的弗拉索夫方程与泊松方程[21]。模型③为了减少等离子体的粒子数,引入了具有一定大小的超粒子[22],并对运动方程与麦克斯韦方程组进行求解。

利用这些模型,针对 ITG 模与离子反常输运的关系[23]、ETG 模与电子反常输运的关系、电阻漂移不稳定性与湍流的关系以及带状流(zonal flow)与反常输运的关系[24]等的相关研究获得了广泛开展。

若存在径向电场 E_r,则等离子体在极向以速度 $v_\theta = -E_r/B_0$ 进行回旋运动,并在环向以速度 $v_\varphi = -(E_r/B_0)(B_\theta/B_0)$ 进行回旋运动。若径向电场存在梯度,则会在极向和环向产生有剪切的回旋运动,即产生剪切流(sheared flow)[8]。通过产生剪切流,控制等离子体位形从而减小带状流阻尼[8]以及减小安全因子从而生成静态带状流等手段抑制等离子体中的湍流,可以改善等离子体的约束状态。

4.9 电阻壁不稳定性

1. 特征

当包围等离子体的容器壁是超导体时,若发生 MHD 不稳定模的等离子体(即等离子体电流)靠近容器壁,则由于电磁感应作用,在容器壁中会生成涡流,该涡流会使等离子体向相反方向运动从而能够抑制 MHD 模,有利于等离子体的稳定。然而,如图 4.9.1 所示,实际上容器壁具有一定电阻,因此无法产生足够的涡流 I_e,此时,MHD 模的强度会按照容器壁的时间常数不断增长。这就是电阻壁模 RWM(resistive wall mode)[26]。

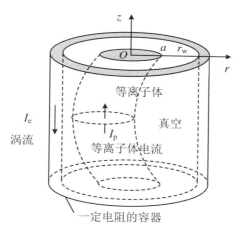

图 4.9.1 充满边界的容器具有一定电阻时的情况

即使容器壁是超导体的情况,容器壁离等离子体越远($r_w/a \gg 1$),则电磁感应的作用也会越弱(等离子体的小半径为 a,器壁的半径为 r_w)。若不断增大等离子体压力,即使器壁是超导体,要使扭曲模保持稳定,等离子体的压力也存在上限值,将这个上限值称为理想壁下的 MHD 极限。按照下式所示定义 C_β,用来指示没有容器壁时等离子体压力能够超出比压极限的程度。

$$C_\beta = \frac{\beta_N - \beta_N^{\text{no-wall}}}{\beta_N^{\text{idealwall}} - \beta_N^{\text{no-wall}}} \tag{4.9.1}$$

其中,β_N 是归一化比压(参考 5.5 节),$\beta_N^{\text{no-wall}}$ 与 $\beta_N^{\text{idealwall}}$ 分别是无容器壁下的 MHD 极限

和理想壁下的 MHD 极限。若 $\beta_N = \beta_N^{\text{no-wall}}$，则有 $C_\beta = 0$；若 $\beta_N = \beta_N^{\text{idealwall}}$，则有 $C_\beta = 1^{[27]}$。

等离子体在环向或极向的回旋运动可以通过回旋剪切保持稳定。考虑等离子体的回旋运动（$V_0 \neq 0$），记 $V = V_0 + V_1$，由公式(4.2.33)可得

$$V = \frac{\mathrm{d}r}{\mathrm{d}t} = \frac{\mathrm{d}r_0}{\mathrm{d}t} + \frac{\mathrm{d}\xi}{\mathrm{d}t} = V_0 + \frac{\partial \xi}{\partial t} + (V_0 \cdot \nabla)\xi \tag{4.9.2}$$

公式(4.2.7)中包含 1 次项的方程为

$$\rho_0 \frac{\partial V_1}{\partial t} + \rho_0 (V_1 \cdot \nabla) V_0 + \rho_0 (V_0 \cdot \nabla) V_1 = -\nabla p_1 + j_0 \times B_1 + j_1 \times B_0 \tag{4.9.3}$$

再将公式(4.9.2)代入上式可得

$$\rho_0 \frac{\partial^2 \xi}{\partial t^2} + 2\rho_0 (V_0 \cdot \nabla) \frac{\partial \xi}{\partial t} + \rho_0 (V_0 \cdot \nabla)(V_0 \cdot \nabla)\xi = F(\xi) \tag{4.9.4}$$

要求解电阻壁模，应该求解公式(4.9.4)，而不是公式(4.2.38)$^{[28,29]}$。电阻壁模存在以扭曲模和气球模为基础的压力驱动型 RWM 以及以扭曲模为基础的电流驱动型 RWM。压力驱动型 RWM 同时具有扭曲模和气球模的特征，因此与电流驱动型 RWM 相比，其模结构更加复杂$^{[30]}$。

2. 稳定方法

在聚变堆中，RWM 的稳定方法可以考虑以下几种$^{[19]}$：

(1) 导体壁（导体壳）；

(2) 控制等离子体的回旋速度；

(3) 设置补正线圈，通过补正线圈的控制进行稳定。

在聚变堆中，真空室的内侧一般设置有包层，为了降低包层中的电磁力，以及方便单独保养，包层在环向和极向都是分割开来的。但要稳定 RWM，更加希望在靠近等离子体的位置处设置环向上连续的导体壁。真空室壁虽然可以充当导体壁，但其离等离子体太远，因此可以考虑在包层和真空室壁之间设置一个导体壳（参考 7.6.3 小节）。

当等离子体在环向上做回旋运动时（频率为 ω_{rot}），对于与等离子体一起做回旋运动的模式，若真空室壁中的涡流由于电阻而衰减的时间常数 τ_w 满足 $\omega_{\text{rot}} \tau_w \gg 1$，则真空室壁可以视为超导体从而不稳定模式可以保持稳定。但对于缓慢旋转的模式，磁场扰动会渗透到壁中，使得电阻壁模逐渐增强$^{[31]}$。

要使等离子体旋转，可以考虑 NBI。将 D 束打入 DT 等离子体中时，等离子体的回旋频率可以表示为$^{[27,32]}$

$$f_{\varphi} = 6.3 \times 10^4 P_{\mathrm{b}} \tau_{\phi} R_{\tan}/(V_{\mathrm{p}} n_{\mathrm{i}20} \sqrt{E_{\mathrm{b}}} R_0) \quad (\mathrm{Hz}) \qquad (4.9.5)$$

其中，P_{b} 是 NBI 的功率（MW）；τ_{ϕ} 是用动量约束时间（s），可以用 τ_{E} 来假定；$R_{\tan}$ 是 NBI 中心轴的接线半径（m）；V_{p} 是等离子体体积（m^3）；$n_{\mathrm{i}20}$ 是离子密度（10^{20} m^{-3}）；E_{b} 是中性束能量（MeV）；R_0 是等离子体大半径（m）。

通过补正线圈的控制进行稳定是利用补正线圈补充导体壁中的磁通，使得导体壁满足磁通守恒，从而抑制不稳定性[30]。在 Smart Shell 法中，将线圈和磁探针（磁环，参考 18.4 节）作为整体来检测局部 B_r 的变化，并通过补正线圈补充本应在理想壁中流过但因壁中的电阻而损失掉的涡流[33]。而 Mode Control 法则是通过多个 B_r 探针与 B_θ 探针来确定不稳定模式，并利用多个线圈来生成外部磁场实施反馈控制从而将不稳定模式进行抵消的方法[34]。

4.10　高能量粒子导致的不稳定性

4.10.1　阿尔芬本征模

1. 特征

当等离子体与磁力线一起振动时就会产生阿尔芬波。等离子体中存在各种各样的阿尔芬本征模，而当高能量粒子激发起阿尔芬本征模时就会导致高能量粒子的扩散和损失。在核聚变反应中生成的 α 粒子就相当于这里的高能量粒子，α 粒子的损失不仅会导致等离子体加热水平的降低，更有可能会导致壁的损伤。像这样的阿尔芬本征模不稳定性是等离子体物理中的重要课题之一[35,36]。

阿尔芬波存在两种类型，一种类型是沿传播方向上磁力线会发生振动从而磁力线密度会发生变化的压缩阿尔芬波（compressional Alfvén wave），另一种类型是垂直传播方向上磁力线会发生振动从而磁力线密度不会发生变化的剪切阿尔芬波（shear Alfvén wave）。由公式（10.6.7）、（10.6.8）可知，压缩阿尔芬波与剪切阿尔芬波的色散方程分别为 $\omega = k v_{\mathrm{A}}$，$\omega = k_{\parallel} v_{\mathrm{A}}$，在这种条件下会发生阿尔芬共振。由于压缩阿尔芬波包含波数 $k_{\perp}$，因此与剪切阿尔芬波相比其频率更高。

由公式(4.2.55)可知,沿磁力线方向的波数为

$$k_{\parallel m} = \frac{\boldsymbol{k} \cdot \boldsymbol{B}_0}{B_0} = \frac{m}{r}\frac{B_\theta}{B_0} - \frac{n}{R_0}\frac{B_z}{B_0} \approx \frac{1}{R_0}\left(\frac{m}{q(r)} - n\right) \qquad (4.10.1)$$

从上式可知,在不均匀的等离子体中,$k_\parallel$ 在径向上连续变化。同时,$v_A = B_t / \sqrt{\mu_0 n_i m_i}$ 在径向上也连续变化,因此由 $\omega = k_\parallel v_A$ 可知,频率在径向上也连续变化,并且满足 $\omega_0 \leqslant \omega \leqslant \omega_a$($\omega_0$、$\omega_a$ 分别是 $r = 0$、a 时的值),从而可知,剪切阿尔芬波的波谱是连续谱。在圆柱等离子体中,m 模与 $m+1$ 模的共振条件分别为 $\omega^2 = k_{\parallel m}^2 v_A^2$,$\omega^2 = k_{\parallel m+1}^2 v_A^2$,在满足这种条件的共振面上会发生强烈的衰减[2]。

2. 色散方程

接下来介绍环形等离子体中的色散方程。由公式(4.2.50),将等离子体位移表示为 $\boldsymbol{\xi} = \boldsymbol{\xi}(r)\exp[-i\omega t + i(m\theta - n\varphi)]$。利用 $\varepsilon = r/R_0$,由公式(9.3.5)可得,托卡马克的环向磁场为 $B_t = B_0(1 - \varepsilon\cos\theta)$,$v_A$ 按照 $\varepsilon = r/R_0$ 的比例进行变化,在同一个磁面上极向角可以取 $\pm\theta$ 的值。这对应着 $e^{\pm i\theta}$,因而意味着极向模数为 m 的模与 $m \pm 1$ 互相耦合[37]。这种耦合在2个模具有相同的阿尔芬频率 $\omega = \omega_A$ 的情况下尤其显著。即

$$(k_{\parallel m} v_A)^2 = (k_{\parallel m+1} v_A)^2 \qquad (4.10.2)$$

以公式(4.2.5)、(4.2.7)~(4.2.12)为基本方程,引入标量势 ϕ_m,则剪切阿尔芬波的波动方程可以表示为[35,37,38]

$$L_m \phi_m + \hat{\varepsilon}\frac{\omega^2}{v_A^2}\frac{d^2}{dr^2}(\phi_{m+1} + \phi_{m-1}) = 0 \qquad (4.10.3)$$

$$L_m = \frac{d}{dr}\left(\frac{\omega^2}{v_A^2} - k_{\parallel m}^2\right)\frac{d}{dr} - \frac{m^2}{r^2}\left(\frac{\omega^2}{v_A^2} - k_{\parallel m}^2\right) \qquad (4.10.4)$$

式中,$\hat{\varepsilon} = 2.5r/R_0$。

考虑出现模耦合的模数为 m 与 $m+1$ 的2个模式,有

$$L_m \phi_m + \hat{\varepsilon}\frac{\omega^2}{v_A^2}\frac{d^2\phi_{m+1}}{dr^2} = 0 \qquad (4.10.5)$$

$$L_{m+1} \phi_{m+1} + \hat{\varepsilon}\frac{\omega^2}{v_A^2}\frac{d^2\phi_m}{dr^2} = 0 \qquad (4.10.6)$$

现在变成了求解上述的本征值方程,不过色散方程可以通过本征值方程的2阶微分系数

$$\begin{vmatrix} \omega^2/v_A^2 - k_{\parallel m}^2 & \hat{\varepsilon}\omega^2/v_A^2 \\ \hat{\varepsilon}\omega^2/v_A^2 & \omega^2/v_A^2 - k_{\parallel m+1}^2 \end{vmatrix} = 0 \qquad (4.10.7)$$

来求得,即

$$\omega_\pm^2 = \frac{1}{2(1-\hat{\varepsilon}^2)} \big\{ k_{\parallel m}^2 v_A^2 + k_{\parallel m+1}^2 v_A^2$$

$$\pm \sqrt{(k_{\parallel m}^2 v_A^2 - k_{\parallel m+1}^2 v_A^2)^2 + 4\hat{\varepsilon}^2 k_{\parallel m}^2 v_A^2 k_{\parallel m+1}^2 v_A^2} \big\} \tag{4.10.8}$$

2 个解之间的频率间隔为 $\Delta\omega^2 = \omega_+^2 - \omega_-^2$,其在小半径满足公式(4.10.2)处达取最小值,即 $\Delta\omega^2 \approx 2\hat{\varepsilon} k_{\parallel m} k_{\parallel m+1} v_A^2$。在该频率间隔内产生的本征模称为环形阿尔芬本征模 TAE(toroidicity-induced shear Aflvén eigenmode,toroidal Aflvén eigenmode 等)。频率间隔内不存在阿尔芬共振(忽略动力学效应的情况),因而本征模可以无衰减地存续。

利用 $k_{\parallel m} = -k_{\parallel m+1}$,再由公式(4.10.1)可得,安全因子为

$$q(r_m) = \frac{m+1/2}{n} \tag{4.10.9}$$

在满足上式的小半径 r_m 处,TAE 的频率如下式所示:

$$\omega_m^2 = (k_{\parallel m} v_A)^2 = \left\{ \frac{v_A(r_m)}{2q(r_m)R_0} \right\}^2 \tag{4.10.10}$$

在环形等离子体中,除 TAE 外,出现模耦合的其他主要的阿尔芬本征模在表 4.10.1 中给出[39]。

3. 不稳定条件与稳定方法

高能量粒子要造成阿尔芬波不稳定,其速度必须大于阿尔芬波的相速度 v_A。在核聚变反应中生成的 α 粒子的能量为 $E_\alpha = 3.5\,\mathrm{MeV}$,因此其速度 v_α 为

$$v_\alpha = \sqrt{2E_\alpha/(m_i A_\alpha)} = 1.3 \times 10^7\,(\mathrm{m/s}) \tag{4.10.11}$$

其中,A_α 是 α 粒子的质量数。当 $v_\alpha > v_A$ 时,速度分布函数在 v_α 附近出现鼓起,如图 4.10.1 所示,因此速度分布函数中出现正的梯度,从而形成阿尔芬波不稳定性。考虑氘与氚的混合等离子体,并令离子的质量数为 2.5,当磁场 $B_t = 6\,\mathrm{T}$ 时,若 $v_\alpha > v_A$,则离子密度满足 $n_i > 4.1 \times 10^{19}\,\mathrm{m}^{-3}$。此时,等离子体中有可能出现低频率的 TAE。

表 4.10.1　主要的阿尔芬本征模

名　称	内　容
拉长比激发的阿尔芬本征模 EAE（ellipticity-induced Aflvén eigen-mode）	由于椭圆截面托卡马克等离子体中的椭圆变形导致 $\cos 2\theta$ 存在各向异性，从而出现 m 与 $m \pm 2$ 的耦合而导致的模式
三角形变激发的阿尔芬本征模 NAE（non-circular-induced Aflvén eigen-mode）	在截面具有三角度的托卡马克等离子体中，由于三角形变导致 $\cos 3\theta$ 存在各向异性，从而出现 m 与 $m \pm 3$ 的耦合而导致的模式
全局的阿尔芬本征模 GAE（global Aflvén eigenmode）	频率略低于阿尔芬频率的模式不存在共振衰减，因而存在本征模。在 $\omega = \omega_A$ 取得最小值的半径附近的模式
反转磁剪切激发的阿尔芬本征模 RSAE（reversed-shear-induced Aflvén eigenmode）	q 值的极小值位于磁轴以外的反磁剪切位形下，随极小值的降低，频率反而增加的模式
比压激发的阿尔芬本征模 BAE（beta-induced Aflvén eigenmode）	由于剪切阿尔芬波与离子声波的耦合，在低于 TAE 频率的频率带内产生了频率间隔而出现的模式

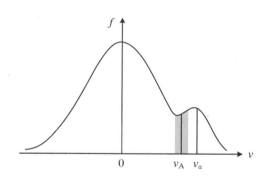

图 4.10.1　速度分布函数

在无碰撞、定常状态下，由动量守恒方程公式(3.3.27)，有

$$\nabla p - qn(\boldsymbol{E} + \boldsymbol{u} \times \boldsymbol{B}) = 0 \tag{4.10.12}$$

由此可得

$$\boldsymbol{u}_{\perp} = \frac{\boldsymbol{E} \times \boldsymbol{B}}{B^2} - \frac{\nabla p \times \boldsymbol{B}}{qnB^2} \tag{4.10.13}$$

式中，右边第一项表示 $\boldsymbol{E} \times \boldsymbol{B}$ 漂移，第二项表示逆磁漂移。当电场很小时，逆磁漂移速度

如图 4.10.2 所示。记 $\nabla p = T_{\mathrm{F}} \mathrm{d} n_{\mathrm{F}} / \mathrm{d} r$，则高能量粒子的逆磁漂移速度 u_{dF} 为

$$u_{\mathrm{dF}} = -\frac{T_{\mathrm{F}}}{q_{\mathrm{F}} n_{\mathrm{F}} B} \frac{\mathrm{d} n_{\mathrm{F}}}{\mathrm{d} r} \tag{4.10.14}$$

其中，q_{F}、n_{F}、T_{F} 分别为高能量粒子的电荷、密度以及有效温度，且 T_{F} 中已经包含了玻尔兹曼常数 k_{B}。

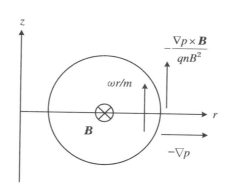

图 4.10.2　逆磁漂移速度

要使 α 粒子由于漂移运动而造成不稳定性，逆磁漂移速度必须大于极向的相速度 $\omega r/m$，即必须满足下式：

$$\left(\frac{m}{r} \frac{T_{\mathrm{F}}}{q_{\mathrm{F}} n_{\mathrm{F}} B} \frac{\mathrm{d} n_{\mathrm{F}}}{\mathrm{d} r} \right)^2 > \omega^2 \tag{4.10.15}$$

环形阿尔芬本征模 TAE 要形成不稳定性需要满足上式的条件，但由于还存在电子和离子的朗道阻尼以及由捕获电子导致的碰撞阻尼等稳定机制，因此需要综合考虑各机制之间的平衡来确定是否造成不稳定性。要求解由高能量粒子导致的 TAE 不稳定性，需要讨论速度分布函数的偏离，因而需要进行动力学求解。明确各稳定机制，可以用于构建今后的控制体系。

4.10.2　鱼骨震荡

鱼骨震荡（fishbone oscillation）是由高能离子激发的不稳定性，其起因是 $m = 1$ 的内扭曲模[40]。鱼骨震荡一般发生在 $q \leqslant 1$ 的等离子体中心。在离子团的逆磁漂移频率附近发生的鱼骨震荡称为逆磁漂移鱼骨震荡，而在高能离子的岁差漂移频率附近发生的鱼骨震荡称为岁差漂移鱼骨震荡[41,42]。

鱼骨震荡使得能量从等离子体中心附近流出,因此需要抑制这种能量损失。能否通过使等离子体中不出现 $q=1$ 的有理面来回避鱼骨震荡,现在更深一步的研究正在进行中。

4.11　锯齿震荡

锯齿震荡(sawtooth oscillation)是一种周期性的崩塌现象,其起因是当等离子体中心的安全因子 $q(0)<1$ 时,在 $q=1$ 的有理面上磁力线的连接变换导致等离子体中心区域的等离子体能量向外侧流出的 $m/n=1/1$ 的内扭曲模。

锯齿震荡使得能量从等离子体中心附近流出,因此需要抑制这种能量损失。锯齿震荡可以通过使等离子体中不出现 $q=1$ 的有理面来回避。当等离子体中存在 $q=1$ 的有理面时,跟新经典撕裂模 NTM 一样,可以考虑通过电子回旋波电流驱动(ECCD)、中性束电流驱动(NBCD)来控制 $q=1$ 的有理面附近的电流分布。

4.12　边缘局域模

边缘局域模 ELM(egde localized model)是当等离子体约束形成良性模式时,由等离子体周边形成的输运垒中陡峭的电流梯度或者压力梯度导致的 MHD 不稳定性(参考 4.6 节)。ELM 将在与等离子体约束有紧密关联的 5.4 节进行介绍。

4.13　锁模

在聚变堆中,由于 TF 线圈和 PF 线圈的制作误差或安装误差会导致多余磁场的产生,另一方面,供电线路也会产生磁场。采取措施来消除这些磁场是有必要的。若具有模结构的误差场残留在空间局部,当误差场的相位与 MHD 模相吻合时就会造成 MHD 模的不稳定性,将这种现象称为锁模(locked mode)。锁模包括下面的状态,即当 MHD 模存在环向的回旋运动时,MHD 模的环向相位与误差场的相位在空间的某处保持一致的锁相状态,以及当 MHD 模不存在回旋运动时,两者的相位保持一致的壁锁状态[43]。当 MHD 模进入壁锁状态时,有可能会对面向等离子体的真空室壁造成很大的热负荷,因此需要考虑相关的对策(参考 18.5.1 小节)。

4.14　今后的研究课题

（1）由漂移波湍流导致的等离子体反常输运表明了等离子体具有显著的非线性,由于其决定了能量约束时间,因此十分重要,有必要对其进行更深一步的阐明。

（2）环形阿尔芬本征模 TAE 与鱼骨震荡是由高能量粒子导致的不稳定性。与不存在高能量粒子的等离子体不同,在燃烧等离子体中,有必要对 MHD 不稳定性以及等离子体输运等进行更深一步的阐明。

附录 4.2A

将公式(4.2.47)右边[　]内的各项分别记为 I_1、I_2、I_3。

利用公式 $\int \mathrm{d}r \boldsymbol{c} \cdot \nabla f = \int_S f \boldsymbol{c} \cdot \mathrm{d}\boldsymbol{S} - \int \mathrm{d}r f (\nabla \cdot \boldsymbol{c})$,第 1 项为

$$I_1 \equiv \int \mathrm{d}\boldsymbol{r} \boldsymbol{\xi} \cdot \nabla p_1 = \int_S \mathrm{d}\boldsymbol{S} \xi_n p_1 - \int \mathrm{d}r p_1 (\nabla \cdot \boldsymbol{\xi})$$

$$= \int_S \mathrm{d}\boldsymbol{S} \xi_n p_1 + \int \mathrm{d}r \{ (\boldsymbol{\xi} \cdot \nabla) p_0 + \gamma p_0 \nabla \cdot \boldsymbol{\xi} \} (\nabla \cdot \boldsymbol{\xi}) \qquad (4.2A.1)$$

其中,若记 $\boldsymbol{n}$ 为法线方向的单位向量,则有 $\mathrm{d}\boldsymbol{S} = \boldsymbol{n}\mathrm{d}S$, ξ_n 是位移在法线方向的分量。

利用公式（4.2.36）以及公式 $\boldsymbol{a} \cdot (\boldsymbol{b} \times \boldsymbol{c}) = \boldsymbol{b} \cdot (\boldsymbol{c} \times \boldsymbol{a}) = \boldsymbol{c} \cdot (\boldsymbol{a} \times \boldsymbol{b})$,公式（4.2.47）右边第二项为

$$I_2 \equiv -\int \mathrm{d}\boldsymbol{r} \frac{1}{\mu_0} \boldsymbol{\xi} \cdot \{(\nabla \times \boldsymbol{B}_0) \times \boldsymbol{B}_1\} = -\frac{1}{\mu_0} \int \mathrm{d}\boldsymbol{r}\boldsymbol{\xi} \cdot [(\nabla \times \boldsymbol{B}_0) \times \{\nabla \times (\boldsymbol{\xi} \times \boldsymbol{B}_0)\}]$$

$$= -\frac{1}{\mu_0} \int \mathrm{d}\boldsymbol{r} \{\boldsymbol{\xi} \times (\nabla \times \boldsymbol{B}_0)\} \cdot \{\nabla \times (\boldsymbol{\xi} \times \boldsymbol{B}_0)\} \qquad (4.2\mathrm{A}.2)$$

同样利用公式 $\boldsymbol{a} \cdot (\boldsymbol{b} \times \boldsymbol{c}) = \boldsymbol{b} \cdot (\boldsymbol{c} \times \boldsymbol{a}) = \boldsymbol{c} \cdot (\boldsymbol{a} \times \boldsymbol{b})$，公式(4.2.47)右边第三项为

$$I_3 \equiv -\int \mathrm{d}\boldsymbol{r} \frac{1}{\mu_0} \boldsymbol{\xi} \cdot \{(\nabla \times \boldsymbol{B}_1) \times \boldsymbol{B}_0\} = \frac{1}{\mu_0} \int \mathrm{d}\boldsymbol{r} (\boldsymbol{\xi} \times \boldsymbol{B}_0) \cdot (\nabla \times \boldsymbol{B}_1) \quad (4.2\mathrm{A}.3)$$

更进一步,利用公式 $\int \boldsymbol{a} \cdot (\nabla \times \boldsymbol{b}) \mathrm{d}\boldsymbol{r} = \int_S (\boldsymbol{b} \times \boldsymbol{a}) \cdot \mathrm{d}\boldsymbol{S} + \int \boldsymbol{b} \cdot (\nabla \times \boldsymbol{a}) \mathrm{d}\boldsymbol{r}$ 可得

$$I_3 = \frac{1}{\mu_0} \int_S \{\boldsymbol{B}_1 \times (\boldsymbol{\xi} \times \boldsymbol{B}_0)\} \cdot \mathrm{d}\boldsymbol{S} + \frac{1}{\mu_0} \int \boldsymbol{B}_1 \cdot \{\nabla \times (\boldsymbol{\xi} \times \boldsymbol{B}_0)\} \mathrm{d}\boldsymbol{r} \quad (4.2\mathrm{A}.4)$$

在此基础上,由公式 $\boldsymbol{a} \times (\boldsymbol{b} \times \boldsymbol{c}) = (\boldsymbol{a} \cdot \boldsymbol{c})\boldsymbol{b} - (\boldsymbol{a} \cdot \boldsymbol{b})\boldsymbol{c}$ 可得

$$\boldsymbol{B}_1 \times (\boldsymbol{\xi} \times \boldsymbol{B}_0) = (\boldsymbol{B}_0 \cdot \boldsymbol{B}_1)\boldsymbol{\xi} - (\boldsymbol{B}_1 \cdot \boldsymbol{\xi})\boldsymbol{B}_0 \qquad (4.2\mathrm{A}.5)$$

再由 $\boldsymbol{B}_0 \cdot \mathrm{d}\boldsymbol{S} = \boldsymbol{B}_0 \cdot \boldsymbol{n}\mathrm{d}S$,有

$$I_3 = \frac{1}{\mu_0} \int_S (\boldsymbol{B}_0 \cdot \boldsymbol{B}_1)\boldsymbol{\xi} \cdot \mathrm{d}\boldsymbol{S} + \frac{1}{\mu_0} \int \boldsymbol{B}_1 \cdot \{\nabla \times (\boldsymbol{\xi} \times \boldsymbol{B}_0)\} \mathrm{d}\boldsymbol{r}$$

$$= \frac{1}{\mu_0} \int_S (\boldsymbol{B}_0 \cdot \boldsymbol{B}_1)\xi_n \mathrm{d}S + \frac{1}{\mu_0} \int \{\nabla \times (\boldsymbol{\xi} \times \boldsymbol{B}_0)\}^2 \mathrm{d}\boldsymbol{r} \qquad (4.2\mathrm{A}.6)$$

当公式(4.1.10)右边为 0 时,等离子体与真空磁场(下角标 ν)的边界上总压力连续,故有

$$p - p_0 + \frac{B^2 - B_0^2}{2\mu_0} = \frac{B_\nu^2 - B_{\nu 0}^2}{2\mu_0} \qquad (4.2\mathrm{A}.7)$$

其中, B_ν 与 $B_{\nu 0}$ 分别是真空中的总磁场和 0 次磁场[1~3,6]。

对于在某时刻 $t = 0$ 达到平衡状态且位置为 $\boldsymbol{r}_0$ 的流体微元,若用拉格朗日变量 $\boldsymbol{\xi}(\boldsymbol{r}_0, 0)$ 表示其到达时刻 t 时的位移变化,则其位移可以表示为 $\boldsymbol{r}(t) = \boldsymbol{r}_0 + \boldsymbol{\xi}(\boldsymbol{r}_0, t)$。易知 $\boldsymbol{\xi}(\boldsymbol{r}_0, 0) = 0$。取公式(4.2.15)的 0 次项和 1 次项,并将等式两边对时间 $t = 0$ 到 $t = t$ 进行积分,可得[6]

$$p(\boldsymbol{r}, t) - p(\boldsymbol{r}_0, 0) = -\gamma p_0 \nabla \cdot \boldsymbol{\xi} \qquad (4.2\mathrm{A}.8)$$

式中有 $p(\boldsymbol{r}_0, 0) = p_0$。另一方面,在等离子体移动的过程中,磁场为

$$\frac{\mathrm{d}\boldsymbol{B}}{\mathrm{d}t} = \frac{\partial \boldsymbol{B}}{\partial t} + (\boldsymbol{V}_1 \cdot \nabla)\boldsymbol{B} \tag{4.2A.9}$$

同样的,取公式(4.2A.9)的 0 次项和 1 次项,并将等式两边对时间 $t=0$ 到 $t=t$ 进行积分,有

$$\boldsymbol{B}(\boldsymbol{r},t) - \boldsymbol{B}(\boldsymbol{r}_0,0) = \boldsymbol{B}_1(\boldsymbol{r}_0,t) + (\boldsymbol{\xi}\cdot\nabla)\boldsymbol{B}_0 \tag{4.2A.10}$$

式中有 $\boldsymbol{B}_1(\boldsymbol{r}_0,0)=0$,$\boldsymbol{B}(\boldsymbol{r}_0,0)=\boldsymbol{B}_0$。故可得[1,6]

$$\boldsymbol{B}(\boldsymbol{r},t) = \boldsymbol{B}_0 + \boldsymbol{B}_1 + (\boldsymbol{\xi}\cdot\nabla)\boldsymbol{B}_0 \tag{4.2A.11}$$

将公式(4.2A.7)左边第 3 项线性化可得

$$B^2 - B_0^2 = \{\boldsymbol{B}_0 + \boldsymbol{B}_1 + (\boldsymbol{\xi}\cdot\nabla)\boldsymbol{B}_0\}^2 - B_0^2 = 2\boldsymbol{B}_0\cdot\{\boldsymbol{B}_1 + (\boldsymbol{\xi}\cdot\nabla)\boldsymbol{B}_0\} \tag{4.2A.12}$$

对于真空磁场也可以同样线性化。因此公式(4.2A.7)可改写为

$$-\gamma p_0 \nabla\cdot\boldsymbol{\xi} + \frac{\boldsymbol{B}_0\cdot\{\boldsymbol{B}_1 + (\boldsymbol{\xi}\cdot\nabla)\boldsymbol{B}_0\}}{\mu_0} = \frac{\boldsymbol{B}_{v0}\cdot\{\boldsymbol{B}_{v1} + (\boldsymbol{\xi}\cdot\nabla)\boldsymbol{B}_{v0}\}}{\mu_0} \tag{4.2A.13}$$

在图 4.2.1 中,$\boldsymbol{B}_0$ 与边界平行,而磁压在平行磁场方向的导数为 0。记法线方向的微分为 $\partial/\partial n$,则有

$$\boldsymbol{B}_0\cdot\{(\boldsymbol{\xi}\cdot\nabla)\boldsymbol{B}_0\} = \boldsymbol{B}_0\cdot\left(\xi_n\frac{\partial}{\partial n}\boldsymbol{B}_0\right) = \frac{1}{2}\xi_n\frac{\partial}{\partial n}B_0^2 \tag{4.2A.14}$$

从而,公式(4.2A.13)可改写为

$$-\gamma p_0 \nabla\cdot\boldsymbol{\xi} + \frac{\boldsymbol{B}_0\cdot\boldsymbol{B}_1}{\mu_0} = \frac{\boldsymbol{B}_{v0}\cdot\boldsymbol{B}_{v1}}{\mu_0} + \xi_n\frac{\partial}{\partial n}\left(\frac{B_{v0}^2}{2\mu_0} - \frac{B_0^2}{2\mu_0}\right) \tag{4.2A.15}$$

同时,由公式(4.2.35)可得

$$p_1 = -(\boldsymbol{\xi}\cdot\nabla)p_0 - \gamma p_0 \nabla\cdot\boldsymbol{\xi} = -\xi_n\frac{\partial p_0}{\partial n} - \gamma p_0 \nabla\cdot\boldsymbol{\xi} \tag{4.2A.16}$$

利用公式(4.2A.15),公式(4.2A.16)可改写为

$$p_1 + \xi_n\frac{\partial p_0}{\partial n} + \frac{\boldsymbol{B}_0\cdot\boldsymbol{B}_1}{\mu_0} = \frac{\boldsymbol{B}_{v0}\cdot\boldsymbol{B}_{v1}}{\mu_0} + \xi_n\frac{\partial}{\partial n}\left(\frac{B_{v0}^2}{2\mu_0} - \frac{B_0^2}{2\mu_0}\right) \tag{4.2A.17}$$

将公式(4.2A.6)右边的各项分别记为 I_{31}、I_{32},则有 $I_3 = I_{31} + I_{32}$。右边第一项 I_{31} 可以表示为

$$I_{31} = \frac{1}{\mu_0} \int_S (\boldsymbol{B}_0 \cdot \boldsymbol{B}_1) \xi_n \mathrm{d}S$$

$$= - \int_S \xi_n p_1 \mathrm{d}S - \int_S \xi_n^2 \frac{\partial}{\partial n} \left(p_0 + \frac{B_0^2}{2\mu_0} - \frac{B_{v0}^2}{2\mu_0} \right) \mathrm{d}S + \frac{1}{\mu_0} \int_S (\boldsymbol{B}_{v0} \cdot \boldsymbol{B}_{v1}) \xi_n \mathrm{d}S$$

$$(4.2A.18)$$

I_{32} 则直接使用现有的形式。

利用磁矢势 $\boldsymbol{A}_1$,真空区域的磁场可以表示为

$$\boldsymbol{B}_{v1} = \nabla \times \boldsymbol{A}_1 \tag{4.2A.19}$$

电场可以表示为

$$\boldsymbol{E}_{v1} = - \frac{\partial \boldsymbol{A}_1}{\partial t} \tag{4.2A.20}$$

等离子体的电阻率为 0,在与等离子体保持固定的坐标系中电场为 0,由于电场在边界上切向连续,故在等离子体边界上有

$$\boldsymbol{n} \times \left(- \frac{\partial \boldsymbol{A}_1}{\partial t} + \boldsymbol{V}_1 \times \boldsymbol{B}_{v0} \right) = 0 \tag{4.2A.21}$$

将上式对时间进行积分可得下式:

$$\boldsymbol{n} \times (- \boldsymbol{A}_1 + \boldsymbol{\xi} \times \boldsymbol{B}_{v0}) = 0 \tag{4.2A.22}$$

其中,$\boldsymbol{n}$ 是法线方向的单位向量。利用公式 $\boldsymbol{a} \times (\boldsymbol{b} \times \boldsymbol{c}) = (\boldsymbol{a} \cdot \boldsymbol{c})\boldsymbol{b} - (\boldsymbol{a} \cdot \boldsymbol{b})\boldsymbol{c}$ 可得

$$\boldsymbol{n} \times (\boldsymbol{\xi} \times \boldsymbol{B}_{v0}) = (\boldsymbol{n} \cdot \boldsymbol{B}_{v0})\boldsymbol{\xi} - (\boldsymbol{n} \cdot \boldsymbol{\xi})\boldsymbol{B}_{v0} \tag{4.2A.23}$$

由于 $\boldsymbol{n} \cdot \boldsymbol{B}_{v0} = 0$,故公式(4.2A.22)可改写为

$$\boldsymbol{n} \times \boldsymbol{A}_1 = - \xi_n \boldsymbol{B}_{v0} \tag{4.2A.24}$$

另外,可以认为真空区域中没有电流流过,故有

$$\mu_0 \boldsymbol{j}_{v1} = \nabla \times \boldsymbol{B}_{v1} = \nabla \times (\nabla \times \boldsymbol{A}_1) = 0 \tag{4.2A.25}$$

利用公式(4.2A.19)、(4.2A.24),公式(4.2A.18)右边第三项可改写为

$$\frac{1}{\mu_0} \int_S (\boldsymbol{B}_{v0} \cdot \boldsymbol{B}_{v1}) \xi_n \mathrm{d}S = \frac{1}{\mu_0} \int_S (\boldsymbol{n}_v \times \boldsymbol{A}_1) \cdot (\nabla \times \boldsymbol{A}_1) \mathrm{d}S \tag{4.2A.26}$$

其中,$\boldsymbol{n}_v$ 是从真空侧指向等离子体侧的法向单位向量,$\boldsymbol{n}_v = - \boldsymbol{n}$(参考图 4.2.1)。利用公式 $\boldsymbol{a} \cdot (\boldsymbol{b} \times \boldsymbol{c}) = \boldsymbol{b} \cdot (\boldsymbol{c} \times \boldsymbol{a}) = \boldsymbol{c} \cdot (\boldsymbol{a} \times \boldsymbol{b})$ 可得

$$(\boldsymbol{n}_v \times \boldsymbol{A}_1) \cdot (\nabla \times \boldsymbol{A}_1) = \boldsymbol{n}_v \cdot \{\boldsymbol{A}_1 \times (\nabla \times \boldsymbol{A}_1)\} \tag{4.2A.27}$$

更进一步,利用公式 $\int \boldsymbol{a} \cdot (\nabla \times \boldsymbol{b}) \mathrm{d}\boldsymbol{r} = \int_S (\boldsymbol{b} \times \boldsymbol{a}) \cdot \boldsymbol{n} \mathrm{d}S + \int \boldsymbol{b} \cdot (\nabla \times \boldsymbol{a}) \mathrm{d}\boldsymbol{r}$,以及代换 $\boldsymbol{a} = \boldsymbol{A}_1, \boldsymbol{b} = \nabla \times \boldsymbol{A}_1$,由公式(4.2A.25)可得

$$\frac{1}{\mu_0} \int_S (\boldsymbol{B}_{v0} \cdot \boldsymbol{B}_{v1}) \xi_n \mathrm{d}S = \frac{1}{\mu_0} \int_S \boldsymbol{n}_v \cdot \{\boldsymbol{A}_1 \times (\nabla \times \boldsymbol{A}_1)\} \mathrm{d}S$$

$$= \frac{1}{\mu_0} \left[-\int \boldsymbol{A}_1 \cdot \{\nabla \times (\nabla \times \boldsymbol{A}_1)\} \mathrm{d}\boldsymbol{r} + \int (\nabla \times \boldsymbol{A}_1) \cdot (\nabla \times \boldsymbol{A}_1) \mathrm{d}\boldsymbol{r} \right]$$

$$= \frac{1}{\mu_0} \int (\nabla \times \boldsymbol{A}_1) \cdot (\nabla \times \boldsymbol{A}_1) \mathrm{d}\boldsymbol{r} \tag{4.2A.28}$$

从而,公式(4.2A.18)可改写为

$$I_{31} = -\int_S \xi_n p_1 \mathrm{d}S - \int_S \xi_n^2 \frac{\partial}{\partial n} \left(p_0 + \frac{B_0^2}{2\mu_0} - \frac{B_{v0}^2}{2\mu_0} \right) \mathrm{d}S + \frac{1}{\mu_0} \int_V (\nabla \times \boldsymbol{A}_1) \cdot (\nabla \times \boldsymbol{A}_1) \mathrm{d}\boldsymbol{r}$$

$$\tag{4.2A.29}$$

其中,右边第三项表示位于等离子体外侧的真空区域的积分。

由以上推导,利用 I_1、I_2、I_3 以及公式(4.2A.19),公式(4.2.27)最终可以改写为如下形式:

$$W = \frac{1}{2} \int \mathrm{d}\boldsymbol{r} \{(\boldsymbol{\xi} \cdot \nabla p_0)(\nabla \cdot \boldsymbol{\xi}) + \gamma p_0 (\nabla \cdot \boldsymbol{\xi})^2\}$$

$$- \frac{1}{2\mu_0} \int \mathrm{d}\boldsymbol{r} \{\boldsymbol{\xi} \times (\nabla \times \boldsymbol{B}_0)\} \cdot \{\nabla \times (\boldsymbol{\xi} \times \boldsymbol{B}_0)\}$$

$$+ \frac{1}{2\mu_0} \int \mathrm{d}\boldsymbol{r} \{\nabla \times (\boldsymbol{\xi} \times \boldsymbol{B}_0)\}^2 - \frac{1}{2} \int_S \mathrm{d}S \xi_n^2 \frac{\partial}{\partial n} \left(p_0 + \frac{B_0^2}{2\mu_0} - \frac{B_{v0}^2}{2\mu_0} \right) + \int_V \mathrm{d}\boldsymbol{r} \frac{B_{v1}^2}{2\mu_0}$$

$$\tag{4.2A.30}$$

附录 4.2B

首先,按照图 4.2B.1 所示,利用 $\boldsymbol{e}_b = \boldsymbol{B}_0 / B_0$,将物理量按照磁场 $\boldsymbol{B}_0$ 的水平方向和

垂直方向进行分解,有

$$\boldsymbol{\xi} = \boldsymbol{\xi}_{\parallel} + \boldsymbol{\xi}_{\perp} = \xi_{\parallel} \boldsymbol{e}_b + \boldsymbol{\xi}_{\perp} = \frac{\boldsymbol{\xi} \cdot \boldsymbol{B}_0}{B_0^2} \boldsymbol{B}_0 + \frac{\boldsymbol{B}_0 \times (\boldsymbol{\xi} \times \boldsymbol{B}_0)}{B_0^2} \tag{4.2B.1}$$

$$\boldsymbol{j}_0 = \boldsymbol{j}_{0\parallel} + \boldsymbol{j}_{0\perp} = j_{0\parallel} \boldsymbol{e}_b + \boldsymbol{j}_{0\perp} \tag{4.2B.2}$$

$$\boldsymbol{B}_1 = \boldsymbol{B}_{1\parallel} + \boldsymbol{B}_{1\perp} = B_{1\parallel} \boldsymbol{e}_b + \boldsymbol{B}_{1\perp} \tag{4.2B.3}$$

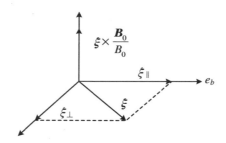

图 4.2B.1　将物理量按磁场 B_0 的水平方向和垂直方向进行分解

同时,由公式(4.2.23),有

$$\nabla p_0 = \boldsymbol{j}_0 \times \boldsymbol{B}_0 = \boldsymbol{j}_{0\perp} \times \boldsymbol{B}_0 \tag{4.2B.4}$$

利用公式 $\boldsymbol{a} \times (\boldsymbol{b} \times \boldsymbol{c}) = (\boldsymbol{a} \cdot \boldsymbol{c})\boldsymbol{b} - (\boldsymbol{a} \cdot \boldsymbol{b})\boldsymbol{c}$ 可得

$$\boldsymbol{B}_0 \times \nabla p_0 = \boldsymbol{B}_0 \times (\boldsymbol{j}_{0\perp} \times \boldsymbol{B}_0) = (\boldsymbol{B}_0 \cdot \boldsymbol{B}_0)\boldsymbol{j}_{0\perp} - (\boldsymbol{B}_0 \cdot \boldsymbol{j}_{0\perp})\boldsymbol{B}_0 \tag{4.2B.5}$$

由此可得下式:

$$\boldsymbol{j}_{0\perp} = \frac{\boldsymbol{B}_0 \times \nabla p_0}{B_0^2} \tag{4.2B.6}$$

记公式(4.2.48)右边第 2 项和第 3 项的被积函数分别为 I_2、I_3。首先,由公式 (4.2.36),公式(4.2.48)右边第 3 项的被积函数为

$$I_3 \equiv \frac{1}{\mu_0} \{\nabla \times (\boldsymbol{\xi} \times \boldsymbol{B}_0)\}^2 = \frac{1}{\mu_0} |\boldsymbol{B}_1|^2 = \frac{1}{\mu_0} (|\boldsymbol{B}_{1\perp}|^2 + |\boldsymbol{B}_{1\parallel}|^2) \tag{4.2B.7}$$

接下来,由公式(4.2.24)、(4.2.36)以及公式 $\boldsymbol{a} \cdot (\boldsymbol{b} \times \boldsymbol{c}) = \boldsymbol{b} \cdot (\boldsymbol{c} \times \boldsymbol{a}) = \boldsymbol{c} \cdot (\boldsymbol{a} \times \boldsymbol{b})$, 公式(4.2.48)右边第 2 项的被积函数为

$$I_2 \equiv -\frac{1}{\mu_0} \{\boldsymbol{\xi} \times (\nabla \times \boldsymbol{B}_0)\} \cdot \{\nabla \times (\boldsymbol{\xi} \times \boldsymbol{B}_0)\} = -\boldsymbol{\xi} \cdot (\boldsymbol{j}_0 \times \boldsymbol{B}_1)$$

$$= -\boldsymbol{\xi}_{\perp} \cdot \{(j_{0\parallel} \boldsymbol{e}_b + \boldsymbol{j}_{0\perp}) \times \boldsymbol{B}_1\} - \boldsymbol{\xi}_{\parallel} \cdot (\boldsymbol{j}_0 \times \boldsymbol{B}_1)$$

$$= -j_{0\parallel} (\boldsymbol{\xi}_{\perp} \times \boldsymbol{e}_b) \cdot \boldsymbol{B}_{1\perp} - B_{1\parallel} \boldsymbol{\xi}_{\perp} \cdot (\boldsymbol{j}_{0\perp} \times \boldsymbol{e}_b) - \boldsymbol{\xi}_{\parallel} \cdot (\boldsymbol{j}_0 \times \boldsymbol{B}_1) \tag{4.2B.8}$$

将公式(4.2.48)中如下 2 项记为 I_1：

$$I_1 \equiv -\frac{1}{\mu_0}\{\boldsymbol{\xi}\times(\nabla\times\boldsymbol{B}_0)\}\cdot\{\nabla\times(\boldsymbol{\xi}\times\boldsymbol{B}_0)\}+(\boldsymbol{\xi}\cdot\nabla p_0)(\nabla\cdot\boldsymbol{\xi})$$

$$= I_2 + (\boldsymbol{\xi}\cdot\nabla p_0)(\nabla\cdot\boldsymbol{\xi})$$

$$= -j_{0\parallel}(\boldsymbol{\xi}_\perp\times\boldsymbol{e}_b)\cdot\boldsymbol{B}_{1\perp}-B_{1\parallel}\boldsymbol{\xi}_\perp\cdot(\boldsymbol{j}_{0\perp}\times\boldsymbol{e}_b)-\boldsymbol{\xi}_\parallel\cdot(\boldsymbol{j}_0\times\boldsymbol{B}_1)$$

$$+(\boldsymbol{\xi}\cdot\nabla p_0)(\nabla\cdot\boldsymbol{\xi}_\parallel)+(\boldsymbol{\xi}\cdot\nabla p_0)(\nabla\cdot\boldsymbol{\xi}_\perp) \tag{4.2B.9}$$

公式(4.2B.9)右边第 1 项 I_{11} 为

$$I_{11} \equiv j_{0\parallel}(\boldsymbol{\xi}_\perp\times\boldsymbol{e}_b)\cdot\boldsymbol{B}_{1\perp} = -\frac{\boldsymbol{j}_0\cdot\boldsymbol{B}_0}{B_0^2}(\boldsymbol{\xi}_\perp\times\boldsymbol{B}_0)\cdot\boldsymbol{B}_{1\perp} = -\frac{\boldsymbol{j}_0\cdot\boldsymbol{B}_0}{B_0^2}(\boldsymbol{\xi}_\perp\times\boldsymbol{B}_0)\cdot\boldsymbol{B}_1 \tag{4.2B.10}$$

利用公式(4.2B.6)以及公式 $\boldsymbol{a}\times(\boldsymbol{b}\times\boldsymbol{c})=(\boldsymbol{a}\cdot\boldsymbol{c})\boldsymbol{b}-(\boldsymbol{a}\cdot\boldsymbol{b})\boldsymbol{c}$，公式(4.2B.9)右边第 2 项 I_{12} 为

$$I_{12} \equiv -B_{1\parallel}\boldsymbol{\xi}_\perp\cdot(\boldsymbol{j}_{0\perp}\times\boldsymbol{e}_b) = -B_{1\parallel}\boldsymbol{\xi}_\perp\cdot\left(\frac{\boldsymbol{B}_0\times\nabla p_0}{B_0^2}\times\boldsymbol{e}_b\right)$$

$$= -\frac{B_{1\parallel}}{B_0}\boldsymbol{\xi}_\perp\cdot\{(\boldsymbol{e}_b\times\nabla p_0)\times\boldsymbol{e}_b\} = -\frac{B_{1\parallel}}{B_0}\boldsymbol{\xi}_\perp\cdot\nabla p_0 \tag{4.2B.11}$$

利用公式(4.2.23)以及公式 $\boldsymbol{a}\cdot(\boldsymbol{b}\times\boldsymbol{c})=\boldsymbol{b}\cdot(\boldsymbol{c}\times\boldsymbol{a})=\boldsymbol{c}\cdot(\boldsymbol{a}\times\boldsymbol{b})$，公式(4.2B.9)右边第 3 项 I_{13} 为

$$I_{13} \equiv -\boldsymbol{\xi}_\parallel\cdot(\boldsymbol{j}_0\times\boldsymbol{B}_1) = -\xi_\parallel\frac{\boldsymbol{B}_0}{B_0}\cdot(\boldsymbol{j}_0\times\boldsymbol{B}_1)$$

$$= -\frac{\xi_\parallel}{B_0}\boldsymbol{B}_1\cdot(\boldsymbol{B}_0\times\boldsymbol{j}_0) = \frac{\xi_\parallel}{B_0}(\nabla p_0)\cdot\boldsymbol{B}_1 \tag{4.2B.12}$$

接着利用公式(4.2B.1)、公式 $\nabla\cdot(\boldsymbol{a}\times\boldsymbol{b})=\boldsymbol{b}\cdot(\nabla\times\boldsymbol{a})-\boldsymbol{a}\cdot(\nabla\times\boldsymbol{b})$ 以及公式 $\boldsymbol{a}\cdot(\boldsymbol{b}\times\boldsymbol{c})=\boldsymbol{b}\cdot(\boldsymbol{c}\times\boldsymbol{a})=\boldsymbol{c}\cdot(\boldsymbol{a}\times\boldsymbol{b})$，位于公式(4.2B.9)右边第 5 项中的 $(\nabla\cdot\boldsymbol{\xi}_\perp)$ 为

$$(\nabla\cdot\boldsymbol{\xi}_\perp) = \nabla\cdot\frac{\boldsymbol{B}_0\times(\boldsymbol{\xi}\times\boldsymbol{B}_0)}{B_0^2} = (\boldsymbol{\xi}\times\boldsymbol{B}_0)\cdot\left(\nabla\times\frac{\boldsymbol{B}_0}{B_0^2}\right)-\frac{\boldsymbol{B}_0}{B_0^2}\cdot\{\nabla\times(\boldsymbol{\xi}\times\boldsymbol{B}_0)\}$$

$$= \boldsymbol{\xi}\cdot\left\{\boldsymbol{B}_0\times\left(\nabla\times\frac{\boldsymbol{B}_0}{B_0^2}\right)\right\}-\frac{\boldsymbol{B}_0}{B_0^2}\cdot\boldsymbol{B}_1 \tag{4.2B.13}$$

更进一步，利用公式 $\nabla\times(f\boldsymbol{a})=f(\nabla\times\boldsymbol{a})+(\nabla f)\times\boldsymbol{a}$ 可得

$$\boldsymbol{B}_0\times\left(\nabla\times\frac{\boldsymbol{B}_0}{B_0^2}\right) = \boldsymbol{B}_0\times\left\{\frac{1}{B_0^2}\nabla\times\boldsymbol{B}_0+\nabla\left(\frac{1}{B_0^2}\right)\times\boldsymbol{B}_0\right\}$$

$$= \mu_0 \frac{\boldsymbol{B}_0 \times \boldsymbol{j}_0}{B_0^2} + \boldsymbol{B}_0 \times \left\{ \nabla\left(\frac{1}{B_0^2}\right) \times \boldsymbol{B}_0 \right\}$$

$$= -\mu_0 \frac{\nabla p_0}{B_0^2} - \boldsymbol{B}_0 \times \left\{ \frac{1}{B_0^4} \nabla B_0^2 \times \boldsymbol{B}_0 \right\} \qquad (4.2\text{B}.14)$$

利用公式(4.2.23)、(4.2.24)以及公式$(\nabla \times \boldsymbol{a}) \times \boldsymbol{a} = (\boldsymbol{a} \cdot \nabla)\boldsymbol{a} - (1/2)\nabla a^2$ 可得

$$\nabla p_0 = \boldsymbol{j}_0 \times \boldsymbol{B}_0 = \frac{1}{\mu_0}(\nabla \times \boldsymbol{B}_0) \times \boldsymbol{B}_0 = \frac{1}{\mu_0}\left\{ (\boldsymbol{B}_0 \cdot \nabla)\boldsymbol{B}_0 - \frac{1}{2}\nabla B_0^2 \right\} \quad (4.2\text{B}.15)$$

从而有(参考公式(4.1.10))

$$\nabla(2\mu_0 p_0 + B_0^2) = 2(\boldsymbol{B}_0 \cdot \nabla)\boldsymbol{B}_0 \qquad (4.2\text{B}.16)$$

同时,利用公式 $\boldsymbol{a} \times (\boldsymbol{b} \times \boldsymbol{c}) = (\boldsymbol{a} \cdot \boldsymbol{c})\boldsymbol{b} - (\boldsymbol{a} \cdot \boldsymbol{b})\boldsymbol{c}$,可得

$$\boldsymbol{B}_0 \times \left\{ \frac{1}{B_0^4} \nabla(2\mu_0 p_0) \times \boldsymbol{B}_0 \right\} = \frac{2\mu_0}{B_0^4}\boldsymbol{B}_0 \times (\nabla p_0 \times \boldsymbol{B}_0) = \frac{2\mu_0}{B_0^4}(\boldsymbol{B}_0 \cdot \boldsymbol{B}_0)\nabla p_0$$

$$(4.2\text{B}.17)$$

从而,公式(4.2B.14)可改写为

$$\boldsymbol{B}_0 \times \left(\nabla \times \frac{\boldsymbol{B}_0}{B_0^2}\right) = -\frac{\mu_0 \nabla p_0}{B_0^2} + \frac{2\mu_0}{B_0^2}\nabla p_0 - \boldsymbol{B}_0 \times \left\{ \frac{1}{B_0^4} \nabla(2\mu_0 p_0 + B_0^2) \times \boldsymbol{B}_0 \right\}$$

$$= \frac{\mu_0 \nabla p_0}{B_0^2} - 2\boldsymbol{\kappa} \qquad (4.2\text{B}.18)$$

其中

$$\boldsymbol{\kappa} = \frac{1}{B_0^4}\left\{ \boldsymbol{B}_0 \times (\boldsymbol{B}_0 \cdot \nabla)\boldsymbol{B}_0 \times \boldsymbol{B}_0 \right\} \qquad (4.2\text{B}.19)$$

对 $\boldsymbol{\kappa}$,利用公式 $(\boldsymbol{a} \cdot \nabla)f\boldsymbol{b} = \boldsymbol{b}(\boldsymbol{a} \cdot \nabla)f + f(\boldsymbol{a} \cdot \nabla)\boldsymbol{b}$ 可得

$$\boldsymbol{\kappa} = \frac{1}{B_0^4}\boldsymbol{B}_0 \times \left\{ (\boldsymbol{B}_0 \cdot \nabla)\boldsymbol{B}_0 \times \boldsymbol{B}_0 \right\} = \frac{1}{B_0^4}\left\{ \boldsymbol{B}_0 \times (\boldsymbol{B}_0 \cdot \nabla)\boldsymbol{B}_0 \right\} \times \boldsymbol{B}_0$$

$$= \frac{1}{B_0^4}\left\{ \boldsymbol{B}_0 \times (\boldsymbol{B}_0 \cdot \nabla)B_0 \boldsymbol{e}_b \right\} \times \boldsymbol{B}_0$$

$$= \frac{1}{B_0^4}\left[\boldsymbol{B}_0 \times \left\{ B_0(\boldsymbol{B}_0 \cdot \nabla)\boldsymbol{e}_b + \boldsymbol{e}_b(\boldsymbol{B}_0 \cdot \nabla)B_0 \right\} \right] \times \boldsymbol{B}_0$$

$$= \left\{ \boldsymbol{e}_b \times (\boldsymbol{e}_b \cdot \nabla)\boldsymbol{e}_b \right\} \times \boldsymbol{e}_b = \left[(\boldsymbol{e}_b \cdot \nabla)\boldsymbol{e}_b \right]_\perp \qquad (4.2\text{B}.20)$$

如图 4.2B.2 所示,上式表示 $(\boldsymbol{e}_b \cdot \nabla)\boldsymbol{e}_b$ 的垂直分量。$\boldsymbol{\kappa}$ 可以表示为

$$\boldsymbol{\kappa} = -\frac{\boldsymbol{n}_\kappa}{R} \tag{4.2B.21}$$

即磁力线的曲率矢量[2]。其中 R 为曲率半径，$\boldsymbol{n}_\kappa$ 为从曲率中心指向磁力线的单位矢量。

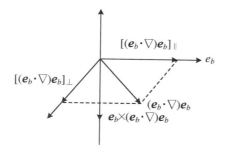

图 4.2B.2　磁力线的曲率矢量

利用公式(4.2B.18)，公式(4.2B.13)可改写为

$$(\nabla \cdot \boldsymbol{\xi}_\perp) = \frac{\mu_0}{B_0^2}(\boldsymbol{\xi} \cdot \nabla p_0) - 2(\boldsymbol{\xi} \cdot \boldsymbol{\kappa}) - \frac{B_{1\parallel}}{B_0} \tag{4.2B.22}$$

从而，由 I_{11}、I_{12}、I_{13} 以及 $\boldsymbol{\xi}_\perp \cdot \nabla p_0 = \boldsymbol{\xi} \cdot \nabla p_0$ 可知，公式(4.2B.9)可以改写为

$$
\begin{aligned}
I_1 &= -\frac{\boldsymbol{j}_0 \cdot \boldsymbol{B}_0}{B_0^2}(\boldsymbol{\xi}_\perp \times \boldsymbol{B}_0) \cdot \boldsymbol{B}_1 - \frac{B_{1\parallel}}{B_0}\boldsymbol{\xi}_\perp \cdot \nabla p_0 + \frac{\xi_\parallel}{B_0}(\nabla p_0 \cdot \boldsymbol{B}_1) \\
&\quad + (\boldsymbol{\xi} \cdot \nabla p_0)(\nabla \cdot \boldsymbol{\xi}_\parallel) + (\boldsymbol{\xi} \cdot \nabla p_0)\left\{\frac{\mu_0}{B_0^2}(\boldsymbol{\xi} \cdot \nabla p_0) - 2(\boldsymbol{\xi} \cdot \boldsymbol{\kappa}) - \frac{B_{1\parallel}}{B_0}\right\} \\
&= \mu_0 \frac{(\boldsymbol{\xi} \cdot \nabla p_0)^2}{B_0^2} - 2\frac{B_{1\parallel}}{B_0}(\boldsymbol{\xi} \cdot \nabla p_0) - \frac{\boldsymbol{j}_0 \cdot \boldsymbol{B}_0}{B_0^2}(\boldsymbol{\xi}_\perp \times \boldsymbol{B}_0) \cdot \boldsymbol{B}_1 \\
&\quad - 2(\boldsymbol{\xi} \cdot \nabla p_0)(\boldsymbol{\xi} \cdot \boldsymbol{\kappa}) + (\boldsymbol{\xi} \cdot \nabla p_0)(\nabla \cdot \boldsymbol{\xi}_\parallel) + \frac{\xi_\parallel}{B_0}(\nabla p_0 \cdot \boldsymbol{B}_1) \tag{4.2B.23}
\end{aligned}
$$

接下来，将公式(4.2B.23)右边第5项和第6项记为 I_{156}，则有

$$I_{156} \equiv (\boldsymbol{\xi} \cdot \nabla p_0)(\nabla \cdot \boldsymbol{\xi}_\parallel) + \frac{\xi_\parallel}{B_0}(\nabla p_0 \cdot \boldsymbol{B}_1) \tag{4.2B.24}$$

对上式进行如下推导。首先，利用公式 $\nabla \cdot (f\boldsymbol{a}) = f(\nabla \cdot \boldsymbol{a}) + (\nabla f) \cdot \boldsymbol{a}$ 可得

$$(\nabla \cdot \boldsymbol{\xi}_\parallel) = \nabla \cdot \left(\xi_\parallel \frac{\boldsymbol{B}_0}{B_0}\right) = \boldsymbol{B}_0 \cdot \nabla\left(\frac{\xi_\parallel}{B_0}\right) + \frac{\xi_\parallel}{B_0}\nabla \cdot \boldsymbol{B}_0 = \boldsymbol{B}_0 \cdot \nabla\left(\frac{\xi_\parallel}{B_0}\right) \tag{4.2B.25}$$

利用公式 $\nabla \cdot (\boldsymbol{a} \times \boldsymbol{b}) = \boldsymbol{b} \cdot (\nabla \times \boldsymbol{a}) - \boldsymbol{a} \cdot (\nabla \times \boldsymbol{b})$ 以及公式 $\boldsymbol{a} \times (\boldsymbol{b} \times \boldsymbol{c}) = (\boldsymbol{a} \cdot \boldsymbol{c})\boldsymbol{b} - (\boldsymbol{a} \cdot \boldsymbol{b})\boldsymbol{c}$ 可得

$$\frac{\xi_{\parallel}}{B_0}(\nabla p_0 \cdot \boldsymbol{B}_1) = \frac{\xi_{\parallel}}{B_0}\nabla p_0 \cdot \{\nabla \times (\boldsymbol{\xi} \times \boldsymbol{B}_0)\} = \frac{\xi_{\parallel}}{B_0}\nabla \cdot \{(\boldsymbol{\xi} \times \boldsymbol{B}_0) \times \nabla p_0\}$$

$$= \frac{\xi_{\parallel}}{B_0}\nabla \cdot \{-(\nabla p_0 \cdot \boldsymbol{B}_0)\boldsymbol{\xi} + (\nabla p_0 \cdot \boldsymbol{\xi})\boldsymbol{B}_0\}$$

$$= \frac{\xi_{\parallel}}{B_0}\nabla \cdot \{(\boldsymbol{\xi} \cdot \nabla p_0)\boldsymbol{B}_0\} \tag{4.2B.26}$$

从而,利用公式(4.2B.25)、(4.2B.26)以及公式$\nabla \cdot (f\boldsymbol{a}) = f(\nabla \cdot \boldsymbol{a}) + (\nabla f) \cdot \boldsymbol{a}$,公式(4.2B.24)可改写为

$$I_{156} \equiv (\boldsymbol{\xi} \cdot \nabla p_0)\boldsymbol{B}_0 \cdot \nabla\left(\frac{\xi_{\parallel}}{B_0}\right) + \frac{\xi_{\parallel}}{B_0}\nabla \cdot \{(\boldsymbol{\xi} \cdot \nabla p_0)\boldsymbol{B}_0\} = \nabla \cdot \left\{\frac{\xi_{\parallel}}{B_0}(\boldsymbol{\xi} \cdot \nabla p_0)\boldsymbol{B}_0\right\} \tag{4.2B.27}$$

利用公式$\int \nabla \cdot \boldsymbol{a}\,\mathrm{d}\boldsymbol{r} = \int \boldsymbol{a} \cdot \mathrm{d}\boldsymbol{S}$以及$\mathrm{d}\boldsymbol{S} = \boldsymbol{n}\,\mathrm{d}S$,由于$\boldsymbol{B}_0 \cdot \boldsymbol{n} = 0$,故公式(4.2B.27)的体积分为

$$\frac{1}{2}\int I_{156}\,\mathrm{d}\boldsymbol{r} = 0 \tag{4.2B.28}$$

由此,结合公式(4.2B.7)、(4.2B.23)、(4.2B.28)可知,W_{p}为

$$W_{\mathrm{p}} = \frac{1}{2}\int \mathrm{d}\boldsymbol{r}\left\{\mu_0 \frac{(\boldsymbol{\xi} \cdot \nabla p_0)^2}{B_0^2} - 2\frac{B_{1\parallel}}{B_0}(\boldsymbol{\xi} \cdot \nabla p_0) - -\frac{\boldsymbol{j}_0 \cdot \boldsymbol{B}_0}{B_0^2}(\boldsymbol{\xi}_\perp \times \boldsymbol{B}_0) \cdot \boldsymbol{B}_1\right.$$

$$\left. + \gamma p_0(\nabla \cdot \boldsymbol{\xi})^2 + \frac{1}{\mu_0}(|\boldsymbol{B}_{1\perp}|^2 + |\boldsymbol{B}_{1\parallel}|^2) - 2(\boldsymbol{\xi} \cdot \nabla p_0)(\boldsymbol{\xi} \cdot \boldsymbol{\kappa})\right\}$$

$$= \frac{1}{2}\int \mathrm{d}\boldsymbol{r}\left\{\frac{1}{\mu_0}|\boldsymbol{B}_{1\perp}|^2 + \mu_0\left|\frac{B_{1\parallel}}{\mu_0} - \frac{B_0}{B_0^2}(\boldsymbol{\xi} \cdot \nabla p_0)\right|^2 + \gamma p_0(\nabla \cdot \boldsymbol{\xi})^2\right.$$

$$\left. - \frac{\boldsymbol{j}_0 \cdot \boldsymbol{B}_0}{B_0^2}(\boldsymbol{\xi}_\perp \times \boldsymbol{B}_0) \cdot \boldsymbol{B}_1 - 2(\boldsymbol{\xi} \cdot \nabla p_0)(\boldsymbol{\xi} \cdot \boldsymbol{\kappa})\right\} \tag{4.2B.29}$$

参 考 文 献

［1］ 内田岱二郎,井上信幸,核融合とプラズマの制御下,东京大学出版会 (1982).

［2］ 宫本健郎,プラズマ物理・核融合,东京大学出版会 (2004).

［3］ 宫本健郎,核融合のためのプラズマ物理,岩波书店 (1976).

［4］ I. B. Bernstein, E. A. Frieman, M. D. Kruskal and R. M. Kulsrud, Proc. Roy. Soc., A244, 17

（1958）.

［5］ B. B. Kadomtsev, Rev. Plasma Phys. 2，153（ed. by M. A. Leontovich）Consultant Bureau，New York（1966）.

［6］ 中野義映，プラズマ工学，コロナ社（1970）.

［7］ T. Ozeki, Japan Atomic Energy Research Institute，JAERI-M 93-184（1993）.

［8］ 宮本健郎，プラズマ物理の基礎，朝仓书店（2014）.

［9］ D. Lortz，Nucl. Fusion，15，49（1975）.

［10］ J. P. Freidberg, Ideal Magnetohydrodynamics, Plenum Press, New York and London，（1987）.

［11］ M. Furukawa and S. Tokuda, J. Plasma Fusion Res. SERIES, Vol. 6，210-213（2004）.

［12］ P. B. Snyder et al.，Phys. Plasmas，9，2037（2002）.

［13］ 水口直紀，小関隆久，J. Plasma Fusion Res.，Vol. 82，No. 9，590-596（2006）.

［14］ 関口忠，一丸節夫，プラズマ物性工学，オーム社（Ohmsha）（1969）.

［15］ P. H. Rutherford，Phys. Fluids，Vol. 16，No. 11，1903-1908（1973）.

［16］ K. Yoshioka, S. Kinoshita, T. Kobayashi,Nucl. Fusion，24，565-572（1984）.

［17］ 吉岡健，核融合研究，第 58 卷第 2 期，87-104（1987）.

［18］ 小関隆久，諌山明彦，プラズマ・核融合学会誌，第 77 卷第 5 期，409-419（2001）.

［19］ 松永剛，古川勝，J. Plasma Fusion Res.，Vol. 88，No. 11，660-662（2012）.

［20］ A. Hasegawa and K. Mima，Phys. Fluids，21，87（1978）.

［21］ W. W. Lee, Phys. Fluids, 26, 556（1983）. W. W. Lee, J. Comput. Physics, 72, 243（1987）.

［22］ R. W. Hockney and J. W. Eastwood, Computer Simulation Using Particles, Mc-Graw-Hill, New York（1981）.

［23］ 洲鎌英雄，矢木雅敏，プラズマ・核融合学会誌，第 76 卷第 10 期，1007-1018（2000）.

［24］ 伊藤早苗，稲垣滋，藤澤彰英，伊藤公孝，J. Plasma Fusion Res.，Vol. 90，No. 12，793-820（2014）.

［25］ N. Miyato, J. Q. Li and Y. Kishimoto，Nucl. Fusion，45，425-430（2005）.

［26］ D. Pfirsch and H. Tasso, Nuclear Fusion 11，259-260（1971）.

［27］ 武智学，松永剛，白石淳也，等，J. Plasma Fusion Res.，Vol. 85，No. 4，147-162（2009）.

［28］ J. Shiraishi and S. Tokuda, Nuclear Fusion 51, 053006（2011）.

［29］ N. Aiba, J. Shiraishi and S. Tokuda, Physics of Plasmas 18, 022503（2011）.

［30］ 武智学，J. Plasma Fusion Res.，Vol. 88，No. 3，162-167（2012）.

［31］ A. Bondeson and D. J. Ward, Phys. Rev. Lett.，72，2709（1994）.

［32］ ITER Physics Expert Groups on confinement and transport and confinement modelling and database，Nuclear Fusion，39，2175（1999）.

［33］ C. M. Bishop, Plasma Phys. Control. Fusion，31，1179（1989）.

［34］ L. Marrelli, Proc. 22nd Fusion Energy Conference，EX/P9-8（2008）.

［35］ 福山淳，小関隆久，プラズマ・核融合学会誌，第 75 巻第 5 期，537-547（1999）.

［36］ 福山淳，J. Plasma Fusion Res. Vol. 83，No. 11，866-872（2007）.

［37］ R. Cross，An Introduction to Alfvén waves，IOP Publishing Ltd.，（1988）.

［38］ 若谷誠宏，プラズマ・核融合学会誌，第 75 巻第 5 期，518-524（1999）.

［39］ W. W. Heidbrink，Phys. Plasmas，15，055501（2008）.

［40］ 篠原孝司，長壁正樹，J. Plasma Fusion Res.，Vol. 88，No. 11，666-668（2012）.

［41］ L. Chen，R. B. White and M. N. Rosenbluth，Phys. Rev. Lett.，52，1122（1984）.

［42］ B. Coppi and F. Porcelli，Phys. Rev. Lett.，57，2272（1986）.

［43］ 政宗貞男，八木康之，プラズマ・核融合学会誌，第 76 巻第 12 期，1217-1226（2000）.

第 5 章

等离子体输运与约束

要确定等离子体和反应堆的性能,密切掌握等离子体中粒子与能量的动向必不可少。等离子体输运是指等离子体中的粒子与热量在等离子体内横跨磁面穿行的现象。在本章中,将介绍与等离子体的输运和约束相关的内容,同时也将介绍由于等离子体的输运和约束而导致的对于反应堆的运行范围的限制。

5.1 约束时间

等离子体的输运和约束对于核聚变反应的稳定自持而言十分重要。求解等离子体粒子的输运需要用到连续性方程。记粒子的扩散系数为 D,则粒子通量可以表示为 $\boldsymbol{\Gamma} = n\boldsymbol{u} = -D\,\nabla n$,从而连续性方程(3.3.23)演变为扩散方程:

$$\frac{\partial n}{\partial t} = \nabla \cdot (D\,\nabla n) \tag{5.1.1}$$

利用粒子约束时间 τ_p 可得

$$n(\boldsymbol{r}, t) = n(\boldsymbol{r})\exp(-t/\tau_p) \tag{5.1.2}$$

从而有

$$\frac{\partial n}{\partial t} = -\frac{n}{\tau_p} \tag{5.1.3}$$

以环形等离子体为例,考虑在大环径比近似下的圆柱形等离子体。采用柱坐标,并认为 D 是常数,而等离子体密度在极角方向满足各向同性,则有

$$\frac{1}{r}\frac{\partial}{\partial r}\left(r\frac{\partial n}{\partial r}\right) + \frac{n}{D\tau_p} = 0 \tag{5.1.4}$$

记 $r=0$ 的密度为 n_0,利用 0 次的贝塞尔函数 J_0 可知,公式(5.1.4)的解为

$$n(r) = n_0 J_0\left[\sqrt{\frac{1}{D\tau_p}}r\right] \tag{5.1.5}$$

当 $r=0$ 时,$J_0(0)=0$,从而有 $n(0)=n_0$。记等离子体的小半径为 a,为了满足 $n(a)=0$ 的边界条件,需要 0 次的贝塞尔函数满足 $J_0(x)=0$,此时 $x=2.41$。也即,粒子约束时间满足

$$\tau_p = \frac{a^2}{2.41^2 D} \tag{5.1.6}$$

由此可得,公式(5.1.1)的解为

$$n(r) = n_0 J_0\left(\frac{2.41}{a}r\right)\exp\left(-\frac{t}{\tau_p}\right) \tag{5.1.7}$$

粒子约束时间与粒子扩散系数之间的关系由公式(5.1.6)给出。

由公式(3.3.16)以及公式(3.3.33)所示的能量守恒方程,在忽略动能、对流以及电场的情况下可得

$$\frac{\partial}{\partial t}\left(\frac{3}{2}nk_B T\right) - \nabla \cdot (\kappa_c \nabla T) = 0 \tag{5.1.8}$$

当 n 为常数时有

$$\frac{3}{2}\frac{\partial T}{\partial t} - \nabla \cdot \left\{\frac{\kappa_c}{k_B n}\nabla T\right\} = 0 \tag{5.1.9}$$

在这里,将热扩散系数 χ_T 表示为 $\chi_T = \kappa_c / k_B n$,并令 χ_T 为常数可得

$$\frac{1}{r}\frac{\partial}{\partial r}\left(r\frac{\partial T}{\partial r}\right) + \frac{T}{2/3\chi_T\tau_e} = 0 \tag{5.1.10}$$

重复公式(5.1.4)的计算过程可得

$$T = T_0 J_0\left(\frac{2.41}{a}r\right)\exp\left(-\frac{t}{\tau_e}\right) \tag{5.1.11}$$

$$\tau_e = \frac{a^2}{2.41^2(2/3)\chi_T} \tag{5.1.12}$$

τ_e 就是能量约束时间,其与热扩散系数之间的关系如公式(5.1.12)所示[1]。温度 T 的单位可以用 K 或者 eV 来表示。将单位从 K 变为 eV,只需将 T 替换为 $(k/k_B)T$ 即可,因此公式(5.1.9)不管在哪种单位下其形式均保持不变。

5.2 等离子体输运

5.2.1 碰撞引起的扩散

考虑由电子与离子之间的 2 体碰撞引起的等离子体扩散。当电子与离子之间的碰撞频率很大,而平均自由程小于环内侧的好曲率区域与环外侧的坏曲率区域之间的连线距离时,有

$$\frac{v_t}{\nu_{ei}} < \frac{2\pi R}{\iota} \tag{5.2.1}$$

即 $\nu_{ei} > \nu_p$ 时等离子体的扩散可以按照磁流体进行处理。其中,$v_t = (T_e/m)^{1/2}$ 为电子的热速度,ν_{ei} 为电子与离子之间的碰撞频率,ι 为如公式(4.2.53)所示的回旋变换角,同时有

$$\nu_p = \frac{1}{R}\frac{\iota}{2\pi}v_t \tag{5.2.2}$$

利用关联长度(correlation length)Δx 与关联时间 $\Delta\tau$,扩散系数可以表示为 $D = (\Delta x)^2/\Delta\tau$。

对于由电子与离子之间的 2 体碰撞引起的等离子体扩散,由于电子绑定在磁力线上做拉莫回旋运动,因此由碰撞产生的移动被限制在拉莫半径以内,从而扩散系数为

$$D_{ei} = \rho_e^2 \nu_{ei} \tag{5.2.3}$$

其中,$\rho_e = v_t / \omega_{ce}$ 为电子的拉莫半径,ω_{ce} 为回旋角频率。上式也被称为经典扩散系数(classical diffusion coefficient)。

环形等离子体中存在回旋变换,当电子由于碰撞而运动 $(2\pi/\iota)\rho_e$ 后就会移动到其他的漂移面上,若令 $|2\pi/\iota| \gg 1$,则扩散系数变为如下式所示,该式称为 Pfirsch-Schlüter 扩散系数(Pfirsch-Schlüter diffusion coefficient)。

$$D_{PS} = \left(\frac{2\pi}{\iota}\right)^2 \rho_e^2 \nu_{ei} \tag{5.2.4}$$

接下来,考虑碰撞频率很小的情况。由公式(9.3.5)可知,环形等离子体中的环向磁场为 $B_t = B_0(1 - \varepsilon \cos\theta)$,式中 $\varepsilon = r/R_0$。捕获电子要形成香蕉轨道(参考 10.2.2 小节),则其有效碰撞时间 $\tau_{eff} = 1/\nu_{eff}$ 必须大于绕香蕉轨道 1 周的时间 τ_b,即必须满足 $\nu_{eff} < 1/\tau_b$。利用 $\nu_{eff} = \nu_{ei}/\varepsilon$ 可得,$\nu_{ei} < \varepsilon/\tau_b \equiv \nu_b$。再由 $\tau_b = R(2\pi/\iota)/(v_t \varepsilon^{1/2})$ 可知,$\nu_b = \varepsilon^{3/2} \nu_p$。捕获电子由于碰撞而产生的移动距离只有香蕉轨道的宽度 $\Delta x_b = (2\pi/\iota)\rho_e \varepsilon^{-1/2}$。由于捕获电子只占全部电子的 $\varepsilon^{1/2}$,因此由捕获电子引起的扩散系数为[2~4]

$$D_{GS} = \varepsilon^{1/2}(\Delta x_b)^2 \nu_{eff} = \varepsilon^{-3/2}\left(\frac{2\pi}{\iota}\right)^2 \rho_e^2 \nu_{ei} \tag{5.2.5}$$

D_{GS} 称为 Galeev-Sagdeev 扩散系数(Galeev-Sagdeev diffusion coefficient)。

当 $\nu_b < \nu_{ei} < \nu_p$ 时,扩散系数变为[4,5]:

$$D_p = \left(\frac{2\pi}{\iota}\right)^2 \rho_e^2 \nu_p \tag{5.2.6}$$

由以上的结果可知,根据碰撞频率大小,扩散系数 D 有不同的取值。当 $\nu_{ei} < \nu_b$ 时(称为香蕉区域或无碰撞区域),$D = D_{GS}$;当 $\nu_b < \nu_{ei} < \nu_p$ 时(称为中间区域或平台区域),$D = D_P$;当 $\nu_{ei} > \nu_p$ 时(称为碰撞区域或 MHD 区域),$D = D_{PS}$。将这种扩散称为新经典扩散(neoclassical diffusion)。

5.2.2　湍流引起的扩散

上一节描述的扩散只是由电子与离子之间的 2 体碰撞而导致的扩散,而磁约束等离

子体实验表明,等离子体中还存在各种各样的不稳定状态。当密度和电场等物理量处于这样的湍流状态(也称为波动、扰动或紊乱状态)时,观测到的等离子体输运量远超由碰撞引起的扩散而产生的输运量。相对于经典扩散或新经典扩散描述的输运,这样的等离子体输运称为反常输运。

1. Bohm 扩散

将等离子体划分为随时间缓慢变化的平均量与快速变化的扰动量,则密度可以表示为

$$n(\boldsymbol{r},t) = n_0(\boldsymbol{r},t) + n_1(\boldsymbol{r},t) \tag{5.2.7}$$

令速度和电场只包含快速变化的扰动量,即

$$\boldsymbol{V}(\boldsymbol{r},t) = \boldsymbol{V}_1(\boldsymbol{r},t), \quad \boldsymbol{E}(\boldsymbol{r},t) = \boldsymbol{E}_1(\boldsymbol{r},t) \tag{5.2.8}$$

将上述各式代入如公式(3.3.23)所示的粒子数守恒方程可得

$$\frac{\partial n_0}{\partial t} + \frac{\partial n_1}{\partial t} + \nabla \cdot (n_0 \boldsymbol{V}_1 + n_1 \boldsymbol{V}_1) = 0 \tag{5.2.9}$$

式中,与公式(3.4.3)一样,密度和速度的扰动量可以表示为

$$n_1(\boldsymbol{r},t) = \frac{1}{2\pi} \int_{-\infty}^{+\infty} n(\boldsymbol{k}) \exp\{i(\boldsymbol{k} \cdot \boldsymbol{r} - \omega(\boldsymbol{k})t)\} d\boldsymbol{k} \tag{5.2.10}$$

$$\boldsymbol{V}_1(\boldsymbol{r},t) = \frac{1}{2\pi} \int_{-\infty}^{+\infty} \boldsymbol{V}(\boldsymbol{k}) \exp\{i(\boldsymbol{k} \cdot \boldsymbol{r} - \omega(\boldsymbol{k})t)\} d\boldsymbol{k} \tag{5.2.11}$$

类似准线性理论(参考3.7节)中所展示的过程,将公式(5.2.9)划分为缓慢变化的部分与快速变化的部分,并对其进行平均操作⟨ ⟩,可得

$$\frac{\partial n_0}{\partial t} + \nabla \cdot \langle n_1 \boldsymbol{V}_1 \rangle = 0 \tag{5.2.12}$$

公式(5.2.12)左边的第 2 项可以按照公式(3.7.12)同样的方法进行计算,从而公式(5.2.12)可改写为

$$\frac{\partial n_0}{\partial t} + \nabla \cdot \left[\int_{-\infty}^{+\infty} n(\boldsymbol{k}) \boldsymbol{V}(-\boldsymbol{k}) \exp\{2\omega_i(\boldsymbol{k})t\} d\boldsymbol{k} \right] = 0 \tag{5.2.13}$$

由公式(5.1.1)、(5.2.13)可得

$$\boldsymbol{\Gamma} = -D \nabla n_0 = \langle n_1 \boldsymbol{V}_1 \rangle = \int_{-\infty}^{+\infty} n(\boldsymbol{k}) \boldsymbol{V}(-\boldsymbol{k}) \exp\{2\omega_i(\boldsymbol{k})t\} d\boldsymbol{k} \tag{5.2.14}$$

用公式(5.2.9)减去公式(5.2.12)可得

$$\frac{\partial n_1}{\partial t} + \nabla \cdot (n_0 \boldsymbol{V}_1) + \nabla \cdot (n_1 \boldsymbol{V}_1 - \langle n_1 \boldsymbol{V}_1 \rangle) = 0 \qquad (5.2.15)$$

公式(5.2.15)左边第3项是2次项,按照推导公式(3.7.5)的方法,可以认为该项很小从而近似将其忽略,对剩下的各项进行傅里叶变换可得

$$- \mathrm{i}\omega(\boldsymbol{k}) n(\boldsymbol{k}) + \nabla \cdot \{n_0 \boldsymbol{V}(\boldsymbol{k})\} = 0 \qquad (5.2.16)$$

考虑电场可以用静电近似进行表示的情况,利用电势 $\phi(\boldsymbol{r}, t)$,有

$$\boldsymbol{E}_1(\boldsymbol{r}, t) = - \nabla \phi(\boldsymbol{r}, t) = \frac{- \mathrm{i}\boldsymbol{k}}{2\pi} \int_{-\infty}^{+\infty} \phi(\boldsymbol{k}) \exp\{\mathrm{i}(\boldsymbol{k} \cdot \boldsymbol{r} - \omega(\boldsymbol{k}) t)\} \mathrm{d}\boldsymbol{k} \quad (5.2.17)$$

由于电场的作用,会产生 $\boldsymbol{E}_1 \times \boldsymbol{B}_0$ 漂移运动,即

$$\boldsymbol{V}(\boldsymbol{k}) = \frac{\boldsymbol{E}(\boldsymbol{k}) \times \boldsymbol{B}_0}{B_0^2} = \frac{\mathrm{i}\boldsymbol{k} \times \boldsymbol{e}_z}{B_0} \phi(\boldsymbol{k}) \qquad (5.2.18)$$

其中,$\boldsymbol{e}_z = \boldsymbol{B}_0 / B_0$。以 $\boldsymbol{e}_z$ 方向为 z 轴,密度梯度的方向为 x 轴建立坐标系,如图5.2.1所示。利用密度梯度的特征长度 L_n 可得,$\nabla n_0 = -(n_0/L_n)\boldsymbol{e}_x$。由此,可以求解公式(5.2.14)中 $\boldsymbol{\Gamma}$ 的 x 分量。首先,由公式(5.2.18)可得

$$V_x(\boldsymbol{k}) = - \mathrm{i}k_y \frac{\phi(\boldsymbol{k})}{B_0} = - \mathrm{i}k_y \frac{T_e}{eB_0} \frac{e\phi(\boldsymbol{k})}{T_e} \qquad (5.2.19)$$

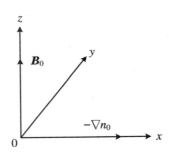

图 5.2.1 解析模型的坐标系

再由公式(5.2.16)可得

$$n(\boldsymbol{k}) = \frac{1}{\omega(\boldsymbol{k})} \nabla \cdot \left\{n_0 \frac{-\boldsymbol{k} \times \boldsymbol{e}_z}{B_0} \phi(\boldsymbol{k})\right\} = \frac{1}{\omega(\boldsymbol{k})} \frac{n_0}{L_n} \frac{k_y}{B_0} \phi(\boldsymbol{k}) \qquad (5.2.20)$$

即

核聚变科学出版工程

核聚变堆设计

$$\frac{n(\boldsymbol{k})}{n_0} = \frac{k_y}{\omega(\boldsymbol{k})L_n}\frac{T_e}{eB_0}\frac{e\phi(\boldsymbol{k})}{T_e} = \frac{\omega_k^*}{\omega(\boldsymbol{k})}\frac{e\phi(\boldsymbol{k})}{T_e} \tag{5.2.21}$$

其中,$\omega_k^* = k_y T_e / L_n eB_0$ 是如公式(4.8.2)所示的漂移角频率。将公式(5.2.21)代入公式(5.2.19)可得

$$V_x(\boldsymbol{k}) = -\mathrm{i}k_y\frac{n(\boldsymbol{k})}{n_0}\frac{\omega_r(\boldsymbol{k}) + \mathrm{i}\omega_i(\boldsymbol{k})}{\omega_k^*}\frac{T_e}{eB_0} \tag{5.2.22}$$

对于公式(5.2.14),利用与公式(3.7.15)相同的关系可得

$$\Gamma_x = D\frac{n_0}{L_n} = \int_{-\infty}^{+\infty}\frac{k_y\omega_i(\boldsymbol{k})}{\omega_k^*}\frac{T_e}{eB_0}\frac{|n(\boldsymbol{k})|^2}{n_0}\exp\{2\omega_i(\boldsymbol{k})t\}\mathrm{d}\boldsymbol{k} \tag{5.2.23}$$

从而,扩散系数为

$$D = \int_{-\infty}^{+\infty}\frac{k_y\omega_i(\boldsymbol{k})L_n}{\omega_k^*}\frac{|n(\boldsymbol{k})|^2}{n_0^2}\exp\{2\omega_i(\boldsymbol{k})t\}\mathrm{d}\boldsymbol{k}\frac{T_e}{eB} \tag{5.2.24}$$

若假设公式(5.2.24)的积分值在 1/16 便达到饱和,则可得 Bohm 扩散系数为

$$D_B = \frac{1}{16}\frac{T_e}{eB} \tag{5.2.25}$$

2. gyro-Bohm 扩散

安全因子与(m,n)模式下有理面的位置之间的关系如图 5.2.2 所示。记(m,n)模式下有理面的径向坐标为r_m,则相邻的有理面r_m与r_{m+1}之间的径向间隔为$\Delta r_m = |r_{m+1} - r_m|$。记剪切参量为$s = r(\mathrm{d}q/\mathrm{d}r)/q \equiv rq'/q$,又由图 5.2.2 可得

$$q'\Delta r_m = q(m+1) - q(m) = (m+1)/n - m/n = 1/n \tag{5.2.26}$$

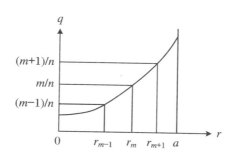

图 5.2.2 安全因子与有理面的位置

由上可知,有理面在径向的间隔为

$$\Delta r_m = \frac{1}{nq'} = \frac{m/n}{rq'} \frac{r}{m} = \frac{1}{sk_\theta} \tag{5.2.27}$$

其中,k_θ 为极向波数。

考虑由 ITG 模驱动的输运。当 ITG 模的宽度 Δr 大于径向间隔 $\Delta r_m (\Delta r > \Delta r_m)$ 时,相邻的模式就会互相重叠,从而在环形效应的作用下而产生模结合。这种情况下,扩散系数是 Bohm 型扩散系数,即

$$D \propto T_i/(eB) \tag{5.2.28}$$

此时,由于相邻的模式之间互相重叠,因此扩散系数会增大,换言之,相应的输运也会增大。

当 ITG 模的宽度小于径向间隔 $\Delta r_m (\Delta r < \Delta r_m)$ 时,扩散系数为[2,6]

$$D \propto \frac{T_i}{eB} \frac{\rho_i}{L_p} \tag{5.2.29}$$

其中,ρ_i 为离子的拉莫半径,L_p 为压力梯度的特征长度。该扩散是以拉莫半径为特征尺度的微观扩散,由短波长的不稳定性主导。将该扩散系数称为 gyro-Bohm 扩散系数。这种扩散是在公式(5.2.27)中弱剪切的区域内,即 Δr_m 很大的情况下发生的扩散,其扩散系数较小,换言之,相应的输运也较小。

3. 能量约束

像推导公式(5.1.8)时那样,在可以忽略动能、对流以及电场的情况下,若只考虑等离子体的加热功率 P_h,则由公式(3.3.33)可得,能量守恒方程为

$$\frac{\partial}{\partial t}\left(\frac{3}{2}p\right) + \nabla \cdot \boldsymbol{Q} = P_h \tag{5.2.30}$$

$$\boldsymbol{Q} = n\left\langle \frac{1}{2}mw^2 \boldsymbol{w} \right\rangle_v = -k_B \chi_T n \nabla T \tag{5.2.31}$$

其中,为了与公式(5.2.13)中所采用的平均进行区别,这里将速度平均用$\langle\ \rangle_v$来表示。

同样的,需要将方程中各项划分为缓慢变化的部分与快速变化的部分,并对划分后的式子进行平均$\langle\ \rangle$。将压力 p 划分为缓慢变化的部分 p_0 与快速变化的部分 p_1,即令 $p = p_0 + p_1$。对公式(5.2.30)进行平均$\langle\ \rangle$,并用公式(5.2.30)减去平均后的式子可得

$$\frac{3}{2}\frac{\partial p_0}{\partial t} + \nabla \cdot \langle \boldsymbol{Q} \rangle = P_h \tag{5.2.32}$$

$$\frac{3}{2}\frac{\partial p_1}{\partial t} + \nabla \cdot (\boldsymbol{Q} - \langle \boldsymbol{Q} \rangle) = 0 \tag{5.2.33}$$

由公式(3.3.10)可知,p 中缓慢变化的平均部分为

$$\langle p \rangle = p_0 = k_B \langle nT \rangle \tag{5.2.34}$$

同样的,$\boldsymbol{Q}$ 中缓慢变化的平均部分为

$$\langle \boldsymbol{Q} \rangle = \boldsymbol{Q}_0 = - k_B \chi_T \langle n \nabla T \rangle \tag{5.2.35}$$

上述公式(5.2.32)和公式(5.2.33)对应于与粒子约束有关的公式(5.2.12)和公式(5.2.15)。现在,利用高度的理论解析与数值模拟等方法对扩散过程进行的研究正在开展中[7]。

5.3 约束定标律

1. 能量约束时间的参数依赖性

在实验上,以全球的等离子体实验装置所得的数据为基础,可以求得能量约束时间的定标律。利用加热功率 P_h 可以求得,定常状态下的能量约束时间为[1]

$$\tau_E = (3/2) \int (n_e k T_e + n_i k T_i) \mathrm{d}V / P_h \tag{5.3.1}$$

为简单起见,令 $n_e = n_i = n$,$T_e = T_i = T$,若认为密度和温度是平均量,则有 $T \propto P_h \tau_E / n$。当能量约束时间为 Bohm 型 τ_E^B 时,由公式(5.1.6)、(5.2.25)可得,能量约束时间与温度 T 和磁场 B 满足

$$\tau_E^B \propto B/T \tag{5.3.2}$$

当能量约束时间为 gyro-Bohm 型 τ_E^{gB} 时,由公式(5.2.29),并利用压力梯度的特征长度 L_p 以及拉莫半径 $\rho = v_t / \omega_c \propto T^{1/2} / B$,可得

$$\tau_E^{gB} \propto \frac{B}{T} \frac{L_p}{\rho} \propto \frac{B^2}{T^{3/2}} \tag{5.3.3}$$

为了用容易从外部进行控制的参数来表示能量约束时间,可以利用 $T \propto P_h \tau_E / n$ 消去 T,

从而公式(5.3.2)、(5.3.3)变为

$$\tau_E^B \propto B^{0.5} n^{0.5} P_h^{-0.5} \tag{5.3.4}$$

$$\tau_E^{gB} \propto B^{0.8} n^{0.6} P_h^{-0.6} \tag{5.3.5}$$

可以看出,不管哪种情况,要增大能量约束时间,都必须增大磁场和密度,而减小加热功率[8]。

2. 定标律

首先,在欧姆加热等离子体中就可以获得各种各样的定标律(参考 20.4 节)。而随着加热手段的不断进步,等离子体加热实验也随之展开,利用大量的托卡马克实验数据,可以获得 NBI 加热条件下关于能量约束时间的定标律,即 Kaye-Goldston 定标律[9]。

$$\tau_E = (1/\tau_{OH}^2 + 1/\tau_{aux}^2)^{-1/2} \tag{5.3.6}$$

$$\tau_{aux} = 0.037 \kappa^{0.5} I_p a^{-0.37} R_0^{1.75} P_h^{-0.5} \tag{5.3.7}$$

其中,能量约束时间 τ_E 的单位为秒(s),τ_{OH} 为欧姆加热等离子体中能量约束时间的定标律,κ 为拉长比,I_p 为等离子体电流(MA),a 为小半径(m),R_0 为大半径(m),P_h 为总加热功率(MW)。

而后,在 ASDEX 的实验中发现了等离子体的良约束模式[10],将该模式称为 H 模(high confinement mode)。与此相对,将在此之前的约束性能不佳的模式称为 L 模(low confinement mode)。在 JT-60U、JET、DⅢ-D、PDX 以及 JET-2 等装置上均观测到了 H 模,其约束时间约为 L 模的 2 倍。

图 5.3.1 给出了约束状态下压力分布的模式图。横轴表示径向距离 r,而纵轴表示等离子体压力 p。当等离子体加热功率超过某个阈值(L-H 转变加热阈值)时,在等离子体边缘区域会形成热输运垒,从而发生 L 模向 H 模的转变。在该边缘输运垒(ETB,edge transport barrier)处形成了台基(pedestal)[11,12]。

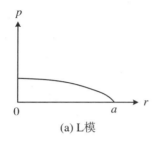
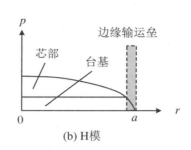

(a) L模   (b) H模

图 5.3.1   压力分布的模式图

一般认为,由于 H 模中等离子体边缘区域的径向电场 E_r 变化剧烈,会诱发剪切流和输运垒的产生,从而抑制湍流并减小热扩散系数,改善约束状态[2,13]。

然而,由于 H 模中边缘输运垒区域的压力梯度变化剧烈,常常导致 MHD 不稳定性的发生,从而引起周期性地(10~100 Hz)释放出热量和粒子的现象[11]。这就是边缘局域模(ELM,edge localized mode)现象(参考 5.4 节)。

作为 L 模下能量约束时间的定标律,ITER89P 定标律是在 ITER CDA(概念设计活动)中利用收集到的各实验装置的数据库而得出的定标律[14]。

$$\tau_E^{\text{ITER89P}} = 0.048 M^{0.5} I_p^{0.85} B_0^{0.2} R_0^{1.2} a^{0.3} \kappa^{0.5} n_{20}^{0.1} P_h^{-0.5} \qquad (5.3.8)$$

其中,τ_E 的单位为秒(s),M 为离子的质量数,I_p 为等离子体电流(MA),B_0 为等离子体中心的环向磁场(T),n_{20} 为线平均密度(10^{20} m^{-3}),P_h 为加热功率(MW)。

从维持等离子体自持的观点出发,存在 ELM 的 H 模(ELMyH 模)无法用于 ITER 的运行。这样的考虑是为了不对等离子体的约束性能造成大的损害,同时避免等离子体内杂质的过量堆积。ELMyH 模的能量约束时间定标律为[15]

$$\tau_{E,\text{th}}^{\text{IPB98}(y)} = 0.0365 M^{0.2} I_p^{0.97} B_0^{0.08} R_0^{1.7} a^{0.23} \kappa^{0.67} n_{19}^{0.41} P_h^{-0.63} \qquad (5.3.9)$$

其中,n_{19} 为线平均密度(10^{19} m^{-3})。图 5.3.2 给出了 ELMyH 模的能量约束时间定标律 $\tau_E^{\text{IPB98}(y)}$ 与实验数据的比较。该定标律使用统计学求解得出,图中以均方根误差 RMSE

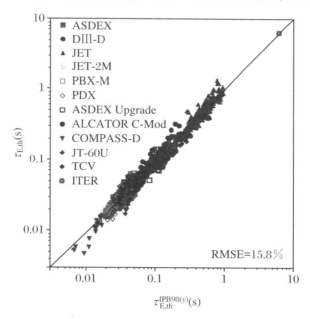

图 5.3.2　ELMyH 模的能量约束时间定标律 $\tau_{E,\text{th}}^{\text{IPB98}(y)}$ 与实验数据的比较[15]

(root mean square error)的形式给出了其不确定性。在对 ITER 进行的设计中考虑了该不确定性。

之后，在公式(5.3.9)的基础上又提出了除去小型装置上的实验数据的定标律：

$$\tau_{E,th}^{IPB98(y,2)} = 0.0562 M^{0.19} I_p^{0.93} B_0^{0.15} R_0^{1.39} a^{0.58} \kappa_a^{0.78} n_{19}^{0.41} P_h^{-0.69} \qquad (5.3.10)$$

其中，κ_a 是使用了极向截面积 S_p 的拉长比，$\kappa_a = S_p / \pi a^2$ [15]。由该定标律可以求得 ITER（$M = 2.5$，$I_p = 15\ \text{MA}$，$B_0 = 5.3\ \text{T}$，$R_0 = 6.2\ \text{m}$，$a = 2\ \text{m}$，$\kappa_a = 1.75$，$n_{19} = 10$，$P_h = 90\ \text{MW}$）的约束时间为 $3.6\ \text{s}$。

将实验所得的约束时间 τ_E 与定标律的比值称为改善度，其定义如下，将各式分别称为 H 因子和 HH 因子，并力求 $H > 1$，$HH > 1$ [16]。

$$H = \tau_E / \tau_E^{ITER89P}, \quad HH = \tau_E / \tau_{E,th}^{IPB98(y,2)} \qquad (5.3.11)$$

3. L-H 转变加热阈值

增大等离子体的加热功率，并将等离子体约束从 L 模向 H 模发生转变时的加热功率阈值作为 L-H 转变加热阈值，其定标律可以如下形式给出 [17,18]：

$$P_{th} = 0.042 n_{20}^{0.73} B_0^{0.74} S^{0.98} \quad (\text{MW}) \qquad (5.3.12)$$

其中，n_{20} 为电子密度（$10^{20}\ \text{m}^{-3}$），S 为等离子体表面积（m^2）。由该定标律可以求得 ITER（$n_{20} = 0.5$，$B_0 = 5.3\ \text{T}$，$R_0 = 6.2\ \text{m}$，$a = 2\ \text{m}$，$\kappa = 1.7$）的 L-H 转变加热阈值功率为 $52\ \text{MW}$。

4. 约束改善模

除了能够降低等离子体边缘输运的 H 模，约束改善模还包括在 DⅢ-D 上发现的径向电场 E_r 能够从等离子体边缘延伸到等离子体芯部的 VH 模 [19] 以及中心约束改善模等。

中心约束改善模如图 5.3.3 所示。中心约束改善模的等离子体电流并不是集中分布在中心，其大致可以分为中心附近电流分布较为平坦的弱磁剪切型和中心电流凹陷从而形成中空分布的负磁剪切型。在弱磁剪切型中心约束改善模中，与电流集中分布在中心的情况相比，安全因子 q 在中心附近较为平坦，且在半径方向单调增加（正磁剪切）；与此相对，在负磁剪切型中心约束改善模中，安全因子先随半径的增加而减小（磁剪切为负），从而形成具有极小值的分布 [20,21]。

在 JT-60U（日本）的高极向比压模 [22]、TFTR（美）的超级炮（super shot）[23] 以及 JET（欧）的最适剪切位形等实验中获得了弱磁剪切型中心约束改善模，而在 TFTR [25]、DⅢ-

D[26]、Tore-supra[27]以及 JT-60[28]等的实验中获得了负磁剪切型中心约束改善模。

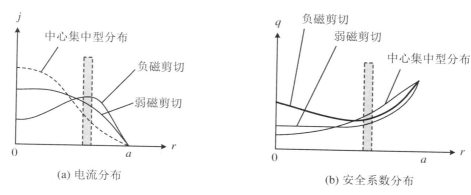

(a) 电流分布　　　　　　　　(b) 安全系数分布

图 5.3.3　中心约束改善模的分布模式图

在中心约束改善模中,如图 5.3.4 所示,等离子体内部形成了热输运垒。将该热输运垒称为内部输运垒(ITB,internal transport barrier)。内部输运垒能够降低等离子体内部的输运,同时会形成压力分布急剧变化的区域。如 5.2.2 小节所示,内部输运垒的内侧是弱剪切区域,因此扩散系数很小,相应的输运也很小,从而有利于约束的改善。在弱磁剪切型中心约束改善模中,压力分布大多接近于电流集中分布在中心的情况;与此相对,在负磁剪切型中心约束改善模中,位于内部输运垒内侧的压力分布大多较为平坦。

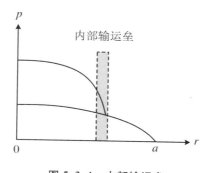

图 5.3.4　内部输运垒

从对加热功率 P_h 的依赖性来看,L 模的公式(5.3.8)接近于 Bohm 型的公式(5.3.4),而公式(5.3.10)则接近于 gyro-Bohm 型的公式(5.3.5),而更进一步的研究正在进行中。

图 5.3.5 中给出了中心约束改善模与 H 模重叠后的约束改善模。该改善模的约束性能有望达到 L 模的 3~4 倍。在 JT-60U 上将高极向比压模与 H 模进行重叠后得到了高极向比压 H 模,并从中获得了世界最高的离子温度 45 keV 以及世界最高的三乘积

1.5×10^{21} m^{-3} · keV · s[12,29]。

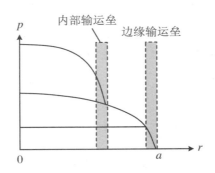

图 5.3.5　中心约束改善模的模式图

如 10.4 节所示,当等离子体压力梯度很大时会产生自举电流(bootstrap current),因此在负磁剪切型中心约束改善模中产生的大压力梯度对于增大自举电流而言十分有效。对示范堆之后的聚变堆而言,进一步提高约束性能与电流驱动的效率将成为重要的研究课题之一,在提升约束性能的同时,降低电流驱动所用的功率是完全可能的[12]。

5.4　边缘局域模

1. 边缘局域模的种类

在 H 模等离子体中,台基形成后,边缘输运垒区域的压力梯度增大,容易引发不稳定性的产生。这种在边缘输运垒区域局部存在的 MHD 不稳定性就是边缘局域模 ELM(edge localized mode)。ELM 现象是指,在边缘输运垒区域形成的不稳定性逐渐增强后,台基构造部分瓦解,热量和粒子从等离子体主体中经由刮削层向偏滤器释放,在释放后台基构造再次形成,而不稳定性继续发生并如此往复的现象。在实验中观测到了各种各样的 ELM,通过对边缘等离子体进行温度分布和密度分布的详细测量以及稳定性解析可以对 ELM 进行分类。该分类如表 5.4.1 所示[11,17,30]。表中的内容简洁地给出了:① 特征,② 相关的 MHD 模式,③ 能量约束性能,以及 ④ 释放的能量。在 JET-2M(日本)上发现的 HRS(high recycling steady)-H 模与 EDA 具有相同的特征[31,32]。

表 5.4.1   ELM 的分类

序号	分 类	内 容
1	Ⅰ类 ELM	① 加热功率超过阈值时就会发生,典型的 ELM;② 剥离气球模或高 n 气球模;③ 好;④ 大
2	Ⅱ类 ELM	① 在高三角度、高拉长比、高安全因子的等离子体中发生;② 接近气球模的第 2 稳定区域时发生;③ 较Ⅰ类 ELM 低约 10%;④ 约为Ⅰ类 ELM 的 10%
3	Ⅲ类 ELM	① 加热功率超过阈值时就会发生,与Ⅰ类 ELM 相反,随加热功率的增加 ELM 的频率反而降低;② 电阻气球模,电阻交换模;③ 较Ⅰ类 ELM 低 10%~30%;④ 约为Ⅰ类 ELM 的 10%
4	Grassy ELM	① 在高三角度、高安全因子、高极向比压时发生;② 剥离气球模;③ 与Ⅰ类 ELM 相同;④ 约为Ⅰ类 ELM 的 10%
5	EDA(enhanced D_α)H 模	① 在高安全因子、高三角度的等离子体中发生,D_α 谱线的辐射增强;② QC(quasi coherent)模;③ 与Ⅰ类 ELM 相同;④ 无能量放出
6	Quiescent H 模(QH)	① 当等离子体与壁之间间隔过大时发生;② 发生机制尚不明了;③ 与Ⅰ类 ELM 相同;④ 无能量放出

2. ELM 释放的能量

图 5.4.1 给出了 H 模等离子体中所储存能量的分布。由于 ELM 的作用,台基区域所储存能量的一部分(ΔW_{ELM})会向刮削层释放,而所释放出能量的大部分会达到偏滤器靶板。这部分能量就成为了偏滤器靶板的热负荷与粒子负荷,使得靶板表面温度上升,从而产生损耗。下面来求解由于 ELM 导致的流入偏滤器靶板的能量。若将芯部与台基部所储存的能量分别表示为 W_{core}、W_{ped},则等离子体储存的总能量(MJ)如下式所示:

$$W_{\mathrm{p}} = W_{\mathrm{core}} + W_{\mathrm{ped}} \tag{5.4.1}$$

图 5.4.2 给出了芯部与台基部所储存能量的示意图[33]。若将芯部与台基部所储存能量的单位取为 MJ,则相应的拟合式分别为

$$W_{\mathrm{core,fit}} = 0.0916 I_{\mathrm{p}}^{1.06\pm0.08} R_0^{1.50\pm0.13} P^{0.43\pm0.03} n_{19}^{0.36\pm0.03}$$
$$\times B_0^{0.09\pm0.07} \kappa_\alpha^{0.33\pm0.18} \varepsilon^{0.85\pm0.18} m^{0.2} \tag{5.4.2}$$

$$W_{\mathrm{ped,fit}} = 0.000643 I_{\mathrm{p}}^{1.58\pm0.08} R_0^{1.08\pm0.17} P^{0.42\pm0.05} n_{19}^{-0.08\pm0.04}$$
$$\times B_0^{0.06\pm0.09} \kappa_\alpha^{1.81\pm0.21} \varepsilon^{-2.13\pm0.28} m^{0.2} F_q^{2.09\pm0.20} \tag{5.4.3}$$

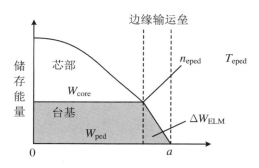

图 5.4.1　H 模等离子体中所储存能量的分布

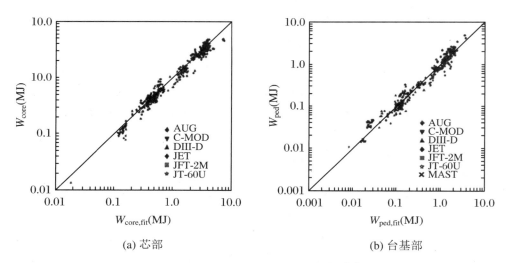

(a) 芯部　　　　　　　　　　　　　(b) 台基部

图 5.4.2　芯部与台基部所储存的能量[33]

其中，I_p 为等离子体电流(MA)；R_0 为大半径(m)；P 为热损失能量(MW)；n_{19} 为等离子体密度($10^{19}\ \mathrm{m}^{-3}$)；B_0 为环向磁场(T)；κ_α 为拉长比；ε 为反环径比；m 为原子的质量数；$F_q = q_{95}/q_{cyl}$，q_{95} 是环向磁通为 95% 的磁面上的安全因子，$q_{cyl} = 5\kappa_\alpha^2 a^2 B_0/R_0 I_p$(参考公式(5.5.3))。

对于 I 类 ELM，$\Delta W_{ELM}/W_{ped}$ 的电子碰撞频率如下式所示[34,35]：

$$\nu_e^* = R_0 q_{95}/(\varepsilon^{3/2}\lambda_e) = 6.921 \times 10^{-18} \frac{R_0 q_{95} n_e Z_{eff} \ell n\,\Lambda_e}{\varepsilon^{3/2} T_e^2} \qquad (5.4.4)$$

其中，λ_e 为电子的平均自由程，Z_{eff} 为有效电荷，电子密度 n_e 的单位为 m^{-3}，电子温度 T_e 的单位为 eV，库仑对数为 $\ell n\,\Lambda_e = 31.3 - \ell n(n_e^{1/2}/T_e)$。图 5.4.3 给出了 $\Delta W_{ELM}/W_{ped}$ 对 ν_e^* 的依赖性。设计偏滤器时需要对此进行参考(参考 8.3 节)。

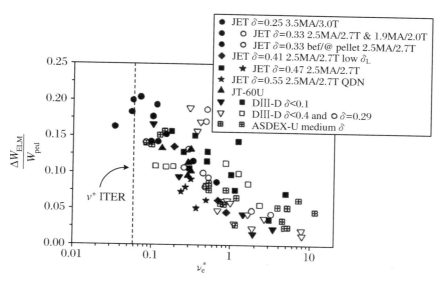

图 5.4.3　$\Delta W_{\mathrm{ELM}}/W_{\mathrm{ped}}$ 对 v_e^* 的依赖性[34]

3. ELM 的应对方案

应当利用 ELM 中释放能量较小的 ELM 或者不释放能量的 ELM 来运行聚变堆，这一点十分重要。在 I 类 ELM 以外是否存在适用于聚变堆运行范围的 ELM，这一点还需要进一步的讨论。

ELM 不释放能量固然最好，但在释放能量时，由于该能量的大部分都流入了偏滤器，会使得偏滤器板承受热负荷而产生损耗，并导致偏滤器板寿命的缩减。因此偏滤器板的热负荷降低方案以及耐热负荷设计就显得十分重要。

在偏滤器板的热负荷降低方案中，① 施加共振磁扰动（RMP，resonant magnetic perturbation）；② 弹丸注入等方案值得注目。施加共振磁扰动是指，由外部向等离子体边缘施加共振扰动磁场，从而形成遍历层以增加输运，使得压力梯度降低到发生 ELM 所需的压力梯度以下[36]。而弹丸注入则是通过诱导 ELM 发生来增加 ELM 发生的频率从而降低单次 ELM 所释放出的能量[37]。

5.5 比压极限

在聚变堆中,如公式(2.5.4)所示,需要保持高比压。但提高托卡马克等离子体的比压后容易引起 MHD 不稳定性的发生,因此比压值存在上限。平均比压值的上限(比压极限)β_c 由 Troyon 标定(Troyon scaling)给出[38]:

$$\beta_c = \beta_N \frac{I_p}{aB_0} \quad (\%) \tag{5.5.1}$$

其中,I_p 为等离子体电流(MA);a 为小半径(m);B_0 为等离子体中心的环向磁场(T);β_N 称为 Troyon 系数(Troyon factor),或归一化比压(normalized beta)。若将极向磁场和安全因子表示为

$$B_p = \frac{\mu_0 I_p}{2\pi a \kappa_\ell} = \frac{I_p}{5 a \kappa_\ell} \tag{5.5.2}$$

$$q = \frac{a \kappa_\ell}{R_0} \frac{B_0}{B_p} = \frac{5 (a \kappa_\ell)^2 B_0}{R_0 I_p} \tag{5.5.3}$$

则有

$$\beta_c = 5 \beta_N \kappa_\ell^2 \frac{a}{R_0 q} \quad (\%) \tag{5.5.4}$$

其中,椭圆等离子体的周长为 $2\pi a \kappa_\ell$,$\kappa_\ell = \sqrt{(1+\kappa^2)/2}$。

目前,已经可以达到 $\beta_N = 2 \sim 3.5$。若使用 $\beta_N = 2.0$[17] 来求解 ITER 的平均比压,并取 $I_p = 15$ MA,$B_0 = 5.3$ T,$a = 2$ m,则由公式(5.5.1)可得 ITER 的平均比压为 2.8%。

接下来将给出决定归一化比压的主要因素[12,39]。

1. 电流分布

归一化比压 β_N 是指示等离子体电流分布的中心尖头度(中心峰度)的指标,其与等离子体的内感 I_i 成正比:$\beta_N = CI_i$。内感由公式(4.1.45)定义,比例系数 C 由压力分布以及等离子体的截面形状决定。

负磁剪切型电流分布有利于中心约束的改善以及自举电流的驱动,但此时电流形成

中空分布使得 I_i 很小,从而归一化比压也很小。另一方面,虽然将等离子体约束在超导的容器壁中时有望提高归一化比压[40],但实际上容器壁往往具有一定的电阻,从而会产生电阻壁模[41]。针对电阻壁模的稳定化方案已在研究中(参考 4.9 节)。在负磁剪切的等离子体中,可以通过设置导体壁等方法稳定电阻壁模从而提高归一化比压 β_N。

2．压力分布

归一化比压 β_N 依赖于等离子体压力分布的中心峰度。当压力分布较为宽阔、中心峰度较小时,等离子体边缘的压力梯度就会增大,从而引发 ELM 等不稳定性。而当压力分布具有很大的中心峰度时,等离子体中心区域的压力梯度就会增大,从而诱发扭曲气球模等不稳定性,限制归一化比压的提高。因此,要提高归一化比压,必须找到一个合适的压力分布,其中心峰度介于上述二者之间[42]。如何抑制 ELM,以及明确适用于高比压下的中心峰度仍是今后必须研究的课题。

3．等离子体截面形状

等离子体的截面形状会影响归一化比压,特别是随着三角度的增加,归一化比压也会增加,因此等离子体的截面形状也是提高归一化比压的重要因素[42]。

4．新经典撕裂模

新经典撕裂模是在高极向比压模等离子体中,当出现没有自举电流流过的区域后,电流分布发生变化时而产生的不稳定性,其会导致归一化比压的降低。针对新经典撕裂模,利用电子回旋电流驱动对局部的电流分布进行控制等相关方法正在研究中(参考 4.7.2 小节)。

如上所述,决定归一化比压 β_N 的要素正在逐渐明了。以高比压为目标,重要的是需要活用各要素的特性进行研究。

5.6　密度极限

托卡马克只能在一定的等离子体电流与密度范围内稳定地运行,在实验上可以获得如下式所示的 Greenwald 密度极限[43]:

$$n_G = \frac{I_p}{\pi a^2} \qquad\qquad (5.6.1)$$

其中，n_G 称为 Greenwald 密度，单位为 10^{20} m^{-3}；I_p 为等离子体电流（MA）；a 为小半径（m）。利用平均电子密度 n_{e20}（单位为 10^{20} m^{-3}）可得

$$n_{GHM} = n_{e20}/n_G \qquad\qquad (5.6.2)$$

将 n_{GHM} 称为 Greenwald 参数（Greenwald-Hugill-Murakami parameter）[44]。在大量的托卡马克实验中均有 $n_{GHM} < 1$。Greenwald 密度极限是从焦耳加热等离子体的数据库中导出的。一般而言，密度极限依赖于等离子体的加热方式与燃料供给方式。在 JT-60（日本）上获得了短暂性的约为 Greenwald 密度极限 1.5 倍的密度[45]。在聚变堆的设计中，密度极限往往作为运行的指标之一。

5.7　高能量粒子的约束

高能量粒子包括由 DT 反应生成的 α 粒子。在 α 粒子变为热 α 粒子之前，需要将其约束在等离子体中，以对等离子体进行高效率的加热。如图 5.7.1 所示，大量的托卡马克实验表明，高能量粒子符合经典理论[46]。

高能量粒子之所以符合经典理论，是因为高能量粒子轨道的平均自由程大于等离子体湍流的特征长度，从而可以按照轨道进行平均。能造成高能量粒子的约束性能降低的因素包括：

① 环向磁场的非轴对称性（环向磁场的纹波度）；② 阿尔芬本征模等。由环向磁场的非轴对称所引起的高能量粒子的纹波损失会造成 α 粒子的损失并增加面向等离子体壁的热负荷。因此采取能够降低纹波磁场的手段，比如设置铁磁性的钢板等，来减轻纹波损失是有必要的。

当高能量粒子的速度与阿尔芬波的相速度相当时，由于二者的共振会导致阿尔芬本征模（AE 模）不稳定性的发生，这可能会造成高能量粒子的损失（参考 4.10 节）。上述的相关内容仍然需要在今后进行进一步的研究。

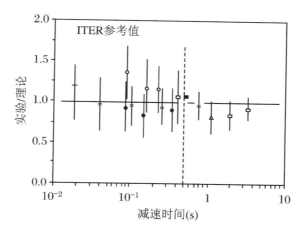

图 5.7.1　高能量粒子减速时间的实验结果与理论(经典理论)的比较[46]

□为 38~75 keV D 束(TFTR)，■为 DT α(TFTR)，○为 D 束(DⅢ-D)，●为 75 keV D 束(DⅢ-D)，

△为 1 MeV 氘核(JET)，＊为 250~400 keV D 束(JT-60U)，＋为 30 keV D 束(ISX-B)

5.8　破裂

等离子体瞬间(ms 量级)瓦解的现象称为破裂(disruption)。由于聚变堆中等离子体电流能达到 10 MA 以上，而等离子体储存的能量能达到 1 GJ 左右，因此破裂发生后会对聚变堆的结构造成极大的电磁负荷与热负荷。

利用等离子体实验中积累的经验，逐渐降低破裂发生的频度，同时让聚变堆运行在对破裂而言十分宽裕的范围内可以减轻破裂造成的危害。然而，由于破裂一旦发生就有可能对聚变堆的结构造成损伤，为了确保聚变堆的长期运行以及聚变堆结构的完整性，有必要对如何规避破裂的发生，以及发生破裂后如何进行缓解等内容进行研究。

5.8.1　破裂发生时等离子体的行为以及破裂发生的原因

1. 等离子体行为

（1）热熄灭，电流熄灭

当破裂发生时，等离子体的行为如图5.8.1所示[47,48]。在一次破裂中，首先，等离子体中储存的热能 W_p（储存能量，由公式（3.3.10）、（6.1.39）给出）在 ms 量级或更短的时间内全部释放，这称为热熄灭（thermal quench）。紧接着，等离子体电流开始瓦解，这称为电流熄灭（current quench）。电流熄灭的主要原因是等离子体温度的降低，其减小过程的时间常数为 L/R_p（L：等离子体电感，R_p：等离子体电阻）。由于等离子体电阻满足 $R_p \propto T_e^{-3/2}$（T_e：等离子体电子温度），当等离子体电子温度迅速降低时，等离子体电阻会急速增大，从而导致等离子体电流的急速熄灭。随着等离子体电流所携带的磁能的减小，会产生如图5.8.1所示的光晕电流（halo current）I_h 以及逃逸电子电流（runaway electron current）I_R。

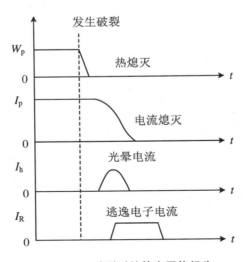

图5.8.1　破裂时的等离子体行为

（2）垂直位移现象 VDE

等离子体的位置需要由等离子体电流产生的磁场与外磁场之间的平衡来维持，但随着等离子体电流的熄灭，纵向拉长而具有非圆截面形状的等离子体就会在垂直方向形成不稳定性，使得等离子体沿向上或向下的某个方向发生高速（100 m/s 左右）的移动。这称为等离子体的垂直位移现象(VDE, vertical displacement event)。

当等离子体发生移动时,在面向等离子体壁以及真空室中会产生电磁感应现象,由此产生的涡流对等离子体的垂直移动具有抑制作用。同时,通过控制极向磁场线圈也能对等离子体的垂直位置进行控制,但一旦等离子体的垂直位置超出该控制范围,就会导致等离子体垂直位置的失控,进而引发上述的 VDE 现象。

VDE 可以在电流熄灭的过程中发生,也可以在破裂开始前就发生。当 VDE 发生在破裂之前时,等离子体发生移动使得等离子体面积(等离子体小半径)逐渐减小,当安全因子降低到极限以下时,就会引起热熄灭和电流熄灭。

(3)光晕电流

在等离子体移动的过程中,可以观测到从等离子体流向真空室的电流[49]。该电流就是光晕电流。光晕电流在最后闭合磁面以外的刮削层中流动,其流经区域形如笼罩在朦胧月光周围的光晕(halo)一般,因而得名光晕电流。

图 5.8.2 给出了 Alcator C-MOD(MIT,美国)中发生破裂时的示意图[50]。破裂开始后,发生了等离子体向下方的偏滤器运动的 VDE。随着等离子体的移动,等离子体的截面积逐渐减少,使得环向磁通也相应减小,在这个过程中,为了保持磁通守恒,就会产生感应电动势。同时,由于等离子体电流的熄灭,极向磁通也会减小,而为了保持极向磁通守恒同样会产生感应电动势,这些电动势就是光晕电流产生的原因。

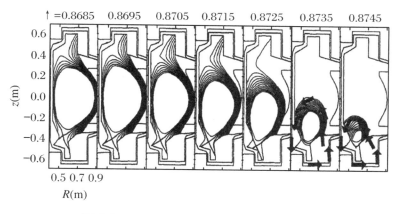

图 5.8.2　Alcator C-MOD 中破裂的发生[50]

箭头表示光晕电流的极向分量

(4)逃逸电子

随着等离子体电流的熄灭,为了保持极向磁通的守恒,在环向会产生感应电场。在该电场的作用下,等离子体中的电子得到加速,而电子与离子之间的库仑碰撞又会使电子减速,若电子在速度 v_c 达到平衡,则有

$$eE = \frac{m_e v_c}{\tau_0(v_c)} \tag{5.8.1}$$

从而电子能获得持续加速的条件为 $E > \nu_0(v_c) m_e v_c / e$。式中，$\tau_0(v_c)$ 是动量的弛豫时间，其倒数就是碰撞频率 $\nu_0(v_c)$[51]。在 $v_c = v_t$ 的条件下，将电子获得加速从而使得等离子体中大部分电子都成为逃逸电子（runaway electron）时的电场阈值称为 Dreicer 电场（Dreicer field），其值为 $E_{Dr} = \nu_0(v_t) m_e v_t / e$。

若只考虑离子的碰撞，并令 $v_c = v_t$，则有

$$E_{Dr} = \frac{e^3 n_e Z_{eff} \ln \Lambda}{4\pi\varepsilon_0^2 m_0 v_t^2} \approx 2.6 \times \frac{n_{e20} Z_{eff} \ln \Lambda}{T_{ekeV}} \quad \text{(V/m)} \tag{5.8.2}$$

其中，密度 n_{e20} 的单位为 10^{20} m^{-3}，温度 T_{ekeV} 的单位为 keV。若令 $v_c = \sqrt{2} v_t$，则上式中的系数变为 1.3[52,53]。

逃逸电子可以通过碰撞将能量转移给等离子体中的其他电子从而诱导新逃逸电子的产生，该新逃逸电子又可以更进一步诱导更新的逃逸电子的产生，这称为雪崩现象（avalanche phenomena）。这种情况下电场的阈值，即电子能量达到 $m_e c^2$ 时电场的大小为[54,55]

$$E_A = \frac{e^3 n_e \ln \Lambda}{4\pi\varepsilon_0^2 m_0 c^2} \approx 0.12 n_{e20} \quad \text{(V/m)} \tag{5.8.3}$$

当 $E < E_A$ 时，不会产生新的逃逸电子，而既存的逃逸电子也会逐渐衰减。如果能使密度满足公式(5.8.3)，就可以抑制逃逸电子的产生。利用等离子体所具有的磁通 ϕ，以及电流熄灭的时间常数 τ，电流熄灭时产生的电场可以表示为 $E = (\phi/\tau)/(2\pi R_0)$。如果在破裂发生时向等离子体中大量注入重水，使得 $n_{e20} > (1/0.12)(\phi/\tau)/(2\pi R_0)$，就可以抑制逃逸电子的产生。针对破裂的相关对策将在 5.8.3 小节进行介绍。

2. 破裂发生的原因

破裂发生的主要原因如表 5.8.1 所示[56]，其中 1～5 主要与等离子体的特性有关，而 6～8 则与反应堆的结构以及系统中出现的问题有关。

表 5.8.1　破裂发生的主要原因

序号	种　类	内　容
1	密度极限	由超出密度极限时引发的功率失衡导致
2	等离子体表面的安全因子 q_s	当安全因子过低（$q_s \leqslant 3$）时，由于 MHD 不稳定性的原因使得破裂容易发生
3	等离子体电流的升降	等离子体电流的升降速度过快，由等离子体脱离用安全因子与内感表示的稳定区域导致
4	比压极限	由超出比压极限时引发的 MHD 不稳定性导致
5	垂直位置不稳定性	由等离子体的垂直位置失衡时引发的不稳定性导致
6	杂质的混入	由等离子体中混入杂质后产生的功率失衡导致
7	不规则磁场	由不规则磁场引发的 MHD 不稳定性导致
8	等离子体控制系统	由包括诊断设备、电源设备等在内的等离子体控制系统中出现的问题导致

5.8.2　对反应堆部件的影响

1. 热负荷

（1）储存的能量

当热熄灭发生时，等离子体中储存的能量（stored energy）W_p 经由刮削层流向偏滤器或限制器等面向等离子体部件，形成热负荷。该热负荷对面向等离子体部件的表面造成损伤，进而产生杂质。这些杂质又会回流到等离子体中，增加等离子体的辐射损失，进一步降低等离子体的温度。

（2）逃逸电子

当逃逸电子与面向等离子体部件发生碰撞时，会对面向等离子体部件的局部造成极大的热负荷。这一点在偏滤器设计的过程中需要着重考虑，相关内容将在 8.3.2 小节进行介绍。

2. 电磁力

（1）涡流

当等离子体电流发生熄灭时，由于电磁感应，在面向等离子体部件以及真空室中会产生环向的涡流。当破裂发生时,在包层中产生的电磁力如图 5.8.3 所示。随着等离子体电流 I_p 的熄灭,极向磁场 B_p 也逐渐减小。为了抑制极向磁场的减小,会产生感应电流 j_r,该电流与环向磁场 B_t 之间形成洛伦兹力 $F_p = j_r \times B_t$,使得包层模块受到一个绕 r 轴的扭矩的作用。为了使包层能够耐受住电磁力的作用,必须考虑采取:① 用绝缘体来制作包层容器,② 在包层容器上设置绝缘体以抑制感应电流的产生,③ 减小包层容器的大小等相关措施。

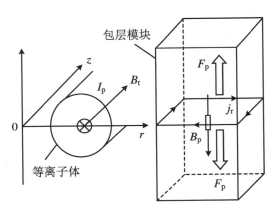

图 5.8.3　当破裂发生时在包层中产生的电磁力

对于环向的面向等离子体部件,必须采取相应措施保证环向的电绝缘,例如确保部件之间的空隙等。对于真空室,则可以通过设置高电阻部分或波纹管,以及实现双层结构(在真空室的内外壁之间安装波板和角型管以确保内外壁之间的间隙)的真空室等相关措施增大绕环向一周的电阻,从而抑制涡流的产生,减小电磁力。

(2) 光晕电流

光晕电流是等离子体电流直接流入面向等离子体部件或真空室的电流,因而其有可能对电流流入的局部区域造成损坏。不同于上述应对涡流的手段,应对光晕电流需要对面向等离子体部件的构造和强度进行考虑[57]。

光晕电流的极向分量 I_{hp} 与环向磁场 B_t 相互作用会产生电磁力 $I_{hp} \times B_t$。若令光晕电流 I_h 流过的极向等效长度为 w_h,则该电磁力的大小为

$$F = I_h B_t w_h \quad (\text{N}) \tag{5.8.4}$$

该电磁力是在真空室中产生的最大的力,因此对光晕电流的大小有一个清晰的认识就显得尤为重要。

如图 5.8.4 所示,光晕电流可以用环向剥离因子 TPF 与 $I_{h,max}/I_{p0}$(利用初始等离子体电流 I_{p0} 进行归一化)的乘积进行表示,相关结果在 JT-60U、DⅢ-D、Alcator C-MOD、JET 以及 ASDEX-U 等装置上获得了检验[48,58,59]。在 ITER 上,假定 $I_{h,max}/I_{p0} \leqslant 0.4$,

$TPF<2^{[55]}$。

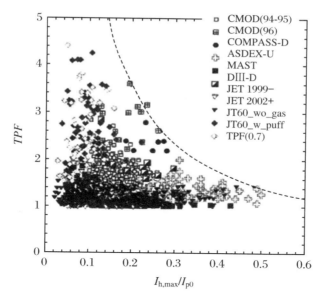

图 5.8.4　光晕电流的大小与环向剥离因子[55]

5.8.3　应对破裂的措施

作为应对破裂的对策之一，如果在破裂发生前观察到了作为破裂发生前兆现象的某种特征信号的变化，则可以根据该信号的变化对破裂进行预测和处理。但如果在破裂的发生已经不可避免的情况下，则需要考虑有意地引发负荷较低的破裂，同时停止等离子体的运转以缓解破裂造成的影响[47,60]。表 5.8.2 中给出了关于破裂的预测、回避和缓解方案。

作为预测技术之一，基于神经网络的预测技术正在开发之中。在固体注入的基础实验中，碳弹丸注入实验正在开展。将用于停止等离子体运行的冰丸或固体弹丸称为杀手弹丸（killer pellet）。对回避和缓解破裂而言，从前兆现象中判断哪种手段更加有效至关重要。

表 5.8.2　破裂的预测,回避和缓解方案

序号	区分	种　类	内　容
1	预测	前兆信号的测量和预测技术	测量磁探针的扰动磁场和放射损失,利用神经网络预测破裂的发生[56]
2	回避	利用磁诊断抑制磁岛的长大	利用电子回旋波加热来抑制磁岛的长大从而回避破裂的发生[61]
3	缓解	消除等离子体的中间平衡点	消除等离子体的中间平衡点,抑制光晕电流
4	缓解	气体注入(massive gas injection)	将稀有气体(氦、氖、氩、氪、氙)注入等离子体中,引发负荷较轻的破裂
5	缓解	冰丸注入	将稀有气体(氦、氖、氩、氪、氙)的冰丸注入等离子体中,引发负荷较轻的破裂
6	缓解	固体注入	将固体弹丸(锂、铍)注入等离子体中,引发负荷较轻的破裂
7	缓解	施加共振磁扰动	施加共振磁扰动来抑制逃逸电子的产生,缓解破裂的影响

5.9　今后的课题

今后的研究方向包括以下几点:

① 就能量约束时间而言,其设计过程是基于由实验数据获得的定标律。为了实现聚变堆的紧凑化,需要对热输运的物理机制进行更详细的研究。

② 在聚变堆中,对 DT 燃烧进行控制十分重要,虽然可以基于实验数据来求得密度极限,但针对该密度极限的物理机制,以及高能量粒子的约束和等离子体中杂质排出等与粒子输运有关的物理机制还需进行更详细的研究。

③ 在研究如何降低 ELM 释放的能量的同时,更希望能够避免 ELM 的产生,或者即使 ELM 已经产生,也不释放能量。提升比压极限对聚变堆的紧凑化和低消耗而言十分重要。ELM 的发生会导致等离子体边缘局部地区的 MHD 不稳定性,而比压极限也会导致 MHD 不稳定性的发生。因此有必要对 MDH 不稳定性及其稳定方案进行更加详细的研究。

④ 当聚变堆成为商业堆时,从供电的商业角度而言,为了维持供电的稳定,应该避免

因破裂而导致的等离子体放电停止。在研究破裂缓解技术的同时，还需在运行调整（调试）期间进行破裂的预测学习，或者实时掌握等离子体的状态，更进一步提升在发现破裂的前兆现象后，使等离子体退回额定状态从而避免破裂的技术。

参 考 文 献

［1］　宫本健郎，プラズマ物理・核融合，东京大学出版会（2004）.

［2］　宫本健郎，プラズマ物理の基礎，朝仓书店（2014）.

［3］　K. Nishikawa，M. Wakatani，Plasma Physics Basic Theory with Fusion Applications，Springer-Verlag，Berlin Heidelberg（1990）.

［4］　A. A. Galeev and R. Z. Sagdeev，Sov. Phys. JETP，26，233（1968）.

［5］　B. B. Kadomtsev and O. P. Pogutse，Nucl. Fusion，11，67（1971）.

［6］　岸本泰明，プラズマ・核融合学会誌，第76卷第12期，1280-1308（2000）.

［7］　伊藤早苗，稲垣滋，藤澤彰英，伊藤公孝，J. Plasma Fusion Res.，Vol. 90，No. 12，793-820（2014）.

［8］　山田弘司，J. Plasma Fusion Res.，Vol. 79，No. 6，592-600（2003）.

［9］　R. J. Goldston，Plasma Phys. Control. Fusion，26，87（1984）. S. M. Kaye，Phys. Fluids，28，2327（1985）.

［10］　F. Wagner，G. Becker，K. Behringer，et al.，Phys. Rev. Lett.，49，1408（1982）.

［11］　鎌田裕，大山直幸，杉原正芳，J. Plasma Fusion Res.，Vol. 82，No. 9，566-574（2006）.

［12］　核融合会議開発戦略検討分科会，http://www.aec.go.jp/jicst/NC/senmon/old/kakuyugo/（2000）.

［13］　H. Biglari，D. H. Diamond，Y.-B. Kim，et al.，Plasma Phys. Control. Nucl. Fusion Res.（Conf. Proc.，Washington D. C.，IAEA，Vienna 1990），2，191（1991）.

［14］　P. N. Yushmanov，T. Takizuka，K. S. Riedel，et al.，Nucl. Fusion，30，1999-2006（1990）.

［15］　ITER Physics Expert Groups on Confinement and Transport and Confinement Modelling and Database，ITER Physics Basis Editors，Nucl. Fusion，39，2175-2249（1999）.

［16］　小川雄一，吉田智朗，J. Plasma Fusion Res.，Vol. 78，No. 11，1172-1178（2002）.

［17］　テキスト核融合炉専門委員会，プラズマ・核融合学会誌，第87卷増刊号（2011）.

［18］　ITPA Confinement and H-mode Threshold Database Working Group（presented by J. A. Snipes），19th IAEA Fusion Energy Conf.，Lyon，IAEA-CN-94/CT/P-04（2002）.

［19］　T. S. Taylor，T. H. Osborne，K. H. Burrel，et al.，Plasma Phys. Control. Nucl. Fusion Res.（Conf. Proc.，Würzburg，IAEA，Vienna 1992），1，167（1992）.

［20］　鎌田裕，日本原子力学会誌，Vol. 47，No. 1，45-52（2005）.

［21］　井手俊介，J. Plasma Fusion Res.，Vol. 83，No. 5，415-422（2007）.

［22］ Y. Koide, et al., Phys. Rev. Lett., 72, 3662（1994）.

［23］ K. M. McGuire, et al., Fusion Energy 1996（Proc. 16th Int. Conf. Montreal, 1996）Vol. 1, IAEA, Vienna, 19（1997）.

［24］ F. X. Söldner, et al., Nucl. Fusion, 39, 407（1999）.

［25］ F. M. Levinton, et al., Phys. Rev. Lett., 24, 4417（1995）.

［26］ E. J. Strait, et al., Phys. Rev. Lett., 24, 4421（1995）.

［27］ Equip Tore, Supra, Plasma Phys. Control. Fusion, 38, No. 12A, A251-A268（1996）.

［28］ T. Fujita, et al., Phys. Rev. Lett., 78, 2377（1997）.

［29］ S. Ishida, et al., 16th Fusion Energy Conf. 1996, IAEA, Vienna, Vol. 1, 315（1997）.

［30］ 水口直紀，小関隆久，J. Plasma Fusion Res., Vol. 82, No. 9, 590-596（2006）.

［31］ K. Kamiya, et al., Nucl. Fusion, 43, 1214（2003）.

［32］ K. Kamiya, et al., Plasma Phys. Control. Fusion, 46, 1745（2004）.

［33］ J. G. Cordey for the ITPA H-mode Database Working Group and the ITPA Pedestal Database Working Group, Nucl. Fusion, 43, 670-674（2003）.

［34］ A. Loarte, G. Saibene, R. Sartori, et al., Plasma Phys. Control. Fusion, 45, 1549-1569（2003）.

［35］ N. Oyama, P. Gohil, L. D. Horton, et al., Plasma Phys. Control. Fusion, 48, A171-A181（2006）.

［36］ T. E. Evans, M. E. Fenstermacher, R. A. Moyer, et al., Nucl. Fusion, 48, 024002（2008）.

［37］ L. R. Baylor, S. K. Combs, C. R. Foust, et al., Nucl. Fusion, 49, 085013（2009）.

［38］ F. Troyon, R. Gruber, H. Saurenmann, et al., Plasma Phys. Control. Fusion, 26, 209（1984）.

［39］ 蒲田裕，J. Plasma Fusion Res., Vol. 79, No. 2, 123-135（2003）.

［40］ A. D. Turnbull, T. S. Taylor, M. S. Chu, et al., Nucl. Fusion, 38, 1467-1486（1998）.

［41］ A. Bondeson and D. J. Ward, Phys. Rev. Lett., 72, 2709（1994）.

［42］ Y. Kamada, et al., Proc. 16th IAEA Fusion Energy Conf., Montreal, 1996, IAEA Vienna, Vol. 1, 247（1997）.

［43］ M. Greenwald, J. L. Terry, S. M. Wolfe, et al., Nucl. Fusion, 28, 2199-2207（1988）.

［44］ M. Greenwald, Plasma Phys, Control. Fusion, 44, R27（2002）.

［45］ H. Yamada, H. Takenaga, T. Suzuki, et al., Nucl. Fusion, 47, 1418-1424（2007）.

［46］ 飛田健次，福山淳，プラズマ・核融合学会誌，第76巻第2期，138-144（2000）.

［47］ 河野康則，杉原正芳，飛田健次，J. Plasma Fusion Res. Vol. 86, No. 1 3-16（2010）.

［48］ Y. Neyatani, R. Yoshino, Y. Nakamura, et al., Nucl. Fusion, 39, 559-567（1999）.

［49］ M. A. Pick, P. Noll, P. Barabaschi, et al., Proc. 14th Symp. on Fusion Eng., San Diego, USA, Oct. 3-7, 187（1991）.

［50］ R. S. Granetz，I. H. Hutchinson，J. Sorci，et al.，Nucl. Fusion，36，545-556（1996）.

［51］ H. Knoepfel，D. A. Spong，Nucl. Fusion，19，785-793（1979）.

［52］ Y. Kawano，T. Nakano，A. Isayama，et al.，J. Plasma Fusion Res.，Vol. 81，No. 8，593-601（2005）.

［53］ 高村秀一，プラズマ加熱基礎論，名古屋大学出版会（1986）.

［54］ ITER Physics Expert Group on Disruptions，Plasma Control and MHD，ITER Physics Basis Editors，Nucl. Fusion，39，2251-2389（1999）.

［55］ T. C. Hender，J. C. Wesley，J. Bialek，et al.，Nucl. Fusion，47，S128-S202（2007）.

［56］ 芳野隆治，J. Plasma Fusion Res.，Vol. 82，No. 5，294-299（2006）.

［57］ 閨谷譲，プラズマ・核融合学会誌 第 72 巻第 5 期，403-414（1996）.

［58］ M. Lehnen，et al.，Proc. 36th EPS Conf. on Plasma Phys. Vol. 33，O2.001（2009）.

［59］ G. Pautasso，et al.，Proc. 36th EPS Conf. on Plasma Phys. Vol. 33，I3.049（2009）.

［60］ D. G. Whyte，L. R. Baylor，D. J. Campbell，et al.，Proc. 22nd IAEA Fusion Energy Conf. IT/P6-18（2008）.

［61］ H. Hoshino，M. Mori，T. Yamamoto，et al.，Phys. Rev. Lett.，69，2208（1992）.

第 6 章

芯部等离子体设计

在本章中,将介绍有关芯部等离子体设计的内容,其主要用于确定等离子体参数以保证聚变堆中核聚变反应的持续。要保证核聚变反应的持续,需要将等离子体密度与等离子体温度维持在某个值附近。在维持芯部等离子体的同时,还必须考虑燃料的供给、已供给燃料的加热以及燃烧后的排灰处理等问题。

6.1 等离子体中粒子与能量的平衡(一维)

在 DT 反应中,考虑描述氘、氚、α 粒子(氦)以及杂质的方程[1~4]。记粒子通量为 $\boldsymbol{\Gamma}_j = nu = -D \nabla n$,参考公式(5.1.1),在柱坐标中,等离子体的径向一维粒子平衡方程为

$$\frac{\mathrm{d}n_\mathrm{D}}{\mathrm{d}t} = \frac{1}{r} \frac{\partial}{\partial r}\left(rD_\mathrm{D} \frac{\partial n_\mathrm{D}}{\partial r}\right) + S_\mathrm{D} - n_\mathrm{D}n_\mathrm{T}\langle\sigma v\rangle \tag{6.1.1}$$

$$\frac{\mathrm{d}n_\mathrm{T}}{\mathrm{d}t} = \frac{1}{r}\frac{\partial}{\partial r}\left(rD_\mathrm{T}\frac{\partial n_\mathrm{T}}{\partial r}\right) + S_\mathrm{T} - n_\mathrm{D}n_\mathrm{T}\langle\sigma v\rangle \tag{6.1.2}$$

$$\frac{\mathrm{d}n_\alpha}{\mathrm{d}t} = \frac{1}{r}\frac{\partial}{\partial r}\left(rD_\alpha\frac{\partial n_\alpha}{\partial r}\right) + F_\alpha + n_\mathrm{D}n_\mathrm{T}\langle\sigma v\rangle \tag{6.1.3}$$

$$\frac{\mathrm{d}n_\mathrm{I}}{\mathrm{d}t} = \frac{1}{r}\frac{\partial}{\partial r}\left(rD_\mathrm{I}\frac{\partial n_\mathrm{I}}{\partial r}\right) + S_\mathrm{I} \tag{6.1.4}$$

式中,认为从环向磁场方向脱逃的粒子通量很小,并已经将其忽略。从等离子体表面脱逃的粒子通量 $\boldsymbol{\Gamma}_{Aj}(r)$ 为

$$\boldsymbol{\Gamma}_{Aj}(r) = \boldsymbol{\Gamma}_j(r)A(r) \tag{6.1.5}$$

其中,$A(r) = 4\pi^2 R_0 r\kappa_\ell,\kappa_\ell = \sqrt{(1+\kappa^2)/2}$。

离子的密度本应为 $n_\mathrm{i} = \sum_j n_j = n_\mathrm{D} + n_\mathrm{T} + n_\alpha + n_\mathrm{I}$,但一般都采用如下近似:

$$n_\mathrm{i} = n_\mathrm{D} + n_\mathrm{T} \tag{6.1.6}$$

电子的密度为

$$n_\mathrm{e} = \sum_j Z_j n_j = n_\mathrm{D} + n_\mathrm{T} + 2n_\alpha + Z_\mathrm{I}n_\mathrm{I} \tag{6.1.7}$$

下角标 $j = \mathrm{D},\mathrm{T},\alpha,\mathrm{I},\mathrm{e}$ 时分别表示氘、氚、α 粒子(氦)、杂质(多杂质的情况下则表示所有杂质的和)以及电子。n 为密度,其单位为 m^{-3},D 为粒子的扩散系数,S_D 和 S_T 为燃料的注入率(个/$(\mathrm{m}^3 \cdot \mathrm{s})$),$F_\alpha$ 为 α 粒子的混入率(个/$(\mathrm{m}^3 \cdot \mathrm{s})$),$S_\mathrm{I}$ 为杂质粒子的注入率(个/$(\mathrm{m}^3 \cdot \mathrm{s})$),$Z_j$ 为电荷数。在公式(6.1.1)、(6.1.2)中,第 1 项表示对流损失(convection loss),而第 3 项则表示因燃烧而损失的量(burn up of fuel ions)。

能量平衡会对等离子体中的输运、平衡和不稳定性造成极大的影响。边缘等离子体较芯部等离子体而言温度更低,因此由原子和分子所参与的基本过程就变得十分重要。参考公式(5.1.8),在柱坐标系中,关于电子、离子和 α 粒子的径向一维能量方程分别如下所示。这些方程描述的是单位时间内能量的变化,因此也称为能量平衡方程。

$$\frac{\mathrm{d}}{\mathrm{d}t}\left(\frac{3}{2}n_\mathrm{e}kT_\mathrm{e}\right) = \frac{1}{r}\frac{\partial}{\partial r}r\left[\chi_{T_\mathrm{e}}n_\mathrm{e}k\frac{\partial T_\mathrm{e}}{\partial r} + \frac{3}{2}D_\mathrm{e}kT_\mathrm{e}\frac{\partial n_\mathrm{e}}{\partial r}\right] + P_\alpha R_\alpha + P_\mathrm{He} + P_\mathrm{J} - P_\mathrm{ei} - P_\mathrm{rad} \tag{6.1.8}$$

$$\frac{\mathrm{d}}{\mathrm{d}t}\left(\frac{3}{2}n_\mathrm{i}kT_\mathrm{i}\right) = \frac{1}{r}\frac{\partial}{\partial r}r\left[\chi_{T_\mathrm{i}}n_\mathrm{i}k\frac{\partial T_\mathrm{i}}{\partial r} + \frac{3}{2}D_\mathrm{i}kT_\mathrm{i}\frac{\partial n_\mathrm{i}}{\partial r}\right] + P_\alpha(1 - R_\alpha) + P_\mathrm{Hi} + P_\mathrm{ei} \tag{6.1.9}$$

$$\frac{\mathrm{d}}{\mathrm{d}t}(n_\alpha kE_\alpha) = \frac{1}{r}\frac{\partial}{\partial r}r\left[\chi_{T_\alpha}n_\alpha k\frac{\partial E_\alpha}{\partial r} + \frac{3}{2}D_\alpha kE_\alpha\frac{\partial n_\alpha}{\partial r}\right] + n_\mathrm{D}n_\mathrm{T}\langle\sigma v\rangle kE_{\alpha 0} - P_\alpha \tag{6.1.10}$$

利用麦克斯韦方程组：

$$\frac{\partial B_{\mathrm{p}}}{\partial t} = \frac{\partial E_z}{\partial r} \tag{6.1.11}$$

$$j_z = \frac{1}{\mu_0} \frac{1}{r} \frac{\partial}{\partial r} r B_{\mathrm{p}} \tag{6.1.12}$$

$$E_z = \eta_{\parallel} j_z \tag{6.1.13}$$

可得

$$\frac{\partial j_z}{\partial t} = \frac{1}{\mu_0} \frac{1}{r} \frac{\partial}{\partial r} \left\{ r \frac{\partial}{\partial r} (\eta_{\parallel} j_z) \right\} \tag{6.1.14}$$

由此可对等离子体电流进行求解。

在上述各式中，$n_{\mathrm{i}} = n_{\mathrm{D}} + n_{\mathrm{T}}$，$T_{\mathrm{D}} = T_{\mathrm{T}} = T_{\mathrm{i}}$。$T$ 的单位为 eV；E_{α} 为 α 粒子的温度，其单位为 eV；$E_{\alpha 0}$ 是 DT 反应中 α 粒子的能量，$E_{\alpha 0} = 3.52\ \mathrm{MeV}$；$k = 1.60 \times 10^{-19}\ \mathrm{J/eV}$。式中各项的单位均为 $\mathrm{W/m^3}$。公式(6.1.10)的第 2 项表示由 DT 反应产生的功率，P_{α} 表示 α 粒子与电子碰撞而损失的功率，但对等离子体粒子而言，这一项也表示 α 粒子的加热功率。下面将对各项进行更加详细的说明。

1. 热传导损失功率

利用热传导系数 χ_{Tj}，由公式(5.1.9)可得，因热传导(thermal conduction)而从等离子体中损失的能量(热通量)为

$$Q_{\chi j}(r) = -\chi_{Tj} n_j k \frac{\partial T_j}{\partial r} \tag{6.1.15}$$

从而热传导损失功率为

$$P_{\chi j}(r) = -\frac{1}{r} \frac{\partial}{\partial r} r Q_{\chi j} = \frac{1}{r} \frac{\partial}{\partial r} r \left(\chi_{Tj} n_j k \frac{\partial T_j}{\partial r} \right) \tag{6.1.16}$$

其中，下角标 $j = \mathrm{e}, \mathrm{i}, \alpha$。因热传导而从等离子体表面流出的热流束 $Q_{A\chi j}(r)$ 为

$$Q_{A\chi j}(r) = Q_{\chi j}(r) A(r) \tag{6.1.17}$$

2. 对流损失功率

利用扩散系数 D_j 可得，因粒子对流(convection)而造成的能量损失为

$$Q_{cj}(r) = -\frac{3}{2}D_j kT_j \frac{\partial n_j}{\partial r} \tag{6.1.18}$$

从而对流损失功率为

$$P_{cj}(r) = -\frac{1}{r}\frac{\partial}{\partial r}rQ_{cj} = \frac{1}{r}\frac{\partial}{\partial r}r\left(\frac{3}{2}D_j kT_j \frac{\partial n_j}{\partial r}\right) \tag{6.1.19}$$

其中,下角标 $j = e, i$。因粒子对流而从等离子体表面流出的热流束 $Q_{Acj}(r)$ 为

$$Q_{Acj}(r) = Q_{cj}(r)A(r) \tag{6.1.20}$$

3. α 粒子加热功率

利用 α 粒子与电子碰撞过程中的能量弛豫时间 $\tau_{e\alpha}$ 可得,α 粒子的加热功率为

$$P_\alpha = \frac{n_\alpha kE_\alpha}{\tau_{e\alpha}} \tag{6.1.21}$$

其中[5,6]

$$\frac{1}{\tau_{e\alpha}} = 10.01\frac{Z_\alpha^2}{A_\alpha}\frac{n_{e20}}{T_{ekeV}}\ell n\,\varLambda \quad (\mathrm{s}^{-1}) \tag{6.1.22}$$

式中,$\tau_{e\alpha}$ 的单位为 s;n_{e20} 与 T_{ekeV} 的单位分别为 10^{20} m^{-3} 和 keV。Z_α 与 A_α 分别是 α 粒子的电荷数和质量数;$\ell n\,\varLambda$ 为库仑对数,并有[5]

$$\ell n\,\varLambda = 16.09 - 1.15\ell og_{10}\,n_{e20} + 2.30\ell og_{10}\,T_{ekeV} \tag{6.1.23}$$

在 α 粒子的加热功率中,用于加热电子的份额 R_α 为[5,7]

$$R_\alpha = \frac{2}{3}\int_0^{X_\alpha}\left\{(1+\gamma_\alpha)\mathrm{e}^{-x} - \gamma_\alpha\right\}^{2/3}\mathrm{d}x \tag{6.1.24}$$

其中

$$X_\alpha = \ell n\left(\frac{\gamma_\alpha + 1}{\gamma_\alpha}\right) \tag{6.1.25}$$

$$\gamma_\alpha = 56.96\frac{A_\alpha}{n_{e20}}\left(\frac{T_{ekeV}}{E_{\alpha keV}}\right)^{3/2}\sum_{j=\mathrm{D,T}}\frac{Z_j^2}{A_j}n_{j20} \tag{6.1.26}$$

式中,n_{j20} 与 $E_{\alpha keV}$ 的单位分别为 10^{20} m^{-3} 和 keV。

4. 外部加热功率

用 P_{He} 和 P_{Hi} 来表示辅助加热功率(additional heating,further heating,auxiliary heating),其中,下角标 e、i 分别表示电子和离子对功率的吸收。

5. 焦耳(欧姆)加热功率

当等离子体中有电流流过时,焦耳加热功率 P_J 为

$$P_J = \eta_\parallel j_z^2 + \eta_\perp j_\theta^2 \approx \eta_\parallel j_z^2 \tag{6.1.27}$$

式中,j_z 和 j_θ 分别表示 z 方向(环向)和 θ 方向(极向)等离子体电流密度(单位 A/m^2)。等离子体的电阻率 $\eta_\parallel$ 为[5]

$$\eta_\parallel = \frac{m_e \nu_{ei}}{n_e e^2} = 1.62 \times 10^{-9} \frac{Z_{eff} \ln \Lambda}{T_{ekeV}^{3/2}} \quad (\Omega \cdot m) \tag{6.1.28}$$

同时有 $\eta_\perp = 2\eta_\parallel$。$Z_{eff}$ 为有效电荷数(effective charge),并满足

$$Z_{eff} = \frac{1}{n_e} \sum_j Z_j^2 n_j = \frac{1}{n_e}(n_D + n_T + 2^2 n_\alpha + Z_I^2 n_I) \tag{6.1.29}$$

6. 电子-离子能量转移功率

电子-离子的能量均分时间(equipartition time)为[5,8]

$$\frac{1}{\tau_{eq}} = 10.01 \frac{\ln \Lambda}{T_{ekeV}^{3/2}} \sum_{j=D,T} \frac{Z_j^2}{A_j} n_{j20} \tag{6.1.30}$$

电子-离子之间的能量转移(energy transfer)功率 P_{ei} 为

$$P_{ei} = \frac{3}{2} \frac{n_e k (T_e - T_i)}{\tau_{eq}} \tag{6.1.31}$$

7. 辐射损失功率

从等离子体中产生的辐射包括韧致辐射(bremsstrahlung radiation)、同步辐射(synchrotron radiation)和线辐射(line radiation)等,各种辐射的功率分别为

$$P_{br}(r) = 5.35 \times 10^3 Z_{eff} n_{e20}^2 T_{ekeV}^{1/2} \quad (W/m^3) \tag{6.1.32}$$

$$P_{sy}(r) = 1.69 \times 10^{-1} \frac{n_{e20}^{1/2}}{\alpha^{1/2}} B_t^{5/2} T_{ekeV}^{11/4} \left(1 + \frac{T_{ekeV}}{204}\right)(1 - R_{wall}) \quad (W/m^3) \tag{6.1.33}$$

$$P_{li}(r) = \left(1.86 \times 10^2 Z_{e2} + 4.13 \frac{Z_{e3}}{T_{ekeV}}\right) \frac{n_{e20}^2}{T_{ekeV}^{1/2}} \quad (W/m^3) \tag{6.1.34}$$

其中,R_{wall} 表示壁对同步辐射的反射率,而 Z_{e2} 和 Z_{e3} 分别为

$$Z_{e2} = \frac{1}{n_e} \sum_j Z_j^4 n_j, \quad Z_{e3} = \frac{1}{n_e} \sum_j Z_j^6 n_j \tag{6.1.35}$$

辐射损失的总功率 $P_{rad}(r)$ 为

$$P_{rad}(r) = P_{br}(r) + P_{sy}(r) + P_{li}(r) \tag{6.1.36}$$

等离子体的磁场 $B_\theta(r)$ 为

$$B_\theta(r) = \frac{\mu_0}{r} \int_0^r j_z(r) r \, dr \tag{6.1.37}$$

而等离子体的压力(plasma pressure) p 为

$$p = \sum_j n_j k T_j = k(n_e T_e + n_i T_i + n_I T_I) \cong 2nkT \tag{6.1.38}$$

式中,取 $n_e = n_i = n$, $T_e = T_i = T$,并忽略杂质的项。故等离子体储存的能量 W_p 为

$$W_p = \frac{3}{2} \sum_j n_j k T_j V_p = \frac{3}{2} k(n_e T_e + n_i T_i + n_I T_I) V_p = 3nkT V_p \tag{6.1.39}$$

其中,$V_p = 2\pi^2 R_0 a^2 \kappa$ 为等离子体的体积。

6.2　等离子体中粒子与能量的平衡(0维)

1. 0维情况下粒子与能量的平衡

接下来考虑 0 维情况下粒子与能量的平衡[5,9]。0 维粒子平衡方程为

$$\frac{dn_D}{dt} = S_D - \frac{n_D}{\tau_{PD}} - n_D n_T \langle \sigma v \rangle \tag{6.2.1}$$

$$\frac{dn_T}{dt} = S_T - \frac{n_T}{\tau_{PT}} - n_D n_T \langle \sigma v \rangle \tag{6.2.2}$$

$$\frac{dn_\alpha}{dt} = S_\alpha - \frac{n_\alpha}{\tau_{P\alpha}} + n_D n_T \langle \sigma v \rangle \tag{6.2.3}$$

$$\frac{dn_I}{dt} = S_I - \frac{n_I}{\tau_{PI}} \tag{6.2.4}$$

$$n_e = \sum_j n_j Z_j = (n_D + n_T + 2n_\alpha + Z_I n_I) \tag{6.2.5}$$

令 D 与 T 各占 50%，且 $n_D = n_T = n_i/2$，若利用粒子约束时间 τ_{Pi}（particle confinement time）来表示因扩散而损失的粒子比例，并取 $\tau_{PD} = \tau_{PT}$，则可以将公式（6.2.1）与公式（6.2.2）合并后再进行求解：

$$\frac{\mathrm{d}n_i}{\mathrm{d}t} = S_i - \frac{n_i}{\tau_{Pi}} - 2\left(\frac{n_i}{2}\right)^2 \langle \sigma v \rangle \tag{6.2.6}$$

其中，$S_i = S_D + S_T$。

关于电子、离子和 α 粒子的 0 维能量平衡方程为

$$\frac{\mathrm{d}}{\mathrm{d}t}\left(\frac{3}{2}n_e k T_e\right) = -\frac{3}{2}\frac{n_e k T_e}{\tau_{Ee}} + P_\alpha R_\alpha + P_{He} + P_J - P_{ei} - P_{rad} \tag{6.2.7}$$

$$\frac{\mathrm{d}}{\mathrm{d}t}\left(\frac{3}{2}n_i k T_i\right) = -\frac{3}{2}\frac{n_i k T_i}{\tau_{Ei}} + P_\alpha(1 - R_\alpha) + P_{Hi} + P_{ei} \tag{6.2.8}$$

$$\frac{\mathrm{d}}{\mathrm{d}t}(n_\alpha k E_\alpha) = -\frac{n_\alpha k E_\alpha}{\tau_{E\alpha}} + n_D n_T \langle \sigma v \rangle k E_{\alpha 0} - P_\alpha \tag{6.2.9}$$

其中，各式的右边第一项分别表示电子、离子和 α 粒子的输运损失功率，该功率包括热传导损失和对流损失。

2. 定常运行时等离子体的温度和密度

要获得对芯部等离子体的整体把握，采用简化后的 0 维能量平衡方程是十分有效的。在定常状态下，可以将公式（6.2.7）、（6.2.8）的左边置 0，从而求得等离子体的温度和密度。若认为 α 粒子的能量全部分配给电子和离子，则有[10]

$$-P_{\chi ce} + P_\alpha R_\alpha + P_d + P_J - P_{ei} - P_{br} - P_{sy} - P_{imp} = 0 \tag{6.2.10}$$

$$-P_{\chi ci} + P_\alpha(1 - R_\alpha) + P_{ei} = 0 \tag{6.2.11}$$

式中，取 $P_d = P_{He}$，$P_{Hi} = 0$。$P_{\chi ce}$ 和 $P_{\chi ci}$ 分别表示电子和离子的包括热传导损失和对流损失在内的输运损失功率，并有

$$P_{\chi ce} = \frac{3}{2}\frac{n_e k T_e}{\tau_{Ee}} \quad (\mathrm{W/m^3}) \tag{6.2.12}$$

$$P_{\chi ce} = \frac{3}{2}\frac{n_i(1 + f_I)k T_i}{\tau_{Ei}} \quad (\mathrm{W/m^3}) \tag{6.2.13}$$

P_α 为 α 加热功率：

$$P_\alpha = \frac{1}{4} n_i^2 \langle \sigma v \rangle k E_{\alpha 0} f_\alpha \quad (\mathrm{W/m^3}) \tag{6.2.14}$$

式中,将杂质离子密度 n_I 与 n_i 的比记为 $f_I = n_I / n_i$。f_α 为修正系数,当 $T = 10$ keV 时,$f_\alpha \cong 1.5$。P_d 是电流驱动功率,其相当于在一维能量平衡的小节中所讨论的外部加热功率。另外,这里认为线辐射很小从而将其忽视,并考虑了杂质造成的辐射损失 P_{imp}。式中其余各项分别为

$$R_\alpha = \{1 - T_e / (1.5 \times 10^5)\}^2 \tag{6.2.15}$$

$$P_J = \eta_\parallel j_p^2 \quad (\mathrm{W/m^3}) \tag{6.2.16}$$

$$P_{ei} = \frac{3}{2} \frac{n_e k (T_e - T_i)}{\tau_{ei}} \quad (\mathrm{W/m^3}) \tag{6.2.17}$$

$$P_{br} = 1.41 \times 10^{-38} Z_{\mathrm{eff}} n_e^2 T_e^{1/2} \quad (\mathrm{W/m^3}) \tag{6.2.18}$$

$$P_{sy} = 6.38 \times 10^{-16} B_0^{5/2} T_e^2 \left(\frac{n_e}{aA}\right)^{1/2} \quad (\mathrm{W/m^3}) \tag{6.2.19}$$

其中,a 和 A 分别是等离子体的小半径和环径比(R_0 / a,R_0 是等离子体的大半径);n_i 和 n_e 分别是离子和电子的密度,其单位为 $\mathrm{m^{-3}}$;温度 T_e 和 T_i 的单位为 eV;j_p 是等离子体电流密度。当杂质主要是氧时,由其导致的辐射损失功率为

$$P_{\mathrm{imp}} = f_I n_e^2 \times 10^{0.679[\log_{10}\{T_e/(4\times10^3)\}]^2 - 34} \quad (\mathrm{W/m^3}), \quad 2 \times 10^2 \mathrm{~eV} \leqslant T_e \leqslant 10^4 \mathrm{~eV} \tag{6.2.20}$$

各功率 P 的单位均为 $\mathrm{W/m^3}$。

对于电子和离子的能量约束时间,若利用 Alcator 定标律和新经典(neoclassical)定标律,则有

$$\tau_{Ee} = 1.1 \times 10^{-20} n_e a^2 \tag{6.2.21}$$

$$\tau_{Ei} = 4.7 \times 10^{18} \frac{B_0^2 T_i^{1/2} a^2}{A^{1.5} n_i q^2} \tag{6.2.22}$$

其中,B_0 和 q 分别为环向磁场(T)和安全因子。电子-离子的能量均分时间(缓和时间)为

$$\tau_{ei} = 4.38 \times 10^{13} \frac{T_e^{3/2}}{n_e} Z_{\mathrm{eff}} \tag{6.2.23}$$

式中,已经取库仑对数 $\ln \Lambda = 18$。

对于有效电荷数 Z_{eff},在 $Z_I \gg 1$ 的近似下,有

$$Z_{\text{eff}} \cong 1 + Z_{\text{I}}^2 f_{\text{I}} \qquad (6.2.24)$$

等离子体的电阻率为

$$\eta_{\parallel} = 10^{-3} Z_{\text{eff}} T_{\text{e}}^{-3/2} \quad (\Omega \cdot \text{m}) \qquad (6.2.25)$$

由此,利用公式(6.2.10)与公式(6.2.11)求出等离子体的额定运行参数后,就可以计算出需要向等离子体中投入的加热功率等相关物理量。

6.3 燃烧率

在定常状态下,由公式(6.2.6)有

$$S_{\text{i}} = \frac{n_{\text{i}}}{\tau_{\text{Pi}}} - 2 \left(\frac{n_{\text{i}}}{2} \right)^2 \langle \sigma v \rangle \qquad (6.3.1)$$

上式即为维持核聚变反应所需要的燃料注入率。但在实际中,一般还存在壁的再回收过程,若将壁的再回收率记为 R,则公式(6.2.6)变为

$$\frac{\text{d} n_{\text{i}}}{\text{d} t} = S_{\text{i}} - \frac{n_{\text{i}}}{\tau_{\text{Pi}}} + R \frac{n_{\text{i}}}{\tau_{\text{Pi}}} - 2 \left(\frac{n_{\text{i}}}{2} \right)^2 \langle \sigma v \rangle \qquad (6.3.2)$$

如果将 τ_{Pi} 改写为 $\tau_{\text{Pi}}' = \tau_{\text{Pi}}/(1-R)$,则公式(6.2.6)可以依照原来的形式继续使用。将 τ_{Pi}' 称为考虑了再回收过程的粒子约束时间。

将等离子体中燃料的燃烧率(burn-up fraction)f_{b} 定义为[11]

$$f_{\text{b}} = \frac{n_{\text{i}}^2}{2} \langle \sigma v \rangle / S_{\text{i}} \qquad (6.3.3)$$

在定常状态下,由公式(6.3.1)可得

$$f_{\text{b}} = \frac{n_{\text{i}} \tau_{\text{Pi}} \langle \sigma v \rangle}{2 + n_{\text{i}} \tau_{\text{Pi}} \langle \sigma v \rangle} \qquad (6.3.4)$$

由于 $\langle \sigma v \rangle$ 是温度 T 的函数,因此燃烧率是 n_{i}、τ_{Pi} 和 T 的函数。燃烧率的等高线图如图 6.3.1 所示。在 $T = 10\,\text{keV}$ 附近,燃烧率约为数个(%)。

另一方面,聚变堆的输出功率 P_{f} 为

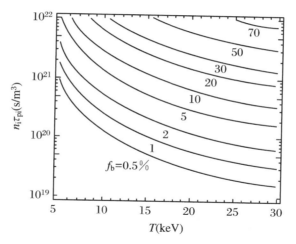

图 6.3.1　燃烧率的等高线图[12]

$$P_f = \left(\frac{n_i}{2}\right)^2 \langle \sigma v \rangle k E_f V_p \quad (\text{W}) \qquad (6.3.5)$$

其中，V_p 为等离子体的体积，E_f 为 DT 反应放出的能量，$E_f = 17.6\ \text{MeV}$。由公式 (6.3.3)可知，该输出功率与燃烧率的关系为

$$P_f = \frac{1}{2} S_i f_b k E_f V_p \qquad (6.3.6)$$

该式表明，在确定聚变堆的大小后，要确保一定的聚变堆输出功率，需要减小燃烧率 f_b，而增大 S_i。换言之，需要向等离子体中注入大量的燃料，并通过排气系统回收大量的未燃烧燃料，但在这种情况下，燃料循环系统需要处理大量的氚，同时有大量燃料滞留在堆中。就聚变堆的安全性而言，降低由氚辐射造成的照射剂量是重要的课题之一，而选择燃烧率较高的运行参数，能够显著减少堆中的氚含量，这对提高聚变堆的安全性而言十分重要。从图 6.3.1 可知，要提高燃烧率，必须增大 $n_i \tau_{Pi}$ 和 T。

接下来，将介绍燃烧率与氦（α 粒子）的关系。在偏滤器处进行氦排灰的模式图如图 6.3.2 所示。当聚变堆输出功率为 P_f（单位为 W）时，由 DT 反应生成的氦粒子数 S_α（个/秒）为

$$S_\alpha = P_f/(k E_f) = P_f/(1.60 \times 10^{-19})/(17.6 \times 10^6) = 3.55 \times 10^{11} P_f \qquad (6.3.7)$$

记等离子体中氦的积累率为

$$f_\alpha = \frac{n_\alpha}{n_D + n_T} \qquad (6.3.8)$$

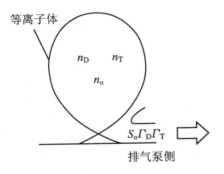

等离子体

n_D n_T

$n_α$

$S_α Γ_D Γ_T$

排气泵侧

图 6.3.2   在偏滤器处进行的氦排灰

由排气导致的从等离子体中流出的燃料离子在到达偏滤器上后会变成中性粒子,记其速率为$(Γ_D + Γ_T)$(个/秒)。在定常状态下,由 DT 反应生成的氦粒子的排气速率为$S_α$。在排气泵附近,氦粒子与变为中性粒子的燃料互相混合,若记氦所占比例为f_E,则有

$$f_E = \frac{S_α}{(Γ_D + Γ_T)} \tag{6.3.9}$$

燃料粒子的注入率为$S_i V_p$,而要生成一个氦粒子,需要消耗 D 和 T 各一个,因此燃料的粒子数平衡为

$$Γ_D + Γ_T = S_i V_p - 2S_α \tag{6.3.10}$$

将公式(6.3.9)代入公式(6.3.10)可得

$$S_i = \left(2 + \frac{1}{f_E}\right)\frac{S_α}{V_p} \tag{6.3.11}$$

再由公式(6.3.3)可得,燃烧率为

$$f_b = \frac{2}{2 + f_E^{-1}} \tag{6.3.12}$$

6.4   等离子体回路

对于等离子体中流有电流的托卡马克而言,在考虑包含等离子体启动和停止的运行过程时,使用等离子体回路十分有效。为了简单起见,将等离子体通道近似为线电流,来

研究宏观参数随时间的变化。

在聚变堆的定常运行中,考虑由变压器原理诱导产生的等离子体电流,以及由非电磁感应引起的驱动电流。当等离子体电流近似为线电流时,由于二者的电流通道不同,因此由公式(4.2.8)可得,欧姆定律为

$$E + V \times B = \frac{j_{\mathrm{r}}}{\sigma_{\mathrm{ei}}} + \frac{j_{\mathrm{CD}}}{\sigma_{\mathrm{h}}} \tag{6.4.1}$$

其中,j_{r} 表示由变压器原理诱导产生的等离子体电流密度;j_{CD} 表示由非电磁感应引起的驱动电流密度;σ_{ei} 与 σ_{h} 分别表示由电子与离子的碰撞而导致的电导率,以及由等离子体团粒子与高速粒子的碰撞而导致的电导率。记等离子体电流密度为 j_{p},则 $j_{\mathrm{r}} = j_{\mathrm{p}} - j_{\mathrm{CD}}$。在 $\sigma_{\mathrm{h}} \to \infty$ 的近似下,利用电阻率 $\eta = 1/\sigma_{\mathrm{ei}}$(省略了等离子体电阻的下角标$_{\parallel}$),可得

$$E + V \times B = \eta j_{\mathrm{r}} \tag{6.4.2}$$

考虑如图6.4.1所示的等离子体电流通道。对与等离子体一起运动的任意平面 S,取 $\mathrm{d}S = r \times \mathrm{d}\ell$。对于磁通(也称为通量)$\phi = \int B \cdot \mathrm{d}S$ 的时间变化,利用麦克斯韦方程组的公式(3.1.3),斯托克斯(Stokes)定理 $\int (\nabla \times A) \cdot \mathrm{d}S = \int A \cdot \mathrm{d}\ell$,以及公式 $a \cdot (b \times c) = b \cdot (c \times a) = c \cdot (a \times b)$,可得

$$\frac{\mathrm{d}\phi}{\mathrm{d}t} = \int \frac{\partial B}{\partial t} \cdot \mathrm{d}S + \int B \cdot (V \times \mathrm{d}\ell) = -\int (E + V \times B) \cdot \mathrm{d}\ell \tag{6.4.3}$$

在 $\eta = 0$ 的理想磁流体动力学近似下,公式(6.4.3)变为 $\mathrm{d}\phi/\mathrm{d}t = 0$,从而磁通守恒,但当 $\eta \neq 0$ 时,磁通就会发生变化,因而有必要对磁通进行补充(参考4.7节)。

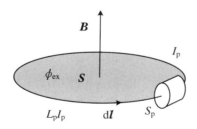

图 6.4.1　等离子体电流通道

对公式(6.4.2)进行线积分可得

$$\int (E + V \times B) \cdot \mathrm{d}\ell = \int \eta j_{\mathrm{r}} \cdot \mathrm{d}\ell \tag{6.4.4}$$

上式右边为

$$\int \eta j_r \cdot d\ell = \int j_r S_p \cdot \frac{\eta}{S_p} d\ell = R_p (I_p - I_{CD}) \qquad (6.4.5)$$

记等离子体小半径为 a，拉长比为 κ，等离子体的截面积为 $S_p = \pi a^2 \kappa$，则等离子体电阻、等离子体电流（plasma current）以及非电磁感应驱动电流分别为

$$R_p = \frac{2\pi R_0}{S_p} \eta \qquad (6.4.6)$$

$$I_p = j_p S_p \qquad (6.4.7)$$

$$I_{CD} = j_{CD} S_p \qquad (6.4.8)$$

其中，R_0 为等离子体的大半径。由公式（6.4.3）可知，公式（6.4.4）的左边即是 $-d\phi/dt$。

总磁通包含从等离子体外施加的磁场而产生的磁通以及等离子体自身的磁通。外场的来源是变流器线圈，记其产生的磁通为 ϕ_{ex}。等离子体中来自变流器线圈的磁通为 $M_p I_{OH}$，而等离子体自身的磁通为 $L_p I_p$，故有

$$\phi = L_p I_p + M_p I_{OH} \qquad (6.4.9)$$

式中，L_p 是等离子体的自感，由公式（4.1.43）给出；I_{OH} 是变流器线圈的电流（ohmic current）；M_p 是 I_p 与 I_{OH} 之间的互感（mutual inductance）。若令 L_p 与 M_p 不随时间变化，则有

$$-\frac{d\phi}{dt} = -(L_p \dot{I}_p + M_p \dot{I}_{OH}) \qquad (6.4.10)$$

从而公式（6.4.4）变为

$$L_p \dot{I}_p + R_p (I_p - I_{CD}) = -M_p \dot{I}_{OH} \equiv V_L \qquad (6.4.11)$$

式中，V_L 称为环电压（loop voltage）。由于等离子体电阻的存在，磁通逐渐被消耗，并作为焦耳加热功率 P_J 出现在能量平衡方程中。

等离子体回路如图 6.4.2 所示。由非电磁感应产生的驱动电流可以视为等离子体内部的电流源。在仅有变流器线圈（$I_{CD} = 0$）驱动等离子体电流的情况下，即使处于 $\dot{I}_p = 0$ 的定常状态，为了维持等离子体电流，变流器线圈中的电流也必须保持不断变化。而在仅有非电磁感应电流驱动的情况下，定常状态时有 $V_L = 0$。

在利用变流器原理驱动等离子体电流的情况下，变流器线圈中提供的磁通还会在真空室以及其他的结构中产生感应电流。虽然在公式（6.4.11）中只考虑了变流器线圈，但只要将其他的结构包含进来，并做线电流近似，就依然能对等离子体回路进行有效的研究。

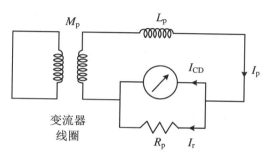

图 6.4.2　等离子体回路

在托卡马克等离子体的周围,存在真空室、极向线圈以及环向线圈等金属结构。当内部流有电流的等离子体发生移动时,就会在这些导体中产生感应电流。该电流会沿着能够妨碍等离子体移动的方向流动,称这个现象为屏蔽效应。真空室对等离子体位置不稳定性的屏蔽效应,可以在线电流近似后,通过将等离子体的行为化为等价回路来求解。

6.5　堆结构

1. 径向构造

图 6.5.1 给出了聚变堆在极向的截面图[13]。该图是准定常聚变实验堆(FER-Q)的概念设计的一个示例。在该示例中,假定准定常运行使用低杂波电流驱动(LHCD)。图中给出了设置有作为等离子体加热手段之一的离子回旋波加热的极向截面。要设计和确定类似图中的堆结构,从聚变堆环的极向截面出发进行讨论不失为一个有效途径。将聚变堆环在极向截面的堆结构称为径向构造(radial build)。

图 6.5.2 给出了托卡马克的径向构造。在该构造中,给出了从环中心开始,包括中心螺管至等离子体在内的堆结构。在此基础上,等离子体的大半径 R_0 可以表示为

$$R_0 = R_{CS} + \Delta_{CS} + \Delta_{g1} + \Delta_{BC} + \Delta_{TC} + \Delta_{g2} + \Delta_{TS} + \Delta_V + \Delta_S + \Delta_B + \Delta_{SL} + a$$

$$(6.5.1)$$

其中,R_{CS} 表示中心螺管(CS 线圈,变流器线圈)的半径,即用于确保 CS 线圈提供的伏秒数的空间。其他各符号的含义分别为,Δ_{CS}:CS 线圈的厚度,Δ_{g1}:CS 线圈与支撑圆柱之间的间隔(gap),Δ_{BC}:支撑圆柱的厚度,Δ_{TC}:包含外壳在内的 TF 线圈的厚度,Δ_{g2}:TF 线

圈与热屏蔽体之间的间隔(gap)，Δ_{TS}：热屏蔽体的厚度，Δ_V：真空室的厚度，Δ_S：屏蔽体的厚度，Δ_B：第一壁与包层的总厚度，Δ_{SL}：刮削层的厚度，a：等离子体的小半径。依照各个设计确定上述各种厚度后，就可以获得等离子体的大半径(参考20.4节)。

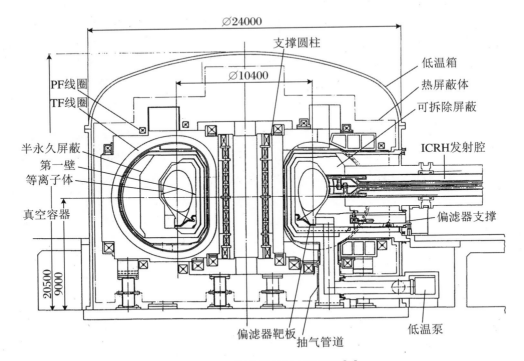

图 6.5.1　聚变堆的极向截面图[13]

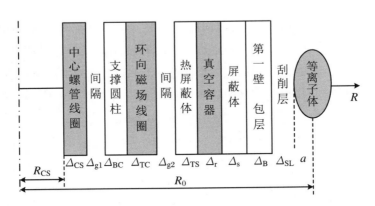

图 6.5.2　托卡马克的径向构造

2. 运行所需的磁通

R_{CS}是能够极大影响聚变堆大小的参数之一。考虑在聚变堆的运行过程中，仅使用

核聚变堆设计

CS 线圈来启动和维持等离子体的情况。由公式(6.4.11)可得,等离子体的回路方程为

$$L_p \dot{I}_p + R_p I_p = V_L \tag{6.5.2}$$

将该式对时间积分至等离子体的启动时间,可得

$$\int_0^{t_s} (L_p \dot{I}_p + R_p I_p) \mathrm{d}t = L_p I_p + \int_0^{t_s} R_p I_p \mathrm{d}t = \phi_{\text{ramp}} + \phi_{\text{Ejima}} \tag{6.5.3}$$

式中,右边第一项表示等离子体的启动所必需的伏秒数(也称为通量或者磁通),$\phi_{\text{ramp}} = L_p I_p$;第二项表示在启动时由于电阻而消耗的磁通量,记为 ϕ_{Ejima}。

等离子体燃烧时的回路方程为 $R_p I_p = V_L$,若记等离子体的燃烧时间为 t_B,则燃烧时所需的伏秒数为 $\phi_{\text{burn}} = R_p I_p t_B$。由公式(6.4.6)可得

$$\phi_{\text{burn}} = \frac{2R_0 \eta}{a^2 \kappa} I_p t_B \tag{6.5.4}$$

记运行时所需的伏秒数为 ϕ_{op}。在实际情况中,为了维持用于等离子体电流的启动过程中进行等离子体加热的等离子体电流,还需要额外的伏秒数 ϕ_{heat}。因此运行所需的总伏秒数为

$$\phi_{\text{op}} = \phi_{\text{ramp}} + \phi_{\text{Ejima}} + \phi_{\text{heat}} + \phi_{\text{burn}} \tag{6.5.5}$$

式中,ϕ_{Ejima} 作为启动时由于电阻而消耗的磁通量,利用 Ejima 经验公式[14]可得 $\phi_{\text{Ejima}} = C_{\text{Ejima}} \mu_0 R_0 I_p$,其中 C_{Ejima} 为 Ejima 系数,一般取 $0.4 \sim 0.5$。

在聚变堆中,一般需要达到 $\phi_{\text{heat}} \approx 10\ \text{V} \cdot \text{s}$[15]。举例来说,在 $a = 2\ \text{m}$,$R_0 = 6.2\ \text{m}$,$\kappa = 1.75$,$I_p = 15\ \text{MA}$,$T_e = 8.9\ \text{keV}$ 以及 $Z_{\text{eff}} = 1.5$ 的情况下,由公式(6.2.25)可得,$R_p I_p = 0.047\ \text{V}$,取 $t_B = 1000\ \text{s}$,则燃烧所需的伏秒数为 $\phi_{\text{burn}} = 47\ \text{V} \cdot \text{s}$。

3. 供给磁通

供给磁通(伏秒数)包括由 CS 线圈提供的部分以及由垂直磁场提供的部分,表示如下[15]:

$$\phi_{\text{total}} = \phi_{\text{CS}} + \phi_{\text{VF}} \tag{6.5.6}$$

使流过 CS 线圈中的电流的正端转为负端,可以使 CS 线圈中的伏秒数翻倍(参考 9.8.3 小节)。利用 CS 线圈的中心磁场 B_{p0},以及由平衡计算获得的垂直磁场与由公式(4.1.50)所得的垂直磁场 B_z 的比 γ_V,可以求得

$$\phi_{\text{CS}} = 2\pi R_{\text{CS}}^2 B_{p0} \tag{6.5.7}$$

$$\phi_{\text{VF}} = \pi R_0^2 B_z \gamma_V \tag{6.5.8}$$

考虑 CS 线圈内侧的磁场分布。图 6.5.3 给出了由 CS 线圈的最大磁场 B_{pmax} 决定的 CS 线圈内侧的磁场分布。在这里,假定 CS 线圈内侧的磁场为常数($B_{\text{pmax}} = B_{\text{p0}}$),而 CS 线圈导体内的磁场则直线衰减。在图 6.5.3 中,CS 线圈导体内的磁场为

$$B(R) = -\frac{B_{\text{p0}}}{\Delta_{\text{CS}}}R + \frac{B_{\text{p0}}}{\Delta_{\text{CS}}}(R_{\text{CS}} + \Delta_{\text{CS}}) \tag{6.5.9}$$

若将 CS 线圈导体内的伏秒数也包含进来,则 CS 线圈的伏秒数 ϕ_{CS} 为

$$\phi_{\text{CS}} = 2\left(\int_0^{R_{\text{CS}}} 2\pi R B_{\text{p0}}\,\mathrm{d}R + \int_{R_{\text{CS}}}^{R_{\text{CS}}+\Delta_{\text{CS}}} 2\pi R B(R)\,\mathrm{d}R\right)$$

$$= 2\pi B_{\text{p0}}\left(R_{\text{CS}}^2 + \Delta_{\text{CS}} R_{\text{CS}} + \frac{\Delta_{\text{CS}}^2}{3}\right) \tag{6.5.10}$$

但实际上,CS 线圈是由垂直方向分割开的单元重叠起来所组成的,单元与单元之间存在缝隙,因而会导致磁场的减小,处理相关问题时需要对此进行考虑(参考 9.8 节)。

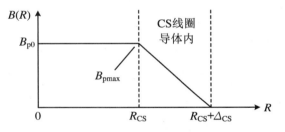

图 6.5.3　CS 线圈内侧的磁场分布

燃烧时间、等离子体电流和等离子体温度等参数需要依据实验装置的目的或聚变堆的运行计划来确定。而一旦确定了燃烧时间、等离子体电流和等离子体温度等参数,就可以确定适合所需伏秒数的 CS 线圈厚度 R_{CS}。需要明确的一点是,CS 线圈的厚度、TF 线圈的厚度以及真空室的厚度等,都需要通过各自的设计和讨论再确定。在考虑聚变堆结构性限制(structural restriction)的基础上,确定各自的参数和结构,并进行反复讨论,才能获得最终值。

6.6　今后的课题

（1）在堆芯等离子体的设计过程中，充分考虑燃烧等离子体，尤其是 α 粒子的行为特点变得愈发重要。进行堆芯等离子体设计，需要进一步提高 α 粒子行为的精度。

（2）等离子体粒子及能量平衡方程涉及等离子体输运等相关知识。对等离子体全体而言，等离子体粒子及能量平衡方程的解是否恰当仍需进一步地检验。

参　考　文　献

［1］　東稔達三，真木紘一，笠井雅夫，等，日本原子力研究所，JAERI-M 9167（1980）.

［2］　天野恒雄，岡本正雄，日本原子力研究所，JAERI-M 8420（1979）.

［3］　若谷誠宏，核融合研究，第 51 卷第 3 期，163-186（1984）.

［4］　宮本健郎，プラズマ物理の基礎，朝倉書店（2014）.

［5］　真木紘一，東稔達三，大和春海，日本原子力研究所，JAERI-M 7676（1978）.

［6］　T. H. Stix, Plasma Physics，14，367（1972）.

［7］　D. J. Rose, On the Feasibility of Power by Nuclear Fusion，ORNL/TM-2204 May，（1968）.

［8］　S. IBraginskii, Reviews of Plasma Physics，Vol. 1 205（1965）.

［9］　K. Nishikawa, M. Wakatani, Plasma Physics Basic Theory with Fusion Applications，Springer-Verlag，Berlin Heidelberg（1990）.

［10］　M. Sugihara, N. Fujisawa, T. Yamamoto, et al.，Japan Atomic Energy Research Institute，JAERI-M 83-174（1983）.

［11］　T. Kammash, Fusion Reactor Physics principles and technology，ANN ARBOR SCIENCE PUBLISHERS INC/THE BUTTERWORTH GROUP（1975）.

［12］　岡崎隆司，関泰，稲邊輝雄，青木功，日本原子力研究所，JAERI-M 93-112（1993）.

［13］　臨界プラズマ研究部，日本原子力研究所，JAERI-M 85-177（1985）.

［14］　S. Ejima, R. W. Callis, J. L. Luxon et al.，Nucl. Fusion，22，1313-1319（1982）.

［15］　藤枝浩文，村上好樹，杉原正芳，日本原子力研究所 JAERI-M 92-178（1992）.

第 7 章

包层

采用 DT 反应的核聚变堆的包层装置的主要目的是：生产作为燃料的氚，将中子的动能转变为热能。所谓核聚变堆包层，指的是包围或环绕等离子体的物体。本章介绍包层应具备的功能以及实现这些功能的设计方法。

7.1　包层应具备的功能

包层应具备的功能如表 7.1.1 所示。包层应具备的功能有：生产作为 DT 反应燃料的氚的功能，将 DT 反应产生的中子的动能转变为热能并提取出这些热能的功能，与其他屏蔽物体一起对超导线圈、辐射环境工作人员、一般公众进行屏蔽的功能。表中第 4、5 项与维护、核设计相关，分别将在第 15 章、第 14 章叙述。第 6 项将在第 9 章叙述。当然对经济性能也有要求，这将反映在第 2 项的发电效率中。

表 7.1.1　包层应具备的功能

序号	项　目	内　容
1	氚生产	氚增殖比高,生成的氚容易回收
2	热的取出	发电效率高,能量倍增率高,冷却性能良好,核发热部位分散
3	屏蔽功能	对于超导线圈、辐射环境工作人员、一般公众的屏蔽性能强,通过低活化从而减少放射性废弃物
4	维护	长寿命化,更换频度低,利用易脱结构来降低维护难度
5	结构健全性	能够承受中子和粒子负荷、电磁力、热负荷等
6	安全性	防止由于包层内的化学反应热等引起破损,从而导致放射性物质泄漏等

7.2　氚生产

7.2.1　氚生产的必要性

核聚变堆中的 DT 反应为

$$^2_1D + ^3_1T \rightarrow ^4_2He + ^1_0n + 17.6\ MeV \tag{7.2.1}$$

核聚变输出为 $P_f(MW)$,因为 $E_f = 17.6\ MeV$、$k = 1.60 \times 10^{-19}\ J/eV$,核聚变反应中的氚消费比例 C_t 与公式(6.3.7)一样,可以表示为

$$C_t = P_f/(kE_f) = 3.55 \times 10^{17} P_f \quad (个/s) \tag{7.2.2}$$

如果阿伏伽德罗常数 $N_0 = 6.02 \times 10^{23}$ 个/mol,氚的摩尔质量 $m = 3\ g/mol$,每年氚消费比例则为

$$C_t = 3.55 \times 10^{17} P_f \frac{3 \times 10^{-3}}{6.02 \times 10^{23}} \times 365 \times 24 \times 3600 = 5.58 \times 10^{-2} P_f \quad (kg/yr)$$

$$\tag{7.2.3}$$

核聚变堆 $P_f = 3000\ MW$ 时,每年的氚消费比例为 $C_t = 167\ g/yr$。利用率(availability) f_A 为 85% 时,每年的氚消费量为 142 g/yr。

核聚变燃料之一的氘在海水氢中占有 0.015% 的含量,因此作为核聚变燃料的资源来说,基本上是无穷的。与此相对应的是,氚在天然中几乎不存在。氚的生产方法如表 7.2.1 所示[4]。其中任一生产方法所能达到的年生产量也只有从数 g 到 1 kg,不能满足核聚变的全部消费。因此需要开发与这些生产方法不同的氚生产方法。

表 7.2.1 氚的生产方法

序号	生产方法	内 容
1	轻水堆(燃料)	利用核裂变生成
2	再处理工厂	从使用后燃料中提取
3	重水堆	利用重水捕获热中子生成
4	熔盐堆	利用锂与中子的反应生成
5	轻水堆(锂辐照)	利用锂与中子的反应生成

7.2.2 氚增殖比

可以在包层中装入锂,利用其与中子的反应,生产氚。氚的生成反应如下所示:

$$^{6}_{3}\mathrm{Li} + ^{1}_{0}\mathrm{n} \rightarrow ^{4}_{2}\mathrm{He} + ^{3}_{1}\mathrm{T} + 4.8\,\mathrm{MeV} \tag{7.2.4}$$

$$^{7}_{3}\mathrm{Li} + ^{1}_{0}\mathrm{n} \rightarrow ^{4}_{2}\mathrm{He} + ^{3}_{1}\mathrm{T} + ^{1}_{0}\mathrm{n} - 2.5\,\mathrm{MeV} \tag{7.2.5}$$

天然锂中,$^{6}_{3}\mathrm{Li}$ 与 $^{7}_{3}\mathrm{Li}$ 的存在比例为 7.4 : 92.6。公式(7.2.4)是发热反应,公式(7.2.5)是吸热反应。

氚增殖比 T_{br}(TBR,tritium breeding ratio)是单位时间内生成的氚量与单位时间内因核聚变反应消费的氚量的比值,可以通过氚生成比例 P_{t} 与氚消费比例 C_{t} 来表示:

$$T_{br} = P_{t}/C_{t} \tag{7.2.6}$$

在公式(7.2.1)中,消费一个氚原子,生成一个中子。这个中子通过公式(7.2.5)的反应,生成 1 个氚和 1 个中子,然后这个中子又通过公式(7.2.4)再生成 1 个氚。这样,通过这些反应,最多可以生成 2 个氚原子。但是,实际上中子还会被反应堆结构材料吸收,另外包层也不能覆盖等离子体的周围全部区域,因此为了提高氚增殖比,需要利用中子倍增剂的(n,2n)反应来增加中子数量。

7.2.3 氚倍增时间

氚的半衰期为 $T_{1/2} = 12.3$ 年，通过 $_1^3 \text{T} \rightarrow _2^3 \text{He}^+ + \text{e}^{-3}$ 发生衰变。先讨论不考虑这些衰变的情况。核聚变堆内的氚装料量即氚存量（tritium inventory）I 可用下式来表示[5,6]：

$$\frac{\mathrm{d}I}{\mathrm{d}t} = P_\text{t} - C_\text{t} = (T_\text{br} - 1) C_\text{t} \qquad (7.2.7)$$

如果 P_f 为一定值，核聚变堆内的初始装料量为 I_0，核聚变的运行时间为 t，根据公式，氚存量为

$$I = I_0 + (T_\text{br} - 1) C_\text{t} t \qquad (7.2.8)$$

氚倍增时间（doubling time）T_D 是氚存量到达初始装料量的 2 倍即 $I = 2 I_0$ 的时间：

$$T_\text{D} = \frac{I_0}{(T_\text{br} - 1) C_\text{t}} \qquad (7.2.9)$$

利用单位输出的氚量 $T_\text{s} = I_0 / P_\text{f} (\text{kg/MW})$，根据公式（7.2.3），氚倍增时间可变为下式：

$$T_\text{D} = \frac{17.9 T_\text{s}}{(T_\text{br} - 1)} \quad (\text{yr}) \qquad (7.2.10)$$

接着，考虑氚的衰变，公式（7.2.7）变为

$$\frac{\mathrm{d}I}{\mathrm{d}t} = -\lambda I + (T_\text{br} - 1) C_\text{t} \qquad (7.2.11)$$

这里，λ 为氚的衰减常数（参考公式（19.2.4））：

$$\lambda = \frac{\ln 2}{T_{1/2}} = \frac{0.693}{12.3} = 0.0564 \ (\text{yr}^{-1}) \qquad (7.2.12)$$

公式（7.2.11）的解为

$$I = I_0 \mathrm{e}^{-\lambda t} + \frac{(T_\text{br} - 1) C_\text{t}}{\lambda} (1 - \mathrm{e}^{-\lambda t}) \qquad (7.2.13)$$

此时，根据公式（7.2.9），氚倍增时间 T_D' 为

$$T_\text{D}' = \ln \left[\frac{1 - 2\lambda T_\text{D}}{1 - \lambda T_\text{D}} \right]^{-\frac{1}{\lambda}} \qquad (7.2.14)$$

例如，当核聚变堆 $P_f = 3000\ \text{MW}$、$I_0 = 5\ \text{kg}$ 时[7]，$T_s = 0.0017\ \text{kg/MW}$。如果 $T_{br} = 1.01$，则 $T'_D = 4.0$ 年。根据这一计算，与快中子增殖堆的倍增时间 30 年[4]相比，可以说核聚变堆的增殖时间非常短。

对于生成的氚来说，还会由于氚回收、提纯、再注入等操作出现损失，氚的利用效率不可能是 100%。由于其他的反应堆内机器的存在，包层对于堆芯的覆盖面积占有率（参考 7.2.4 小节 5）也不可能是 100%，这些因素都会延长倍增时间。

利用核聚变堆供应大量的电力时，需要增加核聚变堆发电厂的数量。因此，需要想方设法提高氚处理的利用效率，提高有效利用 DT 反应生成的中子的面积占有率，从而提高氚增殖比，缩短氚倍增时间。

7.2.4　提高氚增殖比的方法

根据公式(7.2.1)，消费 1 个氚会生成 1 个中子，因而公式(7.2.2)所示的单位时间内的氚消费个数也是单位时间内生成的中子个数。利用中子源的中子束 φ，对中子源归一化处理为 1，氚增殖比可从下式求得：

$$T_{br} = \int (N^6 \sigma^6 + N^7 \sigma^7) \varphi \mathrm{d}V \mathrm{d}E \Big/ \int \varphi \mathrm{d}V \mathrm{d}E \qquad (7.2.15)$$

式中，N^6、N^7 为 ^6Li、^7Li 的原子数密度，σ^6、σ^7 为公式(7.2.4)和公式(7.2.5)所示各反应的截面积。积分操作时，对包层领域的体积内且对全能量范围进行积分。为了提高氚增殖比，由于这与锂的原子数密度、截面积、中子束的乘积有关，因此需要分别增大这些数值。下面说明提高氚增殖比的方法。

1. $^6\text{Li}(n, T)\alpha$ 反应截面积

图 7.2.1 表示锂 6 的 $^6\text{Li}(n, T)\alpha$ 反应截面积[1,8]。$^6\text{Li}(n, T)\alpha$ 反应在 250 keV 附近有 3 靶恩(barns)左右的共振，而对于热中子则具有大到 940 靶恩的反应截面积。为了有效地进行反应，需要使中子能量充分下降到热中子的程度，因此需要在远离等离子体的区域设置 ^6Li。天然锂中，^6Li 的含量只有 7.4%。通过浓缩增加 ^6Li 的原子数密度，即通过设置浓缩(提高富集度)后的 ^6Li，可以提高氚增殖率。

2. $^7\text{Li}(n, n'T)\alpha$ 反应截面积

图 7.2.2 表示锂 7 的 $^7\text{Li}(n, n'T)\alpha$ 反应截面积[1,8]。$^7\text{Li}(n, n'T)\alpha$ 反应是从 2.5

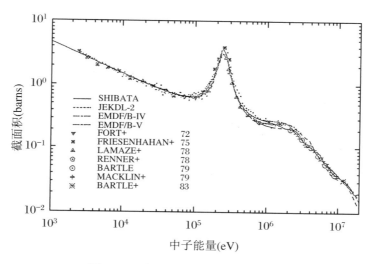

图 7.2.1　${}^6\mathrm{Li(n,T)}\alpha$ 反应截面积[8]

MeV 开始的阈值反应,如果让核聚变反应产生的 14.1 MeV 的中子尽量不减速,并使其与 ${}^7\mathrm{Li}$ 反应,可以增加氚的增殖。因此需要在等离子体与增殖领域之间,努力减少那些会使中子减速或会捕获中子的物质。

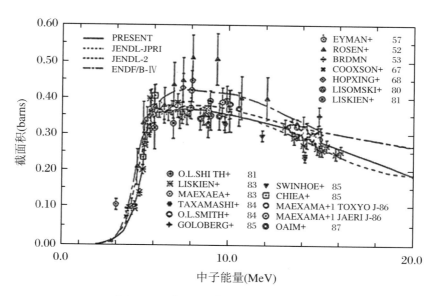

图 7.2.2　${}^7\mathrm{Li(n,n'T)}\alpha$ 反应截面积[8]

3. 氚增殖剂

表 7.2.2 是可以作为氚增殖剂的候选材料。$\mathrm{Li_2TiO_3}$ 引自文献[9~11],其他则引自

文献[11~12]。对于氚增殖剂的性能要求有：① 锂的原子数密度大；② 保持锂的时间短；③ 热传导率大；④ 热膨胀率小；⑤ 肿胀或放射性生成物少；⑥ 化学性能稳定，容易与其他材料相处；⑦ 氚增殖剂本身容易操作，等等。在与氚增殖剂反应生成的放射性生成物中，半衰期长的主要有 $^{94}Zr(n,2n):10^6$ yr, $^{96}Zr(n,2n):64$ day, $^{48}Ti(n,p):1.8$ day, $^{27}Al(n,\alpha):15$ hr, $^{30}Si(n,\alpha):9$ min 等。虽然它们的生成量不同，但从缩短维护时所需的反应堆操作时间的观点来说，这是一个应该考虑的问题。氚增殖剂的选择上需要考虑上述特性。

表 7.2.2　氚增殖剂的候选材料

种　类	增殖剂	密度 （g/cm³）	原子密度 （g/cm³）	使用温度 最低/最高（℃）
液体增殖剂	Li	0.48	0.48	180/750
	LiBeF$_4$（Flibe）	2.0	0.28	363/800
	Li$_{17}$Pb$_{83}$	9.4	0.064	235/750
固体增殖剂	Li$_2$O	2.02	0.94	400/800
	Li$_8$ZrO$_6$	3.0	0.68	400/760
	Li$_5$AlO$_4$	2.2	0.61	400/600
	Li$_4$SiO$_4$	2.28	0.54	400/730
	Li$_2$TiO$_3$	3.43	0.43	500/900
	Li$_2$SiO$_3$	2.52	0.36	400/700
	Li$_2$ZrO$_3$	4.15	0.33	400/970
	LiAiO$_2$	2.6（γ）	0.27（γ）	400/970

4. 中子束

利用核聚变反应产生的中子与锂进行反应之前，作为使中子倍增的方法，可以采用 $(n,2n)$ 反应，或者通过核裂变核种的 1 次裂变产生 2~3 个中子的反应。核裂变核种的利用存在着安全性和废弃物的问题，这里作为中子倍增剂，考虑具有 $(n,2n)$ 反应的物质。表 7.2.3 是主要的中子倍增剂[12,13]。

表 7.2.3　主要的中子倍增剂

序号	中子倍增剂	(n,2n)反应的阈值(MeV)
1	Be	2.5
2	Pb	7
3	Mo	7
4	Nb	9

其中,阈值反应低的 Be 和反应截面积大的 Pb 的(n,2n)反应式如下所示:

$$_{4}^{9}\mathrm{Be} + _{0}^{1}\mathrm{n} \rightarrow 2 _{2}^{4}\mathrm{He} + 2 _{0}^{1}\mathrm{n} - 2.5\,\mathrm{MeV} \tag{7.2.16}$$

$$_{82}^{A}\mathrm{Pb} + _{0}^{1}\mathrm{n} \rightarrow _{82}^{A-1}\mathrm{Pb} + 2 _{0}^{1}\mathrm{n} - 7\,\mathrm{MeV} \quad A = 204,206,207,208 \tag{7.2.17}$$

图 7.2.3 和图 7.2.4 分别表示 Be 和 Pb 的(n,2n)反应截面积[1,14,15]。Be 和 Pb 的 (n,2n)反应是阈值反应,因此需要将这些中子倍增剂设置于靠近等离子体的区域,以抑制中子的减速。(n,2n)反应生成的中子会受到中子倍增剂的减速,其能量会低于 $^{7}\mathrm{Li}(\mathrm{n},\mathrm{n}'\mathrm{T})\alpha$ 反应的阈值,从而可能减小 $^{7}\mathrm{Li}$ 反应对氚增殖的贡献。此时,可以通过提高在低能区域截面积大的 $^{6}\mathrm{Li}$ 的富集度,来增加氚增殖比[16]。

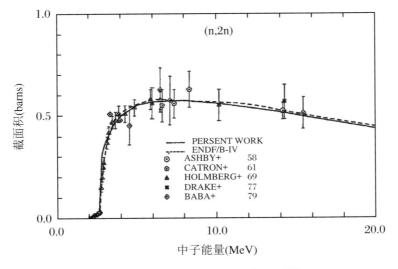

图 7.2.3　$^{9}\mathrm{Be}$ 的(n,2n)反应截面积[14]

另外,在中子倍增剂层生成的中子也会出现背散射(朝向等离子体侧散射),为了有效利用这些中子,也可考虑在中子倍增剂层的等离子体侧设置氚增殖剂。

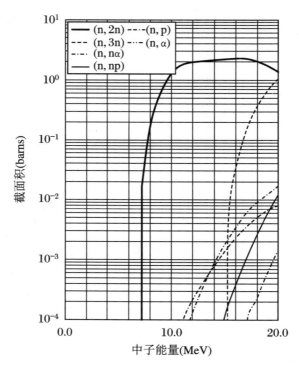

图 7.2.4　Pb 的 (n, 2n) 反应截面积[15]

5. 包层的积占率

在覆盖等离子体的全部面积中,能够设置包层的面积占有率 f_n 也称为积占率或覆盖率。如公式(7.2.15)所示,体积积分的区域只限定于包层领域。另外,伴随着氚的生成,^{6}Li 和 ^{7}Li 的原子数密度也会减少。设 f_L 为锂的损耗比例。利用公式(7.2.15),将包层领域作为积分区域,再考虑锂的原子数密度减少的因素,可以求得氚增殖比 T_{br}。但这样过于繁琐。可以利用包层覆盖整个等离子体的一维模型等,求出中子束 ϕ,然后利用公式(7.2.15)对全空间进行积分,求出局部氚增殖比(local TBR, t_{br}),再乘以 $f_n f_L$ 后得到解。相对于局部氚增殖比,T_{br} 则称为净氚增殖比。

导致面积占有率降低的因素有等离子体加热电流驱动用或分解组装用等的通道类、控制杂质的偏滤器的设置等。需要实现这些装置的小型化,以提高面积占有率。

7.2.5　氚的回收

考虑到固体增殖剂的氚回收问题,首先要选择那些氚滞留时间短的锂增殖剂。为了使得氚容易释放出来,需要增加增殖剂的表面积。因此,将增殖剂制成小球状。

氦气作为提氚气体,利用氦气的流动来回收氚。如果增殖剂的填充率低,氚增殖比则会下降。所以需要同时考虑增殖剂的填充率和氚回收两个方面。

由于提氚气体所带出的热量没有用于发电,因此要抑制提氚气体的流速,从而不回收热量。热量主要通过热传导来传播,而小球之间基本上是点接触,由此热传导受到限制。因此需要改进热量的取出。这一点将在下一节叙述。

液态增殖剂的锂回收方法中,有冷阱法、热阱法、熔融盐抽取法等[17]。

7.3 热量的取出

7.3.1 能量倍增率

在核聚变反应中,会产生具有 14.1 MeV 动能的中子和具有 3.52 MeV 动能的 α 粒子。α 粒子对 DT 等离子体离子加热后,到达偏滤器,在该处以热能的形式回收能量。中子在包层内反复经历减速过程,其动能转变成热能(参照 2.2 节)。

在包层内,中子除了经历减速过程外,还会经历氚生成反应、带电粒子生成反应、中子倍增反应、中子捕获反应。在减速反应中释放的能量等于中子失去的能量,反应前后没有能量增减。在公式(7.2.4)和公式(7.2.5)的氚生成反应中,会有能量的产生或吸收。带电粒子生成反应基本上是吸热反应。公式(7.2.16)和公式(7.2.17)所示的中子倍增反应也是吸热反应。中子捕获反应都是发热反应,以伽马射线的形式释放能量。存在如下的中子捕获反应:

$$\mathrm{Fe} + \mathrm{n} \rightarrow \mathrm{Fe}' + \gamma + 6\,\mathrm{MeV} \tag{7.3.1}$$

$$\mathrm{Mn} + \mathrm{n} \rightarrow \mathrm{Mn}' + \gamma + 10.2\,\mathrm{MeV} \tag{7.3.2}$$

$$^{12}\mathrm{C} + \mathrm{n} \rightarrow {}^{13}\mathrm{C} + \gamma + 4.9\,\mathrm{MeV} \tag{7.3.3}$$

考虑在包层内发生的所有反应的能量收支后,用核聚变反应产生的中子能量 E_n($= 14.1\,\mathrm{MeV}$,DT 反应时)除包层内产生的能量,得到能量倍增率 M。如果核反应 j 的生成能量为 Q_j(核反应 j 为吸热反应时,Q_j 为负值),对于 14.1 MeV 中子数产生的核反应 j 的产生个数比为 f_j,则包层的能量倍增率 M 可表示为如下公式(参考 2.3 节):

$$M = f_{\mathrm{d}} + \frac{1}{E_{\mathrm{n}}} \sum_j Q_j f_j \qquad (7.3.4)$$

这里，f_{d} 表示 14.1 MeV 的能量中，通过减速过程在包层内释放的比例。对于通常 50 cm 左右厚度的包层，f_{d} 为 0.98 以上，接近于 1。能量倍增率越大，在产生相同的核聚变反应的反应堆中，就能够产生更多的能量，从而可以降低发电成本。这是一个表示包层性能的重要参数[18]。

7.3.2　发电效率与冷却剂温度

冷却剂的作用是吸收包层内产生的热量。需要根据表 7.3.1 所示的原则来设定冷却剂的温度，即为了提高发电效率，应该提高冷却剂的温度、压力，但对于氚回收，每种增殖剂都有各自合适的使用温度，而且为了保证结构材料等的安全性能，也有上限使用温度，需要根据这些上限值来确定温度。

表 7.3.1　冷却剂的温度设定原则

序号	项　目	内　容
1	提高发电效率	冷却剂温度、压力越高，发电效率越高
2	提高氚的回收效率	设定适合氚回收的温度
3	确保结构材料、增殖/倍增剂的安全性	维持能够确保结构材料、增殖/倍增剂的安全性的温度范围

1. 增殖/倍增剂的温度

今后，需要继续获得有关适合氚回收的温度范围，能够确保结构材料、增殖/倍增剂的安全性的温度范围等基础数据。如表 7.2.2 所示，氚增殖剂的使用温度范围为 400～900 ℃。中子倍增剂的熔点，Be 为 1284 ℃，Pb 为 327 ℃。Be 的最高使用温度为 600 ℃[19]。

2. 包层结构材料的温度

构成包层的结构材料要承受来自等离子体的热量以及中子负荷产生的热应力、冷却剂的内压、等离子体破裂时的电磁力。另外，由于从提高发电效率的角度所提出的冷却剂的高温，要求结构材料能够耐高温化，耐中子辐照损伤。表 7.3.2 是候选包层结构材

料的特征[10,12,20,21]。现在作为核聚变堆候选材料的有低活化铁素体钢、钒合金、SiC/SiC
复合材料，它们的使用温度分别是 550 ℃、610 ℃、1400 ℃ 左右[10]。

表 7.3.2　候选包层结构材料的特征

种　类	钢　种	特　征
奥氏体不锈钢	SUS316 等	非磁性,容易控制等离子体。因含有长寿命核种,存在低活化的问题
钼合金	TZM 等	直至高温仍可维持强度
低活化铁素体钢	Fe-Cr-C 中添加 W 等低活化元素后的铁素体钢 F82H、JLF-1 等	优良的低活化性能。需要评估和改进耐腐蚀性能
钒合金	以 V-Cr-Ti 为基本成分的钒合金,如 V-4Cr-4Ti	具有高温强度、耐中子辐照、低活化特性。问题是气体原子、水蒸气引起的强度特性劣化
SiC/SiC 复合材料	以 SiC 为基本成分,由 SiC 纤维和 SiC 基体复合而成	优良的低活化性能。由于具有绝缘性,因而不会产生电磁力。问题在于辐照引起的热传导率降低、气密性的改进

3. 冷却剂

表 7.3.3 是候选的冷却剂。作为候选材料,有水、氦气、液体增殖剂。水的传热性能
优于氦气,氦气则因化学性质不活泼而容易操作。液体增殖剂可以兼顾氚增殖和冷却。

表 7.3.3　候选的冷却剂

候选材料	特　征
水	轻水堆的经验丰富,传热性能优良
氦气	由于不活泼而容易操作,与结构材料的兼容性好。没有相变,原理上氦气本身可以实现高温化。 传热性不如水,需要增大冷却流路出入口之间的温度差,可能在结构材料中产生较大的热应力
液体增殖剂	氚增殖剂同时兼作冷却剂,可以简化包层内结构。液体增殖剂存在 MHD 压力损失,需要泵动力产生循环,由于 Flibe 的电阻率大于金属 Li,可以减轻 MHD 压力损失。Flibe 的蒸气压低,即使在高温下也可以实现常压运行

7.3.3　温度分布

图 7.3.1 是包层的示意图。为了简化起见,图中包层结构由第一壁、冷却通道、氚增殖层构成,冷却通道 2 与氚增殖层相互配置。第一壁的 y 轴方向长度为 ℓ_0。氚增殖层的侧面面积分别为 A_1、$A_2(\mathrm{m}^2)$。来自等离子体的热流束为 $q_0(\mathrm{W/m^2})$,氚增殖层的核发热密度为 $w(\mathrm{W/m^3})$。第一壁的热传导率为 $\lambda(\mathrm{W/(m\cdot K)})$,冷却通道与氚增殖层之间的热传导率(图中未表示冷却管厚度)为 $h(\mathrm{W/(m^2\cdot K)})$。密度为 $\rho(\mathrm{kg/m^3})$、定压比热为 $C_p(\mathrm{J/(kg\cdot K)})$ 的冷却剂在流路截面积为 $S(\mathrm{m}^2)$ 的流路中,以流速 $\upsilon(\mathrm{m/s})$ 沿 z 轴方向流过长度 L。第一壁的厚度为 $\ell(\mathrm{m})$,氚增殖层的侧面和中心位置为 $x=R_{\mathrm{w3}}$、R_{w4},$x=0$、ℓ、R_{w3}、R_{w4} 处的温度分别为 T_{w1}、T_{w2}、T_{w3}、T_{w4}。冷却剂的出入口温度为 T_{in}、T_{out}。另外,$\lambda/(\rho C_p)$ 对应于公式(5.1.10)的热扩散系数。

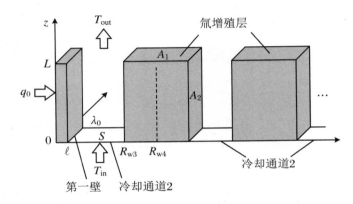

图 7.3.1　包层的示意图

冷却通道 1 的冷却剂移动微小距离 $\mathrm{d}z$ 时,来自等离子体的热量 $q_0\ell_0\mathrm{d}z$、来自氚增殖层的一半热量 $(A_1/2)w\mathrm{d}z$ 流入冷却剂。如果冷却剂接受的热量为 $S\upsilon\rho C_p\mathrm{d}T$,则有

$$\int_0^L (q_0\ell_0 + A_1 w/2)\mathrm{d}z = \int_{T_{\mathrm{in}}}^{T_{\mathrm{out}}} S\upsilon\rho C_p\mathrm{d}T \tag{7.3.5}$$

这样可得

$$T_{\mathrm{out}} = \frac{(q_0\ell_0 + A_1 w/2)L}{S\upsilon\rho C_p} + T_{\mathrm{in}} \tag{7.3.6}$$

在位置 $0 \leqslant z \leqslant L$ 处冷却剂温度为 T_{f}。

接着,求包层的温度分布。在第一壁内由于热传导出现热量的移动,有

$$q_0 = -\lambda \frac{\mathrm{d}T}{\mathrm{d}x} \qquad (7.3.7)$$

当 $x = 0$ 时, $T = T_{w1}$, 有

$$T = -\frac{q_0}{\lambda}x + T_{w1} \qquad (7.3.8)$$

当 $x = \ell$ 时, $T = T_{w2}$, 有

$$T_{w2} = -\frac{q_0 \ell}{\lambda} + T_{w1} \qquad (7.3.9)$$

还有, 当 $x = \ell$ 时, 有

$$q_0 = -\lambda \frac{\mathrm{d}T}{\mathrm{d}x}\bigg|_{x=\ell} = \lambda \frac{T_{w1} - T_{w2}}{\ell} = h(T_{w2} - T_f) \qquad (7.3.10)$$

因此

$$\frac{\ell}{\lambda}q_0 = T_{w1} - T_{w2}, \qquad \frac{1}{h}q_0 = T_{w2} - T_f \qquad (7.3.11)$$

利用下式, 可以求得 T_{w1}、T_{w2}:

$$T_{w1} = \left(\frac{\ell}{\lambda} + \frac{1}{h}\right)q_0 + T_f, \qquad T_{w2} = \frac{q_0}{h} + T_f \qquad (7.3.12)$$

在氚增殖层内, 热量的移动也是以热传导为主。来自氚增殖层的一半热量到达冷却通道 1 的冷却剂, $Q = A_2(R_{w4} - x)w$, 热流束为 $q = Q/A_2 = (R_{w4} - x)w$, 则有

$$q = \lambda \frac{\mathrm{d}T}{\mathrm{d}x} = (R_{w4} - x)w \qquad (7.3.13)$$

对此进行积分, 当 $x = R_{w3}$ 时, 利用 $T = T_{w3}$, 则

$$T = \frac{w}{2\lambda}\left[(R_{w4} - R_{w3})^2 - (R_{w4} - x)^2\right] + T_{w3} \qquad (7.3.14)$$

另外, 在 $x = R_{w3}$ 处, 由于

$$q = \lambda \frac{\mathrm{d}T}{\mathrm{d}x}\bigg|_{x=R_{w3}} = w(R_{w4} - R_{w3}) = h(T_{w3} - T_f) \qquad (7.3.15)$$

因此有

$$T_{w3} = \frac{w}{h}(R_{w4} - R_{w3}) + T_f \tag{7.3.16}$$

当 $x = R_{w4}$ 时,利用 $T = T_{w4}$,公式(7.3.14)变为

$$T_{w4} = \frac{w}{2\lambda}(R_{w4} - R_{w3})^2 + \frac{w}{h}(R_{w4} - R_{w3}) + T_f \tag{7.3.17}$$

从而可以求得 T_{w3}、T_{w4}。

为表示上述结论,可以绘出如图 7.3.2 所示的包层的温度分布示意图。在冷却通道 1,以入口温度 T_{in} 进入的冷却剂获得热量后,温度变为 T_f,然后逐渐上升,以出口温度 T_{out} 离开。在此之间,第一壁和氚增殖层的温度分别为 T_{w1}、T_{w4},随着冷却剂温度的升高而升高。这里,假定来自氚增殖层的一半热量到达冷却剂通道 1。这一假定会随着冷却通道 2 的流量和入口温度而变化,冷却通道 2 与氚增殖层的温度分布将重复与图 7.3.2 一样的分布。

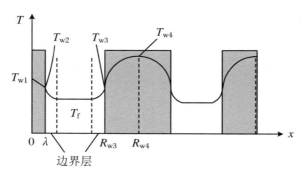

图 7.3.2 包层的温度分布示意图

还有,这里将氚增殖层与中子倍增层放在一起考虑,也可以将它们分开,在其之间设置冷却通道,温度也将按照氚增殖层、中子倍增层和冷却通道,重复出现高低分布。

7.3.4 发电方式

作为核聚变堆的发电方式,可以有 MHD 发电,以及在核电、火电等中采用的转动涡轮进行发电的方式。MHD 发电是一种直接发电方式,利用等离子体的带电粒子进行发电。这里,考虑在核电、火电等中较多采用的涡轮发电方式。在核聚变堆采用涡轮发电时,需要将核聚变堆反应产生的中子等的动能转换为热能,然后将该热能取出。

1. 核电、火电的发电方式

表 7.3.4 是发电方式的特征,图 7.3.3 是发电的主要结构[22]。作为发电方式,核电中的冷却剂采用轻水或气体。轻水堆又可进一步分为:如沸水轻水堆(BWR)那样,利用堆芯的热量生成蒸汽,然后在 1 次冷却系统中直接供给涡轮机的直接回路;和压水轻水堆(PWR)那样,利用堆芯的热量生成非沸腾的高温高压水,通过 1 次冷却系统送到蒸汽发生器,在该处利用 1 次冷却系统的热量生成蒸汽,经由 2 次冷却系统供给涡轮机的间接回路。水在超过临界点(374 ℃,22.12 MPa)的高温高压下不出现沸腾现象,成为与蒸汽无法区别的超临界压水。贯流回路利用的是超临界压水。气体堆中采用氦气,从而可以推进高发电效率。

表 7.3.4 发电方式的特征

方式	流体			特征
核电	蒸汽(轻水堆)	回路	直接	可以简化冷却系统结构。堆芯经由 1 次冷却系统与涡轮机直接连接,当放射性物质泄漏时有可能扩大污染范围,从而需采取安全对策。流体温度/压力现在约为 290 ℃/7 MPa[23]
			间接	需要蒸汽发生器、2 个冷却系统,结构复杂。可以简化放射性防护对策。流体温度/压力现在约为 325 ℃/15.5 MPa[23]
			贯流	将 510 ℃/25 MPa 的超临界压轻水直接送到涡轮机的方法,正在开发中
	气体(气体堆)			目标是高效率化,正在开发 850 ℃/6 MPa[24]
火电	蒸汽			现在煤炭火力发电 USC(Ultra Super Critical)以 600 ℃/25 MPa 为主流,A-USC(Advanced-USC)正开发 700 ℃/35 MPa
	气体			LNG(液化天然气)火力发电,燃烧温度为 1500 ℃。作为利用气体涡轮机的排气提高发电效率的方法,具备蒸汽涡轮机的组合循环等形式

火力发电(气体)中,燃烧温度达到 1500 ℃。关于发电效率,现在轻水堆为 30%~35%,火力为 40%~45%,而且各自都在努力进一步提高。从材料开发的观点来看,火力要求高温强度、耐腐蚀性能,轻水堆则要求耐辐照性能、高温强度、耐腐蚀性能。核聚变堆也要求耐辐照性能、高温强度、耐腐蚀性能。

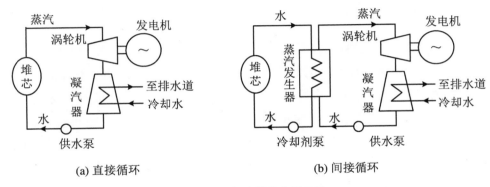

图 7.3.3　轻水堆发电的结构

2. 核聚变发电的特征

核聚变堆中,从堆芯取出热量的 2 个位置与核电、火电都不同,即多数是从包层取出热量,但偏滤器也是一个热源。作为热源的特征,包层是体积发热,偏滤器则是单面受热且热负荷很大。各自冷却剂出口的温度也不相同,因而重要的是必须根据各自机器的特性建造冷却系统,以使二者都得到有效利用。

核聚变发电需要考虑如下因素:

(1) 第一壁和氚增殖层的温度 T_{w1}、T_{w4} 因冷却剂种类而不同,但高于出口温度 T_{out}(T_{w1},$T_{w4}>T_{out}$)。尤其是当冷却剂为气体时,这一倾向更加显著。为了得到更高的涡轮机发电效率,需要 $T_{out}>1500\ ℃$。目前,氚增殖剂的使用温度范围为 $400\sim900\ ℃$,中子增殖剂 Be 的使用最高温度为 $600\ ℃$,候选结构材料的低活化铁素体钢、钒合金、SiC/SiC 复合材料的使用限制温度如前所述,分别为 $550\ ℃$、$610\ ℃$、$1400\ ℃$ 左右。如果设定 $T_{out}<550\ ℃$,就需要考虑如何提高涡轮机发电效率的问题。

(2) 根据公式(7.3.6),如果增大冷却剂的出入口温度差,会在结构材料中产生很大的热应力。为了抑制这一温度差,需要提高冷却剂的流速,增加流量,这将加大循环泵的动力要求,增加发电厂内的电力消费,从而降低发电厂效率。所以温度差小些为好[25]。

(3) 偏滤器的热负荷大,冷却剂最好采用传热性能好的水而不是气体,这样容易冷却。如果包层与偏滤器的冷却剂种类相同的话,可以简化冷却系统,而如果冷却剂种类不同,则会变得复杂。

(4) 高压液体首先流入涡轮机中,转动涡轮,流出后温度、压力下降,然后进入中压涡轮以及低压涡轮从而可以有效地利用流体。

(5) 由于氚有可能混入 1 次冷却系统,分离成 1 次冷却系统和 2 次冷却系统的间接循环可以有效地抑制氚的扩散范围。

3．冷却剂的组合

表 7.3.5 给出了包层和偏滤器的冷却剂的组合。可以将包层的冷却剂候选材料水、氦气、液体增殖剂，与偏滤器的冷却剂候选材料水、氦气进行组合。与包层和偏滤器的冷却剂分别对应的有直接循环和间接循环的候选方案。表中，ST 表示蒸汽涡轮机，GT 表示气体涡轮机，He 表示氦气，LBM 表示液体增殖剂，a 表示将水的热量转移到 He 的热交换器，b 表示将 He 的热量转移到水的热交换器/蒸汽发生器。

当包层和偏滤器的冷却剂不同时，蒸汽涡轮机与气体涡轮机的配置结构将变得复杂。这里，只配置 1 种涡轮机，偏滤器冷却剂用于包层冷却剂的加热帮助。

表 7.3.5　包层和偏滤器的冷却剂的组合

序号	包 层		偏滤器	
1	水	采用 ST 时，利用超临界压水等，通过水的高温化实现高发电效率，但需要高温化带来的高压化水对策	水	可以建造直接/间接循环，直接循环时需要防止氚扩散的对策。帮助蒸汽加热
2			He	配置 b，帮助蒸汽加热
3	He	采用 ST 时，需要 b	水	帮助蒸汽加热[26]
4			He	配置 b，帮助蒸汽加热[27]
5		采用 GT 时，由于堆结构材料、增殖材料的使用温度限制，限制了 He 的高温化，需要提高发电效率	水	配置 a，帮助气体加热
6			He	帮助气体加热
7	LBM	采用 GT 时，需要将 LBM 的热量转移到蒸汽的热交换器/蒸汽发生器	水	帮助蒸汽加热
8			He	配置 b，帮助蒸汽加热
9		采用 GT 时，需要将 LBM 的热量转移到 He 的热交换器/蒸汽发生器。Flibe 会引起氧化腐蚀，使用温度范围为 450～550 ℃，发电效率受到限制，需要改进[17]	水	配置 a，帮助气体加热
10			He	帮助气体加热

图 7.3.4 是采用水作为包层与偏滤器的冷却剂的间接循环的核聚变堆发电的结构示例。经由蒸汽发生器，分成 1 次冷却系统和 2 次冷却系统。当偏滤器冷却剂的出口温度低于包层冷却剂的出口温度时，进入低压涡轮。根据偏滤器和包层的冷却剂出口温度的设定方法，确定进入哪一个涡轮。

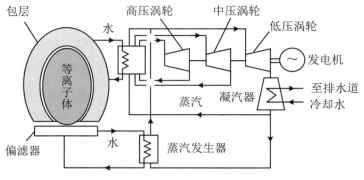

图 7.3.4 核聚变堆发电的结构示例

当包层和偏滤器的冷却剂种类不同时,按照所使用的蒸汽/气体的涡轮种类,配置热交换器/蒸汽发生器。采用液态增殖剂作为冷却剂时,如表 7.3.3 所示,可以简化包层内的结构,但要按照涡轮种类来配置转移液态增殖剂热量的热交换器/蒸汽发生器,从而发电系统变得复杂,需要研究。

4. 核聚变发电

表 7.3.6 是核聚变发电的设计示例。当使用水作为冷却剂时,有轻水堆所用的加压水、亚临界水、超临界压水等设计。发电效率可以通过公式(2.3.2)求得。SlimCS 的热输出 3856 MW_t 为全部用于发电,根据文献[29,30],可以计算出 1 GW_e/3856 MW_t = 26%(*)。

表 7.3.6 核聚变发电的设计示例

名　　称	结构材料	冷却剂	增殖剂	倍增剂	发电效率（%）
SSTR[7,28]	F82H	加压水 285～325 ℃,15.7 MPa	Li_2O	Be	34
SlimCS[29～31]	F82H	亚临界压水 290～360 ℃,23 MPa	Li_4SiO_4	Be $Be_{12}Ti$	26 *
DEMO[19]	F82H	超临界压水 280～510 ℃,25 MPa	Li_2TiO_3	Be	41
DREAM[32,33]	SiC/SiC 复合材料	He 600～900 ℃,10 MPa	Li_2TiO_3	$Be_{12}Ti$	50
CREST-1[34]	铁素体钢 ODS	过热蒸汽 100～482 ℃,13 MPa	Li_2O	Be	41

另外,有设计[26]采用氦气(250～500 ℃,10 MPa)作为包层的冷却剂、采用加压水(200～250 ℃,10 MPa)作为偏滤器的冷却剂的间接循环,发电效率为 35.3%。当采用包层冷却系统为氦气(300～500 ℃)、偏滤器冷却系统为氦气(540～710 ℃)时,2 次冷却系统的蒸汽发生器为串联相接,将蒸汽(642 ℃,8.6 MPa)引入蒸汽涡轮机,得到的发电效率为 45.74%[27]。

从中子辐照后的结构材料的强度、加工性能、焊接性能等角度来看,今后需要在更加详细研究的基础上选择各个材料。

7.4 屏蔽功能

1. 包层厚度

要求包层具有屏蔽功能,与屏蔽物体一起,对超导线圈和工作人员/一般公众进行屏蔽。如 6.5 节所示,包层的入口侧厚度是决定等离子体大半径的因素之一。如果包层的屏蔽性能差,包层厚度增加,则等离子体大半径增加,核聚变堆的成本也可能随之增加。因此,要求包层具有较高的屏蔽性能。

屏蔽物体基本由不锈钢(SUS)-水结构形成(参考 14.7 节)。为将全中子束降低相同的量,氚增殖包层所需的厚度要大于屏蔽物体。氚增殖比的增加与屏蔽性能的提高,属于刚好相反的要求,因此需要研究提高包层增殖性能,减少包层厚度,将减下来的厚度用于屏蔽物体。

2. 低活化

包层材料之所以要求低活化,是因为这样在反应堆停止后的短期间内,容易对反应堆进行维护操作,同时可以减少放射性废弃物。因此,包层结构材料的选择非常重要(参考 14.6 节)。

7.5 维护

7.5.1 长寿命化

讨论机器的寿命时,需要定义什么状态才是到了机器的寿命。如果说不能维持预先规定的机器功能时就是到了寿命,则可以在不损害功能的前提下容忍损伤、损耗。关于包层的长寿命化,这里对影响长寿命化的各种损耗量进行评估。

对于包层寿命,最理想的是在核聚变堆寿命期间可以一直使用,不进行更换。如果采用液体增殖剂包层,可以连续供应增殖剂和倍增剂,有可能实现这个理想目标。这里,对需要研究损耗量的采用固体增殖剂的包层进行说明。

固体包层需要评估的有:① 氚增殖剂的燃烧引起的锂的损耗;② 中子倍增剂的燃烧引起的铍的损耗;③ 第一壁的损耗;④ 击出损伤,氢、氦的生成,辐照肿胀等引起的核的寿命变化;⑤ 结构材料的循环热疲劳的寿命,等等。

1. 氚增殖剂的燃烧引起的锂的损耗

如公式(7.2.4)和公式(7.2.5)所示,在包层内随着氚的生成,锂将消失。这里来求解氚增殖剂的燃烧引起的锂的损耗,即氚的生成引起的锂的密度变化[35]。

为了简化起见,假定^{6}Li对氚生成的贡献大,且可以忽略^{7}Li的贡献,求解所消费的^{6}Li的密度。核聚变输出为P_f(MW),第一壁表面积为S_w(m^2)时,中子的壁负荷P_w(MW/m^2,neutron wall loading)则为

$$P_w = 0.8P_f/S_w, \quad S_w = 4\pi^2 R_0 a_w \kappa_\ell \tag{7.5.1}$$

这里,a_w为从等离子体中心至第一壁的距离,$\kappa_\ell = \sqrt{(1+k^2)/2}$。

利用中子能量E_n(14.1 MeV,DT反应时)、$k = 1.60 \times 10^{-19}$ J/eV,得到1秒钟内消费的^{6}Li的密度为

$$\frac{P_w t_{br}}{E_n k} \times 10^{-4} = 4.43 \times 10^{13} \times P_w t_{br} \quad (个/(cm^2 \cdot s)) \tag{7.5.2}$$

当以运行率 f_A 运行 1 年后,所消费的 ^{6}Li 的密度 Δn^6(个/(cm^2・yr))为

$$\Delta n^6 = 4.43 \times 10^{13} \times 365 \times 24 \times 3600 \times f_A P_w t_{br} = 1.40 \times 10^{21} \times f_A P_w t_{br}$$

$$(7.5.3)$$

如果氚增殖层的厚度为 ℓ cm,消费的 ^{6}Li 的密度 ΔN^6 为

$$\Delta N^6 = 1.40 \times 10^{-3} f_A P_w t_{br} / \ell \quad (10^{24} \text{ 个} /(\text{cm}^3 \cdot \text{yr})) \qquad (7.5.4)$$

例如,当 $\ell = 30$ cm,$t_{br} = 1.3$,$P_w = 1$ MW/m^2,$f_A = 0.8$,核聚变堆运行 30 年后,则 $\Delta N^6 = 1.46 \times 10^{-3} (10^{24}$ 个/cm$^3)$。天然锂的 1 摩尔质量为 $6 \times 0.074 + 7 \times 0.926 = 6.93$ g。^{6}Li 富集度 50% 的锂的 1 摩尔质量为 6.5 g。锂的密度为 0.48 g/cm^3,富集度为 50% 的 6Li 的初始密度为

$$6.02 \times 10^{23} \times \frac{0.48}{6.5} \times 0.5 = 2.22 \times 10^{-2} (10^{24} \text{ 个 } / \text{ cm}^3) \qquad (7.5.5)$$

由 $1.46 \times 10^{-3}/2.22 \times 10^{-2} = 6.56 \times 10^{-2}$,可知锂的密度减少了约 7%。同样,^{6}Li 富集度 50% 的 Li$_2$O 的 1 摩尔质量为 29 g。Li$_2$O 的密度为 2.02 g/cm^3,则 50% 富集度的 ^{6}Li 的初始密度为 $4.19 \times 10^{-2} (10^{24}$ 个/cm$^3)$。锂的密度减少了约 3%。

实际上,中子束从第一壁表面开始沿环径方向逐渐减少,氚生成量也沿环径方向逐渐减少,即锂的密度减少量最大的位置是在第一壁表面附近。例如,假如在氚增殖层的等离子体侧 1/3 的厚度处供应生成的氚,该处的锂密度减少量就是上述值的 3 倍。

为了防止氚增殖比的减小,需要做的有提高 ^{6}Li 富集度,增加初始密度,在反应堆寿命期间内更换包层等。第一壁与包层作为一体化部件进行更换时,要比较第一壁的损耗量与锂密度的减少量,以减少量大的一方为基准,确定更换的频度。

2. 中子倍增剂的燃烧引起的铍的损耗

这里也一样,假定 ^{6}Li 对氚生成的贡献大,且可以忽略 ^{7}Li 的贡献。DT 反应中,消费 1 个氚,生成 1 个中子,其中部分中子与铍反应,生成 t_{br} 个中子。消费 $t_{br}/2$ 个铍,生成 t_{br} 个中子。如果消费 t_{br} 个锂,铍的消费量是锂的 1/2。根据公式(7.5.4),所消费的 ^{9}Be 的密度为 ΔN^9:

$$\Delta N^9 = 6.99 \times 10^{-4} f_A P_w t_{br} / \ell_{Be} \quad (10^{24} \text{ 个} /(\text{cm}^3 \cdot \text{yr})) \qquad (7.5.6)$$

这里,铍倍增层的厚度为 ℓ_{Be}(cm)。当然,铍生成的中子不一定全部与锂反应,所以这里是过低评估了铍的消费量。

例如,$\ell_{Be} = 2$ cm,当按上述相同条件运行时,$\Delta N^9 = 1.09 \times 10^{-2} (10^{24}$ 个/cm$^3)$。铍的

1 摩尔质量为 9.01 g。铍的密度为 $1.85\ \mathrm{g/cm^3}$，则铍的初始密度为

$$6.02 \times 10^{23} \times \frac{1.85}{9.01} = 1.24 \times 10^{-1}\,(10^{24}\ \text{个}\,/\,\mathrm{cm^3}) \tag{7.5.7}$$

由 $1.09 \times 10^{-2}/1.24 \times 10^{-1} = 8.85 \times 10^{-2}$，可知铍的密度减少了约 9%。与氚增殖剂一样，需要在反应堆寿命期间进行更换。

3. 第一壁的损耗

第一壁的表面损伤中，有① 局部过热引起的蒸发，② 溅射，③ 起泡等。等离子体中被磁场捕获的运动中的带电粒子通过与中性粒子的电荷交换，失去电荷后作为中性粒子从等离子体中释放出来。中性粒子的能量等于电荷交换之前所具有的动能。核聚变堆等离子体中，该能量为数百 eV。中性粒子以这一能量入射到第一壁上。在偏滤器处，想办法在其附近生成偏滤器等离子体，从而散射掉入射过来的粒子的能量，因此与偏滤器板碰撞的中性粒子的能量为数十 eV 到数百 eV。这些中性粒子与第一壁和偏滤器等面向等离子体壁碰撞后产生溅射，使得面向等离子体壁发生损耗。如果发生等离子体破裂，①的局部过热引起蒸发。目前正研究如何抑制等离子体破裂的发生次数。现在认为，在通常运行时，对于堆芯等离子体中的杂质产生的影响最大的是溅射[13]。这里②的溅射、③的起泡将在 14.5.1 小节中介绍。

第一壁整体的中子辐照损伤包括辐照脆性、辐照蠕变、辐照肿胀（体积膨胀）等[20]。包括第一壁在内，材料整体（块体）的损伤将在下面的 4 以及 14.5.2 小节中介绍。

4. 击出损伤、氢的生成、氦的生成、辐照肿胀等引起的核的寿命变化

中子辐照引起的核的损伤对寿命会产生影响。中子辐照损伤包括靶材的原子被击出后产生的击出损伤和核嬗变引起的损伤。关于这些内容将在 14.5.2 小节以及 14.7 节中介绍。为了确保材料的健全性，需要对这些损伤进行评估，以确定更换频度。

5. 结构材料的循环热疲劳等热的寿命

在脉冲运行模式下，循环热疲劳很大；而在稳定运行模式下，可以减轻循环热疲劳。现正在进行有关循环热负荷对结构材料等的疲劳评估数据的实验。

7.5.2　维护方式

1. 损耗量与交换频度

在确定第一壁的更换频度时,表面的损伤评估是一个重要因素。作为第一壁材料,根据等离子体物理的要求,需要抑制杂质引起的辐射,现在考虑采用的有不锈钢(SUS)、石墨、铍等。可以利用公式(14.5.4)来求得所损耗的第一壁的厚度。根据冷却剂的内压,预先确定更换时的损耗量,当达到该损耗量时进行更换。也可以采用同样的方法,确定包层的更换频度。

2. 远程维护方式

远程维护方式由抽出方向和1次抽出机器的范围的组合等来确定(参考15.5节)。从确保氚增殖比的观点出发,表7.5.1给出了包层的远程维护方式。1次抽出机器为包层模块时,包层模块的尺寸必须小于设置在线圈之间的出入窗口尺寸,利用搬运车来搬送模块。各模块上都设置有与之相适应的把持部,如从等离子体侧把持时,将会减少面积占有率。所以需要开发减少对 T_{br} 的影响且不会减少面积占有率的模块拆装方法。如果按照区段(segment)或扇区(sector)来抽出包层的话,则不需要从等离子体侧把持包层,从而可以减少对 T_{br} 的影响。

表 7.5.1　包层的远程维护方式

抽出方向	1次抽出机器	搬送机器	内　容
水平	模块	搬运车	在各模块上设置搬运车的把持部,面积占有率下降,担心对 T_{br} 造成影响
	区段	小车	不需要等离子体侧的把持部,当包层分割成上、下区段时,需要相应的拆装机构
	扇区	小车	不需要等离子体侧的把持部,由于搬出搬入,线圈间隔变大
垂直	区段	吊车	不需要等离子体侧的把持部,需要明确搬送用容器和吊车的辐射边界

7.6 包层设计

7.6.1 包层分类

如表 7.6.1 所示,根据开发阶段的不同,可以分成 3 种类型的包层。在核聚变堆中,目标是开发用于发电的发电包层。对于屏蔽包层,需要研究的项目有:① 结构设计(第一壁,屏蔽物体,冷却系统,支撑腿);② 电磁结构分析,热·结构分析;③ 热水力分析;④ 核分析;⑤ 制造性研究;⑥ 初始安装方法;⑦ 维护时的分解安装方法;⑧ 成本评估。对于增殖包层,除了上述各项,还需要研究:⑨ 在结构设计中的增殖部内部结构;⑩ 回收生成氚的吹扫气体(purge gas)系统。对于发电包层,另外还需要进行:⑪ 与发电有关的研究。

表 7.6.1 包层分类

序 号	类 型	功 能
1	屏蔽包层	屏蔽
2	增殖包层	屏蔽、生产氚
3	发电包层	屏蔽、生产氚、发电

7.6.2 设计条件

包层的类型不同,设计条件也不相同。设计发电包层时,要确定核聚变堆的发电电力、运行的开工率等,根据核聚变输出(热输出)、堆尺寸等,来确定包层的设计条件。包层的主要设计条件如表 7.6.2 所示。

表 7.6.2　包层的主要设计条件

序号	项　目	内　容
1	热流束	对第一壁的表面热负荷
2	中子壁负荷	中子辐照量
3	中子通量	中子的累计辐照量
4	氚增殖	氚增殖比
5	冷却剂温度、压力	确定发电效率的量
6	结构健全性	能够承受等离子体破裂等时的电磁力的结构、强度

7.6.3　包层概念

1. 包层结构

满足这些设计条件的包层概念取决于氚增殖剂、结构材料、冷却剂、中子倍增剂、包层结构等的组合。根据氚增殖剂是液体还是固体,可以分成液态增殖包层(又称融态包层)和固态增殖包层。还有,根据氚回收方法,可以分成连续回收和批次回收。现在提出的具有特点的包层概念如表 7.6.3 所示。作为液态增殖包层,正在聚变裂变混合堆 FF-HR 上设计利用 Flibe 进行自我冷却的包层[21,36]。作为固态增殖包层,有 SSTR[7,28] 和 DREAM[32,33]。

表 7.6.3　包层概念

序号	区　分	冷却方式	增殖剂	倍增剂	结构材料
1	液态增殖	自我冷却	液态 Li	—	钒合金
2	包层	自我冷却	LiPb	LiPb	SiC/SiC 复合材料
3	固态增殖	加压水	Li_2O	Be	F82H
4	包层	He	Li_2TiO_3	$Be_{12}Ti$	SiC/SiC 复合材料

钒合金具有优良的高温强度,但会与微量的杂质氧发生反应,与水的共存性不好。钒合金用于以液态 Li 作为增殖剂的自我冷却的设计。低活化钢虽然使用温度范围比较低,但已处于工程验证阶段,在许多包层设计中得到了应用。SiC/SiC 复合材料可以用于高温,用于瞄准高发电效率的 He 冷却设计。

图 7.6.1 为固态增殖包层的结构概念。在固态增殖包层中,箱型容器里充填有直径

1 mm 左右的固体微小球状（pebble）的氚增殖剂、中子倍增剂。如 7.2.4 小节所示，考虑到中子倍增剂所产生的中子的背散射，将氚增殖剂设置在中子倍增剂的前面。利用在氚增殖剂内循环的氦气来回收所生成的氚。中子、氚增殖剂、中子倍增剂、结构材料等反应产生的热量通过冷却剂进行回收。另外，为了提高氚增殖比，也有设计将氚增殖层与中子倍增层交互配置。

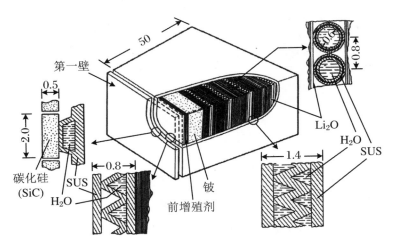

图 7.6.1　固态增殖包层的结构概念（单位：cm）[37]

　　液态增殖包层如表 7.6.3 所示，采用锂和中子倍增剂的化合物，利用液态增殖剂替代固态增殖包层的氚增殖剂、中子倍增层，因此有可能简化包层内的结构。

　　液态增殖剂不停地循环流动，将液态增殖剂中形成的氚从包层内送到反应堆外，进行分离和回收。不像固态增殖包层那样，需要定期进行更换，或者说，可以降低更换频度。作为热量的取出方法，既有与固态增殖包层一样，设置冷却管或冷却板、通过冷却剂进行回收的方法，也有通过循环的液态增殖剂本身进行回收的自我冷却方式。

　　另一方面，液态增殖剂在堆内的磁场环境下进行循环流动，因而会出现 MHD 压力损失，还有液态增殖剂与结构材料的化学活性度带来的腐蚀、共存性问题，都需要进一步的改进。

2. 包层尺寸

　　包层尺寸取决于作用在包层上的负荷重量、冷却性能、远程维护性能、制造性能等。

　　(1) 导体壁（shell）

　　作为电阻壁模等稳定化措施，设置有导体壁（参考 4.9 节）。图 7.6.2 表示导体壁的设置场所。为了发挥电磁感应的效果，导体壁应该设置在靠近等离子体的位置，即应使

$a_c/a<1.4^{[38]}$。这样,在 $a=2\text{ m}$ 左右的等离子体中,包层厚度应该为 $\Delta_B<0.5\text{ m}$。

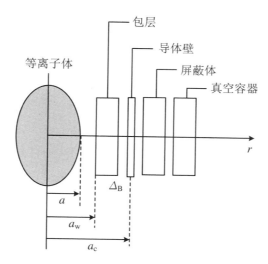

图 7.6.2　导体壁的设置场所

（2）电磁力

图 5.8.3 表示等离子体破裂时,作用在包层上的电磁力。为了承受这一电磁力,需要采用 5.8.2 小节所述的减小包层等对策。

（3）冷却与氚气体回收

冷却性能如 16.3 节所示。对于固态增殖包层来说,需要在各模块上设置冷却剂的出入口配管以及回收生成氚的吹扫气体的出入口配管。

（4）远程维护性能

包层的尺寸必须小于维护时搬出搬入包层的窗口。环向的周长为 $2\pi(R_0+a_w)$,极向的周长为 $2\pi a_w k_\ell$。确定包层模块的宽度(环向长度)和高度(极向长度)后,就可以求出包层模块的数量。远程维护的搬入方式将在第 15 章介绍。

如果增加包层模块的数量,由于在各模块上设置有冷却剂的出入口配管、扫气的出入口配管,因此要增加这些配管的数量。虽然与维护更换的方法有关,由于维护时需要对这些配管进行连接和切断,因此维护作业随之增加,所需时间也会增加。所以需要研究减少连接和切断的位置,例如将冷却系统分成几个系统等。

这样,如果增大包层模块,冷却剂的出入口温度差随之增加,电磁力也增加。如果减小包层模块,冷却管、扫气管的数量增加,包层模块的更换和修理时间增加,维护性能变坏,结构材料的占有比例增加,氚增殖比降低。因此需要在考虑维护更换方法的同时,考虑这些观点,确定适当的包层模块的尺寸。

7.6.4 设计示例

表7.6.4、表7.6.5是液态/固态增殖包层的设计示例[1,39,40]。从1970年左右就开始进行包层开发。液态增殖包层的开发稍微早些时间开始，随着固态增殖包层一起，一直进行到现在。在液态增殖包层的设计中，开发初期采用液态锂，由于与水、空气等的化学反应会生成 Li_2C_2、Li_3N、Li_2O、Li_2CO_3 等，与液态锂相比，现在采用反应温和的锂铅的设计多了起来。

表 7.6.4 液态增殖包层设计示例

序号	区 别	冷却剂	增殖剂	倍增剂	设计示例
1	液态增殖剂包层	自我冷却	液态 Li	无	英国卡拉姆研究所的实验堆
2		自我冷却	液态 Li	无	UWMAK-I（威斯康星大学）
3		自我冷却	液态 Li	无	UWMAK-Ⅲ
4		自我冷却	液态 Li	无	ITER
5		Li-K	液态 Li	无	ORNL 实验堆
6		自我冷却	$Li_{17}Pb_{83}$	$Li_{17}Pb_{83}$、Be	INTOR
7		自我冷却	Flibe	Flibe	ITER
8		He	Flibe	Flibe	普林斯顿大学
9		He	液态 Li	无	ORNL 实验堆
10		He	$Li_{17}Pb_{83}$	$Li_{17}Pb_{83}$	INTOR
11		He	$Li_{17}Pb_{83}$	$Li_{17}Pb_{83}$	ITER
12		水	$Li_{62}Pb_{38}$	$Li_{62}Pb_{38}$	NUWMAK（威斯康星大学）
13		水	$Li_{17}Pb_{83}$	$Li_{17}Pb_{83}$	INTOR

以 INTOR 为例表示局部氚增殖比，如果采用 $Li_{17}Pb_{83}$，自我冷却时 $t_{br} = 1.1$，氦冷时 $t_{br} = 1.45$，水冷时 $t_{br} = 1.1 \sim 1.5$；如果采用固态增殖剂，氦冷时 $t_{br} = 1.31 \sim 1.65$，水冷时 $t_{br} = 1.4 \sim 1.9$[39]。

图7.6.3为 INTOR 的液态增殖包层的设计示例。增殖剂采用液态 $Li_{17}Pb_{83}$，自我冷却。中子倍增剂采用实际厚度为 10 cm 的 Be，以提高氚增殖。液态 $Li_{17}Pb_{83}$ 的入口温度设定在 275 ℃，为了抑制腐蚀和循环运行产生的热应力，出口温度设定在较低的 350 ℃。为了抑制 MHD 压力损失，将液态 $Li_{17}Pb_{83}$ 的流速控制在 $0.4 \sim 0.5$ m/s[39,41]。

表 7.6.5 固态增殖包层设计示例

序号	区 别	冷却剂	增殖剂	倍增剂	设计例
1		He	$Li_2Al_2O_4$	Be	UWMAK-II
2		He	Li_2O	无	JXFR（日本原子能研究所）
3		He	Li_2O	无	JDFR（日本原子能研究所）
4		He	Li_2O、$LiAlO_2$	Be、Pb 等	STARFIRE（ANL）
5		He	Li_2O、$LiAlO_2$、Li_4SiO_4	Be	INTOR
6	固态增殖剂包层	He	Li_2TiO_3	$Be_{12}Ti$	DREAM（日本原子能研究所）
7		He	Li_2TiO_3	Be、BeTi 合金	ITER
8		水	Li_2O、$LiAlO_2$	Be、Pb 等	STARFIRE（ANL）
9		水	Li_2O	Be、Pb 等	FER（日本原子能研究所）
10		水	Li_2O、$LiAlO_2$	Be、Pb 等	INTOR
11		水	Li_2O	Be	SSTR（日本原子能研究所）
12		水	Li_2TiO_3	Be、BeTi 合金	ITER

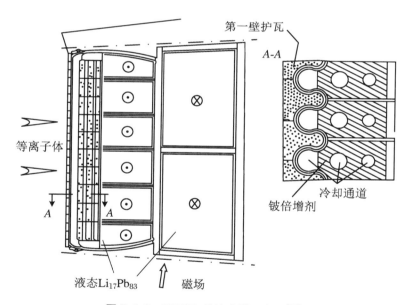

图 7.6.3 INTOR 的液态增殖包层[39]

以原型堆为目标开发的 ITER 实验包层具有增殖功能和发电功能。表 7.6.6 给出了 ITER 实验包层的主要设计条件[40]。与屏蔽包层一样,实验包层的结构材料的前提是承受的中子壁负荷为 $0.78\ MW/m^2$,热流束平均为 $0.25\ MW/m^2$ 等。

表 7.6.6　ITER 实验包层的主要设计条件

序号	项　目	内　容	
		设计条件	通常运行时
1	热流束	平均：0.25 MW/m² 最大：0.5 MW/m²	0.1 MW/m²
2	中子壁负荷	0.7 MW$_a$/m²	0.78 MW$_a$/m²
3	中子通量	0.5 MW/m²	0.3 MW/m²
4	等离子体破裂时的热负荷	第一壁负荷 0.5 MJ/m²（1～10 ms 之间）	—

采用固态增殖剂时的 ITER 实验包层的主要参数如表 7.6.7 所示。实验包层的第一壁面积为 680 mm×1940 mm。

表 7.6.7　ITER 实验包层的主要参数

序号	项　目	内　容
1	结构材料	低活化铁素体钢 F82H
2	冷却剂	加压水
3	冷却剂的温度、压力	入口/出口：285/325 ℃,15 MPa 入口/出口：360/390 ℃,25 MPa（10 年后）
4	增殖剂/倍增剂	Li$_2$TiO$_3$/Be、BeTi 合金
5	进入热量	1.56 MW

图 7.6.4 为 ITER 实验包层（水冷固态增殖剂）的结构。包层模块的尺寸为宽 680 mm、高 1940 mm、厚 600 mm。利用电子束焊接将 2 个箱型的副包层的后面一体化连接起来,构成 1 个包层模块。氚增殖层与中子倍增层交互配置,其间设置冷却管。

图 7.6.5 为 ITER 实验包层（水冷固态增殖剂）的温度分布、氚增殖比分布。利用核分析求解核发热率,设定各部尺寸,使得氚增殖层与中子倍增层的最高温度分别为 900 ℃、600 ℃。

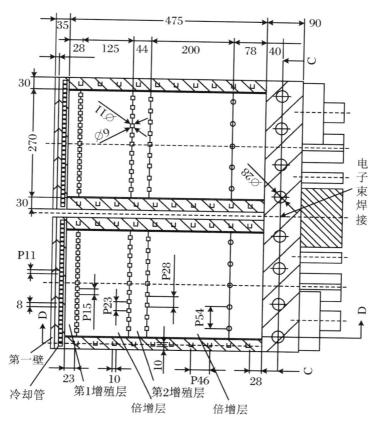

图 7.6.4 ITER 实验包层(水冷固态增殖剂)的结构(平面图)[40]

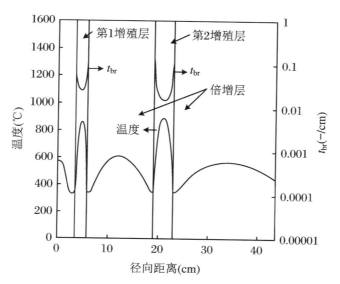

图 7.6.5 ITER 实验包层(水冷固态增殖剂)的温度分布、氚增殖比分布[40]

7.7　今后的课题

（1）为了提高核聚变堆的发电效率，需要实现冷却剂的高温化。现在，根据结构材料的使用限制温度，考虑的是低活化铁素体钢与水、氧化物弥散强化铁素体 ODS 钢与水、钒合金与液态锂、SiC/SiC 复合材料与氦气的各个组合方案。需要从气密性、耐放射性、低活化性等角度，评估结构材料与冷却剂的共存性，以实现上述方案。

（2）在聚变堆中，需要提高氚增殖比，有效地回收所生成的氚。为了进一步掌握氚释放行为，需要与（1）所使用的冷却剂温度相配合，开发出适合氚回收的温度控制技术。

（3）包层模块数量多，包层容器的连接场所也多。需要减轻焊接对氚增殖剂和中子倍增剂的影响。需要从这些观点出发，进一步开发包层容器的制造技术、氚增殖剂和中子倍增剂的小球制造技术，并实现低成本化。

（4）包层不仅结构复杂，且承受中子负荷、热负荷、电磁力等各种负荷，因此需要进行包层整体的强度分析，确保强度健全性、安全性。

除了上述研究之外，在采用液态金属作为冷却剂时，还需要确定维护时的液态金属操作方法，以及事故时的对策。

参 考 文 献

[1]　真木絋一，日本原子力研究所，JAERI-M 90-222（1990）.

[2]　榎枝幹男，小原祥裕，秋葉真人，等，日本原子力研究所，JAERI-Tech 2001-078（2001）.

[3]　吉塚和治，近藤正聡，J. Plasma Fusion Res.，Vol.87，No.12，795-800（2011）.

[4]　「核融合炉物理・工学」研究専門委員会，「核融合炉燃料・材料」研究専門委員会，核融合炉設計及び研究開発の現状と課題，日本原子力学会（1983）.

[5]　R. A. Gross, Fusion Energy, A Wiley-Interscience Publication, John Wiley & Sons, Inc.（1984）.

[6]　T. Kammash, Fusion Reactor Physics principles and technology, ANN ARBOR SCIENCE PUBLISHERS INC/THE BUTTERWORTH GROUP（1975）.

[7]　M. Kikuchi, R. W. Conn, F. Najmabadi, Y. Seki, Fusion Eng. Des.，16，253-270（1991）.

[8]　S. Chiba and K. Shibata，日本原子力研究所，JAERI-M 88-164（1988）.

[9]　K. Tsuchiya, C. Alvani, H. Kawamura, et al.，Fusion Eng. Des.，69，443-447（2003）. 土谷

邦彦，河村弘，内田宗範，山田弘一，日本国特許庁特許公報，特許第 3867971 号（2006）．

［10］　テキスト核融合炉専門委員会，プラズマ・核融合学会誌，第 87 巻増刊号（2011）．

［11］　関昌弘編，核融合炉工学概論 未来エネルギーへの挑戦，日刊工業新聞社（2001）．

［12］　池上英雄，宮原昭，石野栞，等，核融合炉研究II 核融合炉工学，名古屋大学出版社，（1995）．

［13］　「核融合炉調査」研究専門委員会，核融合研究の進歩と動力炉開発への展望，日本原子力学会（1976）．

［14］　K. Shibata，Japan Atomic Energy Research Institute，JAERI-M 84-226（1984）．

［15］　T. Nakagawa，T. Asami and T. Yoshida，Japan Atomic Energy Research Institute，JAERI-M 90-099（1990）．

［16］　K. Maki and T. Okazaki，Nucl. Technol./Fusion，4，468-478（1983）．

［17］　西川正史，深田智，清水昭比古，井口哲夫，J. Plasma Fusion Res.，Vol. 79，No. 7，678-686（2003）．

［18］　真木紘一，核融合装置 特許公報，平 5-51113（1993）．

［19］　M. Enoeda，Y. Kosaku，T Hatano，et al.，Nucl. Fusion，43，1837-1844（2003）．

［20］　井形直弘，核融合炉材料，培風館（1986）．

［21］　長谷川晃，土谷邦彦，石塚悦男，日本原子力学会誌，Vol. 47，No. 8，536-544（2005）．

［22］　都甲泰正，岡芳明共，原子工学概論，コロナ社（1987）．

［23］　岡芳明，越塚誠一，日本原子力学会誌，Vol. 44，No. 8，600-605（2002）．

［24］　皆月功，武藤康，日本原子力学会和文論文誌，Vol. 7，No. 4，462-471（2008）．

［25］　清水昭比呂，プラズマ・核融合学会誌，第 69 巻第 12 期，1462-1468（1993）．

［26］　朝岡善幸，毛利憲介，橋爪秀利，等，J. Plasma Fusion Res.，Vol. 79，No. 7，652-662（2003）．

［27］　M. Medrano，D. Puente，E. Arenaza，et al.，Fusion Eng. Des.，82，2689-2695（2007）．

［28］　Fusion Reactor System Laboratory，Japan Atomic Energy Research Institute，JAERI-M 91-081（1991）．

［29］　飛田健次，西尾敏，榎枝幹男，等，日本原子力研究開発機構，JAEA-Research 2010-019（2010）．

［30］　K. Tobita，S. Nishio，M. Sato，et al.，Nucl. Fusion，47，892-899（2007）．

［31］　K. Tobita，S. Nishio，M. Enoeda，et al.，Nucl. Fusion，49，075029（2009）．

［32］　S. Nishio，S. Ueda，I. Aoki，et al.，Fusion Eng. Des.，41，357-364（1998）．

［33］　西尾敏，J. Plasma Fusion Res.，Vol. 80，No. 1，14-17（2004）．

［34］　Y. Asaoka，K. Okano，T. Yoshida，et al.，Fusion Eng. Des.，48，397-405（2000）．

［35］　真木紘一，トリチウム増殖比を高める核融合炉ブランケット概念に関する研究，東京大学博士論文（1985）．

［36］　田中照也，乗松孝好，J. Plasma Fusion Res.，Vol. 92，No. 2，112-118（2016）．

［37］　K. Maki，Fusion Technol.，8，2655-2664（1985）．

［38］ 武智学，松永剛，白石淳也，等，J. Plasma Fusion Res.，Vol. 85，No. 4，147-162（2009）. S. Tokuda, J. Shiraishi, Y. Kagei and N. Aiba，IAEA Fusion Energy Conference，TH/P9-20，（2008）.

［39］ INTOR GROUP，International Tokamak Reactor，Phase Two A, Part Ⅲ，Vol. 1，IAEA, Vienna（1988）.

［40］ 田中知，秋場真人，榎枝幹夫，等，J. Plasma Fusion Res.，Vol. 81，No. 6，434-450（2005）.

［41］ U. Fischer，Fusion Science and Technol.，Vol. 13，143-152（1988）.

第 8 章

面向等离子体壁

与等离子体相接触的壁称为面向等离子体壁。面向等离子体壁是直接承受来自等离子体的粒子负荷和热负荷的面,因此需要能够减轻这些负荷并承受这些负荷的设计方案。面向等离子体壁又可分为第一壁、限制器、偏滤器。

8.1 面向等离子体壁应具备的功能

8.1.1 应具备的功能

面向等离子体壁尤其是偏滤器所应具备的功能如下所述[1]:

1. 杂质控制

等离子体粒子或中性粒子与偏滤器或第一壁等面向等离子体壁发生碰撞,将粒子从面向等离子体壁的材料表面撞击出来,并通过辐射热使面向等离子体壁的材料表面发生升华、蒸发,这样会使得面向等离子体壁材料中的碳、铁等元素混入等离子体中,这些元素称为杂质。杂质在等离子体领域蓄积后,低 Z(轻元素)杂质会稀释燃料,高 Z(重元素)杂质则会增加辐射损失,从而使等离子体损失能量。还有,DT 反应生成的 α 粒子(氦粒子)对等离子体进行加热后减速,在等离子体内蓄积,该 α 粒子也会稀释燃料,因而需要排气。偏滤器需要有控制这些杂质的功能。

2. 等离子体粒子控制

等离子体离子与面向等离子体壁碰撞后,成为中性粒子,再次回到等离子体区域,离子化后又成为等离子体离子。这一过程反复进行(再循环),使得等离子体密度维持在一定值。为了维持一定的核聚变输出,需要维持一定的等离子体密度,因此需要控制燃料补给和排气,从而控制等离子体的粒子量。偏滤器需要有这种粒子控制功能。

3. 等离子体热能的热量处理

等离子体粒子与面向等离子体壁碰撞时,会赋予很大的热能,从而需要热量处理功能。核聚变堆为了发电,需要有效地取出热量。偏滤器需要具有这种热量处理功能。

还有,由于周边等离子体对约束会产生影响,因此也需要有改善约束的功能。

8.1.2 限制器与偏滤器

图 8.1.1 为等离子体截面。作为带电粒子,等离子体的电子和离子在磁面上一边环绕着磁力线运动,一边沿着磁力线自由移动,因此在磁面上各自的温度和密度均为一定值。等离子体的电子和离子会从温度密度大的等离子体内侧向外侧在磁面之间移动,最终与面向等离子体壁发生碰撞。

图 8.1.1(a)表示面向等离子体壁之一的限制器。等离子体的最外层磁面与限制器接触,利用限制器的位置来规定等离子体的形状。

具有偏滤器的等离子体截面如图 8.1.1(b)所示(参考 2.1 节)。在偏滤器位形中,由于从闭合磁面领域出来的等离子体粒子沿着磁力线绕着环运动了许多圈,然后到达偏滤器板(divertor plate),因此可以在此期间使其通过辐射损失能量,从而可以降低对于偏滤器板的入射热量。还有,由于偏滤器的设置位置偏离了闭合磁面区域,从而可以减少偏滤器产生的杂质进入闭合磁面区域的数量,能够容易地控制杂质。从这些观点来看,对于要处理的热量很多的核聚变堆,可以采用偏滤器等离子体位形。

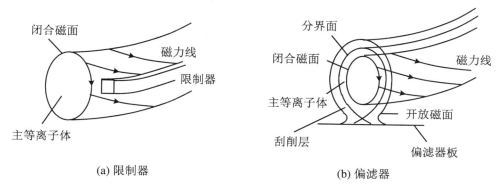

图 8.1.1　等离子体截面示意图

8.2　偏滤器特性(稳态时)

面向等离子体壁有两种情况,一种是在核聚变堆的通常运行时,承受稳定的热负荷的情况。另一种是在 ELM 或等离子体破裂时,承受非稳态的热负荷的情况。下面分开叙述这两种情况。这里先介绍稳态热负荷的情况。

8.2.1　偏滤器等离子体的基本特性

考虑对于偏滤器的热量输运。图 8.2.1 表示包括偏滤器的等离子体截面形状。等离子体粒子离开闭合磁面区域到达开放磁面的位置,称为驻点(stagnation point)。分界面(separatrix)发生相交的点称为零(null)点(X 点)。磁力线与偏滤器发生相交的点称为打击点。在偏滤器板上,承受热负荷的面称为受热面,受热面的宽度为 d。

利用核聚变反应产生的 α 加热功率 $P_\alpha(\text{W})$ 和等离子体加热电流驱动注入等离子体内的功率 $P_d(\text{W})$,对等离子体进行加热($Q_{\text{heat}} = P_\alpha + P_d$)。扣除等离子体的辐射后,功率 $Q_0(\text{W})$ 等于从等离子体到刮削层的热流束,最终是第一壁和偏滤器承受这些热量。功率

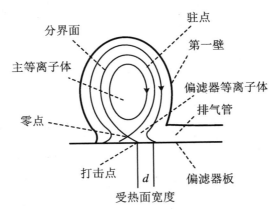

图 8.2.1 等离子体截面形状

$Q_0(\mathrm{W})$在到达偏滤器板之前,一部分成为辐射功率 $P_{\mathrm{rad}}(\mathrm{W})$,偏滤器板承受的功率 Q_{div} (W)为

$$Q_{\mathrm{div}} = Q_0 - P_{\mathrm{rad}} \tag{8.2.1}$$

为了控制偏滤器板不达到发生显著升华或蒸发等的温度,需要降低 Q_{div}。当按照能量倍增率 N 使能量发生倍增时,在偏滤器部利用冷却剂取出这些热量(参考2.3节)。

图8.2.2示意表示了从驻点到偏滤器板(面向等离子体壁)的磁力线。s 为从驻点起沿磁力线的距离。从闭合磁面区域出来的等离子体粒子撞向偏滤器板。由于等离子体电子的热速度大于等离子体离子的热速度,因此电子要先到达偏滤器板,偏滤器板上形成带负电的电场。在该电场的作用下,电子会被反弹回去,但在某一值下达到平衡,到达偏滤器板的电子、离子的粒子束会稳定在某一数值。

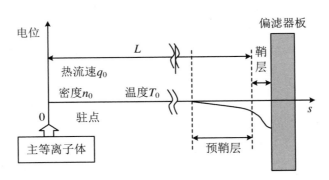

图 8.2.2 从驻点到偏滤器板的磁力线示意图

电荷中性发生破坏导致电场产生的区域称为鞘层(sheath)。等离子体的电位与面向等离子体壁的电位之间的差值称为鞘层电压。鞘层电压对流向偏滤器板的离子赋予能

量,如果这个能量太大,离子会将偏滤器板的原子击打出来,从而引起溅射。

在等离子体粒子进入鞘层之前,有一个称为预鞘层(pre-sheath)的准中性区域。在比鞘层更长的空间内,有一个弱电场的区域[2]。在该电场作用下,离子在进入鞘层之前,可以被加速到音速 $C_s = \sqrt{(T_e + T_i)/m_i}$ 或高于这个速度(玻姆条件)。鞘层的厚度与德拜长度(Debye length)$\lambda_d = (\varepsilon_0 T_e / n_e e^2)^{1/2}$ 有关。鞘层、预鞘层的厚度分别为 $10\lambda_d$、$100\lambda_d$ 左右。这里,m_i 和 n_e 分别为离子的质量和电子的密度,ε_0 为真空的介电常数。

L 是从驻点($s = 0$)沿磁力线到达作为面向等离子体壁的偏滤器板前面的鞘层边界的距离。如果偏滤器板前面的等离子体的温度、密度为典型值 $T_e = 20$ eV、$n_e = 10^{19}$ m^{-3},德拜长度为 $\lambda_d = 10^{-2}$ mm,鞘层和预鞘层的厚度则分别为 0.1 mm、1 mm。另外,核聚变堆的大半径、小半径为数 m 量级,L 为数十 m 的量级。

8.2.2　2 点近似模型

下面,利用驻点与偏滤器板前面的等离子体的 2 点近似,表示偏滤器的基本特性[3]。电子与离子的温度、密度相等,为 $T_e = T_i = T$、$n_e = n_i = n$。还有,温度、密度的下标 0 和 d 表示驻点和偏滤器板前面。偏滤器板前面的音速为 $C_{sd} = \sqrt{2T_d/m_i}$。压力为 $p = p_e + p_i = 2nT$,这里为了简化起见,温度 T 的单位采用包括波尔兹曼常数 k_B 的能量单位。

鞘层热传导系数为 γ 时,经由鞘层进入偏滤器板的热流束 q_{div}(W/m^2)为

$$q_{div} = \gamma \Gamma_d T_d \tag{8.2.2}$$

流向偏滤器板的离子粒子束 Γ_d 由下式给出:

$$\Gamma_d = n_d C_{sd} \tag{8.2.3}$$

偏滤器的基本特性可以用偏滤器等离子体的动量守恒法则和能量守恒法则或热流法则来描述。为了简化起见,采用磁力线方向的一维模型,根据公式(3.3.29)、(3.3.34),有

$$\frac{d}{ds}(m_i n_i u_\parallel^2 + p) = 0 \tag{8.2.4}$$

$$\frac{d}{ds}\left(-\kappa k_\kappa \frac{dT}{ds}\right) = 0 \tag{8.2.5}$$

$u_\parallel$ 表示磁力线方向的等离子体速度。对于等离子体输运,认为热传导占支配地位,磁力线方向的热传导率为 $\kappa_\parallel = \kappa_0 T^{2.5}$($\kappa_0$ 为常数)。

首先,从驻点($s = 0$)起,沿着磁力线至偏滤器板前面的鞘层边界($s = L$),对公式

(8.2.4)进行积分。由于 $s=0$ 时 $u_\parallel=0, s=L$ 时 $u_\parallel=C_{sd}$，则有

$$m_i n_d C_{sd}^2 + p(L) - p(0) = 0 \tag{8.2.6}$$

利用 $p(L)=2n_d T_d, p(0)=2n_0 T_0$，则有

$$n_0 T_0 = 2n_d T_d \tag{8.2.7}$$

接着，从驻点 $(s=0)$ 起至 s，对公式(8.2.5)进行积分。在驻点，从等离子体到刮削层的热流束为 $q_0(\mathrm{W/m^2})$，有

$$-\kappa_\parallel \frac{\mathrm{d}T}{\mathrm{d}s} = q_0, \quad q_0 = \kappa_\parallel \left.\frac{\mathrm{d}T}{\mathrm{d}s}\right|_{s=0} \tag{8.2.8}$$

另外，从驻点 $(s=0)$ 起至鞘层边界 $(s=L)$，对公式(8.2.8)进行积分，则有

$$T_0^{7/2} - T_d^{7/2} = 3.5 q_0 L/\kappa_0 \tag{8.2.9}$$

当 $T_0 \gg T_d$ 时，有

$$T_0 = (3.5 q_0 L/\kappa_0)^{2/7} \tag{8.2.10}$$

如果到达偏滤器之前的辐射功率很小，$q_0 \cong q_{div}$，根据公式(8.2.2)，有

$$q_0 \cong \gamma n_d T_d \sqrt{2T_d/m_i} = \frac{1}{2}\gamma n_d T_d \sqrt{2T_d/m_i} \tag{8.2.11}$$

根据公式(8.2.7)、(8.2.11)，有

$$T_d \propto \frac{q_0^2}{(n_0 T_0)^2} \tag{8.2.12}$$

$$n_d \propto \frac{(n_0 T_0)^3}{q_0^2} \tag{8.2.13}$$

如果热流束 q_0 为常数，随着 n_0 的增加，偏滤器的温度 T_d 降低，密度 $n_d n_d$ 增加。考虑到 n_0 与主等离子体的密度成正比，因此主等离子体的密度设定非常重要。

8.2.3 接触、非接触状态

如果能够让偏滤器等离子体处于高循环状态，则偏滤器等离子体的密度增加，温度降低，从而可以形成低温高密度的等离子体。偏滤器等离子体的低温化可以减少偏滤器板的溅射，降低损耗率。偏滤器等离子体的高密度化会在偏滤器区域增加辐射冷却，降

低偏滤器的热负荷。

从高循环状态,如果进一步加大辐射损失,偏滤器等离子体的压力在偏滤器板前面将处于降低状态,即温度 T、密度 n 降低的非接触状态(detached state)。与此对应,偏滤器等离子体在偏滤器板前面处于不降低的状态,称为接触状态(attached state)。图 8.2.3 示意表示了接触、非接触状态的偏滤器的温度、密度分布[4]。如果增加零点后面的辐射损失,等离子体密度增加,由于再结合,偏滤器板前面的中性粒子密度 n_n 增加,从而减少入射到偏滤器板的等离子体。如果在偏滤器板的全部区域出现压力下降,则称为完全非接触状态。如果只在分界面附近出现压力下降,则称为部分非接触状态。这样,为了达到控制杂质、降低偏滤器板的损伤、延长其寿命的目的,重要的是要在偏滤器处增加循环,加大辐射损失,从而形成低温高密度等离子体状态。

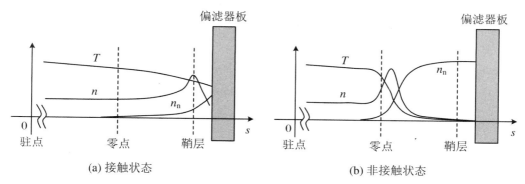

图 8.2.3　偏滤器的温度、密度分布示意图

8.2.4　2 维偏滤器分析模型

由于偏滤器等离子体的低温高密度化与中性粒子的高循环有关,因此需要将偏滤器等离子体与中性粒子输运结合起来进行分析[5~7]。在极向截面中,偏滤器内的等离子体的流动为偏滤器板方向和排气导管(exhaust duct)方向的 2 维方向。图 8.2.4 表示偏滤器分析模型。

采用偏滤器方向为 z 轴、极向方向为 y 轴的坐标。z 轴以偏滤器入口为起点 $z=0$。在该模型中,刮削层的等离子体流向偏滤器板。

参考 3.3 节,对于偏滤器等离子体,采用 2 维的粒子、动量、能量守恒的公式。k 种 z 方向的离子束流为 $\Gamma_x(x,z)$。粒子种类为 $k=D$、T、α。物理量与 (x,z) 有关,但下面给予省略。粒子数、动量、能量守恒法则如下:

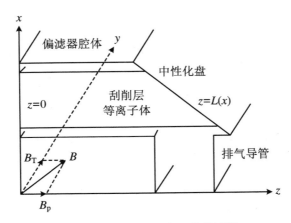

图 8.2.4　偏滤器分析 2 维模型[5]

$$\frac{\partial \Gamma_{kz}}{\partial z} = S_{kN} + \frac{\partial}{\partial x}\left(D_\perp \frac{\partial n_k}{\partial x}\right) \tag{8.2.14}$$

$$\frac{\partial}{\partial z}\left\{ n_p(2U + Z_p T_e + T_i) \right\} = \frac{B_t}{B_p}\left\{ S_p + \frac{\partial}{\partial x}\left(m_p V_\parallel D_\perp \frac{\partial n_p}{\partial x} \right) \right\} \tag{8.2.15}$$

$$\frac{\partial}{\partial z}\left\{ \frac{5}{2}\Gamma_z T_e + q_{ez} \right\} = V_z \frac{\partial p_e}{\partial z} - P_{ei} + P_R + S_{Ee} + \frac{\partial}{\partial x}\left\{ \frac{3}{2} T_e D_\perp \frac{\partial n_e}{\partial x} + K_{e\perp} \frac{\partial T_e}{\partial x} \right\}$$
$$\tag{8.2.16}$$

$$\frac{\partial}{\partial z}\left\{ \Gamma_z\left(U + \frac{5}{2}T_i \right) + q_{iz} \right\} = - V_z \frac{\partial p_e}{\partial z} + P_{ei} + S_{Ei} + \frac{\partial}{\partial x}\left\{ \left(U + \frac{3}{2}T_i \right) D_\perp \frac{\partial n_p}{\partial x} + K_{i\perp} \frac{\partial T_i}{\partial x} \right\}$$
$$\tag{8.2.17}$$

式中,Γ_{kz} 是 z 方向的 k 种离子流束,Γ_z 是 z 方向的所有离子流束,n_k 是 k 种离子的密度,n_p 是所有离子的密度,$V_\parallel$ 是磁力线方向的离子速度,V_z 是 z 方向的离子速度,T_e 是电子温度,T_i 是离子温度,p_e 是电子压力,q_{ez} 是 z 方向的电子热传导项,q_{iz} 是 z 方向的离子热传导项,p_{ei} 是电子离子之间的碰撞产生的能量,S_{kN} 是 k 种离子的产生率,S_p 是等离子体动量产生率,S_{Ee} 是电子能量产生率,S_{Ei} 是离子能量产生率,P_R 是辐射损失,$D_\perp$ 是与磁力线垂直方向的扩散系数,$K_{e\perp}$ 是与磁力线垂直方向的电子热传导系数,$K_{i\perp}$ 是与磁力线垂直方向的离子热传导系数,m_p 是离子的平均质量,$U = m_p V_\parallel^2 /2$ 是与磁力线平行方向的离子的动能,B_t 是环向磁场,B_p 是极向磁场,Z_p 是等离子体离子的电荷数,C_s 为音速时,则有 $U_s = m_p C_s^2 /2$。

边界条件表示如下。作为偏滤器入口处的与主等离子体的连接条件,入射离子流束、电子与离子的热流束(heat flux)、电子温度与离子温度的比值分别由下面公式给出:

$$\Gamma_{kz}(x,0) = \Gamma \Gamma_{kz}^2(x) \tag{8.2.18}$$

$$q_T(x,0) = \Gamma_z\left(U + \frac{5}{2}T_e + \frac{5}{2}T_i\right) + q_{ez} + q_{iz} \equiv q_T^0(x) \tag{8.2.19}$$

$$T_e(x,0)/T_i(x,0) = C \quad (\text{常数}) \tag{8.2.20}$$

偏滤器板上的边界条件作为鞘层条件,电子和离子的热流束、音速、热流束的连续条件分别由下面公式给出:

$$q_T(x,L) = \gamma_T\Gamma_z(x,L)T_e(x,L) \tag{8.2.21}$$

$$U(x,L) = \frac{1}{2}\{Z_pT_e(x,L) + T_i(x,L)\} \tag{8.2.22}$$

$$\left.\frac{\partial q_i}{\partial z}\right|_{z=L} = 0 \tag{8.2.23}$$

全鞘层热传导系数 γ_T 为 7 左右[8]。

利用蒙特卡洛法,求解等离子体中的原子的离子化与电荷交换、第一壁的反射和吸收再释放的过程[9]。分子过程如下:

$$(\text{a})\ e^- + H_2 \rightarrow 2e^- + H_2^+ \tag{8.2.24}$$

$$(\text{b})\ e^- + H_2 \rightarrow e^- + 2H \tag{8.2.25}$$

$$(\text{c})\ e^- + H_2 \rightarrow 2e^- + H + H^+ \tag{8.2.26}$$

$$(\text{d})\ e^- + H_2^+ \rightarrow e^- + H + H^+ \tag{8.2.27}$$

$$(\text{e})\ e^- + H_2^+ \rightarrow 2e^- + 2H^+ \tag{8.2.28}$$

现在进行如下的模型化处理。反应(j)的反应率表示为 $\langle\sigma v\rangle_{(j)}$。氢分子 H_2 通过反应(a)变成氢离子 H_2^+,氢离子 H_2^+ 又通过反应(d)和(e)发生解理。这里不对(a)~(e)的反应个别进行模型化处理,而是将(a)~(c)的反应归纳在一起,利用蒙特卡洛法对其反应生成的 H 和 H^+ 的比例进行模拟。等离子体密度大于 10^{19}(个/m³)时的(d)和(e)的平均自由程为 0.01 m,(d)和(e)的反应为瞬间发生的反应。(a)~(c)的整体反应率为

$$\langle\sigma v\rangle_{H_2} = \langle\sigma v\rangle_{(a)} + \langle\sigma v\rangle_{(b)} + \langle\sigma v\rangle_{(c)} \tag{8.2.29}$$

作为该反应的结果,生成的 H 的平均个数 R_H 为

$$R_H = (\xi\langle\sigma v\rangle_{(a)} + 2\langle\sigma v\rangle_{(b)} + \langle\sigma v\rangle_{(c)})/\langle\sigma v\rangle_{H_2} \tag{8.2.30}$$

这里,ξ 为

$$\xi = (\langle\sigma v\rangle_{(d)} + 2\langle\sigma v\rangle_{(e)})/(\langle\sigma v\rangle_{(d)} + \langle\sigma v\rangle_{(e)}) \tag{8.2.31}$$

偏滤器板释放出来的氢分子在解理之前的平均自由程为

$$\lambda_{H_2} = v_{H_2}/(n_e \langle \sigma v \rangle_{H_2}) \tag{8.2.32}$$

在进行模拟处理时,让测试粒子以网格单位 ℓ 移动。当以概率

$$p = \exp(-x/\lambda_{H_2}) \tag{8.2.33}$$

产生的随机数 x 为 $x < \ell$ 时,认为此时产生了 R_H 个氢原子。所产生的氢原子的能量为 3 eV 左右。利用这些数据,求得 S_{kN}、S_p、S_{Ee}、S_{Ei},从而求解公式 (8.2.14)~(8.2.17)。

除了上面所示的分析模型外,在偏滤器等离子体的输运分析中,作为 2 元极向截面的流体分析程序,已经开发出了 B2[10]、UEDA[11]、UEDGE[12]、B2.5[13]、SOLDOR[14] 等程序。作为中性粒子输运分析程序,有利用蒙特卡洛法直接求解 Boltzman 方程式的输运程序 DEGAS[15]、EIRENE[16]、NEUT2D[14] 等。

作为综合上述功能的程序,开发有 B2-EIRENE[17],包含有可视化工具等将 B2 和 EIRENE 统合在内的 SOLPS[18],将偏滤器流体分析程序 SOLDOR、中性粒子输运程序 NEUT2D 和杂质程序 IMPMC[19] 统合在内的 SONIC[20,21] 等程序[22]。

8.2.5　降低粒子、热负荷的方法

对于面向等离子体壁来说,需要通过其形状和材质的选择,减轻由于辐射损失增加等带来的入射热负荷。

1. 杂质控制

等离子体或中性粒子撞击面向等离子体壁时,产生溅射,将面向等离子体壁的材料表面的粒子击打出来。这些粒子相对于等离子体来说成为杂质。如果降低等离子体或中性粒子的入射能量,可以抑制溅射量。为了抑制混入等离子体内的杂质,重要的是选择合适的偏滤器板,以及能够将入射能量降低到何种程度(参考 14.5.1 小节)。

2. 粒子控制

为了将堆芯等离子体的燃料密度维持在一定值,需要考虑的问题有燃料补给、排气、壁的再循环、取决于粒子约束时间的粒子损失。根据公式 (6.3.2),等离子体离子的粒子平衡式为

$$\frac{dn_i}{dt} = S_i - \frac{n_i}{\tau'_{P_i}} - 2\left(\frac{n_i}{2}\right)^2 \langle \sigma v \rangle \tag{8.2.34}$$

这里，$\tau'_{p_i} = \tau_p / (1 - R)$。燃料补给的方法有吹气法（gas puffing）、弹丸注入法（pellet injection）、中性粒子入射法（NBI）等。

3. 流向偏滤器板的平均热流束

如果等离子体大半径为 R_0，偏滤器板的受热面的宽度为 d，利用受热面积 S_{div}，则有

$$Q_{div} = \gamma \Gamma_d \Gamma_d S_{div} \tag{8.2.35}$$

$$S_{div} = 2\pi R_0 \times 2d \tag{8.2.36}$$

这里，$2d$ 中的 2 表示外侧和内侧均有偏滤器板。

流向偏滤器板的平均热流束 q_{div} 可以近似认为是 α 粒子具有的 $0.2P_f$ 进入偏滤器板，因此有 $q_{div} = 0.2P_f / S_{div}$。如果核聚变输出 $P_f = 3$ GW，大半径 $R_0 = 7$ m，$d = 0.2$ m，则有

$$q_{div} = \frac{0.2 \times 3000 \text{ MW}}{2\pi \times 7 \text{ m} \times 2 \times 0.2 \text{ m}} = 34 \text{ MW/m}^2 \tag{8.2.37}$$

该热流束与 0.5 MW/m^2 左右的轻水堆等相比，要大一个数量级以上[23]，因此必须将其降到 10 MW/m^2 以下。

降低偏滤器板的平均热流束的方法如表 8.2.1 所示[23]。大致可以分为：降低对于偏滤器板的入射热量的方法，以扩大受热面积为目的、改变偏滤器板的角度的方法，采用变动磁场的方法。这些方法中，1 需要入射杂质，而 2、3 则需要精心设计偏滤器的结构，4～6 需要有改变磁场的线圈。

表 8.2.1　降低偏滤器板的平均热流束的方法

序号	分　类	项　目	内　容
1	增加辐射损失，降低流向偏滤器板的热量	杂质入射	为了增加周边等离子体的辐射损失 P_{rad}，进行杂质 N_2、Ne、Ar 等的气体注入和 Kr、Xe 等的弹丸注入
2		零点	加大偏滤器板与零点位置的间隔，增大辐射损失，从而获得容易实现高循环的偏滤器形状
3	扩大受热面积	偏滤器板的角度	减小偏滤器板相对于分界面的角度，扩大受热面积

序号	分　类	项　目	内　容
4	通过磁场变动,扩大受热面积	分界面扫掠(separatrix sweeping)	周期性移动打击点,从而使热负荷实现平坦化,降低峰值负荷
5		受热面宽度	在偏滤器板附近扩大磁力线间隔,增大受热面宽度,进而扩大受热面积
6		摇动磁场	在偏滤器板附近施加摇动磁场,从而降低峰值热负荷,扩大受热面

8.3　偏滤器特性(非稳态时)

作为非稳态热负荷,有 ELM(5.4 节)和等离子体破裂(5.8 节)[24]。下面讨论这两种情况。

8.3.1　ELM

ELM 是在 H 模等离子体周边发生的 MHD 不稳定性。在 ELM 时,台基(pedestal)部的部分蓄积能量(ΔW_{ELM})释放到刮削层,对偏滤器板带来热/粒子负荷。以 ITER 为例,求解各种 ELM 中释放能量大的 Type Ⅰ ELM 的能量。这里,作为 ITER 的数据,采用 $I_p = 15\text{ MA}$,$R_0 = 6.2\text{ m}$,$a = 2\text{ m}$,$P = 87\text{ MW}$,$n = 10(\times 10^{19}\text{ m}^{-3})$,$B_0 = 5.3\text{ T}$,$\kappa = 1.7$,$m = 2.5$,$q_{95} = 3$。根据公式(5.4.1)、(5.4.2)、(5.4.3),得到 $W_{\text{core,fit}} = 248\text{ MJ}$,$W_{\text{ped,fit}} = 55\text{ MJ}$,$W_p = 303\text{ MJ}$,$W_{\text{ped}}/W_p = 0.18$。该数据有一定范围,文献[24]推定 $W_{\text{ped}}/W_p = 1/3$ 左右。还有,从图 5.4.3 预测 $W_{\text{ELM}}/W_{\text{ped}} \cong 0.2$ 左右。

另一方面,根据公式(6.1.39),当 $n_e = 10^{20}\text{ m}^{-3}$、$T_e = 8.9\text{ keV}$ 时,ITER 的蓄积能量为 $W_p = 356\text{ MJ}$。保守地估计,如果 $\Delta W_{\text{ELM}}/W_{\text{ped}} \cong 0.2$、$W_{\text{ped}}/W_p = 1/3$、$W_p = 356\text{ MJ}$,在 ELM 时释放的能量为

$$\Delta W_{\text{ELM}} = \frac{\Delta W_{\text{ELM}}}{W_{\text{ped}}} \frac{W_{\text{ped}}}{W_p} W_p = 0.2 \times \frac{1}{3} \times 356 = 24(\text{MJ}) \tag{8.3.1}$$

这里,认为 ELM 释放时的偏滤器受热面积为稳态受热面积的 1.6 倍[25]。根据公式 (8.2.36),偏滤器内侧和外侧在 ELM 时的受热面积分别为

$$S_{\text{ELM}}^{\text{in}} = 2\pi(R_0 - \alpha) \times d \times 1.6 \tag{8.3.2}$$

$$S_{\text{ELM}}^{\text{out}} = 2\pi(R_0 + \alpha) \times d \times 1.6 \tag{8.3.3}$$

还有,ΔW_{ELM} 中的 60% ～70% 的能量流入偏滤器。这里,流入偏滤器的比例采用 65%[25]、ELM 释放时的偏滤器内侧与外侧的能量分配比为 2:1[26],则单位面积的流入能量 W_{div} 为

$$W_{\text{div}}^{\text{in}} = \frac{24 \text{ MJ} \times (2/3) \times 0.65}{2\pi \times (6.2 - 2) \text{ m} \times 0.2 \text{ m} \times 1.6} = 1.2 \text{ MJ/m}^2 \tag{8.3.4}$$

$$W_{\text{div}}^{\text{out}} = \frac{24 \text{ MJ} \times (2/3) \times 0.65}{2\pi \times (6.2 + 2) \text{ m} \times 0.2 \text{ m} \times 1.6} = 0.31 \text{ MJ/m}^2 \tag{8.3.5}$$

如果 1 个 ELM 的脉冲宽度为 $\tau_{\text{ELM}} = 1 \text{ ms}$,则内侧偏滤器的热流束为 $1.2 \times 10^3 \text{ MW/m}^2$ 左右。

以碳纤维强化碳复合材料(CFC 材料,carbon fiber reinforced carbon material)和钨材质为对象,利用热分析进行寿命评价[25]。如果对 20 mm 的 CFC 材料施加 1.2 MJ/m² 负荷,则有承受约 2000 次 ELM 的寿命,也就是说,如果 ELM 的频率为 1～2 Hz,对于 400 秒的放电实验,经过几次放电后就到了寿命。模拟 ELM 的等离子体的脉冲照射实验的结果表明,非稳态热负荷的上限是 $W_{\text{div}} \leqslant 0.5 \text{ MJ/m}^2$[27]。不管对于何种情况,降低热负荷都是一个紧急的课题。

8.3.2　等离子体破裂

1. 热负荷

(1) 蓄积能量

发生等离子体破裂时,热能急剧释放,接着等离子体电流消失。在热消失时,等离子体的蓄积能量 W_p 在 ms 级别的时间常数 τ_d 内,通过刮削层,主要流入偏滤器,成为偏滤器板的热负荷。对于 ITER 来说,根据公式(8.3.1),$\Delta W_{\text{ELM}}/W_p \approx 0.07$。与 ELM 相比,等离子体破裂时的热负荷要大一个数量级以上。

作为核聚变原型堆的例子,采用 SSTR 的数值[28],$R_0 = 7 \text{ m}$、$a = 1.75 \text{ m}$、$\kappa = 1.8$、

$n = 1.45 \times 10^{20}\ \mathrm{m}^{-3}$、$T = 17\ \mathrm{keV}$,根据公式(6.1.39),等离子体的蓄积能量 $W_p = 0.9\ \mathrm{GJ}$ 左右。等离子体破裂时假如所有的能量都流入偏滤器,流入偏滤器板的流入宽度 $d = 0.2\ \mathrm{m}$,$\tau_d = 1\ \mathrm{ms}$,则流入偏滤器板的平均热流束 q_{div} 为

$$q_{\mathrm{div}} = \frac{W_p}{\tau_d}\frac{1}{2\pi R_0 \times 2d} = \frac{0.9\ \mathrm{GJ}}{10^{-3}\ \mathrm{s}}\frac{1}{2\pi \times 7\ \mathrm{m} \times 2 \times 0.2\ \mathrm{m}} = 5 \times 10^4\ \mathrm{MW/m^2}$$

$$(8.3.6)$$

在该热负荷下,偏滤器板开始熔化、蒸发。虽然偏滤器板材料的蒸气能够散逸掉大部分的流入能量,缓和局部的热集中,但对于装置的影响仍然很大,需要采取相应的措施。

(2) 逃逸电子

关于逃逸电子对面向等离子体壁造成的热负荷量的评估,有 JET(欧洲)和 JT-60U(日本)等的实验结果,也有解析[29]等结果。关于 ITER 的情况[30],认为逃逸电子的持续时间为 $130 \sim 230\ \mathrm{ms}$,对于约 $0.8\ \mathrm{m^2}$ 的面积赋予的能量为 $50\ \mathrm{MJ}$。这也超过了非稳态热负荷的极限,因此采取降低负荷的措施极为重要。作为其中的措施,如表 5.8.2 所示,有利用气体或弹丸射入大量杂质的方法和共振扰动施加磁场的方法等。

2. 电磁力

假定 ITER 中的晕电流(halo current)I_h 的数值小于等离子体电流的 40%,环向峰化因子(toroidal peak factor)$TPF < 2$。设 $I_{h,\mathrm{max}}/I_{p0} = 0.4$、$TPF = 2$、$I_p = 15\ \mathrm{MA}$、$B_t = 5.3\ \mathrm{T}$,利用公式(5.8.4),得到电磁力为

$$F = I_h B_t w_h = 2 \times 0.4 \times 15 \times 5.3 \times w_h = 64 w_h \quad (\mathrm{MN}) \qquad (8.3.7)$$

因此在设计时需要尽可能减短晕电流流过的极向方向的有效长度 $w_h(\mathrm{m})$,以降低电磁力。

作为抑制产生晕电流本身的方法,如表 5.8.2 所示,有在中立平衡点消除等离子体的方法,或者,检测出作为等离子体破裂前兆现象的磁场摇动水平的上升,使等离子体形状从椭圆变为圆形,从而避免 VDE 的方法[31]。

8.4　限制器、偏滤器的结构

8.4.1　限制器、偏滤器的形状与种类

1. 杂质控制研究的沿革

托卡马克是 1950 年初由 A. Sakharov 和 I. Tamm 提出的方案。从等离子体的杂质控制的角度来看托卡马克研究,最初采用的是玻璃、陶瓷等的放电管,由于等离子体打击壁时会产生杂质气体,使得等离子体发生冷却,从而不能达到高温。后来改进为采用薄金属真空容器的放电管,在高温时排出气体[32]。

1968 年,T3(苏联)宣布实现了 1 keV 的电子温度,之后英国团队也确认了这一成果,从而托卡马克受到了人们的关注。1976 年,PLT(Princeton Large Torus,美国)采用了限制等离子体大小的限制器(钨材料制成)。之后,又开发了不锈钢限制器、石墨限制器。

1978 年,在 JFT-2a(日本)上证实了偏滤器对杂质离子的抑制效果。随着来自等离子体的热负荷不断增大,从 1982 年开始,ASDEX(德国)、PDX(美国)、Doublet Ⅲ(美国)等也都采用了偏滤器。在此之前,如果增加等离子体加热功率,与欧姆加热相比,能量约束时间总是会劣化(Kaye-Goldston 法则,L 模),但在 1982 年,ASDEX(德国)利用偏滤器位形,发现了在 NBI 加热时约束时间达到 L 模的 2~3 倍的 H 模。在 Doublet Ⅲ(美国)、PDX(美国)、JFT-2M(日本)、DⅢ-D(美国)中也确认了这一现象。

在大型托卡马克 TFTR(1982 年,美国)、JET(1983 年,欧洲)、JT-60(1985 年,日本)中,不断推进着有关约束、加热、杂质控制的研究。在 1990 年,JET(欧洲)利用偏滤器位形实现了 H 模,得到 $n_e(0)\tau_e \approx 8\times10^{19}$ m^{-3} · s、$T_i(0) \approx 10$ keV。在 JT-60U、DⅢ-D、ASDEX-U 等中,正式引入了偏滤器位形,开展了杂质控制、减低偏滤器热负荷的研究[33]。在 INTOR(International Tokamak Rector,1978~1987)[1,34]、ITER(International Thermonuclear Experimental Reactor,1988~)[35]中,都采用了偏滤器位形。

2. 限制器,加泵限制器

限制器是金属制成的环,设置时与主等离子体、第一壁(真空容器壁)不发生直接接触。限制器包括没有安装真空泵的限制器(mechanical limiter),和安装有真空泵的限制器,即加泵限制器(pumped limiter)。图 8.4.1 是这些限制器的示意图。在加泵限制器中,溅射等产生的杂质通过真空泵被排出,从而可以抑制其混入主等离子体。在极向方向设置的对等离子体形状进行限制的称为极向限制器(poloidal limiter)。在环向方向设置的圆环状的称为环向限制器(toroidal limiter)。限制器材料会由于溅射混入等离子体,因此采用石墨等低 Z 材料制备限制器,并在其上面涂敷 Be 或 B 等低 Z 材料[36]。

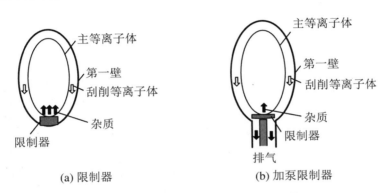

(a) 限制器   (b) 加泵限制器

图 8.4.1　限制器和加泵限制器示意图

3. 偏滤器

偏滤器位形大体可以分为三种。表 8.4.1 为偏滤器位形的分类。极向偏滤器有单零偏滤器(SND)和双零偏滤器(DND)。

表 8.4.1　偏滤器位形的分类

序号	种　类		内　容
1	环向偏滤器		在环向磁场中生成零点。在环的内侧需要偏滤器空间。破坏了托卡马克的轴对称性
2	束偏滤器		在环的外侧生成环流。破坏了托卡马克的轴对称性
3	极向偏滤器	单零	在极向磁场中生成 1 个零点。能够维持托卡马克的轴对称性
		双零	在极向磁场中生成 2 个零点。能够维持托卡马克的轴对称性,需要维护上下偏滤器

图 8.4.2 是这些偏滤器位形的示意图。环向偏滤器用于 C-stellarator(1965 年,美

国)。束偏滤器(bundle divertor)用于 DITE(1979 年,英国)[37]。极向偏滤器如前所述,用于 ASDEX(德国)、PDX(美国)、Doublet Ⅲ(美国)等。

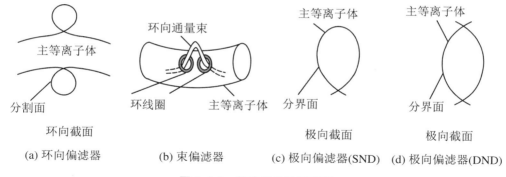

图 8.4.2　偏滤器位形示意图

4. 加泵限制器与偏滤器的比较

加泵限制器(PL)与偏滤器的比较如表 8.4.2 所示[38]。偏滤器对于提高等离子体性能方面有利,但结构复杂,分解维护比较麻烦。环向磁场线圈(TF 线圈)的尺寸基本相同。对于加泵限制器,其极向磁场线圈(PF 线圈)的蓄积能量、电源设备容量均只有 DND 的一半左右。

表 8.4.2　加泵限制器与偏滤器的比较

序号	项　目	加泵限制器	偏滤器
1	杂质控制性	溅射量多,杂质控制性不好	由于可以离开主等离子体,杂质控制性能好
2	堆结构	结构简单	结构复杂。TF 线圈尺寸与 PL 大致相同
3	电源设备容量	只有 DND 的一半	SND 与 DND 同等程度
4	分解维护性	容易	DND 维护方法复杂,需要改善

8.4.2　单零与双零的比较

图 8.4.3 给出了极向偏滤器的单零偏滤器和双零偏滤器的等离子体位形。在(a)中,S、D 分别表示浅(shallow)偏滤器和深(deep)偏滤器的位置。

表 8.4.3 是单零偏滤器和双零偏滤器的比较[38]。考虑到堆结构和分解维护性能,ITER 采用的是单零偏滤器。

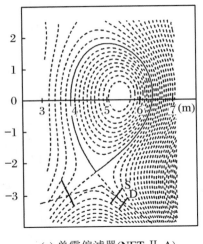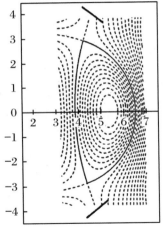

(a) 单零偏滤器(NET Ⅱ-A)　　　　　　(b) 双零偏滤器(NET DN)

图 8.4.3　偏滤器的等离子体位形[39]

表 8.4.3　单零偏滤器和双零偏滤器的比较

序号	项　目	单零偏滤器	双零偏滤器
1	堆结构	下部设置,结构简单	上下设置,结构复杂
2	TF/PF 线圈的蓄积能量	TF 线圈比 DND 少 20%,PF 线圈比 DND 少 20%～30%	PL 时,TF/PF 线圈均为 DND 的一半左右
3	分解维护性	在下部设置偏滤器,分解维护性能好	上部偏滤器的分解维护性能不好,尤其需要地震对策
4	氚增殖	可以增大面积占有率 f_n	f_n 比 SND 要小
5	真空排气	排气速度与 PL 相同	排气速度是 SND 的一半

8.4.3　偏滤器的形状

根据其形状,偏滤器可以分成封闭式偏滤器(closed divertor)、半封闭式偏滤器(semiclosed divertor)、开放式偏滤器(open divertor)。

作为具有封闭式偏滤器的装置,有 ASDEX(德国)[36,40]、JT-60(日本)[41]等,如图 8.4.4、图 8.4.5 所示。

具有半封闭式偏滤器的装置,有 Alcator C-MOD、JET 等,如图 8.4.6 所示。

具有开放式偏滤器的装置有 DⅢ-D 等,如图 8.4.7 所示。

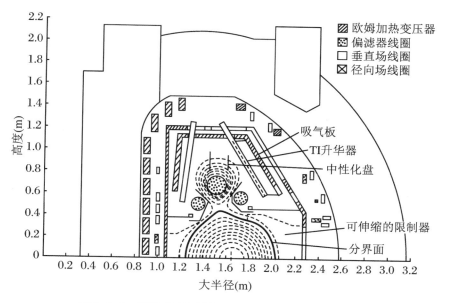

图 8.4.4　封闭式偏滤器的例子——ASDEX(德国)[36]

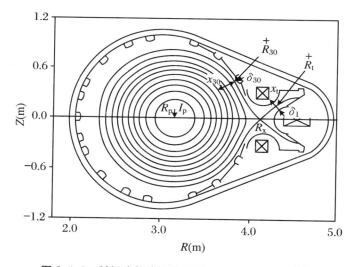

图 8.4.5　封闭式偏滤器的例子——JT-60(日本)[41]

　　关于偏滤器形状,表 8.4.4 总结了封闭式偏滤器和开放式偏滤器的特征。半封闭式偏滤器则具有二者中间的特性。在偏滤器研究的初始阶段,采用了杂质控制性能优良的封闭式偏滤器和能够应对各种不同等离子体位形的变化的开放式偏滤器。由于偏滤器的体积变大等理由,正逐渐采用半封闭式偏滤器。

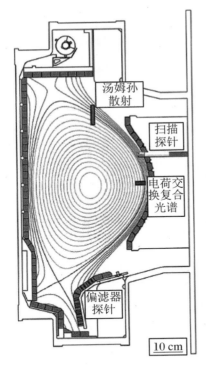

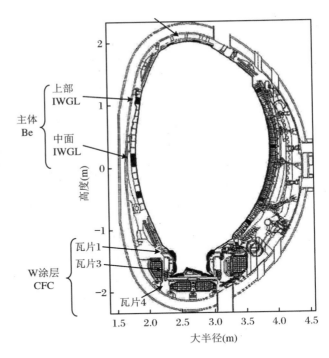

(a) Alcator C-MOD(美国)[42]

(b) JET(欧洲)[43]

图 8.4.6 半封闭式偏滤器的例子

表 8.4.4 偏滤器形状的特征

序号	项　目	封闭式偏滤器	开放式偏滤器
1	结构	偏滤器部的体积变大。为了生成零点，需要将线圈置于主等离子体附近	可以减小偏滤器部的体积。为了生成零点,可以让线圈离开主等离子体
2	等离子体位形	难以应对等离子体位置和形状的变化	容易应对等离子体位置和形状的变化
3	杂质控制	容易减少从偏滤器部回到主等离子体周围的杂质粒子	难以抑制从偏滤器部回到主等离子体周围的杂质粒子
4	热负荷、溅射对策	容易增长主等离子体偏滤器之间的磁力线,容易增大辐射损失、降低热负荷	难以增长主等离子体偏滤器之间的磁力线,难以增大辐射损失、降低热负荷
5	排气性能	容易增加偏滤器室的气体压力,容易排气	难以增加偏滤器室的气体压力,难以排气

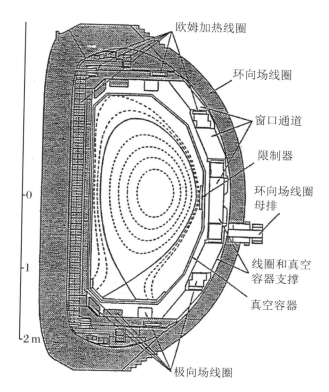

图中标注：
- 欧姆加热线圈
- 环向场线圈
- 窗口通道
- 限制器
- 环向场线圈母排
- 线圈和真空容器支撑
- 真空容器
- 极向场线圈

0
1
2 m

图 8.4.7　开放式偏滤器的例子——DⅢ-D(美国)[44]

8.5　偏滤器设计

8.5.1　设计条件与设计项目

表 8.5.1 给出了偏滤器的主要设计条件。从主等离子体传送来的热量、粒子如图 2.1.2 所示,辐射热进入偏滤器室,沿磁力线运动的粒子入射到偏滤器板,成为热负荷、粒子负荷。除了表面热负荷外,还有体积发热的核发热。与这些通常运行时的负荷不同的是,还需要考虑等离子体破裂时的负荷。核聚变输出的大约 20% 的热能到达偏滤器。为了提高发电效率,如何设定偏滤器处的冷却剂的温度和压力非常重要。

表 8.5.1　偏滤器的主要设计条件

序号	项　目	内　容
1	热负荷	对于偏滤器板的表面热负荷(稳态时)
2	粒子负荷	电子、离子、中子的辐照(稳态时)
3	核发热	中子、伽马射线引起的核发热
4	等离子体破裂时(非稳态时)的负荷	等离子体的蓄积能量、磁性能量的释放引起的热负荷、电磁力引起的负荷
5	冷却剂的温度、压力	决定发电效率的参数
6	结构健全性	承受等离子体破裂时等的电磁力的结构、强度
7	粒子排气	粒子排气速度
8	分解维护	与寿命有关的偏滤器板等的分解维护

偏滤器的主要设计项目如表 8.5.2 所示[45]。损耗量评估将在 14.5.1 小节介绍。分解维护将在第 15 章介绍。粒子排气将在 11.2 节介绍。冷却系统将在第 16 章介绍。

表 8.5.2　偏滤器的主要设计项目

序号	项　目	内　容
1	偏滤器	承受热粒子负荷的材料的选定、受热板结构的设计
2		适合冷却条件的热设计
3		涡电流、电磁力分布、电气绝缘等的电磁设计
4		基于热设计的热应力、电磁设计的电磁力等,进行结构设计
5		基于用于分解维护的、偏滤器板等的损耗量、寿命评估,进行更换频度评估
6		适合制作方法、组装、分解维护的偏滤器结构的设计
7	与真空容器的关系	排气性能和排气机器设计
8		冷却系统配管设计
9		分解维护设计

8.5.2　材料选择

在偏滤器板中,会由于高粒子负荷的溅射刻蚀引起厚度减少,由于等离子体破裂引起结构材料熔化。作为解决方案,设计在热沉材料的等离子体一侧连接铠甲材料。

铠甲材料需要满足的条件有：① 高熔点，② 热传导性良好，③ 溅射刻蚀小，④ 耐热应力，⑤ 与热沉材料的连接性能良好，等等。作为铠甲材料，一般可用高熔点材料的 Be、C（碳纤维强化复合材料，CFC 材料）、SiC、W、Mo 等[45]。Be、C、SiC 是低 Z 材料，即使混入等离子体内，对等离子体的影响也很小。W 则是溅射刻蚀和熔融损耗都很小的材料。

对于热沉材料，考虑到热应力的影响，冷却管采用热传导率大的 Cu 或 Cu 合金，高温强度好的 Mo 合金（TZM），在核反应堆等使用经验多的不锈钢等。对结构材料与铠甲材料进行异种材料连接时，材料之间热膨胀的差别会引发热应力，必须考虑相应的对策。

偏滤器只有一侧承受热负荷、粒子负荷。平板的受热面与其内侧会产生温度差。如果热流束为 $q_{\mathrm{div}}(\mathrm{W/m^2})$，热传导率为 $\lambda(\mathrm{W/mK})$，平板厚度为 $t(\mathrm{m})$，则温度差 ΔT 为

$$\Delta T = q_{\mathrm{div}} t/\lambda \tag{8.5.1}$$

温度上升时，如果部件受到完全约束，则会产生热应力 σ_{t}。该热应力可从线膨胀率 $\alpha(\mathrm{K^{-1}})$、杨氏模量 $E(\mathrm{Pa})$ 求得：

$$\sigma_{\mathrm{t}} = \alpha E \Delta T \tag{8.5.2}$$

例如，厚度 $t=2\,\mathrm{mm}$ 的钨（W）平板，受到 $q_{\mathrm{div}}=10\,\mathrm{MW/m^2}$ 的热负荷时，如果热传导率为 $\lambda=200\,\mathrm{W/(m \cdot K)}$，则有 $\Delta T=100\,\mathrm{K}$。在该温度差下，如果对 $\alpha=4.3\times10^{-6}\,\mathrm{K^{-1}}$、$E=412\,\mathrm{GPa}$ 的 W 进行约束，该温度差将产生 $\sigma_{\mathrm{t}}=177\,\mathrm{MPa}$ 的热应力。

作为结构设计标准，采用 ASME Boiler and Pressure Vessel Code, Section III（ASME Code Sec. III），设计应力强度为 $S_{\mathrm{m}}=\min\{(1/3)\sigma_{\mathrm{u}},(2/3)\sigma_{\mathrm{y}}\}$[46]。这里，$\sigma_{\mathrm{u}}$ 为材料的拉伸强度，σ_{y} 为材料的屈服应力（0.2%抗拉强度）。

对于钨来说，$\sigma_{\mathrm{u}}=785\,\mathrm{MPa}$，$\sigma_{\mathrm{y}}=490\,\mathrm{MPa}$，则有 $S_{\mathrm{m}}=262\,\mathrm{MPa}$[45,47]。上述热应力数值低于这个数值。如果增加钨的厚度，则会超过 S_{m}。而如果减少厚度，热应力随之减小，则可以低于 S_{m}。由于粒子负荷的溅射或等离子体破裂时的高热负荷引起的熔化、蒸发会导致厚度减少，所以减薄厚度存在一定限制。

采用无氧 Cu 作为热沉材料时，$\alpha=1.7\times10^{-5}\,\mathrm{K^{-1}}$，$E=113\,\mathrm{GPa}$，则有温度差 $\Delta T=100\,\mathrm{K}$。对此材料进行约束时，将产生 $\sigma_{\mathrm{t}}=192\,\mathrm{MPa}$ 的热应力。对于无氧 Cu 来说，$\sigma_{\mathrm{u}}=216\,\mathrm{MPa}$，$\sigma_{\mathrm{y}}=68.6\,\mathrm{MPa}$，则有 $S_{\mathrm{m}}=45.8\,\mathrm{MPa}$，热应力超过了这一数值，因此需要采取相应措施。当由于核聚变堆停止运行而产生循环热负荷时，还需要针对循环疲劳采取措施。

8.5.3　结构概念

1. 受热板结构

作为受热板结构,考虑利用铠甲材料来保护热沉材料的结构。关于铠甲材料的截面形状,已提出了平板型、弯曲型、鞍型、单模块型等[48,49]。铠甲材料的截面形状如图 8.5.1 所示。平板型中,通过冷却管内壁的热流束集中于铠甲附近。鞍型和单模块型可以抑制热流束的集中。对于单模块型来说,即使铠甲材料与冷却管/热沉材料的连接部分发生剥离,也很少出现铠甲材料脱落到反应堆内部的情况。

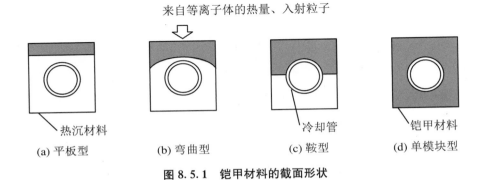

来自等离子体的热量、入射粒子

热沉材料　　　　　　　　　　冷却管　　　　　　铠甲材料

(a) 平板型　　　(b) 弯曲型　　　(c) 鞍型　　　(d) 单模块型

图 8.5.1　铠甲材料的截面形状

2. 涡电流抑制结构

为了抑制当等离子体破裂时,在面向等离子体壁等堆内结构部件中感应出来的涡电流,降低环向磁场和涡电流产生的电磁力,根据公式(8.3.7),需要对反应堆的内部结构沿着极向方向的实际长度进行细微分割。为了减少电磁力,ITER 的偏滤器板被分割成 30 mm 左右,并在铠甲之间设置有间隙(0.5~1 mm)。

3. 应力/应变的缓和

如 8.5.2 节所示,热沉材料/冷却管中会产生应力/应变。为了抑制这些应力/应变,采用滑动支撑结构,以容纳热沉材料/冷却管的热伸长。

图 8.5.2 是 ITER 考虑采用的偏滤器板的滑动支撑结构的概念图[23]。图中,单模块型的铠甲被分割后,通过滑动支撑结构安装在偏滤器板上。

在原型堆中,稳态运行的周期比较长,因此循环负荷较小。

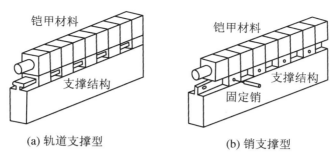

(a) 轨道支撑型　　　　　　　　(b) 销支撑型

图 8.5.2　ITER 偏滤器板的滑动支撑结构概念图[23]

4. 冷却管

一般来说，对于数个 MW/m² 的热流束去除速度的情况，可以在圆形截面的冷却管中供应小于 10 m/s 的加压水。如果大于 10 MW/m²，在结构设计时就必须考虑传热促进效应。对于偏滤器板进行除热时，需要能够促进传热的冷却管。

促进传热的冷却管包括有螺旋管（screw tube）、旋流管（swirl tube）、蒸发（vapotron）冷却管等。螺旋管是在冷却管内面切削有螺纹。旋流管是在冷却管内插入螺旋带，强制产生旋流。蒸发冷却管则在受热面侧，相对于流路设置有直角翅片（fin）。通过使冷却管内的冷却水处于乱流状态，提高热传导性能。

这样，通过研究结构概念，在此基础上进行结构强度分析，最后确定结构。

8.5.4　设计示例

以加泵限制器为设计示例，图 8.5.3 表示 STARFIRE 的极向截面图。STARFIRE 是以商用堆为目的的托卡马克堆设计，采用低域混成波电流驱动，稳态运行时为 4 GW 核聚变输出，1.2 GW 电力输出。图 8.5.4 表示 STARFIRE 的加泵限制器。加泵限制器为 Be 涂层，能够承受 4 MW/m² 的热负荷。

以 ITER 作为偏滤器的设计示例。在 ITER 中，假定 $P_f = 500$ MW、$Q_0 = 100$ MW、$P_{rad} = 50$ MW、$Q_{div} = 50$ MW。表 8.5.3 是 ITER 偏滤器的主要设计条件[23,51]。

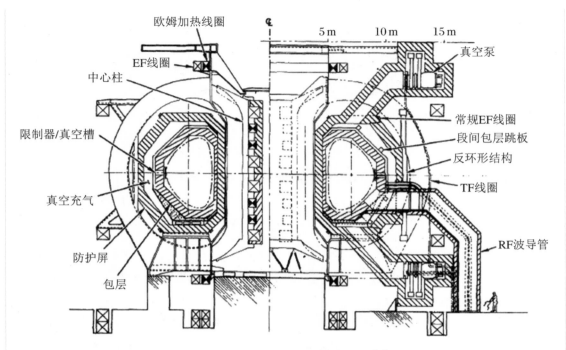

图 8.5.3　STARFIRE 的极向截面图[50]

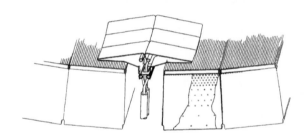

图 8.5.4　STARFIRE 的加泵限制器[50]

表 8.5.3　ITER 偏滤器的主要设计条件

序号	项　　目	内　　容
1	热负荷	～10 MW/m²（稳态时，400 s） ～20 MW/m²（非稳态时，小于 10 s）
2	中子积分辐照量	＜ 0.5 MW$_a$/m²
3	冷却剂（冷却水）的温度、压力	入口温度：100 ℃，入口压力：4.2 MPa

当初，ITER 的偏滤器板打算采用如图 15.8.3(a)所示的一块板的形式[52]。之后，等离子体从双零位形变更为单零位形，偏滤器板也如图 8.5.5 所示采用了半封闭式。在ITER 中，将偏滤器板沿垂直方向设置，以减小偏滤器板与分界面之间的角度，扩大受热

面积。增大零点与偏滤器板的距离,容易形成高循环状态并形成非接触状态,抑制偏滤器板附近产生的杂质回流到主等离子体中,且容易将核聚变反应生成的氦气排出。

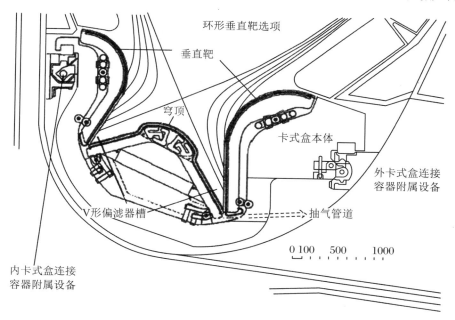

图 8.5.5 ITER 偏滤器(单位 mm)[53]

ITER 的偏滤器板如图 8.5.6 所示。这相当于图 8.5.5 的所谓垂直靶(vertical tar-gets)的偏滤器板的下部偏滤器板,是利用旋流管进行冷却的单模块式的偏滤器板。

表 8.5.4 给出了偏滤器所使用的主要材料。在偏滤器板的垂直靶的上部和穹顶(dome),采用常温的热传导率约为 180 W/(m·K)的轧制钨,包括打击点在内的垂直靶的下部则采用最大热传导率约为 430 W/(m·K)的 CFC 材料。冷却管结构材料采用ITER 级(ITER grade)的铬锆铜。ITER 偏滤器的维护将在 15.8 节介绍。

表 8.5.4 偏滤器所使用的主要材料

序号	项目	内容
1	铠甲材料	CFC 材料、轧制钨
2	连接缓冲材料	铜合金(无氧铜、铜钨等)
3	螺旋带	无氧铜
4	冷却管结构材料	铬锆铜(CuCrZr-IG)
5	支撑结构材料等	奥氏体系不锈钢(SS316L(N)-IG、XM-19)
6	配管结构材料	奥氏体系不锈钢(SS316L)
7	机械固定用销材料	镍铝青铜(C63200)

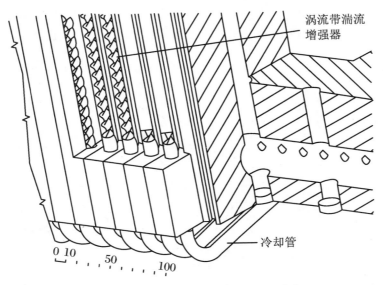

涡流带湍流增强器

冷却管

0 10   50   100

图 8.5.6　ITER 偏滤器板(单位 mm)[53]

8.6　第一壁

8.6.1　热负荷、粒子负荷

第一壁指的是接触等离子体的壁面,沿着刮削层的磁面设置。第一壁承受着高热负荷产生的热应力,以及堆运行时循环热应力导致的疲劳损伤。第一壁的板厚比较薄,核发热导致的发热量要小于包层,但是第一壁最靠近等离子体,因此第一壁的中子辐照损伤非常大。第一壁的一个目的是抑制混入等离子体的杂质量,另一个目的是由于位于包层的等离子体侧,要尽可能减小对氚增殖比降低的影响。

第一壁与偏滤器一样,承受来自堆芯等离子体的直接热负荷、粒子负荷,因此设计项目与偏滤器大致相同。然而,由于离开等离子体的磁面远一些,热负荷、粒子负荷都会衰减,所以设计条件相对于偏滤器来说要宽松一些。

如果冷却剂的流路截面积为 $S_c(\mathrm{m}^2)$,流速为 $v_c(\mathrm{m/s})$,密度为 $\rho_c(\mathrm{kg/m}^3)$,定压比热

为 $C_p(\mathrm{J/kg \cdot K})$,入口、出口的温度差为 $\Delta T(\mathrm{K})$,则除热量为

$$P_c = S_c v_c \rho_c C_p \Delta T \tag{8.6.1}$$

确定冷却剂后,如要增加除热量,就要增加流路截面积、流速、入口出口温度差,这样会面临如 16.3 节所示的课题,因而需要在考虑这些因素的基础上进行设计。

8.6.2 第一壁结构

1. 整体结构

第一壁可以分成一体型和分离型,其特征如表 8.6.1 所示。一体型中,第一壁与包层成为一体。分离型中,二者各自独立,可以在维护时更换。从结构简单、氚增殖比 T_{br} 等观点来看,现在一体型成为主流[45]。

表 8.6.1 第一壁结构的分类

序号	项目	一体型	分离型
1	结构	不需要安装结构,可以简化结构	需要安装结构,从而结构复杂
2	T_{br}	可以减薄第一壁结构材料的厚度,减少导致 T_{br} 降低的影响	第一壁结构材料的厚度增加,对于导致 T_{br} 降低的影响变大
3	分解维护	需要同时更换第一壁与包层	可以分别更换第一壁和包层

2. 保护结构

图 8.6.1 表示第一壁的保护结构[46]。在一体型的第一壁上,有三种用于保护受热面的结构:表面没有保护材料的裸结构,槽结构,安装有保护材料的铠甲结构。

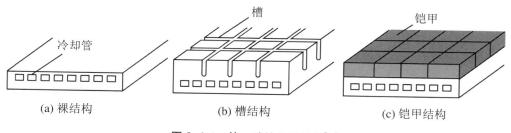

(a) 裸结构   (b) 槽结构   (c) 铠甲结构

图 8.6.1 第一壁的保护结构[46]

表 8.6.2 给出了各种保护结构的特征[46]。作为铠甲材料与热沉材料之间的连接方法,有钎焊等的冶金结合和利用螺栓等的机械结合。

表 8.6.2　各种保护结构的特征

序号	项　目		内　容
1	无铠甲	裸结构	会产生涡电流/电磁力,结构简单,容易制造。考虑到刻蚀层,需要加厚,由此增大热应力
2		槽结构	可以抑制涡电流/电磁力,保留刻蚀,缓和热应力,但槽部会出现应力集中,需要采取确保结构健全性的对策
3	有铠甲	铠甲结构	使用刻蚀率小的材料,表面保护好,但需要铠甲材料与热沉材料的连接技术,结构复杂

3. 流路截面

对第一壁的流路截面进行分类时,如图 8.6.2 所示,可以有圆管型、肋型、波浪型[54,55]。管型中,将许多圆管连接在一起,构成第一壁。圆形截面对于冷却剂内压来说,是理想的形状,但在所连接的冷却管的前面和后面设置增强材料后,冷却材料的等价厚度增大。圆管型中,又可分为平板连接圆管型和平板连接半圆管型。肋型具有许多矩形截面流路,壁与冷却管成一体化结构,从而可以减少冷却材料等的等价厚度,氚增殖性能好,但问题是连接强度和流路角部的应力集中等。波浪型由波浪板与平板连接而成,虽然可以减少冷却材料的等价厚度,但存在曲面或弯曲部的制作性问题。STATFIRE 的第一壁采用了波浪型[50]。

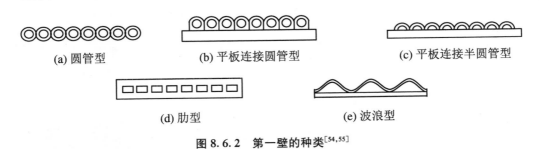

(a) 圆管型　　　　(b) 平板连接圆管型　　　　(c) 平板连接半圆管型

(d) 肋型　　　　(e) 波浪型

图 8.6.2　第一壁的种类[54,55]

4. 损耗量

在 7.5.1 小节中已经说明了第一壁的损耗量。

8.6.3　设计示例

作为第一壁的设计示例,给出 ITER 的情况。在 ITER 中,设置有以屏蔽包层和原型堆为目标,具有氚增殖和发电性能的实验包层模块(TBM)。设置在这些包层上的第一壁的主要设计条件如表 8.6.3 所示。关于冷却剂,括号内表示超临界压水的选择。

表 8.6.3　第一壁的主要设计条件

序号	项　目	屏蔽包层	TBM
1	表面热负荷	平均:0.25 MW/m^2,最大:0.5 MW/m^2	
2	中子壁负荷	平均:0.56 MW/m^2,最大:0.578 MW/m^2	
3	冷却剂(冷却水)的温度、压力	入口温度:100 ℃ 出口温度:148 ℃ 入口压力:3 MPa	入口温度:280 ℃(280 ℃) 出口温度:325 ℃(510 ℃) 入口压力:15 MPa(25 MPa)

对于热流束,由于第一壁离开了等离子体的最外层磁面,其热负荷与偏滤器相比,要轻微一些。第一壁的中子壁负荷与偏滤器为相同程度。在等离子体破裂时,从等离子体释放出来的热能沿着形成磁面的磁力线,进入偏滤器(参考 5.8 节)。

这样,流向第一壁的表面热负荷(热流束)要小于偏滤器。晕电流直接流入面向等离子体机器或真空容器,因此晕电流引起的电磁力同样会在第一壁和偏滤器中产生。逃逸电子引起的热负荷也无法特定其位置,同样会被第一壁和偏滤器所承受。

ITER 屏蔽包层的第一壁如图 8.6.3 所示。由于第一壁的热负荷与偏滤器相比要小一些,铠甲材料的选择也不是考虑高热传导性或高熔点,而是优先考虑那些即使混入等离子体后影响也小的低原子序数材料,以及氚吸收量小的性质,因此采用铍(Be)。热沉(heat sink)材料与偏滤器一样采用铬锆铜。铠甲材料通过冶金方法与热沉材料进行连接。热沉材料内设置有不锈钢(SS)制成的冷却管,进行冷却[56,57]。

ITER 实验包层的第一壁如图 7.6.4 所示。铠甲材料是铍,结构材料不是铬锆铜,而是采用为原型堆结构材料所开发的低活化铁素体钢 F82H。由于 F82H 的热传导率很小,只有铜的 1/10,因此通过密集排列矩形截面的冷却剂流路,可以使第一壁的最高温度不超过 F82H 的最高使用温度 550 ℃。

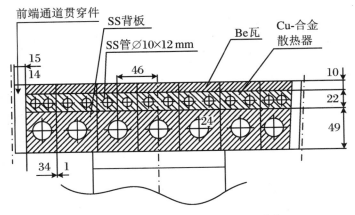

图 8.6.3　ITER 屏蔽包层的第一壁[56]

8.7　今后的课题

今后面临的课题如下：

（1）ITER 的核聚变输出为 $P_f = 500\ \text{MW}$，如果假定原型堆的 $P_f = 3\ \text{GW}$，则 $Q_0 = 600\ \text{MW}$。如果反应堆尺寸大致相同，在偏滤器部要处理的热负荷很简单地就会到 6 倍左右。为了使偏滤器板承受这一热负荷，需要将偏滤器板所承受的功率控制在 ITER 程度的 $Q_{\text{div}} = 50\ \text{MW}$，将辐射量控制在 $P_{\text{rad}} = 50\ \text{MW}$ 左右。降低这种偏滤器板的热负荷，是不可避免的课题。

（2）假定在原型堆中很少改变等离子体位置和形状，偏滤器板形状选为封闭式，加大偏滤器板的倾斜角度，使之成为高循环、非接触状态的偏滤器。作为降低热负荷的措施，考虑通过气体注入 Ar 等较高离子价态的杂质，增加辐射损失。由于偏滤器部的密度增加，应该排出的氦灰也会蓄积[59]。所以需要开发只对氦灰进行选择排气的氦灰排气法。

（3）在原型堆中，随着核聚变输出的增加，运行期间也会出现长期化，因此中子辐照积分剂量将比实验堆要大几十倍。由于面向等离子体材料的损耗量和中子辐照损伤量都随之增加，机器更换频度增加，这将成为降低反应堆运行率的原因。为了防止这一现象，需要开发耐辐射的热传导率高的面向等离子体材料、冷却配管材料。

（4）需要研究进一步提高发电效率，在进行偏滤器部的热回收时，将辐射损失 P_{rad} 也

核聚变堆设计

利用起来。

(5) 至今已提出了多种先进的偏滤器概念[60~62]，需要进一步确认适合核聚变堆的先进偏滤器概念。

参 考 文 献

[1]　INTOR GROUP, International Tokamak Reactor，Phase Two A，Part Ⅲ，Vol.1，IAEA，Vienna（1988）.

[2]　高村秀一，プラズマ理工学入門，北森出版株式会社（1997）.

[3]　畑山明聖，プラズマ・核融合学会誌，第 77 巻第 5 期，420-434（2001）.

[4]　星野一生，トカマクにおける境界層プラズマ流の構造と重金属不純物輸送に関する研究，庆应义塾大学博士论文（2008）.

[5]　S. Saito，M. Sugihara and N. Fujisawa，J. Nucl. Mater.，121，199-204（1984）.

[6]　M. Sugihara，S. Saito，S.Hitoki, et al.，J. Nucl. Mater.，128&129，114-117（1984）.

[7]　S. Saito，T. Kobayashi，M. Sugihara，et al.，J.Nucl. Mater.，128&129，131-134（1984）.

[8]　G.D. Hobbs and J.A. Wesson，Plasma Phys.，9，85（1967）.

[9]　S. Saito，M. Sugihara，N. Fujisawa，et al.，Nucl. Technol./Fusion，4，498-507（1983）.

[10]　B.J.Braams，NET Report，EUR-FU/Ⅻ-80/87/68（1987）.

[11]　N. Ueda，M. Kasai，M. Tanaka，et al.，Nucl. Fusion，Vol.28，No.7，1183-1193（1988）.

[12]　T.D. Rognlien，et al.，J. Nucl. Mater. 196-198，347（1992）.

[13]　V.A. Rozhansky，S.P. Voskoboynikov，E.G. Kaveeva，et al.，Nucl. Fusion，Vol.41，No.4，387-401（2001）.

[14]　K. Shimizu，et al.，J.Nucl. Mater. 313-316，1277（2003）.

[15]　D.B. Heifetz，D.E. Post，M. Petravic，et al.，J. Comp. Phys.，46，309（1982）.

[16]　D. Reiter，J.Nucl. Mater.，196-198，80（1992）.

[17]　R. Schneider，et al.，J.Nucl. Mater. 196-198，810（1992）.

[18]　R. Schneider，et al.，Contrib. Plasma Phys. Vo.46，3-191（2006）.

[19]　K. Shimizu，T.Takizuka，H. Kawashima，Contrib. Plasma Phys. Vol.48，270-274（2008）.

[20]　H. Kawashima，et al，Plasma Fusion Res.，1，031（2006）.

[21]　K. Shimizu，T.Takizuka，K. Ohya，et al.，Nucl. Fusion，Vol.49，065028（2009）.

[22]　星野一生，藤間光徳，J. Plasma Fusion Res.，Vol.86，No.12 681-684（2010）.

[23]　テキスト核融合炉専門委員会，プラズマ・核融合学会誌，第 87 巻増刊号（2011）.

[24]　鎌田裕，大山直幸，杉原正芳，J. Plasma Fusion Res.，Vol.82，No.9，566-574（2006）.

[25]　G. Federici，A. Loarte and G. Strohmayer，Plasma Phys. Control. Fusion，45，1523-1547（2003）.

［26］ T. Eich，et al.，J. Nucl. Mater.，363-365，989（2007）.

［27］ A. Zhitlukhin，N. Klimov，I. Landman，et al.，J. Nucl. Mater.，363-365，301（2007）.

［28］ Fusion Reactor System Laboratory，Japan Atomic Energy Research Institute，JAERI-M 91-081 （1991）.

［29］ K. Ezato，S. Suzuki，T. Kunugi and M. Akiba，Japan Atomic Energy Research Institute，JAERI-Research 98-033（1998）.

［30］ T. C. Hender，J. C. Wesley，J. Bialek，et al.，Nucl. Fusion，Vol. 47，S128-S202（2007）.

［31］ 閤谷譲，プラズマ・核融合学会誌，第72巻第5期，403-414（1996）. A. Tanga，M. Garribba，M. Hugon，et al.，Proc. 14th Symp. on. Fusion Eng.，201（1991）.

［32］ 宮本健郎，核融合のためのプラズマ物理，岩波書店（1976）.

［33］ 宮本健郎，プラズマ物理・核融合，東京大学出版会（2004）.

［34］ INTOR Group，Nucl. Fusion 23，1513-1537（1983）.

［35］ ITER Physics Basis Editors，et al.，Nucl. Fusion，Vol. 39，No. 12，2137-2638（1999）.

［36］ R. A. Gross，Fusion Energy，A Wiley-Interscience Publication，John Wiley & Sons，Inc. （1984）.

［37］ J. W. M. Paul，et al.，Proc. 8th European Conference on Controlled Fusion and Plasma Physics，Prague，Vol. 2，49（1977）.

［38］ N. Fujisawa，M. Sugihara，S. Saito，et al.，Japan Atomic Energy Research Institute，JAERI-M 85-074（1985）.

［39］ Impurity Control Group A（compiled by M. F. A. Harrison），INTOR European Contribution to Session XIII INTOR Workshop Phase II A Part 3，EURFUBRU/XII-52/86/EDV10（1986）.

［40］ M. Keilhacker，Proc. 8th International Conference on Plasma Physics and Controlled Nuclear Fusion Research，CN38/0-1，IAEA，Brussels（1980）.

［41］ M. Kikuchi，H. Ninomiya，R. Yoshino，S. Seki，Nucl. Fusion，27，299-312（1987）.

［42］ D. Brunner，B. LaBombard，R. M. Churchill，et al.，Plasma Phys. Control. Fusion，55，095010（2013）.

［43］ K. Heinola，C. F. Ayres，A. Baron-Wiechec，et al.，Physica Scripta，T159，014013（2014）.

［44］ Naka Fusion Research Establishment，Japan Atomic Energy Research Institute，JAERI-M 88-069（1988）. J. Luxon，et al.，The 11th International Conference on Plasma Physics and Controlled Nuclear Fusion Research，IAEA-CN-47/A-III-3，Kyoto（1986）.

［45］ 臨界プラズマ研究部，日本原子力研究所，JAERI-M 85-177（1985）.

［46］ 矢川元基，堀江知義，核融合炉構造設計，培風館（1995）.

［47］ 炉設計研究室，日本原子力研究所，JAERI-M 83-214（1984）.

［48］ 鈴木哲，秋場真人，齊藤正克，J. Plasma Fusion Res.，Vol. 82，No. 10，699-706（2006）.

［49］ I. Smid，M. Akiba，M. Araki，et al.，Japan Atomic Energy Research Institute，JAERI-M 93-

149（1993）.

［50］ C. C. Baker，M. A. Abdou，C. D. Boley，et al.，Nucl. Eng. Des. 63，199-231（1981）. C. C. Baker，et al.，STARFIRE，A commercial tokamak power plant design - Final report，Argonne National Laboratory，ANL/FPP-80-1（1980）.

［51］ 鈴木哲，J. Plasma Fusion Res.，Vol. 87，No. 9，607-614（2011）.

［52］ 岡崎隆司，西尾敏，渋井正直，等，日本原子力研究所，JAERI-M 92-108（1992）.

［53］ G. Janeschitz，A. Antipenkov，G. Federici，et al.，Nucl. Fusion 42，14-20（2002）.

［54］ 湊章男，日本原子力研究所，JAERI-M 88-097（1988）.

［55］ 炉設計研究室，日本原子力研究所，JAERI-M 83-120（1983）.

［56］ 鈴木哲，秋場真人，斉藤正克，J. Plasma Fusion Res.，Vol. 82，No. 11，768-774（2006）.

［57］ 鈴木哲，上田良夫，日本原子力学会誌，Vol. 47，No. 4，266-271（2005）.

［58］ 飛田健次，西尾敏，榎枝幹男，等，日本原子力研究開発機構，JAEA-Research 2010-019（2010）.

［59］ H. Kawashima，K. Shimizu，T. takizuka，et al，Nucl. Fusion，49，065007（2009）.

［60］ 嶋田道也，杉原正芳，上杉喜彦，大藪信義，荘司昭朗，J. Plasma Fusion Res.，Vol. 69，No. 10，1145-1186（1993）.

［61］ T. Mizoguchi，T. Okazaki，N. Fujisawa，et al.，Japan Atomic Energy Research Institute，JAERI-M 88-045（1988）.

［62］ T. kuroda，G. Vieider，M. Akiba，et al.，ITER PLASMA FACING COMPONENTS，ITER Documentation Series，No. 30，IAEA，VIENNA（1991）.

第 9 章

线圈系统

放置于托卡马克核聚变堆的线圈系统（磁体系统），是生成用于约束、维持等离子体的磁场的部件。

9.1 核聚变堆的线圈

1. 线圈的种类

设置于托卡马克核聚变堆的线圈有以下 3 种：

① 环向磁场线圈（toroidal field coil，TF 线圈）。

② 极向磁场线圈（poloidal field coil，PF 线圈）。

③ 中心螺管线圈（central solenoid coil，CS 线圈；也称 Ohmic heating coil，OH 线

圈、变流器线圈）。

线圈也能简单地分为 TF 线圈和 PF 线圈两种类,该分类下,PF 线圈就包含了平衡场线圈(equilibrium field coil,EF 线圈)和 CS 线圈。这里 PF 线圈主要承担 EF 线圈的功能,以下将 PF 线圈和 CS 线圈分开描述。

TF 线圈是产生将等离子体约束成圆环状的磁场的线圈。PF 线圈除了生成在 4.1 节中描述的垂直磁场外,还生成保持等离子体平衡、控制等离子体形状等的磁场。等离子体电流的驱动方式有电磁感应和非电磁感应两种方式,CS 线圈是通过电磁感应提供磁通量的线圈。

2. 超导线圈的必要性

为提高等离子体性能参数,强磁场是必要条件,相对应的,也要增大线圈的电流,对常导电线圈来讲焦耳热也就会增大。如果线圈产生焦耳热所消耗的能量比核聚变反应所得的能量更大,那么就不能成为一个能量产生装置。另外,导线的电流密度有上限,增大线圈电流意味着增大线圈尺寸,对堆结构上的影响也会更大。而超导线圈电阻为 0,能有更大的电流密度,因此核聚变堆的磁场线圈采用超导线圈是十分必要的。详见 17.2.3 小节第 2 点。

9.2　超导线圈基础

9.2.1　超导特性

表现出超导现象的物质称为超导体。超导体分为临界磁场相对较小的第一类超导体和临界磁场较大的第二类超导体。因为实际使用的超导材料是第二类超导体,以下介绍针对第二类超导体。

超导现象的基本特征是具有极低温度下金属的直流电阻为 0 的完全导电性,以及体内磁力线被排斥到超导体外(迈斯纳效应)的完全抗磁性。超导状态由 3 个状态量:电流密度 J、温度 T、磁场 B 来决定,如果状态量超过了各自的临界值 J_c、T_c、B_c 所构成的临界面,就会从超导状态回归到常导电状态。

图 9.2.1 是决定超导状态的三个临界值的示意图。不同超导体有不同的临界值。一般来讲,由液氦(4 K)冷却的超导体称为低温超导体,液氮(77 K)冷却的超导体称为高

温超导体。

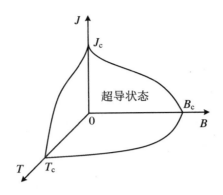

图 9.2.1 决定超导状态的三个临界值示意图

处于超导状态时,受到扰动使得状态量超出临界面,从超导状态向常导电状态变化,并传播至整个导体,无法恢复超导状态的现象称为失超(quench)。

9.2.2 超导材料

主要的超导材料如表 9.2.1 所示[1]。B_{c2} 表示超出该值后超导体将完全变为常导体所对应的磁场强度。

表 9.2.1 主要的超导材料

类　别	种　类	临界温度 T_c(K)	临界磁场 B_{c2}(at 4.2 K)(K)	特　征
合金系	NbTi	9.6	11.5	易加工,低成本
化合物系	Nb$_3$Sn	18	26～28	抗应变特性差
	Nb$_3$Al	17.5～18.5	25～30	抗应变特性好
	MgB$_2$	35～39	10～30	轻
铋系	Bi-2212	70～85	数 10～100 以上	低温高场强
	Bi-2223	105～115	数 10～100 以上	液氮冷却
钇系	Y-123	～90	数 10～100 以上	液氮冷却

大致可以分为合金系、化合物系、氧化物系。NbTi 延展性优异,易于加工。化合物系与合金系相比临界温度更高。铋系氧化物有 $Bi_2Sr_2CaCu_2O_x$、$Bi_2Sr_2Ca_2Cu_3O_y$,分别

用 Bi-2212、Bi-2223 表示。钇系氧化物 $YBa_2Cu_3O_y$ 用 Y-123 表示。

9.2.3 超导线材的制造方法

超导线材的制造方法如下所述[1,2]：

1. NbTi

NbTi 超导线材的制造方法如图 9.2.2 所示。将 NbTi 合金插入 Cu 管中制成单坯，再通过高压拉丝加工后制成六角形棒（单芯线、单线）。将数根六角形棒集成一起再放入 Cu 管中制成多坯，通过拉丝加工后制成多芯线。如此重复。经过热处理后，制成拥有大量细丝的股线（strand）。

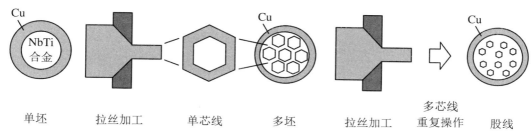

单坯　　拉丝加工　　单芯线　　多坯　　拉丝加工　多芯线重复操作　股线

图 9.2.2　NbTi 超导体的制造方法

2. Nb_3Sn

Nb_3Sn 的主要制造方法如表 9.2.2 所示。通过各种制造方法制成单坯，再加工单坯制成单芯线，单芯线集束制成多坯，再将其制成多芯线。这部分重复加工的过程与 NbTi 一致，制作方法也通用。不管哪种制造方法，加工成多芯线后，通过热处理来扩散生成 Nb_3Sn。

表 9.2.2　Nb_3Sn 的主要制造方法

序号	制造方法	内　　容
1	青铜法	在 CuSn 合金的中心部放入 Nb。最普及的方法
2	内部 Sn 扩散法	在 Cu 容器中心放入 Sn 棒，Cu 容器与 Sn 棒间放置大量 Cu/Nb 细丝
3	管内粉末法（PIT 法）	在 Nb 管中内置 Cu 管并将 $NbSn_2$ 粉末填充其中

线圈有先绕制后热处理的先绕后反应(wind and react)方法,以及先热处理后绕制加工的先反应后绕(react and wind)方法。Nb_3Sn 线材通常使用先绕后反应方法。

化合物系导线与合金系导线相比更加脆弱,受到应变后,其性能容易劣化。制造方法的选定需要综合考虑临界电流密度、抗应变特性、加工性等要素。

3. Nb_3Al

Nb_3Al 有扩散法和快热快冷相变法两种制造方法。两种方法都需要将 Al 加工成 100 nm 尺度以下的薄膜,将 Nb 箔和 Al 箔叠放一起然后紧绕在一根金属棒上,再插入作为外皮的金属管里,制成单芯线,这个方法称之为卷绕法(jelly roll)。后续和 NbTi 与 Nb_3Sn 相同,先利用单芯线制成多坯,再加工成多芯线,重复以上操作,最后进行热处理。

在扩散法中,芯部和外皮使用性能稳定的材料 Cu,为防止 Cu 和 Al 反应,将 Nb 膜置于芯部和外皮内表面,在芯部卷绕由 Nb 箔和 Al 箔叠成的叠层箔,在 750 ℃的温度下 Nb 和 Al 直接扩散反应生成 Nb_3Al。

在快冷快热相变法中,将温度加热到 Cu 的熔点以上,芯部和外皮使用 Nb。在 1900 ℃以上进行快热快冷处理后,生成过饱和固溶体,然后使其发生相变反应。

对于应变导致的临界电流劣化程度较小的 Nb_3Al 线材,可以通过先反应后绕方法制成。

4. MgB_2

MgB_2 线材的制作使用以下的 PIT 法。分别有将 Mg 和 B 的粉末填充于金属管中,拉丝加工后进行热处理使得 Mg 和 B 反应生成 MgB_2 的 In-situ 法,和将预先合成的 MgB_2 粉末填充于金属管,拉丝加工制成线材的 Ex-situ 法。

5. 铋系

铋系氧化物的线材制造方法一般也是 PIT 法。将作为原料的氧化物粉末填充于银管中,拉丝加工制成单芯线。数股单芯线用银合金管套装组合后再拉丝加工,与 NbTi 一样,制成多芯线。为了能传导更大的超导电流,通过热处理进行使氧化物导体的晶粒方向对齐的定向化处理。对于 Bi-2212 线材,采用将温度上升到 Bi-2212 熔点以上少许,然后缓慢冷却,即部分熔融-缓慢冷热处理的方法。对于 Bi-2223,通过热处理和机械加工组合的方式进行定向化处理。

6. 钇系

对于 Y-123,单轴定向化处理的结果并不充分,需要采用二轴定向化处理,使用与薄膜制作相近的方法制作线材。通过 IBD(ion beam assisted deposition)法和 RABiTS (rolling-assisted biaxially textured substrate)法形成有定向组织的基底,在之上通过 PLD(pulsed laser deposition)法和 MOD(metal organic deposition)法外延生长形成 Y-123 层,制成二轴定向的组织[1]。

9.2.4　超导导线

从超导线材制成超导导线的时候需要考虑以下几点[3,4]:

1. 磁滞损失

超导体在交变磁场中,为了消除磁场的侵入会产生超导电流。因交变磁场增大和减小时超导电流的方向不同,磁化程度不同导致磁滞的产生。因此,超导体受到交变磁场时,会产生磁滞损失。

频率 f、场强峰值 B 的交变磁场下直径为 d 的超导体中流过的电流密度为 J 时,单位体积的磁滞损失为[5]

$$P_h = \frac{8}{3\pi} fdJB \tag{9.2.1}$$

临界电流密度越大、超导体直径越大、磁化程度越大,磁滞损失越大。因为大的临界电流密度是我们所需求的,所以为了降低磁滞损失有必要将超导体制成极细的细丝。

2. 稳定化材料

超导体受到电磁力而运动时会因摩擦产生热量。极低温下金属的比热也极其微小,很小的热扰动也会使温度大幅上升而超过临界温度。超导体在临界温度以上会因电阻而产生大量的焦耳热,超出冷却能力而发生失超。为了防止上述情况发生,将超导体埋入电阻小的稳定化材料中,例如铜,这样在超导体发生变化时,电流能流经稳定化材料而产生较少的焦耳热进而回避失超。

3. 扭绞

即使缩短超导体之间的间距,单个超导体也有数百米长,交变磁场下的一对超导体会形成大回路,在磁通变化的诱导下产生电流(结合电流)。即使超导体制成细丝状,这个电流也会像在粗大超导体中那样变得很大[6]。为了避免这种效应,将超导体(细丝、股线)扭绞组合起来,这样当股线间电流产生时,股线间的大的电阻可抑制该电流。

4. 冷却性能

为了得到较高的冷却性能,需要将超导体与冷却剂的接触面积增大。有必要确保冷却剂通道有能力实现足够的冷却。

9.2.5 冷却方式

1. 热负荷

超导体要冷却到极低温度才会显示出超导特性。但是,由于超导体会因为热扰动而产生失超,因此确保超导线圈的冷却是重要且必要的。为此掌握超导线圈的热负荷非常必要。热负荷可分为核热、交流损失、侵入热,表9.2.3给出了超导线圈的主要热负荷。

表 9.2.3 超导线圈的主要热负荷

序号	项 目		内 容
1	核热		由中子等引起的线圈核热
2	交流损失	磁滞损失	磁滞现象伴随的损失
3		结合损失	结合电流引起的损失
4		涡电流损失	线圈壳体等部产生的涡电流损失
5	侵入热		线圈支撑、接续处的涡电流损失热的侵入

核热中包括了由中子等引起的线圈发热。另外,由中子等引起的包层、遮挡物的发热也是线圈侵入热的原因之一。

虽然 TF 线圈电流是恒定的直流电流,但 PF 线圈为了控制等离子体形状、位置,CS线圈为了控制等离子体电流的上升、稳定、下降,因此其磁场是变化的。线圈受上述变化磁场影响而发热,称为交流损失。交流损失包含磁滞损失、结合损失、涡电流损失。结合损失即为前文提到的导线细丝之间以及股线之间流过的结合电流引起的损失。交流损失会随着各时刻磁场及磁场的变化而改变,因此有必要准确地掌握。

侵入热,是线圈的支撑、接续部位由于线圈不同的通电模式引起的电流变化等情况导致的涡电流损失热侵入线圈的部分。

2. 冷却方式

超导线圈的冷却方式有沉浸冷却方式(pool boiling)和迫流冷却方式(force flow)。各冷却方式的特征如表9.2.4所示[6,8]。

表9.2.4 冷却方式

序号	种类	内容
1	沉浸冷却	将线材浸入冷却剂中以自然对流冷却的方式,效果较好。需要在线圈中制造冷却剂流动的间隙,因此机械强度低。考虑到对流强化换热,绝缘层的厚度不能太大
2	迫流冷却	于线材外部设置冷却回路以强制冷却剂流动的方式进行冷却。机械强度、绝缘强度大。冷却效率不受线圈形状的影响,设计容易。需要冷却剂发生装置,回路上游的发热容易对下游产生影响。常用在大型的线圈中

冷却剂的选择,有液氦He-Ⅰ和He-Ⅱ,以及超临界压氦等。液氦的沸点是4.2 K,将蒸气压下降到约49.8 hPa时,沸点能下降到2.17 K,这个温度下通常的液氦(常流体状态的He-Ⅰ)会转变为超流体状态的He-Ⅱ。超临界压氦是将压力提升至临界压力数倍以上得到的,和气体一样使用方便的同时又能拥有液体一般带走大量热量的能力。TRIAM-1M(九州大学)使用沉浸冷却使Al稳定化的Nb_3Sn达到最大场强11 T。TORE SUPRA(法国)对NbTi采用超流体氦He-Ⅱ来冷却。

迫流冷却方式的主要冷却通道的形式如图9.2.3所示。中空型是将超导线埋入稳定化材料铜中,并插入金属管中,在超导体中心形成冷却剂通道的形式。由于超导体被金属管固定住,所以刚性强,但如何降低稳定化材料铜中产生的涡电流损失和提高换热性能是需要研究的课题。

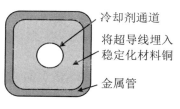

(a) 中空型导体断面

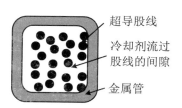

(b) 管中导线型导体断面

图9.2.3 迫流冷却方式的主要回路形式

管中导线型(CIC型,cable in conduit)是将缠绕的多根超导体股线放入金属管中,股线之间的间隙为冷却剂通道的形式[6,9]。金属导管抵抗电磁力的同时,也是冷却剂的容器。CIC型能降低变化磁场下产生的热损失。由于股线间冷却剂回路的压力损失很大,因此也有在CIC型导体断面的中心设置冷却剂通道的做法[3]。

9.2.6 导体结构

从超导体到线圈的制作模式图如图9.2.4所示。以超导线材Nb_3Sn、CIC型导体为例。将Nb_3Sn热处理后形成CuSn合金层,然后将超导材料细丝集束做成股线,股线再集束做成导体。将导体绕制一定圈数后,放入线圈壳体中做成线圈。Nb_3Sn由应变造成的临界电流劣化程度很大,因此采用先绕后反应的制作方法。

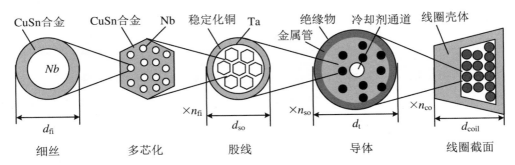

图9.2.4 超导体Nb_3Sn的线圈制作模式图

1. 临界电流

超导线材细丝的直径d_{fi}由降低磁滞损失、制作成本等要素决定,规格为数十μm。股线中包含的细丝数由n_{fi}来表示。

股线由超导材和用于稳定化的铜构成。当股线横截面积为A_{so}、股线直径为$d_{so}(m)$时,有

$$A_{so} = \pi (d_{so}/2)^2 = A'_{sc} + A'_{Cu} = A'_{sc}(1 + R_{Cu}) \quad (m^2) \tag{9.2.2}$$

比如$d_{so} = 0.81$ mm[10]。其中,A'_{sc}和A'_{Cu}分别指股线内超导线和铜的截面面积,R_{Cu}($= A'_{Cu}/A'_{sc}$)为铜占比,于是股线内超导材料和稳定化材料铜的面积可分别表示为$A'_{sc} = A_{so}/(1 + R_{Cu})$、$A'_{Cu} = A_{so}R_{Cu}/(1 + R_{Cu})$。

若金属管内的股线数为n_{so},则金属管内股线的截面积为A'_{co}:

$$A'_{co} = A_{so}n_{so} \tag{9.2.3}$$

此时金属管内超导材料和稳定化材料铜的面积分别为$A_{so}\,n_{so}/(1 + R_{Cu})$以及

$A_{so} n_{so} R_{Cu}/(1 + R_{Cu})$。

考虑扭转角 θ 后的金属管内股线的截面积为

$$A_{co} = A_{so} n_{so}/\cos\theta = A_{sc} + A_{cu} \tag{9.2.4}$$

考虑扭转角 θ 后的金属管内超导材和稳定化铜的面积分别为

$$A_{sc} = A_{so} n_{so}/\{(1 + R_{Cu})\cos\theta\} \tag{9.2.5}$$

$$A_{cu} = A_{so} n_{so} R_{Cu}/\{(1 + R_{Cu})\cos\theta\} \tag{9.2.6}$$

若冷却剂回路的氦截面积为 A_{He},则金属管内的股线和氦截面积之和为

$$A = A_{co} + A_{He} = A_{co}/(1 - R_b) \tag{9.2.7}$$

其中,$R_b = A_{He}/A$ 为空洞率。

若导体的总截面积为 A_t,金属管面积、绝缘物面积分别为 A_{cd}、A_{ins},则

$$A_t = A + A_{cd} + A_{ins} \tag{9.2.8}$$

导体的有效直径为 $d_t = 2\sqrt{A_t/\pi}\,(m)$。

若由最大经验磁场决定的超导导体临界电流密度以 $J_c(A/m^2)$ 表示,超导导体中能流过的最大电流——临界电流以 I_c 表示,则导体的临界电流为

$$I_c = (1 - r_d)J_c A_{sc} \tag{9.2.9}$$

其中,r_d 表示扭绞和绕线等制作工艺导致的劣化程度(比如 10%)。临界电流与额定线圈电流 I_{op} 的比值称为临界电流比,用 R_c 表示,$R_c = I_c/I_{op}$。

2. 限 制 电 流

限制电流 I_{lim} 是由导体的截面构成和冷却条件决定的导体中能流过的电流值,也受冷却剂热通量和压力损失影响。限制电流

$$I_{lim} = \sqrt{\frac{P_e h A_{Cu}(T_c - T_b)}{\rho_{Cu}}} \tag{9.2.10}$$

其中,周长 $P_e = (5\pi/6)n_{so}d_{so}(m)$,$h$ 为热通量($W/m^2 \cdot K$),T_c 为临界温度(K),ρ_{Cu} 为稳定化铜的电阻率($\Omega \cdot m$),T_b 为冷却剂额定温度(K)。一般金属的电阻随温度的下降而降低且在极低的温度达到饱和。剩下的部分电阻称为剩余电阻。剩余电阻比(residual resistance ratio)以 $RRR = $(室温时的电阻)/(剩余电阻)表示。

限制电流比 $R_{lim} = I_{lim}/I_{op}$,要增大限制电流,必须提高稳定化材料的剩余电阻比。

3. 稳定性余裕

分流起始温度,是在超导体冷却的过程中,由某些原因引起冷却温度升高,超过某一温度时,超导体开始转变为常导体时的温度值。分流起始温度 T_{cs} 由下式决定:

$$T_{cs} = T_b + \left(1 - \frac{1}{R_c}\right)(T_c - T_b) \tag{9.2.11}$$

稳定性余裕为超导导体开始吸热到分流开始时的热容量,可由以下步骤求解。超导导体到达分流开始温度之前,氦吸热温度上升时,氦吸收的热量为

$$Q_{He} = (T_{cs} - T_b) A_{He} S_{He} \tag{9.2.12}$$

其中,Q_{He} 为氦的热容量(J/m),A_{He} 为氦流动的截面积(m^2),S_{He} 为氦的比热(J/m^3·K)。超导导体部分的发热量为

$$Q_{sc} = \Delta H A_{co} \tag{9.2.13}$$

其中,ΔH 为稳定性余裕(J/m^3),A_{co} 为金属管内股线的截面积(m^2)。因 $Q_{sc} = Q_{He}$,故

$$\Delta H = S_{He}(T_{cs} - T_b) A_{He} / A_{co} \tag{9.2.14}$$

由公式(9.2.7),$A_{He}/A_{co} = R_b/(1 - R_b)$,于是有

$$\Delta H = S_{He}(T_{cs} - T_b) R_b / (1 - R_b) \tag{9.2.15}$$

4. 线圈平均电流密度

由公式(9.2.4)、(9.2.5)可得 $A_{co} = (1 + R_{Cu}) A_{sc}$,由公式(9.2.7),$A_{He} = R_b A_{co}/(1 - R_b)$,于是有

$$A = A_{co} + A_{He} = A_{co} + \frac{R_b A_{co}}{(1 - R_b)} = \frac{(1 + R_{Cu})}{(1 - R_b)} A_{sc} \tag{9.2.16}$$

若金属管和绝缘物的面积占导体面积的比值用 R_{cd} 表示,即 $A_{cd} + A_{ins} = R_{cd} A_t$,由公式(9.2.8)可得

$$A_t = A + A_{cd} + A_{ins} = \frac{A}{1 - R_{cd}} = \frac{(1 + R_{Cu})}{(1 - R_b)(1 - R_{cd})} A_{sc} \tag{9.2.17}$$

用临界电流比 R_c 来表示时,线圈平均电流密度为

$$J_{av} = \frac{I_{op}}{A_t} = \frac{(1 - r_d)(1 - R_b)(1 - R_{cd})}{R_c(1 + R_{Cu})} J_c \tag{9.2.18}$$

5. 导体设计

在临界电流比 R_c、铜占比 R_{Cu}、扭绞和绕线等制作工艺导致的劣化程度 r_d、空洞率 R_b、金属管和绝缘物的面积占比 R_{cd} 这些参数确定后,线圈平均电流密度 J_{av} 与临界电流密度 J_c 成正比。空洞率 R_b 增大,由公式(9.2.15)可知,稳定性余裕 ΔH 增大,但线圈平均电流密度减小。临界电流比 R_c 减小时,由公式(9.2.11)可知分流起始温度减小;R_c 太大则会导致线圈平均电流密度 J_{av} 减小,相应的导体尺寸即线圈尺寸要增大。设计导体时要基于上述的关联性进行。

9.2.7　线圈结构

1. 线圈结构

线圈的结构有螺旋型、环绕型和板条型。螺旋型以沿圆柱体的轴线进行缠绕的方式制成线圈;环绕型的缠绕方式如图 9.2.5 所示,有单环绕和二重环绕叠加两种形式[11]。导体金属外壳的厚度基于应力分析求得。当应力在金属外壳承受范围时,采用螺旋型和环绕型方法;若应力过大,仅靠金属外壳不足以支撑时,则采用图 9.2.6 所示的板条型方式,将导体嵌入以提高机械强度。

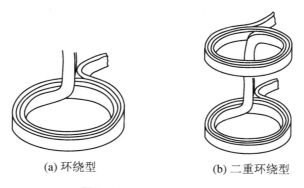

(a) 环绕型　　　　　　　　(b) 二重环绕型

图 9.2.5　环绕型线圈结构

2. 结构材料

核聚变装置处在高磁场下,随线圈电流的增大,电磁力增大,支持线圈的结构部件所

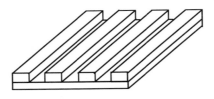
线圈部分形状为直线的板条型

图 9.2.6　板条型

受的负荷也会增大。支持线圈的结构部件同样采用液氦（4 K 左右）进行冷却，需要选用能耐极低温度的结构材料。

通过应力分析，评价线圈结构部件和外壳的应力等级后，结合材料的屈服强度、拉伸强度、延伸率的要求值来决定材料的选取。另外，结构部件还要求有足够的断裂韧性来抵抗失稳破坏。

结构材料的候选有奥氏体系不锈钢、为提高氮固溶度而含铬较多的钢（JN1、JKA1）、含锰较多的钢（JJ1、JN2、JK2），还有氮含量调配的 304LN、316LN 钢。316LN 为标准型 316LN、强化型 316LN、低碳型 316LN 的总称[12,13]。

9.3　环向磁场线圈基础

核聚变装置的设计顺序有诸多考量。这里基于确定的聚变功率，来确定等离子体温度密度、等离子体电流以及环向磁场，继而考虑 TF 线圈设计。

9.3.1　环向磁场线圈应具备的功能

从等离子体的要求来看，环向磁场线圈要承担的功能为：

① 在环向上均匀地产生等离子体区域所需求的磁场强度。

从装置结构上的要求来看，应具有下面的功能：

② 线圈间能够形成间隙，以确保留出必要的空间供拆卸维修。

9.3.2　线圈电流和线圈数量

1．线圈电流

若 TF 线圈的个数为 N，要在等离子体大半径 R_0 处产生 B_0 的环向磁场，所必需的 TF 线圈的总磁通势为

$$NI = 2\pi R_0 B_0 / \mu_0 \quad (\mathrm{A} \cdot \mathrm{T}) \tag{9.3.1}$$

其中，μ_0 为真空磁导率，单个 TF 线圈的磁动势为 I。若 TF 线圈绕线的匝数为 T，则 TF 线圈必需的额定电流为

$$I_{\mathrm{op}} = I / T \quad (\mathrm{A}) \tag{9.3.2}$$

以 $R_0 = 6\,\mathrm{m}$、$B_0 = 6\,\mathrm{T}$ 为例，总磁通势 $NI = 180\,\mathrm{MA} \cdot \mathrm{T}$。若 TF 线圈数 $N = 20$，单个 TF 线圈的磁通势为 $I = 9\,\mathrm{MA} \cdot \mathrm{T}$；若匝数 $T = 130$，则额定线圈电流为 $I_{\mathrm{op}} = I / T = 69\,\mathrm{kA} \cdot \mathrm{T}$。

2．线圈数

TF 线圈的个数由以下条件决定：

① 保证产生均匀磁场条件下的环向磁场纹波度。

② 为了方便装置内部件的维修保养而留出的 TF 线圈外缘侧线圈间开口部分的大小。

由于 TF 线圈沿圆环方向分散布置，导致磁场强度在环方向上不均匀变化，这就是环向磁场纹波。其占比-环向纹波度 δ 定义如下：

$$\delta = \frac{B_{\max} - B_{\min}}{B_{\max} + B_{\min}} \times 100 \quad (\%) \tag{9.3.3}$$

其中，$B_{\max}$ 和 $B_{\min}$ 如图 9.3.1 所示，分别是在高度 $Z = Z'$、大半径方向 $R = R'$ 处的 TF 线圈横截面内和 TF 线圈间隙面上的环向磁场强度。

环向磁场纹波由 TF 线圈内外缘在大半径方向上的位置和线圈数决定，大半径的位置为 R 时，环向磁场纹波度 δ 可近似由以下公式得到[14,15]：

$$\delta = 1.5 \times \left[\frac{1}{\{R_2/(R_0 + a)\}^N - 1} - \frac{1}{\{(R_0 + a)/R_1\}^N - 1} \right] \times 100 \quad (\%) \tag{9.3.4}$$

其中，R_1 和 R_2 分别为图 9.3.2 中所示 $Z = 0$ 处的 TF 线圈内缘和外缘在大半径上的位

置,N 为 TF 线圈个数,R_0 为等离子体的大半径,a 为小半径。通常,环外侧的等离子体表面位置($R = R_0 + a$)处的环向磁场纹波度在整个等离子体中最大。图 9.3.3 表示环向磁场纹波度与外缘大半径位置的依赖关系。图中,$R_0 = 5.2$ m,$a = 1.12$ m,$R_1 = 2.49$ m[7]。当 $R_2 = 10$ m、$N = 12$ 时,由公式(9.3.4)可得环向磁场纹波度 $\delta = 0.6\%$。环向磁

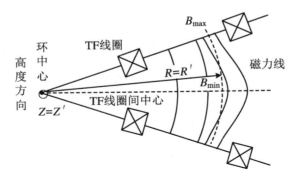

图 9.3.1 TF 线圈间的环向磁场

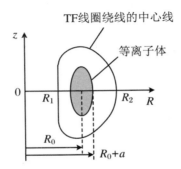

图 9.3.2 TF 线圈内外缘位置

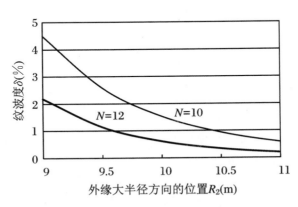

外缘大半径方向的位置R_2(m)

图 9.3.3 环向纹波度与 R_2 的关系

场纹波度的允许值取决于 α 粒子损失导致的壁面负荷[16,17]、维修保养的端口尺寸等因素,并依此来决定 TF 外缘大半径尺寸和线圈数。

3. 线圈储能

TF 的储能计算为 $E_{ts} = (1/2)L_T I_{op}^2$(参考 17.3 节),其中 L_T 为 TF 线圈的总电感。

9.3.3　线圈产生的电磁力

TF 线圈横截面内的磁场分布如图 9.3.4 所示[18]。

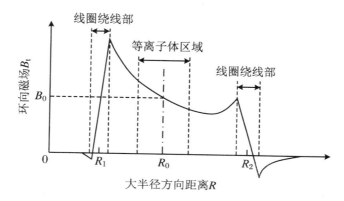

图 9.3.4　TF 线圈内的磁场分布

等离子体大半径为 R_0、等离子体中心环向磁场为 B_0 时,环向磁场 B_t 由以下公式表示:

$$B_t = \mu_0 NI/(2\pi R) = R_0 B_0 / R \tag{9.3.5}$$

磁场中有电流流过时会受到电磁力(洛伦兹力)的作用。TF 线圈的磁场分布如图 9.3.4 所示,因此会产生复杂的电磁力。

托卡马克的 TF 线圈产生的主要电磁力如图 9.3.5 所示,分别为:① 扩张力,② 向心力,③ 倾覆力。

1. 扩张力

扩张力(extensional force)是线圈电流 I 因受自身磁场作用产生的力。考虑 TF 线圈外侧无磁场泄漏即 TF 线圈外侧磁场为 0,若将 TF 线圈内自身的磁场分布做线性近似,则 TF 线圈内部的平均场强为公式(9.3.5)所给场强的一半,线圈受到沿小半径方向扩张的力,其大小为 $F_a = I \times (1/2)B_t$、$F_a = \mu_0 NI^2/(4\pi R)$(单位 N/m)。当绕线仅靠自身的拉伸应力无法承受上述电磁力时,需要在线圈周围设置外壳来辅助支撑。

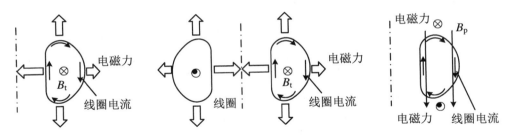

图 9.3.5　TF 线圈产生的电磁力

2. 向心力

环向磁场 B_t 如公式(9.3.5)所示,离环中心越近,场强越强,由 TF 线圈总磁通势 NI 与环向磁场 B_t 产生的力,会驱使线圈整体向环中心靠近,即产生向心力(centering force)。

若 TF 线圈的绕线部分(导体部分)的宽度为 Δ_T(参考图 9.3.8),由图 9.3.4 可知 $B_{tmax} = \mu_0 NI/2\pi(R_1 + \Delta_T/2)$,于是总向心力由公式(9.3.1)和公式(9.3.5)得

$$F_{ct} = NI \times B_{tmax}/2 = \pi(R_1 + \Delta_T/2)B_{tmax}^2/\mu_0 = \pi(R_0 B_0)^2/\{\mu_0(R_1 + \Delta_T/2)\}$$

$$(9.3.6)$$

例如,$R_0 = 6$ m、$B_0 = 6$ T、$N = 20$、$R_1 + \Delta_T/2 = 2.5$ m 时的向心力为 $F_{ct} = 1.3 \times 10^9$ N/m,单个 TF 线圈受到的向心力为 $F_{ct}/N = 6.5 \times 10^7$ N/m(约 6600 t/m)。向心力的支撑方式见 9.4.3 小节。

3. 倾覆力

如图 9.3.5 所示,TF 线圈纵切面上有极向磁场。受极向磁场的影响,TF 线圈上、下部会产生方向相反的电磁力,即倾覆力(overturning force)。若与 TF 线圈正交的极向磁场为 B_{pn},则倾覆力为

$$F_o = IB_{pn} \tag{9.3.7}$$

虽然极向磁场在运行时会变化,但幅度在 $B_{pn} = B_0/10$ 的量级上,如上例,$I = 9$ MA · T 时单个 TF 线圈受到的倾覆力为 $F_o = 5.4 \times 10^6$ N/m(约 550 t/m)。倾覆力的支撑方法见 9.4.3 小节。

9.3.4　线圈形状

1. 形状

TF 线圈的形状有圆形、跑道形、D 形、恒张力 D 形（constant tension D shape，又称 pure tension D shape）、修正恒张力 D 形（modified constant tension D shape）等[19]。虽然均匀场时使用圆形线圈更好，但 TF 线圈有图 9.3.4 所示的磁场分布，采用圆形线圈会产生其他的弯曲应力。一般根据结构部件的设计，采用无弯曲应力的线圈构造更为理想。

假设一个与半径相比足够长的圆筒形气球，在无重力的空间中，气球断面为圆形，且膜表面的张力处处相等，无弯曲应力。将上述气球置于重力空间中并放在刚体面上的话，虽然截面变为 D 形，但膜表面依然维持张力处处相等、无弯曲应力的状态。类似的，将气球置于如图 9.3.4 所示分布的磁场中，只有张力而无弯曲应力的线圈形状即为恒张力 D 形。

图 9.3.6 表示 TF 线圈的主要形状，恒张力 D 形线圈存在垂直方向尺寸比水平方向尺寸大很多的状态，因此，允许产生一定的弯曲应力而适当减少垂直方向尺寸，即修正恒张力 D 形。线圈的高度减小而水平方向尺寸增大后，确保了维修保养所需的空间，同时也让 PF 线圈的位置更接近等离子体，使得其尺寸和电流值都能减小[19,20]。决定 TF 线圈的具体形状，还要考虑其偏滤器内部杂质排除需要安装部件等这样一些因素。

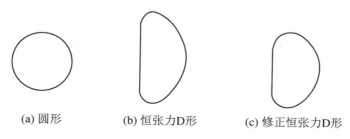

(a) 圆形　　　　　(b) 恒张力D形　　　　(c) 修正恒张力D形

图 9.3.6　TF 线圈的主要形状

2. 3 圆弧近似

恒张力 D 形线圈的形状由以下公式求得[18]：

$$\frac{\rho}{R} = \left\{ \frac{\rho_2}{R_2}\left(1 + \frac{1}{N}\right) - \frac{1}{N}\ell n\left(\frac{R}{R_2}\right) \right\} \bigg/ \left(1 + \frac{1}{N}\cos\phi\right) \tag{9.3.8}$$

其中,ρ 为线圈曲率半径,ϕ 为水平倾角,N 为环向磁场线圈数,下标 2 表示 TF 线圈外缘位置的值。

为了能简单地进行线圈形状的选取,采用将曲率部分用 3 个圆弧进行近似的 3 圆弧近似法,即 TF 线圈极向剖面的导体中心形状用图 9.3.7 所示的方式进行近似。(a)为角度 θ 不确定的情况;(b)为 $\theta_1 = \theta_2 = \theta_3 = \pi/3$ 的情况[14]。(b)可通过以下过程求得其参数。若线圈孔直径 ΔR、线圈直线部分高 h_L、线圈高度 h_M 采用设计参考值,未知数有 5 个:ℓ_1、ℓ_2、ℓ_3、R_M、h_{p2},可通过图 9.3.7 中得到的以下 5 个关系式求解:

$$\ell_1 - \ell_2 = \frac{2}{\sqrt{3}}h_{p2} \tag{9.3.9}$$

$$\ell_2 - \ell_3 = \frac{2}{\sqrt{3}}(h_L - h_{p2}) \tag{9.3.10}$$

$$\ell_2 = h_M - h_{p2} \tag{9.3.11}$$

$$\frac{1}{2}(\ell_2 - \ell_3) = R_M - \ell_3 \tag{9.3.12}$$

$$\frac{1}{2}(\ell_1 - \ell_2) = R_M + \ell_1 - \Delta R \tag{9.3.13}$$

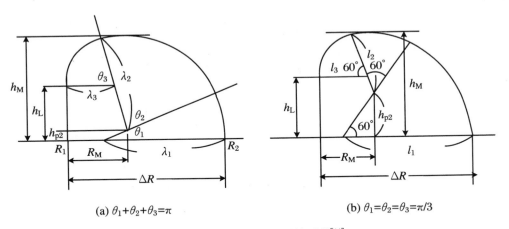

(a) $\theta_1 + \theta_2 + \theta_3 = \pi$ (b) $\theta_1 = \theta_2 = \theta_3 = \pi/3$

图 9.3.7　环向磁场线圈的形状[14]

由公式(9.3.9)、(9.3.10),有

$$\ell_1 = \frac{2}{\sqrt{3}}h_{p2} + \ell_2 \tag{9.3.14}$$

$$\ell_3 = \frac{2}{\sqrt{3}}(h_{p2} - h_L) + \ell_2 \tag{9.3.15}$$

由公式(9.3.12),有

$$R_M = \frac{1}{2}(\ell_2 + \ell_3) \tag{9.3.16}$$

代入公式(9.3.13),得

$$\ell_1 + 2\ell_2 + \ell_3 = 2\Delta R \tag{9.3.17}$$

将公式(9.3.11)、(9.3.14)、(9.3.15)代入公式(9.3.17),得

$$h_{p2} = \frac{\sqrt{3}}{2(\sqrt{3}-1)}\left(2h_M - \frac{1}{\sqrt{3}}h_L - \Delta R\right) \tag{9.3.18}$$

这样依次求解得到 5 个未知数。

9.3.5 最大经验磁场

超导线圈的设计中,最大经验磁场、绕线部分的平均电流密度是超导线材选定的考虑要素。图9.3.8表示 TF 线圈的位置。

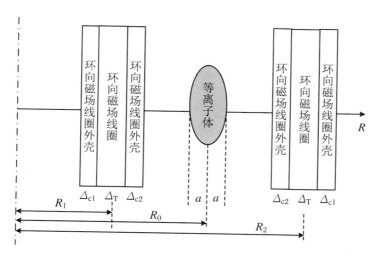

图 9.3.8 TF 线圈的位置

当 TF 线圈导体的环向占比为 f_{ts}、环中心到线圈中心的距离为 R_1、绕线部分的宽度为 Δ_T 时,TF 线圈的导体截面积为

$$S = 2\pi R_1 \Delta_T f_{ts} \quad (\text{m}^2) \tag{9.3.19}$$

由公式(9.3.1),绕线部分的平均电流密度 j_{tw} 由以下公式得出:

$$j_{tw} = \frac{NI}{S} = \frac{R_0 B_0}{\mu_0 f_{ts} R_1 \Delta_T} \quad (\text{A/m}^2) \tag{9.3.20}$$

若因 TF 线圈为有限个分开布置而产生的磁场空间波纹所导致的绕线部分磁场增加率为 α_T,则 TF 线圈的最大经验磁场为

$$B_{tmax} = \frac{\alpha_T R_0 B_0}{R_1 + \Delta_T/2} \quad (\text{T}) \tag{9.3.21}$$

将公式(9.3.21)代入公式(9.3.20),即可得到绕线部分平均电流的计算式:

$$j_{tw} = \frac{B(R_1 + \Delta_T/2)_{tmax}}{\mu_0 \alpha_T f_{ts} R_1 \Delta_T} \tag{9.3.22}$$

制定规格时,需要根据上述通过装置结构求得的平均电流密度,以及使用超导线材进行导体设计时求得的线圈平均电流密度(公式(9.2.18)),二者进行整合后再做决定。

9.4 环向磁场线圈的设计

设计 TF 线圈,需要考虑以下因素:
① 基于线圈形状、磁场分布等的电磁学设计。
② 基于电磁学设计、冷却方式的绝缘设计和导体设计。
③ 线圈结构设计。
④ 基于电磁力分析、强度分析的支撑方式、支撑结构设计。
⑤ 基于线圈通电方式的电源设计(参考第 17 章)。

9.4.1 导体设计

1. 超导材料选择

TF 线圈的导体设计,以公式(9.3.2)决定的单位线圈对应的额定电流为基本条件,从线圈径向放置位置由公式(9.3.21)得到最大经验磁场,再由最大经验磁场确定所采用的导线。

从图 9.3.4 所示的 TF 线圈磁场分布可知,最大场强位于 $R = R_1 + \Delta_T/2$ 处。例如,当 $R_0 = 5.2$ m、$B_0 = 5.3$ T、$R_1 = 2.49$ m、$\Delta_T = 0.5$ m、$\alpha_T = 1$ 时,由公式(9.3.21)得到最大经验磁场为 $B_{tmax} = 10$ T。如果核聚变装置最大经验磁场为 10 T,由表 9.2.1,应考虑采用临界磁场较大的 Nb_3Sn 和 Nb_3Al。

绕成线圈后的超导导线并非均匀地受到磁场的作用,而是因位置而异。考虑对磁场环境的响应,合理使用 NbTi、Nb_3Sn 和 Nb_3Al 等线材是经济性线圈设计的重要环节。以上过程需要考虑有效的分级法,另外,也存在以绕线数为依据的分级。

2. 冷却方式

根据表 9.2.4,浸泡式冷却需要在导体间留出液氦注入的空间,用在电磁力较大的核聚变装置上时线圈的刚性难以保证。因此,核聚变装置的线圈采用确保刚性的强制冷却型导体,即 TF 线圈适合使用管中导线的强制冷却型导体。

9.4.2 线圈构造设计

1. 线圈构造

TF 线圈内应力很大,因此线圈构造采用板条型。ITER 采用的是径向平板(带沟槽的不锈钢板)结构,导体嵌入沟槽中以提高刚性。

2. 结构材料选择

TF 线圈的结构材料有线圈壳体材料、径向板材料、导管材料[12,13]。

（1）线圈壳体（线圈容器）材料

线圈壳体材料一直以来以 4 K 状态下 0.2%形变时屈服强度和断裂韧性值为基准选用 304LN，伴随着磁场强度的提高，以及制作性、加工性、熔接性、造价等因素，JJ1、316LN等成为候选材料。

（2）径向板材料

于径向板沟槽中嵌入导体，然后将板材层积起来设置于线圈的绕线部，最后装在线圈壳体，以此来确保线圈刚性。径向板材料候补有 316LN 等。

（3）导管材料

TF 线圈靠径向板结构保证了刚性，因此，导体内导管材料能做得薄一些。采用 Nb_3Sn 材料的迫流冷却型导体，为了降低热处理带来的韧性劣化，管材使用含镍的因科镍 908 合金（Incoloy908），然而，因科镍 908 合金在超导生成热处理时存在应力诱导晶界酸化效应（stress accelerated grain boundary oxidation，SAGBO）的问题。现在，低碳型 316LN 等材料受到注目。

9.4.3　支撑方式

9.3.3 小节指出，TF 线圈会受到扩张力、向心力和倾覆力。扩张力可通过将导体置于板材中进行支撑。下文将讨论向心力、倾覆力以及自重支撑的方式。

1. 向心力支撑

TF 线圈的向心力支撑方式如表 9.4.1 所示，图 9.4.1 是支撑方式的概要图[7]。TF 线圈的向心力支撑方式可大致分为中心支柱（bucking cylinder）方式和楔形支撑（wedge）方式。中心支柱方式是在 CS 线圈内部和外部设置中心支柱，结构简单同时外置也十分优秀，最大经验磁场也更大。楔形支撑方式虽然拥有能够确保 CS 线圈设置空间的优点，但是楔形部分制作困难，同时存在线圈壳体的应力缓和问题。采用楔形支撑方式也导致 TF 线圈的组装比采用中心支柱方式更复杂。此外，虽然也可以考虑采用外部支撑方式，但会导致外部结构部件更为巨大。

表 9.4.1　TF 线圈的向心力支撑方式

方　式	内　容	特　征
中心支柱 （内置）	通过分割柱将向心力向 CS 线圈内部的中心支柱传递来提供支撑	中心支柱的外径受到限制,同时由于传递载荷的分割柱空间有限,其强度存在问题。CS 线圈导线类的空间也受到制约
中心支柱 （外置）	CS 线圈的外部设置支柱来支撑向心力	需要将 TF 线圈的位置往外侧移动,因此反应堆尺寸会更大
楔形	通过使 TF 线圈侧面两两接触来支撑向心力	有必要确保包含加工、安装精度的接触面可靠程度,同时需要拟定向心力不平衡时维持 TF 线圈位置稳定性的对策
外部支撑	在 TF 线圈外侧设置支撑结构来支撑向心力	TF 线圈内侧强度存在问题,TF 线圈外侧设置支撑结构后需要更大的低温恒温器,冷却量也变得更大

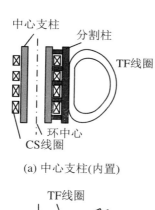

(a) 中心支柱(内置)　　　　　　(b) 中心支柱(外置)

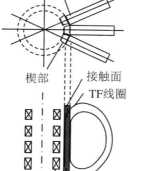

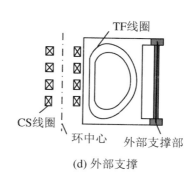

(c) 楔形　　　　　　　　　(d) 外部支撑

图 9.4.1　向心力支撑方式概要图

2. 倾覆力支撑

倾覆力的支撑方式有中心支柱、扭矩环、共享面板、剪切键等。TF 线圈的倾覆力支撑方式如表 9.4.2 所示,概要图如图 9.4.2 所示。中心支柱方式受 CS 线圈空间的制约。可用桁架(truss)来代替扭矩环。JT-60(日本)采用星形桁架并通过建筑物外壁来支撑。共享面板是合并 TF 线圈群的平板,结构简单效果好。共享面板设置在环侧面即 TF 线圈的上部或下部。剪切键能与其他方式组合应用。

表 9.4.2　环向磁场线圈的倾覆力支撑方式

序号	方　式	内　容	特　征
1	中心支柱	通过中心的扭曲阻力来支撑倾覆力	倾覆力向中心支柱传递部分、支撑倾覆力的中心支柱自身要有足够的强度。外圆周部的变形增大
2	扭矩环	在 TF 线圈的外周附近设置圆环,通过圆环的弯曲阻力来支撑倾覆力	要有相应的 TF 线圈连接方法,同时结合部要有足够的强度,TF 线圈自身要有足够的弯曲刚性
3	共享面板	在 TF 线圈之间设置面板,通过面板的剪切阻力来支撑倾覆力	装置结构部件的维修保养空间、端口尺寸等受到制约,TF 线圈的支撑部件更简洁
4	剪切键	通过在相邻的 TF 线圈内缘侧面间设置剪切键来支撑倾覆力	剪切键部分的局部变形会影响 TF 线圈整体,TF 线圈自身要有足够的弯曲刚性

3. 自重支撑

TF 线圈的自重支撑方式如表 9.4.3 所示,自重支撑概要图如图 9.4.3 所示。通过装置吸收径向位移的方式有滑块形式和板簧形式[8],图示是滑块形式的模式图。

表 9.4.3　环向磁场线圈的自重支撑方式

序号	方　式	内　容	特　征
1	共用脚架	将 TF 线圈中央位置置于共用脚架上来支撑自重,TF 线圈的外周部以扭矩环支撑,扭曲环由外侧脚架支撑	共用脚架位置固定,因此外周部分的热伸缩量较大,有必要减小 TF 线圈外周部的滑动阻力
2	独立脚架	每个 TF 线圈设置单独的支撑脚架来支撑自重,TF 线圈的外周部以扭矩环支撑,扭曲环由外侧脚架支撑	独立脚架太多导致空间利用的问题,由于冷却时固定脚架向中心热收缩,将导致 TF 线圈楔形部分分离

(a) 中心支柱

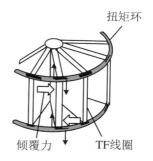

(b) 扭矩环

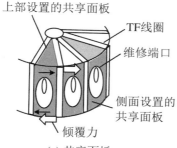

(c) 共享面板

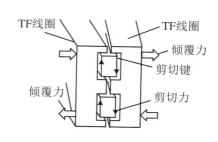

(d) 剪切键

图 9.4.2　倾覆力支撑方式概要图

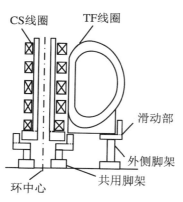

(a) 共用脚架方式

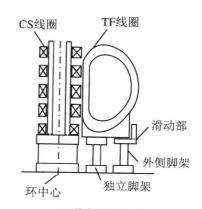

(b) 独立脚架方式

图 9.4.3　自重支撑方式概要图

9.4.4 设计示例

作为设计示例,表 9.4.4 给出了 ITER 的 TF 线圈设计规格书[21,22]。为了在等离子体中心产生 5.3 T 的环向磁场,线圈额定电流为 68 kA,由于最大经验磁场为 11.8 T,故采用了临界磁场更高的 Nb_3Sn 材料。

表 9.4.4 ITER 环向磁场线圈规格

序号	项 目		内 容
1	线圈尺寸		宽 9 m,高 13.6 m
2	线圈数		18 个
3	超导材料		Nb_3Sn
4	额定电流		68 kA
5	最大经验磁场		11.8 T
6	额定运行温度		5 K
7	线圈结构	线圈壳体材料	JJ1、316LN 不锈钢
8		径向板材料	316LN 不锈钢
9		导管材料	316LN 不锈钢
10	冷却方式		迫流冷却
11	支撑方式		楔形方式

ITER 线圈系统如图 9.4.4 所示。TF 线圈 18 个,PF 线圈 3 对(6 个,PF1～PF6),CS 线圈 6 个。其他的还有磁场补正线圈。

图 9.4.5 中为 TF 线圈截面,图 9.4.6 为其径向平面放大图。为了抵抗电磁力,采用二重环绕型的线圈圆形截面,导线如图 9.4.6 所示嵌入径向平板中,然后放入线圈壳体。TF 线圈壳体内舷的直线部分和线圈间的支撑结构部件采用屈服强度和韧性较好的 JJ1 材料,而其他部分采用 316LN 材料。图 9.4.7 为 TF 线圈的导体示意图,导体采用管中导线的迫流冷却型,以约 0.6 MPa 的超临界压氦进行冷却。为了降低冷却剂的压力损失,在导体中心设置中心流道供冷却剂流动。

ITER 的 TF 线圈支撑结构如图 9.4.8 所示。作用在 TF 线圈的向心力由位于内舷的直线楔形部分支撑。相邻的 TF 线圈接触面在机械加工时平整度要加工到 0.2～0.3 mm 以下。

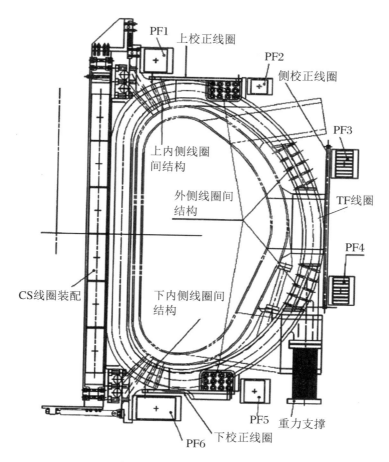

图 9.4.4　ITER 线圈系统[22]

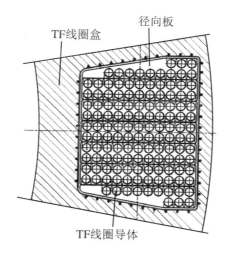

图 9.4.5　ITER TF 线圈截面[22]

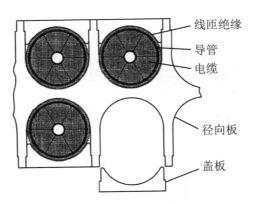

图 9.4.6　ITER 径向板放大图[21]

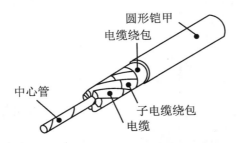

图 9.4.7　ITER TF 线圈导体[21]

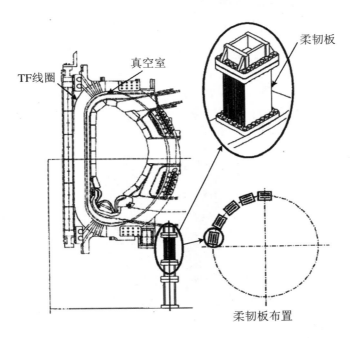

图 9.4.8　ITER TF 线圈支撑[23]

图 9.4.9 表示的是内舷侧的 TF 线圈间的支撑结构。倾覆力由图 9.4.9 中所示圆形断面内的绝缘剪切键(shear key)支撑。另外,外舷侧各 TF 线圈间的上口部上方、偏滤器下方、中央口上/下这四处设置共享面板(intercoil structure)(参见图 9.4.4),支撑倾覆力。

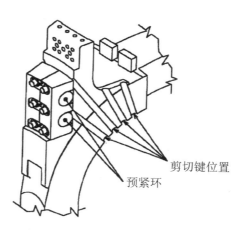

剪切键位置

预紧环

图 9.4.9 TF 线圈的剪切键[21]

为了抑制因径向扩张力而导致的相邻 TF 线圈之间在环向上产生缺口,同时,为了使键与键之间紧密接触,线圈设计为在安装时需要施加一定预紧力(预载荷)的预载荷结构。为此需要在 TF 线圈内舷直线部的上、下端 2 处设置预紧环,在 TF 线圈径向上产生压缩力使得所有 TF 线圈一体化。

TF 线圈壳体上除了 TF 线圈外,还安装有 PF 线圈、CS 线圈、真空室。在垂直方向、环方向由 TF 线圈壳体的刚性结构支撑,半径方向的热收缩和电磁力导致的容许变形由柔性结构——图 9.4.10 所示的重力支撑脚架支撑。

重力支撑脚架设置在 TF 线圈外舷侧 PF4 和 PF5 之间,支撑托卡马克本体的自重。重力支撑脚架通过多层板簧结构,允许线圈由于热胀冷缩等效应导致的径向位移。重力支撑脚架下部连接在与低温恒温器一体化的环面支撑部件(图中 ring)上。环面支撑部件下方经由 18 根圆筒形支撑柱(support column)支撑在建筑地面上。

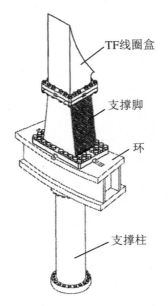

图 9.4.10　ITER 重力支撑脚架[21]

9.5　极向磁场线圈基础

9.5.1　极向磁场线圈应具备的功能

PF 线圈是能产生与等离子体电流方向几乎垂直的磁场的线圈的总称。极向磁场线圈应具有的功能有：

① 产生垂直磁场以维持等离子体平衡与控制等离子体形状。

② 为驱动等离子电流,向等离子体提供磁通量。

①中所述的等离子体形状控制是受等离子体的 β 值、约束性能、控制杂质的偏滤器性能等因素影响的重要功能。②中所述的功能取决于采用何种电流驱动方式,采用电磁诱导方式时,主要是环中央设置的 CS 线圈的功能,但 PF 线圈也提供一部分磁通量。

9.5.2　与控制等离子体位置和形状关联的线圈通电模式

　　核聚变装置的运行,根据运行状态可分为等离子体电流建立阶段、稳态运行阶段、等离子体电流下降阶段(参考 2.6 节)。图 9.5.1 所示的是 JT60SA 运行过程中等离子体截面形状的变化。等离子体截面通常从较小的限制等离子体出发,随着等离子体电流的增大,逐渐接近稳态运行时的等离子体形状。稳态运行结束,等离子体电流开始下降,经过与等离子体电流建立时几乎相反的过程后,运行结束。期间,为了维持等离子体截面形状,各线圈的电流会发生变化。

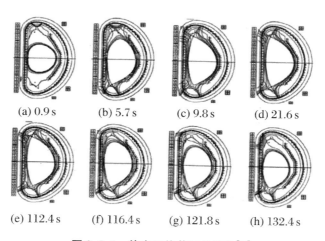

(a) 0.9 s　　(b) 5.7 s　　(c) 9.8 s　　(d) 21.6 s

(e) 112.4 s　　(f) 116.4 s　　(g) 121.8 s　　(h) 132.4 s

图 9.5.1　等离子体截面的变化[15]

　　运行期间各时刻等离子体截面形状维持所需的各线圈电流值,由等离子体平衡计算来求得。求出各时间片段的电流值,以及各线圈随时间的变化。稳态运行时,等离子体抵抗所消耗的磁通量也需要通过各线圈的电流变化来补偿。从等离子体电流建立到稳态运行这段时间中,需要考虑因电流急速上升而伴随的涡电流影响、电压/电流增大趋势、采用超导线圈时线圈经验磁场的限制等因素,来决定激发电流的具体过程。

9.5.3　极向磁场线圈的设置位置

　　PF 线圈的设置位置,有设置于 TF 线圈与真空室之间,与 TF 线圈锁交的内侧设置位置,以及不与 TF 线圈锁交的外侧设置位置。表 9.5.1 给出了 PF 线圈不同设置位置的特征。

表 9.5.1　PF 线圈的设置位置

方　式	内　容	特　征
内侧设置	与 TF 线圈锁交	PF 线圈容易小型化。PF 线圈设置时需要将其连接起来,导致 PF 线圈制造变得复杂。为了给 PF 线圈提供设置空间,TF 线圈必须大型化
外侧设置	不与 TF 线圈锁交	不需要将线圈分解,结构简洁。PF 线圈大型化,电源容量也要更大

图 9.5.2 所示的是采用 PF 线圈内侧设置的 JT-60 案例。PF 线圈采用常导电线圈,由于超导导线不易分解/连接,使用超导线圈时基本采用外侧设置的方式。PF 线圈外侧设置的案例有如图 6.5.1 所示的 FER、ITER 等。

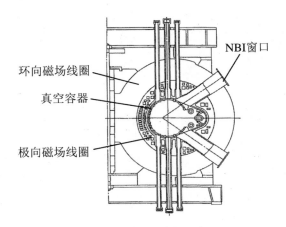

图 9.5.2　PF 线圈的内侧设置[24]

9.6　极向磁场线圈的电流控制

9.6.1　确定等离子体形状的磁场位形

将确定等离子体形状的磁场进行多级磁场展开。赤道面的平衡磁场在等离子体截面的几何中心进行多项式展开后,得到

$$\frac{B_z}{B_a} = \sum_{n=0}^{\infty} B_n \left(\frac{r}{a}\right)^n = B_d + B_q \frac{r}{a} + B_h \left(\frac{r}{a}\right)^2 + \cdots \tag{9.6.1}$$

其中，$B_a = \mu_0 I_p/(2\pi a)$，a 为等离子体小半径；$B_0 = B_d$、$B_1 = B_q$、$B_2 = B_h$ 分别对应 B_a 标准化后的垂直(dipole)场、四极(quadrupole)场、六极(sextupole)场。垂直磁场是如图 4.1.3 所示的垂直方向上的均匀磁场。

四极磁场是由 4 块线圈中正负电流交错流通所产生的磁场。图 9.6.1 表示四极磁场位形下椭圆形截面的等离子体。以环赤道面为参考，为等离子体电流配置正负电流交错流通的 4 块线圈后，等离子体受到内外两侧往中心挤压、上下往外拉伸的电磁力，截面形成上下拉伸的长椭圆形。

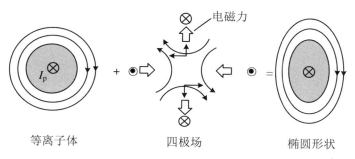

图 9.6.1　四极磁场位形得到的椭圆形截面等离子体

图 9.6.2 表示六极磁场位形下三角形截面的等离子体。六极磁场是围绕等离子体配置的 6 块线圈正负电流交错流通产生的磁场。六极磁场用于使等离子体的断面形成三角形。多极磁场的展开次数越多，等离子体形状成形控制就可以更加细微。

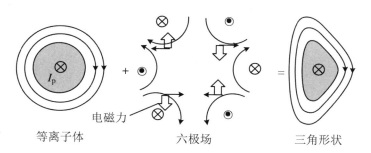

图 9.6.2　六极磁场位形得到的三角形截面等离子体

9.6.2　等离子体位置形状控制

图 9.6.3 表示等离子体形状与垂直磁场的关系。

圆形截面等离子体(a)中,为应对等离子体位置的上下偏移,在等离子体内侧区域垂直磁场向内凹,产生用以回复等离子体初始位置的电磁力,以稳定等离子体的位置。

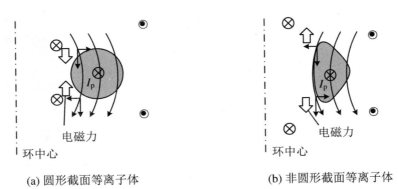

(a) 圆形截面等离子体　　　　　　　(b) 非圆形截面等离子体

图 9.6.3　等离子体形状与垂直磁场的关系

若维持圆形截面的同时提高 β 值,等离子体将变得不稳定。将截面改为非圆形后,等离子体内侧磁力线良好的曲率使得等离子体内侧比外侧拉得更长,消除不稳定性的同时也利于提高 β 值。因此给等离子体附加六极磁场,使等离子体截面成为 D 形来达到高 β 化的目的。D 形的 TF 线圈形状也具有更好的电磁力耐性,因此 D 形截面等离子体十分的理想。

然而上述情况下,如图 9.6.3(b)所示,垂直磁场在等离子体内侧为凸形布置,等离子体位置发生变动时,产生的电磁力会加剧等离子体的位移,使等离子体更加不稳定。于是有必要附加反馈控制,检测等离子体的位置偏移,增加抑制等离子体位移的磁场。另外,要依据反馈系统的时间常数实现快速的等离子体位置变化反应,导体鞘壳的设置不可或缺。

9.6.3　控制方式

PF 线圈系统有如表 9.6.1 所示的两种方式,各方式的多极磁场产生方法如图 9.6.4所示。既可以按功能区分线圈并安装线圈群,让相邻的线圈间流通方向相反的电流以产生必要的磁场,也可以采用混合线圈的方式,将上述线圈群整合为 1 个,流通叠加后的电流来生成必要的磁场,这样既能减少线圈数量也能降低电源容量[25,26]。

表 9.6.1　PF 线圈的控制方式

方　式	内　　容	特　征
功能线圈	将产生垂直磁场、四极磁场等单一功能磁场的各线圈设置成一定数量的线圈群	线圈配置复杂,装置更大,电源容量更大,线圈电流控制更容易
混合线圈	设置一些线圈,让其流通能产生垂直磁场、四极磁场等磁场的电流叠加后的总电流	线圈配置复杂,装置的分解维修、保养容易,电源容量小,线圈电流控制更加复杂

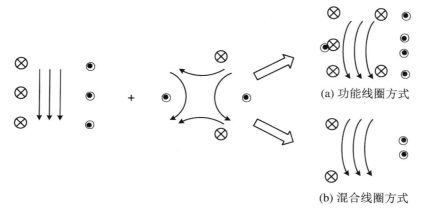

(a) 功能线圈方式

(b) 混合线圈方式

图 9.6.4　多极磁场的生成法

从环赤道面附近进行装置结构部件的分解维修的角度看,PF 线圈配置空间受到了限制,而混合线圈方式在保证装置分解维修空间的同时,也能保证 PF 线圈设置位置、极向磁场分布所必需的线圈电流,分解维修也变得容易。

功能线圈设置方式中,用以产生垂直磁场、四极磁场等单一功能磁场的线圈群里每个线圈都连接有一个电源,各电源通电后,各线圈产生对应自身匝数的磁场。因此,电流和各功能磁场的大小成比例,使得磁场的控制更为简单。混合线圈方式中,各线圈均与电源相接,需要将产生垂直磁场、四极磁场等功能磁场的电流进行叠加之后再让其流过线圈,故磁场的控制十分复杂。

9.6.4　不同功能的线圈方式

采用不同功能的线圈方式时,决定 PF 线圈位置的方法有线性编程法和求解 Zakha-rov 方程法[27,28]。由于功能线圈设置方式中,用以产生功能磁场的线圈群里每个线圈都连接有一个电源,各线圈的磁势比(电流比)即为各线圈的匝数比(整数比)。线性编程法是将线圈的位置固定,然后决定其应该流过的电流值,然而通常各线圈流过的电流比不能为整数,因此电流叠加后产生的错误磁场变得很大。求解 Zakharov 方程法是决定各线圈的电流比后再决定线圈位置的方法,虽然线圈电流比为整数,但是得出的结果有时会存在线圈无法设置安装的位置域。解决以上问题的 Simplex 法(非线性编程法)则是先决定线圈电流,再从允许安装的位置空间中找出线圈的设置位置。

9.6.5　混合线圈方式

采用混合线圈方式时,线圈的位置与个数由以下所述的方法决定。

1. PF 线圈数

从控制的角度出发,控制变量个数为 n 时,控制器的数量也要为 n(参考 18.2 节)。考察控制等离子体位置、形状的磁场——垂直磁场、四极磁场、六极磁场 3 种功能磁场时,控制变量个数为 3,作为控制器的 PF 线圈数,以赤道面分界时上下不少于 3 对。

2. PF 线圈布置的决定方法

假定 PF 线圈沿着 TF 线圈的外周布置,沿着 TF 线圈的外周,在环赤道面上下对称的位置上一个个设置单位电流线圈,然后沿着 TF 线圈外周让 2 个单位电流线圈移动,求出单位电流线圈各位置在赤道面上产生的磁场展开后的多级磁场[15]。

例如,考虑磁通量的提供,垂直磁场、四极磁场、六极磁场的生成时,若垂直磁场、四极磁场、六极磁场的生成效率高的位置在等离子体外侧的赤道面附近,那么此时的线圈位置即为线圈布置位置。如果该位置是装置结构部件分解维修所必需的空间时,则避开该位置选择在其上下布置线圈,这样,一边避开布置禁止的位置,一边将 PF 线圈布置在适当的位置。

3. PF 线圈电流的决定方法

混合线圈方式的 PF 线圈电流决定方法如下所示[8]。若给等离子体 $j(r_p, z_p)$ 的电流分布,等离子体表面某参考点 (r_B, z_B) 的磁通函数 Ψ_{BP} 由公式(4.1.20)得到:

$$\Psi_{BP} = rA_\varphi(r, z) = \sum_p G(r_p, z_p, r_B, z_B) j(r_p, z_p) \tag{9.6.2}$$

其中,$G(r_p, z_p, r_B, z_B)$ 为圆电流的矢量势:

$$G(r_p, z_p, r_B, z_B) = \frac{\mu_0}{\pi} \sqrt{r_p r_B} \left\{ \left(\frac{1}{k} - \frac{k}{2} \right) K(k) - \frac{1}{k} E(k) \right\} \tag{9.6.3}$$

$$k = \frac{4 r_p r_B}{(r_p + r_B)^2 + (z_p - z_B)^2} \tag{9.6.4}$$

$K(k)$、$E(k)$ 分别为第一类完全椭圆积分、第二类完全椭圆积分。等离子体电流为 $I_p = \sum_p j(r_p, z_p)$。等离子体电流分布以等离子体中心近似呈同轴分布,若等离子体电流 I_p 集中在等离子体中心 $(R_0, 0)$,则

$$\Psi_{BP} = G(R_0, 0, r_B, z_B) I_p \tag{9.6.5}$$

PF 线圈在等离子体表面产生的磁通函数 Ψ_{BC} 关于线圈位置 (r_{ck}, z_{ck}) 处流过的电流 I_k、PF 线圈数 n 的关系为

$$\Psi_{BC} = \sum_{k=1}^{n} G(r_{ck}, z_{ck}, r_B, z_B) I_k \tag{9.6.6}$$

总电流产生的磁通函数为

$$\Psi_B = \Psi_{BP} + \Psi_{BC} \tag{9.6.7}$$

等离子体表面 m 个参考点以 $(r_{B\ell}, z_{B\ell})$ 表示,这些点的磁通函数均为 Ψ_B,由等离子体表是磁面的条件,公式(9.6.7)可写成下面的矩阵形式:

$$\begin{pmatrix} 1 \\ 1 \\ \vdots \\ 1 \end{pmatrix} \Psi_B = \begin{pmatrix} G(R_0, 0, r_{B1}, z_{B1}) \\ G(R_0, 0, r_{B2}, z_{B2}) \\ \vdots \\ G(R_0, 0, r_{Bm}, z_{Bm}) \end{pmatrix} I_p + \begin{pmatrix} G_{11} & G_{12} & \cdots & G_{1n} \\ G_{21} & G_{22} & \cdots & G_{2n} \\ \vdots & \vdots & & \vdots \\ G_{m1} & G_{m2} & \cdots & G_{mn} \end{pmatrix} \begin{pmatrix} I_1 \\ I_2 \\ \vdots \\ I_n \end{pmatrix} \tag{9.6.8}$$

其中,$G_{\ell k} = G(r_{ck}, z_{ck}, r_{B\ell}, z_{B\ell})$。考虑等离子体内部的电流分布时,以公式(9.6.2),右边的第一项也将其写成矩阵形式。

等离子体的参考点数必须不少于 PF 线圈数($m \geqslant n$),增加 m 并用最小二乘法求解

公式(9.6.8)以得到所需精度的等离子体电流。公式(9.6.8)右边第一项第 m 行第 1 列的系数列记为 F_p，右边第二项第 m 行第 n 列记为 F，得

$$
\begin{pmatrix} I_1 \\ I_2 \\ \vdots \\ I_n \end{pmatrix} = F^{-1} \left\{ \begin{pmatrix} 1 \\ 1 \\ \vdots \\ 1 \end{pmatrix} \Psi_B - (F_p) I_p \right\} \equiv \begin{pmatrix} f_1^{\mathrm{OH}} \\ f_2^{\mathrm{OH}} \\ \vdots \\ f_n^{\mathrm{OH}} \end{pmatrix} \Psi_B + \begin{pmatrix} f_1^{\mathrm{e}} \\ f_2^{\mathrm{e}} \\ \vdots \\ f_n^{\mathrm{e}} \end{pmatrix} I_p \tag{9.6.9}
$$

这里，右边第一项和第二项分别用 f_k^{OH}、f_k^{e} 来表示，如此，给定最外层磁面的磁通函数 Ψ_B 与等离子体电流 I_p，就能求出各线圈应该流通的电流。

当 $I_p = 0$ 时，右边第一项给出的是使最外层磁面的磁通保持恒定的线圈电流值，$I_p = 0$ 时等离子体中心无磁通，右边第一项即为变流器线圈的磁场位形；$I_p \neq 0$ 时右边第二项表示维持等离子体的平衡磁场。由此，各线圈的电流分为变流器电流部分和平衡磁场电流部分，合并后成为变流器线圈和平衡线圈的混合线圈。

若将第 n 行第二列记为 H，由公式(9.6.9)得

$$
\begin{pmatrix} I_1 \\ I_2 \\ \vdots \\ I_n \end{pmatrix} = \begin{pmatrix} f_1^{\mathrm{OH}} & f_1^{\mathrm{e}} \\ f_2^{\mathrm{OH}} & f_2^{\mathrm{e}} \\ \vdots & \vdots \\ f_n^{\mathrm{OH}} & f_n^{\mathrm{e}} \end{pmatrix} \begin{pmatrix} \Psi_B & \Psi_B & \cdots & \Psi_B \\ I_p & I_p & \cdots & I_p \end{pmatrix} \equiv (H) \begin{pmatrix} \Psi_B & \Psi_B & \cdots & \Psi_B \\ I_p & I_p & \cdots & I_p \end{pmatrix} \tag{9.6.10}
$$

H 称为混合矩阵。H 是对 PF 线圈电流的运行控制十分有效的矩阵。

磁通 ϕ 为磁通函数 Ψ_B 沿 φ 方向积分一周，因此为磁通函数的 2π 倍，等离子体表面的磁通函数 Ψ_B 由公式(6.4.10)得到

$$
L_p \dot{I}_p + R_P (I_P - I_{\mathrm{CD}}) = -2\pi \dot{\Psi}_B \tag{9.6.11}
$$

的关系式，由此得

$$
\Psi_B = \Psi_B(0) - \frac{1}{2\pi} \left\{ L_p I_p + \int_0^t R_P (I_P - I_{\mathrm{CD}}) \mathrm{d}t \right\} \tag{9.6.12}
$$

其中，$\Psi_B(0)$ 为 Ψ_B 在 $t = 0$ 时的值。配合运行过程所示的等离子体电流、形状等随时间的变化来给出 Ψ_B 与 I_p，即可求出各线圈电流的通电模式。

9.7 极向磁场线圈设计

PF 线圈的设计要符合 TF 线圈设计的要求,但 TF 线圈电流恒定而 PF 线圈电流随通电模式发生变化,设计时要考虑这一不同点。

① 要使电流快速变化,感应电压将会升高。保持足够的绝缘强度的同时,也需要在减少匝数以抑制感应电压、提高电流上下功夫。

② PF 线圈产生的主要电磁力是使线圈扩大的扩张力(箍圈力),需要对此进行支撑设计。

③ 线圈冷却需要考虑核热等侵入热以及其他线圈通电模式导致的涡电流发热。

9.7.1 导体设计

1. 超导材料选择

激发等离子体电流的极向磁场如公式(4.1.14)所示,为 $B_p = I_p / (5a)$(T)。例如,$I_p = 15\,\text{MA}$、$a = 2\,\text{m}$ 时 $B_p = 1.5\,\text{T}$,PF 线圈必须要控制这么大的磁场。核聚变装置中,PF 线圈设计在 B_{pmax} 的环境下运行。从表 9.2.1 所示的超导材料中,考虑选择低成本并已有使用经验的 NbTi。

2. 冷却方式

与 TF 线圈所叙述的情况相同,为保持线圈的刚性,采用迫流冷却型导体较合适。管中导线迫流冷却型导体也适用于 PF 线圈。

9.7.2 线圈结构设计

1. 线圈结构

PF 线圈变化的电流会产生涡电流,为此不使用线圈壳体。线圈结构采用具有二重绝缘和冗余性的二重环绕型。

2. 结构材料选择

不使用线圈壳体的情况下,为保持线圈的刚性,选择管材作为 PF 线圈结构材料。管材壁厚,需根据断裂韧性进行选择。PF 线圈的管材候补有 316LN 等[21]。

3. 支撑方式

线圈产生的扩张力由管材的应力支撑,将管中导线型导体绕制成线圈。PF 线圈的自重以及垂直力靠 TF 线圈壳体支撑。

9.7.3 设计示例

以表 9.7.1 中 ITER 的 PF 线圈规格作为设计示例[21]。等离子体位置/形状控制分 3 对线圈进行,最大经验磁场为 6.4 T,因此采用在 10 T 以下使用的 NbTi。

表 9.7.1 ITER 的 PF 线圈设计规格

序号	项 目		内 容
1	线圈尺寸		最大外直径 24.6 m
2	线圈数		3 对
3	超导材料		NbTi
4	线圈额定电流		45 kA,后备 52 kA
5	最大经验磁场		6.0 T,后备 6.4 T
6	稳态运行温度		5 K,后备 4.7 K
7	线圈机构	管材	不锈钢 316LN
8	冷却方式		迫流冷却型

序号	项　目	内　容
9	支撑方式	扩张力导管支撑 自重 TF 线圈壳体支撑

ITER 的 PF 线圈截面图如图 9.7.1 所示。PF1、PF2、PF5、PF6 线圈的结构相同,PF3、PF4 线圈的结构相同,因此图中只表示了 PF6 和 PF4 线圈的截面。PF3、PF4 为二重环绕方式绕制。

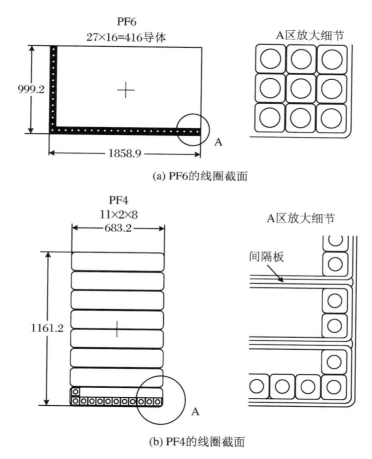

(a) PF6的线圈截面

(b) PF4的线圈截面

图 9.7.1　ITER PF 线圈截面[31]

图 9.7.2 表示 PF 线圈的导体,导体为方形截面,采用管中导线迫流冷却型导体,以超临界压氦进行冷却。

图 9.7.3 表示 PF 线圈的支撑结构。PF 线圈受到的径向电磁力靠自身支撑,PF 线圈径向拉伸的容许结构为设置在 TF 线圈上的多层板簧构造——活动板机构(flexible

plates)以及滑动支撑机构。各 PF 线圈靠上、下的夹板(clamping plates)固定,其中 PF2
～PF5 线圈如图 9.7.3 所示,一边的夹板通过活动板与 TF 线圈壳体连接;PF1 和 PF6 线
圈由于设置在环内侧,空间受到制约,因此靠滑动支撑机构的夹板与 TF 线圈壳体连接。
PF 线圈的垂直方向、环方向由 TF 线圈壳体支撑。PF2～PF5 共 18 个支撑点,PF1 和
PF6 半径较小,故只有 9 个支撑点。

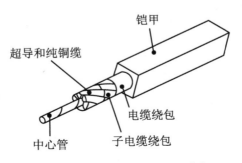

图 9.7.2　ITER PF 线圈导体[21]

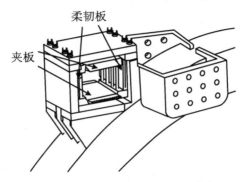

图 9.7.3　ITER PF2 线圈支撑[21]

9.8　中心螺管线圈基础

9.8.1　中心螺管线圈应具备的功能

CS 线圈的功能是为等离子体提供磁通量,以驱动等离子体电流。

9.8.2　中心螺管线圈的磁场

无限长螺管线圈于线圈中心产生的磁场强度 B_{p0}^{∞} 为

$$B_{p0}^{\infty} = \mu_0 nI \quad (\text{T}) \tag{9.8.1}$$

其中，μ_0 为真空磁导率，I 为线圈电流（A），n 为单位长度对应的匝数。例如，要得到 B_{p0}^{∞} = 10 T 的磁场需要磁势 $nI = 7.96\,\text{MA} \cdot \text{T}$。当 $R_{\text{CS}} = 1.5\,\text{m}$ 时，由公式（6.5.7）得 CS 线圈所提供的磁通为 $\phi_{\text{CS}} = 2\pi R_{\text{CS}}^2 B_{p0}^{\infty} = 141\,\text{V} \cdot \text{s}$。

实际的 CS 线圈为有限长，场强比公式（9.8.1）更低。CS 线圈的模式图如图 9.8.1 所示，设其下降比率为 γ_C，则

$$B_{p0}^{L} = \gamma_C B_{p0}^{\infty} = \gamma_C \mu_0 j \Delta_{\text{CS}} \tag{9.8.2}$$

其中，j 为线圈的绕线电流密度，$j = IN_C/(h\Delta_{\text{CS}})$，$h$ 为线圈轴向长度，Δ_{CS} 为线圈宽度，N_C 为匝数，$n = N_C/h$。

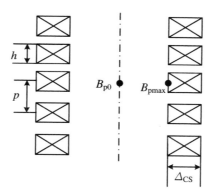

图 9.8.1　CS 线圈模式图

CS 线圈是由复数的线圈堆叠构成的，线圈间存在间隙，如此一来电流密度 j 再次降低。设轴向各线圈的间隔为 p，轴向的占有率为 $\beta_C = h/p$，则线圈中心磁场 B_{p0} 为

$$B_{p0} = \beta_C B_{p0}^{L} \tag{9.8.3}$$

线圈中心磁场 B_{p0} 比 CS 线圈绕线部的最大磁场 B_{pmax} 更小，二者比值记为 $\alpha_C = B_{\text{pmax}}/B_{p0}$，则 CS 线圈的最大磁场为

$$B_{\text{pmax}} = \alpha_C B_{p0} = \alpha_C \beta_C \gamma_C \mu_0 j \Delta_{\text{CS}} \tag{9.8.4}$$

9.8.3　磁通量的供给

运行方式与磁通产生量的关系如图9.8.2所示[32]。

脉冲运行情况下，等离子体点火的时候等离子体电流和平衡场线圈还没有产生磁场，CS 线圈电流能从正向最大值往负向最大值进行励磁。此时的 CS 线圈的磁通供给量由公式(6.5.10)得到：

$$\phi_{\mathrm{CS}} = \frac{2\pi B_{\mathrm{pmax}}}{\alpha_{\mathrm{C}}}\left(R_{\mathrm{CS}}{}^{2} + \Delta_{\mathrm{CS}}R_{\mathrm{CS}} + \frac{\Delta_{\mathrm{CS}}{}^{2}}{3}\right) \tag{9.8.5}$$

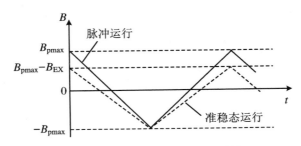

图 9.8.2　运行方式与磁通供给量

准稳态运行时，燃烧初期时等离子体已初步建立，若等离子体电流和平衡场线圈产生的磁场，与 CS 线圈产生的磁场方向相同，因其叠加后的值不能超过 CS 线圈绕线部最大磁场的规定值，故不能正负向平均地提供磁通量。若等离子体电流和平衡场线圈产生的磁场记为 B_{EX}，正向最大为 $B_{\mathrm{pmax}} - B_{\mathrm{EX}}$，负向最大为 $-B_{\mathrm{pmax}}$，磁场范围为

$$(B_{\mathrm{pmax}} - B_{\mathrm{EX}}) - (-B_{\mathrm{pmax}}) = 2B_{\mathrm{pmax}} - B_{\mathrm{EX}} \tag{9.8.6}$$

于是，该情况下能提供的磁通量如下：

$$\phi_{\mathrm{CS}} = \left(1 - \frac{B_{\mathrm{EX}}}{2B_{\mathrm{pmax}}}\right) \times \frac{2\pi B_{\mathrm{pmax}}}{\alpha_{\mathrm{C}}}\left(R_{\mathrm{CS}}{}^{2} + \Delta_{\mathrm{CS}}R_{\mathrm{CS}} + \frac{\Delta_{\mathrm{CS}}{}^{2}}{3}\right) \tag{9.8.7}$$

9.9　中心螺管线圈的设计

CS 线圈设计也根据 TF 线圈的设计进行，与 PF 线圈相比，CS 线圈的电流也会变化，

设计 CS 线圈时也要考虑装置尺寸对 CS 线圈直径的影响。

9.9.1 导体设计

1. 超导材料选择

由公式(9.8.7)知,CS 线圈的磁通供给量由 CS 线圈的内径与绕线部分的最大磁场 B_{pmax} 决定。由于 CS 线圈内径受装置尺寸的影响,提高绕线部分最大磁场有利于减小装置的尺寸。CS 线圈采用的是能产生高磁场的 Nb_3Sn 和 Nb_3Al 材料。

2. 冷却方式

CS 线圈不采用线圈壳体,避免涡电流产生。同时为了确保线圈刚性,CS 线圈适合采用管中导线迫流冷却型导体。

9.9.2 线圈结构设计

1. 线圈结构

CS 线圈在驱动等离子体电流时,电流发生变化,因此会产生涡电流,为了避免涡电流产生,CS 线圈考虑不采用线圈壳体。

2. 结构材料选择

为了保持 CS 线圈自身的刚性,管材厚度大,因此需要根据断裂韧性进行选择。一直以来,CS 线圈管材采用的是 JK1、因科镍合金 908、JK2 等材料。如今,为降低超导生成热处理后导致的韧性劣化,在材料中添加少量的硼,同时降低碳含量得到的改良型 JK2LB 等成为新的候选材料[13]。

3. 支撑方式

由于为减少涡电流而不采用线圈壳体,线圈受到的扩张力由导管自身进行应力支撑,CS 线圈的自重和垂直力由 TF 线圈壳体支撑。

9.9.3 设计示例

作为设计示例,ITER 的 CS 线圈设计规格如表 9.9.1 所示[13,21]。CS 线圈直径由于受装置尺寸的影响,需要紧凑化。为了保证磁通量的供给,需要加大磁场,ITER 的最大经验磁场为 13.5 T,因此采用能在 13.5 T 以上使用的 Nb_3Sn。

表 9.9.1　ITER 的 CS 线圈规格

序号	项　目		内　容
1	线圈尺寸		外径 4.2 m,高 12.4 m
2	线圈数		6 个模块构成
3	超导材料		Nb_3Sn
4	线圈额定电流		约 42 kA
5	最大磁场		13.5 T
6	稳态运行温度		4.7 K
7	线圈结构	管材	不锈钢 JK2LB
8	冷却方式		迫流冷却
9	支撑方式		扩张力由导管支撑 自重由 TF 线圈壳体支撑

CS 线圈的截面图如图 9.9.1 所示[21],CS 线圈由相互绝缘的 6 个模块组成。ITER 的 CS 线圈若采用二重环绕型的话长度将达到 270 m,而 ITER 的导体制造长度为 900 m,

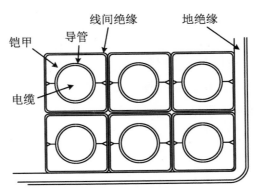

图 9.9.1　ITER CS 线圈截面[21]

为了降低导体剪切、连接的工作量,将其做成3个二重环绕组合起来的6层绕线块,以及2个二重环绕组合起来的4层绕线块这两种形式的导体各一个。一个CS线圈模块由5个6层绕线块和2个4层绕线块组合而成。CS线圈的导体如图9.9.2所示[3],导体为方形截面的管中导线迫流冷却型,作为线圈结构的管材使用JK2LB。

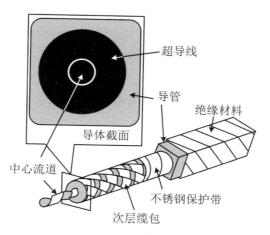

图9.9.2 ITER CS线圈导体[3]

图9.9.3表示CS线圈的支撑方式[21]。CS线圈通过TF线圈壳体上部的CS支撑块

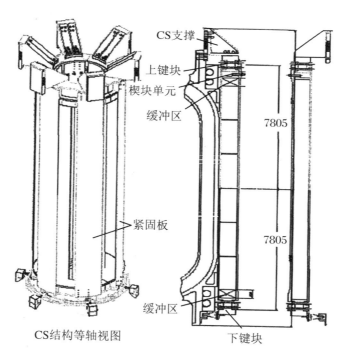

图9.9.3 ITER CS线圈支撑方式[21]

（CS support）与多层板簧结构悬挂式支撑；CS 线圈的径向电磁力由 CS 线圈自身支撑；CS 线圈下部，针对地震时的水平载荷设置有线圈中心位置保持结构，由 TF 线圈壳体下部支撑。

虽然 CS 线圈各模块之间添有垫片并沿轴线堆积，在运行中仍会由于线圈电流反向产生的电磁力在轴方向的压缩载荷而导致模块之间发生分离。因此，为了连接夹住 CS 线圈的上、下法兰盘，在线圈内外周设置紧固板（tie plates），并施加预压缩载荷使 6 个模块轴向上维持整体化。为此，CS 线圈管材采用热收缩率较低的 JK2LB，而紧固板材采用热收缩率较高的 316LN。

9.10　今后的课题

今后的课题如下所示：

（1）为了提高等离子体性能，必须更加高磁场化（16～20 T）。产生 16 T 磁场的材料候选有极低温 4 K 左右冷却的 Nb_3Al，产生 20 T 磁场的材料候选有 20 K 冷却的 Bi-2212、Bi-2223、Y-123 等高温超导材料。必须开发相应的超导线圈系统，同时降低其制造/运行成本。

（2）高磁场化伴随而来的是电磁力的增大，必须在相应磁场强度、温度领域中开发能承受电磁力的超导导体、超导线圈支撑结构。

（3）降低运行成本，必须使相应磁场强度、温度领域下的冷却系统更加高效化。

（4）原型反应堆以后的聚变装置中中子生成量大大增加，必须把握相应磁场强度、温度领域下超导材料、结构材料、绝缘材料的中子辐照后的性能变换，做好相应的对策。

（5）增大聚变装置功率的同时，环向纹波造成的壁面负荷也将增大，必须开发更有效的环向纹波抑制技术。

参 考 文 献

［1］　物質・材料研究機構，2006 年度物質材料研究アウトルック（2006）.
［2］　北田正弘，渡辺宏，未来をひらく超電導，共立出版株式会社（1988）.
［3］　小泉徳潔，西村新，日本原子力学会誌，Vol. 47，No. 10，703-709（2005）.
［4］　竹内孝夫，木須隆暢，小泉徳潔，J. Plasma Fusion Res.，Vol. 83，No. 1，44-49（2007）.

［5］ 塚本修巳，鉄と鋼，第 74 年第 12 号，2247-2253（1988）．

［6］ 濱田一弥，小泉徳潔，J. Plasma Fusion Res.，Vol. 78，No. 7，616-624（2002）．

［7］ 臨界プラズマ研究部，日本原子力研究所，JAERI-M 85-177（1985）．

［8］ 炉設計研究室，日本原子力研究所，JAERI-M 84-212（1985）．

［9］ 西正孝，プラズマ・核融合学会誌，第 70 巻第 7 期，802（1994）．

［10］ 牛草健吉，森活春，中川勝二，等，日本原子力研究所，JAERI-Research 97-027（1997）．

［11］ 核融合研究部炉設計研究室，日本原子力研究所，JAERI-M 6802（1977）．

［12］ 濱田一弥，J. Plasma Fusion Res.，Vol. 83，No. 1，33-38（2007）．

［13］ 島本進，中嶋秀夫，高橋良和，TEION KOGAKU（J. Cryo. Super. Soc. Jpn.），Vol. 48，No. 2，60-67（2013）．

［14］ 西尾敏，東稔達三，笠井雅夫，西川正名，日本原子力研究所，JAERI-M 87-021（1987）．

［15］ テキスト核融合炉専門委員会，プラズマ・核融合学会誌，第 87 巻増刊号（2011）．

［16］ K. Tani, T. Takizuka, M. Azumi, et al.，Nucl. Fusion，Vol. 23，No. 5，657-665（1983）．

［17］ K. Tobita, T. Ozeki, Y. Nakamura，Plasma Phys. Control. Fusion，46，S95-S105（2004）．

［18］ 「核融合炉物理・工学」研究専門委員会，「核融合炉燃料・材料」研究専門委員会，核融合炉設計及び研究開発の現状と課題，日本原子力学会（1983）．

［19］ 「核融合炉調査」研究専門委員会，核融合研究の進歩と動力炉開発への展望，日本原子力学会（1976）．

［20］ L. M. Waganer, F. R. Cole and the ARIES Team，19th Symp. Fusion Technol.，Lisbon，Portugal（1996）．

［21］ 「ITER 工学設計」，プラズマ・核融合学会誌，第 78 巻増刊（2002）．

［22］ M. Huguet，ITER Joint Central team，ITER Home Teams，Nucl. Fusion，Vol. 41，No. 10，1503-1513（2001）．

［23］ N. Takeda, S. Kakudate and K. Shibanuma，J. Plasma Fusion Res.，Vol. 81，No. 4，312-316（2005）．

［24］ 大賀徳道，秋野昇，海老澤昇，等，日本原子力研究所，JAERI-Tech 95-044（1995）．

［25］ 嶋田隆一，電気学会論文誌 A 102，483（1982）．

［26］ 木下茂美，小林朋文，核融合研究，第 57 巻第 6 期，427-438（1987）．

［27］ L. E. Zakharov，Nucl. Fusion，Vol. 13，595（1973）．

［28］ 小林朋文，田村早苗，谷啓二，日本原子力研究所，JAERI-M5898（1974）．

［29］ K. Toi and T. Takeda，日本原子力研究所，JAERI-M6018（1975）．

［30］ J. A. Nelder and R. Mead，The Computer Journal，7（1965）．

［31］ http://www. fusion. qst. go. jp/ITER/FDR/PDD/index. htm，ITER Final Design Report，PlantDescription Document，Ch. 2.1，IAEA（2001）．

［32］ 臨界プラズマ研究部，日本原子力研究所，JAERI-M 85-179（1986）．

第 10 章

等离子体加热　电流驱动

托卡马克核聚变装置必须加热等离子体和驱动等离子体电流。本章介绍实现上述功能的系统。

10.1　等离子体加热及电流驱动的必要性

1. 等离子体加热

核聚变装置为了获取能量，必须将等离子体加热到足以产生核聚变反应的高温、高密度。托卡马克型聚变装置通过在等离子体中激发电流，同时产生磁场约束等离子体，利用等离子体电流产生的焦耳热（Joule heating，Ohmic heating）来加热等离子体。但是，等离子体的电阻率如公式（6.1.28）所示，与等离子体温度的 3/2 次方成反比，随着等离子体温度的上升，焦耳加热功率降低。于是，必须要有辅助加热（additional heating、further heating，第二段加热），辅助加热简单地称为等离子体加热。等离子体加热有粒子束加热和射频波加热。带电粒子束有相对论电子束、轻离子束和重离子束，但由于需要在磁场中传播，因此主流为中性粒子束注入方式。本章主要介绍以下内容：

① 中性粒子束注入（NBI，neutral beam injection）加热。

② 射频波（RF，radio frequency）加热。

等离子体加热和电流驱动的模式图如图 10.1.1 所示。等离子体加热是将等离子体粒子速度 v 在随机方向上加速以增大粒子热速度，即增大呈现麦克斯韦分布的速度分布函数 f 的宽度。

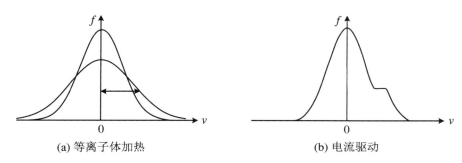

(a) 等离子体加热　　　　　　　　　(b) 电流驱动

图 10.1.1　等离子体加热与电流驱动模式图

2. 电流驱动

电流驱动是在一个方向上加速等离子体粒子，即速度分布函数从麦克斯韦分布变成各向异性分布，形成一个方向的等离子体粒子流。电流驱动的方法有电磁感应电流驱动（inductive current drive）和非电磁感应电流驱动（noninductive current drive）。图 10.1.1(b)所示的速度分布函数 f 为非电磁诱导电流驱动的模式图。

采用电磁感应的电流驱动，原理是如图 10.1.2 所示的变压器原理。所谓变压器的

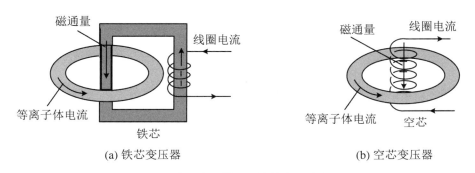

(a) 铁芯变压器　　　　　　　　　　(b) 空芯变压器

图 10.1.2　应用变压器原理的等离子体电流驱动

原理,是贯穿线圈的磁通量发生变化时,会产生感应电压,同时产生电流来抵消磁通量变化,采用电磁感应法则,初级线圈的电流变化时,相当于次级线圈的等离子体内部就会感应出电流。变压器有防止磁通量外泄而采用磁导率很大铁芯以及不采用铁芯的空芯两种形式。铁芯变压器的容量增大时,铁芯内的磁场会达到饱和而导致电力损失的增大,因此需要将铁芯做得很大。空芯变压器虽然没有电力损失,但由于磁通量是共有的,必须设置初级和次级线圈。随着聚变装置的大型化,空芯变压器逐渐得到使用。

要持续驱动等离子体,初级侧的变流器线圈(CS 线圈)的电流必须持续变化,意味着电流必须持续增加或者持续减少,但由于电流密度和线圈大小有限,线圈电流有临界值,无法稳态持续地驱动电流,因此只能是脉冲运行的方式。

从脉冲运行转为稳态运行有以下优点(参考 2.6 节):

① 能降低装置启动、停止伴随的机械性的热带来的反复疲劳,可延长装置寿命。

② 不需要脉冲运行装置必需的蓄能器,发电效率更高。

③ 由于装置启动时不需要变流器线圈,真空室的高电阻部分不再必要,能降低电磁感应的磁通领域(CS 线圈领域),装置构造也能小型/简洁化。

稳态运行采用非电磁感应电流驱动的方式。非电磁感应电流驱动方法有中性粒子束注入 NBI 和射频波电流驱动。

10.2　NBI 加热基础

10.2.1　中性粒子束的离子化

向等离子体中注入粒子束后,通过一系列反应使得粒子束离子化。向氢等离子体中注入氢粒子束时的主要反应如下:

$$电荷交换反应 \quad H_b^0 + H^+ \rightarrow H_b^+ + H^0 \tag{10.2.1}$$

$$电子碰撞电离 \quad H_b^0 + e \rightarrow H_b^+ + 2e \tag{10.2.2}$$

$$离子碰撞电离 \quad H_b^0 + H^+ \rightarrow H_b^+ + H^+ + e \tag{10.2.3}$$

上述反应的反应截面积如图 10.2.1 所示,碰撞截面积取决于等离子体粒子和束流粒子的相对速度,当氘束流 D_b^0 的能量为氢束流能量的 2 倍、相对速度相同时,D_b^0 束流的碰撞截面积与氢束流的碰撞截面积相同,因此可将图中横轴能量值增大 2 倍后的氢束流碰撞截面积当作 D_b^0 束流的碰撞截面积[1~4]。

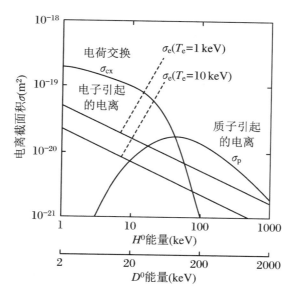

图 10.2.1　电离截面积[4]

设束流速度为 υ_b,在等离子体中的飞行距离为 x,束流粒子密度为 $n(x)$,则束流强度为 $I(x) = n(x)\upsilon_b$,上述反应中,束流强度随飞行距离 x 衰减,得

$$I(x) = I_0 \exp(-x/\lambda) \tag{10.2.4}$$

其中,λ 为平均自由程。若束流与 j 种等离子体离子相互作用,经过 k 种电离过程离子化,设 j 种等离子体离子的密度为 n_j,以 j 种等离子体离子速度分布平均化后的 k 种电离过程的截面积为 $\langle \sigma \upsilon \rangle_{jk}$,则平均自由程为

$$\frac{1}{\lambda} = \sum_{j,k} n_j \frac{\langle \sigma \upsilon \rangle_{jk}}{\upsilon_b} \tag{10.2.5}$$

上式的平均自由程可由下式近似[5]:

$$\lambda = \frac{5.5 \times 10^{-3} E_b}{n_{e20} A_b Z} \quad (\text{m}) \tag{10.2.6}$$

$$Z = Z_{eff}, \quad E_b \geqslant 40 A_b \tag{10.2.7}$$

$$Z = 1 + (Z_{eff} - 1) \frac{E_b}{40 A_b}, \quad E_b \leqslant 40 A_b \tag{10.2.8}$$

其中,E_b 为中性粒子束的能量(keV),A_b 为束粒子的质量数,Z_{eff} 为有效电荷数。n_{e20}、λ

的单位分别为 10^{20} m^{-3}、m。

例如，$E_b = 1000$ keV、$A_b = 2$ 的氘束流，射入 $n_e = 10^{20}$ m^{-3}、$Z_{eff} = 1.5$ 的等离子体时，$\lambda = 1.8$ m。当等离子体小半径 $a = 2$ m 时，等离子体中心的束流强度衰减到 $I(x)/I_0 = 0.34$。束流能量过低，束流粒子在等离子体表面便离子化，无法到达等离子体中心。为了使束流粒子不在等离子体表面离子化，粒子束流的能量必须达到能将粒子束流送往等离子体中心的水平。

10.2.2 离子束流的轨迹

1. 入射方向

中性粒子束的入射方向如图 10.2.2 所示。入射方向有与等离子体电流方向垂直的垂直入射（perpendicular injection），以及与等离子体电流相切的切向入射（tangential injection）。切向入射又分为与等离子体电流同方向的同向入射（co-injection）和反方向的逆向入射（counter-injection）[6]。

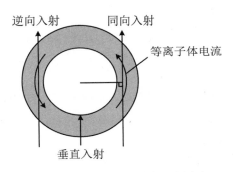

逆向入射　　同向入射

等离子体电流

垂直入射

图 10.2.2　中性粒子束的入射方向

2. 捕获条件

高速的中性粒子通过电荷交换以及与离子相互作用而电离等过程变成高速离子，为了使其能够通过与等离子体粒子进行库仑碰撞而加热等离子体，必须把这些高速离子约束在等离子体中。

磁场中粒子的运动，当磁场对时间空间缓慢变化（绝热变化）时，满足磁矩守恒。将离子速度分解为垂直磁力线部分与平行磁力线部分，分别记为 $v_\perp$、$v_\parallel$，记磁场为 B，离子质量为 m_i，则磁矩（magnetic moment）为

$$\mu_{\mathrm{m}} = m_{\mathrm{i}} \upsilon_{\perp}^2 / (2B) \tag{10.2.9}$$

束离子的动能为

$$W_{\mathrm{b}} = m_{\mathrm{i}} \upsilon^2 / 2 \tag{10.2.10}$$

磁力线方向的速度为

$$\upsilon_{\parallel} = \pm \upsilon \sqrt{1 - \frac{2\mu_{\mathrm{m}} B}{m_{\mathrm{i}} \upsilon^2}} \tag{10.2.11}$$

正、负号表示束离子前进方向与磁力线相同或相反。记最大磁场为 $B_{\max}$，公式(10.2.11)根号内为 0 时表示离子被反射，不能再进入更强的磁场空间中。这就是磁镜(magnetic mirror)。

$$\frac{2\mu_{\mathrm{m}} B_{\max}}{m_{\mathrm{i}} \upsilon^2} > 1 \tag{10.2.12}$$

此时离子被磁场捕捉。将平均磁场 B_0 代入公式(10.2.9)后，再将得到的 μ_{m} 代入公式(10.2.12)，得到

$$\upsilon_{\perp}^2 / \upsilon^2 > B_0 / B_{\max} \tag{10.2.13}$$

上式记为捕获条件，被捕获的离子称为捕获粒子。束离子中动能较大时，使得根号内不会为负值的运动粒子称为通行粒子。

3. 离子束流轨迹

托卡马克装置中，存在磁镜作用的地方有以下两种情况[6,7]。

第一，对环向磁场 B_{t}，由公式(9.3.5)有 $B_t = R_0 B_0 / R = B_0 (1 - \rho R_0^{-1} \cos\theta)$，分布不均匀。如图 10.2.3 所示，$\rho$ 为距等离子体中心的距离，θ 为极角，由于环向磁场在环内侧大，环外侧小，在磁镜的作用下，捕获粒子的回旋中心形成(b)图所示的香蕉轨道，而通行粒子的回旋中心形成(c)图所示的圆形轨道，相对于磁面存在偏移，即形成的是漂移后的轨道，称之为飘移面。同向入射时向环外侧漂移，逆向入射时向环内侧漂移[1]。由于 NBI 是从环外侧入射，逆向入射时，束流达到飘移面之前要经过很长的距离，存在因中途离子化而损失比例较大的缺点[6]。

第二，如图 9.3.1 所示，由于 TF 线圈在环周上离散布置，磁场强度在环周上分布不均匀，分别记 TF 线圈间磁场最大值、最小值为 $B_{\max}$、$B_{\min}$，二者平均为

$$B_0 = (B_{\max} + B_{\min}) / 2 \tag{10.2.14}$$

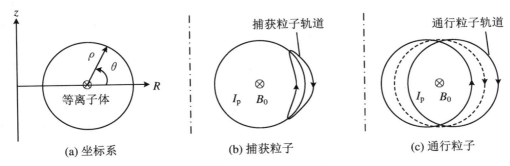

(a) 坐标系　　　　　　(b) 捕获粒子　　　　　　(c) 通行粒子

图 10.2.3　粒子轨迹

由公式(10.2.13),得

$$\frac{v_{\parallel}^2}{v^2} < 1 - \frac{B_0}{B_{\max}} = \frac{B_{\max} - B_{\min}}{2B_{\max}} < \frac{B_{\max} - B_{\min}}{B_{\max} + B_{\min}} \tag{10.2.15}$$

由公式(9.3.3)的环向纹波度 δ 得

$$v_{\parallel}^2 / v^2 < \delta \tag{10.2.16}$$

上式即为粒子捕获条件,通行粒子由于纹波损失而流失。

高速的中性粒子通过电离成为高速离子,其轨迹可由以离子化时的位置坐标、速度为初始条件的运动方程详细求得。重要的是,设计核聚变堆时必须对高速离子的轨迹进行仔细计算。

10.2.3　能量交换引起的等离子体加热

在 NBI 中,高速的中性粒子通过电离成为高速离子,与等离子体粒子进行库仑碰撞将所携带的能量传递给等离子体粒子,高速离子的能量逐渐接近等离子体电子和离子的热能,这个过程称为热化(thermalization),热化过程能加热等离子体。高速离子束动能 W_b 的变化为

$$\frac{\mathrm{d}W_b}{\mathrm{d}t} = -\frac{W_b}{\tau_E^{bi}} - \frac{W_b}{\tau_E^{be}} \tag{10.2.17}$$

其中, τ_E^{bi} 为高速离子束与离子的能量交换时间, τ_E^{be} 为高速离子束与电子的能量交换时间,分别为

$$\tau_E^{bi} = \frac{2\pi\varepsilon_0^2 A_b A_i m_p^2 \upsilon_b^2}{n_i Z_i^2 Z_b^2 e^4 \ell n \Lambda} \tag{10.2.18}$$

$$\tau_E^{be} = \frac{3\pi \sqrt{2\pi}\varepsilon_0^2 m_b m_e^{-1/2} T_e^{3/2}}{n_e Z_b^2 e^4 \ell n \Lambda} \tag{10.2.19}$$

其中,υ_b 为高速离子束速度,$m_b = A_b m_p$,e 为电子电荷量,$\ell n \Lambda$ 为库仑对数,ε_0 为真空介电常数。m、Z、A、n、T 分别为质量、电荷数、质量数、密度、温度,后缀 e、i、p、b 分别表示等离子体电子、等离子体离子、质子、束流离子。

公式(10.2.17)的右边第一项、第二项表示高速离子束损失的能量,分别用于离子、电子加热。这里,考虑的是同向入射中欧姆加热电场导致的高速离子加速(逆向入射时为减速)和运载等离子体电流的电子导致的高速离子减速(逆向入射时为加速)二者相互平衡时的情况[2,9,10]。

对于公式(10.2.17)右边第一项,由公式(10.2.10),$W_b = m_b \upsilon_b^2/2$,得

$$\frac{1}{\upsilon_b}\left(\frac{\mathrm{d}W_b}{\mathrm{d}t}\right)_i = -\frac{W_b}{\upsilon_b \tau_E^{bi}} = -\frac{1}{W_b}\frac{m_b^2 \upsilon_b^3}{4\tau_E^{bi}} \tag{10.2.20}$$

公式(10.2.17)右边第二项为

$$\frac{1}{\upsilon_b}\left(\frac{\mathrm{d}W_b}{\mathrm{d}t}\right)_e = -\frac{m_b \upsilon_b}{2\tau_E^{be}} = -\frac{W_b^{1/2}}{\sqrt{2} A_b^{-1/2} m_p^{-1/2} \tau_E^{be}} \tag{10.2.21}$$

以 x 表示高速离子束的飞行距离,$x = \int \upsilon_b \mathrm{d}t$,则公式(10.2.17)可写作

$$\frac{\mathrm{d}W_b}{\mathrm{d}x} = -\frac{\alpha}{W_b} - \beta W_b^{1/2} \tag{10.2.22}$$

其中

$$\alpha = \frac{m_b^2 \upsilon_b^3}{4\tau_E^{bi}} = \frac{n_i Z_i^2 A_b Z_b^2 e^4 \ell n \Lambda}{8\pi\varepsilon_0^2 A_i} \tag{10.2.23}$$

$$\beta = \frac{1}{\sqrt{2} A_b^{-1/2} m_p^{-1/2} \tau_E^{be}} = \frac{n_e Z_b^2 e^4 m_e^{1/2} \ell n \Lambda}{6\pi \sqrt{\pi}\varepsilon_0^2 m_p^{1/2} A_b^{1/2} T_e^{3/2}} \tag{10.2.24}$$

对于公式(10.2.22)的右边第一、第二项,若二者相等时的高速离子束动能用 W_{bc} 表示,则有

$$W_{bc} = \left(\frac{\alpha}{\beta}\right)^{2/3} = \left(\frac{9\pi m_p}{16 m_e}\right)^{1/3}\left(\frac{1}{n_e}\sum_i \frac{n_i Z_i^2}{A_i}\right)^{2/3} A_b T_e \tag{10.2.25}$$

上式称为临界能量。中性粒子束的能量小于上述能量值时,以离子加热为主,反之以电

子加热为主。

例如，$A_b = 2$ 的氘束流，入射进 $n_e = 10^{20} \text{ m}^{-3}$，$n_d = n_T = 0.5 \times 10^{20} \text{ m}^{-3}$，$Z_d = Z_T = 1$，$A_d = 2$，$A_T = 3$，$T_e = 20 \text{ keV}$ 的 DT 等离子体时，$W_{be} = 330 \text{ keV}$。

入射时的束流能量 W_0 中，传递给等离子体离子的能量所占的比率 R 为

$$R = \frac{1}{W_0} \int_i dW_b = \frac{1}{W_0} \int \left(\frac{dW_b}{dx} \right)_i dx = \frac{1}{W_0} \int_0^{W_0} \frac{\alpha}{W_b} \frac{dW_b}{\frac{\alpha}{W_b} + \beta W_b^{1/2}} \quad (10.2.26)$$

其中，x 为离子束流的飞行距离。以 $t = W_b / W_{bc} \Rightarrow y = t^{1/2}$ 做积分变换，得

$$R = \frac{W_{bc}}{W_0} \int_0^{W_0/W_{bc}} \frac{dt}{1 + t^{3/2}}$$

$$= \frac{W_{bc}}{W_0} \left[\frac{1}{3} \ell n \left| \frac{y^3 + 1}{(y + 1)^3} \right| + \frac{2}{\sqrt{3}} \arctan \frac{2y - 1}{\sqrt{3}} \right]_{y=0}^{y=(W_0/W_{bc})^{1/2}} \quad (10.2.27)$$

图 10.2.4[11] 表示随着入射束流能量 W_0 的增加，电子加热的比率 R 也随之增加。

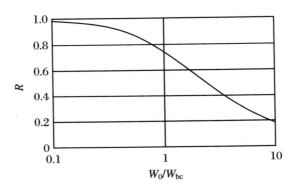

图 10.2.4　束流能量向等离子体离子传递的比率

至此，阐述了中性粒子束的平均能量，要计算束流的能量分布，可由公式(3.1.1)玻尔兹曼方程的碰撞项对具体的速度分布函数进行求解，即将碰撞项展开到速度的二阶，再使用福克－普朗克方程(Fokker-Planck equation)即可求得[12,13]。

10.3 NBI 电流驱动基础

10.3.1 驱动电流

考虑中性粒子束流切向注入驱动等离子体电流的情形,束流能量比临界能量高,与电子产生强烈相互作用,束流注入的方向为等离子体电流方向。图 10.3.1 表示中性粒子束入射时离子电流和电子电流的模式图,中性粒子束离子化形成离子电流,若离子束流的密度、速度、电荷数分别为 n_b、v_b、Z_b,离子电流密度 j_b 可由下式表示:

$$j_b = en_b v_b Z_b \tag{10.3.1}$$

离子束流与等离子体电子相互作用时会加速等离子体电子,与等离子体离子碰撞时会使其减速,平衡后形成电子电流。此时电子速度为 v_d、密度为 n_e,则电子电流密度为

$$j_e = -en_e v_d \tag{10.3.2}$$

作用在电子上的平衡关系为

$$n_e m_e v_b / \tau_E^{eb} = n_e m_e v_d / \tau_E^{ei} \tag{10.3.3}$$

其中 τ_E^{eb}、τ_E^{ei} 为碰撞时间,由此得

$$v_d = (\tau_E^{ei} / \tau_E^{eb}) v_b \tag{10.3.4}$$

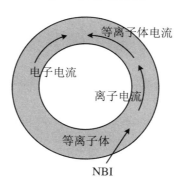

图 10.3.1 中性粒子束入射时的离子电流和电子电流

联立公式(10.3.4)、(10.3.1)，电子电流密度为

$$j_e = - en_e \frac{\tau_E^{ei}}{\tau_E^{eb}} v_b = - \frac{n_e}{n_b Z_b} \frac{\tau_E^{ei}}{\tau_E^{eb}} j_b \tag{10.3.5}$$

其中

$$\tau_E^{eb} \propto \frac{1}{n_b Z_b^2}, \quad \tau_E^{ei} \propto \frac{1}{n_e Z_{eff}} \tag{10.3.6}$$

联立上式，中性粒子束驱动的电流密度 j_d 为[1,14]

$$j_d = j_b + j_e = \left(1 - \frac{Z_b}{Z_{eff}}\right) j_b \tag{10.3.7}$$

10.3.2 电流驱动效率

形成电子电流的部分电子，成为捕获粒子在等离子体内部沿香蕉轨道运动，无法沿环回旋，而离子电流由电子电流抵消了部分会缓和捕获效果。要求解上述过程，需要求解高速离子相关的福克-普朗克方程，其解的速度分布函数为[15~17]

$$f(v, \xi) = \frac{S \tau_{se}}{v^3 + v_c^3} \sum_{n=0}^{\infty} \frac{2n+1}{2} P_n(\xi_0) P_n(\xi) \left[\frac{v^3}{v_0^3} \frac{v_0^3 + v_c^3}{v^3 + v_c^3}\right]^{n(n+1)Z_2/6} U(v_0 - v) \tag{10.3.8}$$

其中，S 为离子源($s^{-1} \cdot m^{-3}$)，P_n 为勒让德函数，$U(v_0 - v)$ 为赫维赛德阶跃函数(Heaviside step function)。当 $\xi = v_\parallel / v$ 时，v_0、ξ_0 为高速离子的初始速度和角度；若 T_e、n_e 的单位取 eV、m^{-3}，则

$$\tau_{se} = 0.37 \frac{A_b}{Z_b^2} \left(\frac{T_e}{10 \text{ keV}}\right)^{3/2} \left(\frac{10^{20} \text{ m}^{-3}}{n_e}\right) \quad (s) \tag{10.3.9}$$

$$v_c = 4.5 \times 10^6 \left(\frac{T_e}{10 \text{ keV}}\right)^{1/2} \quad (m/s) \tag{10.3.10}$$

$$Z_2 = \frac{12 Z_{eff}}{5 A_b} \tag{10.3.11}$$

离子电流密度为

$$j_b = e Z_b \int_0^{+\infty} v^3 dv \int_{-1}^{1} f(v, \xi) \xi d\xi = e Z_b S \tau_{se} v_0 \xi_0 I(x, y) \tag{10.3.12}$$

其中

$$x = \frac{\upsilon_0}{\upsilon_c} = \left(\frac{W_0}{W_c}\right)^{1/2}, \quad W_c = \frac{A_b m_p \upsilon_c^2}{2} = (100 \text{ keV}) A_b \left(\frac{T_e}{10 \text{ keV}}\right), \quad y = \frac{4Z_{eff}}{5A_b}$$

$$(10.3.13)$$

y 为俯仰角散射参数,取值范围为 $0 \leqslant y \leqslant 4$。于是有以下近似:

$$I(x, y) = x^3 / [4 + 3y + x^2(x + 1.39 + 0.61y^{0.7})] \tag{10.3.14}$$

考虑香蕉轨道的电子捕获效果,中性粒子束所驱动的电流密度为[16]

$$j_d = \left[1 - \frac{Z_b}{Z_{eff}}\{1 - G(Z_{eff}, \varepsilon)\}\right] j_b \tag{10.3.15}$$

以拉长比倒数为 ε,则得到

$$G(Z_{eff}, \varepsilon) = (1.55 + 0.85/Z_{eff})\sqrt{\varepsilon} - (0.20 + 1.55/Z_{eff})\varepsilon \tag{10.3.16}$$

束流功率 P_b 和总驱动电流 I_b 的比值为[17]

$$\frac{I_b}{P_b} = 2\pi \int_0^a j_d r \mathrm{d}r / P_b$$

$$= A_{bd}\left(\frac{5m}{R_0}\right)(1 - f_s)\left(\frac{R_{tan g}}{R_0}\right)\left(\frac{T_e}{10 \text{ keV}}\right)\left(\frac{10^{20} \text{ m}^{-3}}{n_e}\right)\frac{J(x', y)}{0.2}F \tag{10.3.17}$$

其中,$R_{tan g}$ 为图 10.3.2 所示的束流轨迹与环中心的最短距离,f_s 为渗透率(参考 10.3.3 小节),系数 $A_{bd} = 0.11$、$B_{bd} = 2.0$,则有

$$x' = \left(\frac{W_0}{B_{bd} W_c}\right)^{1/2} \tag{10.3.18}$$

$$J(x, y) = I(x, y)/x \tag{10.3.19}$$

$$F = \frac{1}{Z_b} - \frac{1}{Z_{eff}}\left\{1 - G\left(Z_{eff}, \frac{a}{2R_0}\right)\right\} \tag{10.3.20}$$

考虑等离子体密度与装置尺寸相关性后的电流驱动效率 η_{CD} 按公式(2.5.5)定义为

$$\eta_{CD} = nR_0 I_{CD}/P_{CD} \tag{10.3.21}$$

其中,n、R_0、I_{CD}、P_{CD} 分别为电子密度(m^{-3})、等离子体大半径(m)、驱动电流(A)、驱动功率(W)。一般将距离 $R_{tan g}$ 表示为比率 μ 形式:$R_{tan g} = R_0 - \mu a$。由图 10.3.2,有 $L^2 = 2R_0 a(1+\mu) + a^2(1-\mu^2)$,当 $\mu = 0.5$ 时,$R_{tan g}/R_0 = 1 - \varepsilon/2$,此时 NBI 的电流驱动效率为

$$\eta_{CD} = \frac{nR_0 I_b}{P_b} = 2.75(1 - f_s)\left(1 - \frac{\varepsilon}{2}\right)T_{keV}J(x', y)F \quad (10^{19}\ \mathrm{A \cdot W^{-1} \cdot m^{-2}})$$

$$(10.3.22)$$

其中,$T_e = 10^3 T_{keV}$。

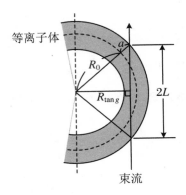

图 10.3.2   中性粒子束的入射位置及在等离子体中的穿行距离

10.3.3   穿透率

中性粒子束在等离子体中的穿透率 f_s 可根据含有中性粒子在等离子体中与电子、离子、杂质作用的离化截面参数的下式求出[18]:

$$f_s = \exp(-\tau) \quad\quad\quad (10.3.23)$$

其中

$$\tau = 2\int_0^L n_e \sigma_{eff} \mathrm{d}\ell \approx 2\tilde{n}_e \sigma_{eff} L \quad\quad (10.3.24)$$

ℓ 为表示等离子体中束流通行距离的坐标,$2L$ 为等离子体中束流的通行距离,$\tilde{n}_e$ 为平均密度,离化截面为[19]

$$\sigma_{eff} = 0.82 \times 10^{-20} / W_{0\,MeV}^{0.78} \quad\quad (10.3.25)$$

其中,$W_{0\,MeV}$ 为以 MeV 为单位的束流能量。

例如,在 $a = 2\ \mathrm{m}$、$R_0 = 6.2\ \mathrm{m}$、$T_{keV} = 20\ \mathrm{keV}$、$\tilde{n}_e = 10^{19}\ \mathrm{m^{-3}}$、$Z_{eff} = 1.5$ 的等离子体中,$W_{0\,MeV} = 1\ \mathrm{MeV}$、$Z_b = 1$、$A_b = 2$ 的束流在 $\mu = 0.5$ 的位置射入时,$L = 6.34\ \mathrm{m}$、$\sigma_{eff} = 8.2 \times 10^{-21}\ \mathrm{m^2}$,由公式(10.3.22)得驱动电流的效率 $\eta_{CD} = 2.6(10^{19}\ \mathrm{A \cdot W^{-1} \cdot m^{-2}})$。公

式(10.3.25)并没有考虑多价离子化的效果,采用解析程序的详细计算能考虑多价离子化。

10.3.4 实验求得的电流驱动效率

许多托卡马克装置上都进行过中性粒子束加热等离子体/驱动电流的实验,都取得了不错的结果。中性粒子束的电流驱动 NBCD(neutral beam current drive)效率如图10.3.3所示。JT-60U 上获得了 NBCD 效率 $\eta_{CD} = 1.55 \times 10^{19}$ A·W^{-1}·m^{-2}[20]。使用模拟程序 OFMC[21]等,在一定的误差范围内与实验结果一致。目前进一步提高模拟程序的计算精度是关注的课题[22]。

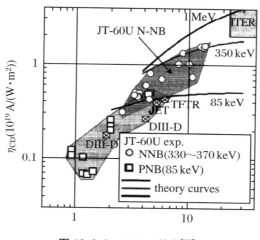

图 10.3.3　NBCD 效率[20]

10.4　自举电流

1. 捕获电子轨道与自举电流

图 10.4.1 表示捕获电子的香蕉轨道,捕获粒子在环向上运动轨迹在等离子体断截面上的投影如图 10.4.1 所示。由于压强梯度等离子体沿径向扩散时,香蕉轨道的捕获

电子因数量差异导致电流密度 j_{ba} 的产生[7,23]。香蕉轨道运动的捕获粒子密度为 $n_{tr} \approx \varepsilon^{1/2} n_e$，香蕉轨道的宽度为 $\Delta_{ba} \approx \varepsilon^{1/2} m_e \upsilon_t / (eB_p)$，$\upsilon_t$ 为热速度。沿磁力线方向与逆磁力线方向运动的捕获粒子数之间存在差异，二者差值为 $-\Delta_{ba} dn_{tr}/dr$。

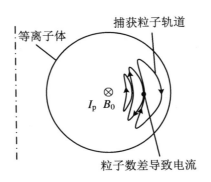

图 10.4.1　捕获电子的香蕉轨道

捕获粒子沿磁力线方向的速度为 $\upsilon_{\parallel} \approx \varepsilon^{1/2} \upsilon_t$，于是捕获粒子的电流密度为

$$j_{ba} = -e\upsilon_{\parallel} \Delta_{ba} \frac{dn_{tr}}{dr} = -\varepsilon^{3/2} \frac{\upsilon_t^2 m_e}{B_p} \frac{dn_e}{dr}$$

$$= -\varepsilon^{3/2} \frac{T_e}{B_p} \frac{dn_e}{dr} = -\varepsilon^{3/2} \frac{1}{B_p} \frac{dp}{dr} \tag{10.4.1}$$

其中，B_p 为位置 r 处的磁场。捕获粒子速度为 $\upsilon_{tr} = j_{ba}/(-en_e)$。

通行粒子通过与捕获粒子碰撞而获得动量，但与离子碰撞时损失动量，二者保持着某种程度的平衡，此时的通行粒子速度 υ_{untr} 满足：

$$\frac{n_e m_e \upsilon_{untr}}{\tau_E^{ei}} = \frac{n_e m_e \upsilon_{tr}}{\tau_{eff}} \tag{10.4.2}$$

其中，τ_{eff} 为通行电子与捕获电子的有效碰撞时间，$\tau_{eff} = \varepsilon \tau_E^{ee}$。由 $\tau_E^{ei} \approx \tau_E^{ee}$，则 $\upsilon_{untr} \approx \upsilon_{tr}/\varepsilon$，于是沿圆环回旋的通行电子的电流密度为

$$j_{bs} = -en_e \upsilon_{untr} \approx -\varepsilon^{1/2} \frac{1}{B_p(r)} \frac{dp}{dr} \tag{10.4.3}$$

该电流称为自举电流(bootstrap current)，或者自发电流。

当压强分布 $p = p_0 (1 - r^2/a^2)^n$ 时，平均压强为 $\tilde{p} = p_0/(n+1)$，由 $\beta_p = \beta_t A^2 q^2$，$B_p(r) = \mu_0 (r^2/a^2) I_p/(2\pi r) = (r/a)B_p$，$B_p = \mu_0 I_p/(2\pi a)$，得自举电流与等离子体电流的比值 f_{BS} 为

$$f_{BS} = I_{bs}/I_p = 2\pi \int_0^a j_{bs} r dr / I_p = C\varepsilon^{1/2} p_0 / (B_p^2/2\mu_0)$$

$$= C(n+1)A^{-1/2}\beta_p = C(n+1)\beta_t A^{3/2} q^2 \tag{10.4.4}$$

C 为常数,均匀电流密度分布时为 0.5,自举电流的电流密度分布为凹陷的中空型时为 0.3 左右[24]。上式中,A 为拉长比,β_t 为环向 β 值,β_p 为极向 β 值,q 为安全系数。可知,要提高自举电流所占的份额,必须提高压强分布的峰值、环向 β 值、拉长比、安全系数。

2. 自举电流份额

自举电流实验是由中性粒子束电流驱动 NBCD 或射频波电流驱动,在负磁剪切或弱磁剪切的等离子体中进行的[25]。弱磁剪切等离子体时,JT-60U 上通过 NBCD 得到 f_{BS} ≈50%~74%[26],DⅢ-D 上通过 NBCD + 电子回旋波驱动得到 $f_{BS} = 60\%$[27]。

负磁剪切等离子体时,JT-60U 上通过 NBCD 得到 $f_{BS} = 80\%$[28],JET 上通过 NBCD + 低混杂波电流驱动得到 $f_{BS} = 50\%$[29],TCV 上通过电子回旋波电流驱动得到 $f_{BS} ≈ 80\%$[30]。要提高堆的效率,必须提高 f_{BS}。在核聚变堆的概念设计 SSTR(steady state tokamak reactor)中,提出了带有自举电流的稳态反应堆概念[31]。

10.5　射频波加热基础

10.5.1　色散关系

射频波加热,是射频波在等离子体的传播过程中将波的能量传递给等离子体,达到加热等离子体的目的。解析等离子体中的波动,需要使用公式(3.1.2)~(3.1.6)。如 3.6 节所示,从无扰动状态的微扰开始进行求解,无扰动状态的等离子体,磁场 $\boldsymbol{B}_0$ 空间分布均匀且不随时间变化。无扰动状态由 0 阶物理量表示,下标为 0;扰动量由一阶物理量表示,下标为 1,有如下公式:

$$f = f_0 + f_1 \tag{10.5.1}$$

$$\boldsymbol{B} = \boldsymbol{B}_0 + \boldsymbol{B}_1 \tag{10.5.2}$$

$$\boldsymbol{E} = 0 + \boldsymbol{E}_1 \tag{10.5.3}$$

粒子速度也由一阶扰动量表示,一阶扰动量使用 $\exp i(\boldsymbol{k} \cdot \boldsymbol{r} - \omega t)$ 的形式,代入麦克斯韦

方程组得

$$k \times E_1 = \omega B_1 \tag{10.5.4}$$

$$k \times H_1 = -\omega \varepsilon_0 E_1 - i j_1 \tag{10.5.5}$$

ω 与 k 分别为波的角频率和波矢(wave number)。波数 k 与波长 λ 的关系为 $k = 2\pi/\lambda$，角频率 ω 与频率 ν(Hz)的关系为 $\omega = 2\pi\nu$(rad/s)。将 $\varepsilon_0\mu_0 = 1/c^2$ 代入公式(10.5.4)、(10.5.5)，得

$$k \times (k \times E_1) = -\frac{\omega^2}{c^2}\left(E_1 + \frac{i}{\omega\varepsilon_0}j_1\right) \equiv -\frac{\omega^2}{c^2}K \cdot E_1 \tag{10.5.6}$$

其中，K 为介电张量(dielectric tensor)，其分量用 K_{ij}($i = x, y, z$; $j = x, y, z$)表示。代入真空波数 $k_0 = \omega/c$、折射率(refractive index)$N = k/k_0$，上式变为

$$N \times (N \times E) + K \cdot E = 0 \tag{10.5.7}$$

这里略去下标1。如图3.6.1所示，以磁场 B_0 方向为 z 轴，波矢位于 x-z 平面，θ 为 B_0 与波矢的夹角。

利用公式 $a \times (b \times c) = (a \cdot c)b - (a \cdot b)c$ 对公式(10.5.7)展开，得

$$\begin{pmatrix} K_{xx} - N_z^2 & K_{xy} & K_{xz} + N_x N_z \\ K_{yx} & K_{yy} - N^2 & K_{yz} \\ K_{zx} + N_x N_z & K_{zy} & K_{zz} - N_x^2 \end{pmatrix}\begin{pmatrix} E_x \\ E_y \\ E_z \end{pmatrix} = 0 \tag{10.5.8}$$

电场 E_i($i = x, y, z$)有解的条件为系数行列式为0。代入 $N_x = N\sin\theta$、$N_z = N\cos\theta$，得

$$AN^4 + BN^2 + C = 0 \tag{10.5.9}$$

其中

$$A = K_{xx}\sin^2\theta + (K_{xz} + K_{zx})\sin\theta\cos\theta + K_{zz}\cos^2\theta,$$

$$B = -(K_{xx}K_{yy} - K_{xy}K_{yx})\sin^2\theta$$
$$+ (K_{xy}K_{yz} + K_{yx}K_{zy} - K_{xz}K_{yy} - K_{zx}K_{yy})\sin\theta\cos\theta$$
$$- (K_{yy}K_{zz} - K_{yz}K_{zy})\cos^2\theta - K_{xx}K_{zz} + K_{xz}K_{zx},$$

$$C = K_{zz}(K_{xx}K_{yy} - K_{xy}K_{yx}) - K_{xx}K_{yz}K_{zy}$$
$$+ K_{xy}K_{yz}K_{zx} + K_{yx}K_{zy}K_{xz} - K_{yy}K_{xz}K_{zx} \tag{10.5.10}$$

公式(10.5.9)决定了角频率与波矢之间的关系，称为色散关系(dispersion relation)。

10.5.2　冷等离子体的色散关系

速度分布函数无扩展,即速度单一分布的情况下,速度分布函数 f_0 为

$$f_0(\boldsymbol{r}, \boldsymbol{v}, t) = n_0 \delta(\boldsymbol{v}) f(\boldsymbol{r}, t) \tag{10.5.11}$$

$\delta(\boldsymbol{v})$ 为狄拉克函数,$f(\boldsymbol{r}, t)$ 为空间、时间的函数部分,满足上式称为冷等离子体。该条件下,可忽略碰撞项,于是一阶运动方程为

$$mn \frac{\mathrm{d}\boldsymbol{v}}{\mathrm{d}t} = qn(\boldsymbol{E} + \boldsymbol{v} \times \boldsymbol{B}_0) \tag{10.5.12}$$

变形为

$$-\mathrm{i}\omega mn\boldsymbol{v} = qn(\boldsymbol{E} + \boldsymbol{v} \times \boldsymbol{B}_0) \tag{10.5.13}$$

这个方程的解为

$$v_x = -\frac{\mathrm{i}E_x}{B_0} \frac{\omega \Omega_{c\ell}}{\omega^2 - \Omega_{c\ell}^2} - \frac{E_y}{B_0} \frac{\Omega_{c\ell}^2}{\omega^2 - \Omega_{c\ell}^2} \tag{10.5.14}$$

$$v_y = \frac{E_x}{B_0} \frac{\Omega_{c\ell}^2}{\omega^2 - \Omega_{c\ell}^2} - \frac{\mathrm{i}E_y}{B_0} \frac{\omega \Omega_{c\ell}}{\omega^2 - \Omega_{c\ell}^2} \tag{10.5.15}$$

$$v_z = -\frac{\mathrm{i}E_z}{B_0} \frac{\Omega_{c\ell}}{\omega} \tag{10.5.16}$$

第 ℓ 种带电粒子的回旋角频率为

$$\Omega_{c\ell} = -\frac{q_\ell B_0}{m_\ell} = -\frac{q_\ell}{|q_\ell|} \frac{|q_\ell| B_0}{m_\ell} = \varepsilon_\ell \omega_{c\ell} \tag{10.5.17}$$

其中,$\varepsilon_\ell = -q_\ell / |q_\ell|$,电子 $q_\ell = -e$,离子 $q_\ell = Ze$(e:电子电荷量,Z:电荷数)。若是由电子和离子两种成分构成的等离子体,回旋角频率分别为

$$\omega_{ce} = \frac{eB_0}{m_e}, \quad \omega_{ci} = \frac{ZeB_0}{m_i} \tag{10.5.18}$$

电流密度 j 由公式(3.1.13)得

$$\boldsymbol{j} = \sum q\boldsymbol{v} \tag{10.5.19}$$

代入公式(10.5.6),得介电张量 $\boldsymbol{K}$ 为

$$\boldsymbol{K} = \begin{pmatrix} K_\perp & -iK_\times & 0 \\ iK_\times & K_\perp & 0 \\ 0 & 0 & K_\parallel \end{pmatrix} \tag{10.5.20}$$

其中,各元素 K_{ij} 为

$$K_\perp = 1 - \sum_\ell \frac{\omega_{p\ell}^2}{\omega^2 - \Omega_{c\ell}^2} = 1 - \frac{\omega_{pe}^2}{\omega^2 - \omega_{ce}^2} - \frac{\omega_{pi}^2}{\omega^2 - \omega_{ci}^2} \tag{10.5.21}$$

$$K_\times = -\sum_\ell \frac{\omega_{p\ell}^2}{\omega^2 - \Omega_{c\ell}^2} \frac{\Omega_{c\ell}}{\omega} = -\frac{\omega_{pe}^2}{\omega^2 - \omega_{ce}^2} \frac{\omega_{ce}}{\omega} + \frac{\omega_{pi}^2}{\omega^2 - \omega_{ci}^2} \frac{\omega_{ci}}{\omega} \tag{10.5.22}$$

$$K_\parallel = 1 - \sum_\ell \frac{\omega_{p\ell}^2}{\omega^2} = 1 - \frac{\omega_{pe}^2}{\omega^2} - \frac{\omega_{pi}^2}{\omega^2} \tag{10.5.23}$$

第 ℓ 种带电粒子的等离子体角频率为

$$\omega_{p\ell}^2 = \frac{n_\ell q_\ell^2}{\varepsilon_0 m_\ell} \tag{10.5.24}$$

公式(10.5.8)变为

$$\begin{pmatrix} K_\perp - N_z^2 & -iK_\times & N_x N_z \\ iK_\times & K_\perp - N^2 & 0 \\ N_x N_z & 0 & K_\parallel - N_x^2 \end{pmatrix} \begin{pmatrix} E_x \\ E_y \\ E_z \end{pmatrix} = 0 \tag{10.5.25}$$

10.5.3　热等离子体的色散关系

考虑高温、速度空间扩展的等离子体的情况,利用公式(3.6.21),联立公式 (3.1.13)、(10.5.6)进行色散关系求解,这里

$$(\boldsymbol{K} - \boldsymbol{I}) \cdot \boldsymbol{E} = \frac{\mathrm{i}}{\omega \varepsilon_0} \sum_\ell q \int \boldsymbol{v} \mathrm{d} \boldsymbol{v} \tag{10.5.26}$$

略去下标 1,详细过程参见附录 10.5A。书写变换后的结果如下[32,33]:

$$\boldsymbol{K} - \left(1 - \sum_\ell \frac{\omega_{p\ell}^2}{\omega^2}\right) \boldsymbol{I} = -\sum_\ell \frac{\omega_{p\ell}^2}{\omega^2 n_{\ell 0}} \sum_{n=-\infty}^{+\infty} \int_0^{+\infty} 2\pi \upsilon_\perp \, \mathrm{d}\upsilon_\perp \int_{-\infty}^{+\infty} \mathrm{d}\upsilon_\parallel \frac{T_\ell}{k_z \upsilon_\parallel - \omega - n\Omega_{c\ell}}$$

$$\times \left(-\frac{n\Omega_{c\ell}}{\upsilon_\perp} \frac{\partial f_0}{\partial \upsilon_\perp} + k_z \frac{\partial f_0}{\partial \upsilon_\parallel}\right) \tag{10.5.27}$$

$$T_\ell = \begin{pmatrix} \upsilon_\perp^2 \dfrac{n^2 J_n^2}{a^2} & \mathrm{i}\upsilon_\perp^2 \dfrac{nJ_n}{a}J_n' & -\upsilon_\perp \upsilon_\parallel \dfrac{nJ_n^2}{a} \\[3mm] -\mathrm{i}\upsilon_\perp^2 \dfrac{nJ_n}{a}J_n' & \upsilon_\perp^2 (J_n')^2 & \mathrm{i}\upsilon_\perp \upsilon_\parallel J_n J_n' \\[3mm] -\upsilon_\perp \upsilon_\parallel \dfrac{nJ_n^2}{a} & -\mathrm{i}\upsilon_\perp \upsilon_\parallel J_n J_n' & \upsilon_\parallel^2 J_n^2 \end{pmatrix}$$

介电张量 K 满足昂萨格关系(Onsager relation):

$$K_{xy} = -K_{yx}, \quad K_{xz} = K_{zx}, \quad K_{yz} = -K_{zy} \tag{10.5.28}$$

10.5.4　麦克斯韦分布等离子体的色散关系

若将 0 阶速度分布函数写成如下式所示:

$$f_0(v) = n_{\ell 0} f_\perp (\upsilon_\perp) f_\parallel (\upsilon_\parallel) \tag{10.5.29}$$

$$f_\perp (\upsilon_\perp) = \left(\frac{m_\ell}{2\pi k_B T_\perp}\right)\exp\left(-\frac{m_\ell \upsilon_\perp^2}{2k_B T_\perp}\right) \tag{10.5.30}$$

$$f_\parallel (\upsilon_\parallel) = \left(\frac{m_\ell}{2\pi k_B T_\parallel}\right)^{1/2}\exp\left(-\frac{m_\ell (\upsilon_\parallel - V)^2}{2k_B T_\parallel}\right) \tag{10.5.31}$$

公式(10.5.27)还能更进一步求解,详细过程参见附录 10.5B。计算后的结果如下:

$$K = I + \sum_\ell \frac{\omega_{p\ell}^2}{\omega^2}\left[\sum_{n=-\infty}^{\infty}\left\{\zeta_0 Z(\zeta_n) - \left(1 - \frac{1}{\lambda_T}\right)(1 + \zeta_n Z(\zeta_n))\right\}e^{-b}X_n + 2\eta_0^2\lambda_T L\right] \tag{10.5.32}$$

$$X_n = \begin{pmatrix} n^2 I_n/b & \mathrm{i}n(I_n' - I_n) & -\sqrt{2\lambda_T}\,\eta_n \dfrac{nI_n}{\alpha} \\[3mm] -\mathrm{i}n(I_n' - I_n) & (n^2/b + 2b)I_n - 2bI_n' & \mathrm{i}\sqrt{2\lambda_T}\,\eta_n\alpha(I_n' - I_n) \\[3mm] -\sqrt{2\lambda_T}\,\eta_n \dfrac{nI_n}{\alpha} & -\mathrm{i}\sqrt{2\lambda_T}\,\eta_n\alpha(I_n' - I_n) & 2\lambda_T \eta_n^2 I_n \end{pmatrix}$$

L 中的元素除 $L_{zz} = 1$,其余 $L_{ij} = 0$。将公式(10.5.32)代入公式(10.5.7)即可求得速度分布为麦克斯韦分布的等离子体色散关系。

10.5.5　射频波的性质

1. 相速度与群速度

波的相位不变的点,满足 $\boldsymbol{k} \cdot \boldsymbol{r} - \omega t = \mathrm{const}$,相速度(phase velocity)

$$\boldsymbol{v}_{\phi} = \frac{\omega}{k^2} \boldsymbol{k} \tag{10.5.33}$$

表示相位不变的点的运动速度。图 10.5.1 表示波的相速度与群速度。

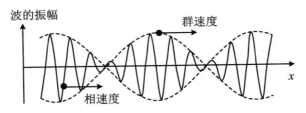

图 10.5.1　相速度与群速度

一般的,波是各种单色波叠加之后形成的波束,表示如下:

$$E(\boldsymbol{r},t) = \frac{1}{(2\pi)^3} \int_{-\infty}^{+\infty} \mathrm{d}\boldsymbol{k}\, \frac{1}{2\pi} \int_L \mathrm{d}\omega \hat{E}(\boldsymbol{k},\omega) \exp\{\mathrm{i}(\boldsymbol{k} \cdot \boldsymbol{r} - \omega t)\} \tag{10.5.34}$$

其中,拉普拉斯积分路径 L 为 $\hat{E}(\boldsymbol{k},\omega)$ 全部奇点向上的复平面 ω 内的水平线。当频谱(frequency spectrum)位于以 $\boldsymbol{k}_0$ 为中心,$\boldsymbol{k}_0 \pm \Delta \boldsymbol{k}$ 的范围内时有

$$\omega(\boldsymbol{k}) = \omega(\boldsymbol{k}_0) + \frac{\partial \omega}{\partial \boldsymbol{k}} \cdot (\boldsymbol{k} - \boldsymbol{k}_0) + \cdots \tag{10.5.35}$$

于是有

$$\boldsymbol{k} \cdot \boldsymbol{r} - \omega t = \boldsymbol{k}_0 \cdot \boldsymbol{r} - \omega(\boldsymbol{k}_0) t + (\boldsymbol{k} - \boldsymbol{k}_0) \cdot \left(\boldsymbol{r} - \frac{\partial \omega}{\partial \boldsymbol{k}} t\right) \tag{10.5.36}$$

联立得

$$E(\boldsymbol{r},t) = \frac{1}{(2\pi)^3} \int_{-\infty}^{+\infty} \mathrm{d}\boldsymbol{k}\, \frac{1}{2\pi} \int_L \mathrm{d}\omega \hat{E}(\boldsymbol{k},\omega) \exp\left\{\mathrm{i}(\boldsymbol{k} - \boldsymbol{k}_0) \cdot \left(\boldsymbol{r} - \frac{\partial \omega}{\partial \boldsymbol{k}} t\right)\right\}$$
$$\cdot \exp\{\mathrm{i}(\boldsymbol{k}_0 \cdot \boldsymbol{r} - \omega(\boldsymbol{k}_0) t)\} \tag{10.5.37}$$

振幅恒定的点,即为 $r - (\partial\omega/\partial k)t$ 恒定的点,于是有

$$\frac{\mathrm{d}r}{\mathrm{d}t} = v_{\mathrm{g}} = \frac{\partial\omega}{\partial k} \tag{10.5.38}$$

上述速度为波束前进的速度。图 10.5.1 所示的点线即为波束,该波束的速度称为群速度(group velocity)。

行波是随时间前进的波,波的相位不变的点以相速度 $v_{\mathrm{p}} = \omega/k$ 移动,而驻波是振动的波峰或波谷不动的波。

2. 截止和共振

波传播的形式如图 10.5.2 所示。折射率 $N = kc/\omega$,当 $N \to 0$ 时,相速度变得无穷大,波长也无穷大,此时波不能向前传播,该效应称为遮断或截止(cutoff),波在截止面反射;当 $N \to \infty$ 时,相速度趋近于 0,波长趋于无穷小,该效应称为共振(resonance),波垂直于共振面传播。

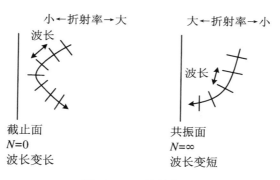

图 10.5.2　波的传播

3. 偏振波

偏振光是电磁与磁场沿特定的振动方向振动的光,电磁波的情况下称为偏振波。偏振波是在空间某一固定位置,从波的前进方向后方看去,电场矢量箭头端随时间划过的轨迹。

与前进方向垂直的平面内的电场为

$$\varepsilon = \varepsilon_x \hat{x} + \varepsilon_y \hat{y}, \quad \varepsilon_x = |E_x|\cos(k_z z - \omega t + \phi_x), \quad \varepsilon_y = |E_y|\cos(k_z z - \omega t + \phi_y) \tag{10.5.39}$$

其中，ϕ_x、ϕ_y 表示各自的相位。电场矢量如图 10.5.3 所示。从 $z=0$ 的位置开始观测并消去时间因子 ωt，代入 $\delta = \phi_y - \phi_x$ 后，公式(10.5.39)可以写成

$$X^2 - 2XY\cos\delta + Y^2 = \sin^2\delta \tag{10.5.40}$$

其中，$X = \varepsilon_x / |E_x|$、$Y = \varepsilon_y / |E_y|$。根据 δ 值的不同，电场矢量箭头的轨迹可以为直线、椭圆，当 $|E_x| = |E_y|$ 时为圆形。由图 10.5.3 可知，$\tan\Psi = \varepsilon_y / \varepsilon_x$，有

$$\frac{\mathrm{d}\Psi}{\mathrm{d}t} = \frac{\omega |E_x| |E_y| \sin\delta}{|E_x|^2 \cos^2(\omega t - \phi_x) + |E_y|^2 \cos^2(\omega t - \phi_y)} \tag{10.5.41}$$

如图 10.5.4 所示，$0 < \delta < \pi$ 时，$\mathrm{d}\Psi/\mathrm{d}t > 0$，电场矢量逆时针回旋，假设电场沿 z 轴正方向前进，从前进方向后方看去，电场向右旋转，这样的波称为右旋偏振波；$\pi < \delta < 2\pi$ 时，$\mathrm{d}\Psi/\mathrm{d}t < 0$，电场矢量顺时针回旋，这样的波称为左旋偏振波。

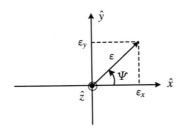

图 10.5.3　电场矢量

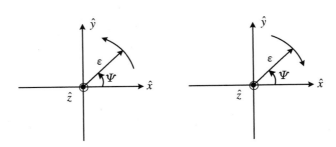

图 10.5.4　波的偏振方向

与波前进方向垂直的平面内电场的偏振面由下式判定：

$$\rho = \frac{\mathrm{i}E_x}{E_y} = \frac{\mathrm{i}|E_x|\mathrm{e}^{\mathrm{i}\phi_x}}{|E_y|\mathrm{e}^{\mathrm{i}\phi_y}} = \mu\exp\mathrm{i}\left(\frac{\pi}{2} - \delta\right) \tag{10.5.42}$$

其中，$\mu = |E_x| / |E_y|$，$\mathrm{i}E_x/E_y$ 与偏振波偏振方向的关系如图 10.5.5 所示。

偏振面一般为椭圆形，图 10.5.5 中，$|E_x| = 1$、$|E_y| = \sqrt{2}$，对应公式(10.5.42)以(a)～(h)表示，(c)、(g)在 $\mu = 1/\sqrt{2}$ 时为垂直方向的椭圆，$\mu = 1$ 时为圆。

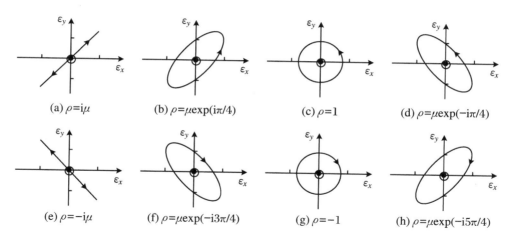

图 10.5.5　iE_x/E_y 与偏振波偏振方向的关系（$\mu = 1/\sqrt{2}$,(c)、(g)中 $\mu = 1$）

（a）$\delta = 0$：$\rho = i\mu$,$(X - Y)^2 = 0$,$Y = X$,线偏振波。

（b）$\delta = \dfrac{\pi}{4}$：$\rho = \mu\exp\dfrac{i\pi}{4}$,$X^2 - \sqrt{2}XY + Y^2 = \dfrac{1}{2}$,右旋椭圆偏振波。

（c）$\delta = \dfrac{\pi}{2}$：$\rho = \mu$,$X^2 + Y^2 = 1$,$\mu = 1$ 时,$\rho = 1$ 为右旋圆偏振波。

（d）$\delta = \dfrac{3\pi}{4}$：$\rho = \mu\exp\left(-\dfrac{i\pi}{4}\right)$,$X^2 + \sqrt{2}XY + Y^2 = \dfrac{1}{2}$,右旋椭圆偏振波。

（e）$\delta = \pi$：$\rho = -i\mu$,$(X + Y)^2 = 0$,$Y = -X$,线偏振波。

（f）$\delta = \dfrac{5\pi}{4}$：$\rho = \mu\exp\left(-\dfrac{i3\pi}{4}\right)$,$X^2 + \sqrt{2}XY + Y^2 = \dfrac{1}{2}$,左旋椭圆偏振波。

（g）$\delta = \dfrac{3\pi}{2}$：$\rho = -\mu$,$X^2 + Y^2 = 1$,$\mu = 1$ 时,$\rho = -1$ 为左旋圆偏振波。

（h）$\delta = \dfrac{7\pi}{4}$：$\rho = \mu\exp\left(-\dfrac{i5\pi}{4}\right)$,$X^2 - \sqrt{2}XY + Y^2 = \dfrac{1}{2}$,左旋椭圆偏振波。

10.5.6　射频波的传播特性

各种波的传播特性可通过冷等离子体近似所求得的介电张量来进行讨论。冷等离子体时,公式(10.5.10)为

$$A = K_\perp \sin^2\theta + K_\parallel \cos^2\theta,$$
$$B = -(K_\perp^2 - K_\times^2)\sin^2\theta - K_\perp K_\parallel (1 + \cos^2\theta),$$

$$C = K_\parallel (K_\perp^2 - K_\times^2) \qquad (10.5.43)$$

公式(10.5.9)的解为

$$N^2 = \frac{-B \pm \sqrt{B^2 - 4AC}}{2A} \qquad (10.5.44)$$

这里,相速度较大的称为快波(fast wave),较小的称为慢波(slow wave)。利用公式(10.5.43),$\sqrt{B^2 - 4AC}$中

$$B^2 - 4AC = (K_\perp^2 - K_\times^2 - K_\perp K_\parallel)^2 \sin^4 \theta + 4K_\parallel^2 K_\times^2 \cos^2 \theta \geqslant 0 \quad (10.5.45)$$

相速度的大小关系不变,共振条件由公式(10.5.44)$A = 0$得

$$\tan^2 \theta = -K_\parallel / K_\perp \qquad (10.5.46)$$

1. 波矢与磁场平行的情况

波矢与磁场平行($\theta = 0$)的时候,$N_x = N \sin \theta = 0$,由公式(10.5.9)、(10.5.43)的色散关系有

$$K_\parallel \{ N^4 - 2K_\perp N^2 + (K_\perp^2 - K_\times^2) \} = 0 \qquad (10.5.47)$$

其解为

① $K_\parallel = 0$ $\qquad\qquad\qquad\qquad\qquad\qquad\qquad\qquad (10.5.48)$

② $N^2 = K_\perp + K_\times = 1 - \dfrac{\omega_{pe}^2}{\omega(\omega - \omega_{ce})} - \dfrac{\omega_{pi}^2}{\omega(\omega + \omega_{ci})} \qquad (10.5.49)$

③ $N^2 = K_\perp - K_\times = 1 - \dfrac{\omega_{pe}^2}{\omega(\omega + \omega_{ce})} - \dfrac{\omega_{pi}^2}{\omega(\omega - \omega_{ci})} \qquad (10.5.50)$

再者,由公式(10.5.25)得

$$(K_\perp - N^2) E_x - iK_\times E_y = 0 \qquad (10.5.51)$$

$$iK_\times E_x - (K_\perp - N^2) E_y = 0 \qquad (10.5.52)$$

$$K_\parallel E_z = 0 \qquad (10.5.53)$$

①情况,由公式(10.5.23)知,波频率与电子等离子体频率相当($\omega_{pe}^2 \gg \omega_{pi}^2$,$\omega \approx \omega_{pe}$)时发生截止,由公式(10.5.53)得 $E_z \neq 0$,由公式(10.5.51)、(10.5.52)知 $E_x = E_y = 0$,于是,波为沿磁力线传播的静电波(electrostatic wave),且为纵波(longitudinal wave)。

②、③情况,由公式(10.5.52)有

$$\frac{iE_x}{E_y} = \frac{N^2 - K_\perp}{K_\times} \qquad (10.5.54)$$

当 $N^2 = K_\perp + K_\times (\equiv R)$ 时，$iE_x/E_y = 1$，波为右旋圆偏振波；$N^2 = K_\perp - K_\times (\equiv L)$ 时，$iE_x/E_y = -1$，波为左旋圆偏振波。

电子和离子的拉莫尔回旋运动如图 10.5.6 所示。顺着磁场方向看去，电子右旋，离子左旋。

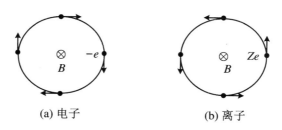

(a) 电子　　　　　　　　　　(b) 离子

图 10.5.6　拉莫尔运动方向

当 $N^2 = R$ 时，波的回旋方向与电子的拉莫尔回旋方向相同，称为 R 波；当 $N^2 = L$ 时，波的回旋方向与离子的拉莫尔回旋方向相同，称为 L 波。

当 $N^2 = R$ 时，由公式（10.5.53），$K_\parallel \neq 0$，于是 $E_z = 0$；由公式（10.5.51）、（10.5.52），系数行列式为 0 时有解，于是 $E_x \neq 0$、$E_y \neq 0$，波为横波（transverse wave）。$N^2 = L$ 时也一样，$E_x \neq 0$、$E_y \neq 0$、$E_z = 0$。

ω 满足 $R = 0$ 时的回旋截止又称为右旋截止；ω 满足 $L = 0$ 时的回旋截止又称为左旋截止。$R = \infty$，即公式（10.5.49）$\omega = \omega_{ce}$ 时为电子回旋共振；$L = \infty$，即公式（10.5.50）$\omega = \omega_{ci}$ 时为离子回旋共振。

2. 波矢与磁场垂直

波矢与磁场垂直（$\theta = \pi/2$）的时候，色散关系公式（10.5.9）为

$$K_\perp N^4 - (K_\perp K_\parallel + K_\perp^2 - K_\times^2) N^2 + K_\parallel (K_\perp^2 - K_\times^2) = 0 \qquad (10.5.55)$$

其解为

$$① \quad N^2 = K_\parallel \qquad (10.5.56)$$

$$② \quad N^2 = \frac{K_\perp^2 - K_\times^2}{K_\perp} = \frac{RL}{K_\perp} \qquad (10.5.57)$$

由公式（10.5.25），加上 $N_z = N\cos\theta = 0$、$N_x = N\sin\theta = N$，得

$$K_\perp E_x - iK_\times E_y = 0 \qquad (10.5.58)$$

$$iK_\times E_x + (K_\perp - N^2)E_y = 0 \qquad (10.5.59)$$

$$(K_\parallel - N^2)E_z = 0 \qquad (10.5.60)$$

① $N^2 = K_\parallel$ 时,由公式(10.5.60)知 $E_z \neq 0$,由公式(10.5.58)、(10.5.59)知 $E_x = 0$、$E_y = 0$,波往垂直于磁场的方向传播,没有与传播方向平行的成分,只有垂直传播方向的成分,因此为横波。

当 $K_\parallel = 0$ 时,$N^2 = 0$ 而发生截止,为波频率与电子等离子体频率相当($\omega \approx \omega_{pe}$)时发生的等离子体截止。虽然存在 $K_\parallel = 0$,但无法达到 $K_\parallel \to \pm \infty$,因此无法产生共振。$\theta \to \pi/2$ 时满足 $N^2 = K_\parallel$ 色散关系的波称为寻常波(ordinary wave,O-mode)。

② $N^2 = (K_\perp^2 - K_\times^2)/K_\perp$ 时,有

$$\frac{iE_x}{E_y} = \frac{N^2 - K_\perp}{K_\times} = -\frac{K_\times}{K_\perp} \qquad (10.5.61)$$

波为椭圆偏振波,由公式(10.5.60)知 $E_z = 0$,同时由公式(10.5.58)、(10.5.59)系数行列式为 0 时有解,得 $E_x \neq 0$、$E_y \neq 0$。此时,波沿垂直磁场方向传播,相对波传播方向来说存在纵波和横波的成分,是纵波和横波构成的混杂波。$\theta \to \pi/2$ 时满足 $N^2 = (K_\perp 2 - K_\times^2)/K_\perp = RL/K_\perp$ 色散关系的波称为非寻常波(extraordinary wave,X-mode)。

$K_\perp^2 - K_\times^2 = 0$,即 ω 满足 $R = 0$ 或 $L = 0$ 时发生截止,满足 $K_\perp = 0$ 则发生共振,由公式(10.5.21),有

$$\omega^2 = (A_1 \pm \sqrt{A_1^2 - 4A_2})/2 \qquad (10.5.62)$$

$$A_1 = \omega_{pe}^2 + \omega_{ce}^2 + \omega_{pi}^2 + \omega_{ci}^2, \quad A_1 = \omega_{pe}^2\omega_{ci}^2 + \omega_{pi}^2\omega_{ce}^2 + \omega_{ce}^2\omega_{ci}^2$$

又电子和离子的质量比 $\mu = m_e/m_i$,$\mu \ll 1$,得

$$\omega_{pi}^2 = \omega_{pe}^2\mu, \quad \omega_{ci}^2 = \omega_{ce}^2\mu^2, \quad \omega_{pe}^2\omega_{ci}^2 = \omega_{pe}^2\omega_{ce}^2\mu^2, \quad \omega_{pi}^2\omega_{ce}^2 = \omega_{pe}^2\omega_{ce}^2\mu$$

$$(10.5.63)$$

取 μ 的一阶近似[34],得

$$\omega^2 = A_1 \approx \omega_{pe}^2 + \omega_{ce}^2 \qquad (10.5.64)$$

$$\omega^2 = \frac{A_2}{A_1} = \frac{\omega_{pe}^2\omega_{ci}^2 + \omega_{pi}^2\omega_{ce}^2 + \omega_{ce}^2\omega_{ci}^2}{\omega_{pe}^2 + \omega_{ce}^2 + \omega_{pi}^2 + \omega_{ci}^2} \qquad (10.5.65)$$

满足公式(10.5.64)、(10.5.65)的波分别称为高混杂波、低混杂波,角频率分别用 ω_{UH}、ω_{LH} 表示。

由公式(10.5.63),有 $\omega_{pe}^2\omega_{ci}^2 \ll \omega_{pi}^2\omega_{ce}^2$。当 $\omega_{pe}^2 \gg \omega_{ce}^2$,即 $\omega_{pi}^2 \gg \omega_{ce}\omega_{ci}$ 时,有 $\omega_{pi}^2\omega_{ce}^2 \gg$

$\omega_{ce}^3 \omega_{ci} = \omega_{ce}^2 \omega_{ci}^2 / \mu \gg \omega_{ce}^2 \omega_{ci}^2$，又 $\omega_{pi}^2 \omega_{ce}^2 = \omega_{pe}^2 \omega_{ce} \omega_{ci}$，公式(10.5.65)可以写成

$$\omega_{LH}^2 = \frac{\omega_{pi}^2 \omega_{ce}^2}{\omega_{pe}^2 + \omega_{ce}^2} = \frac{\omega_{pe}^2 \omega_{ce} \omega_{ci}}{\omega_{pe}^2 + \omega_{ce}^2} = \omega_{ce} \omega_{ci} \qquad (10.5.66)$$

当 $\omega_{pe}^2 \ll \omega_{ce}^2$，即 $\omega_{pi}^2 \ll \omega_{ce} \omega_{ci}$ 时，有 $\omega_{pe}^2 \omega_{ci}^2 \ll \omega_{ce}^2 \omega_{ci}^2$，公式(10.5.65)变为

$$\omega_{LH}^2 = \frac{\omega_{pi}^2 \omega_{ce}^2 + \omega_{ce}^2 \omega_{ci}^2}{\omega_{pe}^2 + \omega_{ce}^2} = \frac{\omega_{pi}^2 + \omega_{ci}^2}{1 + \omega_{pe}^2 / \omega_{ce}^2} = \omega_{pi}^2 + \omega_{ci}^2 \qquad (10.5.67)$$

以上总结如表 10.5.1 所示。等离子体中的波动可由 CMA(clemmow-mullaly-allis)图简单明了地整理表示[35]。

表 10.5.1　等离子体波的传播特性

传播角度 θ	波模		色散关系	截止条件 $N^2 = 0$	共振条件 $N^2 = \infty$
0	R 波	横波	$N^2 = R$	$R = 0$ 右旋截止	$R = \infty$ 电子回旋共振
	L 波	横波	$N^2 = L$	$L = 0$ 左旋截止	$L = \infty$ 离子回旋共振
	等离子体振动	纵波	$K_\parallel = 0$	无 $N^2 = 0$ 截止	无 $N^2 = \infty$ 共振
$\pi/2$	寻常波	横波	$N^2 = K_\parallel$	$K_\parallel = 0$	无 $K_\parallel = \infty$ 共振
	非寻常波	混杂波	$N^2 = RL/K_\perp$	$R = 0$ 或 $L = 0$	$K_\perp = 0$ 高混杂共振 低混杂共振

10.5.7　加热原理

要加热等离子体，需要让等离子体粒子吸收波的能量，即发生共振。等离子体加热方式有以下 3 种：

1. 朗道阻尼

静电场中存在等离子体时，运动方程如下所示：

$$m \frac{\mathrm{d}v_\parallel}{\mathrm{d}t} = qE\cos(kz - \omega t) \qquad (10.5.68)$$

等离子体的粒子速度 υ 与波的相速度 ω/k 几乎相当时,等离子体粒子会感应到一个几乎恒定的电场,于是与波发生能量交换。波通过给予等离子体粒子能量而衰减的效应称为朗道阻尼(Landau damping)[36](参考 3.5 节)。

图 10.5.7 表示朗道阻尼与等离子体粒子的关系。等离子体粒子服从麦克斯韦分布时,速度小于波相速度的粒子加速,速度大于波相速度的粒子减速。相比之下,速度慢的粒子更多,因此平均后使得等离子体得到加速,即波的能量传递给等离子体粒子,加热了等离子体。

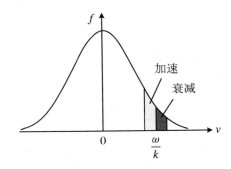

图 10.5.7　朗道阻尼粒子与等离子体粒子的关系

2．渡越时间阻尼

时间、空间缓慢变化的磁场中磁矩是守恒量,故有

$$m \frac{\mathrm{d}\upsilon_{\parallel}}{\mathrm{d}t} = -\nabla_{\parallel}(\mu_m B) = -\mu_m \nabla_{\parallel} B \tag{10.5.69}$$

与公式(10.5.68)对应,由于磁场的变化,与朗道阻尼同样,磁场方向的速度会得到加速,此效应称为渡越时间阻尼(transit time damping)。

3．回旋阻尼

电子在磁场中会如图 10.5.8 所示做右旋回旋运动,若波动电场按右旋偏振面旋转,电子会一直感受到电场而加速。此时,波失去能量发生回旋阻尼,等离子体粒子受到加速使等离子体得到加热。若波动电场按左旋偏振面旋转,则离子会一直感受到电场而加速。

主要的加热法有以下几种:

① 粒子碰撞:NBI(参考 10.2.3 小节)。

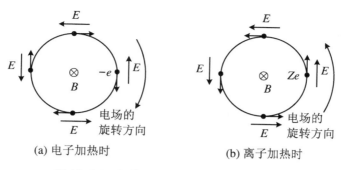

图 10.5.8　回旋阻尼与等离子体粒子的关系

② 朗道阻尼:低杂波、快波(阿尔芬波)。

③ 回旋阻尼:电子回旋波。

4. 吸收功率

波能量被等离子体吸收时单位体积的吸收功率为

$$P_{ab} = \langle \boldsymbol{E} \cdot \boldsymbol{j} \rangle = \left\langle \frac{1}{2}(\boldsymbol{E} + \boldsymbol{E}^*) \cdot \frac{1}{2}(\boldsymbol{j} + \boldsymbol{j}^*) \right\rangle = \frac{1}{2}\mathrm{Re}(\boldsymbol{E}^* \cdot \boldsymbol{j}) \quad (10.5.70)$$

其中,$\langle\ \rangle$ 表示时间平均,由公式(10.5.6),$\boldsymbol{j} = -\mathrm{i}\omega\varepsilon_0(\boldsymbol{K} - \boldsymbol{I}) \cdot \boldsymbol{E}$,由热等离子体色散关系及 $\boldsymbol{K}$ 为埃尔米特(Hermitian)矩阵,得[37,38]

$$P_{ab} = \frac{1}{2}\omega_r\varepsilon_0\boldsymbol{E}^* \cdot \boldsymbol{K}_I \cdot \boldsymbol{E} \quad (10.5.71)$$

其中,$\boldsymbol{K}_I$ 为公式(10.5.32)中介电张量 $\boldsymbol{K}$ 的虚数部分。由公式(5B.2),$\boldsymbol{K}_I$ 含有 $\exp(-\zeta_n^2)$,$\zeta_n = (\omega - k_z V + n\omega_{ce})/(\sqrt{2}k_z v_{t\parallel})$,吸收功率 P_{ab} 在 $\zeta_n = 0$ 时最大。

10.5.8　波在非均匀等离子体中的传播

托卡马克装置中,若等离子体主半径为 R_0,等离子体中心的环向磁场为 B_0,由公式(9.3.5)知环向磁场可以表示为 $B_t = R_0 B_0 / R$。另外,密度分布为中心峰化,等离子体随空间变化不均匀。当波长比上述分布的特征长度短得多时,从均匀等离子体得到的波的性质可适用,可求解波的传播路径。考虑波的位置 $\boldsymbol{r}$,沿传播路径长度 s 上的不均匀,公式(10.5.9)的色散关系可以写成 $G(\boldsymbol{k}(s),\omega,\boldsymbol{r}(s)) = 0$,将色散关系式按 $s + \delta s$ 进行泰勒展开得

$$\frac{\partial G}{\partial \boldsymbol{k}}\delta\boldsymbol{k} + \frac{\partial G}{\partial \boldsymbol{r}}\delta\boldsymbol{r} = 0 \tag{10.5.72}$$

满足

$$\frac{\mathrm{d}\boldsymbol{k}}{\mathrm{d}s} = -\frac{\partial G}{\partial \boldsymbol{r}}, \quad \frac{\mathrm{d}\boldsymbol{r}}{\mathrm{d}s} = \frac{\partial G}{\partial \boldsymbol{k}} \tag{10.5.73}$$

时,公式(10.5.72)总是成立。将色散关系式对 $\boldsymbol{k}$ 微分,得

$$\frac{\partial G}{\partial \boldsymbol{k}} + \frac{\partial G}{\partial \omega}\frac{\partial \omega}{\partial \boldsymbol{k}} = 0 \tag{10.5.74}$$

将公式(10.5.74)代入公式(10.5.38),得

$$\frac{\mathrm{d}\boldsymbol{r}}{\mathrm{d}t} = \frac{\partial \omega}{\partial \boldsymbol{k}} = -\frac{\partial G}{\partial \boldsymbol{k}}\bigg/\frac{\partial G}{\partial \omega} \tag{10.5.75}$$

又 $\mathrm{d}\boldsymbol{r}/\mathrm{d}s = (\mathrm{d}\boldsymbol{r}/\mathrm{d}t)(\mathrm{d}t/\mathrm{d}s)$,代入公式(10.5.73)有

$$\frac{\mathrm{d}t}{\mathrm{d}s} = \frac{\partial G}{\partial \boldsymbol{k}}\bigg/\frac{\mathrm{d}\boldsymbol{r}}{\mathrm{d}t} \tag{10.5.76}$$

在其中代入公式(10.5.75),得

$$\frac{\mathrm{d}t}{\mathrm{d}s} = -\frac{\partial G}{\partial \omega} \tag{10.5.77}$$

再联立公式(10.5.73)、(10.5.77),得

$$\frac{\mathrm{d}\boldsymbol{k}}{\mathrm{d}s} = \frac{\mathrm{d}\boldsymbol{k}}{\mathrm{d}t}\frac{\mathrm{d}t}{\mathrm{d}s} = -\frac{\mathrm{d}\boldsymbol{k}}{\mathrm{d}t}\frac{\partial G}{\partial \omega} = -\frac{\partial G}{\partial \boldsymbol{r}} \tag{10.5.78}$$

$$\frac{\mathrm{d}\boldsymbol{k}}{\mathrm{d}t} = \frac{\partial G}{\partial \boldsymbol{r}}\bigg/\frac{\partial G}{\partial \omega} \tag{10.5.79}$$

公式(10.5.75)与公式(10.5.79)即为决定波传播路径的方程。以上方法称为光束投射法或光线追踪法(ray trace)。

接下来,时间衰减率用 ω_i 表示,$\omega = \omega_r + \mathrm{i}\omega_i$,则色散关系的实部、虚部分别为 $G_r(\boldsymbol{k},\omega) = \mathrm{Re}\, G(\boldsymbol{k},\omega)$、$G_i(\boldsymbol{k},\omega) = \mathrm{Im}\, G(\boldsymbol{k},\omega)$。由 $|G_r(\boldsymbol{k},\omega)| \gg |G_i(\boldsymbol{k},\omega)|$、$|\omega_r| \gg |\omega_i|$,得

$$G(\boldsymbol{k},\omega) = G_r(\boldsymbol{k},\omega_r) + \mathrm{i}\omega_i\frac{\partial G_r(\boldsymbol{k},\omega)}{\partial \omega}\bigg|_{\omega=\omega_r} + \mathrm{i}G_i(\boldsymbol{k},\omega_r) \tag{10.5.80}$$

由 $G_r(\boldsymbol{k}, \omega_r) = 0$ 得

$$\omega_i = -G_i(\boldsymbol{k}, \omega_r) \Big/ \frac{\partial G_r(\boldsymbol{k}, \omega)}{\partial \omega}\bigg|_{\omega=\omega_r} \tag{10.5.81}$$

同样，ω 为实数时，取 $\boldsymbol{k} = \boldsymbol{k}_r + i\boldsymbol{k}_i$，解色散关系式得

$$\boldsymbol{k}_i = -G_i(\boldsymbol{k}_r, \omega) \Big/ \frac{\partial G_r(\boldsymbol{k}, \omega)}{\partial \boldsymbol{k}}\bigg|_{k=k_r} \tag{10.5.82}$$

沿波的传播路径进行积分，可求得波的能量强度为

$$I(\boldsymbol{r}) = I(\boldsymbol{r}_0)\exp\left(-2\int_{r_0}^{r} \boldsymbol{k}_i \mathrm{d}\boldsymbol{r}\right) \tag{10.5.83}$$

用光束投射法求解波的传播路径后，可通过当前时刻波的衰减量求得等离子体的吸收量。

10.6 各种射频波的传播特性

等离子体中存在各种各样的波，图 10.6.1 表示等离子体频率与回旋频率。核聚变堆中，等离子体中心的密度为 $n_0 = 10^{20}\ \mathrm{m}^{-3}$，环向磁场 $B_0 = 5\ \mathrm{T}$ 左右，高的频率在 100 GHz 以上。下面，讨论不同频率段的来自等离子体中的射频波。

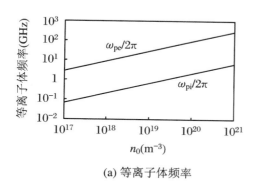

(a) 等离子体频率

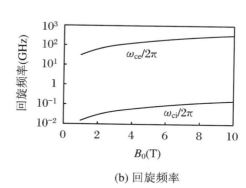

(b) 回旋频率

图 10.6.1　等离子体中的等离子频率与回旋频率

10.6.1　阿尔芬波

当波频率 ω 远小于离子回旋频率即 $\omega^2 \ll \omega_{ci}^2$ 时,考虑 $\omega_{ci}^2 \ll \omega_{pi}^2$ 且电子与离子的质量比 $\mu = m_e/m_i \ll 1$、$\omega_{ci}^2 \ll \omega_{ce}^2$、$\omega_{pi}^2 \ll \omega_{pe}^2$,得阿尔芬速度为 $\upsilon_A = B_0/\sqrt{\mu_0 n_i m_i}$,$\delta = c^2/\upsilon_A^2$。图 10.6.2 表示阿尔芬速度的大小。

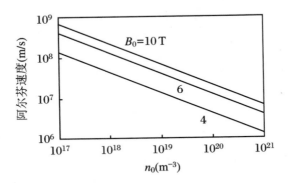

图 10.6.2　阿尔芬速度

由介电张量 $\boldsymbol{K}$ 在冷等离子体近似下的公式(10.5.21)~(10.5.23)得

$$K_\perp \approx 1 + \frac{\omega_{pe}^2}{\omega_{ce}^2} + \frac{\omega_{pi}^2}{\omega_{ci}^2} \approx 1 + \frac{\omega_{pi}^2}{\omega_{ci}^2} = 1 + \delta \tag{10.6.1}$$

$$K_\times \approx \frac{\omega_{pe}^2}{\omega\omega_{ce}} - \frac{\omega_{pi}^2}{\omega\omega_{ci}} = 0 \tag{10.6.2}$$

$$K_\parallel \approx 1 - \frac{\omega_{pe}^2}{\omega^2} \approx -\frac{\omega_{pe}^2}{\omega^2} \tag{10.6.3}$$

又

$$\frac{|K_\parallel|}{|K_\perp|} \approx \frac{\omega_{pe}^2}{\omega^2} \Big/ \frac{\omega_{pi}^2}{\omega_{ci}^2} = \frac{\omega_{pe}^2}{\omega_{pi}^2} \frac{\omega_{ci}^2}{\omega^2} \gg 1 \tag{10.6.4}$$

由公式(10.5.43)得

$$A \approx -\frac{\omega_{pe}^2}{\omega^2} \cos^2\theta, \quad B \approx \frac{\omega_{pe}^2}{\omega^2}(1+\delta)(1+\cos^2\theta), \quad C \approx -\frac{\omega_{pe}^2}{\omega^2}(1+\delta)^2$$

$$\tag{10.6.5}$$

再由公式(10.5.9)得

$$N^4 \cos^2\theta - N^2(1+\delta)(1+\cos^2\theta) + (1+\delta)^2 = 0 \qquad (10.6.6)$$

其两个解分别为 $N^2 = 1+\delta$、$N^2 = (1+\delta)/\cos^2\theta$,其中 $n_e = n_i = n_0$,假定为 $n_0 = 10^{20}$ m^{-3} 程度的等离子体,由图 10.6.2 知 $\delta \gg 1$,两个解变为

$$N^2 = \delta \quad 即 \quad \omega = k\upsilon_A \qquad (10.6.7)$$

$$N^2 = \frac{\delta}{\cos^2\theta} \quad 即 \quad \omega = k_\parallel \upsilon_A \qquad (10.6.8)$$

满足以上色散关系的波称为阿尔芬波(Alfvén wave)。

由公式(10.5.25)得

$$(K_\perp - N_z^2)E_x + N_x N_z E_z = 0 \qquad (10.6.9)$$

$$(K_\perp - N^2)E_y = 0 \qquad (10.6.10)$$

$$N_x N_z E_x + (K_\parallel - N_x^2)E_z = 0 \qquad (10.6.11)$$

与公式(10.6.8)相比,公式(10.6.7)波相速更快,为快波,公式(10.6.8)则为慢波。由公式(10.6.1)知 $|K_\perp|$、N^2、$|N_x N_z|$ 均与 δ 量级相当,于是由公式(10.6.4)有 $|K_\parallel| \gg N^2$、$|K_\parallel| \gg N_x N_z$,由公式(10.6.11)知,快波和慢波都有 $E_z = 0$。

快波 $N^2 = \delta$ 的情况,由公式(10.6.9)、(10.6.10)知 $E_x = 0$,$E_y \neq 0$,如图 3.6.1 所示 $k_y = 0$,由公式(10.5.4)知 $B_x \neq 0$、$B_y = 0$、$B_z \neq 0$,波的传播方向上磁力线疏密产生变化,该波称为压缩阿尔芬波(CAW,compressional Alfvén wave、magnetosonic wave)。

慢波 $N^2 = \delta$ 的情况,$E_z = 0$,由公式(10.6.9)、(10.6.10)有 $E_x \neq 0$、$E_y = 0$。同样 $k_y = 0$,由公式(10.5.4)知 $B_x = 0$、$B_y \neq 0$、$B_z = 0$,z 方向的磁场向 y 方向弯曲,该波称为剪切阿尔芬波(SAW,shear Alfvén wave、torsional Alfvén wave)。

10.6.2　离子回旋波

当波频率 ω 与离子回旋频率相当,即 $\omega^2 \approx \omega_{ci}^2$ 且 $\omega_{ci}^2 \ll \omega_{pi}^2$ 时,该频率带称为 ICRF(ion cyclotron range of frequency),位于该频率段的波称为离子回旋波(ICW,ion cyclotron wave)。介电张量 $\boldsymbol{K}$ 用冷等离子体近似下的公式(10.5.21)~(10.5.23)。其中

$$\frac{\omega_{pi}^2}{|\omega^2 - \omega_{ci}^2|} \gg \frac{\omega_{pi}^2}{\omega_{ci}^2} \gg \frac{m_e}{m_i}\frac{\omega_{pi}^2}{\omega_{ci}^2} = \frac{\omega_{pe}^2}{\omega_{ce}^2} \qquad (10.6.12)$$

$$\frac{\omega_{pe}^2}{\omega_{ce}} = \frac{\omega_{pi}^2}{\omega_{ci}}, \quad \omega_{pi}^2 = \delta\omega_{ci}^2 \qquad (10.6.13)$$

得

$$K_\perp \approx -\frac{\omega_{pi}^2}{\omega^2 - \omega_{ci}^2} = -\frac{\delta\omega_{ci}^2}{\omega^2 - \omega_{ci}^2} \tag{10.6.14}$$

$$K_\times \approx \frac{\omega_{pe}^2}{\omega_{ce}\omega} + \frac{\omega_{pi}^2}{\omega^2 - \omega_{ci}^2}\frac{\omega_{ci}}{\omega} = -\frac{\delta\omega_{ci}^2}{\omega^2 - \omega_{ci}^2}\frac{\omega}{\omega_{ci}} \tag{10.6.15}$$

$$K_\parallel \approx -\frac{\omega_{pe}^2}{\omega^2} \tag{10.5.16}$$

又

$$\frac{|K_\parallel|}{|K_\perp|} = \frac{\omega_{pe}^2}{\omega_{pi}^2}\frac{\omega^2 - \omega_{ci}^2}{\omega^2} \gg 1 \tag{10.6.17}$$

由公式(10.5.43)得

$$A = -\frac{\omega_{pe}^2}{\omega^2}\cos^2\theta, \quad B = -\frac{\omega_{pe}^2}{\omega^2}\frac{\delta\omega_{ci}^2}{\omega^2 - \omega_{ci}^2}(1 + \cos^2\theta), \quad C \approx \frac{\omega_{pe}^2}{\omega^2}\frac{\delta^2\omega_{ci}^2}{\omega^2 - \omega_{ci}^2} \tag{10.6.18}$$

再由公式(10.5.9)得

$$N^4\cos^2\theta - N^2\frac{\delta\omega_{ci}^2}{\omega_{ci}^2 - \omega^2}(1 + \cos^2\theta) + \frac{\delta^2\omega_{ci}^2}{\omega_{ci}^2 - \omega^2} = 0 \tag{10.6.19}$$

其两个解分别为

$$N^2 = \frac{1 + \cos^2\theta}{\cos^2\theta}\frac{\delta\omega_{ci}^2}{\omega_{ci}^2 - \omega^2} \tag{10.6.20}$$

$$N^2 = \frac{\delta}{1 + \cos^2\theta} \tag{10.6.21}$$

分别为慢波和快波。由公式(10.6.19),$\theta = 0$ 时,公式(10.6.19)与公式(10.5.47)对应,慢波为 L 波,快波为 R 波。

1. 右旋截止与左旋截止

简单地以圆形等离子体的极向截面为例,等离子体小半径为 a(单位 m),采用归一化后的 x-y 坐标系表示。实际等离子体的表面也有密度,密度分布近似取 $n = n_0(1 - x^2 - y^2)$,环向磁场分布近似取 $B_t = B_0 f$、$f = 1/(1 + \varepsilon x)$。频率为 $\omega = \omega_{ci0}$ 的波射入等离子体时,由公式(10.5.49)、(10.5.50),右旋截止 $R = 0$ 与左旋截止 $L = 0$ 分别为

$$y^2 = 1 - x^2 + \frac{m_e}{m_i}\alpha f(1 + f) \tag{10.6.22}$$

$$y^2 = 1 - x^2 - \frac{m_e}{m_i}\alpha f(1 - f) \tag{10.6.23}$$

其中,$\alpha = \omega_{ce0}^2/\omega_{pe0}^2$,$\varepsilon$ 为环径比倒数。上式右边第 3 项很小,左旋截止存在于等离子体表面($y^2 = 1 - x^2$)内侧附近。

2. 允许波传播的密度

接下来,考虑 $0 < k_{\parallel}^2 \leqslant (\pi/a)^2$、$k_{\perp}^2 \geqslant (\pi/a)^2$ 的情况[37]。由公式(10.6.20)

$$(1 + \cos^2\theta)\frac{\delta\omega_{ci}^2}{\omega_{ci}^2 - \omega^2} = N_{\parallel}^2 < \frac{c^2}{\omega^2}\left(\frac{\pi}{a}\right)^2 \tag{10.6.24}$$

为了让所有 θ 都能传播,使 $1 + \cos^2\theta = 2$ 来求解密度,得慢波能传播的密度(单位 m^{-3})为

$$n_i \leqslant 2.6 \times 10^{17} \frac{1}{a^2} \frac{A}{Z^2} \frac{\omega_{ci}^2}{\omega^2}\left(1 - \frac{\omega^2}{\omega_{ci}^2}\right) \tag{10.6.25}$$

快波由公式(10.6.21)有 $\omega^2/v_A^2 \geqslant (\pi/a)^2 + 2k_{\parallel}^2$,以 $k_{\parallel} = 0$ 作为广义成立条件,快波能传播的密度(单位 m^{-3})为[38]

$$n_i \leqslant 5.1 \times 10^{17} a^{-2}(A/Z^2)(\omega_{ci}^2/\omega^2) \tag{10.6.26}$$

3. 慢波的特性

满足公式(10.6.20)色散关系的波称为慢波。由公式(10.5.54),$\theta = 0$ 时有 $iE_x/E_y = -1$,为左旋偏振的 L 波,存在左旋截止。波与离子回旋方向相同,也被称为离子回旋波,会发生回旋共振。$R = R_0$ 时若离子回旋波角频率 $\omega_{ci} = \omega_{ci0}$ 慢波在等离子体中心加热,由公式(10.6.20),波要传播则要 $N^2 > 0$,即满足 $\omega_{ci}^2 - \omega^2 > 0$,然而波从外侧射入时,在比共振层更低的低磁场区域中 $\omega_{ci}^2 - \omega^2 < 0$ 而不能传播,将波从高场侧入射时又因公式(10.6.23)的左旋截止而无法传播。因此,由公式(10.6.25)知慢波不适合高密度等离子体的加热。

4. 快波的特性

满足公式(10.6.21)色散关系的波称为快波。由公式(10.5.54),$\theta = 0$ 时有 $iE_x/E_y = 1$,为右旋偏振的 R 波,波与离子回旋方向相反,不存在 $\omega = \omega_{ci}$ 时的离子回旋共振。由

公式(10.6.22)知等离子体表面不存在右旋截止。波速在 $\theta = \pi/2$ 时为 $N^2 = \delta$。为公式 (10.5.57)所示的非寻常波,用如10.6.1节所述的同样步骤得 $E_x \neq 0$、$E_y \neq 0$、$E_z = 0$。由公式(10.6.26)知快波能在高密度的等离子体中传播。

快波可以通过以下所示的方法进行离子或者电子加热。图10.6.3展示了快波加速离子的原理。离子做拉莫尔回旋运动1周,离子拉莫尔半径 ρ_i 比射频波电场的特征长度 ℓ 小时,被加速的同时也会被减速,无法从波中吸收能量,但当离子拉莫尔半径比射频波电场的特征长度大($\rho_i > \ell$)时,会被持续加速,于是从波中吸收能量。以上称为有限拉莫尔半径效应。

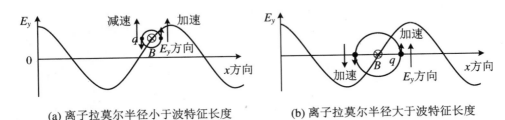

(a) 离子拉莫尔半径小于波特征长度   (b) 离子拉莫尔半径大于波特征长度

图 10.6.3　快波加速离子的原理(有限拉莫尔半径效应)

通过快波进行等离子体加热的方法如表10.6.1所示[1,37,39]。针对只含1种离子的等离子体,快波从低场侧入射,谐波离子回旋通过有限拉莫尔半径效应来加热离子。波的相速度与电子速度相当时发生共振,通过朗道阻尼来加热电子。同时,电子的回旋运动远比ICRF频段波产生的磁场振动更快,考虑到电子的磁矩守恒,也能通过渡越时间阻尼来加热电子。

表 10.6.1　快波加热的方法

序号	等离子体的离子构成	加热机制	
1	1种离子的等离子体	谐波离子回旋共振的离子加热	
2		朗道阻尼的电子加热	
3		渡越时间阻尼的电子加热	
4	2种离子的等离子体,主离子中混入其他少数离子,少数离子占比为 γ	利用少数离子与基波的共振	γ 较小时为离子加热
5			γ 较大时为2种离子混合共振附近的电子加热
6		利用少数离子与谐波共振	与 γ 大小无关,离子加热

由2种离子构成的等离子体中,不发生共振的主离子(例如氘)中混入发生共振的少数离子(例如氢),入射进入的快波和离子伯恩斯坦波耦合导致快波能量被吸收。少数离

子占比 γ 较小时,从低场侧入射的快波能加热离子,该现象称为少数离子加热。γ 较大时,从高场侧入射的快波在 2 种离子混合共振区域模转换为离子伯恩斯坦波通过朗道阻尼与渡越时间阻尼来加热电子。

10.6.3 低混杂波

当频率 ω 满足 $\omega_{ci}^2 \ll \omega^2 \ll \omega_{ce}^2$ 时,该频段的波称为低混杂波(LHW,lower hybrid wave)。由冷等离子体近似的公式(10.5.21)~(10.5.23),其中

$$\frac{\omega_{pe}^2}{\omega\omega_{ce}} \bigg/ \frac{\omega_{ci}\omega_{pi}^2}{\omega^3} = \frac{\omega_{pe}^2}{\omega_{pi}^2}\frac{\omega^2}{\omega_{ci}\omega_{ce}} \approx \frac{m_i}{m_e} \gg 1, \quad \frac{\omega_{pe}^2}{\omega_{ce}^2} = \frac{\omega_{pi}^2}{\omega_{ci}\omega_{ce}} \qquad (10.6.27)$$

得

$$K_\perp \approx 1 + \frac{\omega_{pe}^2}{\omega_{ce}^2} - \frac{\omega_{pi}^2}{\omega^2}, \quad K_\times \approx \frac{\omega_{pe}^2}{\omega\omega_{ce}} + \frac{\omega_{ci}\omega_{pi}^2}{\omega^3} \approx \frac{\omega_{pe}^2}{\omega\omega_{ce}}, \quad K_\parallel \approx 1 - \frac{\omega_{pe}^2}{\omega^2} \qquad (10.6.28)$$

其中有

$$\frac{\omega_{pe}^2}{\omega_{ce}^2} \bigg/ \frac{\omega_{pe}^2}{\omega\omega_{ce}} = \frac{\omega}{\omega_{ce}} \approx \left(\frac{m_e}{m_i}\right)^{1/2} \ll 1, \quad \frac{\omega_{pi}^2}{\omega^2} \bigg/ \frac{\omega_{pe}^2}{\omega\omega_{ce}} = \frac{\omega_{pi}^2}{\omega_{pe}^2}\frac{\omega_{ce}}{\omega} \approx \left(\frac{m_e}{m_i}\right)^{1/2} \ll 1,$$

$$\frac{\omega_{pe}^2}{\omega^2} \bigg/ \frac{\omega_{pe}^2}{\omega\omega_{ce}} = \frac{\omega_{ce}}{\omega} \approx \left(\frac{m_i}{m_e}\right)^{1/2} \gg 1, \quad \frac{\omega_{pi}^2}{\omega^2} \approx \frac{\omega_{pe}^2}{\omega_{ce}\omega_{ci}} = \frac{\omega_{pe}^2}{\omega_{ce}^2}\frac{m_i}{m_e} \gg 1 \qquad (10.6.29)$$

于是有 $1 \approx |K_\perp| \ll |K_\times| \ll |K_\parallel|$。

1. 共振与截止

射频波加热等离子体时,产生射频波的发射部件通常安装在等离子体表面附近,入射部件的构造决定了 N_z,由公式(10.5.9)可方便地讨论 N_x,即

$$a N_x^4 + bN_x^2 + c = 0 \qquad (10.6.30)$$

这里,由公式(10.5.43)得

$$\begin{aligned} a &= K_\perp \\ b &= K_\parallel(N_z^2 - K_\perp) + K_\times^2 + K_\perp(N_z^2 - K_\perp) \\ c &= K_\parallel\{(K_\perp - N_z^2)^2 - K_\times^2\} \end{aligned} \qquad (10.6.31)$$

公式(10.6.30)的解为

$$N_x^2 = \frac{-b \pm \sqrt{b^2 - 4ac}}{2a} \tag{10.6.32}$$

根据公式(10.6.29),±号为－时为慢波 $N_x^2 \approx -b/a$,为＋时为快波 $N_x^2 \approx -c/b$。作 $|K_\parallel(N_z^2 - K_\perp)| \gg |K_\times^2|$ 近似,得[40]

$$N_x^2 = -\frac{b}{a} = -\frac{K_\parallel(N_z^2 - K_\perp)}{K_\perp}, \quad N_x^2 = -\frac{c}{b} = -\frac{(N_z^2 - K_\perp)^2 - K_\times^2}{N_z^2 - K_\perp} \tag{10.6.33}$$

共振发生在 $N_x = \infty$ 时,慢波由公式(10.6.33)得 $a = K_\perp = 0$,于是

$$\omega^2 = \frac{\omega_{pi}^2}{1 + \omega_{pe}^2/\omega_{ce}^2} \tag{10.6.34}$$

当 $\omega_{pe}^2/\omega_{ce}^2 \gg 1$ 时,$\omega^2 = \omega_{ci}\omega_{ce}$ 对应公式(10.5.66);当 $\omega_{pe}^2/\omega_{ce}^2 \ll 1$ 时,$\omega^2 = \omega_{pi}^2$,在 $\omega_{pi}^2 \gg \omega_{ci}^2$ 的条件下对应公式(10.5.67)。以上分别对应为低混杂共振的解。快波的情形,$N_x^2 \approx -c/b$ 的分母由公式(10.6.33)有 $N_z^2 - K_\perp \neq 0$,故该频段的波不发生共振[1]。

截止即 $N_x = 0$,慢波由公式(10.6.33)得 $K_\parallel = 0$,即 $\omega_{pe}^2 = \omega^2$、密度为 n_{sc} 时发生截止。波要能传播,必须有 $N_x^2 > 0$,进而 $-K_\parallel = \omega_{pe}^2/\omega^2 - 1 > 0$,即密度满足 $n > n_{sc}$。密度 $n < n_{sc}$ 时波无法传播。

快波的截止由公式(10.6.33),发生在 $(K_\perp - N_z^2)^2 - K_\times^2 = 0$ 时,即

$$1 + \frac{\omega_{pe}^2}{\omega_{ce}^2} - \frac{\omega_{pi}^2}{\omega^2} - N_z^2 \pm \frac{\omega_{pe}^2}{\omega\omega_{ce}} = 0 \tag{10.6.35}$$

忽略公式(10.6.29)左边第2、3项,考虑 $N_z^2 > 1$ 的情形,得 $\omega_{pe}^2 = (N_z^2 - 1)\omega\omega_{ce}$,若此时密度为 n_{fc},只有满足 $N_x^2 > 0$ 波才能传播,故

$$-\{(K_\perp - N_z^2)^2 - K_\times^2\} = (N_z^2 - 1 + \omega_{pe}^2/\omega\omega_{ce})\{-(N_z^2 - 1) + \omega_{pe}^2/\omega\omega_{ce}\} > 0 \tag{10.6.36}$$

即密度满足 $n > n_{fc}$,密度 $n < n_{fc}$ 时波无法传播。

2. 接近条件

慢波的频率 ω 在 GHz 水平时,由图 10.6.1(a)得满足 $\omega_{pe}^2 = \omega^2$ 的密度 n_{sc} 为 10^{17} m^{-3} 量级,此时慢波的截止层在等离子体边缘。至于快波的截止密度 n_{fc},由图 10.6.1(b)得 $B_0 = 5$ T 左右时电子回旋波的频率为 100 GHz 左右,若慢波的频率在 GHz 左右,根据

$\omega_{pe}^2 = (N_z^2 - 1) \omega \omega_{ce}$，电子等离子体频率为 10 GHz 左右，故截止密度 n_{fc} 为 10^{18} m^{-3} 量级，快波的截止层比慢波更接近等离子体中心侧。若要使低混杂波能传播到等离子体中心，让慢波在等离子体边缘的截止层通过隧道效应穿过去，之后为了使快波不受到密度 $n < n_{fc}$ 的影响而无法传播，保证慢波不向快波模转变即可达到目的。

对给定大小的 N_z，为了使慢波传播时不向快波模转变，必须满足公式（10.6.32）$b^2 - 4ac > 0$ 的条件，下面求解满足上述条件的 N_z。首先，由公式（10.6.28），有

$$K_\perp = 1 - h, \quad K_\times = ph \frac{\omega_{ce}}{\omega}, \quad K_\parallel = 1 - \beta h, \quad \widetilde{K}_\perp = K_\perp - N_z^2 = 1 - h - N_z^2$$

$$(10.6.37)$$

其中 $h = -\frac{\omega_{pe}^2}{\omega_{ce}^2} + \frac{\omega_{pi}^2}{\omega^2} \equiv \frac{\omega_{pe}^2}{\omega_{per}^2}, \frac{1}{\omega_{per}^2} = \frac{\omega_{pi}^2}{\omega^2 \omega_{pe}^2} - \frac{1}{\omega_{ce}^2}, p \equiv \frac{\omega_{per}^2}{\omega_{ce}^2} = \frac{\omega^2}{\omega_{ce}\omega_{ci} - \omega^2}, \beta \equiv \frac{\omega_{per}^2}{\omega^2}, \omega^2 \approx \omega_{ce}\omega_{ci}$ 时

$$\beta h = \frac{\omega_{pe}^2}{\omega^2} \approx \frac{\omega_{pi}^2}{\omega_{ci}^2} \gg 1, \quad ph = \frac{\omega_{pe}^2}{\omega_{ce}^2} \qquad (10.6.38)$$

又有

$$K_\parallel \approx -\beta h, \quad \frac{K_\times^2}{\beta h} = ph, \quad \frac{K_\perp \widetilde{K}_\perp}{\beta h} = \frac{(1-h)(1-h-N_z^2)}{\beta h} \ll 1 \quad (10.6.39)$$

则 $b^2 - 4ac$ 为

$$b^2 - 4ac = 2^- 4K_\perp K_\parallel (\widetilde{K}_\perp^2 - K_\times^2)$$

$$= (\beta h)^2 \left[\left\{ \frac{K_\perp \widetilde{K}_\perp - K_\times^2}{\beta h} + N_z^2 - (1-h) \right\}^2 - 4(1-h)\frac{(K_\times^2 - \widetilde{K}_\perp^2)}{\beta h} \right]$$

$$\approx (\beta h)^2 \left[\{ N_z^2 - (1 - h + ph) \}^2 - 4(1-h)ph \right] \qquad (10.6.40)$$

于是 $b^2 - 4ac > 0$ 条件为

$$N_z^2 > (1-h)^{1/2} + (ph)^{1/2} \qquad (10.6.41)$$

以从等离子体边缘低密度（$h \ll 1$）到发生共振的等离子体中心密度区（$h = 1$）作为 $0 < h \leqslant 1$ 范围，上式右边 $h = p/(1+p)$ 有最大值 $(1+p)^{1/2}$，得

$$N_z^2 > 1 + p = 1 + \omega_{per}^2 / \omega_{ce}^2 \qquad (10.6.42)$$

上式即为低混杂波的接近条件，低混杂波入射等离子体时 N_z 的设定必须满足公式（10.6.42）[37]。

10.6.4 电子回旋波

频率 ω 满足 $\omega_{ci}^2 \ll \omega^2 \approx \omega_{ce}^2$ 时,该频率段称为 ECRF(electron cyclotron range of frequency),该频率段的波称为电子回旋波(EWC,electron cyclotron wave)。利用冷等离子体近似的公式(10.5.21)~(10.5.23),其中

$$\frac{\omega_{pe}^2}{(\omega^2 - \omega_{ce}^2)} \bigg/ \frac{\omega_{pi}^2}{\omega^2} = \frac{\omega_{pe}^2}{\omega_{pi}^2} \frac{\omega^2}{(\omega^2 - \omega_{ce}^2)} \gg 1 \tag{10.6.43}$$

$$\frac{\omega_{ce} \omega_{pe}^2}{\omega(\omega^2 - \omega_{ce}^2)} \bigg/ \frac{\omega_{ci} \omega_{pi}^2}{\omega^3} = \frac{\omega_{pe}^2}{\omega_{pi}^2} \frac{\omega_{ce}}{\omega_{ci}} \frac{\omega^2}{(\omega^2 - \omega_{ce}^2)} \gg 1 \tag{10.6.44}$$

可得下式:

$$K_\perp \approx 1 - \frac{\omega_{pe}^2}{\omega^2 - \omega_{ce}^2}, \quad K_\times \approx -\frac{\omega_{pe}^2 \omega_{ce}}{\omega(\omega^2 - \omega_{ce}^2)}, \quad K_\parallel \approx 1 - \frac{\omega_{pe}^2}{\omega^2} \tag{10.6.45}$$

当 $\theta = 0$ 时,由公式(10.5.47),截止发生在 $K_\parallel = 0$,$N_z^2 = K_\perp + K_\times = 0 (R = 0)$,$N_z^2 = K_\perp - K_\times = 0 (L = 0)$。当 $K_\parallel = 0$ 时,由公式(10.6.45)得到等离子体截止发生在频率与等离子体频率一致($\omega^2 = \omega_{pe}^2$)的时候。

当满足 $N_z^2 = K_\perp + K_\times = 0$ 时,有

$$N_z^2 = K_\perp + K_\times = 1 - \frac{\omega_{pe}^2}{\omega^2 - \omega_{ce}^2} - \frac{\omega_{ce} \omega_{pe}^2}{\omega(\omega^2 - \omega_{ce}^2)} = 1 - \frac{\omega_{pe}^2}{(\omega - \omega_{ce})\omega} = 0 \tag{10.6.46}$$

密度满足上式时发生截止;当 $L = K_\perp - K_\times = 0$ 时,有

$$N_z^2 = K_\perp - K_\times = 1 - \frac{\omega_{pe}^2}{\omega^2 - \omega_{ce}^2} + \frac{\omega_{ce} \omega_{pe}^2}{\omega(\omega^2 - \omega_{ce}^2)} = 1 - \frac{\omega_{pe}^2}{(\omega + \omega_{ce})\omega} = 0 \tag{10.6.47}$$

密度满足上式时发生截止。当满足 $N_z^2 = K_\perp + K_\times = \infty$ 时发生共振,即 $\omega = \omega_{ce}$ 时发生电子回旋共振。

当 $\theta = \pi/2$ 时,存在公式(10.5.56)所示的寻常波解($N^2 = K_\parallel$)和公式(10.5.57)所示的非寻常波解($N^2 = RL/K_\perp$)。当满足 $N^2 = K_\parallel$ 时,有 $\omega^2 = \omega_{pe}^2$,进而 $N^2 = 0$,由于等离子体屏蔽,无法达到 $N^2 = \infty$ 而发生共振。当满足 $N^2 = RL/K_\perp$ 时,$R = 0$、$L = 0$ 发生截止,对应的密度可由公式(10.6.46)、(10.6.47)给出。共振发生在 $K_\perp = 0$ 时,为高混

杂共振,对应的频率 $\omega^2 = \omega_{pe}^2 + \omega_{ce}^2$。

1. 吸收功率

对于电子回旋波,单位体积的吸收功率可由公式(10.5.71)得到,$V=0$ 时基波 $\omega = \omega_{ce}$ 的吸收功率较大。一般的,$\omega - k_z V - \ell \omega_{ce} = 0$(取 $n = -\ell$)的回旋共振吸收较大。

2. 共振和截止

与 10.6.2 小节的 1 相同,以归一化的 xy 表示,并取密度分布为 $n = n_0(1 - x^2 - y^2)$,环向磁场分布为 $B_t = B_0 f$,取 $f = 1/(1 + \varepsilon x)$ 近似。以 $\omega = \omega_{ce0}$ 入射等离子体的情况下,寻常波的截止为 $N^2 = K_\parallel = 0$,非寻常波的截止为 $R = 0$、$L = 0$ 和共振 $K_\perp = 0$,分别由公式(10.6.45)给出

$$y^2 = 1 - x^2 - \alpha \tag{10.6.48}$$

$$y^2 = 1 - x^2 - \alpha(1 - f), \quad y^2 = 1 - x^2 - \alpha(1 + f), \quad y^2 = 1 - x^2 - \alpha(1 - f^2) \tag{10.6.49}$$

其中 $\alpha = \omega_{ce0}^2 / \omega_{pe0}^2$。

3. 传播路径

寻常波(O 波)与非寻常波(X 波)的传播路径示意图如图 10.6.4 所示。在等离子体存在区域 $x \leqslant 1$、$y \leqslant 1$ 中,只需要在 $y^2 > 0$ 的范围内寻找截止和共振即可。由公式(10.6.48)、(10.6.49),y^2 最大值分别在 $x = 0, -\alpha\varepsilon/2, \alpha\varepsilon/2, -\alpha\varepsilon$ 处。这里为了简便,讲述 y^2 最大值在 $x = 0$ 处的情况。

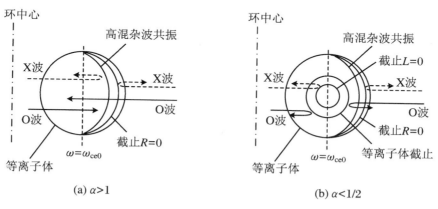

(a) $\alpha > 1$ (b) $\alpha < 1/2$

图 10.6.4 寻常波与非寻常波的传播路径示意图

图 10.6.4(a)表示 $\alpha > 1$ 的情况。不存在寻常波的等离子体屏蔽与非寻常波 $L = 0$ 的截止,存在非寻常波 $R = 0$ 截止与高混杂波 $K_\perp = 0$ 共振。寻常波既能从环外侧入射也能从环内侧入射,最后通过电子回旋共振 $\omega - \omega_{ce} = k_z V$ 让等离子体吸收波的能量。非寻常波由于存在 $R = 0$ 截止而无法从环外侧入射,只能采取从环内侧入射的方式。环内侧入射的非寻常波通过电子回旋共振被吸收,吸收后剩余波到达高混杂共振层,在高混杂共振层附近由于热运动效应向电子伯恩斯坦波(electron Bernstein wave)模转变,通过等离子体中心再朝电子回旋共振层传播。$\alpha < 1$ 时,由公式(10.6.48),出现寻常波的等离子体屏蔽,同样存在图 10.6.4(a)所示的非寻常波 $R = 0$ 截止与高混杂波 $K_\perp = 0$ 共振。非寻常波的 $L = 0$ 截止虽然在 $\alpha > 1/2$ 时不存在,但在 $\alpha < 1/2$ 时会出现。综上,$1/2 < \alpha < 1$ 的情形即为图 10.6.4(a)加上寻常波的等离子体屏蔽。

图 10.6.4(b)表示 $\alpha < 1/2$ 的情况,出现非寻常波的 $L = 0$ 截止,非寻常波的 $R = 0$ 截止位置与高混杂波共振位置均在环外侧且相距不远。寻常波不管从环外侧还是环内侧入射,都会由于等离子体屏蔽而无法到达等离子体中心区附近。非寻常波即使从环内侧入射也由于 $L = 0$ 截止而无法到达等离子体中心附近。综上,电子回旋波在入射时需要考虑上述各种情况,然后决定频率与入射位置等参数。

10.7 射频波电流驱动基础

10.7.1 电流驱动的一般理论

1. 各种非感应电流驱动法

速度空间以 $v = 0$ 为中心,速度分布非对称分布时会有电流流过,即产生电流驱动。如图 10.7.1 所示,考察速度空间中的某一区域 1 的电子群 δf 沿方向 s 移动到另一区域 2 的情况[41],该位置变化消耗的能量为

$$\Delta E = (E_2 - E_1)\delta f \tag{10.7.1}$$

$E_j = m v_j^2 / 2$ 为区域 j 的动能。

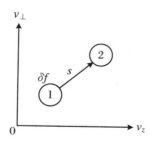

图 10.7.1　速度空间中电子的移动[41]

速度空间中不同区域的电子受到不同频率的库仑散射,若磁力线方向为 z 方向,动量 $m\upsilon_z$ 因库仑散射(碰撞频率为 ν)减少的部分为 $\exp(-\nu t)$,则基于电子位置变化产生的 z 方向的电流密度为

$$j(t) = -e\delta f\left[\upsilon_{z2}\exp(-\nu_2 t) - \upsilon_{z1}\exp(-\nu_1 t)\right] \tag{10.7.2}$$

经过比 ν_j^{-1} 足够长的时间后对公式(10.7.2)求平均,得

$$j = \frac{1}{\Delta t}\int_0^{\Delta t} j(t)\mathrm{d}t = -\frac{e\delta f}{\Delta t}\left[\frac{\upsilon_{z2}}{\nu_2} - \frac{\upsilon_{z1}}{\nu_1}\right] \tag{10.7.3}$$

对电流驱动来说,重要的是能体现入射到等离子体中的驱动功率能对应驱动多大电流的指标,主要是电流驱动效率。若驱动功率密度由 $p_d = \Delta E/\Delta t$ 表示,则单位体积的电流驱动效率 j/p_d 为

$$j/p_d = -e\left[\frac{\upsilon_{z2}}{\nu_2} - \frac{\upsilon_{z1}}{\nu_1}\right]\bigg/(E_2 - E_1) = \frac{-e\mathbf{s}\cdot\nabla(\upsilon_z/\nu)}{\mathbf{s}\cdot\nabla E} \tag{10.7.4}$$

变形得

$$j/p_d = -e\left(\frac{1}{\nu}\mathbf{s}\cdot\nabla\upsilon_z - \frac{\upsilon_z}{\nu^2}\mathbf{s}\cdot\nabla\nu\right)\bigg/(\mathbf{s}\cdot\nabla E) \tag{10.7.5}$$

式中, $\mathbf{s}$ 为速度空间中移动方向的单位矢量。电流驱动表现为第 1 项所示的由动量输入产生的电流和第 2 项所示的由能量输入产生的电流。前者通过给予沿磁力线方向前进的电子动量来产生对应方向的电流,可使用沿磁力线前进的射频波以及 NBI 等粒子束来驱动;后者通过使电子或者离子垂直方向的能量增加,形成磁力线方向的非对称速度分布函数来产生电流,即电子回旋加热等方法。非感应电流驱动法主要的方式如表 10.7.1 所示[1]。

表 10.7.1　主要的非感应电流驱动法

序号	电流驱动原理	所用的波或粒子束
1	利用波的动量	低混杂波（LHW）、快波（CAW）
2	利用波加热使速度空间各向异性	电子回旋波（ECW）
3	利用粒子束的动量	NBI、相对论电子束[42]
4	利用等离子体内部的性质	自举电流

2. 归一化电流驱动效率

设电子的速度为 υ，z 方向分量为 υ_z，采用热速度 $\upsilon_t = (T_e/m)^{1/2}$ 归一化为 $u = \upsilon/\upsilon_t$、$w = \upsilon_z/\upsilon_t$，则能量损失如下式：

$$\frac{\mathrm{d}}{\mathrm{d}t}\left(\frac{1}{2}mu^2\right) = -\nu_E\left(\frac{1}{2}mu^2\right) \tag{10.7.6}$$

取 $\nu_E = \nu_0/u^3$、$\nu_0 = ne^4\ln\Lambda/2\pi\varepsilon_0^2 m^2\upsilon_t^3$，得

$$\frac{\mathrm{d}u}{\mathrm{d}t} = -\frac{\nu_0}{2u^2} \tag{10.7.7}$$

比热速度快得多的高速电子的动量不断损失，若电子-电子碰撞频率和电子-离子碰撞频率分别为 ν_{ee}、ν_{ei}，则动量损失率为

$$\frac{\mathrm{d}p}{\mathrm{d}t} = -\nu_{ee}p - \nu_{ei}p = -\left(1 + \frac{Z_{eff}}{2}\right)\frac{\nu_0}{u^3}p = -\nu_M p \tag{10.7.8}$$

其中 $\nu_M = (2 + Z_{eff})\nu_0/2u^3$。若电子运动而产生的电流为 $j(t=0) = j_0$，则

$$j(t) = j_0\exp\left(-\int_0^t \nu_M\mathrm{d}t\right) \tag{10.7.9}$$

其中，设 $u(t=0) = u_0$。利用公式（10.7.7），得

$$-\int_0^t \nu_M\mathrm{d}t = -\int_0^t \nu_M\frac{\mathrm{d}t}{\mathrm{d}u}\mathrm{d}u = \int_0^t (2 + Z_{eff})\frac{1}{u}\mathrm{d}u = (2 + Z_{eff})\ln\frac{u(t)}{u_0} \tag{10.7.10}$$

综上得

$$j(t) = j_0\left\{\frac{u(t)}{u_0}\right\}^{2+Z_{eff}} \tag{10.7.11}$$

利用公式（10.7.7），对上式进行时间积分得

$$j = \int_0^{+\infty} j(t)\mathrm{d}t = -j_0 \int_{u_0}^0 \left\{\frac{u(t)}{u_0}\right\}^{2+Z_{\mathrm{eff}}} \frac{2u^2}{\nu_0}\mathrm{d}u = -\frac{2j_0}{\nu_0}\int_{u_0}^0 \frac{u^{4+Z_{\mathrm{eff}}}}{u^{2+Z_{\mathrm{eff}}}}\mathrm{d}u = \frac{j_0}{\nu_0}\frac{2u_0^3}{5+Z_{\mathrm{eff}}}$$

$$(10.7.12)$$

与公式(10.7.3)比较,公式(10.7.4)使用的碰撞频率为

$$\nu = (5 + Z_{\mathrm{eff}})\nu_0 / 2u_0^3 \tag{10.7.13}$$

这样单位体积的电流驱动效率为

$$\frac{j}{p_{\mathrm{d}}} = \frac{en\upsilon_{\mathrm{t}}}{nm\upsilon_{\mathrm{t}}^2}\frac{s \cdot \nabla(w/\nu)}{s \cdot \nabla(u^2/2)} = \frac{en\upsilon_{\mathrm{t}}}{nm\nu_0\upsilon_{\mathrm{t}}^2}\frac{\hat{j}}{\hat{p}} \tag{10.7.14}$$

归一化电流驱动效率如下:

$$\frac{\hat{j}}{\hat{p}} = \frac{4}{5 + Z_{\mathrm{eff}}}\frac{s \cdot \nabla(wu^3)}{s \cdot \nabla u^2} \tag{10.7.15}$$

3. 利用波的动量实现电流驱动

考虑波的动量传递给电子来实现电流驱动的情形。假设波沿 z 方向以相速度 υ_φ 传播,波与电子的相互作用使得波的动量传递给电子,电子的速度变为 $w = \upsilon_\varphi/\upsilon_{\mathrm{t}}$,由公式(10.7.15),有

$$\frac{\hat{j}}{\hat{p}} = \frac{4}{5 + Z_{\mathrm{eff}}}\frac{\dfrac{\partial}{\partial w}\{w(w^2 + u_\perp^2)^{3/2}\}}{\dfrac{\partial}{\partial w}(w^2 + u_\perp^2)} = \frac{4}{5 + Z_{\mathrm{eff}}}\frac{u^3 + 3w^2 u}{2w} \tag{10.7.16}$$

其中,$u_\perp = \upsilon_\perp/\upsilon_{\mathrm{t}}$,若 $u \cong w$,则得到下式:

$$\frac{\hat{j}}{\hat{p}} = \frac{8w^2}{5 + Z_{\mathrm{eff}}} \tag{10.7.17}$$

4. 利用速度空间各向异性实现电流驱动

考虑沿磁场垂直的方向进行加速的能量输入来实现电流驱动的情形,由公式(10.7.15),有

$$\frac{\hat{j}}{\hat{p}} = \frac{4}{5 + Z_{\text{eff}}} \frac{\frac{\partial}{\partial u_\perp}\{w(w^2 + u_\perp^2)^{3/2}\}}{\frac{\partial}{\partial u_\perp}(w^2 + u_\perp^2)} = \frac{6wu}{5 + Z_{\text{eff}}} \tag{10.7.18}$$

若波的相速度很大，$u \cong w$，则

$$\frac{\hat{j}}{\hat{p}} = \frac{6w^2}{5 + Z_{\text{eff}}} \tag{10.7.19}$$

可见，通过能量输入实现电流驱动，与通过动量输入实现电流驱动相比，效率为其3/4倍。

5. 电流驱动效率

驱动电流 $I_{\text{CD}} = \pi a^2 \kappa j$，驱动功率 $P_{\text{CD}} = 2\pi^2 R_0 a^2 \kappa p_{\text{d}}$，归一化电流驱动效率 $\hat{j}/\hat{p}$，则驱动电流与驱动功率之比为

$$\frac{I_{\text{CD}}}{P_{\text{CD}}} = \frac{1}{2\pi R_0} \frac{j}{p_{\text{d}}} = \frac{1}{2\pi R_0} \frac{en\upsilon_{\text{t}}}{nm\upsilon_{\text{t}}^2 \nu_0} \frac{\hat{j}}{\hat{p}} = \frac{1}{nR_0} \frac{\varepsilon_0^2 m\upsilon_{\text{t}}^2}{e^3 \ln\Lambda} \frac{\hat{j}}{\hat{p}} \tag{10.7.20}$$

当 $\ln\Lambda = 20$ 时，$10^3 \varepsilon_0^2 k/e^3 \ln\Lambda = 0.015 \times 10^{19}$，$T_{\text{e}} = 10^3 T_{\text{keV}}$（$T_{\text{keV}}$ 单位为 keV），若电流驱动效率以与公式(10.3.21)相同的形式定义，则得到下式：

$$\eta_{\text{CD}} = \frac{nR_0 I_{\text{CD}}}{P_{\text{CD}}} = 0.015\left(\frac{20}{\ln\Lambda}\right)T_{\text{keV}} \frac{\hat{j}}{\hat{p}} \quad (10^{19}\,\text{A}/(\text{W}\cdot\text{m}^2)) \tag{10.7.21}$$

由公式(10.7.17)、(10.7.21)，得利用波的动量情况下的电流驱动效率：

$$\eta_{\text{CD}} = \frac{nR_0 I_{\text{CD}}}{P_{\text{CD}}} = 0.12\left(\frac{20}{\ln\Lambda}\right)T_{\text{keV}} \frac{w^2}{5 + Z_{\text{eff}}} \quad (10^{19}\,\text{A}/(\text{W}\cdot\text{m}^2)) \tag{10.7.22}$$

又由公式(10.7.19)，得利用速度空间各向异性情况下的电流驱动效率：

$$\eta_{\text{CD}} = \frac{nR_0 I_{\text{CD}}}{P_{\text{CD}}} = 0.092\left(\frac{20}{\ln\Lambda}\right)T_{\text{keV}} \frac{w^2}{5 + Z_{\text{eff}}} \quad (10^{19}\,\text{A}/(\text{W}\cdot\text{m}^2)) \tag{10.7.23}$$

10.7.2 利用波的动量实现电流驱动

1. 一维和二维的福克-普朗克方程

这里，我们将介绍采用准线性理论求解电流驱动效率的方法。在等离子体中沿磁力

线方向传播的行波,通过与共振粒子相互作用,使得粒子在速度空间中扩散。一方面,这些共振粒子又通过与等离子体中的其他粒子(离子和电子)进行库仑碰撞而存在回到麦克斯韦分布的趋势。如此一来的结果,便是使得粒子的速度分布函数在波的相速度附近出现相对平坦的部分(plateau),正如图 10.1.1(b)所示,速度分布函数从麦克斯韦分布向以 $\upsilon = 0$ 为中心的非对称速度分布转变,从而形成电流驱动。

要求解电子速度分布函数 f,使用准线性理论得到的公式(3.7.16)和含有库仑碰撞项 $(\partial f/\partial t)_C$ 的福克-普朗克碰撞项,可得描述电流驱动时电子速度分布函数的以下方程[1,43,44]:

$$\frac{\partial f}{\partial t} = \frac{\partial}{\partial \upsilon_z} D_{\mathrm{rf}} \frac{\partial f}{\partial \upsilon_z} + \left(\frac{\partial f}{\partial t}\right)_C \tag{10.7.24}$$

$$\left(\frac{\partial f}{\partial t}\right)_C = \frac{1}{\upsilon^2} \frac{\partial}{\partial \upsilon} \upsilon^2 \nu_{\mathrm{e}} \left(\upsilon f + \frac{T}{m} \frac{\partial f}{\partial \upsilon}\right) + \frac{1}{\upsilon \sin\theta} \frac{\partial}{\partial \theta} \sin\theta \upsilon^2 \nu_{\mathrm{e}} \frac{1 + Z_{\mathrm{eff}}}{2} \frac{1}{\upsilon} \frac{\partial f}{\partial \theta}$$

这里省略下标 0,为了讨论沿磁场方向 z 前进的电子速度分布,记 z 方向的速度为 υ_z,并且有

$$\tau = \nu_0 t, \quad u_{\parallel} = \upsilon_z/\upsilon_t, \quad \mu = \cos\theta = \upsilon_{\parallel}/\upsilon,$$

$$\nu_0 = ne^4 \ln\Lambda / 2\pi\varepsilon_0^2 m^2 \upsilon_t^3, \quad \nu_{\mathrm{e}} = ne^4 \ln\Lambda / 4\pi\varepsilon_0^2 m^2 \upsilon^3 = \nu_0 \upsilon_t^3 / 2\upsilon^3 \tag{10.7.25}$$

于是公式(10.7.24)变为

$$\frac{\partial f}{\partial \tau} = \frac{\partial}{\partial u_{\parallel}} D \frac{\partial f}{\partial u_{\parallel}} + C_n(f) \tag{10.7.26}$$

$$C_n(f) = \frac{1}{\nu_0} \left(\frac{\partial f}{\partial t}\right)_C \equiv \frac{1}{\nu_0} C(f) = \frac{1}{2\upsilon^2} \frac{\partial}{\partial \upsilon} \upsilon_t^3 \left(\frac{\upsilon_t^2}{\upsilon} \frac{\partial f}{\partial \upsilon} + f\right) + \frac{1 + Z_{\mathrm{eff}}}{4} \frac{\upsilon_t^3}{\upsilon^3} \frac{1}{\sin\theta} \frac{\partial}{\partial \theta} \sin\theta \frac{\partial f}{\partial \theta}$$

$$= \frac{1}{2u^2} \frac{\partial}{\partial u} \left(\frac{1}{u} \frac{\partial f}{\partial u} + f\right) + \frac{1 + Z_{\mathrm{eff}}}{4u^3} \frac{\partial}{\partial \mu} (1 - \mu^2) \frac{\partial f}{\partial \mu}$$

其中,$D = D_{\mathrm{rf}}/\nu_0 \upsilon_t^2$。上式即为二维福克-普朗克方程。

当 $|\upsilon_z| \gg |\upsilon_x|, |\upsilon_y|$ 时,为了解析简化,将上式对垂直方向的速度积分,得[1,43,44]

$$\frac{\partial f}{\partial \tau} = \frac{\partial}{\partial u_{\parallel}} D \frac{\partial f}{\partial u_{\parallel}} + \frac{2 + Z_{\mathrm{eff}}}{2} \frac{\partial}{\partial u_{\parallel}} \left(\frac{1}{u_{\parallel}^3} \frac{\partial f}{\partial u_{\parallel}} + \frac{f}{u_{\parallel}^2}\right) \tag{10.7.27}$$

上式即为一维福克-普朗克方程。

2. 驱动电流密度与驱动功率密度

驱动电流密度($\mathrm{A/m^2}$)和驱动功率密度($\mathrm{W/m^3}$),由电子的速度分布函数表示得

$$j = en \int \upsilon_z f \mathrm{d}\boldsymbol{v} = en\upsilon_t \int u_{\parallel} f \mathrm{d}\boldsymbol{u} \tag{10.7.28}$$

$$p_d = \int \frac{1}{2} nm v_z^2 \frac{\partial}{\partial v_z} D_{rf} \frac{\partial f}{\partial v_z} dv$$

$$= -nm \int v_z D_{rf} \frac{\partial f}{\partial v_z} dv = -nm v_0 v_t^2 \int u_{\parallel} D \frac{\partial f}{\partial u_{\parallel}} du \qquad (10.7.29)$$

上式分别通过 $e n v_t$、$n m v_0 v_t^2$ 归一化处理后得 $\hat{j} = j / e n v_t$、$\hat{p} = p_d / n m v_0 v_t^2$。

3. 低混杂波电流驱动

利用等离子体中沿磁力线方向传播的行波实现的低混杂电流驱动,可通过求解速度空间一维福克-普朗克方程得到[45,46]。采用一维的碰撞项,并通过公式(10.7.27),福克-普朗克方程可变为下式:

$$\frac{\partial f}{\partial (v_1 t)} = \frac{\partial}{\partial w} D \frac{\partial f}{\partial w} + \frac{\partial}{\partial w} \left(\frac{1}{w^3} \frac{\partial f}{\partial w} + \frac{f}{w^2} \right) \qquad (10.7.30)$$

其中,$w = v_z / v_t$,$v_1 = (2 + Z_{eff}) n e^4 \ln \Lambda / 4\pi \varepsilon_0^2 m^2 v_t^3$,$D = D_{rf} / v_1 v_t^2$。在 $v_t^{-1} \ll t$ 条件下,可通过 $w^2 = y$ 变换求得公式(10.7.30)的通解:

$$f = C \exp\left[-\frac{w^2}{2} \right] \quad (w \leqslant w_1) \qquad (10.7.31)$$

$$f = C \exp\left[-\frac{w_1^2}{2} \right] \times \left(\frac{D_0 w_1^2 + 1}{D_0 w^2 + 1} \right)^{\frac{1}{2D_0}} \quad (w_1 \leqslant w \leqslant w_2) \qquad (10.7.32)$$

$$f = C \exp\left[-\frac{1}{2} (w_1^2 - w_2^2) \right] \times \left(\frac{D_0 w_1^2 + 1}{D_0 w_2^2 + 1} \right)^{\frac{1}{2D_0}} \exp\left[-\frac{w^2}{2} \right] \quad (w_2 \leqslant w)$$

$$\qquad (10.7.33)$$

其中,$D_0 = Dw$,D_0 由 $(w_1 \leqslant w \leqslant w_2)$ 决定,C 为归一化常数。

4. 直流电场

核聚变堆在启动和准稳态运行时,等离子体处在 DC 电场(直流电场)中进行电流驱动,存在 DC 电场时的福克-普朗克方程:

$$\frac{\partial f}{\partial (v_1 t)} + E_{DC} \frac{\partial f}{\partial w} = \frac{\partial}{\partial w} D \frac{\partial f}{\partial w} + \frac{\partial}{\partial w} \left(\frac{1}{w^3} \frac{\partial f}{\partial w} + \frac{f}{w^2} \right) \qquad (10.7.34)$$

其中,$E_{DC} = e E_{\parallel} / m_e v_1 v_t$,若 $E_{Dr} = m_e v_0 v_t / e$ 为 Dreicer 电场,且考虑 $E_{\parallel} / E_{Dr} \ll 1$,则通解为

$$f = C \exp\left[-\frac{w^2}{2} - \frac{1}{4} E_{DC} w^4 \right] \quad (w \leqslant 0) \qquad (10.7.35)$$

$$f = C\exp\left[-\frac{w^2}{2} + \frac{1}{4}E_{DC}w^4\right] \quad (0 \leqslant w \leqslant w_1) \tag{10.7.36}$$

$$f = C\exp\left[-\frac{w_1^2}{2} + \frac{1}{4}E_{DC}w_1^4 + \frac{E_{DC}}{2D_0}(w^2 - w_1^2)\right] \times \left(\frac{D_0 w_1^2 + 1}{D_0 w^2 + 1}\right)^{\frac{1}{2D_0}\left(1 + \frac{E_{DC}}{D_0}\right)}$$

$$(w_1 \leqslant w \leqslant w_2) \tag{10.7.37}$$

$$f = C\exp\left[-\frac{1}{2}(w_1^2 - w_2^2) + \frac{E_{DC}}{4}(w_1^4 - w_2^4) + \frac{E_{DC}}{2D_0}(w_2^2 - w_1^2)\right]$$

$$\times \left(\frac{D_0 w_1^2 + 1}{D_0 w_2^2 + 1}\right)^{\frac{1}{2D_0}\left(1 + \frac{E_{DC}}{D_0}\right)} \exp\left[-\frac{w^2}{2} + \frac{1}{4}E_{DC}w^4\right] \quad (w_2 \leqslant w) \tag{10.7.38}$$

图 10.7.2 为存在直流电场时的速度分布示意图。$E_{DC} = D = 0$ 时,速度分布函数为麦克斯韦分布,等离子体电流建立以及 OH 线圈再充电时,产生与驱动电流方向相反的 DC 电场;$E_{DC} < 0$、$D = 0$ 时,速度分布函数比麦克斯韦分布更向负侧偏移,该状态下若再施加射频波,驱动电流值会比 $E_{DC} = 0$、$D > 0$ 时更低,原因是在 $E_{DC} < 0$、$D > 0$ 时,与波相互作用使得电子数变得更少。

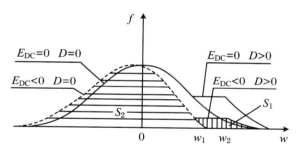

图 10.7.2 存在直流电场时的速度分布示意图[46]

S_1 为高能尾区,S_2 为等离子体离散区

由公式(10.7.28)、(10.7.29)可求得驱动电流密度和驱动功率密度。求解驱动电流密度时,使用 $D_0 \to \infty$、$E_{DC}(c/v_t)^4/2 \ll 1$ 的近似,得

$$j = env_t \int_{w_1}^{\infty} w(f - f_0)\mathrm{d}w$$

$$= 2.166 \times 10^{-10} \frac{n}{T_{keV}^{1/2}} \exp\left(-\frac{C_1}{N_{z1}^2 T_{keV}} + \frac{C_1^2 E_{DC}}{N_{z1}^4 T_{keV}^2}\right)$$

$$\times \left\{\frac{1}{N_{z2}^2} - \frac{1}{N_{z1}^2} + \sum_{i=1}^{2}(-1)^i\left(\frac{2}{a_i} + \frac{E_{DC}}{4a_i^3}\right)\right\} \tag{10.7.39}$$

式中

$$a_i = 1 - \frac{2C_1 E_{DC}}{N_{zi}^2 T_{keV}}, \quad N_{zi} = c/w_i \quad (i = 1,2), \quad C_1 = \frac{mc^2}{2 \times 10^3 e} = 255.9$$

其中 T_{keV} 单位为 keV,其他物理量单位为 MKS。驱动功率密度为

$$
\begin{aligned}
p_d &= \frac{nm\nu_1 \upsilon_t^2}{2} \int_{w_1}^{w_2} w^2 \frac{\partial}{\partial w} D \frac{\partial f}{\partial w} dw \\
&= 2.200 \times 10^{-32} \frac{n_e^2 (2 + Z_{eff}) K \ell n \Lambda}{T_{keV}^{1/2}} \exp\left(-\frac{C_1}{N_{z1}^2 T_{keV}} + \frac{C_1^2 E_{DC}}{N_{z1}^4 T_{keV}^2} \right) \\
&\quad \times \left\{ \ell n \frac{N_{z1}}{N_{z2}} - \frac{C_1 E_{DC}}{T_{keV}} \left(\frac{1}{N_{z2}^2} - \frac{1}{N_{z1}^2} \right) \right\}
\end{aligned}
\tag{10.7.40}
$$

其中,K 为二维福克–普朗克方程数值求解后得到的修正系数,$K = 0.392$。

若 $2C_1 E_{DC}/N_{zi}^2 T_{keV} \ll 1$,由公式(10.7.39)、(10.7.40)可得

$$\eta_{CD} = \frac{nR_0 I_{CD}}{P_{CD}} = \frac{nR_0 \gamma_1}{1 - \gamma_0 E_\parallel} \tag{10.7.41}$$

其中,$\gamma_0 = \dfrac{C_2 (N_{z2}^{-2} - N_{z1}^{-2})}{n_e (2 + Z_{eff}) \ell n \Lambda \ell n (N_{z1}/N_{z2})}$,$C_2 = 2\pi \varepsilon_0^2 m_e c^2/e^3 = 9.848 \times 10^{21}$,$\gamma_1 = \gamma_0/2\pi R_0 K$。由此可知,直流电场 $E_\parallel$ 的正负影响电流驱动效率[47]。

10.7.3　利用速度空间各向异性实现电流驱动

1. 二维福克–普朗克方程

要解析通过使垂直磁力线方向的能量增加,形成关于磁力线方向以速度 $\upsilon = 0$ 为中心的非对称速度分布函数,来产生电流的方法,需要用到速度空间的二维福克–普朗克方程:

$$\frac{\partial f}{\partial t} + E(f) = D(f) + C(f) \tag{10.7.42}$$

这里,左边第 2 项为直流电场项,右边第 1 项为射频波电流驱动项[48],分别为

$$E(f) = \frac{e}{m} E_\parallel \frac{\partial f}{\partial \upsilon_z} \tag{10.7.43}$$

$$D(f) = \left(\frac{\partial}{\partial \varepsilon} + \frac{k_\parallel}{\omega} \frac{\partial}{\partial p_\parallel} \right) D_{\varepsilon\varepsilon} \delta(\omega - k_\parallel \upsilon_z - \ell \omega_{ce}) \left(\frac{\partial}{\partial \varepsilon} + \frac{k_\parallel}{\omega} \frac{\partial}{\partial p_\parallel} \right) \tag{10.7.44}$$

且有 $\upsilon_\varphi = \omega/k_\parallel$，$\varepsilon = (m/2)(\upsilon_\perp^2 + \upsilon_z^2)$，$p_\parallel = m\upsilon_z$。右边第 2 项为碰撞项。

电子回旋波（$\ell = 1$、$V = 0$）的情形：

$$D_{\varepsilon\varepsilon}\delta(\omega - k_\parallel\upsilon_z - \omega_{ce}) = \int \mathrm{d}k_\parallel \pi e^2 E_k^2 \upsilon_\perp^2\,\delta(\omega - k_\parallel\upsilon_z - \omega_{ce}) = m^2 D_{rf}\upsilon_\perp^2$$

$$(10.7.45)$$

$$D_{rf} = \frac{e^2}{m^2}\frac{E_\perp^2}{\Delta k_\parallel}\frac{\pi}{\upsilon_z} \tag{10.7.46}$$

低混杂波的情形：

$$D_{\varepsilon\varepsilon}\delta(\omega - k_\parallel\upsilon_z - \omega_{ce}) = \int \mathrm{d}k_\parallel \pi e^2 E_k^2 \upsilon_z^2 \delta(\omega - k_\parallel\upsilon_z) = m^2 D_{rf}\upsilon_z^2 \tag{10.7.47}$$

$$D_{rf} = \frac{e^2}{m^2}\frac{E_\parallel^2}{\Delta k_\parallel}\frac{\pi}{\upsilon_z} \tag{10.7.48}$$

改写公式（10.7.44）的 $D(f)$ 项，得

$$\frac{\partial}{\partial\varepsilon} + \frac{k_\parallel}{\omega}\frac{\partial}{\partial p_\parallel} = \frac{\partial\upsilon_\perp}{\partial\varepsilon}\frac{\partial}{\partial\upsilon_\perp} + \frac{1}{m\upsilon_\phi}\left(-\frac{\upsilon_z}{\upsilon_\perp}\frac{\partial}{\partial\upsilon_\perp} + \frac{\partial}{\partial\upsilon_z}\right)$$

$$= \frac{1}{m}\left\{\left(1 - \frac{\upsilon_z}{\upsilon_\phi}\right)\frac{\partial}{\upsilon_\perp\,\partial\upsilon_\perp} + \frac{\partial}{\upsilon_\phi\partial\upsilon_z}\right\} \tag{10.7.49}$$

由于电子回旋波有 $\omega - k_\parallel\upsilon_z - \omega_{ce} = 0$，即

$$1 - \upsilon_z/\upsilon_\phi = \omega_{ce}/\omega \tag{10.7.50}$$

又电子回旋共振时 $\omega_{ce}/\omega = 1$，故$(\upsilon_z/\upsilon_\phi) \to 0$，即 $\upsilon_\phi \to \infty$，于是公式（10.7.44）变为

$$D(f) = \frac{1}{m}\frac{\partial}{\upsilon_\perp\,\partial\upsilon_\perp}m^2 D_{rf}\upsilon_\perp^2\frac{1}{m}\frac{\partial}{\upsilon_\perp\,\partial\upsilon_\perp} = \frac{\partial}{\upsilon_\perp\,\partial\upsilon_\perp}D_{rf}\upsilon_\perp\frac{\partial}{\partial\upsilon_\perp} \tag{10.7.51}$$

低混杂波有 $\upsilon_z = \upsilon_\phi$，于是公式（10.7.44）变为

$$D(f) = \frac{1}{m}\frac{\partial}{\upsilon_\phi\,\partial\upsilon_z}m^2 D_{rf}\upsilon_z^2\frac{1}{m}\frac{\partial}{\upsilon_\phi\,\partial\upsilon_z} = \frac{\partial}{\partial\upsilon_z}D_{rf}\frac{\partial}{\partial\upsilon_z} \tag{10.7.52}$$

最后公式（10.7.42）变为

$$\frac{\partial f}{\partial t} + \frac{e}{m}E_\parallel\frac{\partial f}{\partial\upsilon_z} = \left\{\left(1 - \frac{\upsilon_z}{\upsilon_\phi}\right)\frac{\partial}{\upsilon_\perp\,\partial\upsilon_\perp} + \frac{\partial}{\upsilon_\phi\,\partial\upsilon_z}\right\}D_{rf}\begin{bmatrix}\upsilon_\perp^2\\\upsilon_z^2\end{bmatrix}\left\{\left(1 - \frac{\upsilon_z}{\upsilon_\phi}\right)\frac{\partial}{\upsilon_\perp\,\partial\upsilon_\perp} + \frac{\partial}{\upsilon_\phi\,\partial\upsilon_z}\right\}f$$

$$+ \nu_0\left\{\frac{1}{2\upsilon^2}\frac{\partial}{\partial\upsilon}\upsilon_t^3\left(\frac{\upsilon_t^2}{\upsilon}\frac{\partial f}{\partial\upsilon} + f\right) + \frac{1 + Z_{eff}}{4}\frac{\upsilon_t^3}{\upsilon}\frac{1}{\sin\theta}\frac{\partial}{\partial\theta}\sin\theta\frac{\partial f}{\partial\theta}\right\}$$

公式(10.7.53)通过以下方式归一化:

$$\tau = \nu_0 t, \quad u = \upsilon/\upsilon_t, \quad u_\phi = \upsilon_\phi/\upsilon_t, \quad u = \sqrt{u_\perp^2 + u_\parallel^2}, \quad \mu = \cos\theta = u_\parallel/u,$$

$$u_\perp = \upsilon_\perp/\upsilon_t, \quad u_\parallel = \upsilon_z/\upsilon_t, \quad D = \frac{D_{\mathrm{rf}}}{\nu_0 \upsilon_t^2}, \quad E_{\mathrm{DC}} = \frac{eE_\parallel}{m\nu_0\upsilon_t} = \frac{E_\parallel}{E_{\mathrm{Dr}}},$$

$$\nu_0 = ne^4 \ell\mathrm{n}\,\Lambda / 2\pi\varepsilon_0^2 m^2 \upsilon_t^3 \tag{10.7.54}$$

得

$$\frac{\partial f}{\partial \tau} + E_n(f) = D_n(f) + C_n(f) \tag{10.7.55}$$

$$D_n(f) = \left\{ \left(1 - \frac{u_\parallel}{u_\phi} \right) \frac{\partial}{u_\perp \partial u_\perp} + \frac{\partial}{u_\phi \partial u_\parallel} \right\} D \begin{bmatrix} u_\perp^2 \\ u_\parallel^2 \end{bmatrix} \left\{ \left(1 - \frac{u_\parallel}{u_\phi} \right) \frac{\partial}{u_\perp \partial u_\perp} + \frac{\partial}{u_\phi \partial u_\parallel} \right\} f$$

$$C_n(f) = \left\{ \frac{1}{2u^2} \frac{\partial}{\partial u} \left(f + \frac{1}{u} \frac{\partial f}{\partial u} \right) + \frac{1 + Z_{\mathrm{eff}}}{4u^3} \frac{1}{\sin\theta} \frac{\partial}{\partial \theta} \sin\theta \frac{\partial f}{\partial \theta} \right\}$$

$$E_n(f) = E_{\mathrm{DC}} \frac{\partial f}{\partial u_\parallel}$$

更进一步的解析详见附录10.7A。所得结果如下:

$$\frac{\partial f}{\partial \tau} = \nabla(-\Gamma_E + \Gamma_D + \Gamma_C) \tag{10.7.56}$$

$$\Gamma_D = \begin{bmatrix} \Gamma_u \\ \Gamma_\theta \end{bmatrix} = a\hat{D}a^{\mathrm{T}}Lf, \quad \hat{D} = D \begin{bmatrix} u_\perp^2 \\ u_\parallel^2 \end{bmatrix}, \quad a = \begin{bmatrix} \dfrac{1}{u} \\ \dfrac{\cos\theta - u/u_\phi}{u\sin\theta} \end{bmatrix},$$

$$Lf = \begin{bmatrix} \dfrac{\partial f}{\partial u} \\ \dfrac{1}{u} \dfrac{\partial f}{\partial \theta} \end{bmatrix}, \quad \Gamma_C = \begin{bmatrix} \dfrac{1}{2u^2}\left(f + \dfrac{1}{u}\dfrac{\partial f}{\partial u} \right) \\ \dfrac{1 + Z_{\mathrm{eff}}}{4u^2} \dfrac{\partial f}{\partial \theta} \end{bmatrix}, \quad \Gamma_E = E_{\mathrm{DC}} \begin{bmatrix} \cos\theta f \\ -\sin\theta f \end{bmatrix}$$

通解只需求解$\nabla(-\Gamma_E + \Gamma_D + \Gamma_C) = 0$即可。

图10.7.3表示速度分布函数,为$E_{\mathrm{DC}} = 0$、$D = 0.5$、$w_1 = 3$、$w_2 = 5$的低混杂波电流驱动时二维速度分布函数的解析例,速度分布函数存在平坦部分,表明发生了电流驱动。

2. 相对论效应

下面讨论电流驱动的相对论效应。对公式(10.7.42),通解由下式求得:

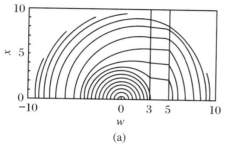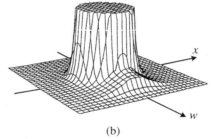

图 10.7.3　稳态时的速度分布函数[43]

$$E(f) = D(f) + C(f) \tag{10.7.57}$$

右边第 1 项为[48,49]

$$D(f) = \frac{1}{\gamma}\left(\frac{\partial}{\partial \varepsilon} + \frac{k_{\parallel}}{\omega}\frac{\partial}{\partial p_{\parallel}}\right) \times \gamma m^2 D_{\mathrm{rf}}\begin{bmatrix} v_{\perp}^2 \\ v_{\parallel}^2 \end{bmatrix}\left(\frac{\partial}{\partial \varepsilon} + \frac{k_{\parallel}}{\omega}\frac{\partial}{\partial p_{\parallel}}\right) \tag{10.7.58}$$

动量 $p = m\gamma v$ 以 mc 归一化。这里使用

$$\varepsilon = mc^2(\gamma - 1), \quad \beta^2 = u^2 v_t^2/c^2, \quad u_{\phi} = \frac{\omega/k_{\parallel}}{v_t}, \quad \gamma = 1/\sqrt{1 - \beta^2} = \sqrt{1 + p^2/m^2 c^2},$$

$$n_{\parallel} = \frac{1}{u_{\phi} P_t}, \quad P^2 = p^2/m^2 c^2 = \gamma^2 - 1, \quad P_{\perp}^2 = \gamma^2 - 1 - P_{\parallel}^2, \quad P_{\parallel}^2 = p_{\parallel}^2/m^2 c^2,$$

$$P_t^2 = mT_{\mathrm{e}}/m^2 c^2 = v_t^2/c^2, \quad Y = \frac{\omega_{\mathrm{ce}}}{\omega} = \gamma - n_{\parallel} P_{\parallel} = \gamma - \frac{\gamma u_{\parallel}}{u_{\phi}} \tag{10.7.59}$$

于是公式(10.7.58)中的微分变为

$$\frac{\partial}{\partial \varepsilon} + \frac{k_{\parallel}}{\omega}\frac{\partial}{\partial p_{\parallel}} = \frac{1}{mc^2}\left[(\gamma - n_{\parallel} P_{\parallel})\frac{1}{P_{\perp}}\frac{\partial}{\partial P_{\perp}} + n_{\parallel}\frac{\partial}{\partial p_{\parallel}}\right] \tag{10.7.60}$$

图 10.7.4 给出了波动引起的电子驱动方向示意图。$Y = 0$ 为低混杂波电流驱动(LHCD),对应 $u_{\parallel}$ 方向的电子被驱动;$Y = 1$ 为电子回旋波电流驱动(ECCD),对应 $u_{\perp}$ 方向的电子被驱动。$0 < Y < 1$ 时电子驱动方向为 $u_{\perp}$ 与 $u_{\parallel}$ 的合成方向。

更进一步解析公式(10.7.57)会得到下式,详见附录 10.7B。

$$\nabla \Gamma_E = (1/\gamma)\nabla \Gamma_D + \nabla \Gamma_C \tag{10.7.61}$$

$$\nabla = \left(\frac{1}{\gamma^5 u^2}\frac{\partial}{\partial u}\gamma^2 u^2 \quad \frac{1}{\gamma u \sin \theta}\frac{\partial}{\partial \theta}\sin \theta\right),$$

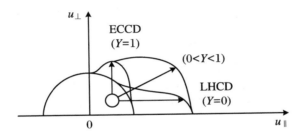

图 10.7.4　波动引起的电子驱动方向示意图

$$\Gamma_D = \begin{pmatrix} \Gamma_\xi \\ \Gamma_\theta \end{pmatrix} = a\hat{D}a^\mathrm{T}Lf, \quad a = \begin{pmatrix} a_\xi \\ a_\theta \end{pmatrix} = \begin{pmatrix} \dfrac{1}{u} \\ \dfrac{\cos\theta - u/u_\varphi}{u\sin\theta} \end{pmatrix}, \quad \hat{D} = \dfrac{D_\mathrm{rf}}{\nu_0 v_t^2}\gamma \begin{pmatrix} u_\perp^2 \\ u_\parallel^2 \end{pmatrix},$$

$$Lf = \begin{pmatrix} \dfrac{1}{\gamma^3 u}\dfrac{\partial f}{\partial u} \\ \dfrac{\partial f}{\gamma u\partial \theta} \end{pmatrix}, \quad \Gamma_C = \begin{pmatrix} \dfrac{1}{2\gamma^2 u^2}\left(\dfrac{1}{\gamma u}\dfrac{\partial}{\partial u} + \gamma^2\right)f \\ \dfrac{1 + Z_\mathrm{eff}}{4\gamma u^2}\dfrac{\partial f}{\partial \theta} \end{pmatrix}, \quad \Gamma_E = E_\mathrm{DC}\begin{pmatrix} \cos\theta f \\ -\sin\theta f \end{pmatrix}$$

3. 捕获效应

捕获电子轨道示意图如图 10.7.5 所示。捕获效应会带来以下影响：① 由公式 (10.2.12)，环向磁场不均匀性增大而驱动的电子会被磁镜捕获，无法沿环周回旋，使得电子分布的极向角 φ 的范围被限制；② 速度空间中，镜角 $\theta = \cos^{-1}(u_\parallel/u)$ 沿磁力线变化，会像电子回旋波电流驱动那样驱动 $u_\perp$ 方向的电子影响电流驱动效率等效应。

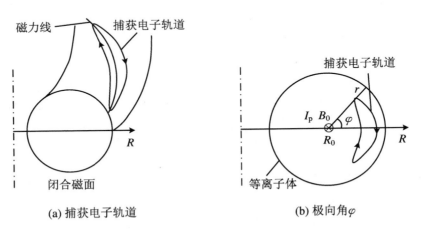

图 10.7.5　捕获电子轨道示意图

为了讨论电子被磁场捕获的效应,需要在公式(10.7.42)中加入表达磁力线方向 s 不均匀性的 $u_\parallel \partial f/\partial s$ 项,不过可以通过弹性平均 $\langle \rangle$ 将其消去:

$$\langle A \rangle = \oint \frac{\mathrm{d}s}{B} A \bigg/ \oint \frac{\mathrm{d}s}{B} = \int_{-\varphi_m}^{\varphi_m} \frac{\mathrm{d}\varphi}{2\varphi_m} A \qquad (10.7.62)$$

(这里极向角 $\varphi = s/qR$)即对增加不均匀性项后的式子除以 $\cos\theta/b(\varphi)$ 后取弹性平均,可得到稳态的下式:

$$\langle E(f) \rangle = \langle D(f) \rangle + \langle C(f) \rangle \qquad (10.7.63)$$

其中,归一化环向磁场为 $b(\varphi) = B_t(\varphi)/B_t(\pi) = (1 - \varepsilon\cos\varphi)/(1 + \varepsilon)$,逆环径比为 $\varepsilon = r/R_0$,$b_m = (1 - \varepsilon)/(1 + \varepsilon)$。由公式(10.2.9)的磁矩守恒,利用 $\sin^2\hat{\theta}/b_m = \sin^2\theta/b$ 从 (u, θ) 坐标变换到 $(u, \hat{\theta})$ 坐标,通过角度 φ 来体现捕获效应[50,51]。由 $\sin^2\hat{\theta}/b_m = \sin^2\theta/b$,得

$$\sin^2\theta = \frac{1 - \varepsilon\cos\varphi}{1 - \varepsilon}\sin^2\hat{\theta} = \sin^2\hat{\theta} + \frac{2\varepsilon}{1 - \varepsilon}\sin^2(\varphi/2)\sin^2\hat{\theta},$$

$$\cos\theta = \left\{1 - \sin^2\hat{\theta} - \frac{2\varepsilon}{1 - \varepsilon}\sin^2\hat{\theta}\sin^2(\varphi/2)\right\}^{1/2} = \cos\hat{\theta}\{1 - \kappa^2\sin^2(\varphi/2)\}^{1/2},$$

$$\kappa^2 = \frac{2\varepsilon}{1 - \varepsilon}\tan^2\hat{\theta} \qquad (10.7.64)$$

当 $\kappa^2 < 1$ 时,位于 $0 \leqslant \varphi \leqslant 2\pi$ 范围,电子能沿大环回旋,称为通行电子(passing electron)或非捕获电子(untrapped electron)。当 $\kappa^2 > 1$ 时,电子在 $0 \leqslant |\varphi| \leqslant \varphi_m$ 范围内移动,称为捕获电子(trapped electron)。$\kappa^2\sin^2(\varphi_m/2) = 1$ 时,捕获电子能移动的最大极向角为 $\varphi_m = 2\sin^{-1}\{\sqrt{(1 - \varepsilon)/(2\varepsilon)}\cot\hat{\theta}\}$。

详细的解析过程见附录10.7C,结果如下式:

$$\langle E_n(f) \rangle = \langle D_n(f) \rangle + \langle C_n(f) \rangle \qquad (10.7.65)$$

$$\langle D_n(f) \rangle = \left\langle \frac{b}{\cos\theta} \right\rangle^{-1} \frac{b_0}{\cos\theta_0} \frac{1}{\gamma}\left[\frac{1}{\gamma^5 u^2}\frac{\partial}{\partial u}\gamma^2 u^2 \Gamma_\xi + \frac{1}{\gamma u\sin\hat{\theta}}\frac{\cos\theta_0}{\cos\hat{\theta}}\sqrt{\frac{b_m}{b_0}}\frac{\partial}{\partial\hat{\theta}}\sin\hat{\theta}\Gamma_\theta\right]$$

$$\Gamma_\xi = D_{11}\frac{1}{\gamma^3}\frac{\partial f}{\partial u} + D_{12}\frac{\cos\theta_0}{\cos\hat{\theta}}\sqrt{\frac{b_m}{b_0}}\frac{1}{\gamma u}\frac{\partial f}{\partial\hat{\theta}}$$

$$\Gamma_\theta = D_{21}\frac{1}{\gamma^3}\frac{\partial f}{\partial u} + D_{22}\frac{\cos\theta_0}{\cos\hat{\theta}}\sqrt{\frac{b_m}{b_0}}\frac{1}{\gamma u}\frac{\partial f}{\partial\hat{\theta}}$$

$$\boldsymbol{D} = (D_{ij}) = \boldsymbol{a}\hat{\boldsymbol{D}}\boldsymbol{a}^{\mathrm{T}}$$

$$\boldsymbol{a}^{\mathrm{T}} = \left(\frac{\cos\theta_0}{u_\phi} + \frac{Y}{\gamma u} \quad -\frac{\sin\theta_0}{u_\phi} + \frac{Y\cos\theta_0}{\gamma u\sin\theta_0} \right)$$

$$\langle C_n(f) \rangle = \frac{1}{2\gamma^5 u^2} \frac{\partial}{\partial u}\left(\frac{1}{\gamma u}\frac{\partial}{\partial u} + \gamma^2 \right)f + \frac{\langle b/\cos\theta \rangle^{-1}}{\cos\hat{\theta}} \frac{1 + Z_{\mathrm{eff}}}{4\gamma^2 u^3} \frac{b_m}{\sin\hat{\theta}} \frac{\partial}{\partial\hat{\theta}} \frac{\sin\hat{\theta}}{\cos\hat{\theta}} \langle\cos\theta\rangle \frac{\partial f}{\partial\hat{\theta}}$$

$$\langle E_n(f) \rangle = \left\langle \frac{b}{\cos\theta} \right\rangle^{-1} \frac{\langle b \rangle}{\cos\hat{\theta}}$$

$$\cdot \left\{ \frac{1}{\gamma^5 u^2} \frac{\partial}{\partial u} \gamma^2 u^2 E_{DC}\cos\hat{\theta}f + \frac{1}{\gamma u\sin\hat{\theta}} \frac{\partial}{\partial\hat{\theta}}\sin\hat{\theta}(-E_{DC}\sin\hat{\theta}f) \right\}$$

由此求出电子的速度分布函数,然后由下式即可求得驱动电流和驱动功率:

$$\hat{j} = \int u_\parallel f(u,\hat{\theta})2\pi\xi^2\mathrm{d}\xi\sin\theta\mathrm{d}\theta = \int u\cos\theta f(u,\hat{\theta})2\pi\gamma^5 u^2\mathrm{d}u\sin\theta\mathrm{d}\theta$$

$$= \int 2\pi\gamma^5 u^2\mathrm{d}u\sin\hat{\theta}\mathrm{d}\hat{\theta}\frac{b}{b_m}u\cos\hat{\theta}f(u,\hat{\theta}) \tag{10.7.66}$$

$$\hat{p} = \int \frac{u^2}{2}\frac{\partial f}{\partial\tau}2\pi\xi^2\mathrm{d}\xi\sin\theta\mathrm{d}\theta = \int \frac{u^2}{2}\langle D_n(f)\rangle 2\pi\gamma^5 u^2\mathrm{d}u\sin\theta\mathrm{d}\theta$$

$$= \int 2\pi\gamma^5 u^2\mathrm{d}u\sin\hat{\theta}\mathrm{d}\hat{\theta}\frac{b}{b_m}\frac{\cos\hat{\theta}}{\cos\theta}\frac{u^2}{2}\langle D_n(f)\rangle \tag{10.7.67}$$

作为公式(10.7.65)数值求解的示例,其电流驱动效率的 $1-Y$ 关系图如图 10.7.6 所示[51]。这里 $Z_{\mathrm{eff}} = 1$,逆环径比 $\varepsilon = 0$,$u_\parallel/c = 0.5$,$\Delta u = 1$,$D = 0.5$,$\ln\Lambda = 20$。$T_e = 20$ keV 则 $w = 2.5$,由公式(10.7.23)求得的电流驱动效率为 $\eta_{\mathrm{CD}} = 2.0\times10^{19}$ A/W·m^2,通过选择 Y 值,也有可能使电流驱动效率大幅度提高。

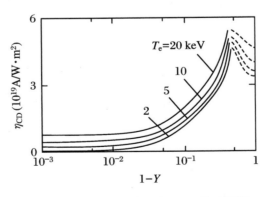

图 10.7.6 电流驱动效率的 $1-Y$ 关系图[51]

图 10.7.7 所示的电子速度分布函数等值线图，当 $Z_{\mathrm{eff}}=1$、$\varepsilon=0$、$u_{\parallel}/c=0.5$、$\Delta u=1$、$D=0.5$ 时：(a) $Y=1$，$T_{\mathrm{e}}=0$，为非相对论情形；(b) $Y=1$，$T_{\mathrm{e}}=20\ \mathrm{keV}$，为相对论情形；(c) $Y=0.6$，$T_{\mathrm{e}}=20\ \mathrm{keV}$，为相对论情形。可以看到，波动的存在区域使得因 Y 的减少和相对论效应导致的电子速度分布函数形变更加的扭曲，电流驱动效率增加。

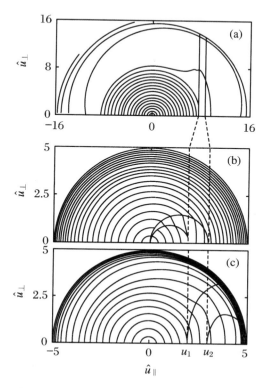

图 10.7.7　电子速度分布函数等值线图[51]

图 10.7.8 所示的电子速度分布函数等值线图，当 $Z_{\mathrm{eff}}=1$、$u_{\parallel}/c=0.5$、$T_{\mathrm{e}}=10\ \mathrm{keV}$、$Y=0.6$、$\Delta u=1$、$D=0.5$ 时：(a) $\varepsilon=0.1$，$\varphi=0$（低场侧入射）；(b) $\varepsilon=0.3$，$\varphi=0$；(c) $\varepsilon=0.1$，$\varphi=\pi$（高场侧入射）；(d) $\varepsilon=0.3$，$\varphi=\pi$。

扇形的内侧区域为捕获电子区域，其他区域为非捕获电子区域。由于相对论效应，波动的存在区域在扇形外侧区域发生形变而使得电子分布函数更加扭曲。今后，有必要进一步开展提高电流驱动效率的研究。

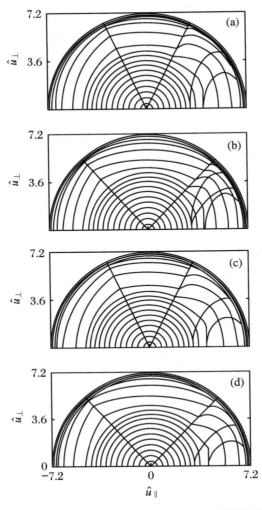

图 10.7.8　考虑捕获效应后的电子速度分布函数等值线图[51]

10.7.4　实验获得的电流驱动效率

1. 快波电流驱动 FWCD

　　ICRF 等离子体加热是最有效的加热法,JET 上采用 22 MW 的入射功率进行等离子体加热[52]。ICRF 的电流驱动实验也进行了很多,通过离子回旋波中的快波进行电流驱动 FWCD(fast wave current drive)的效率如图 10.7.9 所示[53,54]。

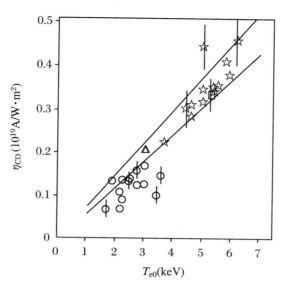

图 10.7.9　离子回旋波电流驱动效率[54]

○:DⅢ-D 的 L 模;△:Tore Supra 的 L 模;□:DⅢ-D 的 VH 模;☆:DⅢ-D 的 NCS L 模。
上方的实线:射线追踪代码 CUR-RAY;下方的实线:全波码 ALCYON

　　FWCD 是通过波的动量实现的电流驱动,可以看出电流驱动效率与 T_{e0} 成比例增长[54]。但现在看来与下面将要讨论的低混杂波电流驱动 LHCD(lower hybrid current drive)比起来驱动效率要低。要提高电流驱动效率,存在与加热课题相同的问题,必须考虑改善天线-等离子体的耦合方式以更好地提高 ICRF 效率,未来有望实现高温等离子体的高电流驱动效率。

2. 低混杂波电流驱动 LHCD

　　低混杂波电流驱动由于电流驱动性能高而被各种大小型装置用于实验。LHCD 的电流驱动效率如图 10.7.10 所示。LHCD 由接近堆等级的大电流(JT-60U 为 3.6 MA[55],JET 为 3 MA[56])驱动。稳态运行实验时,获得在超导托卡马克 TRIAM 上 5 h 16 min(等离子体电流 $I_p \approx 15$ kA[57])、Tore-Supra 上 6 min 以上($I_p \approx 0.5$ MA)的结果[58]。电流驱动效率比其他方法都要高,JT-60U 上 $\eta_{CD} = 3.5 \times 10^{19}$ A/W·m²,还得到定标关系式:

$$\eta_{CD} = 12\widetilde{T}_{keV}/(5 + Z_{eff})　(10^{19} \text{ A}/(\text{W} \cdot \text{m}^2)) \qquad (10.7.68)$$

其中,$\widetilde{T}_{keV}$ 为电子温度平均值,单位为 keV。公式(10.7.22)也给出电流驱动效率与等离子体温度成正比,公式(10.7.22)与公式(10.7.68)相比较,得到 $w = v_{\phi}/v_t =$

$\sqrt{12/\{0.12/(20/\ell n\ \Lambda)\}}$。在 $\ell n\ \Lambda = 16\sim20$ 范围里 $w = 9\sim10$。其他的实验结果中也发现一些问题，入射波的相速度 υ_ϕ 和与波相互作用的等离子体离子速度 υ_t 之差太大，以致无法发生共振。该现象被称为频谱间隙问题，期望未来装置达到堆等级，等离子体温度提高后，问题能够得到改善。

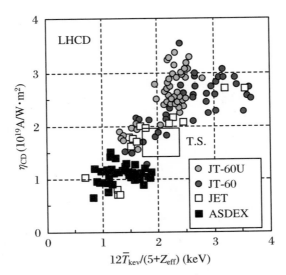

图 10.7.10　低混杂波电流驱动效率[54]

T. S. 为 Tore Supra

3. 电子回旋波电流驱动 ECCD

实验中电子回旋波除加热/电流驱动外，还有建立等离子体、抑制 MHD 不稳定性等多种功能。电子回旋波电流驱动 ECCD（electron cyclotron current drive）效率如图 10.7.11 所示。

实验结果得到电流驱动效率与等离子体温度成正比，与公式（10.7.23）得到的效率与温度成正比这一结果一致。JT-60U 上电子温度 21 keV 的等离子体获得 $\eta_{CD} = 0.42\times10^{19}$ A/（W·m^2），调整实验条件有可能提升电流驱动效率[60]。

至今为止的 ECCD 实验中，通常由于射频波电源的低入射功率，在稳态下（环电压 $V_L = 0$）的实验很少。ECCD 是在 $\upsilon_\perp$ 方向上进行加热，以此来驱动电子，因此电流驱动效率比 LHCD 低。同时实验得到的 ECCD 电流驱动效率比理论值低，且二者的差值比其他方法更大。究其原因，是加热后本应运载电流的高速电子约束变坏导致高速电子损失等效应[61]。ECCD 具有高密度的电流驱动的能力，并且射频波电源的大功率化，有望通过堆等级等离子体来改善高速电子的产生等。

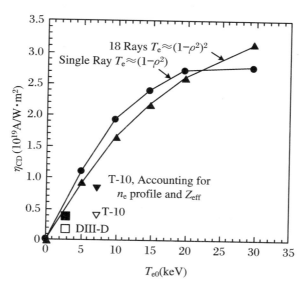

图 10.7.11 电子回旋波电流驱动效率[59]

实线为使用 CQL3D 计算代码以 FDR-ITER 为对象求得的电流驱动效率；

▽与□分别为 T-10 与 DⅢ-D 的实验结果；

▼与■分别为密度分布和有效电荷数 Z_{eff} 修正后的值

电子回旋波频率很高，因此能实现局部加热，能够适用于 MHD 不稳定性和电流分布的控制。另外，也能适用于预电离、低电压等离子体的建立等方面。

10.8 NBI 系统设计

10.8.1 设计要点

1. 必要功能

NBI 系统的必要功能是将等离子体温度加热到稳态运行点并维持温度的稳定，同时通过电流驱动维持等离子体电流的稳定，使得堆能有效地稳态运行。更进一步，NBI 系统还需要具有控制因等离子体旋转而导致的锁模等不稳定性的功能。另外，为了保证氚增殖比,需要确保包层设置的面积占有率,于是中性束的入射口径要尽可能小一点。

2. 设计要点

NBI 系统的基本要素包括束粒子种类、束能量、入射功率、束电流和束入射时间(脉冲宽度)[62]。束粒子种类由等离子体构成离子的种类决定,例如 DT 反应核聚变使用氘做束粒子。至于束能量,当 NBI 用于等离子体加热时,公式(10.2.25)是一个需要满足的条件;用于 NBCD 时,束能量越大,驱动的电流就越大,能量太大又会导致穿透率 f_s 增大,会导致 NBI 朝向的真空容器壁发生损伤。故需要综合考虑穿透率 f_s 来决定束能量。入射功率如第 6 章所述根据等离子体功率平衡来决定。束入射时间由堆运行计划决定。束电流由 NBI 系统内的损失比评估决定。

对于实验堆之后的聚变堆氘束能量需要 1 MeV 以上;入射功率虽可由其他加热/电流驱动系统分担,但单独的 NBI 系统也需要数十 MW 以上;束入射时间根据连续运行的假设,需要以年为单位。

3. 系统效率

NBI 是 1970 年左右作为一个核聚变装置加热方法而提出的,当时的托卡马克装置需要的入射能量为 30 keV 左右,因此只针对性地开发了必要的正离子源。1980 年代,大型托卡马克装置必须要 100 keV 左右的 NBI 来进行等离子体加热,未来的核聚变堆的目标是数百 keV 以上的入射能量,于是面临着正离子束中性化效率的问题,这推动了较少出现低中性化效率的负离子源的开发。负离子源的开发是从 1970 年代中期开始的,到 1990 年代初期实现了负离子源电流的增大化[63]。现在,开发中的负离子源 NBI 系统将作为核聚变实验堆 ITER 的加热电流驱动装置。

提高电站效率需要提高公式(2.5.6)所示的系统效率 η_s。对负离子 NBI 系统,加速效率:90%,中性化效率:60%,几何学损失:5%,再电离损失:5%,电源效率等其他:82%,因此系统效率 η_s 约为 40%[54,64~67]。JT-60U 上得到 NBCD 激发的自举电流比 f_{BS} ≈80%(参考 10.4 节),有望提高电站效率。

10.8.2 系统概要

正、负离子 NBI 的系统构成基本相同,其基本构成如图 10.8.1 所示。NBI 系统由产生/加速高能离子束的离子源、束流分布控制部件、离子中性化室、分离残余离子束的偏转磁体和残留离子束的离子吞食器(受热板)、中性束传输用的漂移管和向等离子体的入射窗口构成[67,68]。还有设置在入射口对面、防止穿透过等离子体的束流损伤第一壁的束流吸收板。

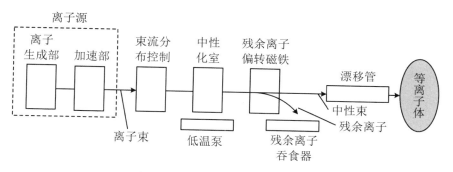

图 10.8.1　NBI 系统的基本构成

1. 正离子 NBI

使用正离子源生成正离子。在用以生成等离子体的容器外侧设置复数的永磁体,并在容器内壁附近生成多极会切磁场以束缚生成的等离子体,这就是离子生成部件的构成。这种桶式等离子体源会使等离子体在容器中央的无磁场区生成,从而得到均一等离子体。

在氢放电等离子体中,存在原子态离子 H^+、分子态离子 H_2^+ 和 H_3^+ 等离子。正离子 NBI 只用原子态离子 H^+ 中性化后的 H^0 束,不需要分子态离子,因此需要提高原子态离子的比例(质子比)。氢放电等离子体质子比的提高,与放电功率、等离子体体积和表面积、会切磁场强度等因素有关。

2. 负离子 NBI

根据图 10.8.1,正、负离子 NBI 的不同点在于,负离子 NBI 需要使用能够生成负离子的负离子源。负离子源生成的离子包含正、负离子两种,随着导出离子极性的不同,为了回收没有被中性化的离子,需要各自设置正、负离子的吞食器。由于正、负离子 NBI 有许多共同点,下面基于负离子 NBI 进行介绍。

10.8.3　负离子源

1. 负离子生成部件

负离子源的负离子生成方式如表 10.8.1 所示[2,68]。负离子生成方法有间接生成法和直接生成法。

间接生成法为如图 10.8.2 所示的二重电荷交换的方式[69]。诸如(p,n)反应等电荷改变的原子核反应即为电荷交换反应,发生 2 个电荷改变的原子核反应则称为二重电荷交换反应。该方式让预先生成的正离子束入射并通过碱金属(Cs 等)蒸气,通过二重电荷交换反应来得到负离子束。要得到较高的二重电荷交换反应效率,正离子束的能量需要低于 5 keV[70],随之而来的问题是很难得到束流发散角较小的优质离子束。

表 10.8.1　负离子生成方式

序号	区别	方式	特征
1	直接生成	二重电荷交换	让正离子束从能够获得电子的碱金属蒸气中入射通过后得到负离子束
2	间接生成	表面生成	在工作函数较低的固体表面使正离子转变为负离子来得到负离子束
3		体积生成	在等离子体中通过激发态分子得到负离子束

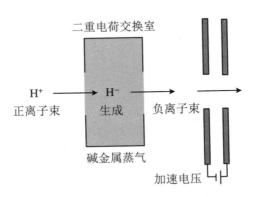

图 10.8.2　二重电荷交换方式的负离子源

直接生成法分为表面生成方式和体积生成方式。表面生成方式如图 10.8.3 所示,在等离子体中设置喷涂了碱金属的金属板并设置负偏压,让正离子入射到金属板以生成负离子[71]。生成的负离子因负偏压会从金属板脱离,如此来引出负离子。这种生成方式,即使工作气体压力很小也能得到负离子电流,但金属板 Cs 层的控制很困难,且因为表面损伤而使得长寿命使用成为问题。

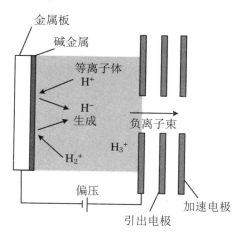

图 10.8.3　表面生成方式的负离子源

　　体积生成方式负离子源如图 10.8.4 所示。这种生成方式中,有利用磁过滤器将等离子体分成主放电区和 H⁻ 生成区的串联方式[2,72]。首先,主放电区通过从阴极放射出的电子来生成高温等离子体,此区域的电子为高能电子(20～40 eV 以上),氢分子与这样的高能电子碰撞,通过公式(10.8.1)所示的反应生成激发态分子 H_2^*:

$$H_2 + e_{fast} \rightarrow H_2^* + e'_{fast} \tag{10.8.1}$$

激发态分子不受磁场的影响而朝低温等离子体区扩散,在该区域(H⁻ 生成区),经过磁过滤器后的激发态分子,与低能电子(1 eV 左右)通过公式(10.8.2)所示的解离粘附作用变成负离子,这些负离子作为束流被引出。

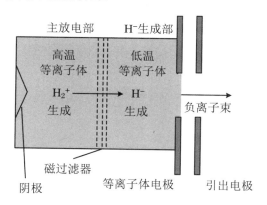

图 10.8.4　体积生成方式的负离子源

$$H_2^* + e \rightarrow H^- + H \qquad (10.8.2)$$

体积生成型离子源也能适用正离子源上开发的桶式等离子体源,可得到束流发散角小的优质离子束。不过该方式存在负离子电流密度低的问题,通过在主放电部添加铯(Cs)可使负离子生成效率得到提高[73]。

2. 加速部件

加速部件采用将电极按某一固定间隔复数放置并在电极间设置电位差来加速离子的静电加速方式。为了提高离子束电流,导出时使用多孔的导出电极,各孔导出的小束流称为小射束。由许多小射束构成的离子束面积随电流的增大而增大,但从确保氚增殖率的角度来讲,入射的口径要做小,因此需要将各小射束集束到一点。为此需要考虑用于集束各小射束的电极形状/曲率、孔径、电极间隔、电场强度等各个因素。

10.8.4 束流输送系统

1. 束流分布控制

通过控制束流入射等离子体的入射位置,使其从中心向边缘变化,可以控制等离子体电流等分布。

2. 中性化室

图 10.8.5 给出了离子束的中性化效率[62]。正离子随束流能量的增大,中性化效率

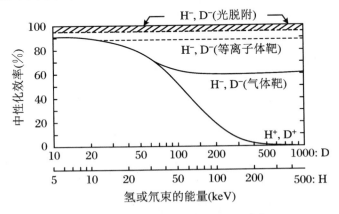

图 10.8.5 离子束的中性化效率[62]

急剧下降。正离子中性化采用的是使正离子束入射通过气体区的气体中性化法。负离子束若采用气体中性化法(图中的气体靶),中性化效率能保持在60%左右[74]。若采用等离子体靶的等离子体中性化法,效率可达85%以上[75]。若采用通过激光的光解吸中性化法,有望达到95%以上的中性化效率[76]。但以上方法要么需要等离子体,要么需要激光,必须配备足够的功率,而且从提高系统效率这一点来看,应该使用哪种方法还需要进一步讨论。

3. 残余离子偏转磁体、残余离子吞食器

负离子的中性化在中性化室中进行,未被中性化的离子需要通过偏转磁体除去。残留离子吞食器需要除去离子束的热量,因此为了提高冷却效率而采用了旋流管等冷却方式(参考8.5.3小节)。

4. 真空排气系统

真空排气系统采用涡轮泵或低温泵,若要求10^{-3} Pa等级的低压,则使用低温泵。低温泵的工作原理是通过将到达冷却到极低温度的金属板(低温板)表面的气体分子冷凝来达到抽气的目的。低温泵的概念如图10.8.6所示,为了避免常温部件的热辐射导致温度上升,低温板(3.7 K)前通常设置液氮(80 K)冷屏。低温泵的排气量由低温板单位面积的排气性能决定,因此往往根据排气量的需求来确定低温板的面积。

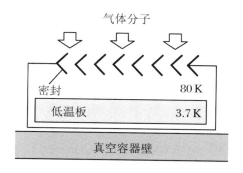

图10.8.6　低温泵的概念[2]

10.8.5　设计示例

正离子NBI经过大型化、大功率化的不断发展,JT-60[77]、TFTR[78]、JET[79]等大型核聚变实验装置都以其作为主要的加热装置。负离子NBI用在大型螺旋形装置上,其负

离子源生成的是 $180\,keV$、$30\,A$ 的氢束[80]。JT-60U 的负离子源，生成的是 $500\,keV$、$22\,A$ 的氘束[81]。

ITER NBI 的主要参数如表 10.8.2 所示，计划使用能量为 $1\,MeV$ 的氘束[82]。ITER 的 NBI 系统如图 10.8.7 所示，NBI 系统的大小为：长 $15\,m$，宽 $4.7\,m$，高 $5.3\,m$。量热仪是通过热量来测量中性粒子功率空间分布的装置，维修保养时会采用插板阀在保证真空的情况下将其拆卸下来。

表 10.8.2　ITER NBI 的主要参数

序号	项　目	值
1	束粒子种类	D^0 或者 H^0
2	束能量	$1\,MeV(D^0)$
3	入射功率	$33\,MW$（2 台），将来 $50\,MW$（3 台）
4	束电流	$40\,A$（D^- 束/离子源）
5	束入射时间（脉冲宽度）	$3600\,s$

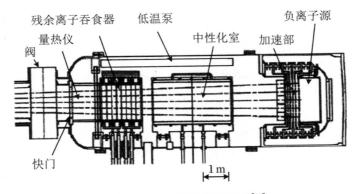

图 10.8.7　ITER NBI 系统[82]

核聚变原型堆假定的 NBI 系统主要参数如表 10.8.3 所示[24]。

表 10.8.3　核聚变原型堆 NBI 主要参数

序号	项　目	值
1	束能量	$1\sim1.5\,MeV$
2	入射功率	数十 MW（单台出力：$20\,MW$ 左右）
3	束入射时间	1 年以上
4	系统效率	50%以上
5	入射口径	为确保 TBR 而使入射口径小型化

10.8.6　今后的课题

今后,关于原型堆考虑的 NBI 系统相关的课题如下:

(1)输送中性束的漂移管贯穿了真空室和包层,从确保氚增殖比的角度来讲,必须尽可能提高束流的集束性,减小入射口径。另外,从等离子体中放出的中子会对机器产生放射性损伤,需要有相应的控制对策。

(2)中性化的气体会吸附在低温板的表面,若要利用气体中性化法进行 1 年以上的连续运行,必须使吸附的气体再放出,可能会延长维护期。因此需要探索能维持高中性化效率且能保证 1 年以上连续运行的中性化方法。

(3)负离子源中生成等离子体的细丝电极需要定期更换,为了不使维修期延长,需要开发不采用细丝的 RF 放电等方式的负离子源。另外,Cs 会附着在电极上导致绝缘劣化,因此需要开发出不使用 Cs 的负离子生成法。

10.9　离子回旋波系统设计

10.9.1　设计要点

要发射离子回旋波频率段(ICRF,ion cyclotron range of frequency),或者较低频的阿尔芬波等频率段的射频波,天线必不可少,这里一并介绍。

1. 必要的功能

ICRF 系统必要的功能,和其他加热/电流驱动系统一样,是通过稳定的等离子体加热和电流驱动使堆能有效稳态运行。更进一步,系统还需要具备以下功能:控制锯齿不稳定性,抑制新经典撕裂模等 MHD 不稳定性,控制 FWCD 驱动的电流分布、放电清洗、第一壁表面处理等。同时,为了确保氚增殖比,入射部的口径要尽量小。

2. 激发方法

氢、氘的离子回旋频率 f_{ci} 为

$$f_{cH} = \omega_{cH}/2\pi = 1.52 \times 10^7 \, B_0 \, (\mathrm{Hz}) \tag{10.9.1}$$

$$f_{cD} = \omega_{cD}/2\pi = 7.62 \times 10^6 \, B_0 \, (\mathrm{Hz}) \tag{10.9.2}$$

环向磁场 B_0 单位为 T。该频率从几 MHz 到几百 MHz 不等,频率为 100 MHz 的波真空中的波长($\lambda = c/f_{ci}$)为 3.00 m,因此发射该频段的波采用环形天线。

根据 10.6.1 节内容,阿尔芬波频段的快波满足 $E_x = 0$、$E_y \neq 0$、$E_z = 0$,慢波满足 $E_x \neq 0$、$E_y = 0$、$E_z = 0$。当频率 ω 接近离子回旋波频率($\omega \approx \omega_{ci}$)时,如 10.6.2 小节 2 所示,慢波在高密度等离子体中无法传播;从公式(10.6.22)知快波在等离子体表面内不存在右旋截止,从公式(10.6.26)知快波能在高密度等离子体中传播。根据 10.6.2 小节 4,在 $\theta = \pi/2$ 时快波变成非寻常波,满足 $E_x \neq 0$、$E_y \neq 0$、$E_z = 0$。

针对能在高密度等离子体中传播的快波,如图 10.9.1 所示,将位于低场侧的环形天线中心导体,设置成能使射频电流极向流过的极向放置形式,通过激励 B_z 来感应生成 E_y。环向上设置法拉第屏蔽抑制不需要的 E_z。若要激起静电波的离子伯恩斯坦波,则需要将环形天线沿环向放置并激励 E_z。

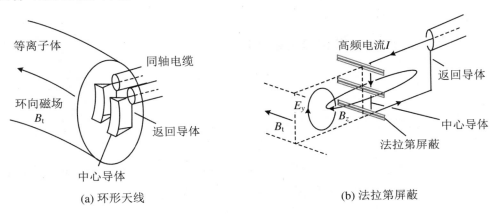

(a) 环形天线 　　　　　　　　(b) 法拉第屏蔽

图 10.9.1　快波的环形天线

3. 系统效率

由于离子回旋波所在的频段被广泛用于广播,并且将其用于等离子体加热的研究也有很长的历史,采用了四极真空管(tetrode)的射频波增幅器也取得了不少的成果,电力的输送则采用同轴管(同轴电缆)。

直流电功率向射频电功率的转换效率为 60%～70%[83]。与传输长度对应的传输损

失为每传输 100 m 损失约 2%[64]，于是整体的系统效率为 50%～60%[54,64～67]。

10.9.2 系统概要

ICRF 系统的构成如图 10.9.2 所示。ICRF 系统由射频波源系统、传输系统、将射频波功率发射到等离子体内的发射系统（匹配器、发射器）、各控制系统、冷却系统、电源系统等构成[84]。

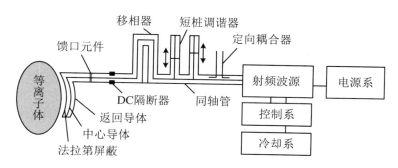

图 10.9.2　ICRF 系统构成

一般来说，射频系统具有良好的可接近性，因此可以将电源和射频源安装在远离发射系统的地方。下面介绍系统的各个构成要素。

1. 射频波源系统

为了能发射离子回旋波（几 MHz 到几百 MHz），射频波源要采用真空四极管增幅回路。图 10.9.3 为应用了真空四极管的增幅回路示意图[85]。不采用自激振荡器而采用其

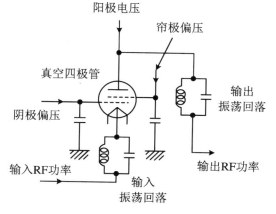

图 10.9.3　真空四极管增幅回路示意图[85]

他激励的多级增幅回路。若布置复数的天线,为了避免传输系统的电压和阻抗匹配的不稳定性,需要从单一的振荡器分出电力供给给多段增幅回路。目前,最后一段增幅用真空四极管的输出 RF 功率可达单管 2 MW(数秒脉冲的话则为 3 MW)的输出量。

2. 传输系统

为了抑制传输损失,离子回旋波大功率输送的传输线路采用同轴管(同轴电缆)。为了保持等离子体侧的真空,使同轴管内外导体电绝缘,同时作为连接环形天线的同轴管内管的支撑元件,馈口元件通常采用陶瓷材料。DC 隔断器(直流断路、DC break)是阻断直流电、接通高频电流的元件,定向耦合器(directional coupler)是测定传输线路入射功率与反射功率的元件[84]。如果环形天线与同轴电缆的阻抗不一致,环形天线部位会产生驻波而导致绝缘破坏等故障。解决办法是设置短桩调谐器,通过调整短桩线的长短使得环形线圈与同轴电缆的阻抗相匹配。

3. 发射系统

离子回旋波的发射系统(launcher)可采用环形天线、脊形波导管等布置方式。脊型波导管虽能紧凑化布置,但为了调控相位,波导阵列的尺寸必须很大,因此这里采用环形天线布置方式,环形天线的中心导体长度设置为波长的 1/4 左右,即 m 量级。天线长度应该在 1/4 波长内尽可能长,根据上述条件依次确定天线长度、宽度及环向上天线间的间隔等参数。

由于电流驱动必须向等离子体中激起行波,因此在环向上并列布置复数的环形天线(中心导体)。控制各天线的相位使各天线间形成相位差,然后流通高频电流,激发出环向波谱为 N_z 的射频波。该相位差的调整通过在环形天线和短桩调谐器间设置移相器并调整输送线路的长度来实现。发射系统还进行等离子体加热/电流驱动对应的发射方向、集束位置、相位等参数的控制。

10.9.3 设计示例

作为环形天线的设计示例,图 10.9.4 所示的是 JT-60U 的 ICRF 天线,频率为 108~132 MHz,天线为 2 段 2 列、极向 2 块并列组成 1 组,这样 2 组天线通过 4 根供电线输送 4.4 MW 的射频功率[39]。

表 10.9.1 展示的是 ITER ICRF 系统的主要参数[87,88]。环向磁场 $B_0 = 5.3$ T 时,氘离子回旋频率为 $f_{cD} = 40$ MHz,氚的 2 倍频谐波为 $2f_{cT} = 54$ MHz。该系统通过 40~55

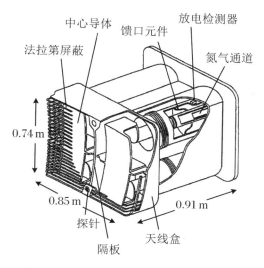

图 10.9.4　JT-60U 的 ICRF 天线鸟瞰图[86]

MHz 频率的波,实现少数离子加热、2 倍频谐波加热、快波电流驱动,以及通过少数离子电流驱动进行的等离子体电流分布控制等功能。

表 10.9.1　ITER ICRF 系统的主要参数

序号	项　目	值
1	频率	40～55 MHz
2	发射功率	20 MW,将来 20 MW 以上
3	射频波源(个数)/单管功率	真空四极管(8 根)/2.5 MW
4	发射器	环形天线
5	发射时间	连续(～3600 s)

图 10.9.5 为 ITER ICRF 的照片,使用 8 个射频波源。首先,将 2 个射频波源的电

图 10.9.5　ITER 的 ICRF 天线[88]

力捆绑在一起通过合计 4 根供电线输送射频功率，一直输送到发射系统的发射端口。然后在发射端口，将 4 根供电线通过 T 分支结构分成 8 根供电线，每根供电线又通过 4 分支结构（4 port junctions）分成 3 根供电线，分别给 3 个天线中心导体供电。天线中心导体数为 24 个（环向 4 个，极向 6 个），天线面积达到数 m^2 左右[89]。将来发射功率增加到 40 MW 后，会在两个发射口分别布置天线。

10.9.4　今后的课题

后期与 ICRF 系统相关的课题如下：

（1）ICRF 系统的天线必须设置在靠近等离子体的位置，于是法拉第屏蔽与等离子体之间有 RF 电位产生，从而形成 DC 电位（称为 RF 壳层），实施 ICRF 时会放出杂质。尽管目前相应的控制对策已经使这个问题得到改善，但 RF 壳层改善、天线材料的低 Z 化、天线间的相位控制等仍需要继续进行研究，使得天线与等离子体更好地耦合，更有效率地激励波。

（2）ICRF 系统的天线面积比其他射频波系统更大，但从确保氚增殖比角度讲，天线面积应该尽量小。虽然也有提出将天线设置在包层内部的方案[90]，包层后面设置等，如此一来，天线的放置位置和形状也需要精心设计。

（3）稳态运行时法拉第屏蔽冷却、中子辐照带来的中心导体损伤等问题需要有相应的对策。

10.10　低混杂波系统设计

10.10.1　设计要点

1. 必要的功能

LHW 系统的必要功能，与其他加热/电流驱动系统一样，是通过稳定的等离子体加热和电流驱动使堆效率良好地稳态运行。更进一步，LHW 进行的等离子体加热，还能选择发射器所激励的波的频谱分布和频率,实现离子、电子两方的加热,因此还被用来进行燃烧阶段的等离子体加热控制、通过 LHCD 控制内部输运壁垒外侧的电流分布等。同时,为了确保氚增殖比,发射部的口径也要做小。

2. 激发方法

由公式(10.5.65),利用 $\omega_{pe}^2 \omega_{ci}^2 \ll \omega_{pi}^2 \omega_{ce}^2$,低混杂波的频率 f_{LH} 可以写成

$$f_{LH} = \frac{\omega_{LH}}{2\pi} = \frac{1}{2\pi} \left(\frac{\omega_{pi}^2 + \omega_{ci}^2}{1 + \omega_{pe}^2/\omega_{ce}^2} \right)^{1/2} \tag{10.10.1}$$

根据核聚变堆的参数,该频段从几百 MHz 到几 GHz 不等。例如,频率为 5 GHz 的波真空波长($\lambda = c/f_{LH}$)为 6 cm,因此激发该频段的波可使用波导管。

由 10.6.3 小节,要使低混杂波能传播到等离子体中心区,最好以从等离子体边缘的低密度区发射满足公式(10.6.42)接近条件的 N_z 的慢波来进行。公式(10.6.33)的第 1 式给出了慢波,当 $\theta \to \pi/2$ 时又回归到公式(10.5.56)。慢波满足 $E_z \neq 0$。综上,要激发慢波,有效方法是从环形等离子体外侧入射电场为 E_z 的电磁波。进行电流驱动时,则向环形等离子体中射入沿环向磁场传播的射频波。

低混杂波的入射系统如图 10.10.1 所示[91]。低混杂波的发射系统是在环向低场侧设置波导管阵列。波导管可激发 TE_{10} 模(TE, transverse electric wave)等各种模式[92]。若波频率为 f,相位差为 $\Delta\phi$,相速度为 υ_ϕ,波导管阵列环向的峰间隔为 ℓ,带电粒子的速度为 υ_z,如图 10.10.1(c)所示,当带电粒子从波导管阵列右端运动而来时,施加使带电粒子加速的电场,带电粒子到达波导管阵列第 2 根波导管位置的时间为 $t = \ell/\upsilon_z$。此时,若波的相位以 1/4 波长,即 $\Delta\phi = \pi/2$ 前进,则 $t = 1/(4f) = \Delta\phi/(2\pi f)$,带电粒子的速度与波相速度相等,即 $\upsilon_\phi = \upsilon_z$,由 $\omega = 2\pi f$ 得

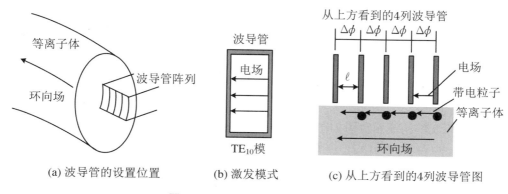

(a) 波导管的设置位置　　(b) 激发模式　　(c) 从上方看到的4列波导管图

图 10.10.1　低混杂波的入射系统

$$v_\phi = \omega \ell / \Delta\phi \qquad (10.10.2)$$

由此,若入射角频率 ω、$\Delta\phi$、ℓ 确定,速度为 v_z 的带电粒子即可激发相速度为 v_ϕ 的行波。这时发射的波与磁场平行,折射率为 $N_z = c/v_\phi$。

波与粒子的共振条件为 $v_\phi = v_z$,波的能量通过朗道阻尼被粒子吸收。LHCD 除了公式(10.6.42)所示的接近条件外,还要满足 $v_\phi/v_t > 1$。若 $v_\phi/v_t \approx 1$,波会因为能量通过朗道阻尼被等离子体吸收殆尽,而无法到达等离子体中心。若等离子体温度为 $T_e = 10$ keV,则 $c/v_t \approx 7$。即使取满足 $N_z^2 > 1 + \omega_{per}^2/\omega_{ce}^2$ 的较小值 $N_z = 2$(当 $B_0 = 3.5$ T、$n_e = 10^{19}$ m^{-3} 时 $N_z = 1.1$ 左右),得到 $v_\phi/v_t = (c/v_t)/N_z = 3.6$,等离子体温度上升后就会变得更接近 1,仍然存在波因能量被等离子体吸收而无法到达等离子体中心的可能性。综合考虑,LHW 适用于边缘等离子体的电流驱动。

3. 发射器前的等离子体密度

低混杂波系统中,从发射系统发射的波,需要经过发射器前的低密度等离子体区域向等离子体中心传播,慢波能传播的场合为公式(10.6.33) $-K_\parallel = \omega_{pe}^2/\omega^2 - 1 > 0$,即密度满足 $n > n_{sc} = (m_e\varepsilon_0/e^2)\omega_{LH}^2 = 3.1 (f_{LH}/5)^2 \times 10^{17}$ m^{-3},其中,频率 f_{LH} 的单位为 GHz,故发射器位置必须在等离子体表面附近,即与第一壁相同的位置。

4. 系统效率

低混杂波的电源效率为 95%,因此发射时采用速调管(klystron);射频波增幅系统从输入电力向射频波电力转换的效率为 60%~70%;入射系统的效率,发射器部分为 95%,真空窗口为 99%,透过率为 99%,合计后为 89%;发射的方向性为 76%~83%。综上,系统效率为 45%~55%[54,64~67]。

10.10.2 系统概要

LHW 系统的构成示意图如图 10.10.2 所示。LHW 系统由射频波源、输送系统和发射系统(匹配器头、发射器),以及控制系统、冷却系统、电源系统等构成[93,94]。射频波源包含振荡器、分配器、移相器、速调管。传输系统包含波导管、DC 隔断器、真空窗口等。

LHW 系统的电源和射频波源可以远离等离子体布置,传输系统采用的波导管设置时避开了掩体等装置,因此为立体的构成(图中为了简单化直接以直线表示),也被称为立体回路。

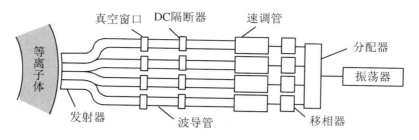

图 10.10.2　LHW 系统构成示意图

1. 射频波源系统

这个波段(几 GHz)的振荡器有磁控管和回旋管,还有含增幅器的速调管。一般速调管是由用漂移管隔开的 2 个以上的空腔(cavity)构成的,图 10.10.3 为典型的例子,2 空腔的速调管。空腔部分为二重圆筒形且内侧圆筒设有缺口,中心部分用来通过经电子枪加速后的直流电子束,内筒和外筒的中间部分即为共振器。电子束经过从入射空腔的缺口部激发的电磁场加速或减速调节后,在漂移管中传播时发生集束(bunching),集束后的电子束在出口空腔的缺口处产生感应电场,通过出口空腔向外部发射连续的射频波,相互作用结束后的电子由收集器回收。现正在开发单管功率达 1 MW 级别的速调管。

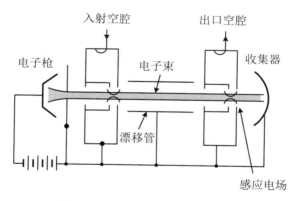

图 10.10.3　2 空腔速调管概念图[85]

2. 传输系统

要传输大功率的低混杂波,可以考虑矩形波导管、同轴电缆等,由于发射器部分采用的是矩形波导管,因此大多数低混杂波传输系统都采用矩形波导管。

由于传输系统从速调管到发射器之间有很长的距离,因此环行器(circulator)、定向耦合器等传输设备是必需的。环行器是防止未与等离子体相互作用的波反射回到速调管后导致速调管受损的装置。定向耦合器是接在传输系统中测量传输功率的装置。

传输系统还必须配备保证速调管内真空（$10^{-7}\sim10^{-9}$ Pa）的射频波真空窗口以及保持真空室内真空（$10^{-4}\sim10^{-5}$ Pa）的真空室窗口。以射频波窗口为例，窗口只有 $5\sim$ 10 mm，是将氧化铝或铍制的圆盘焊接在圆形波导管中制成的[40,94]。

为了能改变传输的方向，波导管的一些部位被设计成圆弧状弯曲、圆角的形状（斜接弯、拐角）。将波导管设计为分支结构后的分支波导管如图 10.10.4 所示[92]。（a）为以与 TE_{10} 模电场平行的平面（E 面）进行分支的 E 面分支公式（E-plane junction），（b）为以磁场平行的平面（H 面）进行分支的 H 面分支公式（H-plane junction）。而奇异三通（magic tee）则是将 E 面分支波导管与 H 面分支波导管相结合后拥有 4 个开口的形式，用来进行射频波的分支与合成。

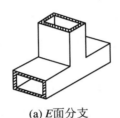 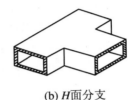

(a) E面分支   (b) H面分支

图 10.10.4　分支波导管

3. 发射系统

LHW 系统发射器发射的是由加热/电流驱动条件决定的折射率为 N_z 的射频波。发射器大致可分为 3 类：

（1）标准发射器

标准发射器从 20 世纪 70 年代开始使用，为沿环向复数并排布置的能发射对应折射率为 N_z 的基波模 TE_{10} 的矩形波导管（根据波导管排列后的形状，形象地称之为"烤架"）[95]，各波导管之间设置相位差以生成相速度为 v_{φ} 的行波。

（2）多分支发射器

LHW 系统大型化要求系统更加简洁高效化，于是提出了多分支发射器（multijunction）方案[96]。多分支波导管通过在 E 面接合板上插入波导管来分配射频波功率。图 10.10.5 所示的即为利用 E 面接合板进行功率分配的原理。由 E 面分支波导管可知，从 ①入射的功率并没有沿②、③均分为两份，①与②同相位，①与③反相位。而利用 E 面结合板先②和③结合，再分配后便能使②和③与①同相位且功率为①的一半。上述例子虽然是 2 个分支的波导管（副波导管），但同样适用于多分支波导管。之后再在分支后的副波导管上分别设置移相器,使各波导管之间产生相位差,便能达到简化系统的目的。多分支发射器能减少从等离子体反射回来的功率,与等离子体有较好的耦合。

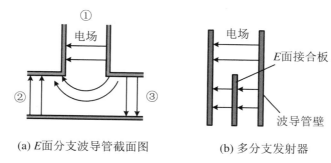

(a) E面分支波导管截面图　　　　(b) 多分支发射器

图 10.10.5　利用 E 面接合板的功率分配

（3）PAM 发射器

随着装置的大型化,热负荷也随之增加,而提高频率的同时波长 λ 变短,必须将 E 面接合板做得更薄,相应地机械性能和冷却性能变低了。为了解决上述问题,提出了 PAM 发射器(passive active multijunction)的概念[97]:将多分支发射器的波导管阵列中射频供电的 active 波导管和发射器距离先端 $\lambda/4$ 处的反射板的 passive 波导管交换配置,在 passive 波导管壁设置冷却通道,这样便同时保证了机械强度与冷却性能。

（4）移相器

设矩形波导管截面长为 a,宽为 b,则 TE_{nm} 的相位常数为[92]

$$\beta_{nm} = \sqrt{(2\pi/\lambda)^2 - (n\pi/a)^2 - (m\pi/b)^2} \qquad (10.10.3)$$

其中,$k^2 = (2\pi/\lambda)^2 = \omega^2\mu^2\varepsilon^2$,$\lambda$ 为自由空间波长,ε、μ 分别为介质的介电常数、磁导率,$\lambda_g = 2\pi/\beta_{nm}$ 为管内波长。若行程长为 ℓ,则射频波传输的相位为 $\phi = \beta_{nm}\ell$。LHW 系统的移相器改变相位的方法有:① 在波导管内放入电介质从而改变管内波长;② 改变波导管的 a、b;③ 改变行程长 ℓ 等。①常用于图 10.10.2 所示的速调管前段低功率部的移相器,而②用在多分支发射器副波导管的相位控制。②中向波导管内插入与电场平行的导体可有效地改变高度 a[98],图 10.10.6 所示的 TE_{10} 模情况下,相位差为 $\Delta\phi = (\beta_1 - \beta)\ell_1$,其中

$$\beta = \sqrt{(2\pi/\lambda)^2 - (\pi/a)^2}, \quad \beta_1 = \sqrt{(2\pi/\lambda)^2 - (\pi/a_1)^2} \qquad (10.10.4)$$

③用在标准发射器大功率部的移相器上,由于相位常数 β_{nm} 恒定,故可通过能够改变行程长 ℓ_1、ℓ_2 的 U Link 移相器使得相位差变为 $\Delta\phi = \beta_{nm}(\ell_1 - \ell_2)$。

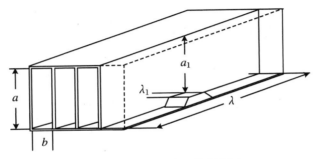

图 10.10.6　4 列波导管示意图

10.10.3　设计示例

图 10.10.7 所示为 JT-60U 低混杂波系统的发射器(单位为 mm)。一根基波波导管和分成 12 根副波导管的分支波导管一起扇形扩展布置,形成一个超大波导管模块,这样的模块在环向和极向上各布置 4 个,各模块都与一个 2 GHz 的速调管连接,共计 16 个速调管能发射约 7 MW 的射频波。上部位的 8 个模块与下部位的 8 个模块能够独立地运行。

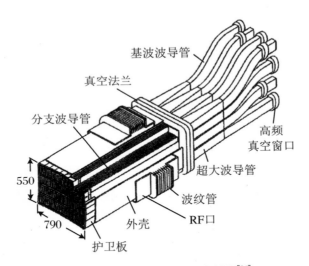

图 10.10.7　JT-60U 的 LH 发射器[94]

ITER 上 LHW 系统的主要参数如表 10.10.1 所示[87,99]。ITER 发射的波频率为 5 GHz,加热/电流驱动用的功率为 20 MW, $N_z = 1.8 \sim 2.2$。最初设计采用的是单管 1 MW 的速调管,为了提高研发的确定性,改用 48 根单管 500 kW 的速调管的布置方案,通过 48 条传输系统给这 48 个模块分别供电。

表 10.10.1　ITER LHW 系统的主要参数

序号	项　目	值
1	频率	5 GHz
2	发射功率	20 MW,将来增加至 20~40 MW
3	射频波源(个数)/单管功率	速调管(48 根)/500 kW
4	发射器	PAM 波导管阵列
5	发射时间	连续

图 10.10.8 为 ITER 的 LHW 系统示意图[99,100]。

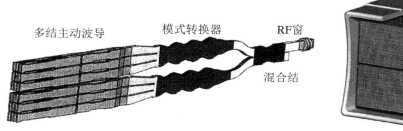

多结主动波导　　模式转换器　　RF窗

混合结

(a) LHW发射器的1个模块[99]　　　　　　　(b) LHW发射器整体[100]

图 10.10.8　ITER 的 LHW 系统

图 10.10.8(a)是从射频波真空窗(RF window)到波导管的 1 个模块。各传输系统提供的射频波功率从射频波真空窗通过后,被 Hybrid Junction(3 dB 分波器、3 dB splitter)依次均分,再由极向并列的 2 个模转换器从 TE_{10} 转换到 TE_{30}。通过模转换器后,射频波功率在极向上分为 3 份,各自再在环向上分为 4 份,组成含有 4 个 active 波导管的 PAM 波导管。passive 波导管设置在 active 波导管之间。即 1 个模块由 1 条传输系统供给射频波功率,并由环向 4 个、极向 6 个共计 24 个 active 波导管组成 PAM 波导管。

图 10.10.8(b)为 LHW 发射器整体的示意图,由环向 12 个、极向 4 个共计 48 个模块构成,总的 active 波导管为 1152 个(48×24)。active 与 passive 波导管的宽度分别为 $b_a = 9.25$ mm、$b_p = 7.25$ mm,高相同为 $a = 58$ mm。LHW 发射器整体高 2160 mm、宽 650 mm,发射器面积为 1.4 m^2 左右。

10.10.4　今后的课题

LHW 今后的课题如下：

（1）为了能保证稳态时射频波也能高效率地入射到等离子体中,必须改善发射器与等离子体的耦合。耦合方式由发射器前的等离子体密度与密度梯度决定。当 ELM 模等出现时,发射器前的等离子体密度会发生变化,因此必须构建一个能应对边缘等离子体密度变化的 LHW 系统。

（2）由于发射器设置在靠近等离子体表面的位置,堆芯部等离子体的环境下,热/粒子负荷会增大,发射器必须能够承受热和粒子负荷。发射器作为面向等离子体部件同第一壁一样需要考虑热负荷、中子负荷的相关对策。

10.11　电子回旋波系统设计

10.11.1　设计要点

1. 必要的功能

ECW 系统的必要功能,与其他加热/电流驱动系统一样,是通过稳定的等离子体加热和电流驱动使堆能有效稳态运行。具体来说,电子回旋波波长比其他波都短,通过频率或磁场改变形成局部加热,可以实现对等离子体的温度分布控制、电流分布控制。可用于控制撕裂模、新经典撕裂模等 MHD 不稳定性,以及用于等离子体的预电离,来降低等离子体建立时变流器线圈的伏秒数。同时,为了确保氚增殖比,发射部的口径也要做小。

2. 激发方法

电子回旋波的频率 f_{ce} 为

$$f_{ce} = \omega_{ce}/2\pi = 2.80 \times 10^{10} B_0 \qquad (10.11.1)$$

环向磁场 B_0 的单位为 T。若频率为 28 GHz，则真空波长（$\lambda = c/f_{ce}$）为 10.7 mm，若频率为 170 GHz，则真空波长为 1.76 mm，因此电子回旋波频率位于毫米波段。发射该频段的波使用波导管。

这里，我们讨论使用基频波进行电子回旋波加热/电流驱动的情况。根据 10.5.6 小节 2，寻常波在 $\theta \to \pi/2$ 时，有 $E_x = E_y = 0$、$E_z \neq 0$。寻常波入射时，电子受到 E_z 影响加速的同时，因 $\theta \to \pi/2$ 而使得 $k_x = k\sin\theta$ 趋于增大，径向波长趋于减小，通过有限拉莫尔半径效应对波能量的吸收变大[1]。根据 10.5.6 小节 2，异常波在 $\theta \to \pi/2$ 时，$E_x \neq 0$、$E_y \neq 0$、$E_z = 0$。非寻常波入射，$\theta \to \pi/2$ 时波的传播方向与拉莫尔回旋运动的电子移动方向不同，少有相互作用；$\theta \to 0$ 时波的传播方向与电子移动方向接近，垂直的电场成分也与电子拉莫尔回旋方向同步，容易引发回旋共振，电子吸收的波的能量也变大。上述情况适用于 10.5.8 小节所述的波在不均匀等离子体中传播的公式，以及热等离子体的色散关系式（参考 10.5.3 小节、10.5.4 小节），由此可以求出波能量的吸收量。

由 10.6.4 小节 3，寻常波存在 $\omega = \omega_{pe}$ 截止，选择 $\omega > \omega_{pe}$ 的波即可避免截止的发生，因此不管从环外侧（低场侧）还是环内侧（高场侧）入射，均可抵达回旋共振层。非寻常波在低场侧存在 $R = 0$ 右旋截止，需要从环内侧入射才能抵达回旋共振层（等离子体中心）。

实验上采取的是环外侧入射寻常波而环内侧入射非寻常波的方式。寻常波入射时，在与磁场平行的方向上激发射频波电场；非寻常波入射时，则是在与磁场垂直的方向上激发射频波电场。从堆的构造上讲，从环外侧发射寻常波更容易实现。

图 10.11.1 为电子回旋波发射系统示意图。使用 ECCD 时，N_z 由射频波磁场对应的入射角 θ 决定，即入射角为 θ 时，$k_z = k\cos\theta = \omega\cos\theta/c$，于是 $N_z = ck_z/\omega = \cos\theta$。环外侧发射寻常波进行等离子体加热/电流驱动时，必须激发 E_z，因此采用图 10.11.1(b)

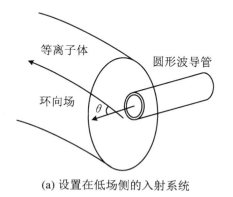

(a) 设置在低场侧的入射系统　　　(b) 圆形波导管的传播模式

图 10.11.1　电子回旋波发射系统

所示的直线偏振波模 TE_{11} 方式入射。

3. 系统效率

毫米波射频波源最初使用的是速调管,频率为 10 GHz,功率为数十 kW。后来,随着回旋管(gyrotron)被成功研发,能使用的电子回旋波频段变得更宽,起初用的是 28 GHz、200 kW 的脉冲回旋管。再后来,随着 CW(continuous wave)化、高频化、高功率化的进展,回旋管的研发成果显著。现在,回旋管单管功率可达 1 MW[101]。核聚变堆的环向磁场也愈来愈大,达到了几特斯拉,电子回旋波频率相应变成 160～220 GHz。

电子回旋波频段的电源效率为 95%[64],射频波增幅系统的入射功率向射频波功率转换的效率为 55%[101],传输系统的效率为 92%,于是系统效率为 30%～47%[24,54,64～67]。

10.11.2 系统概要

1. 系统构成

ECW 系统构成示意图如图 10.11.2 所示。ECW 系统由射频波源系统、传输系统、发射系统(匹配器、发射器),以及控制系统、冷却系统、电源系统构成[102]。传输系统包括模转换器、DC 隔断器、锥形波导管、真空窗等;若各传输部件不匹配,会因反射波而建立起大的驻波,引发高频电弧,因此还配置有能够检测电弧的检测器,以及测定入射/反射功率的定向耦合器等设备。

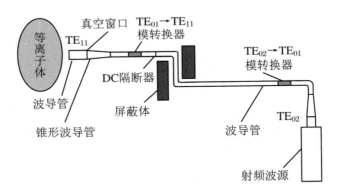

图 10.11.2　ECW 系统构成示意图

当回旋管输出模式为 TE_{02} 模时,会通过模转换器转换为传输损失更小的 TE_{01} 模进行传输。使用锥形波导管可防止大面积高频功率通过时导致的绝缘破坏。最后模转换

器会将 TE_{01} 模转换为 TE_{11} 射入等离子体中。ECW 系统的电源和发振器也能在远离等离子体处设置,传输系统使用的波导管也能避开掩体等设施进行布置。

当射频波垂直磁场入射时($\theta=\pi/2$),寻常波拥有偏振面与磁场平行的线偏正电场,而非寻常波拥有偏振面与磁场垂直的线偏正电场,电流驱动时需要将射频波斜角入射,因此寻常波与非寻常波正交形成椭圆偏振波。随着入射功率的增大,有必要先提高寻常波、非寻常波的模纯度再进行入射。

随着入射射频波频率的增大、波长的变短,波导管的直径也变小。又因为入射功率的增加而使得波导管内传输的功率密度增加,因此需要提高波导管的冷却性能。传输系统则使用能降低损失的波导管(超大的圆形螺纹波导管),同时采用高斯光束(高斯分布的光束)进行空间传输的准光学传输方式。图 10.11.3 表示使用了圆形螺纹波导管的 ECW 系统构成示意图。ECW 系统由以下部分构成:将回旋管发射的高斯光束导入超大圆形螺纹波导管中的准光学模式转换器、斜接弯(miter bend)、圆形螺纹波导管、真空窗、平面镜等[101,103]。可以不需要考虑波与等离子体的耦合状态,直接以光束的形式入射。

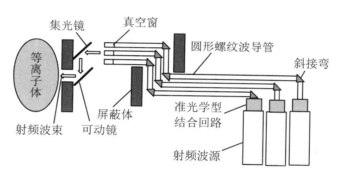

图 10.11.3　使用了圆形螺纹波导管的 ECW 系统构成示意图

以较高的局部加热/电流驱动来进行 MHD 不稳定性控制为目的,采用了准光学传输系统的 ECW 系统的构成示意图如图 10.11.4 所示[104]。系统通过复数的平面镜来控

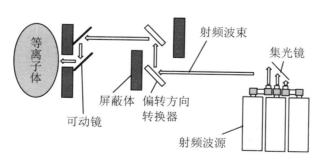

图 10.11.4　使用了准光学传输的 ECW 系统构成示意图

制从振动器发射的光束,以此实现传输路径的控制。由 2 块平面镜构成的偏转方向转换器可将水平方向光束转换为与磁场垂直的垂直方向光束。只要将 2 块平面镜换成 2 块波纹镜,就可实现线偏振波到椭圆偏振波的转换。射频波束经过上述转换后将直接射入等离子体中。

2. 射频波源系统

作为射频波源的回旋管概念图如图 10.11.5 所示。由阴极与阳极间电压所激发的电子,会在电磁线圈产生的轴向磁场中一边做回旋运动,一边通过谐振腔。在谐振腔,方向角方向的电场会与电子相互作用,电子一部分垂直磁场方向的动能会被转换为电磁波能量,成为射频波并经由输出窗向外发射。能量转换完成后的电子被收集器回收,剩余的动能会转化为热能。

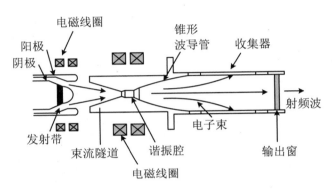

图 10.11.5　回旋管的概念图[105]

当时的回旋管存在波的功率被输出窗吸收过多的问题,20 世纪 90 年代末期,这个问题被新开发的人造金刚石窗口解决。另外,回旋管的发射器使用的是弗拉索夫转换器,当时高斯光束的转换效率只有 80%。要得到完美的高斯光束,需要将发射面电场分布制成高斯分布,因此为了产生高斯光束必要的模成分,放射面内壁制成了微细的形状,转换效率也达到了 96% 以上[101]。

相应的,通过采用高效率振动模式并在收集器前给电子束加上减速电压由电源回收电子的动能,回旋管入射功率向射频波功率转换的效率也达到了 55% 以上。

3. 传输系统

为了使电子回旋波(几 GHz 到数百 GHz)能大功率传输,传输系统必须减少传输损失,因此系统采用波导管或者准光学传输的方式。波导管有矩形波导管和圆形波导管,若按我们所需要的波长设计,传输基波模的基波波导管尺寸将达到 mm 量级。另一方面,若单系统传输的功率达到 1 MW 以上的大功率级别,可能发生射频波放电或者电弧,而基波波导管很难实现大功率传输,因此系统采用的是比所需波长更大的超大波导管。由于超大波导管能实现复数高次谐波模的传输,因此需要抑制无用波模的产生。

螺纹波导管是一种为了防止模转换而在波导管内壁车出螺旋形或者圆形沟槽的圆形波导管。工作时,将与电场平行的壁面称为电场壁,而与电场垂直的壁面称为磁场壁。调整沟槽的深度、宽度以及轴向螺纹数等参数即可达到降低传输损失的目的。

超大的螺纹波导管能够实现的低损失传输模为线偏振的 HE_{11} 模(hybrid wave 模、混杂波)。TM 模(transverse magnetic wave 模)满足 $E_z \neq 0$、$H_z = 0$;TE 模(transverse electric wave 模)满足 $E_z = 0$、$H_z \neq 0$;HE 模满足 $E_z \neq 0$、$H_z \neq 0$。管内的电场为直线型、壁面为 0 的中心集中型分布,波导管的壁面附近基本不存在电磁波能量,因此损失很少。另外,即使波导管被从中间切断,波也能保持形态从开口的部分发射出去[2]。

4. 入射系统

波导管传来的射频波从波导管发射出去后,会由聚光镜(focusing mirror)进行聚光。由于 ECW 被用来进行等离子体温度分布和电流分布的控制,发射射频波束时需要通过可调式镜面来配合入射位置改变入射方向。由于发射器的一部分会受到中子的直接照射,为了使振动器不直接面对等离子体,发射器的一部分会设计成包裹在屏蔽体中的弯曲构造。

10.11.3　设计示例

以 ITER 为设计示例,其 ECW 系统主要的参数如表 10.11.1 所示[87,101,106~109]。

表 10.11.1　ITER ECW 系统的主要参数

序号	项　　目	值
1	频率	170 GHz
2	发射功率	20 MW,将来再增加 20 MW
3	射频波源(个数)/单管功率	回旋管(24 根)/1 MW
4	发射器	圆形螺纹波导管
5	发射时间	连续(3600 s)

射频波源采用 24 根频率 170 GHz、单管功率 1 MW 的回旋管。传输系统的构成如

图 10.11.3 所示,从回旋管发出的高斯光束通过准光学传输系统(MOU,matching optics unit),经 2 面相位修正镜整形,最后于圆形螺纹波导管入口处耦合为 HE_{11} 模。

从回旋管到发射器之间有 24 个传输系统,由直线部的圆形螺纹波导管和角部的斜接弯(90°mitre bend)构成立体回路。圆形螺纹波导管为内径 63.5mm 的超大波导管。为了防止放电,传输系统内部保持真空并设有真空窗,且设有防止真空破坏以及氚泄漏的插板阀。

ECW 系统的发射器在真空室的水平窗口设有 1 个,上窗口设有 4 个。水平窗口发射器用于等离子体加热、电流驱动,由 24 个传输系统提供射频波功率,共 20 MW 的功率入射到等离子体。上窗口发射器用于控制新经典撕裂模、锯齿状振荡等 MHD 不稳定。1 个窗口对应 8 个传输系统,提供 6.7 MW 的入射功率。射频波功率在水平窗口发射器和上窗口发射器之间来回切换使用[65,109]。

ECW 系统的水平发射器如图 10.11.6 所示。当时,水平窗口发射器发射射频波的方向可以沿环向变化,但为了达到提高 ECCD 电流驱动效率的效果[110],发射方向改为可沿极向变化。

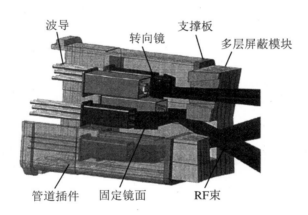

图 10.11.6 ITER ECW 系统水平窗口发射器[108]

连接 24 个传输系统的螺纹波导管,在水平窗口发射器上以 3 段式、8 根螺纹波导管构成 1 个模块,然后分成上、中、下 3 个模块。从各模块 8 根螺纹波导管发射的 8 支射频束,经固定镜面(fixed mirror)反射后,再由可动镜面调整入射角,聚焦到等离子体中的目标位置。

最初入射方向沿环向可变的时候,占用了 3 个包层屏蔽模块(BSM)的窗口,改为极向可变时,中下段模块发射的射频波束可以共用一个窗口,因此只需要占用 2 个窗口。由于发射器的部分会受到来自等离子体中的中子的照射,因此 ITER 发射器也设计成弯曲的结构。

包层屏蔽模块窗口部分的面积为 0.36 m²（415 mm×240 mm×2 个、580 mm×280 mm×1 个），因此与采用入射方向沿环向可变时的窗口面积相比，沿极向可变时的窗口面积较小，最多相等[108]。

上窗口发射器如图 10.11.7 所示。上窗口发射器有 8 个传输系统，分为上段和下段各 4 个，分别通过聚光镜聚焦，然后经由可动镜调整入射角，最后将射频波束射入等离子体中。

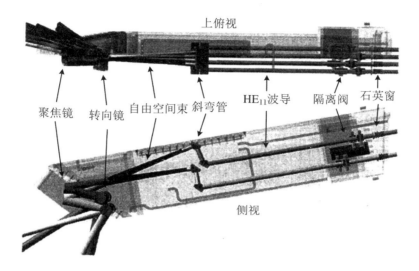

上俯视

聚焦镜　转向镜　自由空间束 斜弯管　　HE₁₁波导　隔离阀　石英窗

侧视

图 10.11.7　ITER ECW 系统的上窗口发射器[109]

10.11.4　今后的课题

ECW 今后的课题如下：

（1）为了实现核聚变发电站运行，从射频波源的功率向高射频波功率转换的效率、包含传输系统在内的系统效率需要进一步提高。

（2）要利用 ECW 来控制等离子体温度分布和电流分布，必须让任意位置的等离子体均可吸收 ECW 的能量。为此必须采用更复杂的、能传送复数频率的传输系统，这就需要研发高速可变的射频波源，而且需要研发能实时控制等离子体温度和电流分布的技术。

（3）由于发射系统置于高中子环境中，为了提高镜面等传输部件的耐放射性，需要减小窗口部的面积、削减可动部分的组件。减小窗口面积对确保氚增殖比而言也非常重要,因此希望能够在 1 个射频波束的入射窗口上实现等离子体加热、电流驱动和 MHD 不稳定性控制。

(4) 由于已经证实 ECCD 能短时间建立起等离子体电流,若不使用电磁感应方式进行电流驱动,装置的构造能够更加简洁化。

附录 10.5A

将公式(3.6.21)写成

$$f(\boldsymbol{r},\boldsymbol{v},t) = \sum_{j=x,y,z} Y_j E_j \exp\mathrm{i}(k_x x + k_z z - \omega t) \tag{10.5A.1}$$

这里省略下标 1,Y_j 为电场 E_j 的系数。速度分量为 $v_x(t) = v_\perp \cos\theta$、$v_y(t) = v_\perp \sin\theta$、$v_z(t) = v_\parallel$,故公式(10.5.26)可以写成

$$(K_{ij} - I_{ij}) \cdot E_j = \frac{\mathrm{i}}{\omega \varepsilon_0} \sum_\ell \sum_{j=x,y,z} q \int v_i Y_j E_j f \mathrm{d}v \tag{10.5A.2}$$

详细的,公式(10.5.26)的 xx 分量为

$$K_{xx} - 1 = \frac{\mathrm{i}}{\omega \varepsilon_0} \sum_\ell q \int_0^{+\infty} v_\perp \, \mathrm{d}v_\perp \int_0^{2\pi} \mathrm{d}\theta \int_{-\infty}^{+\infty} \mathrm{d}v_\parallel \, v_\perp \cos\theta \left(-\frac{q}{m}\right)$$

$$\times \sum_{m=-\infty}^{+\infty} \sum_{n=-\infty}^{+\infty} \frac{J_m(a) \exp(-\mathrm{i}(m-n)\theta)}{\mathrm{i}(k_z v_\parallel - \omega + n\Omega_{c\ell})} U \frac{J_{n-1}(a) + J_{n+1}(a)}{2}$$

$$\tag{10.5A.3}$$

克罗内克函数 δ_{mn} 由下式给出:

$$\int_0^{2\pi} \mathrm{d}\theta \mathrm{e}^{-\mathrm{i}(m-n)\theta} = 2\pi \delta_{mn} \tag{10.5A.4}$$

当 $m \neq n$ 时 $\delta_{mn} = 0$,$m = n$ 时 $\delta_{mn} = 1$,于是有

$$K_{xx} - 1 = -\sum_\ell \frac{\omega_{p\ell}^2}{\omega n_{\ell 0}} \int_0^{+\infty} v_\perp \, \mathrm{d}v_\perp \int_0^{2\pi} \mathrm{d}\theta \int_{-\infty}^{+\infty} \mathrm{d}v_\parallel \, v_\perp \frac{\mathrm{e}^{\mathrm{i}\theta} + \mathrm{e}^{-\mathrm{i}\theta}}{2}$$

$$\times \sum_{m=-\infty}^{+\infty} \sum_{n=-\infty}^{+\infty} \frac{J_m(a) \exp(-\mathrm{i}(m-n)\theta)}{k_z v_\parallel - \omega + n\Omega_{c\ell}} U \frac{J_{n-1}(a) + J_{n+1}(a)}{2}$$

$$= -\sum_{\ell} \frac{\omega_{p\ell}^2}{\omega n_{\ell 0}} \sum_{n=-\infty}^{+\infty} \int_0^{+\infty} 2\pi v_\perp \, \mathrm{d}v_\perp \int_{-\infty}^{+\infty} \mathrm{d}v_\parallel \frac{Uv_\perp}{k_z v_\parallel - \omega + n\Omega_{c\ell}} \left\{ \frac{nJ_n(a)}{a} \right\}^2$$

(10.5A. 5)

其中，$\omega_{p\ell}^2 = n_{\ell 0} q_\ell^2 / \varepsilon_0 m_\ell$。贝赛尔函数公式为

$$\frac{J_{n-1}(a) + J_{n+1}(a)}{2} = \frac{nJ_n(a)}{a}, \qquad \frac{J_{n-1}(a) - J_{n+1}(a)}{2} = \frac{\mathrm{d}J_n(a)}{\mathrm{d}a} J'_n(a)$$

同样的，公式(10.5.26)的 xy、xz 分量分别为

$$\begin{aligned}
K_{xy} &= -\sum_{\ell} \frac{\omega_{p\ell}^2}{\omega n_{\ell 0}} \int_0^{+\infty} v_\perp \, \mathrm{d}v_\perp \int_0^{2\pi} \mathrm{d}\theta \int_{-\infty}^{+\infty} \mathrm{d}v_\parallel \, v_\perp \frac{\mathrm{e}^{\mathrm{i}\theta} + \mathrm{e}^{-\mathrm{i}\theta}}{2} \\
&\quad \times \sum_{m=-\infty}^{+\infty} \sum_{n=-\infty}^{+\infty} \frac{J_m(a)\exp(-\mathrm{i}(m-n)\theta)}{k_z v_\parallel - \omega + n\Omega_{c\ell}} U \frac{J_{n+1}(a) - J_{n+1}(a)}{2\mathrm{i}} \\
&= -\sum_{\ell} \frac{\omega_{p\ell}^2}{\omega n_{\ell 0}} \sum_{n=-\infty}^{+\infty} \int_0^{+\infty} 2\pi v_\perp \, \mathrm{d}v_\perp \int_{-\infty}^{+\infty} \mathrm{d}v_\parallel \frac{-\mathrm{i}Uv_\perp}{k_z v_\parallel - \omega + n\Omega_{c\ell}} \frac{nJ_n(a)}{a} J'_n(a)
\end{aligned}$$

(10.5A. 6)

$$\begin{aligned}
K_{xz} &= -\sum_{\ell} \frac{\omega_{p\ell}^2}{\omega n_{\ell 0}} \int_0^{+\infty} v_\perp \, \mathrm{d}v_\perp \int_0^{2\pi} \mathrm{d}\theta \int_{-\infty}^{+\infty} \mathrm{d}v_\parallel \, v_\perp \frac{\mathrm{e}^{\mathrm{i}\theta} + \mathrm{e}^{-\mathrm{i}\theta}}{2} \\
&\quad \times \sum_{m=-\infty}^{+\infty} \sum_{n=-\infty}^{+\infty} \frac{J_m(a)\exp(-\mathrm{i}(m-n)\theta)}{k_z v_\parallel - \omega + n\Omega_{c\ell}} \left\{ W \frac{J_{n-1}(a) + J_{n+1}(a)}{2} + \frac{\partial f_0}{\partial v_\parallel} J_n \right\} \\
&= -\sum_{\ell} \frac{\omega_{p\ell}^2}{\omega n_{\ell 0}} \sum_{n=-\infty}^{+\infty} \int_0^{+\infty} 2\pi v_\perp \, \mathrm{d}v_\perp \int_{-\infty}^{+\infty} \mathrm{d}v_\parallel \frac{v_\perp}{k_z v_\parallel - \omega + n\Omega_{c\ell}} \frac{nJ_n(a)^2}{a} \left(\frac{n}{a} W + \frac{\partial f_0}{\partial v_\parallel} \right)
\end{aligned}$$

(10.5A. 7)

对公式(10.5.26)进行同样的处理，得

$$\boldsymbol{K} = \boldsymbol{I} - \sum_{\ell} \frac{\omega_{p\ell}^2}{\omega n_{\ell 0}} \sum_{n=-\infty}^{\infty} \int_0^{+\infty} 2\pi v_\perp \, \mathrm{d}v_\perp \int_{-\infty}^{+\infty} \mathrm{d}v_\parallel \frac{S_\ell}{k_z v_\parallel - \omega + n\Omega_{c\ell}}$$

(10.5A. 8)

$$S_\ell = \begin{pmatrix}
v_\perp \dfrac{n^2 J_n^2}{a^2} U & -\mathrm{i} v_\perp \dfrac{nJ_n}{a} J'_n U & v_\perp \dfrac{nJ_n}{a} J_n \left(\dfrac{n}{a} W + \dfrac{\partial f_0}{\partial v_\parallel} \right) \\[3mm]
\mathrm{i} v_\perp \dfrac{nJ_n}{a} J'_n U & v_\perp (J'_n)^2 U & \mathrm{i} v_\perp J_n J'_n \left(\dfrac{n}{a} W + \dfrac{\partial f_0}{\partial v_\parallel} \right) \\[3mm]
v_\parallel \dfrac{nJ_n}{a} J_n U & -\mathrm{i} v_\parallel J_n J'_n U & v_\parallel J_n^2 \left(\dfrac{n}{a} W + \dfrac{\partial f_0}{\partial v_\parallel} \right)
\end{pmatrix}$$

接下来由

$$\frac{1}{k_z \upsilon_\parallel - \omega + n\Omega_{c\ell}} \left\{ \upsilon_\parallel U - \upsilon_\perp \left(\frac{n}{a} W + \frac{\partial f_0}{\partial \upsilon_\parallel} \right) \right\} = -\frac{\upsilon_\parallel}{\omega} \frac{\partial f_0}{\partial \upsilon_\perp} + \frac{\upsilon_\perp}{\omega} \frac{\partial f_0}{\partial \upsilon_\parallel}$$

$$\sum_{n=-\infty}^{+\infty} nJ_n^2 = 0, \quad \sum_{n=-\infty}^{+\infty} J_n J_n' = 0, \quad \sum_{n=-\infty}^{+\infty} J_n^2 = 1$$

可得公式(10.5A.8)中 xz、yz、zz 分量分别为

$$\sum_{n=-\infty}^{+\infty} \frac{S_{\ell xz}}{k_z \upsilon_\parallel - \omega + n\Omega_{c\ell}} = \sum_{n=-\infty}^{+\infty} \frac{1}{k_z \upsilon_\parallel - \omega + n\Omega_{c\ell}} \upsilon_\perp \frac{nJ_n}{a} J_n \left(\frac{n}{a} W + \frac{\partial f_0}{\partial \upsilon_\parallel} \right)$$

$$= \sum_{n=-\infty}^{+\infty} \frac{nJ^2}{a} \frac{\upsilon_\parallel U}{k_z \upsilon_\parallel - \omega + n\Omega_{c\ell}} + \sum_{n=-\infty}^{+\infty} \frac{nJ_n^2}{a} \left(\frac{\upsilon_\parallel}{\omega} \frac{\partial f_0}{\partial \upsilon_\perp} - \frac{\upsilon_\perp}{\omega} \frac{\partial f_0}{\partial \upsilon_\parallel} \right)$$

$$= \sum_{n=-\infty}^{+\infty} \upsilon_\parallel \frac{nJ_n^2}{a} \frac{U}{k_z \upsilon_\parallel - \omega + n\Omega_{c\ell}} \tag{10.5A.9}$$

$$\sum_{n=-\infty}^{+\infty} \frac{S_{\ell yz}}{k_z \upsilon_\parallel - \omega + n\Omega_{c\ell}} = \sum_{n=-\infty}^{+\infty} \frac{1}{k_z \upsilon_\parallel - \omega + n\Omega_{c\ell}} \mathrm{i}\upsilon_\perp J_n J_n' \left(\frac{n}{a} W + \frac{\partial f_0}{\partial \upsilon_\parallel} \right)$$

$$= \sum_{n=-\infty}^{+\infty} \mathrm{i}J_n J_n' \frac{\upsilon_\parallel U}{k_z \upsilon_\parallel - \omega + n\Omega_{c\ell}} + \sum_{n=-\infty}^{+\infty} \mathrm{i}J_n J_n' \left(\frac{\upsilon_\parallel}{\omega} \frac{\partial f_0}{\partial \upsilon_\perp} - \frac{\upsilon_\perp}{\omega} \frac{\partial f_0}{\partial \upsilon_\parallel} \right)$$

$$= \sum_{n=-\infty}^{+\infty} \mathrm{i}\upsilon_\parallel J_n J_n' \frac{U}{k_z \upsilon_\parallel - \omega + n\Omega_{c\ell}} \tag{10.5A.10}$$

$$\sum_{n=-\infty}^{+\infty} \frac{S_{\ell zz}}{k_z \upsilon_\parallel - \omega + n\Omega_{c\ell}} = \sum_{n=-\infty}^{+\infty} \frac{1}{k_z \upsilon_\parallel - \omega + n\Omega_{c\ell}} \upsilon_\parallel J_n^2 \left(\frac{n}{a} W + \frac{\partial f_0}{\partial \upsilon_\parallel} \right)$$

$$= \sum_{n=-\infty}^{+\infty} \frac{\upsilon_\parallel}{\upsilon_\perp} J_n^2 \frac{\upsilon_\parallel U}{k_z \upsilon_\parallel - \omega + n\Omega_{c\ell}} + \sum_{n=-\infty}^{+\infty} \frac{\upsilon_\parallel}{\upsilon_\perp} J_n^2 \left(\frac{\upsilon_\parallel}{\omega} \frac{\partial f_0}{\partial \upsilon_\perp} - \frac{\upsilon_\perp}{\omega} \frac{\partial f_0}{\partial \upsilon_\parallel} \right)$$

$$= \sum_{n=-\infty}^{+\infty} \frac{\upsilon_\parallel^2}{\upsilon_\perp} J_n^2 \frac{U}{k_z \upsilon_\parallel - \omega + n\Omega_{c\ell}} + \frac{\upsilon_\parallel^2}{\upsilon_\perp} \frac{\partial f_0}{\omega \partial \upsilon_\perp} - \frac{\upsilon_\parallel}{\omega} \frac{\partial f_0}{\partial \upsilon_\parallel}$$

$$\tag{10.5A.11}$$

公式(10.5A.11)中右边第三项的积分为

$$\int_0^{+\infty} 2\pi\upsilon_\perp \, \mathrm{d}\upsilon_\perp \int_{-\infty}^{+\infty} \mathrm{d}\upsilon_\parallel \left(-\upsilon_\parallel \frac{\partial f_0}{\partial \upsilon_\parallel} \right) = \int_0^{+\infty} 2\pi\upsilon_\perp \, \mathrm{d}\upsilon_\perp \left(-\upsilon_\parallel f_0 \big|_{-\infty}^{+\infty} + \int_{-\infty}^{+\infty} \mathrm{d}\upsilon_\parallel f_0 \right) = n_{\ell 0}$$

$$\tag{10.5A.12}$$

由 $J_{-n} = (-1)^n J_n$、$J_n' = (J_{n-1} - J_{n+1})/2$、$J_{-n}' = (-1)^n J_n'$，将 n 替换为 $-n$ 后，公式(10.5A.8)变为

$$\boldsymbol{K} = \boldsymbol{I} - \sum_\ell \frac{\omega_{p\ell}^2}{\omega n_{\ell 0}} \sum_{n=-\infty}^{+\infty} \int_0^{+\infty} 2\pi\upsilon_\perp \, \mathrm{d}\upsilon_\perp \int_{-\infty}^{+\infty} \mathrm{d}\upsilon_\parallel \frac{T_\ell}{\upsilon_\perp} \frac{U_\ell}{k_z \upsilon_\parallel - \omega - n\Omega_{c\ell}}$$

$$- L \sum_{\ell} \frac{\omega_{\mathrm{p}\ell}^2}{\omega} \Big(1 + \frac{1}{n_{\ell 0}} \int 2\pi v_{\perp} \, \mathrm{d} v_{\perp} \, \mathrm{d} v_{\parallel} \, \frac{v_{\parallel}^2}{v_{\perp}} \frac{\partial f_0}{\partial v_{\perp}}\Big) \tag{10.5A.13}$$

$$T_{\ell} = \begin{vmatrix} v_{\perp}^2 \dfrac{n^2 J_n^2}{a^2} & \mathrm{i} v_{\perp}^2 \dfrac{n J_n}{a} J_n' & - v_{\perp} \ v_{\parallel} \ \dfrac{n J_n^2}{a} \\ - \mathrm{i} v_{\perp}^2 \dfrac{n J_n}{a} J_n' & v_{\perp}^2 \ (J_n')^2 & \mathrm{i} v_{\perp} \ v_{\parallel} \ J_n J_n' \\ - v_{\perp} \ v_{\parallel} \ \dfrac{n J_n^2}{a} & - \mathrm{i} v_{\perp} \ v_{\parallel} \ J_n J_n' & v_{\parallel}^2 J_n^2 \end{vmatrix}$$

这里,L 矩阵除 $L_{zz}=1$ 外,其余为 0。由于公式(10.5.26)是对 ℓ 进行求和,因此 U 的下标为 ℓ。进一步由

$$\frac{U_{\ell}}{k_z v_{\parallel} - \omega - n\Omega_{c\ell}} = \frac{1}{\omega}\Big\{ - \frac{\partial f_0}{\partial v_{\perp}} + \frac{1}{k_z v_{\parallel} - \omega - n\Omega_{c\ell}}\Big(- n\Omega_{c\ell} \frac{\partial f_0}{\partial v_{\perp}} + k_z v_{\perp} \frac{\partial f_0}{\partial v_{\parallel}}\Big) \Big\}$$

$$\tag{10.5A.14}$$

$$\sum_{n=-\infty}^{+\infty} \frac{n^2 J_n^2}{a^2} = \frac{1}{2}, \qquad \sum_{n=-\infty}^{+\infty} (J_n')^2 = \frac{1}{2}$$

$$\int_0^{+\infty} 2\pi v_{\perp} \, \mathrm{d} v_{\perp} \int_{-\infty}^{+\infty} \mathrm{d} v_{\parallel} \Big(- \frac{v_{\perp}}{2} \frac{\partial f_0}{\partial v_{\perp}}\Big) = \int_{-\infty}^{+\infty} \mathrm{d} v_{\parallel} \Big(- \pi v_{\perp}^2 \, f_0 \big|_0^{\infty} + \int_0^{+\infty} 2\pi v_{\perp} \, \mathrm{d} v_{\perp} \, f_0 \Big) = n_{\ell 0}$$

得公式(10.5A.13)的 xx、yy、zz 成分分别如下:

$$K_{xx} = 1 - \sum_{\ell} \frac{\omega_{\mathrm{p}\ell}^2}{\omega^2 n_{\ell 0}} \sum_{n=-\infty}^{+\infty} \int_0^{+\infty} 2\pi v_{\perp} \, \mathrm{d} v_{\perp} \int_{-\infty}^{+\infty} \mathrm{d} v_{\parallel} \, \frac{1}{v_{\perp}} v_{\perp}^2 \, \frac{n^2 J_n^2}{a^2}$$

$$\times \Big\{ - \frac{\partial f_0}{\partial v_{\perp}} + \frac{1}{k_z v_{\parallel} - \omega - n\Omega_{c\ell}}\Big(- n\Omega_{c\ell} \frac{\partial f_0}{\partial v_{\perp}} + k_z v_{\perp} \frac{\partial f_0}{\partial v_{\parallel}}\Big) \Big\}$$

$$= 1 - \sum_{\ell} \frac{\omega_{\mathrm{p}\ell}^2}{\omega^2 n_{\ell 0}} \int_0^{+\infty} 2\pi v_{\perp} \, \mathrm{d} v_{\perp} \int_{-\infty}^{+\infty} \mathrm{d} v_{\parallel}$$

$$\times \Big\{ - \frac{v_{\perp}}{2} \frac{\partial f_0}{\partial v_{\perp}} + \sum_{n=-\infty}^{+\infty} \frac{1}{k_z v_{\parallel} - \omega - n\Omega_{c\ell}} v_{\perp}^2 \, \frac{n^2 J_{2n}}{a^2} \Big(- \frac{n\Omega_{c\ell}}{v_{\perp}} \frac{\partial f_0}{\partial v_{\perp}} + k_z \frac{\partial f_0}{\partial v_{\parallel}}\Big) \Big\}$$

$$= 1 - \sum_{\ell} \frac{\omega_{\mathrm{p}\ell}^2}{\omega^2} - \sum_{\ell} \frac{\omega_{\mathrm{p}\ell}^2}{\omega^2 n_{\ell 0}} \sum_{n=-\infty}^{+\infty} \int_0^{+\infty} 2\pi v_{\perp} \, \mathrm{d} v_{\perp} \int_{-\infty}^{+\infty} \mathrm{d} v_{\parallel} \, \frac{1}{k_z v_{\parallel} - \omega - n\Omega_{c\ell}}$$

$$\times v_{\perp}^2 \, \frac{n^2 J_{2n}}{a^2} \Big(- \frac{n\Omega_{c\ell}}{v_{\perp}} \frac{\partial f_0}{\partial v_{\perp}} + k_z \frac{\partial f_0}{\partial v_{\parallel}}\Big) \tag{10.5A.15}$$

$$K_{yy} = 1 - \sum_{\ell} \frac{\omega_{\mathrm{p}\ell}^2}{\omega^2 n_{\ell 0}} \sum_{n=-\infty}^{+\infty} \int_0^{+\infty} 2\pi v_{\perp} \, \mathrm{d} v_{\perp} \int_{-\infty}^{+\infty} \mathrm{d} v_{\parallel} \, \frac{1}{v_{\perp}} v_{\perp}^2 \, (J_n')^2$$

$$\times \Big\{ - \frac{\partial f_0}{\partial v_{\perp}} + \frac{1}{k_z v_{\parallel} - \omega - n\Omega_{c\ell}}\Big(- n\Omega_{c\ell} \frac{\partial f_0}{\partial v_{\perp}} + k_z v_{\perp} \frac{\partial f_0}{\partial v_{\parallel}}\Big) \Big\}$$

$$= 1 - \sum_{\ell} \frac{\omega_{\mathrm{p}\ell}^2}{\omega^2 \, n_{\ell 0}} \int_0^{+\infty} 2\pi \upsilon_\perp \, \mathrm{d}\upsilon_\perp \int_{-\infty}^{+\infty} \mathrm{d}\upsilon_\parallel$$

$$\times \left\{ -\frac{\upsilon_\perp}{2} \frac{\partial f_0}{\partial \upsilon_\perp} + \sum_{n=-\infty}^{+\infty} \frac{1}{k_z \upsilon_\parallel - \omega - n\Omega_{\mathrm{c}\ell}} \upsilon_\perp^2 \, (J_n')^2 \left(-\frac{n\Omega_{\mathrm{c}\ell}}{\upsilon_\perp} \frac{\partial f_0}{\partial \upsilon_\perp} + k_z \frac{\partial f_0}{\partial \upsilon_\parallel} \right) \right\}$$

$$= 1 - \sum_{\ell} \frac{\omega_{\mathrm{p}\ell}^2}{\omega^2} - \sum_{\ell} \frac{\omega_{\mathrm{p}\ell}^2}{\omega^2 \, n_{\ell 0}} \sum_{n=-\infty}^{+\infty} \int_0^{+\infty} 2\pi \upsilon_\perp \, \mathrm{d}\upsilon_\perp \int_{-\infty}^{+\infty} \mathrm{d}\upsilon_\parallel \frac{1}{k_z \upsilon_\parallel - \omega - n\Omega_{\mathrm{c}\ell}}$$

$$\times \upsilon_\perp^2 \, 2 \left(-\frac{n\Omega_{\mathrm{c}\ell}}{\upsilon_\perp} \frac{\partial f_0}{\partial \upsilon_\perp} + k_z \frac{\partial f_0}{\partial \upsilon_\parallel} \right) \tag{10.5A.16}$$

$$K_{zz} = 1 - \sum_{\ell} \frac{\omega_{\mathrm{p}\ell}^2}{\omega^2 \, n_{\ell 0}} \sum_{n=-\infty}^{+\infty} \int_0^{+\infty} 2\pi \upsilon_\perp \, \mathrm{d}\upsilon_\perp \int_{-\infty}^{+\infty} \mathrm{d}\upsilon_\parallel \frac{1}{\upsilon_\perp} \upsilon_\parallel^2 J_{2n}$$

$$\times \left\{ -\frac{\partial f_0}{\partial \upsilon_\perp} + \frac{1}{k_z \upsilon_\parallel - \omega - n\Omega_{\mathrm{c}\ell}} \left(-n\Omega_{\mathrm{c}\ell} \frac{\partial f_0}{\partial \upsilon_\perp} + k_z \upsilon_\perp \frac{\partial f_0}{\partial \upsilon_\parallel} \right) \right\}$$

$$- \sum_{\ell} \frac{\omega_{\mathrm{p}\ell}^2}{\omega^2} \left(1 + \frac{1}{n_{\ell 0}} \int 2\pi \upsilon_\perp \, \mathrm{d}\upsilon_\perp \, \mathrm{d}\upsilon_\parallel \frac{\upsilon_\parallel^2}{\upsilon_\perp} \frac{\partial f_0}{\partial \upsilon_\perp} \right)$$

$$= 1 - \sum_{\ell} \frac{\omega_{\mathrm{p}\ell}^2}{\omega^2 \, n_{\ell 0}} \int_0^{+\infty} 2\pi \upsilon_\perp \, \mathrm{d}\upsilon_\perp \int_{-\infty}^{+\infty} \mathrm{d}\upsilon_\parallel$$

$$\times \left\{ -\frac{\upsilon_\parallel^2}{\upsilon_\perp} \frac{\partial f_0}{\partial \upsilon_\perp} + \sum_{n=-\infty}^{+\infty} \frac{1}{k_z \upsilon_\parallel - \omega - n\Omega_{\mathrm{c}\ell}} \upsilon_\parallel^2 J_{2n} \left(-\frac{n\Omega_{\mathrm{c}\ell}}{\upsilon_\perp} \frac{\partial f_0}{\partial \upsilon_\perp} + k_z \frac{\partial f_0}{\partial \upsilon_\parallel} \right) \right\}$$

$$- \sum_{\ell} \frac{\omega_{\mathrm{p}\ell}^2}{\omega^2} \left(1 + \frac{1}{n_{\ell 0}} \int 2\pi \upsilon_\perp \, \mathrm{d}\upsilon_\perp \, \mathrm{d}\upsilon_\parallel \frac{\upsilon_\parallel^2}{\upsilon_\perp} \frac{\partial f_0}{\partial \upsilon_\perp} \right)$$

$$= 1 - \sum_{\ell} \frac{\omega_{\mathrm{p}\ell}^2}{\omega^2} - \sum_{\ell} \frac{\omega_{\mathrm{p}\ell}^2}{\omega^2 \, n_{\ell 0}} \sum_{n=-\infty}^{+\infty} \int_0^{+\infty} 2\pi \upsilon_\perp \, \mathrm{d}\upsilon_\perp \int_{-\infty}^{+\infty} \mathrm{d}\upsilon_\parallel \frac{1}{k_z \upsilon_\parallel - \omega - n\Omega_{\mathrm{c}\ell}}$$

$$\times \upsilon_\parallel^2 J_{2n} \left(-\frac{n\Omega_{\mathrm{c}\ell}}{\upsilon_\perp} \frac{\partial f_0}{\partial \upsilon_\perp} + k_z \frac{\partial f_0}{\partial \upsilon_\parallel} \right) \tag{10.5A.17}$$

对公式(10.5A.13)中的 K_{ij},当 $i \neq j$ 时,由

$$\sum_{n=-\infty}^{+\infty} n J_n^2 = 0$$

$$\sum_{n=-\infty}^{+\infty} J_n J_n' = 0$$

$$\sum_{n=-\infty}^{+\infty} n J_n J_n' = \sum_{n=-\infty}^{+\infty} a \frac{J_{n-1} + J_{n+1}}{2} \frac{J_{n-1} - J_{n+1}}{2} = \frac{a}{4} \sum_{n=-\infty}^{+\infty} (J_{n-1}^2 - J_{n+1}^2) = 0$$

公式(10.5A.14)中{ }内的第 1 项变为

$$\sum_{n=-\infty}^{+\infty} T_{\ell ij} \left(-\frac{\partial f_0}{\partial \upsilon_\perp} \right) = 0 \tag{10.5A.18}$$

综上,公式(10.5A.13)变为

$$K - \left(1 - \sum_{\ell} \frac{\omega_{\mathrm{p}\ell}^2}{\omega^2}\right) I = - \sum_{\ell} \frac{\omega_{\mathrm{p}\ell}^2}{\omega^2 n_{\ell 0}} \sum_{n=-\infty}^{+\infty} \int_0^{+\infty} 2\pi \upsilon_{\perp}\, \mathrm{d}\upsilon_{\perp} \int_{-\infty}^{+\infty} \mathrm{d}\upsilon_{\parallel} \frac{T_{\ell}}{k_z \upsilon_{\parallel} - \omega - n\Omega_{\mathrm{c}\ell}}$$

$$\times \left(- \frac{n\Omega_{\mathrm{c}\ell}}{\upsilon_{\perp}} \frac{\partial f_0}{\partial \upsilon_{\perp}} + k_z \frac{\partial f_0}{\partial \upsilon_{\parallel}}\right) \tag{10.5A.19}$$

附录 10.5B

对公式(10.5.27)括号内部,可根据公式(10.5.29)得到下式:

$$\frac{1}{n_{\ell 0}} \left(- \frac{n\Omega_{\mathrm{c}\ell}}{\upsilon_{\perp}} \frac{\partial f_0}{\partial \upsilon_{\perp}} + k_z \frac{\partial f_0}{\partial \upsilon_{\parallel}}\right) = \left\{ \frac{n\Omega_{\mathrm{c}\ell}}{\upsilon_{t\perp}^2} - \frac{k_z (\upsilon_{\parallel} - V)}{\upsilon_{t\parallel}^2} \right\} f_{\perp}\, f_{\parallel} \tag{10.5B.1}$$

关于 $\upsilon_{\parallel}$ 的积分,定义如下的等离子体色散函数 $Z(\zeta_n)$:

$$Z(\zeta_n) = \frac{1}{\sqrt{\pi}} \int_{-\infty}^{+\infty} \frac{\exp(-\beta^2)}{\beta - \zeta_n} \mathrm{d}\beta \tag{10.5B.2}$$

其中

$$\upsilon_{\parallel} - V = \sqrt{2}\upsilon_{t\parallel} \beta, \quad \zeta_n = \frac{\omega - k_z V + n\Omega_{\mathrm{c}\ell}}{\sqrt{2} k_z \upsilon_{t\parallel}}, \quad \upsilon_{t\parallel} = \left(\frac{\kappa_B T_{\parallel}}{m_{\ell}}\right)^{1/2}, \quad \upsilon_{t\perp} = \left(\frac{\kappa_B T_{\perp}}{m_{\ell}}\right)^{1/2}$$

等离子体色散函数可由下式近似。$|\zeta_n| < 1$、$|\zeta_n| > 1$ 的情形分别如下:

$$Z(\zeta_n) = \mathrm{i}\, \pi^{1/2} \frac{k_z}{|k_z|} \exp(-\zeta_n^2) - 2\zeta_n \left(1 - \frac{2\zeta_n^2}{3} + \frac{4\zeta_n^4}{15} - \cdots\right)$$

$$Z(\zeta_n) = \mathrm{i}\sigma\, \pi^{1/2} \frac{k_z}{|k_z|} \exp(-\zeta_n^2) - \frac{1}{\zeta_n} \left(1 - \frac{1}{2\zeta_n^2} + \frac{3}{4\zeta_n^4} + \Lambda\right)$$

$\dfrac{k_z}{|k_z|} \mathrm{Im}\, \zeta_n > 0$ 时 $\sigma = 0$,$\dfrac{k_z}{|k_z|} \mathrm{Im}\, \zeta_n < 0$ 时 $\sigma = 2$,$|\mathrm{Im}\, \zeta_n| |\mathrm{Re}\, \zeta_n| < \pi/4$、$|\zeta_n| > 2$ 时 $\sigma = 1$[37]。

又

$$\omega_n = \omega - k_z V + n\Omega_{\mathrm{c}\ell}$$

于是有

$$\int_{-\infty}^{+\infty}\mathrm{d}\upsilon_{\parallel}\frac{f_{\parallel}}{k_z\upsilon_{\parallel}-\omega-n\Omega_{c\ell}}=\frac{1}{\sqrt{2}k_z\upsilon_{t\parallel}}\frac{1}{\sqrt{\pi}}\int_{-\infty}^{+\infty}\frac{\exp(-\beta^2)}{\beta-\zeta_n}\mathrm{d}\beta=\frac{\zeta_n}{\omega_n}Z(\zeta_n)\quad(10.5\mathrm{B}.3)$$

$$\int_{-\infty}^{+\infty}\frac{k_z(\upsilon_{\parallel}-V)f_{\parallel}}{k_z\upsilon_{\parallel}-\omega-n\Omega_{c\ell}}\mathrm{d}\upsilon_{\parallel}=\int_{-\infty}^{+\infty}\left(1+\frac{\zeta_n}{\beta-\zeta_n}\right)\frac{\exp(-\beta^2)}{\sqrt{\pi}}\mathrm{d}\beta=1+\zeta_nZ(\zeta_n)$$

$$(10.5\mathrm{B}.4)$$

$$\int_{-\infty}^{+\infty}\frac{k_z^2(\upsilon_{\parallel}-V)^2f_{\parallel}}{k_z\upsilon_{\parallel}-\omega-n\Omega_{c\ell}}\mathrm{d}\upsilon_{\parallel}=\sqrt{2}k_z\upsilon_{t\parallel}\int_{-\infty}^{+\infty}\left(\beta+\zeta_n+\frac{\zeta_{2n}}{\beta-\zeta_n}\right)\frac{\exp(-\beta^2)}{\sqrt{\pi}}\mathrm{d}\beta$$

$$=\omega_n\{1+\zeta_nZ(\zeta_n)\}\quad(10.5\mathrm{B}.5)$$

$$\int_{-\infty}^{+\infty}\frac{k_z^3(\upsilon_{\parallel}-V)^3f_{\parallel}}{k_z\upsilon_{\parallel}-\omega-n\Omega_{c\ell}}\mathrm{d}\upsilon_{\parallel}=2k_z^2\upsilon_{t\parallel}^2\int_{-\infty}^{+\infty}\left(\beta^2+\zeta_n\beta+\zeta_n^2+\frac{\zeta_{3n}}{\beta-\zeta_n}\right)\frac{\exp(-\beta^2)}{\sqrt{\pi}}\mathrm{d}\beta$$

$$=k_z^2\upsilon_{t\parallel}^2+\omega_n^2\{1+\zeta_nZ(\zeta_n)\}\quad(10.5\mathrm{B}.6)$$

将公式(10.5.27)中各部分按 $\upsilon_{\perp}$、$\upsilon_{\parallel}$ 的积分分开后,表示成以下形式:

$$K_{ij}-\left(1-\sum_{\ell}\frac{\omega_{p\ell}^2}{\omega^2}\right)I_{ij}=-\sum_{\ell}\frac{\omega_{p\ell}^2}{\omega^2}X_{ij}\Phi_{ij}\quad(10.5\mathrm{B}.7)$$

进而分别进行求解。首先,求解公式(10.5.27)的 xx 元素如下:

$$\zeta_0-\zeta_n=(-n\Omega_{c\ell})\frac{\zeta_n}{\omega_n}=(-n\Omega_{c\ell})\frac{\zeta_0}{\omega_0},\quad\lambda_T=\frac{\upsilon_{t\parallel}^2}{\upsilon_{t\perp}^2}$$

$$\Phi_{xx}\equiv\int_{-\infty}^{+\infty}\mathrm{d}\upsilon_{\parallel}\frac{1}{k_z\upsilon_{\parallel}-\omega-n\Omega_{c\ell}}\left\{\frac{n\Omega_{c\ell}}{\upsilon_{t\perp}^2}-\frac{k_z(\upsilon_{\parallel}-V)}{\upsilon_{t\parallel}^2}\right\}f_{\parallel}$$

$$=\frac{n\Omega_{c\ell}}{\upsilon_{t\perp}^2}\frac{\zeta_n}{\omega_n}Z(\zeta_n)-\frac{1}{\upsilon_{t\parallel}^2}\{1+\zeta_nZ(\zeta_n)\}=\frac{1}{\upsilon_{t\perp}^2}(-\zeta_0+\zeta_n)-\frac{1}{\upsilon_{t\parallel}^2}(1+\zeta_nZ)$$

$$=\frac{1}{\upsilon_{t\perp}^2}\left\{-1-\zeta_0Z+\left(1-\frac{1}{\lambda_T}\right)(1+\zeta_nZ)\right\}\quad(10.5\mathrm{B}.8)$$

$$\int_0^{+\infty}J_n(px)J_n(qx)\exp(-\mu^2x^2)x\mathrm{d}x=\frac{1}{2\mu^2}\exp\left(-\frac{p^2+q^2}{4\mu^2}\right)I_n\left(\frac{pq}{2\mu^2}\right)$$

$$\sum_{n=-\infty}^{+\infty}n^2I_n(b)=be^b,\quad a=\frac{k_x\upsilon_{\perp}}{\Omega_{c\ell}},\quad b=\left(\frac{k_x\upsilon_{t\perp}}{\Omega_{c\ell}}\right)^2,\quad\upsilon_{\perp}=\upsilon_{t\perp}x$$

$$X_{xx}\equiv\int_0^{+\infty}2\pi\upsilon_{\perp}\,\mathrm{d}\upsilon_{\perp}\frac{\upsilon_{\perp}^2\,n^2J_{2n}(a)}{a^2}f_{\perp}=\int_0^{+\infty}\upsilon_{t\perp}^2\frac{n^2}{b}J_{2n}(b^{1/2}x)\exp\left(-\frac{x^2}{2}\right)x\mathrm{d}x$$

$$=\upsilon_{t\perp}^2\frac{n^2}{b}I_n(b)e^{-b}\quad(10.5\mathrm{B}.9)$$

于是公式(10.5.27)的 xx 元素为

$$
K_{xx} - \left(1 - \sum_\ell \frac{\omega_{p\ell}^2}{\omega^2}\right)
$$

$$
= - \sum_\ell \frac{\omega_{p\ell}^2}{\omega^2} \sum_{n=-\infty}^{+\infty} \int_0^{+\infty} 2\pi v_\perp \, \mathrm{d}v_\perp \int_{-\infty}^{+\infty} \mathrm{d}v_\parallel \frac{v_\perp^2 \; n^2 J_n^2/a^2}{k_z v_\parallel - \omega - n\Omega_{c\ell}} \left\{ \frac{n\Omega_{c\ell}}{v_{t\perp}^2} - \frac{k_z(v_\parallel - V)}{v_{t\parallel}^2} \right\} f_\perp f_\parallel
$$

$$
= - \sum_\ell \frac{\omega_{p\ell}^2}{\omega^2} \sum_{n=-\infty}^{+\infty} \frac{n^2}{b} I_n(b) \mathrm{e}^{-b} \left\{ -1 - \zeta_0 Z + \left(1 - \frac{1}{\lambda_T}\right)(1 + \zeta_n Z) \right\}
$$

$$
= \sum_\ell \frac{\omega_{p\ell}^2}{\omega^2} + \sum_\ell \frac{\omega_{p\ell}^2}{\omega^2} \sum_{n=-\infty}^{+\infty} \frac{n^2}{b} I_n(b) \mathrm{e}^{-b} \left\{ \zeta_0 Z - \left(1 - \frac{1}{\lambda_T}\right)(1 + \zeta_n Z) \right\} \qquad (10.5\mathrm{B}.10)
$$

求解 xy 元素如下:

$$
\int_0^{+\infty} J_n(x) J_n'(x) \exp\left(-\frac{x^2}{2\mu^2}\right) x^2 \mathrm{d}x = \mu^2 \Lambda_n'(\mu), \quad \Phi_{xy} = \Phi_{xx}, \quad b^{1/2} x = t
$$

$$
\Lambda_n(\mu) = I_n(\mu) \mathrm{e}^{-\mu}, \quad \Lambda_n'(\mu) = \{ I_n'(\mu) - I_n(\mu) \} \mathrm{e}^{-\mu}, \quad \sum_{n=-\infty}^{+\infty} n I_n(b) = 0
$$

$$
I_n' = (I_{n+1} + I_{n-1})/2, \quad \sum_{n=-\infty}^{+\infty} n I_n' = \left\{ \sum_{n=-\infty}^{+\infty} (n-1) I_n + \sum_{n=-\infty}^{+\infty} (n+1) I_n \right\}/2 = 0
$$

$$
X_{xy} \equiv \int_0^{+\infty} 2\pi v_\perp \, \mathrm{d}v_\perp \frac{\mathrm{i} v_\perp^2 \; n J_n J_n'}{a} f_\perp = \int_0^{+\infty} v_{t\perp}^2 \frac{\mathrm{i}n}{b^2} J_n(t) J_n'(t) \exp\left(-\frac{t^2}{2b}\right) t^2 \mathrm{d}t
$$

$$
= \frac{\mathrm{i}n}{b^2} b^2 \Lambda_n'(b) v_{t\perp}^2 = \mathrm{i}n \{ I_n'(b) - I_n(b) \} \mathrm{e}^{-b} v_{t\perp}^2 \qquad (10.5\mathrm{B}.11)
$$

于是

$$
K_{xy} = - \sum_L \frac{\omega_{p\ell}^2}{\omega^2} \sum_{n=-\infty}^{+\infty} \int_0^{+\infty} 2\pi v_\perp \, \mathrm{d}v_\perp \int_0^{+\infty} \mathrm{d}v_\parallel \frac{\mathrm{i} v_\perp^2 \; n J_n J_n'/a^2}{k_z v_\parallel - \omega - n\Omega_{c\ell}} \left\{ \frac{n\Omega_{c\ell}}{v_{t\perp}^2} - \frac{k_z(v_\parallel - V)}{v_{t\parallel}^2} \right\} f_\perp f_\parallel
$$

$$
= - \sum_L \frac{\omega_{p\ell}^2}{\omega^2} \sum_{n=-\infty}^{+\infty} \mathrm{i}n \{ I_n'(b) - I_n(b) \} \mathrm{e}^{-b} \left\{ 1 - \zeta_0 Z + \left(1 + \frac{1}{\lambda_T}\right)(1 + \zeta_n Z) \right\}
$$

$$
= \sum_L \frac{\omega_{p\ell}^2}{\omega^2} \sum_{n=-\infty}^{+\infty} \mathrm{i}n \{ I_n'(b) - I_n(b) \} \mathrm{e}^{-b} \left\{ \zeta_0 Z - \left(1 - \frac{1}{\lambda_T}\right)(1 + \zeta_n Z) \right\} \qquad (10.5\mathrm{B}.12)
$$

求解 xz 元素如下:

$$
\Phi_{xz} \equiv \int_{-\infty}^{+\infty} \mathrm{d}v_\parallel \frac{v_\parallel}{k_z v_\parallel - \omega - n\Omega_{c\ell}} \left\{ \frac{n\Omega_{c\ell}}{v_{t\perp}^2} - \frac{k_z(v_\parallel - V)}{v_{t\parallel}^2} \right\} f_\parallel
$$

$$
= \int_{-\infty}^{+\infty} \mathrm{d}v_\parallel \frac{1}{k_z} \left\{ \frac{k_z(v_\parallel - V)}{k_z v_\parallel - \omega - n\Omega_{c\ell}} + \frac{k_z V}{k_z v_\parallel - \omega - n\Omega_{c\ell}} \right\} \left\{ \frac{n\Omega_{c\ell}}{v_{t\perp}^2} - \frac{k_z(v_\parallel - V)}{v_{t\parallel}^2} \right\} f_\parallel
$$

$$
= \frac{n\Omega_{c\ell}}{k_z \upsilon_{t\perp}^2}(1 + \zeta_n Z) - \frac{1}{k_z \upsilon_{t\parallel}^2}\omega_n(1 + \zeta_n Z) + \frac{k_z V n\Omega_{c\ell}}{k_z \upsilon_{t\perp}^2}\frac{\zeta_n}{\omega_n}Z - \frac{k_z V}{k_z \upsilon_{t\perp}^2}(1 + \zeta_n Z)
$$

$$
= \frac{1}{k_z \upsilon_{t\perp}^2}\left\{ n\Omega_{c\ell} + n\Omega_{c\ell}\zeta_n Z + k_z V n\Omega_{c\ell}\frac{\zeta_n}{\omega_n}Z - \frac{1}{\lambda_T}(\omega_n + k_z V)(1 + \zeta_n Z) \right\}
$$

$$
= \frac{1}{k_z \upsilon_{t\perp}^2}\left[-\omega + (\omega_n + k_z V)\left\{ -\zeta_0 Z + \left(1 - \frac{1}{\lambda_T}\right)(1 + \zeta_n Z) \right\} \right] \qquad (10.5\mathrm{B}.13)
$$

$$
\eta_n = \frac{\omega + n\Omega_{c\ell}}{\sqrt{2}\,k_z \upsilon_{t\parallel}}, \quad \alpha = \frac{k_x \upsilon_{t\perp}}{\Omega_{c\ell}}
$$

$$
X_{xz} \equiv \int_0^{+\infty} 2\pi \upsilon_\perp \,\mathrm{d}\upsilon_\perp \,\frac{-\upsilon_\perp\, nJ_{2n}}{a}f_\perp = -\int_0^{+\infty}\frac{\Omega_{c\ell}}{k_x}nJ_{2n}(b^{1/2}x)\exp\left(-\frac{x^2}{2}\right)x\,\mathrm{d}x
$$

$$
= -\frac{\Omega_{c\ell}}{k_x}nI_n(b)\mathrm{e}^{-b}
$$

于是

$$
K_{xz} = -\sum_\ell \frac{\omega_{p\ell}^2}{\omega^2}\sum_{n=-\infty}^{+\infty}\int_0^{+\infty} 2\pi \upsilon_\perp \,\mathrm{d}\upsilon_\perp \int_{-\infty}^{+\infty}\mathrm{d}\upsilon_\parallel \,\frac{-\upsilon_\perp\,\upsilon_\parallel\,nJ_n^2/a}{k_z \upsilon_\parallel - \omega - n\Omega_{c\ell}}\left\{ \frac{n\Omega_{c\ell}}{\upsilon_{t\perp}^2} - \frac{k_z(\upsilon_\parallel - V)}{\upsilon_{t\parallel}^2} \right\}f_\perp f_\parallel
$$

$$
= -\sum_\ell \frac{\omega_{p\ell}^2}{\omega^2}\sum_{n=-\infty}^{+\infty}\left(-\frac{\Omega_{c\ell}}{k_x}\right)nI_n(b)\mathrm{e}^{-b}\frac{1}{k_z \upsilon_{t\perp}^2}
$$

$$
\bullet \left[-\omega + (\omega_n + k_z V)\left\{ -\zeta_0 Z + \left(1 + \frac{1}{\lambda_T}\right)(1 + \zeta_n Z) \right\} \right]
$$

$$
= -\sum_\ell \frac{\omega_{p\ell}^2}{\omega^2}\sum_{n=-\infty}^{+\infty}\frac{nI_n(b)}{\alpha}\mathrm{e}^{-b}\left\{ \zeta_0 Z - \left(1 - \frac{1}{\lambda_T}\right)(1 + \zeta_n Z) \right\} \qquad (10.5\mathrm{B}.14)
$$

求解 yy 元素如下：

$$
\int_0^{+\infty}\{J_n'(x)\}^2\exp\left(-\frac{x^2}{2\mu}\right)x^3\,\mathrm{d}x = n^2\mu\Lambda_n(\mu) - 2\mu^3\Lambda_n'(\mu), \quad \Phi_{yy} = \Phi_{xx}
$$

$$
X_{yy} \equiv \int_0^{+\infty} 2\pi \upsilon_\perp \,\mathrm{d}\upsilon_\perp\,\upsilon_\perp^2\{J_n'(a)\}^2 f_\perp = \int_0^{+\infty}\frac{\upsilon_{t\perp}^2}{b^2}\{J_n'(x)\}^2\exp\left(-\frac{x^2}{2b}\right)x^3\,\mathrm{d}x
$$

$$
= \frac{\upsilon_{t\perp}^2}{b^2}\{n^2 b\Lambda_n(b) - 2b^3\Lambda_n'(b)\} = \upsilon_{t\perp}^2\left[\frac{n^2}{b}I_n(b) - 2b\{I_n'(b) - I_n(b)\}\right]\mathrm{e}^{-b}
$$

$$
(10.5\mathrm{B}.15)
$$

$$
\sum_{n=-\infty}^{+\infty}I_n(b) = \mathrm{e}^b, \quad \sum_{n=-\infty}^{+\infty}I_n'(b) = \left(\sum_{n=-\infty}^{+\infty}I_{n+1}(b) + \sum_{n=-\infty}^{+\infty}I_{n-1}(b)\right)/2 = \mathrm{e}^b
$$

于是

$$K_{yy} - \left(1 - \sum_{\ell} \frac{\omega_{\text{p}\ell}^2}{\omega^2}\right)$$

$$= - \sum_{\ell} \frac{\omega_{\text{p}\ell}^2}{\omega^2} \sum_{n=-\infty}^{+\infty} \int_0^{+\infty} 2\pi \upsilon_\perp \, \mathrm{d}\upsilon_\perp \int_{-\infty}^{+\infty} \mathrm{d}\upsilon_\parallel \, \frac{\upsilon_\perp^2 \, (J_n')^2}{k_z \upsilon_\parallel - \omega - n\Omega_{\text{c}\ell}} \left\{ \frac{n\Omega_{\text{c}\ell}}{\upsilon_{t\perp}^2} - \frac{k_z(\upsilon_\parallel - V)}{\upsilon_{t\parallel}^2} \right\} f_\perp \, f_\parallel$$

$$= - \sum_{\ell} \frac{\omega_{\text{p}\ell}^2}{\omega^2} \sum_{n=-\infty}^{+\infty} \left\{ \left(\frac{n^2}{b} + 2b\right) I_n - 2b I_n' \right\} \mathrm{e}^{-b} \left\{ -1 - \zeta_0 Z + \left(1 - \frac{1}{\lambda_T}\right)(1 + \zeta_n Z) \right\}$$

$$= \sum_{\ell} \frac{\omega_{\text{p}\ell}^2}{\omega^2} + \sum_{\ell} \frac{\omega_{\text{p}\ell}^2}{\omega^2} \sum_{n=-\infty}^{+\infty} \left\{ \left(\frac{n^2}{b} + 2b\right) I_n - 2b I_n' \right\} \mathrm{e}^{-b} \left\{ \zeta_0 Z - \left(1 - \frac{1}{\lambda_T}\right)(1 + \zeta_n Z) \right\}$$

$$\tag{10.5B.16}$$

求解 yz 元素如下:

$$\Phi_{yz} = \Phi_{xz}$$

$$X_{yz} \equiv \int_0^{+\infty} 2\pi \upsilon_\perp \, \mathrm{d}\upsilon_\perp \, \mathrm{i}\upsilon_\perp \, J_n J_n' f_\perp = \int_0^{+\infty} \frac{\mathrm{i}\upsilon_{t\perp}}{b^{3/2}} t^2 \mathrm{d}t J_n(t) J_n'(t) \exp\left(-\frac{t^2}{2b}\right)$$

$$= \frac{\mathrm{i}\upsilon_{t\perp}}{b^{3/2}} b^2 \Lambda_n'(b) = \mathrm{i}\upsilon_{t\perp} b^{1/2} \{ I_n'(b) - I_n(b) \} \mathrm{e}^{-b} \tag{10.5B.17}$$

于是

$$K_{yz} = - \sum_{\ell} \frac{\omega_{\text{p}\ell}^2}{\omega^2} \sum_{n=-\infty}^{+\infty} \int_0^{+\infty} 2\pi \upsilon_\perp \, \mathrm{d}\upsilon_\perp \int_{-\infty}^{+\infty} \mathrm{d}\upsilon_\parallel \, \frac{\mathrm{i}\upsilon_\perp \, \upsilon_\parallel \, J_n J_n'}{k_z \upsilon_\parallel - \omega - n\Omega_{\text{c}\ell}} \left\{ \frac{n\Omega_{\text{c}\ell}}{\upsilon_{t\perp}^2} - \frac{k_z(\upsilon_\parallel - V)}{\upsilon_{t\parallel}^2} \right\} f_\perp \, f_\parallel$$

$$= - \sum_{\ell} \frac{\omega_{\text{p}\ell}^2}{\omega^2} \sum_{n=-\infty}^{+\infty} \mathrm{i}\upsilon_{t\perp} b^{1/2} \{ I_n'(b) - I_n(b) \} \mathrm{e}^{-b} \Phi_{yz}$$

$$= \sum_{\ell} \frac{\omega_{\text{p}\ell}^2}{\omega^2} \sum_{n=-\infty}^{+\infty} \mathrm{i}\alpha \{ I_n'(b) - I_n(b) \} \mathrm{e}^{-b} \sqrt{2\lambda_T} \eta_n \left\{ \zeta_0 Z - \left(1 - \frac{1}{\lambda_T}\right)(1 + \zeta_n Z) \right\}$$

$$\tag{10.5B.18}$$

求解 zz 元素如下:

$$\Phi_{zz} \equiv \int_{-\infty}^{+\infty} \mathrm{d}\upsilon_\parallel \, \frac{\upsilon_\parallel^2}{k_z \upsilon_\parallel - \omega - n\Omega_{\text{c}\ell}} \left\{ \frac{n\Omega_{\text{c}\ell}}{\upsilon_{t\perp}^2} - \frac{k_z(\upsilon_\parallel - V)}{\upsilon_{t\parallel}^2} \right\} f_\parallel$$

$$= \int_{-\infty}^{+\infty} \mathrm{d}\upsilon_\parallel \left[\frac{n\Omega_{\text{c}\ell}}{k_z^2 \upsilon_{t\perp}^2} \left\{ k_z(\upsilon_\parallel - V) + 2k_z V + \omega_n + \frac{(\omega_n + k_z V)^2}{k_z \upsilon_\parallel - \omega - n\Omega_{\text{c}\ell}} \right\} \right.$$

$$- \frac{1}{k_z^2 \upsilon_{t\parallel}^2} \left\{ k_z^2(\upsilon_\parallel - V)^2 + (2k_z V + \omega_n) k_z(\upsilon_\parallel - V) \right.$$

$$\left. + (\omega_n + k_z V)^2 + \frac{\omega_n(\omega_n + k_z V)^2}{k_z \upsilon_\parallel - \omega - n\Omega_{\text{c}\ell}} \right\} \right] f_\parallel$$

$$= \frac{n\Omega_{c\ell}}{k_z \upsilon_{t\perp}^2} \left\{ 2k_z V + \omega_n + (\omega_n + k_z V)^2 \frac{\zeta_n}{\omega_n} Z \right\}$$

$$- \frac{1}{k_z^2 \upsilon_{t\parallel}^2} \left(k_z^2 \upsilon_{t\parallel}^2 + (\omega_n + k_z V)^2 + \omega_n (\omega_n + k_z V)^2 \frac{\zeta_n}{\omega_n} Z \right)$$

$$= \frac{1}{k_z^2 \upsilon_{t\perp}^2} \left\{ n\Omega_{c\ell} (2k_z V + \omega_n) + (\omega_n + k_z V)^2 (-\zeta_0 + \zeta_n) Z \right\}$$

$$- 1 - \frac{1}{k_z^2 \upsilon_{t\perp}^2} \frac{1}{\lambda_T} 2^{\langle 1 + \zeta_n Z \rangle}$$

$$= \frac{(\omega_n + k_z V)^2}{k_z^2 \upsilon_{t\perp}^2} \left\{ -\zeta_0 Z + \left(1 - \frac{1}{\lambda_T} \right)(1 + \zeta_n Z) \right\} - 1$$

$$+ \frac{1}{k_z^2 \upsilon_{t\perp}^2} \left\{ n\Omega_{c\ell}(-\omega_n + k_z V) - \omega^2 \right\} \tag{10.5B.19}$$

$$X_{zz} \equiv \int_0^{+\infty} 2\pi\upsilon_\perp \, \mathrm{d}\upsilon_\perp \, J_n^2(a) f_\perp = \int_0^{+\infty} J_n^2(b^{1/2} x) \exp\left(-\frac{x^2}{2} \right) x \, \mathrm{d}x = I_n(b) \mathrm{e}^{-b} \tag{10.5B.20}$$

于是

$$K_{zz} - \left(1 - \sum_\ell \frac{\omega_{p\ell}^2}{\omega^2} \right)$$

$$= - \sum_\ell \frac{\omega_{p\ell}^2}{\omega^2} \sum_{n=-\infty}^{+\infty} \int_0^{+\infty} 2\pi\upsilon_\perp \, \mathrm{d}\upsilon_\perp \int_{-\infty}^{+\infty} \mathrm{d}\upsilon_\parallel \frac{\upsilon_\parallel^2 J_n^2}{k_z \upsilon_\parallel - \omega - n\Omega_{c\ell}} \left\{ \frac{n\Omega_{c\ell}}{\upsilon_{t\perp}^2} - \frac{k_z(\upsilon_\parallel - V)}{\upsilon_{t\parallel}^2} \right\} f_\perp f_\parallel$$

$$= - \sum_\ell \frac{\omega_{p\ell}^2}{\omega^2} \sum_{n=-\infty}^{+\infty} I_n(b) \mathrm{e}^{-b} \left[2\lambda_T \eta_n^2 \left\{ -\zeta_0 Z + \left(1 - \frac{1}{\lambda_T} \right)(1 + \zeta_n Z) \right\} - 1 \right.$$

$$+ \frac{n\Omega_{c\ell}(-\omega + k_z V)}{k_z^2 \upsilon_{t\perp}^2} - 2\lambda_T \eta_0^2 \bigg]$$

$$= \sum_\ell \frac{\omega_{p\ell}^2}{\omega^2} + \sum_\ell \frac{\omega_{p\ell}^2}{\omega^2} \left[\sum_{n=-\infty}^{+\infty} 2\lambda_T \eta_n^2 I_n(b) \mathrm{e}^{-b} \left\{ \zeta_0 Z - \left(1 - \frac{1}{\lambda_T} \right)(1 + \zeta_n Z) \right\} + 2\lambda_T \eta_0^2 \right] \tag{10.5B.21}$$

综上，公式(10.5.27)变为

$$\boldsymbol{K} = \boldsymbol{I} + \sum_\ell \frac{\omega_{p\ell}^2}{\omega^2} \left[\sum_{n=-\infty}^{+\infty} \left\{ \zeta_0 Z(\zeta_n) - \left(1 - \frac{1}{\lambda_T} \right)(1 + \zeta_n Z(\zeta_n)) \right\} \mathrm{e}^{-b} \boldsymbol{X}_n + 2\eta_0^2 \lambda_T \boldsymbol{L} \right] \tag{10.5B.22}$$

$$X_n = \begin{pmatrix} n^2 I_n/b & in(I'_n - I_n) & -\sqrt{2\lambda_T}\eta_n\dfrac{nI_n}{\alpha} \\[2mm] -in(I'_n - I_n) & (n^2/b + 2b)I_n - 2bI'_n & i\sqrt{2\lambda_T}\eta_n\alpha(I'_n - I_n) \\[2mm] -\sqrt{2\lambda_T}\eta_n\dfrac{nI_n}{\alpha} & -i\sqrt{2\lambda_T}\eta_n\alpha(I'_n - I_n) & 2\lambda_T\eta_n^2 I_n \end{pmatrix}$$

L 的元素除了 $L_{zz} = 1$ 外,其余元素 $L_{ij} = 0$。

附录 10.7A

对公式(10.7.55),射频波电流驱动项由$(u_\parallel, u_\perp)$坐标表示后如下:

$$D_n(f) = \left[\frac{\partial}{u_\perp \partial u_\perp}u_\perp\left\{\frac{1}{u_\perp}\left(1 - \frac{u_\parallel}{u_\phi}\right)\right\} + \frac{\partial}{u_\phi \partial u_\parallel}\right]$$
$$\cdot \hat{D}\left[\frac{\partial}{u_\perp \partial u_\perp}u_\perp\left\{\frac{1}{u_\perp}\left(1 - \frac{u_\parallel}{u_\phi}\right)\right\} + \frac{\partial}{u_\phi \partial u_\parallel}\right]f$$
$$= \nabla\Gamma \tag{10.7A.1}$$

其中

$$\nabla = \left(\frac{\partial}{\partial u_\parallel} \quad \frac{1}{u_\perp}\frac{\partial}{\partial u_\perp}u_\perp\right), \quad \hat{D} = D\begin{bmatrix} u_\perp^2 \\ u_\parallel^2 \end{bmatrix} \tag{10.7A.2}$$

$$\Gamma = \begin{bmatrix} \Gamma_\parallel \\ \Gamma_\perp \end{bmatrix} = \begin{pmatrix} \dfrac{1}{u_\phi}\hat{D}\left[\dfrac{\partial}{u_\perp \partial u_\perp}u_\perp\left\{\dfrac{1}{u_\perp}\left(1 - \dfrac{u_\parallel}{u_\phi}\right)\right\} + \dfrac{\partial}{u_\phi \partial u_\parallel}\right]f \\[4mm] \left\{\dfrac{1}{u_\perp}\left(1 - \dfrac{u_\parallel}{u_\phi}\right)\right\}\hat{D}\left[\dfrac{\partial}{u_\perp \partial u_\perp}u_\perp\left\{\dfrac{1}{u_\perp}\left(1 - \dfrac{u_\parallel}{u_\phi}\right)\right\} + \dfrac{\partial}{u_\phi \partial u_\parallel}\right]f \end{pmatrix}$$

进一步可以写成

$$\Gamma = \begin{pmatrix} \dfrac{1}{u_\phi}\hat{D}\dfrac{1}{u_\phi} & \dfrac{1}{u_\phi}\hat{D}\dfrac{1}{u_\perp}\left(1 - \dfrac{u_\parallel}{u_\phi}\right) \\[4mm] \dfrac{1}{u_\perp}\left(1 - \dfrac{u_\parallel}{u_\phi}\right)\hat{D}\dfrac{1}{u_\phi} & \dfrac{1}{u_\perp}\left(1 - \dfrac{u_\parallel}{u_\phi}\right)\hat{D}\dfrac{1}{u_\perp}\left(1 - \dfrac{u_\parallel}{u_\phi}\right) \end{pmatrix}\begin{pmatrix} \dfrac{\partial f}{\partial u_\parallel} \\[4mm] \dfrac{\partial f}{\partial u_\perp} \end{pmatrix}$$

$$= \left(\begin{array}{c} \dfrac{1}{u_\phi} \\[2mm] \dfrac{1}{u_\perp}\left(1 - \dfrac{u_\parallel}{u_\phi}\right) \end{array} \right) \hat{D} \left(\dfrac{1}{u_\phi} \quad \dfrac{1}{u_\perp}\left(1 - \dfrac{u_\parallel}{u_\phi}\right) \right) \left(\begin{array}{c} \dfrac{\partial f}{\partial u_\parallel} \\[2mm] \dfrac{\partial f}{\partial u_\perp} \end{array} \right)$$

$$= a\hat{D}a^{\mathrm{T}}Lf \tag{10.7A.3}$$

这里

$$a = \left(\begin{array}{c} 1/u_\phi \\ (1/u_\perp)(1 - u_\parallel/u_\phi) \end{array} \right), \quad Lf = \left(\begin{array}{c} \partial f/\partial u_\parallel \\ \partial f/\partial u_\perp \end{array} \right) \tag{10.7A.4}$$

接下来,从坐标系 $(u_\perp, u_\parallel)$ 变换到坐标系 (u, θ),各自的单位矢量分别为 $e_\perp$、$e_\parallel$、e_u、e_θ,由 $\boldsymbol{\Gamma} = \Gamma_\parallel e_\parallel + \Gamma_\perp e_\perp$、$\boldsymbol{\Gamma} = \Gamma_u e_u + \Gamma_\theta e_\theta$,且 $\Gamma_u = (\Gamma_\parallel e_\parallel + \Gamma_\perp e_\perp) \cdot e_u$、$\Gamma_\theta = (\Gamma_\parallel e_\parallel + \Gamma_\perp e_\perp) \cdot e_\theta$,于是有

$$\Gamma_u = \Gamma_\parallel \cos\theta + \Gamma_\perp \sin\theta, \quad \Gamma_\theta = -\Gamma_\parallel \sin\theta + \Gamma_\perp \cos\theta \tag{10.7A.5}$$

代入前式后可得

$$D_n(f) = (\nabla_u \quad \nabla_\theta) \left(\begin{array}{c} \Gamma_u \\ \Gamma_\theta \end{array} \right) \tag{10.7A.6}$$

$$\nabla_u = \frac{1}{u^2}\frac{\partial}{\partial u}u^2, \quad \nabla_\theta = \frac{1}{u\sin\theta}\frac{\partial}{\partial\theta}\sin\theta$$

同时,由

$$a_u = a_\parallel \cos\theta + a_\perp \sin\theta, \quad a_\theta = -a_\parallel \sin\theta + a_\perp \cos\theta \tag{10.7A.7}$$

以及 $u_\perp = u\sin\theta$、$u_\parallel = u\cos\theta$,可得

$$D_n(f) = \{\nabla_u(a_\parallel \cos\theta + a_\perp \sin\theta) + \nabla_\theta(-a_\parallel \sin\theta + a_\perp \cos\theta)\}\hat{D}a^{\mathrm{T}}Lf$$

$$= \left[\nabla_u\left\{ \frac{\cos\theta}{u_\phi} + \frac{1}{u\sin\theta}\left(1 - \frac{u\cos\theta}{u_\phi}\right)\sin\theta \right\} \right.$$

$$\left. + \nabla_\theta\left\{ -\frac{\sin\theta}{u_\phi} + \frac{1}{u\sin\theta}\left(1 - \frac{u\cos\theta}{u_\phi}\right)\cos\theta \right\} \right]\hat{D}a^{\mathrm{T}}Lf$$

$$= \left(\nabla_u\frac{1}{u} + \nabla_\theta\frac{\cos\theta - u/u_\phi}{u\sin\theta} \right)\hat{D}a^{\mathrm{T}}Lf \tag{10.7A.8}$$

进一步由

$$\frac{\partial f}{\partial u_\parallel} = \frac{\partial u}{\partial u_\parallel}\frac{\partial f}{\partial u} + \frac{\partial \theta}{\partial u_\parallel}\frac{\partial f}{\partial \theta} = \cos\theta\frac{\partial f}{\partial u} - \frac{\sin\theta}{u}\frac{\partial f}{\partial \theta},$$

$$\frac{\partial f}{\partial u_\perp} = \frac{\partial u}{\partial u_\perp}\frac{\partial f}{\partial u} + \frac{\partial \theta}{\partial u_\perp}\frac{\partial f}{\partial \theta} = \sin\theta\frac{\partial f}{\partial u} + \frac{\cos\theta}{u}\frac{\partial f}{\partial \theta} \tag{10.7A.9}$$

将 $\boldsymbol{a}^{\mathrm{T}}Lf$ 用 (u,θ) 坐标表示可得

$$\begin{aligned}
\boldsymbol{a}^{\mathrm{T}}Lf &= \frac{1}{u_\phi}\left(\cos\theta\frac{\partial f}{\partial u} - \frac{\sin\theta}{u}\frac{\partial f}{\partial \theta}\right) + \frac{1}{u\sin\theta}\left(1 - \frac{u\cos\theta}{u_\phi}\right)\left(\sin\theta\frac{\partial f}{\partial u} + \frac{\cos\theta}{u}\frac{\partial f}{\partial \theta}\right)\\
&= \left\{\frac{1}{u_\phi}\cos\theta + \frac{1}{u\sin\theta}\left(1 - \frac{u\cos\theta}{u_\phi}\right)\sin\theta\right\}\frac{\partial f}{\partial u}\\
&\quad + \left\{-\frac{1}{u_\phi}\frac{\sin\theta}{u} + \frac{1}{u\sin\theta}\left(1 - \frac{u\cos\theta}{u_\phi}\right)\frac{\cos\theta}{u}\right\}\frac{\partial f}{\partial \theta}\\
&= \frac{1}{u}\frac{\partial f}{\partial u} + \frac{\cos\theta - u/u_\phi}{u\sin\theta}\frac{1}{u}\frac{\partial f}{\partial \theta} = a_u\frac{\partial f}{\partial u} + a_\theta\frac{1}{u}\frac{\partial f}{\partial \theta}
\end{aligned} \tag{10.7A.10}$$

将公式(10.7A.10)代入公式(10.7A.8),得到下式:

$$\begin{aligned}
D_n(f) &= \nabla_u\frac{1}{u}\hat{D}\left\{\frac{1}{u}\frac{\partial f}{\partial u} + \frac{\cos\theta - u/u_\phi}{u\sin\theta}\frac{1}{u}\frac{\partial f}{\partial \theta}\right\}\\
&\quad + \nabla_\theta\frac{\cos\theta - u/u_\phi}{u\sin\theta}\hat{D}\left\{\frac{1}{u}\frac{\partial f}{\partial u} + \frac{\cos\theta - u/u_\phi}{u\sin\theta}\frac{1}{u}\frac{\partial f}{\partial \theta}\right\}\\
&= (\nabla_u \quad \nabla_\theta)\begin{pmatrix}\dfrac{1}{u}\\[2mm]\dfrac{\cos\theta - u/u_\phi}{u\sin\theta}\end{pmatrix}\hat{D}\left(\dfrac{1}{u}\quad\dfrac{\cos\theta - u/u_\phi}{u\sin\theta}\right)\begin{pmatrix}\dfrac{\partial f}{\partial u}\\[2mm]\dfrac{1}{u}\dfrac{\partial f}{\partial \theta}\end{pmatrix}\\
&= \nabla\Gamma_D
\end{aligned} \tag{10.7A.11}$$

$$\Gamma_D = \begin{pmatrix}\Gamma_u\\\Gamma_\theta\end{pmatrix} = \boldsymbol{a}\hat{D}\boldsymbol{a}^{\mathrm{T}}Lf, \quad \boldsymbol{a} = \begin{pmatrix}\dfrac{1}{u}\\[2mm]\dfrac{\cos\theta - u/u_\phi}{u\sin\theta}\end{pmatrix}, \quad Lf = \begin{pmatrix}\dfrac{\partial f}{\partial u}\\[2mm]\dfrac{1}{u}\dfrac{\partial f}{\partial \theta}\end{pmatrix} \tag{10.7A.12}$$

对电子回旋波的情况,根据公式(10.7.51)归一化后的表达式,可得下式:

$$\begin{aligned}
D_n(f) &= \frac{\partial}{u_\perp\partial u_\perp}Du_\perp\frac{\partial f}{\partial u_\perp} = \frac{\partial}{\partial u_\perp}D\frac{\partial f}{\partial u_\perp} + \frac{1}{u_\perp}D\frac{\partial f}{\partial u_\perp}\\
&= \left(\sin\theta\frac{\partial}{\partial u} + \frac{\cos\theta}{u}\frac{\partial}{\partial \theta}\right)D\frac{\partial f}{\partial u_\perp} + \frac{1}{u\sin\theta}D\frac{\partial f}{\partial u_\perp}\\
&= \left(\sin\theta\frac{\partial}{\partial u} + \frac{2}{u}\sin\theta\right)D\frac{\partial f}{\partial u_\perp} + \left(\frac{\cos\theta}{u}\frac{\partial}{\partial \theta} + \frac{1 - 2\sin^2\theta}{u\sin\theta}\right)D\frac{\partial f}{\partial u_\perp}
\end{aligned}$$

$$= \frac{1}{u^2} \frac{\partial}{\partial u} u^2 \sin \theta D \frac{\partial f}{\partial u_\perp} + \frac{1}{u \sin \theta} \frac{\partial}{\partial \theta} \sin \theta \cos \theta D \frac{\partial f}{\partial u_\perp}$$

$$= \left(\frac{1}{u^2} \frac{\partial}{\partial u} u^2 \quad \frac{1}{u \sin \theta} \frac{\partial}{\partial \theta} \sin \theta \right) \Gamma_{EC}$$

$$= \nabla \Gamma_{EC} \tag{10.7A.13}$$

$$\Gamma_{EC} = \begin{pmatrix} \Gamma_{ECu} \\ \Gamma_{EC\theta} \end{pmatrix} = \begin{pmatrix} \sin \theta D \dfrac{\partial f}{\partial u_\perp} \\ \cos \theta D \dfrac{\partial f}{\partial u_\perp} \end{pmatrix} = \begin{pmatrix} \sin \theta D \left(\sin \theta \dfrac{\partial f}{\partial u} + \dfrac{\cos \theta}{u} \dfrac{\partial f}{\partial \theta} \right) \\ \cos \theta D \left(\sin \theta \dfrac{\partial f}{\partial u} + \dfrac{\cos \theta}{u} \dfrac{\partial f}{\partial \theta} \right) \end{pmatrix}$$

$$= \begin{pmatrix} \sin \theta \\ \cos \theta \end{pmatrix} D \left(\sin \theta \quad \cos \theta \right) \begin{pmatrix} \dfrac{\partial f}{\partial u} \\ \dfrac{1}{u} \dfrac{\partial f}{\partial \theta} \end{pmatrix} = \boldsymbol{a}_{EC} D \boldsymbol{a}_{EC}^{\mathrm{T}} L f,$$

$$\boldsymbol{a}_{EC} = \begin{pmatrix} \sin \theta \\ \cos \theta \end{pmatrix} \tag{10.7A.14}$$

公式(10.7A.12)，当 $u_\varphi \to \infty$ 时，$u_\perp \boldsymbol{a} = u \sin \theta \, \boldsymbol{a} \to \boldsymbol{a}_{EC}$，于是变成公式(10.7A.14)。

对低混杂波的情况，根据公式(10.7.52)归一化后的表达式，可得下式：

$$D_n(f) = \frac{\partial}{\partial u_\parallel} D \frac{\partial f}{\partial u_\parallel} = \left(\cos \theta \frac{\partial}{\partial u} - \frac{\sin \theta}{u} \frac{\partial}{\partial \theta} \right) D \frac{\partial f}{\partial u_\parallel}$$

$$= \left(\cos \theta \frac{\partial}{\partial u} + \frac{2}{u} \cos \theta \right) D \frac{\partial f}{\partial u_\parallel} - \left(\frac{\sin \theta}{u} \frac{\partial}{\partial \theta} + \frac{2}{u} \cos \theta \right) D \frac{\partial f}{\partial u_\parallel}$$

$$= \frac{1}{u^2} \frac{\partial}{\partial u} u^2 \cos \theta D \frac{\partial f}{\partial u_\parallel} - \frac{1}{u \sin \theta} \frac{\partial}{\partial \theta} \sin \theta \sin \theta D \frac{\partial f}{\partial u_\parallel}$$

$$= \left(\frac{1}{u^2} \frac{\partial}{\partial u} u^2 \quad \frac{1}{u \sin \theta} \frac{\partial}{\partial \theta} \sin \theta \right) \Gamma_{LH} = \nabla \Gamma_{LH} \tag{10.7A.15}$$

$$\Gamma_{LH} = \begin{pmatrix} \Gamma_{LHu} \\ \Gamma_{LH\theta} \end{pmatrix} = \begin{pmatrix} \cos \theta D \dfrac{\partial f}{\partial u_\parallel} \\ - \sin \theta D \dfrac{\partial f}{\partial u_\parallel} \end{pmatrix} = \begin{pmatrix} D \cos \theta \left(\cos \theta \dfrac{\partial f}{\partial u} - \dfrac{\sin \theta}{u} \dfrac{\partial f}{\partial \theta} \right) \\ - D \sin \theta \left(\cos \theta \dfrac{\partial f}{\partial u} - \dfrac{\sin \theta}{u} \dfrac{\partial f}{\partial \theta} \right) \end{pmatrix}$$

$$= \begin{pmatrix} \cos \theta \\ - \sin \theta \end{pmatrix} D \left(\cos \theta \quad - \sin \theta \right) \begin{pmatrix} \dfrac{\partial f}{\partial u} \\ \dfrac{1}{u} \dfrac{\partial f}{\partial \theta} \end{pmatrix} = \boldsymbol{a}_{LH} D \boldsymbol{a}_{LH}^{\mathrm{T}} L f,$$

核聚变科学出版工程

$$\boldsymbol{a}_{\mathrm{LH}} = \begin{pmatrix} \cos\theta \\ -\sin\theta \end{pmatrix} \tag{10.7A.16}$$

公式(10.7A.12)，当 $u_{\parallel}/u_{\phi} \to 1$ 时，$u_{\parallel}\boldsymbol{a} = u\cos\theta\,\boldsymbol{a} \to \boldsymbol{a}_{\mathrm{LH}}$，于是变成公式(10.7A.16)。

碰撞项由公式(10.7.55)变形得下式：

$$C_n(f) = \left(\frac{1}{u^2}\frac{\partial}{\partial u}u^2 \quad \frac{1}{u\sin\theta}\frac{\partial}{\partial\theta}\sin\theta \right)\Gamma_C = \nabla\Gamma_C, \quad \Gamma_C = \begin{pmatrix} \dfrac{1}{2u^2}\left(f + \dfrac{1}{u}\dfrac{\partial f}{\partial u} \right) \\[3mm] \dfrac{1 + Z_{\mathrm{eff}}}{4u^2}\dfrac{\partial f}{\partial\theta} \end{pmatrix} \tag{10.7A.17}$$

同样，直流电场项也可由公式(10.7.55)变形得下式：

$$\begin{aligned} E_n(f) &= E_{\mathrm{DC}}\frac{\partial f}{\partial u_{\parallel}} = E_{\mathrm{DC}}\left(\cos\theta\frac{\partial f}{\partial u} - \frac{\sin\theta}{u}\frac{\partial f}{\partial\theta} \right) \\[2mm] &= E_{\mathrm{DC}}\left[\left(\cos\theta\frac{\partial f}{\partial u} + \frac{2}{u}\cos\theta f \right) - \left(\frac{\sin\theta}{u}\frac{\partial f}{\partial\theta} + \frac{2}{u}\cos\theta f \right) \right] \\[2mm] &= \frac{1}{u^2}\frac{\partial}{\partial u}u^2 E_{\mathrm{DC}}\cos\theta f - \frac{1}{u\sin\theta}\frac{\partial}{\partial\theta}\sin\theta E_{\mathrm{DC}}\sin\theta f \\[2mm] &= \left(\frac{1}{u^2}\frac{\partial}{\partial u}u^2 \quad \frac{1}{u\sin\theta}\frac{\partial}{\partial\theta} \right)\Gamma_E = \nabla\Gamma_E \end{aligned} \tag{10.7A.18}$$

$$\Gamma_E = E_{\mathrm{DC}}\begin{pmatrix} \cos\theta f \\ -\sin\theta f \end{pmatrix} \tag{10.7A.19}$$

综上，公式(10.7.55)可以写成下式：

$$\frac{\partial f}{\partial\tau} = \nabla(-\Gamma_E + \Gamma_D + \Gamma_C) \tag{10.7A.20}$$

附录 10.7B

改写公式(10.7.58)，得

$$D(f) = \frac{1}{\gamma}\left(\frac{\partial}{\partial \varepsilon} + \frac{k_\parallel}{\omega}\frac{\partial}{\partial p_\parallel}\right)\gamma m^2 D_{\text{rf}}\begin{bmatrix} u_\perp^2 \\ u_\parallel^2 \end{bmatrix}\left(\frac{\partial}{\partial \varepsilon} + \frac{k_\parallel}{\omega}\frac{\partial}{\partial p_\parallel}\right)f$$

$$= \frac{1}{\gamma}\frac{1}{mc^2}\left[(\gamma - n_\parallel P_\parallel)\frac{1}{P_\perp}\frac{\partial}{\partial P_\perp} + n_\parallel \frac{\partial}{\partial P_\parallel}\right]m^2 D_{\text{rf}}\gamma$$

$$\cdot \begin{bmatrix} u_\perp^2 \\ u_\parallel^2 \end{bmatrix}\frac{1}{mc^2}\left[(\gamma - n_\parallel P_\parallel)\frac{1}{P_\perp}\frac{\partial}{\partial P_\perp} + n_\parallel \frac{\partial}{\partial P_\parallel}\right]f$$

$$= \frac{1}{\gamma}\frac{1}{mc^2}\left[\frac{1}{P_\perp}\frac{\partial}{\partial P_\perp}\left\{P_\perp \frac{\partial}{\partial P_\perp}(\gamma - n_\parallel P_\parallel)\right\} + n_\parallel \frac{\partial}{\partial P_\parallel}\right]m^2 D_{\text{rf}}\gamma$$

$$\cdot \begin{bmatrix} u_\perp^2 \\ u_\parallel^2 \end{bmatrix}\frac{1}{mc^2}\left[(\gamma - n_\parallel P_\parallel)\frac{1}{P_\perp}\frac{\partial}{\partial P_\perp} + n_\parallel \frac{\partial}{\partial P_\parallel}\right]f$$

$$= \frac{1}{\gamma c^2}\nabla \Gamma \tag{10.7B.1}$$

其中

$$\nabla = \left(\frac{\partial}{\partial P_\parallel} \quad \frac{1}{P_\perp}\frac{\partial}{\partial P_\perp}P_\perp\right),$$

$$\Gamma = \begin{bmatrix} n_\parallel m D_{\text{rf}}\gamma \begin{bmatrix} u_\perp^2 \\ u_\parallel^2 \end{bmatrix}\frac{1}{mc^2}\left[(\gamma - n_\parallel P_\parallel)\frac{1}{P_\perp}\frac{\partial}{\partial P_\perp} + n_\parallel \frac{\partial}{\partial P_\parallel}\right]f \\ \frac{1}{P_\perp}(\gamma - n_\parallel P_\parallel)m D_{\text{rf}}\gamma \begin{bmatrix} u_\perp^2 \\ u_\parallel^2 \end{bmatrix}\frac{1}{mc^2}\left[(\gamma - n_\parallel P_\parallel)\frac{1}{P_\perp}\frac{\partial}{\partial P_\perp} + n_\parallel \frac{\partial}{\partial P_\parallel}\right]f \end{bmatrix}$$

$$= \begin{bmatrix} n_\parallel m D_{\text{rf}}\gamma \begin{bmatrix} u_\perp^2 \\ u_\parallel^2 \end{bmatrix}\frac{1}{mc^2}n_\parallel & n_\parallel m D_{\text{rf}}\gamma \begin{bmatrix} u_\perp^2 \\ u_\parallel^2 \end{bmatrix}\frac{1}{mc^2}(\gamma - n_\parallel P_\parallel)\frac{1}{P_\perp} \\ \frac{1}{P_\perp}(\gamma - n_\parallel P_\parallel)m D_{\text{rf}}\gamma \begin{bmatrix} u_\perp^2 \\ u_\parallel^2 \end{bmatrix}\frac{1}{mc^2}n_\parallel & \frac{1}{P_\perp}(\gamma - n_\parallel P_\parallel)m D_{\text{rf}}\gamma \begin{bmatrix} u_\perp^2 \\ u_\parallel^2 \end{bmatrix}\frac{1}{mc^2}(\gamma - n_\parallel P_\parallel)\frac{1}{P_\perp} \end{bmatrix}$$

$$\cdot \begin{bmatrix} \frac{\partial f}{\partial P_\parallel} \\ \frac{\partial f}{\partial P_\perp} \end{bmatrix}\begin{bmatrix} \frac{1}{u_\phi P_t} \\ \frac{1}{P_\perp}(\gamma - n_\parallel P_\parallel) \end{bmatrix}D_{\text{rf}}\gamma\begin{bmatrix} u_\perp^2 \\ u_\parallel^2 \end{bmatrix}P_t^2\left(\frac{1}{u_\phi P_t} \quad \frac{1}{P_\perp}(\gamma - n_\parallel P_\parallel)\right)\begin{bmatrix} \frac{\partial f}{\partial P_\parallel} \\ \frac{\partial f}{\partial P_\perp} \end{bmatrix} \tag{10.7B.2}$$

接下来利用下式进行归一化：

$$s = P_\perp / P_t = \frac{m\gamma\upsilon_\perp / mc}{m\upsilon_t / mc} = \gamma u_\perp, \quad w = P_\parallel / P_t = \gamma u_\parallel, \quad \xi = \sqrt{s^2 + w^2} = \gamma u$$

$$(10.7\mathrm{B}.3)$$

得到下式:

$$D(f) = \frac{1}{\gamma c^2} \nabla \Gamma$$

$$= \frac{1}{\gamma c^2 P_t} \left(\frac{\partial}{\partial w} \quad \frac{1}{s} \frac{\partial}{\partial s} s \right) \begin{pmatrix} \dfrac{1}{u_\phi} \\ \dfrac{1}{s} (\gamma - n_\parallel P_\parallel) \end{pmatrix} D_{\mathrm{rf}} \gamma$$

$$\cdot \begin{pmatrix} u_\perp^2 \\ u_\parallel^2 \end{pmatrix} \left(\frac{1}{u_\phi} \quad \frac{1}{s} (\gamma - n_\parallel P_\parallel) \right) \begin{pmatrix} \dfrac{\partial f}{\partial w} \\ \dfrac{\partial f}{\partial s} \end{pmatrix} \frac{1}{P_t}$$

$$= \frac{1}{\gamma} \left(\frac{\partial}{\partial w} \quad \frac{1}{s} \frac{\partial}{\partial s} s \right) \begin{pmatrix} \dfrac{1}{u_\phi} \\ \dfrac{1}{s} (\gamma - n_\parallel P_\parallel) \end{pmatrix} \frac{D_{\mathrm{rf}}}{\upsilon_t^2} \gamma \begin{pmatrix} u_\perp^2 \\ u_\parallel^2 \end{pmatrix} \left(\frac{1}{u_\phi} \quad \frac{1}{s} (\gamma - n_\parallel P_\parallel) \right) \begin{pmatrix} \dfrac{\partial f}{\partial w} \\ \dfrac{\partial f}{\partial s} \end{pmatrix}$$

$$= \frac{\nu_0}{\gamma} \left(\frac{\partial}{\partial w} \quad \frac{1}{s} \frac{\partial}{\partial s} s \right) a \hat{D} a^\mathsf{T} L f \qquad (10.7\mathrm{B}.4)$$

$$\Gamma = \begin{pmatrix} \Gamma_\parallel \\ \Gamma_\perp \end{pmatrix} = a \hat{D} a^\mathsf{T} L f, \quad a = \begin{pmatrix} a_\parallel \\ a_\perp \end{pmatrix} = \begin{pmatrix} \dfrac{1}{u_\phi} \\ \dfrac{1}{s} (\gamma - n_\parallel P_\parallel) \end{pmatrix}$$

$$\hat{D} = \frac{D_{\mathrm{rf}}}{\nu_0 \upsilon_t^2} \gamma \begin{pmatrix} u_\perp^2 \\ u_\parallel^2 \end{pmatrix}, \quad L f = \begin{pmatrix} \dfrac{\partial f}{\partial w} \\ \dfrac{\partial f}{\partial s} \end{pmatrix}$$

从 (w, s) 坐标系变换到 (ξ, θ) 坐标系,与公式(10.7A.5)相同,代入下式:

$$\Gamma_\xi = \Gamma_\parallel \cos \theta + \Gamma_\perp \sin \theta, \quad \Gamma_\theta = -\Gamma_\parallel \sin \theta + \Gamma_\perp \cos \theta \qquad (10.7\mathrm{B}.5)$$

可得

$$D(f) = \frac{\nu_0}{\gamma} (\nabla_\xi \quad \nabla_\theta) \begin{pmatrix} \Gamma_\xi \\ \Gamma_\theta \end{pmatrix} \qquad (10.7\mathrm{B}.6)$$

$$\nabla_\xi = \frac{1}{\xi^2} \frac{\partial}{\partial \xi} \xi^2, \quad \nabla_\theta = \frac{1}{\xi \sin \theta} \frac{\partial}{\partial \theta} \sin \theta$$

以及

$$a_\xi = a_\parallel \cos \theta + a_\perp \sin \theta, \quad a_\theta = -a_\parallel \sin \theta + a_\perp \cos \theta \qquad (10.7B.7)$$

利用 $s = \xi \sin \theta$、$w = \xi \cos \theta$，可得

$$a_\perp = \frac{1}{s}(\gamma - n_\parallel P_\parallel) = \frac{1}{\gamma u_\perp}\left(\gamma - \frac{\gamma u_\parallel P_t}{u_\phi P_t}\right) = \frac{1}{u \sin \theta}\left(1 - \frac{u \cos \theta}{u_\phi}\right) \qquad (10.7B.8)$$

$$D(f) = \frac{\nu_0}{\gamma}\{\nabla_\xi(a_\parallel \cos \theta + a_\perp \sin \theta) + \nabla_\theta(-a_\parallel \sin \theta + a_\perp \cos \theta)\}\hat{D}a^{\mathrm{T}}Lf$$

$$= \frac{\nu_0}{\gamma}\left[\nabla_\xi\left\{\frac{\cos \theta}{u_\phi} + \frac{1}{u \sin \theta}\left(1 - \frac{u \cos \theta}{u_\phi}\right)\sin \theta\right\}\right.$$

$$\left. + \nabla_\theta\left\{-\frac{\sin \theta}{u_\phi} + \frac{1}{u \sin \theta}\left(1 - \frac{u \cos \theta}{u_\phi}\right)\cos \theta\right\}\right]\hat{D}a^{\mathrm{T}}Lf$$

$$= \frac{\nu_0}{\gamma}\left(\nabla_\xi \frac{1}{u} + \nabla_\theta \frac{\cos \theta - u/u_\phi}{u \sin \theta}\right)\hat{D}a^{\mathrm{T}}Lf \qquad (10.7B.9)$$

进一步，由

$$\frac{\partial f}{\partial w} = \frac{\partial \xi}{\partial w}\frac{\partial f}{\partial \xi} + \frac{\partial \theta}{\partial w}\frac{\partial f}{\partial \theta} = \cos \theta \frac{\partial f}{\partial \xi} - \frac{\sin \theta}{\xi}\frac{\partial f}{\partial \theta},$$

$$\frac{\partial f}{\partial s} = \frac{\partial \xi}{\partial s}\frac{\partial f}{\partial \xi} + \frac{\partial \theta}{\partial s}\frac{\partial f}{\partial \theta} = \sin \theta \frac{\partial f}{\partial \xi} + \frac{\cos \theta}{\xi}\frac{\partial f}{\partial \theta} \qquad (10.7B.10)$$

将 $a^{\mathrm{T}}Lf$ 用 (ξ, θ) 坐标表示可得

$$a^{\mathrm{T}}Lf = \frac{1}{u_\phi}\left(\cos \theta \frac{\partial f}{\partial \xi} - \frac{\sin \theta}{\xi}\frac{\partial f}{\partial \theta}\right) + \frac{1}{u \sin \theta}\left(1 - \frac{u \cos \theta}{u_\phi}\right)\left(\sin \theta \frac{\partial f}{\partial \xi} + \frac{\cos \theta}{\xi}\frac{\partial f}{\partial \theta}\right)$$

$$= \left\{\frac{1}{u_\phi}\cos \theta + \frac{1}{u \sin \theta}\left(1 - \frac{u \cos \theta}{u_\phi}\right)\sin \theta\right\}\frac{\partial f}{\partial \xi}$$

$$+ \left\{-\frac{1}{u_\phi}\sin \theta + \frac{1}{u \sin \theta}\left(1 - \frac{u \cos \theta}{u_\phi}\right)\cos \theta\right\}\frac{1}{\xi}\frac{\partial f}{\partial \theta}$$

$$= \frac{1}{u}\frac{\partial f}{\partial \xi} + \frac{\cos \theta - u/u_\phi}{u \sin \theta}\frac{1}{\xi}\frac{\partial f}{\partial \theta} = a_\xi \frac{\partial f}{\partial \xi} + a_\theta \frac{1}{\xi}\frac{\partial f}{\partial \theta} \qquad (10.7B.11)$$

将公式(10.7A.11)代入公式(10.7B.9)，得到下式：

$$D(f) = \frac{\nu_0}{\gamma}\left[\nabla_\xi \frac{1}{u}\hat{D}\left\{\frac{1}{u}\frac{\partial f}{\partial \xi} + \frac{\cos \theta - u/u_\phi}{u \sin \theta}\frac{1}{\xi}\frac{\partial f}{\partial \theta}\right\}\right.$$

$$+ \nabla_\theta \frac{\cos\theta - u/u_\phi}{u\sin\theta} \hat{D} \left\{ \frac{1}{u} \frac{\partial f}{\partial \xi} + \frac{\cos\theta - u/u_\phi}{u\sin\theta} \frac{1}{\xi} \frac{\partial f}{\partial \theta} \right\} \Bigg]$$

$$= \frac{\nu_0}{\gamma} (\nabla_\xi \quad \nabla_\theta) \begin{pmatrix} \dfrac{1}{u} \\ \dfrac{\cos\theta - u/u_\phi}{u\sin\theta} \end{pmatrix} \hat{D} \left(\frac{1}{u} \quad \frac{\cos\theta - u/u_\phi}{u\sin\theta} \right) \begin{pmatrix} \dfrac{\partial f}{\partial \xi} \\ \dfrac{1}{\xi} \dfrac{\partial f}{\partial \theta} \end{pmatrix} \quad (10.7\text{B}.12)$$

又由 $\dfrac{\partial}{\partial \xi} = \dfrac{1}{\gamma^3} \dfrac{\partial}{\partial u}$，得

$$D(f) = \frac{\nu_0}{\gamma} \left(\frac{1}{\gamma^5 u^2} \frac{\partial}{\partial u} \gamma^5 u^2 \quad \frac{1}{\gamma u \sin\theta} \frac{\partial}{\partial \theta} \sin\theta \right)$$

$$\begin{pmatrix} \dfrac{1}{u} \\ \dfrac{\cos\theta - u/u_\phi}{u\sin\theta} \end{pmatrix} \hat{D} \left(\frac{1}{u} \quad \frac{\cos\theta - u/u_\phi}{u\sin\theta} \right) \begin{pmatrix} \dfrac{1}{\gamma^3} \dfrac{\partial f}{\partial u} \\ \dfrac{1}{\gamma u} \dfrac{\partial f}{\partial \theta} \end{pmatrix} = \frac{\nu_0}{\gamma} \nabla \Gamma_D \quad (10.7\text{B}.13)$$

$$\Gamma_D = \begin{bmatrix} \Gamma_\xi \\ \Gamma_\theta \end{bmatrix} = \boldsymbol{a} \hat{D} \boldsymbol{a}^{\mathrm{T}} Lf, \quad \boldsymbol{a} = \begin{bmatrix} a_\xi \\ a_\theta \end{bmatrix} = \begin{pmatrix} \dfrac{1}{u} \\ \dfrac{\cos\theta - u/u_\phi}{u\sin\theta} \end{pmatrix}$$

$$\hat{D} = \frac{D_{\mathrm{rf}}}{\nu_0 \upsilon_t^2} \gamma \begin{Bmatrix} u_\perp^2 \\ u_\parallel^2 \end{Bmatrix}, \quad Lf = \begin{pmatrix} \dfrac{1}{\gamma^3} \dfrac{\partial f}{\partial u} \\ \dfrac{1}{\gamma u} \dfrac{\partial f}{\partial \theta} \end{pmatrix}$$

将碰撞项用相对论表示[49]，由 $\mu = \cos\theta = u_\parallel / u$，得

$$C(f, f_0) = \frac{1}{p^2} \frac{\partial}{\partial p} p^2 \left[A(p) \frac{\partial}{\partial p} + F(p) \right] f + \frac{B(p)}{p^2} \frac{\partial}{\partial \mu} (1 - \mu^2) \frac{\partial f}{\partial \mu}$$

$$(10.7\text{B}.14)$$

其中

$$A(p) = \Gamma \upsilon_t^2 / \upsilon^3, \quad B(p) = \frac{\Gamma}{2\upsilon} \left(1 - \frac{\upsilon_t^2}{\upsilon^2} \right), \quad F(p) = \upsilon A(p)/T, \quad \Gamma = ne^4 \ell \mathrm{n} \Lambda / 4\pi \varepsilon_0^2,$$

$$\nu_0 = 2m\Gamma / p_t^3, \quad \nu_e = m\Gamma / p^3, \quad u = \upsilon/\upsilon_t, \quad p = m\gamma\upsilon, \quad p_t = m\upsilon_t = \sqrt{mT}$$

$$(10.7\text{B}.15)$$

于是有

$$C(f, f_0) = \frac{\nu_0}{2\gamma^5 u^2} \frac{\partial}{\partial u} \left[\frac{1}{\gamma u} \frac{\partial}{\partial u} + \gamma^2 \right] f + \frac{\nu_0}{4\gamma^2 u^3} \frac{\partial}{\partial \mu} (1 - \mu^2) \frac{\partial f}{\partial \mu} \quad (10.7\mathrm{B}.16)$$

或者说

$$C(f, f_i) = \frac{\Gamma Z_{\mathrm{eff}}}{2 v p^2} \frac{\partial}{\partial \mu} (1 - \mu^2) \frac{\partial f}{\partial \mu} = \frac{\nu_0 Z_{\mathrm{eff}}}{4\gamma^2 u^3} \frac{\partial}{\partial \mu} (1 - \mu^2) \frac{\partial f}{\partial \mu} \quad (10.7\mathrm{B}.17)$$

又 $C(f) = C(f, f_0) + C(f, f_i)$，可得到下式：

$$C(f) = \nu_0 \left[\frac{1}{2\gamma^5 u^2} \frac{\partial}{\partial u} \left(\frac{1}{\gamma u} \frac{\partial}{\partial u} + \gamma^2 \right) f + \frac{1 + Z_{\mathrm{eff}}}{4\gamma^2 u^3} \frac{1}{\sin\theta} \frac{\partial}{\partial\theta} \sin\theta \frac{\partial f}{\partial\theta} \right]$$

$$= \nu_0 \left(\frac{1}{\gamma^5 u^2} \frac{\partial}{\partial u} \gamma^2 u^2 \quad \frac{1}{\gamma u \sin\theta} \frac{\partial}{\partial\theta} \sin\theta \right) \Gamma_C = \nu_0 \nabla \Gamma_C \quad (10.7\mathrm{B}.18)$$

$$\Gamma_C = \begin{pmatrix} \dfrac{1}{2\gamma^2 u^2} \left(\dfrac{1}{\gamma u} \dfrac{\partial}{\partial u} + \gamma^2 \right) f \\[2mm] \dfrac{1 + Z_{\mathrm{eff}}}{4\gamma u^2} \dfrac{\partial f}{\partial\theta} \end{pmatrix}$$

将直流电场项用相对论表示，由公式(10.7.43)得直流电场项：

$$E(f) = eE_\parallel \frac{\partial f}{\partial p_\parallel} = \frac{eE_\parallel}{m v_t} \frac{\partial f}{\partial w} = \nu_0 E_{\mathrm{DC}} \left(\cos\theta \frac{\partial f}{\partial\xi} - \frac{\sin\theta}{\xi} \frac{\partial f}{\partial\theta} \right)$$

$$= \nu_0 \left(\frac{1}{\gamma^5 u^2} \frac{\partial}{\partial u} \gamma^2 u^2 E_{\mathrm{DC}} \cos\theta f - \frac{1}{\gamma u \sin\theta} \frac{\partial}{\partial\theta} \sin^2\theta E_{\mathrm{DC}} f \right)$$

$$= \nu_0 \left(\frac{1}{\gamma^5 u^2} \frac{\partial}{\partial u} \gamma^2 u^2 \quad \frac{1}{\gamma u \sin\theta} \frac{\partial}{\partial\theta} \sin\theta \right) \Gamma_E = \nu_0 \nabla \Gamma_E$$

$$\Gamma_E = E_{\mathrm{DC}} \begin{pmatrix} \cos\theta f \\ -\sin\theta f \end{pmatrix} \quad (10.7\mathrm{B}.19)$$

综上，公式(10.7.57)除以 ν_0 后便得到下式：

$$\nabla \Gamma_E = (1/\gamma) \nabla \Gamma_D + \nabla \Gamma_C \quad (10.7\mathrm{B}.20)$$

附录 10.7C

利用 $\sin^2\hat\theta / b_m = \sin^2\theta / b$，得

$$\frac{\partial}{\partial \theta} = \frac{\cos \theta}{\cos \hat{\theta}} \sqrt{\frac{b_m}{b}} \frac{\partial}{\partial \hat{\theta}}, \quad \frac{1}{\gamma u \sin \theta} \frac{\partial}{\partial \theta} \sin \theta = \frac{1}{\gamma u \sin \hat{\theta}} \frac{\cos \theta}{\cos \hat{\theta}} \sqrt{\frac{b_m}{b}} \frac{\partial}{\partial \hat{\theta}} \sin \hat{\theta}$$

$$(10.7C.1)$$

射频波能量局域化后以 $D = D\delta(\varphi - \varphi_0)$ 近似(铅笔束近似),此时的值表示为 $b_0 = b(\varphi_0)$、$\theta_0 = \sin^{-1}(\sqrt{b(\varphi_0)/b_m} \sin \hat{\theta})$。

公式(10.7B.13)变形得

$$D(f) = \frac{\nu_0}{\gamma} \left(\frac{1}{\gamma^5 u^2} \frac{\partial}{\partial u} \gamma^2 u^2 \Gamma_\xi + \frac{1}{\gamma u \sin \theta} \frac{\partial}{\partial \theta} \sin \theta \Gamma_\theta \right) = \frac{\nu_0}{\gamma} \nabla \Gamma_D \quad (10.7C.2)$$

$$\Gamma_D = \begin{bmatrix} \Gamma_\xi \\ \Gamma_\theta \end{bmatrix} = a\hat{D}a^T Lf = \begin{bmatrix} D_{11} & D_{12} \\ D_{21} & D_{22} \end{bmatrix} Lf$$

$$a = \begin{pmatrix} \dfrac{1}{u} \\ \dfrac{\cos \theta - u/u_\phi}{u \sin \theta} \end{pmatrix} = \begin{pmatrix} \dfrac{\cos \theta}{u_\phi} + \dfrac{Y}{\gamma u} \\ -\dfrac{\sin \theta}{u_\phi} + \dfrac{Y \cos \theta}{\gamma u \sin \theta} \end{pmatrix}$$

对上式进行反弹平均,得

$$\langle D(f) \rangle = \left\langle \frac{b}{\cos \theta} \right\rangle^{-1} \left\langle \frac{b}{\cos \theta} \frac{\nu_0}{\gamma} \left(\frac{1}{\gamma^5 u^2} \frac{\partial}{\partial u} \gamma^2 u^2 \Gamma_\xi + \frac{1}{\gamma u \sin \theta} \frac{\partial}{\partial \theta} \sin \theta \Gamma_\theta \right) \right\rangle$$

$$= \nu_0 \left\langle \frac{b}{\cos \theta} \right\rangle^{-1} \frac{b_0}{\cos \theta_0} \frac{1}{\gamma} \left(\frac{1}{\gamma^5 u^2} \frac{\partial}{\partial u} \gamma^2 u^2 \Gamma_\xi + \frac{1}{\gamma u \sin \hat{\theta}} \frac{\cos \theta_0}{\cos \hat{\theta}} \sqrt{\frac{b_m}{b_0}} \frac{\partial}{\partial \hat{\theta}} \sin \hat{\theta} \Gamma_\theta \right)$$

$$\equiv \nu_0 \langle D_n(f) \rangle$$

$$\Gamma_\xi = D_{11} \frac{1}{\gamma^3} \frac{\partial f}{\partial u} + D_{12} \frac{\cos \theta_0}{\cos \hat{\theta}} \sqrt{\frac{b_m}{b_0}} \frac{1}{\gamma u} \frac{\partial f}{\partial \hat{\theta}}$$

$$\Gamma_\theta = D_{21} \frac{1}{\gamma^3} \frac{\partial f}{\partial u} + D_{22} \frac{\cos \theta_0}{\cos \hat{\theta}} \sqrt{\frac{b_m}{b_0}} \frac{1}{\gamma u} \frac{\partial f}{\partial \hat{\theta}}$$

$$D = (D_{ij}) = a\hat{D}a^T, \quad a^T = \left(\frac{\cos \theta_0}{u_\phi} + \frac{Y}{\gamma u} \quad -\frac{\sin \theta_0}{u_\phi} + \frac{Y \cos \theta_0}{\gamma u \sin \theta_0} \right) \quad (10.7C.3)$$

碰撞项由公式(10.7B.18),得

$$\langle C(f) \rangle = \left\langle \frac{b}{\cos \theta} \right\rangle^{-1} \left\langle \frac{b}{\cos \theta} \nu_0 \left\{ \frac{1}{2\gamma^5 u^2} \frac{\partial}{\partial u} \left(\frac{1}{\gamma u} \frac{\partial}{\partial u} + \gamma^2 \right) f + \frac{1 + Z_{\text{eff}}}{4\gamma^2 u^3} \frac{1}{\sin \theta} \frac{\partial}{\partial \theta} \sin \theta \frac{\partial f}{\partial \theta} \right\} \right\rangle$$

$$= \frac{\nu_0}{2\gamma^5 u^2} \frac{\partial}{\partial u} \left(\frac{1}{\gamma u} \frac{\partial}{\partial u} + \gamma^2 \right) f$$

$$+ \left\langle \frac{b}{\cos \theta} \right\rangle^{-1} \nu_0 \frac{1 + Z_{\text{eff}}}{4\gamma^2 u^3} \frac{b_m}{\sin \hat{\theta} \cos \hat{\theta}} \frac{\partial}{\partial \hat{\theta}} \frac{\sin \hat{\theta}}{\cos \hat{\theta}} \langle \cos \theta \rangle \frac{\partial f}{\partial \hat{\theta}}$$

$$= \nu_0 \left(\frac{1}{\gamma^5 u^2} \frac{\partial}{\partial u} \gamma^2 u^2 \Gamma_\varepsilon + \frac{\langle b/\cos \theta \rangle^{-1}}{\cos \hat{\theta}} \frac{1}{\gamma u \sin \hat{\theta}} \frac{\partial}{\partial \hat{\theta}} \sin \hat{\theta} \Gamma_\theta \right)$$

$$\equiv \nu_0 \langle C_n(f) \rangle$$

$$\Gamma_\varepsilon = \frac{1}{2\gamma^2 u^2} \left(\frac{1}{\gamma u} \frac{\partial}{\partial u} + \gamma^2 \right) f, \quad \Gamma_\theta = \frac{1 + Z_{\text{eff}}}{4\gamma u^2} \frac{\langle \cos \theta \rangle}{\cos \hat{\theta}} b_m \frac{\partial f}{\partial \hat{\theta}} \quad (10.7C.4)$$

直流电场项由公式(10.7B.19),得

$$\langle E(f) \rangle = \left\langle \frac{b}{\cos \theta} \right\rangle^{-1} \left\langle \frac{b}{\cos \theta} \nu_0 \left(\frac{1}{\gamma^5 u^2} \frac{\partial}{\partial u} \gamma^2 u^2 E_{\text{DC}} \cos \theta f - \frac{1}{\gamma u \sin \theta} \frac{\partial}{\partial \theta} \sin^2 \theta E_{\text{DC}} f \right) \right\rangle$$

$$= \left\langle \frac{b}{\cos \theta} \right\rangle \frac{\langle b \rangle}{\cos \hat{\theta}} \nu_0 \left(\frac{1}{\gamma^5 u^2} \frac{\partial}{\partial u} \gamma^2 u^2 \Gamma_\varepsilon + \frac{1}{\gamma u \sin \hat{\theta}} \frac{\partial}{\partial \hat{\theta}} \sin \hat{\theta} \Gamma_\theta \right)$$

$$\equiv \nu_0 \langle E_n(f) \rangle$$

$$\Gamma_\varepsilon = E_{\text{DC}} \cos \hat{\theta} f, \quad \Gamma_\theta = - E_{\text{DC}} \sin \hat{\theta} f \quad (10.7C.5)$$

综上,公式(10.7.63)除以 ν_0 后,变为求解下式:

$$\langle E_n(f) \rangle = \langle D_n(f) \rangle + \langle C_n(f) \rangle \quad (10.7C.6)$$

接着是 $\langle b \rangle$、$\langle \cos \theta \rangle$、$\langle b/\cos \theta \rangle$ 的表达式。首先,有

$$\langle b \rangle = \int_{-\pi}^{\pi} \frac{\mathrm{d}\varphi}{2\pi} \frac{1 - \varepsilon \cos \varphi}{1 + \varepsilon} = \int_0^{\pi} \frac{\mathrm{d}\varphi}{\pi} \frac{1 - \varepsilon \cos \varphi}{1 + \varepsilon} = \frac{1}{1 + \varepsilon}, \quad \kappa^2 < 1 \quad (10.7C.7)$$

$$\langle b \rangle = \int_{-\varphi_m}^{\varphi_m} \frac{\mathrm{d}\varphi}{2\varphi_m} \frac{1 - \varepsilon \cos \varphi}{1 + \varepsilon} = \int_0^{\varphi_m} \frac{\mathrm{d}\varphi}{\varphi_m} \frac{1 - \varepsilon \cos \varphi}{1 + \varepsilon} = \frac{1}{1 + \varepsilon} - \frac{\varepsilon \sin \varphi_m}{(1 + \varepsilon)\varphi_m}, \quad \kappa^2 > 1$$

$$(10.7C.8)$$

至于 $\langle \cos \theta \rangle$,根据公式(10.7.64),非捕获电子的情况下,可进行 $\varphi/2 = \varphi'$ 代换,得

$$\langle \cos \theta \rangle = \frac{1}{\pi} \int_0^{\pi} \mathrm{d}\varphi \cos \hat{\theta} \left\{ 1 - \kappa^2 \sin^2(\varphi/2) \right\}^{1/2} = \frac{2}{\pi} \cos \hat{\theta} \int_0^{\pi/2} \mathrm{d}\varphi' (1 - \kappa^2 \sin^2 \varphi')^{1/2}$$

$$= \frac{2}{\pi} \cos \hat{\theta} E(\kappa), \quad \kappa^2 < 1 \quad (10.7C.9)$$

$E(\kappa)$ 为第二类完全椭圆函数。捕获电子的情况下,利用

$$\kappa^2 \sin^2(\varphi/2) = \sin^2(x/2), \quad \mathrm{d}\varphi = \frac{\cos(x/2)}{\kappa \cos(\varphi/2)} \mathrm{d}x \qquad (10.7\text{C}.10)$$

得

$$\langle \cos\theta \rangle = \frac{1}{\varphi_m} \int_0^{\varphi_m} \mathrm{d}\varphi \cos\hat\theta \{1 - \kappa^2 \sin^2(\varphi/2)\}^{1/2}$$

$$= \frac{1}{\varphi_m} \int_0^\pi \frac{\cos(x/2)}{\kappa \cos(\varphi/2)} \mathrm{d}x \cos\hat\theta \{1 - \sin^2(x/2)\}^{1/2}$$

$$= \frac{1}{\varphi_m} \cos\hat\theta \int_0^\pi \frac{\cos^2(x/2)}{\kappa \{1 - \kappa^{-2} \sin^2(x/2)\}^{1/2}} \mathrm{d}x$$

$$= \frac{2}{\varphi_m} \kappa \cos\hat\theta \int_0^{\pi/2} \frac{\kappa^{-2} \cos^2 x'}{(1 - \kappa^{-2} \sin^2 x')^{1/2}} \mathrm{d}x'$$

$$= \frac{2}{\varphi_m} \kappa \cos\hat\theta \int_0^{\pi/2} \mathrm{d}x' \left\{ (1 - \kappa^{-2} \sin^2 x')^{1/2} - \frac{1 - \kappa^{-2}}{(1 - \kappa^{-2} \sin^2 x')^{1/2}} \right\}$$

$$= \frac{2}{\varphi_m} \kappa \cos\hat\theta \{ E(1/\kappa) - (1 - \kappa^{-2}) K(1/\kappa) \}, \quad \kappa^2 > 1 \qquad (10.7\text{C}.11)$$

$K(\kappa)$ 为第一类完全椭圆函数。

最后是 $\langle b/\cos\theta \rangle$,非捕获电子的情况下,进行 $\varphi/2 = \varphi'$ 代换,得

$$\left\langle \frac{b}{\cos\theta} \right\rangle = \frac{1}{\pi} \int_0^\pi \mathrm{d}\varphi \frac{1 - \varepsilon + 2\varepsilon \sin^2(\varphi/2)}{\cos\hat\theta \{1 - \kappa^2 \sin^2(\varphi/2)\}^{1/2} (1 + \varepsilon)}$$

$$= \frac{2}{\pi} \frac{1}{\cos\hat\theta} \int_0^{\pi/2} \mathrm{d}\varphi' \frac{1 - \varepsilon - 2\varepsilon \kappa^{-2} (1 - \kappa^2 \sin^2\varphi' - 1)}{(1 - \kappa^2 \sin^2\varphi')^{1/2} (1 + \varepsilon)}$$

$$= \frac{2}{\pi} \frac{1}{\cos\hat\theta} \int_0^{\pi/2} \mathrm{d}\varphi' \left[\frac{1 - \varepsilon}{1 + \varepsilon} \frac{1}{(1 - \kappa^2 \sin^2\varphi')^{1/2}} \right.$$

$$\left. - \frac{2\varepsilon \kappa^{-2}}{1 + \varepsilon} \left\{ (1 - \kappa^2 \sin^2\varphi')^{1/2} - \frac{1}{(1 - \kappa^2 \sin^2\varphi')^{1/2}} \right\} \right]$$

$$= \frac{2}{\pi} \frac{b_m}{\cos\hat\theta} [K(\kappa) + \cot^2\hat\theta \{ K(\kappa) - E(\kappa) \}], \quad \kappa^2 < 1 \qquad (10.7\text{C}.12)$$

捕获电子的情况下:

$$\left\langle \frac{b}{\cos\theta} \right\rangle = \frac{1}{\varphi_m} \int_0^{\varphi_m} \mathrm{d}\varphi \frac{1 - \varepsilon + 2\varepsilon \sin^2(\varphi/2)}{\cos\hat\theta \{1 - \kappa^2 \sin^2(\varphi/2)\}^{1/2} (1 + \varepsilon)}$$

$$= \frac{2}{\varphi_m} \frac{1}{\cos \hat{\theta}} \int_0^{\varphi_m/2} \mathrm{d}\varphi' \frac{1 - \varepsilon + 2\varepsilon \sin^2 \varphi'}{(1 - \kappa^2 \sin^2 \varphi')^{1/2}(1 + \varepsilon)}$$

$$= \frac{2}{\varphi_m} \frac{1}{\cos \hat{\theta}} \int_0^{\pi/2} \mathrm{d}x' \frac{\cos x'}{\kappa \cos \varphi'} \frac{1 - \varepsilon + 2\varepsilon \kappa^{-2} \sin^2 x'}{(1 - \sin^2 x')^{1/2}(1 + \varepsilon)}$$

$$= \frac{2}{\varphi_m} \frac{1}{\kappa \cos \hat{\theta}} \int_0^{\pi/2} \mathrm{d}x' \frac{b_m}{(1 - \kappa^{-2} \sin^2 x')^{1/2}} \{1 - \kappa^2 \cot^2 \hat{\theta}(1 - \kappa^{-2} \sin^2 x' - 1)\}$$

$$= \frac{2}{\varphi_m} \frac{b_m}{\kappa \cos \hat{\theta}} \left[K(1/\kappa) + \kappa^2 \cot^2 \hat{\theta} \{ K(1/\kappa) - E(1/\kappa) \} \right], \quad \kappa^2 > 1$$

$$\text{(10.7C.13)}$$

参 考 文 献

［1］ 高村秀一，プラズマ加熱基礎論，名古屋大学出版会（1986）.

［2］ 池上英雄，山中龍彦，宮本健郎，等，核融合研究 I 核融合プラズマ，名古屋大学出版会（1996）.

［3］ A. C. Riviere, Nucl. Fusion, 11, 363 (1971).

［4］ D. R. Sweetman, Nucl. Fusion, 13, 157 (1973).

［5］ J. G. Cordey, Proc. of 3rd Int. Meeting on Theoretical and Experimental Aspects of Heating of Toroidal Plasmas, Grenoble, Vol. 2, 107 (1976).

［6］ 内田岱二郎，井上信幸，核融合とプラズマの制御 上，東京大学出版会（1980），下（1982）.

［7］ 宮本健郎，核融合のためのプラズマ物理，岩波出版（1976）.

［8］ S. I. Braginskii, Transport Processes in A Plasma（Reviews of Plasma Physics, vol. 1, ed. by M. A. Leontovich, Consultants Bureau, New York (1966).

［9］ V. Gurevich, Sov. Phys. JETP 13, 548 (1961).

［10］ H. P. Furth and P. H. Rutherford, Physical Rev. Letters, 28, 545 (1972).

［11］ T. H. Stix, Plasma Phys. , 14, 367 (1972).

［12］ J. G. Cordey and W. G. F. Core, Phys. Fluids, 17, 1626 (1974).

［13］ J. A. Rome, D. G. McAlees, J. D. Callen and T. H. Fowler, Nucl. Fusion, 16, 55 (1976).

［14］ T. Ohkawa, Nucl. Fusion, 10, 185 (1970).

［15］ J. D. Gaffey, Jr. , J. Plasma Phys. Vol. 16, 149-169 (1976).

［16］ D. F. H. Start and J. G. Cordey, Phys. Fluids, 23, 1477 (1980).

［17］ D. R. Mikkelsen and C. E. Singer, Nucl. Technol. /Fusion, Vol. 4, 237-252 (1983).

［18］ M. Otsuka, M. Nagami and T. Matsuda, J. Comp. Phys. , Vol. 52, 219-236 (1983).

［19］ 藤枝浩文，村上芳樹，杉村正芳，日本原子力研究所，JAERI-M 92-178 (1992).

［20］ T. Oikawa，Y. Kamada，A. Isayama，et al.，Nucl. Fusion，Vol. 41，No. 11，1575-1583
（2001）.

［21］ K. Tani，M. Azumi，H. Kishimoto，S. Tamura，J. Phys. Soc. Jpn.，50. 1726（1981）.

［22］ T. Suzuki，R. J. Akers，D. A. Gates，et al.，Nucl. Fusion，Vol. 51，083020（2011）.

［23］ R. J. Bickerton，J. W. Connor and J. B. Taylor，Nature Physical Science，Vol. 229，110
（1971）.

［24］ テキスト核融合炉専門委員会，プラズマ・核融合学会誌，第 87 巻増刊号（2011）.

［25］ 井手俊介，J. Plasma Fusion Res.，Vol. 83，No. 5，415-422（2007）.

［26］ A. Isayama，et al.，Nucl. Fusion，43，1272（2003）.

［27］ M. Murakami，et al.，Phys. Plasmas，13，056106（2006）.

［28］ T. Fujita，et al.，Phys. Rev. Lett.，87，085001（2001）.

［29］ F. Crisanti，et al.，Phys. Rev. Lett.，88，145004（2002）.

［30］ S. Coda，et al.，Proc. 21st IAEA Fusion Energy Conf. IAEA-CN-149/EX/P1-11（2006）.

［31］ Fusion Reactor System Laboratory，Japan Atomic Energy Research Institute，JAERI-M 91-081
（1991）. M. Kikuchi，Nucl. Fusion 30，265-276（1990）.

［32］ 宮本健郎，プラズマ物理・核融合，東京大学出版会（2004）.

［33］ A. I. Akhiezer，I. A. Akhiezer，R. V. Polovin，et al.，Plasma Electrodynamics Vol. 1：Linear
Theory，Pergamon Press Ltd.（1975）.

［34］ D. G. Swanson，Plasma Waves，Academic Press，Inc.，（London）LTD.（1989）.

［35］ W. P. Allis，S. JBuchsbaum and A. Bers，Waves in Anisotropic Plasmas，MIT Press，Cam-
bridge（1963）.

［36］ L. D. Landau，J. Phys. USSR，10，25（1946）.

［37］ 宮本健郎，プラズマ物理の基礎，朝倉書店（2014）.

［38］ M. Porkolab，Fusion（ed. by E. Teller），Vol. 1，Part B，151，Academic Press，New York
（1981）.

［39］ 三枝幹雄，日本原子力研究所，JAERI-Research 96-007（1996）.

［40］ 大久保邦三，核融合研究，第 67 巻第 2 期，108-135（1992）.

［41］ N. J. Fisch and A. H. Boozer，Phys. Rev. Letters，Vol. 45，No. 9，720-722（1980）. N. J.
Fisch，Nucl. Fusion，Vol. 21，No. 1，15-22（1981）.

［42］ G. A. Proulx and B. R. Kusse，Phys. Rev. Letters，Vol. 48，No. 11，749-752（1982）.

［43］ C. F. F. Karney and N. J. Fisch，Phys. Fluids，22，1817-1824（1979）.

［44］ N. J. Fisch，Rev. Mod. Phys.，Vol. 59，No. 1，175-234（1987）.

［45］ N. J. Fisch，Phys. Rev. Lett.，Vol. 41，No. 13，873-876（1978）.

［46］ T. Okazaki，M. Sugihara and N. Fujisawa，Nucl. Fusion，Vol. 26，No. 8，1029-1041（1986）.

［47］ K. Yoshioka，T. Okazaki，F. Leuterer，N. Fujisawa，Phys. Fluids，Vol. 31，No. 5，1224-1230

(1988).

[48] T. M. Antonsen, Jr. and B. Hui, IEEE Trans. Plasma Sci. PS-12, 118-123 (1984).

[49] C. C. F. Karney and N. J. Fisch, Phys. Fluids, 28, 116-126 (1985).

[50] K. Yoshioka, T. M. Antonsen, Jr., Nucl. Fusion, Vol. 26, No. 7, 839-847 (1986).

[51] T. Okazaki, K. Yoshioka, M. Sugihara and N. Fujisawa, Plasma Phys. Control. Fusion, Vol. 33, No. 1, 61-75 (1991).

[52] A. Becoulet, Plasma Phys. Conrol. Fusion, 38, A1 (1996).

[53] R. Prater, et al., Fusion Energy, 1996 (Proc. 16th Int. Conf. Montreal, 1996) IAEA, Vienna, Vol. 3, 243 (1997).

[54] 福山淳，高瀬雄一，井手俊介，牛草健吉，プラズマ・核融合学会誌，第 76 巻第 2 期，127-137 (2000).

[55] Y. Ikeda, et al., Plasma Physics and Controlled Nuclear Fusion Research, 1994 (Proc. 15th Int. Conf. Seville, 1994), IAEA, Vienna, Vol. 1, 415 (1995).

[56] JET team (presented by F. X. Soldner) Plasma Physics and Controlled Nuclear Fusion Research, 1994 (Proc. 15th Int. Conf. Seville, 1994), IAEA, Vienna, Vol. 1, 423, (1995).

[57] S. Itoh, et al., Nucl. Fusion, 39, 1257 (1999), H. Zushi et al., Nucl. Fusion, 45, S142-S156 (2005).

[58] J. Jacquinot, Nucl. Fusion, 45, S118-S131 (2005).

[59] R. W. Harvey, et al., Nucl. Fusion, 37, 69 (1997).

[60] T. Suzuki, S. Ide, K. Hamamatsu, et al., Nucl. Fusion, 44, 699-708 (2004).

[61] 曄道恭，核融合研究，第 63 巻第 1 期，39-42 (1990).

[62] 堀池寛，小原祥裕，奥村義和，等，日本原子力研究所，JAERI-M 86-064 (1986).

[63] Y. Okumura, et al., Proc. of 16thSymp. Fusion Technology, London, 1026 (1990).

[64] 藤沢登，木村晴行，小原祥裕，等，核融合研究，第 65 巻第 4 期，399-417 (1991).

[65] http://www.fusion.qst.go.jp/ITER/FDR/PDD/index.htm, ITER Final Design Report, Plant Description Document, Ch. 2.5, IAEA (2001).

[66] ITER Physis Expert Group on Energetic Particles, Heating and Current Drive, ITER Physics Basis Editors, Nucl. Fusion, Vol. 39, No. 12, 2495-2539 (1999).

[67] V. V. Parail, N. Fujisawa, H. Hopman, et al., ITER CURRENT DRIVE AND HEATING SYSTEM, ITER Documentation Series, No. 32, IAEA, Vienna (1991).

[68] 竹入康彦，J. Plasma Fusion Res., Vol. 78, No. 5, 391-397 (2002).

[69] J. E. Osher, F. G Gordon, G. W. Hamilton, Proc. 2nd Int. Conf. on Ion Sources, Vienna, 876 (1972).

[70] Th. Sluyters, Proc. 2nd Symp. on Ion Sources and Formation of Ion Beams, Berkeley, III-2-1 (1974).

［71］ Yu. I. Belchenko, et al., Nucl. Fusion, 14, 113 (1973).

［72］ K. N. Leung, et al., Rev. Sci., Instrum. 54, 56 (1983).

［73］ S. R. Walther, et al., J. Appl. Phys., 64, 3424 (1988).

［74］ K. H. Berkner, et al., Nucl. Fusion, 15, 249 (1975).

［75］ K. H. Berkner, et al., Proc. 2nd Int. Symp. Production and Neutralization of Negative Hydrogen Ions and Beams, Brookhaven National Laboratory, 291 (1980).

［76］ M. W. McGeoch, Proc. 2th Int. Symp. Production and Neutralization of Negative Hydrogen Ions and Beams, Brookhaven National Laboratory, 304 (1980). J. H. Fink, Proc. 4th Int. Symp. Production and Neutralization of Negative Ions and Beams, Brookhaven National Laboratory, 618 (1986).

［77］ M. Akiba, et al., Rev. Sci. Instrum., 53, 1864 (1982).

［78］ M. C. Vella, et al., Rev. Sci. Instrum., 59, 2357 (1988).

［79］ T. S. Green, et al., Proc. 10th Int. Conf. Plasma Phys. Cotrol. Nucl. Fusion Res., London, 1984, Vol. 3, 319, IAEA, Vienna (1985).

［80］ A. Iiyoshi, et al., Nucl. Fusion, 39, 1245 (1999).

［81］ M. Kuriyama, et al., Proc. 16th IEEE/NPSS Symp. Fusion Eng., Illinois, 1995, IEEE, Vol. 1, 491 (1995).

［82］ R. S. Hemsworth, et al., Rev. Sci. Instrum. 67, 1120 (1996). R. S. Hemsworth, H. Decamps, J. Graceffa et al., Nucl. Fusion, 49, 045006 (2009).

［83］ 武藤敬，斎藤健二，J. Plasma Fusion Res., Vol. 82, No. 7, 422-430 (2006).

［84］ 木村晴行，核融合研究，第 67 巻第 4 期，310-334 (1992).

［85］ 武藤敬，下妻隆，J. Plasma Fusion Res., Vol. 82, No. 6, 376-390 (2006).

［86］ T. Fujii, M. Saigusa, S. Moriyama, et al., Proc. IEEE 14th Symp. Fusion Technol., San Diego, Vol. 1, 107 (1991).

［87］ 今井剛，J. Plasma Fusion Res., Vol. 81, No. 3, 178-182 (2005).

［88］ P. Lamalle, B. Beaumont, F. Kazarian, et al., Fusion Eng. Des., Vol. 88, 517-520 (2013).

［89］ S. Moriyama, H. Kimura, M. Saigusa, et al., Fusion Eng. Des., Vol. 39-40, 135-142 (1998).

［90］ H. Kimura, T. Fujii, A. Fukuyama, et al., Japan Atomic Energy Research Institute, JAERI-Research 95-070 (1995).

［91］ 池田佳隆，本田正男，横倉賢治，等，日本原子力研究所，JAERI-M 88-182 (1988).

［92］ 安達三郎，米山務共著，電波伝送工学，コロナ社 (1981).

［93］ 花田和明，J. Plasma Fusion Res., Vol. 82, No. 7, 431-440 (2006).

［94］ Y. Ikeda, O. Naito, M. Seki, et al., Fusion Eng. Des., Vol. 24, 287-298 (1994). 前原直，日本原子力研究所，JAERI-Research 2000-061 (2001).

［95］ P. Lallia：Proc. 2nd Topical Conf. on rf Plasma Heating，C3-1 (1974).

［96］ D. Moreau and T. K. Nguyen：Association Euratom-CEA，Centred'etudes ncleaires de Fontan-ay-aux Roses，Dept. de la fusion controlee，EUR-CEA-FC-1246（1983/1984）.

［97］ P. Bibet，X. Litaudon，D. Moreau，Nucl. Fusion，Vol. 35，No. 10，1213-1223（1995）.

［98］ S. Kinoshita，T. Okazaki，M. Otsuka，K. Yoshioka，Nucl. Fusion，Vol. 32，No. 8，1465-1468（1992）.

［99］ J. Hillairet，S. Ceccuzzi，J. Belo，et al.，Fusion Eng. Des.，86，823-826（2011）.

［100］ J. Hillairet，J. Achard，Y. S. Bae，et al.，2012 6th European Conf. Antennas and Propaga-tion，Prague，26-30 March，IEEE（2012）.

［101］ 坂本慶司，J. Plasma Fusion Res.，Vol. 85，No. 6，351-356（2009）.

［102］ 星野克道，山本巧，等，日本原子力研究所，JAERI-M 85-169（1985）.

［103］ S. Moriyama，K. Kajiwara，K. Takahashi，et al.，Review of Scientific Instruments，76，113504（2005）.

［104］ 浅川誠，平城俊行，山口聡一郎，等，プラズマ・核融合学会誌，第 75 巻第 6 期，732-740（1999）.

［105］ 林健一，J. Plasma Fusion Res.，Vol. 86，No. 2，104-121（2010）.

［106］ 池田亮介，小田靖久，梶原健，等，J. Plasma Fusion Res.，Vol. 92，No. 6，420-426（2016）.

［107］ K. Takahashi，K. Kajiwara，N. Kobayashi，et al.，Nucl. Fusion，Vo. 48，054014（2008）.

［108］ K. Takahashi，G. Abe，K. Kajiwara，et al.，Fusion Eng. Des.，96-97，602-606（2015）.

［109］ M. A. Henderson，R. Heidinger，D. Strauss，et al.，Nucl. Fusion，Vo. 48，054013（2008）.

［110］ D. Farina，et al.，Phys. Plasmas，Vo. 21，06154（2014）.

第 11 章

真空容器

组成反应堆结构的装置有包层、偏滤器、超导线圈、真空容器等。真空容器是约束等离子体的容器，同时也是收容包层、偏滤器等并对其进行支撑的堆结构的骨架。本章介绍真空容器。

11.1　真空容器应具备的功能

为了生成并约束核聚变堆的等离子体，需要能够提供高真空状态的真空容器。表11.1.1 给出了真空容器应该具备的功能[1]。

表 11.1.1　真空容器应该具备的功能

序号	项　目	内　容
1	维持超高真空	生成与维持等离子体燃烧所需要的超高真空
2	高温烘烤	能够进行高温烘烤加热的结构
3	确保电阻	确保启动等离子体时的环向电阻
4	等离子体位置控制	控制等离子体的位置,尤其是垂直位置
5	环形磁场纹波度	支撑用于降低环向磁场纹波度的磁性材料
6	支撑堆内结构物	支撑包层、偏滤器等容器内装置
7	支撑电磁力	支撑等离子体消灭时等产生的电磁力
8	冷却性能	除去核发热等的热量
9	辐射屏蔽	对从事放射性业务人员、超导线圈进行辐射屏蔽
10	封闭放射性物质	封闭放射性物质氚、放射性粉尘的功能
11	组装	能够组装真空容器、TF 线圈的结构
12	维护更换	能够远程维护堆内结构部件的结构

11.2　超高真空维持与高温烘烤

1. 真空容器的真空度

核聚变堆正常运行时的等离子体密度为 10^{20} m^{-3} 左右。此时的压力换算为标准状态的气体压力,则为 $P_{DT} = 4.12 \times 10^{-1}$ Pa(在标准状态(SATP,standard ambient temperature and pressure),即温度 25 ℃、1 bar $= 1.00 \times 10^5$ Pa 时,1 摩尔为 24.8 ℓ,6.02×10^{23} 个,SI 单位系的压力 Pa $=$ N/m^2)。要在此压力下生成高温等离子体,由于等离子体与壁的相互作用,将会产生杂质。从壁中产生的杂质气体和壁材料混入等离子体后,将增大等离子体的辐射损失,妨碍对等离子体的约束和加热。

此时,不仅要在生成等离子体之前的状态下,对从热平衡下的壁面释放的气体进行排气,还必须对等离子体生成时从壁面脱附的气体进行预先除气。因此,必须在送入燃料气体之前的状态下,将真空容器的真空度降到 10^{-5} Pa 以下,而且真空容器必须维持这一真空度。利用压力对真空进行分类时,10^{-5} Pa 以下称为超高真空(低真空:大气至 10^2 Pa,中真空:$10^2 \sim 0.1$ Pa,高真空:$0.1 \sim 10^{-5}$ Pa)。

2. 超高真空的维持

当真空容器内的压力为 $p(\text{Pa})$,真空容器内的体积为 $V(\text{m}^3)$,流入真空容器的气体量(泄漏率(leak rate))为 $S(\text{Pa} \cdot \text{m}^3/\text{s})$,真空容器入口处的有效排气速度为 $C(\text{m}^3/\text{s})$ 时,则有

$$V \frac{\mathrm{d}p}{\mathrm{d}t} = S - Cp \tag{11.2.1}$$

如果初始压力为 p_0,压力为

$$p = p_0 \mathrm{e}^{-t/\tau} + \frac{S}{C}(1 - \mathrm{e}^{-t/\tau}) \tag{11.2.2}$$

这里 $\tau = V/C$。到达真空度为

$$p = S/C \tag{11.2.3}$$

初始压力为大气压时,要从大气压 $p_0 = 10^5$ Pa 直至超高真空压 $S/C = 10^{-5}$ Pa 以下,进行抽真空。核聚变堆的真空排气系统与燃料粒子注入系统和氚处理系统关系很深,本书将在 12.4.2 小节中介绍真空排气系统。

3. 真空烘烤

为了使真空容器内处于超高真空,根据公式(11.2.2),就不可避免地要降低流入真空容器的气体量 S。表 11.2.1 给出了去除真空容器与堆内机器的表面吸附的水分以及侵入材料内部的各种气体成分的方法[2]。

表 11.2.1　真空容器与堆内机器表面的清洗方法

序号	项　目	内　容
1	表面处理	利用表面研磨,进行清洁化处理
2	表面清洗	利用脱脂清洗,进行清洁化处理
3	高温烘烤	利用 200~400 ℃ 的烘烤,使吸附在材料表面的有机高分子和水分子脱附
4	放电清洗	对化学结合性强的氧化物、无机盐等进行清洁化处理。利用氢、氘、氦等弱电流脉冲放电(泰勒放电),电子回旋共振放电,库仑放电等

高温烘烤是通过对部件进行加热使气体脱附的方法。采用电加热器或加热媒介(氮气或水)。对象机器必须具有能够高温烘烤的结构。在核聚变装置中,利用冷却流路作为加热媒介的流路。在加热和冷却时,部件中会出现温度分布,产生热应力,因此需要采取相应的对策。

11.3 电阻的确保、等离子体位置控制、环向磁场纹波度

1. 真空容器的电阻

托卡马克在启动等离子体时,利用电磁感应电流驱动或者非电磁感应电流驱动的方法,在等离子体中产生电流。当采用电磁感应电流驱动时,变压器原理如图 10.1.2 所示,急剧改变 CS 线圈的电流(一次侧电流),对真空容器内的稀薄气体施加电压 $V_L = 2\pi R_0 E_{DC}$,外加电场 E_{DC} 使其放电,使等离子体点火,感应出电流(二次侧电流)。但是,作为二次侧电流的环状电流,除了等离子体电流之外,在所有的导体中都会感应出环状的电流,在真空容器中也会出现沿环的圆周方向流动的电流。为了有效地感应出等离子体电流,需要尽量抑制真空容器中感应出的环状电流,所以需要使得真空容器的环状方向一周电阻 R_V 大于等离子体的电阻 R_p。然而,从等离子体的位置稳定性等角度出发,R_V 越小越好。这样,随着所关注的现象不同,对 R_V 的要求也不相同。表 11.3.1 总结了对于 R_V 的主要的要求[3]。

表 11.3.1 对真空容器的环状方向一周电阻的要求

序号	项 目	内 容	R_V
1	等离子体点火和电磁感应	在采用电磁感应电流驱动时,抑制真空容器中感应的涡电流产生的不均匀磁场,在等离子体中感应出电场,使等离子体点火。此时,R_V 越大越好	大
2	利用 PF 线圈控制等离子体截面	PF 线圈向等离子体供应的磁场的侵入不会受到真空容器的屏蔽,此时,R_V 越大越好	大
3	等离子体位置稳定化	为了高比压化而从圆形等离子体增大三角度 δ 后,等离子体会出现不稳定性(参照 9.6.2 小节),为了使包括包层的堆内机器因电磁感应效果实现稳定化,R_V 越小越好	小
4	等离子体破裂时的电磁力对策	为了降低真空容器内产生的电磁力,R_V 越大越好	大
5	超导线圈的 AC 损失	等离子体消灭时,PF 线圈内产生感应电压、感应电流,在超导线圈内产生 AC 损失。为了抑制这一损失,利用真空容器屏蔽磁场的侵入,此时,R_V 越小越好	小

一般来说,为了增大 R_v 的数值,需要减小真空容器的板厚,但这会减弱真空容器的结构强度。加大真空容器的板厚,将减小 R_v 的数值,但会增大结构强度。因此在满足上述要求的前提下,如何进行设计,是要面临的课题。

等离子体点火后,等离子体电流的启动遵从公式(6.4.11)。等离子体点火方法对真空容器环形一周电阻的要求如表 11.3.2 所示[4]。

表 11.3.2 等离子体点火方法对真空容器环形一周电阻的要求

序号	等离子体点火方法	内 容	R_v	不均匀磁场
1	变压器原理	如果增大 R_v,可以减缓在真空容器等中感应的涡电流对于等离子体的电场侵入	大	小
2	变压器原理 + 不均匀磁场校正	如果减小 R_v,会产生不均匀磁场,可以利用校正法来抵消不均匀磁场[5,6]	小	大→小
3	变压器原理 + 利用 ECH 预备电离	即使存在不均匀磁场,也可以利用 ECH 进行预备电离,使等离子体点火,从而能够启动初始等离子体电流[7,8]	小	大

利用超导线圈的 CS 线圈进行等离子体点火时,由于超导线圈的圈数多,磁束扫描的速度受到制约,因此对于等离子体施加的电压不能很大。此时,可以考虑加大 R_v,有效利用磁束。但是真空容器的板厚减小后,又会减弱真空容器的结构强度,因此必须对其进行增强处理。

这里,为了确保真空容器的结构强度,设定较小的 R_v,然后利用变压器原理 + ECH 预备电离的方法,确保等离子体点火,启动初始等离子体电流。在利用 PF 线圈控制等离子体截面形状时,采用提高其响应性的对策,对于等离子体破裂时的电磁力,则采用结构强度增强的对策。

利用公式(6.2.25)、(6.4.6)求解等离子体的电阻。例如,对于 JT-60(日本),作为预备电离等离子体,等离子体小半径为 $a = 0.9 \text{ m}$,等离子体大半径为 $R = 3.1 \text{ m}$,等离子体温度为 $T_e = 100 \text{ eV}$,非圆拉长比为 $\kappa = 1.0$,有效电荷数为 $Z_{\text{eff}} = 1.5$,则等离子体的电阻为 $R_p = 11 \text{ μΩ}$。与此对应,真空容器的环形一周电阻为 $R_v = 1.3 \text{ mΩ}$。$R_v/R_p = 1.1 \times 10^2$,从而确保了真空容器的环形一周电阻比等离子体的电阻大 2 个数量级以上。等离子体生成时的放电破坏电压为 250 V,外加电场约为 13 V/m。在 JT-60U 中,$a = 1.1 \text{ m}/1.4 \text{ m}$,$R = 3.4 \text{ m}$,其余采用与 JT-60 相同的参数,$R_p = 6.6 \text{ μΩ}$。与此对应,$R_v = 0.2 \text{ mΩ}$。采用 ECH 的放电破坏电压下降到 10～40 V,外加电场为 0.47～1.9 V/m[9]。

2. 确保电阻的方法

为了确保真空容器的环形一周电阻,有在结构上确保电阻的方法,和采用高电阻材料的方法。表 11.3.3 给出了确保真空容器的环形一周电阻的方法,图 11.3.1 表示其真空容器的结构[1,10]。

表 11.3.3　确保环形一周电阻的方法

序号	区　别	项　目	内　　　容
1	在结构上形成高电阻部	厚结构	沿环方向,在局部设置高电阻的波纹管(bellows)或电绝缘体(陶瓷、特氟纶(Teflon)等)
2		薄结构	在薄板形成的双重壁之间设置方管、增强肋、瓦楞(corrugate)状板,以确保电阻
3	采用高电阻材料		采用高电阻材料(Inconel 625 等),确保电阻

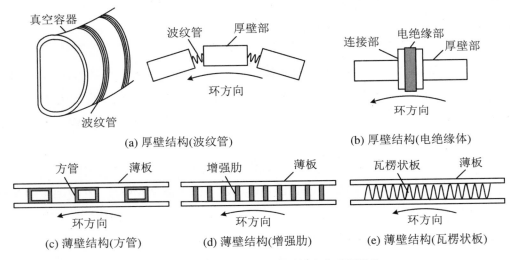

(a) 厚壁结构(波纹管)　　　(b) 厚壁结构(电绝缘体)

(c) 薄壁结构(方管)　　(d) 薄壁结构(增强肋)　　(e) 薄壁结构(瓦楞状板)

图 11.3.1　确保环形一周电阻的真空容器结构

厚壁结构中,为了确保一周电阻,在厚壁的部分位置设置波纹管、电绝缘体等集中电阻,因此在环形方向的电阻不是均匀分布的。这样虽然可以利用厚壁确保结构强度和屏蔽性能,但在集中电阻体部会出现发热,而且在集中电阻体部与厚壁部的低电阻部内所感应的涡电流大小不一样,产生的电磁力大小不同,从而会出现应力,因此需要采取相应的对策。采用波纹管作为集中电阻体的装置有 JT-60[11]、TFTR[12]、JET[13]。

薄壁结构重量轻,环形方向的电阻分布均匀。通过在双重壁之间设置增强结构,可以保持结构强度。为了提高屏蔽性能,可以将屏蔽物体设置在双重壁内,或者用其他方法设置在外部。制作双重壁时,对焊接等制作精度要求很高。采用双重壁结构的有 JT-60U[14]、DⅢ-D[15]、Tore-Supra[16]。

3. 等离子体位置控制

为了等离子体位置的稳定性,设置等离子体控制线圈,对等离子体位置进行控制(参考 4.9 节、9.6.2 小节)。对于比该控制响应更快的事件,按照等离子体形状来制作真空容器形状,利用随着等离子体位置变动、因电磁感应所产生的涡电流,通过电磁力,使等离子体回复到初始位置。如果只靠包括真空容器的堆内机器还不够的话,还可以在包层背面设置导电性屏(稳定化屏),例如铜板,以实现等离子体的稳定。但是,要兼顾真空容器的环形一周的电阻,在局部设置稳定化屏。

4. 环向磁场纹波度

环向磁场由于是利用有限个的 TF 线圈产生的,所以在环周方向会存在不均匀性。环向磁场纹波度由公式(9.3.3)给出。粒子被该环向磁场纹波度形成的磁陷阱所捕获,导致能量约束性能的劣化。还有,NBI 的中性粒子和 α 粒子会发生粒子损失、能量损失,从而成为面向等离子体壁的热负荷的原因。为了降低环向磁场纹波度,可以在 TF 线圈正下方的真空容器附近设置磁体。磁体可以采用碳钢、铁素体钢等,要能够确保设置这些磁体的场所。

11.4 堆内结构件的支撑、电磁力的支撑

1. 电磁力支撑

真空容器支撑着堆内结构件的重量。真空容器还负责支撑在真空容器本身以及堆内结构件中产生的电磁力。另外,真空容器在建设时、运行时、停止时,承受着从常温到烘烤时的数百摄氏度的温度环境变化。因此,真空容器的支撑结构必须能够应对热应力、热膨胀。

电磁力的产生原因如表 11.4.1 所示。

表 11.4.1　电磁力的产生原因

序号	项　目	内　容
1	等离子体电流启动或关闭时	随着等离子体电流的启动或关闭,PF 线圈电流发生变化,堆内机器中感应出涡电流,从而产生电磁力
2	等离子体破裂时	等离子体在给定位置处消灭或移动中消灭时的涡电流、晕电流与磁场的相互作用产生电磁力
3	超导线圈失超时	超导线圈失超时,超导线圈的电流消失,堆内机器中感应出涡电流,从而产生电磁力

单位长度的电磁力 $F(\mathrm{N/m})$ 为 $F = I \times B$。这里,$I(\mathrm{A})$ 为电流,$B(\mathrm{T})$ 为磁场。例如,晕电流在真空容器中流动时,根据公式(8.3.7),ITER 中晕电流产生的电磁力为 64 MN/m。该电磁力随空间发生变化,可以通过涡电流分析程序来求解详细的电磁力。

从降低电磁力的观点出发,为了抑制涡电流,常常对包层等的堆内结构部件进行分割,实现模块化(参考 5.8.2 小节)。如果需要对复数个模块统一进行支撑时,则设置支撑板,真空容器对该支撑板进行支撑。各模块中为了冷却剂的出入,必须至少设置有 2 根冷却管。因此需要在真空容器上设置窗口,复数个模块的冷却管归纳起来后,通过该窗口与真空容器外部连接。

2. 真空容器支撑

反应堆运行时,在极低温下工作的超导线圈发生热收缩,而真空容器的温度则高于室温,要发生热膨胀。例如,SUS 的线膨胀系数为 $\alpha = 16.4 \times 10^{-6}/\mathrm{K}$,真空容器的径方向距离为 $\ell = 5000 \mathrm{~mm}$,如果温度差为 $\Delta T = 300 \mathrm{~K}$,则热膨胀为 $\Delta \ell = \alpha \ell \Delta T = 24.6 \mathrm{~mm}$。所以,需要利用支撑结构支持环半径方向的位移。表 11.4.2 给出了真空容器的支撑方法,图 11.4.1 表示真空容器的支撑结构。在参考这些资料的基础上,确定真空容器的支撑结构。

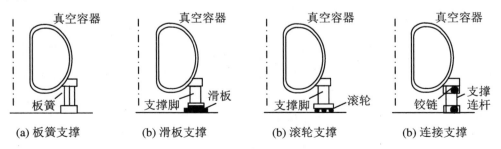

图 11.4.1　确保环形一周电阻的真空容器结构

表 11.4.2 真空容器的支撑方法

序号	方　式	内　　容	特　　征
1	板簧支撑	在真空容器下部叠放设置长方形截面的板簧	小型装置中已有采用。叠放数多时,有可能负重会集中在其中一部分板上
2	滑板支撑	在真空容器与建筑物地面之间设置滑板(滑动板)	结构简单,大型结构件中已有采用。从低温至高温均可使用。但真空中很少使用
3	滚轮支撑	在真空容器的支柱与建筑物地面之间设置滚轮	滚轮列的可动方向能够自由变化。大气中使用个例较多。真空中的大型结构件很少使用
4	连接支撑	在真空容器与建筑物地面之间设置支撑连杆,其两端设置铰链	铰链的可动方向可以自由变化。可动方向以外的荷重较弱。移动量大时,真空容器会上下移动

11.5　真空容器的冷却、辐射屏蔽、封闭、组装和维护

1. 冷却性能

真空容器或直接地从等离子体、或间接地经由堆内机器承受热负荷。另外,中子辐照产生活化,也会产生衰变热。因此,真空容器中需要有冷却功能。第 16 章介绍真空容器的冷却功能以及堆内机器等。

2. 辐射屏蔽

在聚变堆中,DT 反应产生中子,这些中子又会产生伽马射线等射线。位于真空容器外侧的超导线圈受到中子辐照后,绝缘性能和机械性能都会劣化。因此,对于负责检查、维护等放射性业务的工作人员以及超导线圈来说,都需要真空容器承担起辐射屏蔽的作用。

如 11.3 节所示,薄壁结构时,为了提高屏蔽性能,必须在双重壁内部设置屏蔽物体,或在外部另外设置屏蔽物体。前者情况下,如图 11.5.1 所示,可以将板状屏蔽物体或者经过表面绝缘处理的金属球放入双重壁之间。对于辐射屏蔽,在 14.2 节中还将另外

介绍。

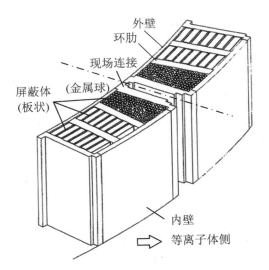

图 11.5.1　双重壁真空容器(环内侧)的屏蔽[10]

3. 放射性物质的封闭

真空容器中存在放射性物质氚。中子辐照会使得堆内结构部件活化。从等离子体来的热负荷和粒子负荷使得面向等离子体壁发生损伤和损耗,产生放射性粉尘。这些粉尘会残留在真空容器内部。因此,真空容器需要具备不使这些放射性物质泄漏的功能。

作为堆内机器的包层和偏滤器的冷却剂发生泄漏时,堆内的热能有可能对冷却剂进行加热。此时,真空容器处于加压状态,真空容器需要具有加压状态下的边界健全性。为了确保真空容器在加压状态下的边界健全性,真空容器必须采用那些具有穿透性的氚难以穿透的材料。

从封闭放射性物质的观点来看,耐中子辐照、耐放射性的材料非常重要,铁素体钢是一种选择。第 19 章将介绍放射性物质的封闭。

4. 组装与维护更换

(1) 组装

环状真空容器设置在 TF 线圈的内侧。由于超导线圈很难进行切断连接,因此真空容器的组装就需要另想办法。真空容器的组装方法大致有 2 种。真空容器与 TF 线圈的组装方法如图 11.5.2 所示[1],(a)先完成除间插部以外的部分真空容器,从间插部顺次装入 TF 线圈,最后将间插部插入真空容器,进行连接;(b)沿环方向将真空容器分割成复数个,将 TF 线圈与分割的真空容器预先组合在一起,形成扇区,然后顺次沿环形对这些扇区进行配置、连接、组装。

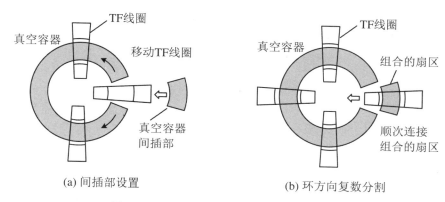

(a) 间插部设置　　　　　　　　(b) 环方向复数分割

图 11.5.2　真空容器与 TF 线圈的组装方法

（2）维护更换

面向等离子体壁承受着来自等离子体的热负荷和中子辐照，以及等离子体破裂等的电磁力，因此存在机器的损伤和损耗。在包层内，由于氚的生成而要消耗锂。所以，堆内机器需要维护和更换。核聚变反应停止之后，真空容器内仍然是放射性环境，需要远程操作。所以，真空容器的结构必须满足这种远程操作的要求[17]。在 15.6 节将介绍堆内结构部件的维护更换。

11.6　真空容器设计

11.6.1　构造规格

进行设计时，需要明确所适用的规定，并遵守这些规定。对于日本国内的核反应堆，制定有电力事业法、核反应堆等管制法、防止放射性障碍法等。尤其是对于发电用核电厂，有义务采用电力事业法的技术标准。日本机械学会《发电用核原子能设备规格 设计·建设规格》（日本通商产业省《关于发电用原子能设备的结构等的技术标准》（昭和 55 年（1980 年）通商产业省告示 501 号，简称"告示 501 号"））对于结构制定了详细规定。

对于核聚变装置来说，在核聚变装置固有的安全性特征的基础上，日本文部省 ITER 安全规格研讨会正在组织研讨[18]，日本机械学会负责托卡马克型核聚变装置的结构规格的制定工作。在日本机械学会的核聚变装置规格（暂定名）中，认为具有 ITER 安全性能的机器所要求的品质水准等同于告示 501 号第 4 种机器，比较妥当[1]。核聚变装置固有的安全性特征将在 19.3.1 小节中说明。

11.6.2　设计项目

在确定真空容器的基本结构概念时，应该考虑的设计项目如表 11.6.1 所示。必须考虑真空容器材料的选择、堆内结构部件的组装以及设置时需要的空间。还需要考虑制造时的各种条件，例如得到材料的难易程度、成型加工性、焊接的难易程度、制造工时和成本等。以图 11.6.1 所示的径向构造为基础，确定真空容器的尺寸。以堆内结构件的尺寸、TF 线圈的尺寸、远程维护更换方式等为基础，确定真空容器的环内半径 R_{V1} 和外半径 R_{V2}。

表 11.6.1　真空容器的设计项目

序号	项　目	设计内容
1	真空边界	真空边界包括等离子体真空边界和低温恒温器真空边界。确定是采用共用型还是分离型
2	支撑方式	中心支柱、线圈、堆内结构部的支撑方法和结构设计，真空容器和排气导管的支撑法和结构设计，剪力墙(shear panel)的结构设计
3	电磁力、热应力	电磁力、热应力的评估与结构设计
4	耐震结构	耐震增强、免震等的结构设计
5	排气口结构	排气口形状、排气导管、排气速度等的评估与结构设计
6	真空容器的组装、更换	确定真空容器组装时的真空容器分割数和方式、堆内结构件的远程维护更换方式，并基于此进行窗口设计
7	屏蔽体结构	确定并设计环内侧、外侧，环上下，加热窗口部，排气窗口部等的屏蔽体结构。针对缝隙(真空容器、屏蔽体、可动屏蔽体之间)泄漏的对策及其结构设计
8	机器间的缝隙管理	缝隙处会出现热位移、地震时位移、电磁力位移、压力位移等。结构设计时，要考虑机器制造精度引起的缝隙管理
9	禁止设置 TF 线圈的区域	结构设计时，要考虑禁止区域(TF 线圈的设置位置、包层、屏蔽物体抽出范围、偏滤器抽出范围、水平窗口、排气导管、上部窗口等)
10	半永久部	对于不能分解维护的半永久部，要进行腐蚀等健全性评估和结构设计

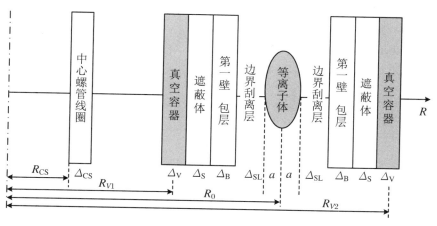

图 11.6.1　径向构造

11.6.3　设计示例

如 8.4.1 小节所述,核聚变中的真空容器当初曾采用过玻璃管。随着等离子体约束研究的进步,认识到了高真空的重要性。通过采用全焊接方法,以及采用数百摄氏度的烘烤以减少容器表面释放气体,从而可以使用金属制成真空容器来防止真空泄漏。采用金属后,为了启动等离子体电流,就有必要提高一周电阻。至今,在 JT-60(日本)、TFTR(美国)、JET(欧洲)装置上已经有了真空容器的开发经验。对于核聚变堆,由于真空容器更加大型化,因而需要开发针对 DT 燃烧所伴随的辐射屏蔽的技术。

以 ITER 作为设计示例,ITER 真空容器的主要参数如表 11.6.2 所示,真空容器结构如图 11.6.2 所示[19]。

表 11.6.2　ITER 真空容器的主要参数

序号	项　目	内　容
1	尺寸、重量	高度 11.3 m、环内周半径 3.2 m、环外周半径 9.7 m、真空容器本体(屏蔽体除外)2542 t、屏蔽体 2889 t、窗口结构 1967 t、管道 1050 t、总重量 8448 t
2	形状、结构	D 形双重壁结构,内、外壁之间设置增强肋
3	结构材料	SUS316L(N)-IG(ITERgrade)
4	屏蔽材料	SUS304B7,SUS304B4
5	降低纹波度材料	磁性材料 SUS430

序号	项 目	内 容
6	电阻	环向方向 $7.9\,\mu\Omega$,极向方向 $4.1\,\mu\Omega$
7	泄漏率	小于 $1\times10^{-8}\,\mathrm{Pa\cdot m^3/s}$
8	真空度	小于 $1\times10^{-5}\,\mathrm{Pa}$
9	内压承受性	大于 $0.2\,\mathrm{MPa}$

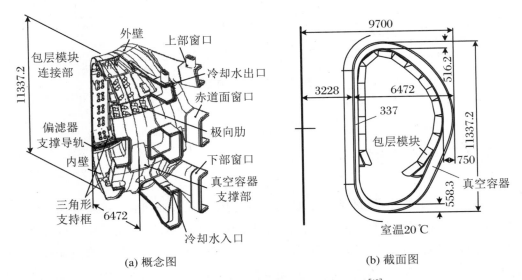

图 11.6.2　ITER 真空容器结构(单位 mm)[19]

1. 超高真空的维持

ITER 的真空边界有两个,真空容器和低温恒温器。真空容器内低于 $10^{-5}\,\mathrm{Pa}$,低温恒温器内低于 $10^{-3}\,\mathrm{Pa}$(参照 12.11 节 3)。真空容器为 D 形双重壁结构,内、外壁上通过焊接方法连接有增强肋。内、外壁采用 60 mm 厚的板材,增强肋主要采用 40 mm 厚的板材。真空容器的厚度在内周侧为 337 mm,外周侧为 750 mm。真空容器的高度为 11.3 m,环内周半径为 3.2 m,环外周半径为 9.7 m。总重量为 8448 t。

结构材料采用奥氏体系不锈钢 SUS316L(N)-IG(ITERgrade)。该材料为了提高电子束焊接性能,调整了氮元素成分,并极力去除了长半衰期元素钴、镍、钽等。

2. 表面清洗系统

(1) 高温烘烤

冷却水在双重壁之间循环,反应堆运行时用于除去核发热,参数为 100 ℃、1.1 MPa,

在烘烤时则为 200 ℃、2.4 MPa 的高温水。

（2）真空容器与堆内机器的表面清洗系统

真空容器与堆内机器的表面清洗系统有：采用氢气、氘气、氦气的库仑放电清洗（GDC，glow discharge cleaning），采用氘气、氦气、氧气的电子回旋共振放电清洗（electron cyclotron resonance discharge cleaning），采用氢气的离子回旋共振放电清洗（ion cyclotron resonance discharge cleaning）[19]。

3. 电阻确保、等离子体位置控制、环向磁场纹波度

作为预备等离子体，当等离子体小半径为 $a = 2$ m，等离子体大半径为 $R = 6.2$ m，等离子体温度为 $T_e = 100$ eV，非圆拉长比为 $\kappa = 1.7$，有效电荷数为 $Z_{eff} = 1.5$ 时，则等离子体的电阻为 $R_p = 2.7$ $\mu\Omega$。与此对应，ITER 的真空容器电阻在环向方向为 7.9 $\mu\Omega$，在极向方向为 4.1 $\mu\Omega$。这是因为等离子体截面大，容易引起放电破坏，而且通过 ECH 预备电离，容易形成等离子体。

真空容器形状为 D 形，与等离子体形状一致。真空容器的外周下侧部的包层下的真空容器表面上贴有铜板，以实现等离子体垂直方向位置的稳定化。作为降低环向磁场纹波度的材料，同时兼作屏蔽材料，采用的是铁素体系不锈钢 SUS430。SUS430 的饱和磁感应密度约为 1.7 T。

4. 堆内结构部件的支撑与电磁力支撑

包层和偏滤器的各自重量受到真空容器的支撑。真空容器则受到设置于赤道面窗口正下方的真空容器重力支撑部的支撑（参考图 13.4.4）。真空容器重力支撑部设置于 TF 线圈壳体上，如图 9.4.10 所示，经由 TF 线圈壳体，受到与 TF 线圈壳体连接的重力支撑脚（多层板簧结构）的支撑。如图 9.4.10 所示，重力支撑脚与环支撑圈连接，环支撑圈经由 18 根圆筒支撑柱，被建筑物地面支撑。多层板簧的结构能够吸收线圈的热收缩、膨胀与电磁力引起的径方向位移，并能够承受径方向以外的位移和地震。

在 ITER 中，整理出电磁力造成的现象，针对这些现象以及地震加在真空容器上的电磁力，进行了评估。对于真空容器内由于冷却水泄漏带来的内压升高，允许值为 0.2 MPa。超过这个数值后，则利用泄压机构，将气体引导到外部。

5. 真空容器的冷却、辐射屏蔽和放射性物质的封闭

真空容器的冷却有 2 个系统。真空容器的冷却依靠的是在双重壁结构的双重壁之间流动的冷却剂水。电源丧失时的核发热则依靠自然循环来冷却（参考第 16 章）。

为了提高热中子的吸收性能，作为屏蔽材料，选用含有 2% 硼的不锈钢（SUS304B7、

SUS304B4），制成板状叠层设置于双重壁之间。屏蔽体在双重壁之间的空间占有率约为60%，其余为冷却水（纯水）。

在各扇区的上部、赤道面、下部分别设置有窗口，用于加热电流驱动系统、冷却系统、测量系统、排气导管、维护等。各窗口均设置有开闭板，起着封闭放射性物质的边界的作用。真空容器中的放射性物质的封闭边界作用由真空容器内壁承担。

6. 组装

真空容器的组装采用图 11.5.2(b)所示的方法，沿环形方向分割成 9 块 40°的扇区，分别在工厂制作。扇区的组装方法有两种。一种是首先制作极向方向一周的内壁，然后在其上面焊接肋，设置屏蔽材料，接着在肋侧焊接外壁，组装成扇区。另一种方法是首先制作沿极向方向分割的双重壁（区段，segment），接着将各区段沿极向方向焊接连接起来，组成扇区。作为代替方案，首先制作没有外壁的极向区段，将各极向区段焊接连接起来，制成极向一周部分。然后，在其上面焊接连接外壁，形成扇区。在 ITER 现场，将制作好的各扇区与 TF 线圈一起，对各扇区之间进行焊接连接，组装完成。ITER 的 TF 线圈共有 18 个，每个扇区包括 2 个 TF 线圈。

真空容器内设置有 440 个包层模块和 54 个盒体状的偏滤器[20]。各包层模块经过 4 个柔性支架的圆筒支撑结构体，安装在真空容器上。偏滤器盒体设置在位于真空容器下部的环向方向和极向方向的偏滤器支撑导轨上。

设置包层模块时，必须使包层的面向等离子体面与等离子体形状相一致。同时，必须高精度地设置偏滤器板的受热面。这样，对于支撑这些部件的真空容器的制作也要求高精度，ITER 的真空容器整体的制作和组装精度要求小于 ±20 mm。为了确保焊接部的精度，对于尺寸大于 10 m 的扇区的焊接部的坡口位置精度要求小于 ±5 mm[21]。

为了确保设置精度，要在真空容器组装之后，设置包层模块。同样，在真空容器组装之后，设置偏滤器支撑导轨，然后再设置偏滤器盒体。

7. 维护更换

真空容器本身基本上属于不进行更换的半永久部件。包层、第一壁、偏滤器等属于可以维护更换的机器。为了让这些机器能够更换，真空容器要提供更换用的窗口。如15.8 节所示，赤道面窗口用于包层更换，下部窗口则用于偏滤器更换。

基于适当的规格、标准，进行设计、制作、检查，从而防止机器的破损。基于这一立场，服役中无损检测（ISI，in-service inspection）方法是防止破损对策的一个补充。在轻水堆中采用的破坏前泄漏（LBB，leak before break）也是防止破损对策的一个补充。对于核聚变堆来说，如果真空容器发生微小泄漏，虽然不会导致真空容器出现不稳定破坏，但等离子体性能会出现劣化，或者发生等离子体破裂，所以从等离子体性能的劣化状态，可以掌握真空容器的健全性[21]。这一点今后还会进一步研究。

11.7 今后的课题

真空容器的今后课题包括如下：

（1）真空容器属于封闭放射性物质的屏障，为了进一步确保安全，需要对结构规格进行规范。

（2）必须开发确保真空容器的健全性的检查方法。

（3）必须开发低活化材料、能够降低电磁力的陶瓷等绝缘材料。

（4）真空容器是大型结构部件，必须高精度地制作和组装。今后，为了建设原型堆之后的核聚变堆，必须进一步致力于高制造性和低成本。

参 考 文 献

[1] 小野塚正紀，中平昌隆，J. Plasma Fusion Res.，Vol.82，No.9，599-608（2006）.

[2] 村上義夫，核融合研究，第68卷第5期，467-479（1992）.

[3] 西尾敏，プラズマ・核融合学会誌，第72卷第10期，1052-1060（1996）.

[4] 前川孝，井手俊介，梶原健，等，J. Plasma Fusion Res.，Vol.87，No.10，671-681（2011）.

[5] Y. Gribov, D. Humphreys, K. Kajiwara et al., Nucl. Fusion, Vol.47, S385 (2007).

[6] M. Abe, A. Doi, K. Takeuchi, M. Otsuka, S. Nishio, M. Sugihara, R. Yoshino and T. Okazaki, J. Plasma Fusion Res., Vol.70, No.6, 671 (1994).

[7] K. Kajiwara, Y. Ikeda, M. Seki, et al., Nucl. Fusion, Vol.45, 694 (2005).

[8] G. L. Jackson, T. A. Casper, T. C. Luce, et al., Nucl. Fusion, Vol.49, 115027 (2009).

[9] 伊藤裕，古山昌之，太田充，J. Plasma Fusion Res.，Vol.85，No.5，287-306（2009）.

[10] 清水克祐，渋井正直，小泉興一，等，日本原子力研究所，JAERI-M 92-135（1992）.

[11] M. Ohta, et al., Fusion Eng. Des., 5, 27 (1987).

[12] W. Reddan, et al., Proc. Symp. Eng. Problems Fusion Res., 1369 (1981).

[13] G. H. Rappe, et al., Proc. 10th Symp. Fusion Technol., 2, 753 (1978).

[14] N. Hosogane, et al., Fusion Sci. Technol., 42, 368 (2002).

[15] R. Gallix, et al., Proc. 11th Symp. Fusion Eng., Austin, Texas, 842 (1985).

［16］ P. Deschamps，et al.，J. Nucl. Mater.，38，128（1984）.

［17］ 柴沼清，日本原子力学会誌，Vol. 47，No. 11，761-767（2005）.

［18］ 文部科学省，ITER 安全規制検討会，「ITER の安全確保について」（2003）.

［19］ http：//www. fusion. qst. go. jp/ITER/FDR/PDD/index. htm，ITER Final Design Report，Plant Description Document，Ch. 2. 2，Ch. 2. 7，IAEA（2001）.

［20］ テキスト核融合炉専門委員会，プラズマ・核融合学会誌，第 87 巻増刊号（2011）.

［21］ 中平昌隆，日本原子力研究所，JAERI-Research 2005-030（2005）.

第 12 章

燃料循环系统

燃料循环系统是向等离子体供给燃料粒子,回收精炼未燃烧的部分,同时回收包层中生成的氚并将其与未燃烧部分汇合后,作为等离子体燃料再次供给的系统。

12.1 燃料循环系统应具备的功能

利用 DT 反应的核聚变堆的燃料循环系统所应该具有的功能如表 12.1.1 所示。

表 12.1.1　燃料循环系统应该具有的功能

序号	项　　目	内　　容
1	向等离子体注入燃料粒子	为了持续产生 DT 反应,注入(补给)燃料粒子
2	粒子排气	排出 DT 反应生成的氦气等气体。对于排气中含有的未燃烧燃料进行回收
3	从包层回收氚	对含有包层中生成的氚的气体进行回收
4	燃料精炼与同位素分离	为了再次利用回收的气体,对回收气体进行有效的精炼,并分离同位素
5	燃料储存	储存氚,根据需要供给到燃料注入系统
6	氚计量管理	封闭氚,处理氚废弃物,对氚进行计量管理

12.2　燃料循环系统的结构

燃料循环系统对从等离子体及 NBI 系统等出来的排气以及从包层回收的氚进行精炼、同位素分离,以将其再次注入等离子体中。图 12.2.1 表示燃料循环系统的结构[1~6]。

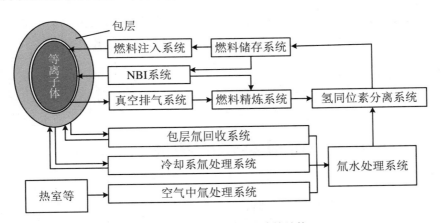

图 12.2.1　燃料循环系统的结构

在真空排气系统(plasma vacuum pumping system)回收的等离子体排气经由除去排气中杂质的燃料精炼系统(fuel clean up system,fuel purification system)、分离氢同位素的氢同位素分离系统(isotope separation system)后,作为燃料储存在燃料储存系统(fuel storage system)中。燃料在调整成分后,经燃料注入系统(fueling system)及 NBI

注入等离子体中。

包层氚回收系统(blanket tritium recovery system)利用吹扫气体,对包层中生成的氚进行回收。吹扫气体中含有氢气和水蒸气。氢气通过催化氧化反应变成氚水,移送到氚水处理系统。

氚会透过冷却管混入冷却水中。尤其是生成氚的包层的冷却水中含有的氚量比较多。在冷却系的氚处理系统(primary coolant processing system),将冷却水移送到氚水处理系统,以从冷却水中回收氚。

空气中氚处理系统(atmosphere processing system)是回收各区域的空气中的氚的系统。尤其是在维护堆内设备的热室中,释放到热室内的氚量比较多,因此氚的回收非常重要。所回收的气体经过催化氧化反应变成氚水,移送到氚水处理系统。

移送到氚水处理系统的氚水量因系统不同而差异很大。当利用氚水处理系统处理来自冷却系的大量冷却水时,需要努力与其他系统进行协调。根据氚水处理系统的结构,也可考虑将氚水处理系统处理后的气体移送到燃料精炼系统。

12.3　燃料注入系统

1. 燃料注入法

燃料粒子注入时,必须连续不停地向等离子体中心进行注入。表 12.3.1 给出了三种燃料注入法。燃料注入法可以分成气体注入法(gas puffing)、弹丸注入法(pellet injection)、NBI。

表 12.3.1　燃料注入法

序号	区　分	内　容
1	气体注入法	注入燃料气体
2	弹丸注入法	利用气体枪方式,注入燃料弹丸
3		利用离心力,注入燃料弹丸
4	NBI	利用中性粒子束,注入燃料

燃料注入口设置在真空容器环的上部或偏滤器部。为了向高温高密度的等离子体

中心部有效地注入燃料粒子,主要采用弹丸注入法。NBI 是为了进行等离子体加热、电流驱动而向等离子体射入能量,同时也注入燃料粒子。

2. 燃料注入量

核聚变反应中的氚消费量根据公式(7.2.2),可表示如下(参考 11.2 节 1):

$$C_t = \frac{P_f}{E_f k} = \frac{P_f \times (24.8 \times 10^{-3}) \times (1.00 \times 10^5)}{17.6 \times (1.60 \times 10^{-19}) \times (6.02 \times 10^{23})}$$
$$= 1.46 \times 10^{-3} P_f \quad (\text{Pa} \cdot \text{m}^3/\text{s}) \tag{12.3.1}$$

氘的消费量也是一样。

作为 DT 燃料粒子,需要补给消费量部分,还要考虑到燃烧率的问题。氚的供给量 S_t 与燃烧率 f_b 的关系为

$$S_t = C_t/f_b \quad (\text{Pa} \cdot \text{m}^3/\text{s}) \tag{12.3.2}$$

当核聚变输出不变时,提高燃烧率,则可以减少氚的供给量,从而可以减少要处理的氚量,减小燃料循环系统的设备规模。当核聚变输出为 $P_f = 1\,\text{GW}$,且根据图 6.3.1,例如燃烧率为 1% 时,氚的供给量则为 $S_t = 146\,\text{Pa} \cdot \text{m}^3/\text{s}$。

利用 NBI 注入燃料时,如果 NBI 能量为 $E_b(\text{MeV})$,功率为 $P_b(\text{MW})$,则补给量 S_b 为

$$S_b = \frac{P_b}{E_b \times (1.60 \times 10^{-19})} \times \frac{(24.8 \times 10^{-3}) \times (1.00 \times 10^5)}{(6.02 \times 10^{23})} = 2.57 \times 10^{-2} \frac{P_b}{E_b} \tag{12.3.3}$$

例如,$E_b = 1\,\text{MeV}$、$P_b = 50\,\text{MW}$ 的氘束的 NBI 补给量为 $S_b = 1.28\,\text{Pa} \cdot \text{m}^3/\text{s}$。

12.4　排气系统

12.4.1　不同产生源的排放气体

等离子体中的杂质增多后,杂质引起的辐射损失会增加。DT 反应产生的氦气存在时,燃料密度比会下降。因此需要将这些作为杂质气体进行排气。表 12.4.1 给出了不

同产生源的排放气体。根据这些产生量,确定必要的排气量。

表 12.4.1 不同产生源的排放气体

序号	产生场所	不同产生源的排放气体	形 态
1	真空容器内	包括未燃烧的燃料气体的等离子体排放气体	连续排气
2		DT 反应生成的氦气	连续排气
3		NBI 系统的排放气体	连续排气
4		等离子体与壁相互作用产生的杂质气体	连续排气
5		在偏滤器部由于促进辐射冷却所注入的杂质气体	连续排气
6		为了避免破裂所注入的杂质气体	只在产生时
7	包层内	回收包层产生的氚的吹扫气体	连续排气

12.4.2 真空排气系统

1. 真空排气泵的种类

利用排气泵进行气体排气。排气泵应具有的功能为:① 能够处理氚,② 氚的蓄积比较少,③ 能够提供生成等离子体所需要的真空[7]。真空排气系统所使用的排气泵的种类如表 12.4.2 所示[3,4]。

表 12.4.2 排气泵的种类

序号	种 类	内 容
1	粗抽泵	作为粗抽泵,有涡旋泵、机械增压泵等。需要验证长期使用性
2	涡轮分子泵	为了消除磁性影响,已开发将金属转子改为陶瓷转子、将马达驱动改为涡轮机驱动的方法。有待验证大型化
3	低温泵	没有可动部,能够设置于高磁场环境下。由于低温板需要再生,因此必须有应对长期连续运行的方法

从大气开始抽真空时,采用粗抽泵(roughing vacuum pump),接着采用涡轮分子泵(turbomolecular pump),当真空度升高后,采用低温泵(cryopump)。低温泵中,在冷却到液氦温度的低温板上冷凝气体分子后,进行排气。随着低温板上的蓄积增加,排气能力降低,因此需要升高温度进行再生,而这一期间不能进行排气。所以要准备

复数台低温泵,顺次切换复数台低温泵的排气、再生、冷却、待机,从而进行疑似连续运行。

2. 结构

真空排气系统的结构如图12.4.1所示[1]。在图12.4.1中,设置了2台低温泵。利用低温泵构筑真空排气系统时,要准备复数个系统,利用阀门进行切换,当其中1台运行时,另1台进行再生,即采用所谓的批次方式。

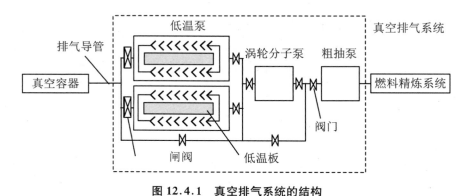

图12.4.1　真空排气系统的结构

3. 初始到达真空度

真空容器即使在没有注入燃料的状态下,也会有来自面向等离子体壁或真空容器的气体流入。根据公式(11.2.3),对于所需真空度,确定应该具备的排气速度和应该限制的气体流入量。

图12.4.2是真空排气系统的示意图。气体流过配管时产生的阻力称为配管阻力(流阻),其倒数称为流导率。如果1台真空泵的排气速度为C_p,确定排气导管形状后,1

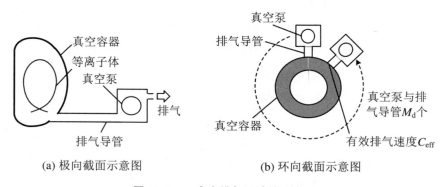

(a) 极向截面示意图　　　　(b) 环向截面示意图

图12.4.2　真空排气系统的示意图

个排气导管的流导率为 C_d，1 个排气导管的有效排气速度（真空容器入口处的排气速度）C_{eff} 则为

$$\frac{1}{C_{eff}} = \frac{1}{C_p} + \frac{1}{C_d} \tag{12.4.1}$$

真空泵和排气导管的组合为 M_d 个时，全有效排气速度为 $C = M_d C_{eff}$。根据公式（11.2.3）、（12.4.1），到达真空度为

$$p = \frac{S}{C} = \frac{S}{M_d}\left(\frac{1}{C_p} + \frac{1}{C_d}\right) \tag{12.4.2}$$

这样，如果确定了真空度 p，就可以求出 1 台真空泵的排气速度 C_p、排气导管形状等。

组装真空容器并进行烘烤后，从构成面向等离子体壁和真空容器的部件出来的单位面积的气体释放量为 s（$Pa \cdot m^3/(s \cdot m^2)$）。假如同时对真空容器和真空排气系统进行抽取真空，真空区域的内面包括真空容器壁内面、排气导管面、真空排气机器的内面等。如果全表面积为 A（m^2），则释放气体量 S（$Pa \cdot m^3/s$）为

$$S = sA \tag{12.4.3}$$

粒子的平均自由行程短、粒子间的碰撞为支配状态的称为黏性流区域，压力变低、平均自由行程长、粒子与壁的碰撞频率大于粒子间碰撞的状态称为分子流区域，在这二者之间则称为中间流区域。流导率因这些区域不同而不同。分子流区域的流导率 C_d 可用下式给出：

$$C_d = \frac{4}{3}\alpha\bar{v}G^2 \Big/ \left\{H\left(\ell + \frac{16}{3}\alpha\frac{G}{H}\right)\right\}, \quad \bar{v} = \sqrt{8RT/(\pi M)} \tag{12.4.4}$$

单位为 m^3/s[1]。这里各变量的意义分别为：α 为形状系数，G（m^2）为排气导管面积，ℓ（m）为排气导管长度，H（m）为排气导管截面的周长，R 为气体常数，M 为分子量。为了确保流导率，需要增大排气导管的口径，缩短真空容器与真空泵之间的距离。

例如，烘烤后单位面积的气体释放量 $s = 5.26 \times 10^{-9}$ $Pa \cdot m^3/(s \cdot m^2)$，全表面积 $A = 9600$ m^2，则释放气体量 $S = 5.05 \times 10^{-5}$ $Pa \cdot m^3/s$。此时释放的气体可以是空气或氮气，这里认为排出的是氮气。如果有 14 台涡轮分子泵（$M_d = 14$），1 个排气导管的流导率为 $C_d = 4.64$ m^3/s，1 台涡轮分子泵的排气速度为 $C_p(\equiv C_p^{N_2}) = 6.5$ m^3/s，则 1 个排气导管的有效排气速度为 $C_{eff} = 2.71$ m^3/s，全排气导管的有效排气速度为 $C = M_d C_{eff} = 37.9$ m^3/s，真空度为 $p = S/C = 1.33 \times 10^{-6}$ Pa。

还有，如果采用低温泵，$C_p^{N_2} = 20$ m^3/s。D_2、N_2 的分子量分别为 4、28，相对于 D_2 的低温泵的排气速度 $C_p^{D_2}$ 可用如下公式表示[1]：

$$C_p^{D_2} = \sqrt{28/4} C_p^{N_2} = \sqrt{28/4} \times 20.0 = 52.9 \, (\text{m}^3/\text{s}) \qquad (12.4.5)$$

H_2 的分子量为 2，$C_p^{H_2} = 74.8 \, \text{m}^3/\text{s}$。对于涡轮分子泵，采用同样的计算方法，得到相对于氮气的 1 个排气导管的有效排气速度为 $C_{eff} = 3.77 \, \text{m}^3/\text{s}$，全排气导管的有效排气速度为 $C = 52.8 \, \text{m}^3/\text{s}$，真空度为 $p = S/C = 9.58 \times 10^{-7} \, \text{Pa}$。

4. 氦气排气速度

运行时，除了有来自面向等离子体壁和真空容器壁的气体流入，还有 DT 核聚变反应的生成产物氦气的混入。在一定的等离子体密度下运行时，氦气如果蓄积在等离子体内，DT 燃料密度则会降低，因而需要排出氦气。

等离子体内的氦气蓄积率为 $f_\alpha = n_\alpha/(n_d + n_T)$。将等离子体密度按照常温气体换算的压力为 p_{DT}，则有氦气分压为 $p_{DT} f_\alpha$。如果 1 个排气导管的氦气有效排气速度为 C_{eff}^{He}，利用公式(6.3.7)，氦气生成量 $S_\alpha = P_f/(kE_f)$（单位：个/s），则需要的氦气有效排气速度为

$$M_d C_{eff}^{He} = S_\alpha/(p_{DT} f_\alpha) \qquad (12.4.6)$$

核聚变输出为 $P_f = 1 \, \text{GW}$ 时，根据公式(6.3.7)，氦气生成量为 3.55×10^{20} 个/s，换算成标准状态的气体，$S_\alpha = 1.46 \, \text{Pa} \cdot \text{m}^3/\text{s}$。等离子体密度为 $10^{20} \, \text{m}^{-3}$（换算压力 $p_{DT} = 4.12 \times 10^{-1} \, \text{Pa}$）、$f_\alpha = 0.05$ 时，需要的氦气有效排气速度为 $M_d C_{eff}^{He} = 70.9 \, \text{m}^3/\text{s}$。通过燃料的供给量和真空泵的排气速度，对这些进行控制。

5. 低温板面积

对于各气体（$j = D_2$、T_2、He、N_2），导管的流导率为 C_d^j，低温板的单位面积的排气速度为 $\bar{c}_p^j (\text{m}^3/(\text{s} \cdot \text{m}^2))$，各气体所需的低温板的面积为 $A_p^j (\text{m}^2)$，1 个排气导管的有效排气速度为 C_{eff}^j。对于各气体 j，公式(12.4.1)成立，确定 C_{eff}^j、C_d^j 后，就可以确定 C_p^j。由于 $A_p^j = C_p^j/\bar{c}_p^j$，保守地确定低温板的面积 A_p，以使其大于各气体的 A_p^j。

例如，当 $M_d = 14$，各气体的有效排气速度均相同，$M_d C_{eff}^j = 100 \, \text{m}^3/\text{s}$，导管的全流导率为 $M_d C_d^{D_2} = M_d C_d^{He} = 171 \, \text{m}^3/\text{s}$ 时，根据公式(12.4.4)，有

$$M_d C_d^{N_2} = M_d C_d^{D_2} \times \sqrt{4/28} = 65 \, (\text{m}^3/\text{s}), \quad M_d C_d^{T_2} = M_d C_d^{D_2} \times \sqrt{4/6} = 140 \, (\text{m}^3/\text{s})$$

$$\qquad (12.4.7)$$

根据公式(12.4.1)，有

$$M_{\mathrm{d}} C_{\mathrm{p}}^{\mathrm{D_2}} = M_{\mathrm{d}} C_{\mathrm{p}}^{\mathrm{He}} = 241 \ (\mathrm{m^3/s}), \quad M_{\mathrm{d}} C_{\mathrm{p}}^{\mathrm{T_2}} = 352 \ (\mathrm{m^3/s}) \qquad (12.4.8)$$

以及 $\bar{c}_{\mathrm{p}}^{\mathrm{D_2}} = 60 \ \mathrm{m^3/(s \cdot m^2)}, \bar{c}_{\mathrm{p}}^{\mathrm{T_2}} = 50 \ \mathrm{m^3/(s \cdot m^2)}, \bar{c}_{\mathrm{p}}^{\mathrm{He}} = 20 \ \mathrm{m^3/(s \cdot m^2)}$。1 个低温板的面积为

$$A_{\mathrm{p}}^{\mathrm{D_2}} = C_{\mathrm{p}}^{\mathrm{D_2}}/\bar{c}_{\mathrm{p}}^{\mathrm{D_2}} = (241/14)/60 = 0.29 \ (\mathrm{m^2}), \quad A_{\mathrm{p}}^{\mathrm{T_2}} = 0.50 \ (\mathrm{m^2}), \quad A_{\mathrm{p}}^{\mathrm{He}} = 0.86 \ (\mathrm{m^2})$$
$$(12.4.9)$$

取保守值,例如,低温板的面积为 $A_{\mathrm{p}} = 1 \ \mathrm{m^2}$[1]。为了满足前面例中所示的有效排气速度 $M_{\mathrm{d}} C_{\mathrm{eff}}^{j} = 70.9 \ \mathrm{m^3/s}$,在同样的体系中,$A_{\mathrm{p}}^{\mathrm{D_2}} = 0.14 \ \mathrm{m^2}$,$A_{\mathrm{p}}^{\mathrm{T_2}} = 0.21 \ \mathrm{m^2}$,$A_{\mathrm{p}}^{\mathrm{He}} = 0.433 \ \mathrm{m^2}$,取保守值,例如 $A_{\mathrm{p}} = 0.5 \ \mathrm{m^2}$。

6. 低温板的氦气蓄积量

上述低温板的单位面积排气速度虽然一定,但实际上随着低温板上氦气蓄积量的增加,排气速度将会下降。利用公式(6.3.7)的氦气生成量 $S_\alpha (\mathrm{Pa \cdot m^3/s})$,认为蓄积量等于生成量。当运行 1 个批次时间 $T_{\mathrm{B}}(\mathrm{s})$ 时,进入低温板的氦气流量($\mathrm{Pa \cdot m^3/(s \cdot m^2)}$)为

$$F_\alpha = S_\alpha / A_{\mathrm{p}} \qquad (12.4.10)$$

在低温板中蓄积的氦气量 $Q_\alpha (\mathrm{Pa \cdot m^3/m^2})$ 为

$$Q_\alpha = S_\alpha T_{\mathrm{B}} / A_{\mathrm{p}} \qquad (12.4.11)$$

1 个批次期间内,在低温板中蓄积的 DT 总量($\mathrm{Pa \cdot m^3}$)为

$$Q_{\mathrm{DT}} = S_\alpha T_{\mathrm{B}} / f_\alpha \qquad (12.4.12)$$

在确定批次时间 T_{B}、排气系统体积等时,必须保证即使当由于某种异常使得排气系统中充满 DT 时,也能够低于氢气爆炸极限[7]。

7. 排气时间

真空容器内的压力覆盖范围为从大气到超高真空。从大气压 p_0,经由某一压力 p_1,到达超高真空 p_2。当 $p_0 \geqslant p \geqslant p_1$ 时,由于 $S/C \ll p_0$,根据公式(11.2.2),到达 p_1 的时间 t_1 可以表示为

$$t_1 = K_1 \frac{V}{C} \ell \mathrm{n} \left(\frac{P_0}{P_1} \right) \qquad (12.4.13)$$

这里,K_1 为修正系数[1]。

考虑采用 2 种真空泵,排气速度分为 2 阶段($p_0 \geqslant p_1 \geqslant p_2$),抽取真空。压力在时刻

t_1 时为 p_1，在时刻 $t_1 + t_2$ 时为 p_2，有效排气速度在 $p_0 \sim p_1$ 之间时为 C_0，$p_1 \sim p_2$ 之间时为 C_1，则有

$$t_2 = \frac{V}{C_1} \ell n \left(\frac{P_1 - S/C_1}{P_2 - S/C_1} \right) \qquad (12.4.14)$$

全排气时间为 $T = t_1 + t_2$。

如果将排气速度分为 n 个阶段（$p_0 \geqslant p_1 \geqslant p_2 \geqslant \cdots \geqslant p_{n-1} \geqslant p_n$）抽取真空，$j$ 阶段时 $p_{j-1} \geqslant p \geqslant p_{j+1}$ 的排气时间为 t_j，排气速度为 C_{j-1}，则有

$$t_j = \frac{V}{C_{j-1}} \ell n \left(\frac{P_{j-1} - S/C_{j-1}}{P_j - S/C_{j-1}} \right) \qquad (12.4.15)$$

全排气时间为 $T = \sum\limits_{j=1}^{n} t_j$。在排气时，切换粗抽泵、涡轮分子泵、低温泵等。

12.5 燃料精炼系统

1. 回收气体的种类和排气量

氚在天然中只有微量存在，未燃烧的氚与包层生成的氚经过回收、精炼后，作为燃料得到再利用。一部分作为燃料使用，剩余的储存起来。储存的氚可以作为新建的核聚变堆的初始燃料（参考 7.2.3 小节）。

回收气体的种类有[2]：

① 氢化合物：H_2、HD、HT、D_2、T_2、DT。

② 核聚变反应生成物：He。

③ 碳化合物：CO、CO_2、CQ_4、C_2Q_2、C_2Q_6。

④ 氮化合物：N_2、NO、NO_2、NQ_3。

⑤ 氧化合物：O_2、Q_2O。

这里，氢同位素为 $Q = H、D、T$。

回收的排气量分析如下。向等离子体供应的量 S_t 如公式（12.3.2）所示，这也是从等离子体向外的排气量。由于燃烧率的数量级为百分之几，因此从等离子体排出的气体量的数量级为 $10^2 C_t$。

包层生成的氚量由公式(7.2.6)给出的氚增殖比所确定。氚增殖比的数量级为1，因此包层生成的氚量为 C_t 左右。利用吹扫气体(又称携带气体，purge gas)对其进行回收。吹扫气体采用含 H_2 量为 0.1%～1% 的氦气。H_2 的 1/100 左右被置换成氚后得以回收[1,3,8]。因此，这里要处理的气体量的数量级为 $10^4 C_t$～$10^5 C_t$。

关于透过冷却系统的氚量，ITER 的铍第一壁的冷却水中的氚量在运行开始 10 年后估计为 10^{-4} g/d 左右[9]。还有，在 ITER 以热室出来的氚水为主的氚水处理系统中，处理的氚水流量为 20 kg/h[10]。在原型堆等核聚变堆中，在考虑这些因素的基础上，评估回收系统的处理量，然后再从效率出发，确定是根据回收气体选择不同的处理设备，还是将所有气体统一进行处理。

2. 燃料精炼系统的结构

燃料精炼法如表 12.5.1 所示[2,11]。燃料精炼系统只对排放气体中的氢同位素进行选择分离。在燃料精炼法中，钯扩散器不像铀床那样需要 1000 K 的高温，且可以连续处理大量的气体，因此是最合理的选择。

表 12.5.1　燃料精炼法

序号	种 类	内 容
1	钯扩散器 Pd-diffuser	利用钯的特殊性质，即氢透过系数大于其他金属，且可以选择只让氢同位素透过。可在较低温度下操作，可以连续处理，且处理量大。形成氢化物后容易开裂，因此采用 Ag、Pt、Au 等的铂合金膜
2	高温金属床 hot metal bed	利用加热铀床的特性，即以铀化合物的性质捕获杂质，而让氢分子透过。由于利用了高温反应系统，因而存在着反应系统的寿命、产生大量的铀床废弃物等课题
3	低温冷阱 cryogenic trap	利用液氮的低温冷阱，有选择地使杂质固化
4	分子筛 molecular sieve	利用 77.4 K 的分子筛(合成沸石)，以水的形式捕获氧，只让氢分子状的 D、T 透过

图 12.5.1 给出了采用钯扩散器的燃料精炼系统的结构。利用 2 个过程，对等离子体的排放气体中的氢同位素进行选择分离。第 1 个过程中，将排放气体精炼分离为能够透过钯扩散器的氢同位素与不能透过的气体(非透过气体)。第 2 个过程中，由于非透过气体中含有包括氚的化合物(碳化氢等)，因而将非透过气体转换为氢同位素与不含氢同位素的化合物。通过钯扩散器，将此气体分离成透过性的氢同位素和不含氢同位素的非

透过性气体。将经过这 2 个过程精炼分离的氢同位素移送到同位素分离系统。

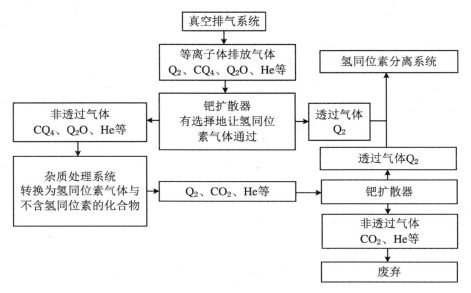

图 12.5.1　燃料精炼系统的结构[11]

作为将包括氚的化合物(碳化氢等)转换为氢同位素与不含氢同位素的化合物的方法[11]，有：① 利用镍催化剂分解杂质，同时利用 Pd-Ag 合金膜扩散器分离 DT 气体；② 让氢气与杂质经由 Pd-Ag 合金膜对流接触，同位素转换为 HT 后进行回收；③ 将甲烷等全部氧化，变成氚水蒸气和二氧化碳气体后，利用气相电解法还原为氢同位素；④ 利用质子导电性固体氧化物电解质，将杂质分离为 DT 气体与其他物质，然后利用 Pd-Ag 合金膜进行分离，等等。

12.6　氢同位素分离系统

表 12.6.1 给出了各系统的氢同位素形态。氢同位素有气相(气态)和液相。气相中，有 6 种分子种(H_2、HD、HT、D_2、DT、T_2)的氢同位素气体。液相的氢同位素有 H_2O、HDO、HTO、D_2O、DTO、T_2O。H_2O 为轻水，D_2O 为重水，氚水在核聚变堆中通常指的是 HTO。在氢同位素分离系统中，要从这些氢同位素混合在一起的状态，分离出作为燃料的氢同位素 D_2、T_2、DT。

表 12.6.1　各系统的氢同位素形态

序号	系　统	氢同位素的形态
1	真空排气系统	H_2、HD、HT、D_2、DT、T_2
2	包层氚回收系统	氢气 T_2、HT、水蒸气 T_2O、HTO
3	冷却系统的氚处理系统	H_2O、HTO、T_2O

氢同位素分离法如表 12.6.2 所示[2,9,12]。1～3 为气相的氢同位素分离法，4～5 为固相的氢同位素分离法。

表 12.6.2　氢同位素分离法

序号	种　类	内　容
1	深冷蒸馏法 cryogenic distrillation	利用沸点(蒸气压)的差异。氢同位素的沸点为 H_2:20.40 K，HD:22.14 K，HT:22.91 K，D_2:23.67 K，DT:24.37 K，T_2:25.04 K。处理量大，且能连续操作。因为是气体-液体分离，氚的库存量大，冷却剂丧失时，液化氢同位素发生气化，装置内压力急剧上升，因而需要采取安全对策
2	热扩散法 thermal diffusion	利用的原理是：在氢同位素气体中产生温度梯度，较轻成分移向高温部，较重成分移向低温部。分离系数大，少数阶段即可浓缩，采用气体状态，氚的库存小，动部件少，可靠性高。基本是批次操作，需要开发对应连续操作的方法
3	利用气相吸附剂的同位素效应 gas adsorption	利用在液氮温度(77.4 K)能够选择吸附氢同位素的气相吸附剂(合成沸石)。基本是批次操作，需要开发对应连续操作的方法[12]
4	水蒸馏法 water distillation at low temperature	利用水的沸点(蒸气压)的差异。氢同位素(H_2O、HDO、HTO、D_2O、DTO、T_2O)的蒸气压依次逐渐变小。压力范围为 $1.3 \times 10^4 \sim 10^5$ Pa，温度范围为 40～100 ℃。处理量大，且能连续操作。分离系数小，装置大型化
5	同位素化学交换法 isotope exchange method	在同位素化学交换反应中，利用同位素效应。① 水-氢化学交换反应法：$H_2O + HT \leftrightarrow HTO + H_2$；② GS 法(Girdler-Sulfide 法)：$H_2O + HTS \leftrightarrow HTO + H_2S$；③ 氨法：$NH_3 + HT \leftrightarrow NH_2T + H_2$；④ 胺法：$CH_3NH_2 + HT \leftrightarrow CH_3NHT + H_2$。能够连续操作

同位素化学交换法中,不用添加物的方法是水-氢化学交换法。该反应是在催化剂的作用下,在水蒸气与氢气之间产生的。以氢与氚为例,有如下 2 种方法:

$$H_2O(vapour) + HT(gas) \leftrightarrow HTO(vapour) + H_2(gas) \tag{12.6.1}$$

$$H_2O(liquid) + HTO(vapour) \leftrightarrow HTO(liquid) + H_2O(vapour) \tag{12.6.2}$$

公式(12.6.1)是气体分子之间(氢气-水蒸气)发生的反应,该反应在高温下进行,称为气相化学交换法(VPCE,vapor phase chemical exchange)。公式(12.6.2)是蒸发与凝聚的气-液交换反应。利用公式(12.6.1)、(12.6.2)在低温运行的同位素化学交换法称为液相化学交换法(LPCE,liquid phase chemical exchange)[5]。

在氢同位素分离系统中,分成注入等离子体的 DT、T_2 气体,用于 NBI 的 D_2 气体,以及作为废弃物的以 H 为主成分的气体。被分离的 D_2、T_2、DT 暂时储存在燃料储存系统中,经过必要的同位素调整后,利用弹丸入射装置、NBI 装置等注入等离子体中。

12.7　空气中氚处理系统

图 12.7.1 给出了除去泄漏到空气中的氚的概念[11]。对于泄漏到管理区域(隔断、房间等)的气氛中的氚,通常经过催化剂氧化,然后利用水分吸附塔捕获所生成的水蒸气(HTO、DTO 等),即采用催化氧化-水分吸附的方法[13]。在前段配置 200 ℃ 运行、后段配置 500 ℃ 运行的贵金属催化氧化反应器(Pt/Rh 等),使分子状氚和氚化烃氧化,然后在水分吸附塔利用分子筛吸附捕获。水分吸附塔定期进行再生,取出吸附水,并送到氚水处理系统,其他则从排气系统排出。

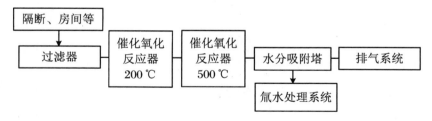

图 12.7.1　除去泄漏到空气中的氚的概念

12.8　氚水处理系统

氚水处理系统由氚水浓缩系统及从水相转换为气相的相变换系统组成[9]。作为氚水浓缩系统的候选方案,有水蒸馏法、液相化学交换法 LPCE。水蒸馏法除了用于氢同位素分离外,也可以用于氚水的浓缩。液相化学交换法 LPCE 将氚移到水中,可以用于浓缩系统。

作为相变换系统的候选方案,有电解法、气相化学交换法 VPCE。电解法中,在阴极发生氢气,阳极发生氧气,可以用作相变换法。气相化学交换法 VPCE 将氚从水蒸气移到氢气中,可以用作相变换法。

氚水处理系统由上述方法组合而成,有:① 将水蒸气法与 VPCE 组合,② 将 LPCE 与电解法组合的 CECE(combined electrolysis catalytic exchange),等等。

12.9　燃料储存系统

表 12.9.1 给出了氢同位素的储存法[2,4,11]。作为金属氢化物,铀可在常温至约 400 ℃吸气,而在 400 ℃左右进行排气,吸收储存速度快。由于微粉化后容易燃烧,因此需要放置在惰性气体中或近似真空中。作为核燃料物质,要受到管制。

表 12.9.1　氢同位素的储存法

序号	种　类	内　容
1	金属氢化物	以金属氢化物的形式储存。通过控制温度,进行氚的吸气和排气
2	T_2O	以 T_2O 的形式储存。能够减少容量,容易操作氧化还原。利用吸附剂吸附 T_2O,以固体形式储存,从而提高了安全性
3	高压气体	以高压氢的形式储存。需要压缩操作。增加了透过容器壁的氚,需要采取相关安全措施
4	液态氢	以液态氢的形式储存。能够减少容量。冷冻需要能量

钴锆合金(ZrCo)具有与铀相同的储氢性能。在常温下吸收氢同位素,在真空中加热到 400 ℃时,基本上所有的氢同位素都会脱附出来。氚衰变后生成的^{3}He 会蓄积在合金内,但合金的劣化现象不那么严重。

钛在 200 ℃以上时会吸收氢,且由于循环进行氢的吸收脱附所造成的脆化比较小。氢化物在空气中也比较稳定。钽具有与铀相同的储氢性能,但储氢速度小于钛、锆钴合金。

表 12.9.2 给出了氚的储存形态。氚的储存形态大致有 3 种,需要选择与储存形态相符的储存方法。要根据储存操作的难易、安全性、经济性等情况,确定氚的储存方法。

表 12.9.2　氚的储存形态

序号	种　类	内　容
1	用于燃料循环内的短期储存	由于用于燃料循环内,需要采用容易进行氚的使用和吸附储存的储存方法
2	与燃料循环无关的长期储存	储存后等待使用的时间长,因此必须考虑衰变热、衰变产物氦^{3}He 对储存材料的影响
3	废弃物的永久储存	储存使用后的或者氚浓度非常稀薄、没有浓缩经济性的氚,要求不能泄漏到环境中。一般将其转变为氚水后进行固化处理

12.10　氚的计量管理

与其他放射性同位素相比,氚在材料内、空间内移动速度快,由于其物理的化学的性质,可以形成不同的形态。因此,从安全管理角度,必须在氚封闭的状态下进行操作。

为了安全操作氚,需要进行氚的计量管理。通过定期检查,对包括氚在内的所有的燃料气体进行计量管理。考虑到氚封闭,对于操作氚的机器进行设计时,在结构强度、气密性等方面要有足够的裕度。因此,要适当地设计操作氚的机器、设备、区间等,以将其封闭在有限空间内。重要的是,要能够迅速检测来自氚封闭设备的异常泄漏,封闭周边区间,将泄漏区间控制在最小限度,对该区间维持负压,并有效地除去氚。

12.11　设计示例

以 ITER 为设计示例。

1. 燃料循环系统

图 12.11.1 是 ITER 的燃料循环系统结构的示意图[6]。ITER 的燃料循环系统包括作为氚工厂、真空排气后、对等离子体排放气体进行精炼的托卡马克排放气体处理系统（tokamak exhaust processing system），氢同位素分离系统，除去空气中氚的氚处理系统，氚水处理系统，燃料储存系统，燃料注入系统等。

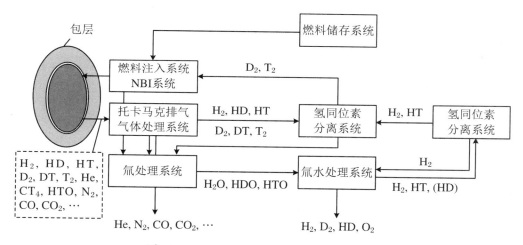

图 12.11.1　ITER 燃料循环系统结构示意图

ITER 是在实验包层中进行氚增殖，其燃料储存系统的目的与其说是储存包层生成的氚，不如说是储存从外部调入的氚，并且在实验时，向燃料注入系统、NBI 系统供应燃料。

2. 燃料注入系统

图 12.11.2 是 ITER 的燃料注入系统的示意图。ITER 燃料注入系统包括气体注入系统、弹丸注入系统、NBI/测定用 NBI、核聚变输出停止系统[14]。核聚变输出 500 MW 时，消费的氚量为 1.8×10^{20} 个/s，根据公式（12.3.1），即消费 0.73 Pa·m³/s。根据公式

(12.3.2),当燃烧率为1%时,需要的燃料供给量为73 Pa·m³/s。与此对应,ITER的燃料供给量最大为200 Pa·m³/s[4]。

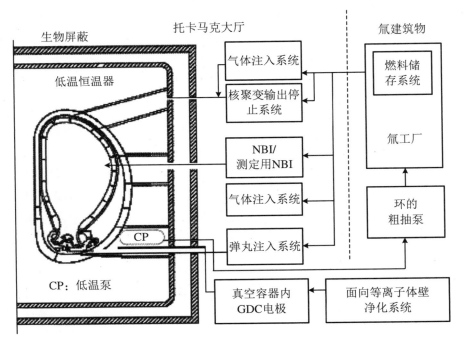

图 12.11.2 燃料注入系统示意图[14]

3. 托卡马克排放气体处理系统

在托卡马克排放气体处理系统中,进行真空排气和等离子体排放气体的精炼。在真空排气系统中,组合采用超高真空排气用的低温泵和粗抽用的机械式无油泵等。利用粗抽泵,将真空容器、低温恒温器从 10^5 Pa 抽取到 10 Pa 程度的真空[14]。

真空容器初始到达的真空度为 10^{-5} Pa。1 个端口设置 1 台低温泵。4 台低温泵作为 1 组,共有 4 组(共 16 台)。各组内的泵循环处于排气、部分再生、冷却、待机的状态,从而实现模拟连续运行。经常处于运行状态的有 4 台。每台相对于氢气的排气速度为 77 m³/s[4]。

低温恒温器的真空度低于 10^{-3} Pa。低温恒温器通过 2 台低温泵,相对于水蒸气的排气能力可以确保 500 m³/s[14]。

等离子体排放气体的精炼采用钯扩散器[4]。

4. 氢同位素分离系统

氢同位素分离系统中,将图 12.11.3 所示的深冷蒸馏塔串联组合在一起使用[15]。氢同位素分离系统将氢同位素分离成：① 杂质 H_2 和 HD；② D_2（燃料注入用：原子数比例 H<0.5%；NBI 用：H<0.5%，T<0.02%）；③ T_2（燃料注入用：H<0.5%，D< 10%）[16]。同位素平衡反应器中充填有加载了铂的氧化铝等催化剂，用于消灭多余的 HT、DT。

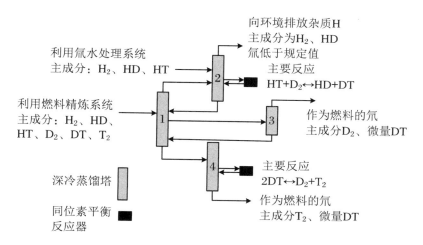

图 12.11.3　ITER 同位素分离系统[15]

5. 空气中氚处理系统

在 ITER 中，通过空气中氚处理系统，除去泄漏到托卡马克建筑物、维护堆内机器的热室、氚工厂设备中的手套箱等处的氚。空气中氚处理系统所捕获收集的氚水以来自热室的氚水为主，氚水处理的流量为 20 kg/h[10]。

6. 氚水处理系统

图 12.11.4 为 ITER 的氚水处理系统[9]。在前处理中，除去对于氚分离有坏影响的杂质，即让氚水顺次通过树脂槽、活性炭槽、过滤器，在树脂槽除去离子，在活性炭槽除去

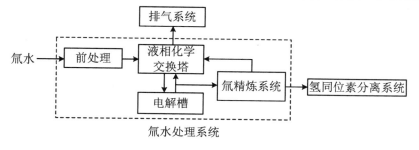

图 12.11.4　ITER 氚水处理系统

有机物,在过滤器除去悬浊浮游成分。接着,利用液相化学交换塔,通过液相法 LPCE 浓缩氚水。浓缩后的氚水在电解槽进行电解分离,变换成氢气,其中一部分送往氚精炼系统,其余回到液相化学交换塔。在液相化学交换塔,氚成分足够低的氢气从液相化学交换塔的上部送往排气系统。在排气系统,将氢气稀释到低于爆炸极限 4% 后,向环境排出。

7. 燃料储存系统

在 ITER 的燃料储存系统中,根据场地的安全要求,将氚量分割为 70 g 以下,以金属氢化物的形式进行储存。如将燃料在充满惰性气体的手套箱内进行,目前正在研究的有锆钴、铀、镧化合物(LaNiMn)[3,4,6]。

12.12　今后的课题

今后的课题如下所示:

(1) 在核聚变堆中,由于包层生成的氚中部分混有冷却水,因此需要从包层冷却水中除去氚,但是冷却水的量太大。还有,包层和偏滤器的冷却水由于要发电,需要在高温状态下送往热交换器/蒸汽发生器。因此需要开发的技术有:精确测量混入冷却水的氚量从而在氚水处理系统中对冷却水采用非恒定处理的批次方法;降低混入冷却水氚量的结构;高温状态下对冷却水进行处理、减容后抽出氚水的技术,等等。由于氚的操作量大,从而需要提高辐射耐久性。

(2) 为了建设效率好的核聚变工厂,要降低核聚变工厂内的电力消耗。可以预想,如果核聚变堆内的处理量增大,电解法等消耗的电力会随之增多,因此在构筑系统时,需要控制燃料循环整体的电力消耗量。

(3) 低温泵需要再生,等离子体排放气体的气体组分和流量也在变动,因此需要进行控制,需要开发能够省略再生步骤的排气泵。为了降低核聚变工厂内的氚量,也需要开发氚蓄积少的排气泵。

参 考 文 献

[1]　炉設計研究室,日本原子力研究所,JAERI-M 83-214 (1984).

〔2〕 「核融合炉物理・工学」研究専門委員会，「核融合炉燃料・材料」研究専門委員会，核 融合炉設計及び研究開発の現状と課題，日本原子力学会 (1983).

〔3〕 D. Leger，P. Dinner，H. Yoshida，et al.，ITER FUEL CYCLE，ITER Documentation Series，No.31，IAEA，VIENNA (1991).

〔4〕 テキスト核融合炉専門委員会，プラズマ・核融合学会誌，第87巻増刊号 (2011).

〔5〕 杉山貴彦，J. Plasma Fusion Res.，Vol.92，No.1 31-38 (2016).

〔6〕 林巧，中村博文，岩井保則，等，J. Plasma Fusion Res.，Vol.92，No.6，440-443 (2016).

〔7〕 五明由夫，中村和幸，村上義夫，日本原子力研究所，JAERI-M 82-037 (1982).

〔8〕 西正孝，山西敏彦，洲亘，J. Plasma Fusion Res.，Vol.79，No.3，290-298 (2003).

〔9〕 山西敏彦，岩井保則，磯部兼嗣，杉山貴彦，J. Plasma Fusion Res.，Vol.83，No.6，545-559 (2007).

〔10〕 Y. Iwai，et al.，Fusion Sci. Technol.，41，1126-1130 (2002).

〔11〕 深田智，林巧，日本原子力学会誌，Vol.47，No.9，623-629 (2005).

〔12〕 古藤健司，J. Plasma Fusion Res.，Vol.92，No.1 15-20 (2016).

〔13〕 M. Yamada，et al.，Fusion Sci. Technol.，41，593-597 (2002).

〔14〕 http://www.fusion.qst.go.jp/ITER/FDR/PDD/index.htm，ITER Final Design Report，Plant Description Document，Ch.2.7，IAEA (2001).

〔15〕 山西敏彦，J. Plasma Fusion Res.，Vol.92，No.1，21-25 (2016).

〔16〕 http://fusion.qst.go.jp/ITER/FDR/DRG2/index.htm，ITER Final Design Report，Design Requirements and Guidelines Level 2 (DRG2)，Ch.10，IAEA (2001).

第 13 章

低温恒温器

低温恒温器是保持超导线圈处于极低温状态、防止热量从周围侵入超导线圈的设备。它在安全上还具有封闭放射性物质的功能。

13.1　低温恒温器应具备的功能

保持超导线圈处于极低温状态、防止热量从周围侵入超导线圈的容器就是低温恒温器(cryostat)，其内部形成真空以实现绝热。低温恒温器的外部是常温大气[1~3]。表 13.1.1 列出了低温恒温器应具备的功能[2]。

表 13.1.1　低温恒温器应具备的功能

序号	项　目	内　容
1	保持高真空	为了维持超导线圈的极低温(~4 K)、具备防止周围热侵入的绝热功能，需要保持高真空
2	封闭放射性物质	基于确保安全的考虑,若将真空容器作为放射性物质的 1 次封闭屏障,低温恒温器就要具备 2 次封闭屏障功能,在正常时维持负压,而在故障时能够承受正压
3	屏蔽辐射	依据是否需要低温恒温器具备生物屏蔽功能来进行设计,可以在真空抽气管及窗口等局部位置设置屏蔽体
4	电阻	确保等离子体上升时沿极向方向的电阻
5	降低磁场	安装强磁性体以对 NBI、抽气泵等设备屏蔽磁场
6	结构安全性	能够承受自重、等离子体上升或破裂时感应涡流引起的电磁力以及地震
7	维护更换	具有便于维护更换堆内设备的结构

13.2　低温恒温器的结构

　　低温恒温器可考虑为金属制作或混凝土制作。两者的特点如表 13.2.1 所示。金属制低温恒温器的结构可以有如下几种设想：① 在金属壁上沿极向、纵向方向焊接圆拱筋以提高结构强度；② 在电气分隔的金属壁上,配置连续的衬板结构；③ 在局部采用高阻抗结构[2]。选择哪一种低温恒温器需要根据设计来确定。低温恒温器是大型结构件,为了保持结构强度安全,必须预先做好充分探讨。

　　图 13.2.1 为低温恒温器的概念图。(a)为在金属壁上沿极向和纵向方向焊接圆拱筋的结构,本例中,采用移走低温恒温器的上盖、将 CS 线圈等抽出来的结构。(b)为混凝土制的低温恒温器,具备生物屏蔽的功能。

表 13.2.1　金属制和混凝土制的低温恒温器

序号	项目	金属制	混凝土制
1	结构	使用圆拱筋、衬板、高阻抗部件等形成结构强度和电阻,参照以上①②③	为了保持真空,在混凝土内侧安装不锈钢衬板
2	生物屏蔽	在真空容器、包层具备充分屏蔽的情况下,装置本体不需要具备生物屏蔽功能,但对窗口必须设置屏蔽体	具备生物屏蔽功能,不需要对窗口周围追加屏蔽
3	与建筑物的关系	不需要成为建筑物的支撑结构	可作为建筑物支持结构的一部分。重量大于金属制低温恒温器

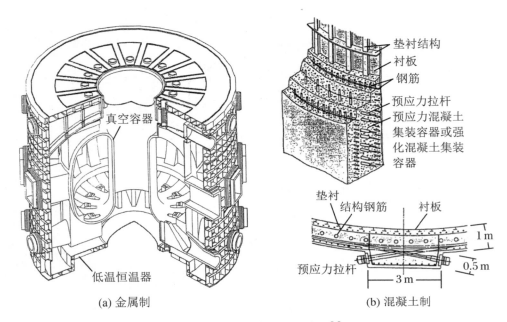

(a) 金属制　　(b) 混凝土制

图 13.2.1　低温恒温器概念图[2]

13.3　热屏

在超导线圈中,低温侧设备与高温侧设备之间设置了热屏(TS、thermal shield、热屏蔽体、辐射屏(radiation shield)),以使低温侧设备的超导线圈不会被高温侧设备直接辐射。因此,降低了从高温侧设备向低温侧设备的热量侵入,有效地维持了极低温。

在维护更换反应堆内设备时,要中断超导线圈的励磁,但仍维持超导线圈的极低温,以节约维护更换后再次冷却的时间,达到缩短维护更换时间的目的。也就是说,维护更换时,真空容器是在对大气开放下进行堆内设备维护的,而低温恒温器内则维持着高真空[1]。在运行期间及维护更换时,维持超导线圈的极低温非常重要,在这一点上热屏发挥了很大作用。

1. 设计必要条件

热屏设置在真空容器与超导线圈之间,以及低温恒温器与超导线圈之间。为了使反应堆紧凑化,真空容器与超导线圈的间隙必须尽可能小,热屏的厚度必须尽量薄。

若热屏受损,就要拆解真空容器等低温恒温器内的设备,因此需要进行保守性设计,以保证除非这些设备发生损伤,热屏本身应具备不会损坏的安全功能。当热屏的冷却系统受到损坏时,也会影响超导线圈的极低温维持功能,而且恢复极低温所需时间很长,所以热屏的冷却系统也需要进行保守性设计,以维持其安全性。

另外,为了确保低温恒温器内的高真空,热屏需要采用可以烘烤的结构。

2. 结构

从高温侧设备向热屏的热侵入,包括热辐射的热侵入,以及来自热屏支撑件的热传导,这些热侵入都必须降低。低温恒温器通常维持在常温下。真空容器烘烤时大约为 500 K(参考 11.6.3 小节),因此真空容器与超导线圈(~4 K)间的温差,大于低温恒温器与超导线圈之间的温差。下面介绍真空容器与超导线圈之间的热屏。

图 13.3.1 表示普通热屏的构造。热屏由热屏板(热屏嵌板)和多层绝热层组成。热

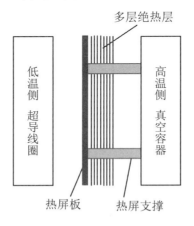

图 13.3.1 热屏构造

屏板为铜板或不锈钢板,为了降低等离子体电流上升或破裂时的感应涡电流,一般采用厚度 2～3 mm 的薄板。热屏板由液氮或者氦气冷却并维持在 50～80 K。为了降低来自高温侧的热辐射,在热屏与高温侧之间设置了多层绝热层。多层绝热层使用超级绝缘体(SI,super insulator),这是由聚合物薄膜等制成的绝热材料。一般为了有效维持热屏板的温度,采用从高温侧支撑热屏板的方式,支撑件使用 FRP 等低导热材料。这样就减少了高温侧对热屏板的热侵入,仅有来自 50～80 K 的热屏板辐射热侵入到低温侧,整体上能够有效地维持极低温。为了降低上述的涡电流、提高组装及维护性能,热屏采用分立结构。

利用理论公式和实验结果,评估超级绝缘体的辐射热降低效果[4]。另外,对于透过多层绝热层的辐射热计算,当在高温侧和低温侧平面之间放入 n 片同样辐射率的绝热材料时,有如下简易公式[5]:

$$Q/A = E\sigma(T_1^4 - T_2^4)/(n + 1) \tag{13.3.1}$$

这里,Q 是辐射热(W),A 是高温侧面积(m²),E 是常数(经验值为～0.1 左右),n 为绝热材料的层数,$\sigma = 5.67 \times 10^{-8}$ W/(m²·K⁴)为斯蒂芬-玻尔兹曼常数,T_1 为高温侧温度(K),T_2 为低温侧温度(K)。

13.4　设计示例

图 13.4.1 为原型堆 SSTR(Steady State Tokamak Reactor)的低温恒温器设计示例[1,6]。SSTR 大半径 $R_0 = 7$ m,是最大限度利用自举电流的稳态运行堆。低温恒温器由混凝土制成。改进型 SSTR 的低温恒温器采用与建筑物一体化的做法,这应该是出于经济方面的考虑[7]。

图 13.4.2 为原型堆 SlimCS 的低温恒温器[8]。SlimCS 的 $R_0 = 5.5$ m,由于等离子体上升电流的大部分是由非感应驱动的,从而具有 CS 线圈最小化的特点。SlimCS 将 TF 线圈之间的扇区化包层一体化,采用沿水平方向整体抽出的维护方法,因而需要大口径的水平窗口。为此,在低温恒温器内部设置低温恒温器隔板,分成存在等离子体的高真空区和存在超导线圈的低真空区。为了利用低温恒温器支承 TF 线圈的倾覆力,在金属制的低温恒温器上设置了加强筋。

图 13.4.3 为商用堆 CREST(Compact Reversed Shear Tokomak)的低温恒温器。

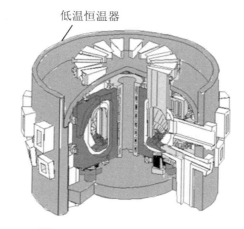

图 13.4.1 SSTR 低温恒温器[1]

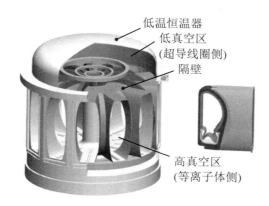

低温恒温器
低真空区
(超导线圈侧)
隔壁
高真空区
(等离子体侧)

图 13.4.2 SlimCS 低温恒温器[8]

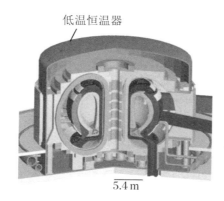

低温恒温器

5.4 m

图 13.4.3 CREST 低温恒温器[1]

CREST 的大半径 $R_0 = 5.4$ m,是将负磁性层与稳定 MHD 的邻近导体壁组合起来设计

而成的高 β 目标的高经济性核聚变堆[1,9]。采用可将包层部整体沿直线抽出的方式,缩短了更换维护的时间。为此,相应地增大了低温恒温器的窗口尺寸。

实验堆 ITER 的低温恒温器如图 13.4.4 所示[1,10]。低温恒温器是单层壁的圆筒形状,上、下用扁平的上盖和下盖覆盖。直径等于 PF 线圈直径(PF3、PF4)加上用于搬运设备和维护的间隙约 1 m 长度。高度则是考虑到连接堆外的通风管等的空间而确定的。

ITER 的低温恒温器为了维持超导线圈极低温(4 K),作为绝热性能,要保持高真空在 10^{-3} Pa 值以下。真空容器作为放射性物质的 1 次封闭屏障,低温恒温器具有 2 次封闭屏障功能,设计为能够在平时维持负压,故障时承受内压 0.2 MPa、外压 0.1 MPa。

低温恒温器是不锈钢制的容器,圆筒部分的壁厚 100 mm,在环向方向与垂直方向安装环和衬筋来保持结构强度。低温恒温器圆筒部的环向方向电阻值在 10 $\mu\Omega$ 以上[11]。

低温恒温器上连接了许多抽气管和窗口,大型抽气管的尺寸为高约 3 m、宽约 2 m。低温恒温器处于常温,但是真空容器在烘烤、运行、维护时会有不同的温度和热伸缩。由于真空容器与低温恒温器的热伸缩不一致,采用波纹管连接它们,波纹管吸收了这些移动。

生物屏蔽体用厚度 2 m 的混凝土制造,在直径方向保持约 0.5 m 的间隔,整体覆盖了低温恒温器。也许发生的概率很小,若需要更换大型设备,可以移走上部的生物屏蔽体,将低温恒温器的上盖从圆筒部切除,就能够取出大型设备。

在低温恒温器内侧安装了低温恒温器热屏(CTS),在真空容器外侧安装了真空容器热屏(VVTS),在抽气管处安装了抽气管部热屏(抽气管部 TS)。

由于热屏的多层绝热层容易受损,面积大,释放气量多,因此 ITER 不使用多层绝热层,而采用银制的辐射小的薄层覆盖在热屏板的两面。热屏板为不锈钢制,由 2 个独立系统提供入口温度 80 K 的氦气来冷却。

13.5 今后的课题

关于低温恒温器,今后的课题如下:

(1) 低温恒温器的体积大,与其他设备的连接部位多,为了实现低温恒温器的高真空,施工时检查真空泄露的时间可能也多。需要使低温恒温器小型化,并提高真空下的可靠性。

(2) 为了适应拥有众多抽气管和窗口的真空容器以及低温恒温器的形状,热屏的形

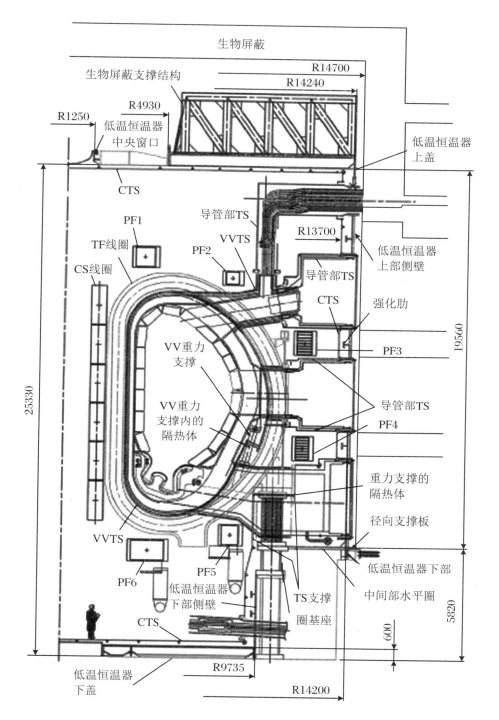

图 13.4.4　ITER 的低温恒温器[10]

状复杂并且面积大,而安装位置狭窄,要求能够小型化并且提高安装精度。另外,由于热屏面积大,为除去热屏板释放气体的烘烤对策,以及对于小型化、在核聚变堆运行期间不需要维护、机械强度可靠性高等方面的要求就显得更加重要。期望能够研发出满足这些要求的、结构与构造简单的、成本低的热屏。

(3) 今后的核聚变堆中,采用低温恒温器外壁兼作建筑物一部分的方案时,从辐射屏蔽、机械强度的安全等观点来看,有必要开展相应的结构设计研究。

(4) 连接热伸缩不一致的真空容器与低温恒温器的抽气管采用波纹管。考虑到为了缩短堆内设备更换维护时间,采用一体化抽出的做法,因此需要增大抽气管的内径。需要研发释放气体量小的大口径波纹管。

参 考 文 献

［1］ テキスト核融合炉専門委員会,プラズマ・核融合学会誌,第 87 巻増刊号 (2011).

［2］ S. Sadakov, F. Fauser, B. Nelson, E. Tada, ITER COTAINMENT STRUCTURES, ITER Documentation Series, No.28, IAEA, VIENNA (1991).

［3］ 沢正史,金森直和,清水克裕,等,日本原子力研究所,JAERI-M 92-094 (1992).

［4］ 佐保典秀,緒方久直,根本武夫,佐伯満,日本機械学会第 68 期全国大会講演会講演論文集,No.900-59 (1990).

［5］ 伝熱工学資料,改訂第 3 版,日本機械学会 (1975).

［6］ Fusion Reactor System Laboratory, Japan Atomic Energy Research Institute, JAERI-M 91-081 (1991). M. Kikuchi, Nucl. Fusion 30, 265-276 (1990).

［7］ 菊池満,日本原子力研究所,JAERI-Research 97-004 (1997).

［8］ 飛田健次,西尾敏,榎枝幹男,等,日本原子力研究開発機構,JAEA-Research 2010-019 (2010).

［9］ K. Okano, Y. Asaoka, T. Yoshida, et al., Nucl. Fusion, Vol.40, No.3Y, 635-646 (2000).

［10］ http：//www. fusion. qst. go. jp/ITER/FDR/PDD/index. htm, ITER Final Design Report, Plant Description Document, Ch.2.8, IAEA (2001).

［11］ http：//www. fusion. qst. go. jp/ITER/FDR/DRG2/index. htm, ITER Final Design Report, Design Requirements and Guidelines Level 2 (DRG2), Ch.11, Ch.12, IAEA (2001).

第 14 章

核设计

核聚变的氘氚(DT)反应产生中子。研究中子输运特性是中子学(neutronics)的范畴,以此为基础进行核设计。本章介绍核设计的内容。

14.1　核设计中应具备的项目

在进行 DT 反应的核聚变堆中,利用中子在包层内增殖燃料氚,同时利用中子能量等进行发电。该中子与构成核聚变堆结构的物质相互作用,释放热能的同时使得反应堆结构材料活化,产生二次中子(相互作用产生的中子)和 γ 射线。必须保护放射性业务工作者(以下称从业者)、公众以及装置本身免于这些射线的危害。表 14.1.1 列出了核设计中要求的主要项目[1],其中 1 和 2 是有关包层的项目,1 在 7.3 节、2 在 7.2 节已有介绍,本章介绍与反应堆整体有关的 3～5。

表 14.1.1 核设计中要求的主要项目

序号	项 目	内 容
1	变换成热能	中子打击反应堆结构材料等,中子运动能量转变为热能。评估该热能
2	氚增殖	评估中子和氚增殖材料反应生成的氚的产量
3	射线屏蔽	进行屏蔽设计,以保护从业者、公众及超导线圈免于射线危害
4	辐照损伤	评估中子辐照引起的材料损伤,考虑长年老化效果来设计设备。用于根据维护频度制定反应堆运行计划
5	感应辐射能	利用核嬗变中生成的感应辐射能,制定反应堆停机后进入堆室及设备维护的计划,评估放射性核废料的产量

在研究上述项目的基础上,将应评估的项目按照堆运行状况分类表示于表 14.1.2 中。表中的射流(streaming)是指射线通过设备开口端和缝隙向外泄露的辐射行为,为了防止该射流,要采取对策,例如使抽气管不是笔直的而是中途弯曲,从入口到出口形成迷宫(labyrinth)结构,等等。

表 14.1.2 核设计中进行的评估项目

序号	运行区分	评估项目	内 容
1	堆运行时	建筑物内剂量率	计算材料全体(整体)的屏蔽;考虑到 NBI 管道贯通孔部和设备间隙的辐射流,计算建筑物内的剂量率
2		堆结构材料的辐照损伤	评估中子辐照量、吸收剂量、击出损伤、He 产量、H 和 D 产量
3		核发热量	评估核发热量率、总的核发热量
4		超导线圈屏蔽	评估辐射流在超导线圈的辐照量、超导线圈低温部分的发热率与总发热量、铜稳定性材料的击出损伤率、超导线材料的中子通量、绝缘材料的射线吸收剂量
5		空间辐射	评估建筑物外的剂量率
6	堆停止后	建筑物内剂量率	利用有关感应辐射能引起的 γ 射线的屏蔽计算、辐射流计算,评估建筑物内的剂量率
7		衰变热	评估异常时的衰变热,放射性废弃物的衰变热
8		空间辐射	评估建筑物外的剂量率
9	维护时	堆内的剂量率	移动活化了的设备时,评估堆内的剂量率

反应堆运行时,如果由于中子和 γ 射线的辐照使得超导线圈中的核发热率超过规定值,就会引发失超。失超会损伤超导线圈的功能,而且除了超导线圈损坏外,还可能损坏

放射性物质封闭边界。因此,在对反应堆结构材料辐照损伤进行评估的同时,对超导线圈屏蔽的评估也是重要的。

反应堆停机后,因中子核嬗变形成的核素产生感应辐射能,释放出 β 射线或 γ 射线。有必要利用感应辐射能来评估剂量率、衰变热。在维护时,打开出入口,移动活化了的设备,即移动 γ 射线源的位置,所以改变了屏蔽边界。需要考虑这些因素后,评估反应堆室的剂量率。

反应堆内设备是面向等离子体、离放射源最近的设备,因此为了确保其安全性,选择结构材料非常重要。剂量率(dose rate)是单位时间的剂量,以前称为剂量当量率,根据 ICRP 1990 年的建议,后来使用剂量率[2]。

14.2 射线屏蔽

14.2.1 主要屏蔽体

1. 装置屏蔽和生物屏蔽

射线屏蔽大体分为装置屏蔽和生物屏蔽(biological shield)。表 14.2.1 为核聚变堆的主要屏蔽体。

表 14.2.1 核聚变堆的主要屏蔽体

序号	分 类	屏蔽对象	内　　容
1	装置屏蔽	超导线圈	防止核发热量引起的失超,确保至关超导线圈稳定性的铜、绝缘材料、绕线层等安全的屏蔽体
2		加热、电流驱动装置,测量设备	防止受到从真空容器贯通孔等部位泄漏的射线的辐照损伤,确保设备安全性的屏蔽体
3		反应堆结构件的再焊接部位	更换包层模块等时需要对反应堆结构件再焊接,为抑制这些再焊接部位的氦生成量的屏蔽体
4	生物屏蔽	从业者的保护	降低从业者进入的反应堆室剂量率的屏蔽体
5		一般公众的保护	降低运行中及停机后的剂量率的屏蔽体

对于装置屏蔽,需要有确保超导线圈安全的屏蔽体,遮挡从电流驱动装置、测量设备等的真空容器上贯通孔等泄露的射线以确保设备健康性的屏蔽体,为了能在更换堆内设备时对反应堆结构的焊接部再次焊接、需要抑制氦的生成量、出于此目的而设置的屏蔽体。

对于生物屏蔽,主要对应于保护从业者。在反应堆运行时通常情况下是禁止进入堆内的,而对于反应堆停机后进入的堆室的剂量率要进行评估。对于公众活动的区域,也要评估反应堆运行时和停机后的剂量率。

2. 屏蔽体的设置位置

屏蔽体应设置在接近放射源的位置,这对于减小辐射区域、缩减屏蔽体的体量非常重要。为了抑制超导线圈的核发热量,需要在超导线圈内侧(等离子体侧)设置屏蔽体。另外,为了在包层内有效地进行氚增殖及中子等的能量回收,需要将屏蔽体设置在包层外侧,以便让包层承受中子。如图 14.2.1 所示,考虑在包层外侧、真空容器内侧安装屏蔽体。对于超导线圈来说,在能够期待包层和真空容器充分发挥屏蔽效果的情况下,包层和真空容器承担了屏蔽作用。生物屏蔽体设置在低温恒温器的外侧。

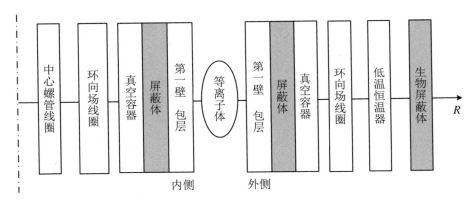

图 14.2.1 屏蔽体的设置位置

表 14.2.1 列出的屏蔽体,根据反应堆结构具体考虑如下:

① 保护 TF 线圈的内侧屏蔽体(inboard shield,大环内侧位置)。

② 保护 TF 线圈的外侧屏蔽体(outboard shield,大环外侧位置)及堆停机后保护从业者的生物屏蔽体。

③ 保护周围仪器和从业者的用于贯通孔部位的屏蔽体(penetration shield)。

④ 保护从业者和一般公众(public protection)的反应堆室、反应堆建筑物的屏蔽体。

①、②的屏蔽体尺寸大小是决定托卡马克装置尺寸大小的重要因素。反应堆本体装

置上有排气窗口、加热窗口、测量窗口等口径大小不一的贯通孔,③将评估这些贯通孔射线流并确定屏蔽体的厚度。在④中,需要评估反应堆室的剂量,中子和 γ 射线透过反应堆建筑物在空中反射再次返回地面的空间辐射量(skyshine dose),以及氚辐射到地面的直接剂量(direct dose)等。

3. 空气、冷却水的活化

在屏蔽体设计中需要考虑空气和冷却水的活化。地表附近空气组成体积比为氮气 78.09%,氧气 20.95%,氩气 0.93%。DT 反应产生的中子与建筑物内空气中的氮、氧、氩等元素发生反应使其活化。需要评估如下的主要反应式:

$$^{14}N + n \rightarrow {}^{13}N + 2n \tag{14.2.1}$$

$$^{40}Ar + n \rightarrow {}^{41}Ar + \gamma \tag{14.2.2}$$

^{13}N 的半衰期为 9.97 min,反应为$^{13}N \rightarrow {}^{13}C + e^+$的正电子衰变[3]。$^{41}Ar$ 的半衰期为 1.83 h,反应为$^{41}Ar \rightarrow {}^{41}K + e^-$的 β 衰变。另外,下列反应:

$$^{14}N + n \rightarrow {}^{12}C + {}^3T \tag{14.2.3}$$

产生氚,需要对其产量进行评估。

冷却水中的^{16}O 和^{17}O 反应为

$$^{16}O + n \rightarrow {}^{16}N + p \tag{14.2.4}$$

$$^{17}O + n \rightarrow {}^{17}N + p \tag{14.2.5}$$

生成放射性同位素^{16}N 和^{17}N。^{16}N 的半衰期为 7.13 s,反应为$^{16}N \rightarrow {}^{16}O + e^-$的 β 衰变。$^{17}N$ 的半衰期为 4.17 s,在$^{17}N \rightarrow {}^{16}O + e^- + n$ 的衰变中放出中子。需要评估它们的影响来设置屏蔽体。

14.2.2　射线屏蔽的评估法

1. 中子源强度

从核聚变反应功率可以求得中子源强度。设核聚变反应功率为 P_f(MW),每 1 个反应的能量为 $E_f = 17.6$ MeV(DT 反应下),设定 $k = 1.60 \times 10^{-19}$ J/eV,每单位时间核聚变反应次数(中子产生数)为 $P_f/(kE_f)$。例如,当 $P_f = 1000$ MW 时,得到 $P_f/(kE_f) = 3.55 \times 10^{20}$ 个/s。这就是中子源的强度。

2. 核数据

已完成核数据评估的核数据库有 JENDL（Japanese Evaluated Nuclear Data Library）。JENDL 的整理工作正在进行，目前公开发表的有 JENDL-4.0[4]。JENDL 与美国的 ENDF/B（Evaluate Nuclear Data File Version B）数据库、欧洲的 JEFF（Joint Evaluated Fission and Fusion File）数据库并称为世界三大数据库。对于输运截面积组，从已评估数据库中制作的用于核聚变堆核设计的群常数组有 Fusion-J3（中子 125 群，γ 射线 40 群）、Fusion-40（中子 42 群，γ 射线 21 群）[5]、JSSTDL-300（中子 300 群，γ 射线 104 群）[6]，以及连续能量蒙特卡洛输运计算用截面积 FSXLIB-J3R2[7] 等。

3. 解析程序

可以对 3.9 节的输运方程进行数值解析，求解中子束和 γ 射线束。解析方法有决定论方法和概率论方法。

决定论方法中，开发了采用离散型坐标（discrete ordinates）差分求解的 Sn 法、直接积分法等[8]。作为计算程序，有采用 Sn 法的一维输运程序 ANISN[9] 和二维输运程序 DOT3.5[10] 等。

概率论方法采用蒙特卡洛法，计算程序有 MCNP、再开发的 MCNPX[11]、MORSE[12] 以及 PHITS[13] 等。PHITS 是三维程序，可以评估半导体损伤，能够评估对于堆芯周围安装的含有半导体元件的设备是否追加保护屏蔽。

4. 解析步骤

利用计算程序，首先以真空容器、包层等反应堆结构为基础，建立各个设备结构、材料的解析模型。利用在 1 中求得的中子源强度，通过计算程序，求出中子通量 ϕ_n 和 γ 射线束 ϕ_γ，包括中子与物质相互作用产生的二次中子和 γ 射线。如 14.3～14.6 节所示，可利用对应的核发热量常数及各物理量常数，通过与中子通量和 γ 射线束相乘，求得核发热量等核设计中使用的各物理量。

解析法的具体流程为，首先使用一维或二维的解析程序，解出中子通量和 γ 射线束的整体特性。然后利用反应堆结构建模的三维解析程序，求出中子通量和 γ 射线束，把握三维分布的物理量特性，确认设计的妥当性。进而对窗口、管道等部位进行特殊处理达到细致化，把握辐射流等细节的屏蔽性能，确认设计的妥当性。

如果不符合设计条件，则改变反应堆构造和结构材料，重新评估各物理量，追加屏蔽体，反复进行上述变更，直到符合设计条件为止。

14.3 剂量率

利用运行的剂量强度求出中子通量 ϕ_n 和 γ 射线束 ϕ_γ，再根据各个能量的中子通量和 γ 射线束，利用各自的剂量率转换系数组[14]，求出反应堆运行时的剂量率。反应堆停止后剂量率由以下步骤求出。首先，求出运行时中子通量 ϕ_n，然后利用中子通量与材料活化数据，通过感应放射能（参考 14.5.2 小节）求出 γ 射线源的位置与强度。对该 γ 射线源进行 γ 射线输运解析，求出 γ 射线束 ϕ_γ。根据该 γ 射线束，利用剂量率的转换系数组，求出堆停止后的剂量率[15]。如果活化设备在维护场所移动位置，该位置就成为 γ 射线源的位置，因此要对该位置进行解析，得到维护时的剂量率。

14.4 核发热量

核发热量由中子和 γ 射线各自产生，核发热量率（W/cm^3）由各自核发热量常数 KERMA(kinetic energy released in materials)因子[16,17]与中子通量 ϕ_n 和 γ 射线束 ϕ_γ 相乘得到，即中子的核发热量率为

$$W_n(r) = \int \phi_n(r, E) \sum_j \sum_k n_j(r) \sigma_{kj}(E) E_{kj}(E) dE \tag{14.4.1}$$

这里，$n_j(r)$ 为物质 j 的原子数密度，$\sigma_{kj}(E)$ 为能量 E 的中子与物质 j 发生核反应 k 的反应截面积，$E_{kj}(E)$ 为在核反应 k 中物质 j 释放的能量。将公式(14.4.1)中的

$$k_j^n(E) = \sum_k \sigma_{kj}(E) E_{kj}(E) \tag{14.4.2}$$

称为 KERMA 因子。γ 射线的核发热量率为

$$W_r(r) = \int \phi_r(r, E) \sum_j n_j(r) k_j^r(E) dE \tag{14.4.3}$$

γ 射线的 KERMA 因子为

$$k_j^\gamma(E) = \sigma_{pej}E + \sigma_{ppj}(E - E_e) + \sigma_{Csj}E \qquad (14.4.4)$$

这里,下标 pe、pp、Cs 分别表示光电效应(photoelectric effect)、电子偶生成(pair production)、康普顿散射(Compton scattering)的吸收。光电效应是 γ 射线能量被原子吸收后释放束缚在原子核中电子的现象。电子偶生成是 γ 射线经过原子核附近时受到库仑场作用消失,生成一对电子和正电子的反应。电子和正电子的动能之和是 $E_- + E_+ = E - E_e$。这里,$E_e = 2m_ec^2 = 1.02\ \text{MeV}$。电子偶生成在 γ 射线能量 E 在 E_e 以上时发生。康普顿散射是 γ 射线与核外电子发生碰撞、对电子赋予能量而 γ 射线本身失去能量的散射。

14.5　射线辐照损伤

中子依照动能的大小,分别称为热中子(约 0.5 eV 以下)、超热中子(0.5 eV～0.5 MeV,又称中速中子、共振中子)、快中子(约 0.5 MeV 以上)[18]。中子根据动能的大小不同,表现出各种现象。

14.5.1　表面损伤

物质表面发生的主要现象有溅射(sputtering)和鼓泡(blistering)。

1. 溅射

所谓溅射,是指具有某个能量以上的中子、中性粒子或者带电粒子注入物质上,释放其表面原子的现象。溅射有两种,注入粒子与表面层碰撞从而击出表层原子的物理溅射(physical sputtering),以及有关化学反应的化学溅射(chemical sputtering)。在物理溅射中,如果注入粒子与靶物质相同,称为自溅射(self-sputtering),当靶物质为合金且失去的是易溅射元素时,称为选择性溅射(preferential sputtering)[19]。

一个注入粒子从物质表面释放的原子数,称为溅射率(sputtering yield)S_{yield},定义为 $S_{\text{yield}} = $ 释放原子数/注入粒子数。溅射率 S_{yield} 依据注入粒子种类、能量、靶材料而不同,需要通过实验得出。图 14.5.1 所示为溅射率。

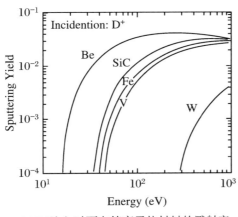 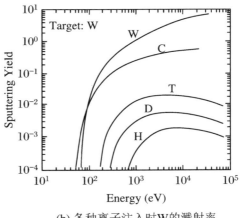

(a) D⁺注入时面向等离子体材料的溅射率　　(b) 各种离子注入时W的溅射率

图 14.5.1　溅射率[20]

面向等离子体材料为 SiC 时，等离子体离子 D⁺ 的注入能量即使在 100 eV 以下，也会发生溅射，而面向等离子体材料为 W 时，等离子体离子 D⁺ 的注入能量在 100 eV 以下时则不会溅射。为了抑制溅射产生的损耗，当面向等离子体材料使用 SiC 时，等离子体离子的能量必须控制在 100 eV 以下。

单位时间等离子体释放出的粒子数 N 与等离子体离子密度 n_i、粒子约束时间 τ_p、等离子体体积 V_p 之间的关系如下：

$$N = \frac{n_i}{\tau_p} V_p \quad （个/s） \tag{14.5.1}$$

这里，设等离子体大半径为 R_0、小半径为 a、非圆拉长比为 κ，那么等离子体的体积为 $V_p = 2\pi^2 R_0 a^2 \kappa$。假设在等离子体释放的粒子中，到达第一壁的比例为 f，到达偏滤器的比例为 $1-f$，等离子体中心到第一壁的距离为 a_w，那么注入第一壁的粒子束 ϕ 为

$$\phi = f \frac{N}{S_w} \quad （个/(m^2 \cdot s）） \tag{14.5.2}$$

根据公式(7.5.1)，$S_w = (2\pi)^2 R_0 a_w \sqrt{(1+\kappa^2)/2}$。

溅射产生的损耗量 n_{sp} 可以用辐照时间 $t(s)$、溅射率 S_{yield} 表示如下：

$$n_{sp} = \phi S_{yield} t \quad （个/m^2） \tag{14.5.3}$$

设第一壁材料密度为 $\rho(kg/m^3)$，在辐照时间 t 内损耗的第一壁厚度 $\ell(m)$ 为

$$\ell = \frac{A n_{sp}}{N_0 \rho} = \frac{A S_{yield}}{N_0 \rho} \phi t \tag{14.5.4}$$

这里，A 为物质原子的质量数（kg 单位制）、N_0 为阿伏伽德罗常数（$N_0 = 6.02 \times 10^{23}$）。一般来说，自溅射的溅射率比较大。当损耗量大时，有必要采取定期更换的措施。

举例分析：等离子体大半径 $R_0 = 5.5$ m、小半径 $a = 2$ m、非圆拉长比 $\kappa = 2$，等离子体的离子密度 $n_i = 10^{20}$ m^{-3}，粒子约束时间 $\tau_p = 1$ s。第一壁材料碳的 $A = 12$，密度为 $\rho = 1.8 \times 10^3$ kg/m^3，$f = 0.5$。等离子体离子以能量 100 eV 注入时，溅射率 $S_{yield} = 0.01$ atoms/ion。当近似取 $a_w = a$ 时，$\phi = 6.3 \times 10^{19}$ 个/（m^2 · s）。若运行时间 $t = 1$ 年，开工率 80%，利用公式（14.5.4），可得到减少的厚度为 $\ell = 0.18$ mm。

2. 鼓泡

鼓泡是指注入金属等材料的气体原子在材料表面附近形成气泡而析出，气泡随着辐照注入量长大，材料表面的膨胀（泡）不久后破裂，表面层剥落的现象。设注入粒子束为 ϕ，辐照时间为 t，在出现鼓泡的辐照量（$\phi't$）下，材料表面周期性剥落，损耗厚度 ℓ'[21] 为

$$\ell' = R\phi t / (\phi' t) \tag{14.5.5}$$

这里，R 是气泡的表面层厚度。检测到有鼓泡时的最小辐照量称为临界辐照量（critical fluence）。临界辐照量随着被辐照材料温度升高而减小。鼓泡现象也是在反应堆结构设计时应该考虑的项目。

14.5.2　体积损伤

中子造成堆材料的损伤中，包括快中子引起的材料整体（体积）的损伤。材料整体的损伤有原子击出移位损伤（displacement damage）和核嬗变损伤（transmutation damage）。与这些现象有关的有：使各种材料变脆的辐照脆化（irradiation embrittlement），高温下使用的材料在一定应力下其塑性变形随着时间增加的辐照蠕变（irradiation creep），导致体积膨胀的肿胀（swelling）等。

1. 击出损伤

快中子与反应堆材料中的原子核发生碰撞后，晶格中原子会被击出正常晶格点。因中子碰撞而被击出晶格的原子称为 1 次击出原子（PKA，primary knock-on atom），当它的动能大于击出阈值时，它还会击出其他原子。原子不断地被击出，就形成空位多的稀薄区域（depleted zone），在其周围散落分布的从晶格点飞来的原子则成为间隙原子。空

位形成后导致整体上体积增大的现象,称为肿胀。

以每 1 个原子被击出的次数 dpa(displacement per atom)来表示击出损伤量。如果每 $1\,m^2$ 的中子辐照面接收到每秒 $1\,MJ$ 能量,累计 1 年(a:annual)时的中子累计辐照量表示为 $1\,MW_a/m^2$。相对于中子累计辐照量,dpa 则因材料而不同。

单位时间的击出损伤量(dpa/s)可用击出损伤截面积 $\sigma_d(E)$ 通过下式求出[22,23]:

$$dpa/s = \int_0^{+\infty} \sigma_d(E)\phi_n(E)\mathrm{d}E \qquad (14.5.6)$$

在计算击出损伤截面积 $\sigma_d(E)$ 时,应考虑弹性散射、非弹性散射以及 $(n,2n)$、(n,γ) 反应等。将公式(14.5.6)乘以运行时间,就能够求出该运行时间内材料的击出损伤量。

2. 核嬗变引起的损伤

随着中子能量的增大,(n,p)、(n,α)、$(n,n'p)$、$(n,2n)$、(n,n') 等发热型(exothermic)反应,变得与因热中子而显著发生的 (n,γ) 反应同等重要。核聚变堆材料受到 DT 反应产生的 14.1 MeV 快中子的辐照,与原子能反应堆材料相比较,将承受更复杂的核嬗变效应。由核嬗变引起的损伤主要如下[21]:

(1) 由 (n,p)、(n,α) 反应生成的氢和氦

生成氢、氦的 (n,p)、(n,α) 反应是原子核吸收中子进行核嬗变的反应,令原子序号 Z、质量数 A 的原子核为 X,那么有

$$^A_Z\mathrm{X} + ^1_0\mathrm{n} \rightarrow ^{A}_{Z-1}\mathrm{Y} + ^1_1\mathrm{H} \qquad (14.5.7)$$

$$^A_Z\mathrm{X} + ^1_0\mathrm{n} \rightarrow ^{A-3}_{Z-2}\mathrm{Y} + ^4_2\mathrm{He} \qquad (14.5.8)$$

由于氢脆和氦引起的高温辐照脆化等,这些氢和氦对材料的影响很大。对于面向等离子体壁,在上述公式中还要加上从等离子体直接注入的氢。

由物质 j 生成的氢和氦的产生率可以使用氢和氦的各自产生截面积 $\sigma_{npj}(E)$、$\sigma_{n\alpha j}(E)$ 通过以下公式求出[17,24]:

$$R_H(r) = \int n_j(r)\sigma_{npj}(E)\phi_n(r,E)\mathrm{d}E \qquad (14.5.9)$$

$$R_\alpha(r) = \int n_j(r)\sigma_{n\alpha j}(E)\phi_n(r,E)\mathrm{d}E \qquad (14.5.10)$$

(2) 由核反应引起的成分变化

高能中子的核反应使材料的成分发生变化。成分变化会对材料机械性能产生影响。

(3) 诱导放射性

不具有放射性的物质被中子辐照后变得具有放射性,称为活化。诱导出来的放射能

称为诱导放射能(induced activity)(或感应放射能)。放射性物质以β射线、γ射线等形式释放能量而衰变,此时产生的热就是衰变热。在核聚变中,有必要评估停堆后剂量率和冷却衰变热,研究放射性废物的处理对策。

诱导放射能的计算可以采用如下公式[17]:

$$\frac{d}{dt}n_i(r,t) = -\{\lambda_i + \sigma_i\phi_n(r)\}n_i(r,t) + \sum_{j \neq i}^{j}\{\lambda_j\alpha_{j \to i} + \sigma_{j \to i}\phi_n(r)\}n_j(r,t)$$

(14.5.11)

这里,$i = 1, 2, \cdots, J, J$ 为衰变推移里出现的核素数量,$n_i(r,t)$、λ_i、σ_i 分别为核素 i 的密度、衰变常数、全部核嬗变截面积,$\alpha_{j \to i}$、$\sigma_{j \to i}$ 为核素 j 向 i 变换的分支比和核嬗变截面积。在 $\phi_n(r)$ 中使用了利用中子输运解析程序求出的中子通量。核聚变的活化数据在文献 [3]中有详细记载。例如,图 14.5.2 表示 ^{50}Cr 的衰变推移。这里,有 2 个核嬗变和 2 个衰变[15]。将此对应各个核素的密度表示为

$$\frac{d}{dt}\begin{pmatrix} ^{49}V \\ ^{51}V \\ ^{49}Cr \\ ^{50}Cr \\ ^{51}Cr \end{pmatrix} = \begin{pmatrix} 0 & 0 & \lambda_{49} & 0 & 0 \\ 0 & 0 & 0 & 0 & \lambda_{51} \\ 0 & 0 & -\lambda_{49} & \sigma_{n2n}\phi_n & 0 \\ 0 & 0 & 0 & -\sigma_i\phi_n & 0 \\ 0 & 0 & 0 & \sigma_{n\gamma}\phi_n & -\lambda_{51} \end{pmatrix}\begin{pmatrix} ^{49}V \\ ^{51}V \\ ^{49}Cr \\ ^{50}Cr \\ ^{51}Cr \end{pmatrix}$$

(14.5.12)

将上式改写如下:

$$\frac{dX(t)}{dt} = AX(t)$$

(14.5.13)

A 称为 A 矩阵。将 $X(T_0 + t)$ 在 $t = T_0$ 的圆周上 Taylor 展开如下:

$$X(T_0 + t) = X(T_0) + \frac{t}{1!}\frac{dX(t)}{dt}\Big|_{t=T_0} + \frac{t^2}{2!}\frac{d^2X(t)}{dt^2}\Big|_{t=T_0} + \cdots + \frac{t^m}{m!}\frac{d^mX(t)}{dt^m}\Big|_{t=T_0} + \cdots$$

(14.5.14)

由公式(14.5.13)可得

$$\frac{d^2X(t)}{dt^2} = \frac{d}{dt}AX(t) = A^2X(t)$$

(14.5.15)

$$\frac{d^mX(t)}{dt^2} = A^mX(t)$$

(14.5.16)

所以,得到

$$X(T_0 + t) = \left(E + \frac{t}{1!}A + \frac{t^2}{2!}A^2 + \cdots + \frac{t^m}{m!}A^m + \cdots \right)X(T_0) = \mathrm{e}^{At}X(T_0)$$

$$(14.5.17)$$

这里 E 是单位矩阵。$C(t) = \mathrm{e}^{At}$ 称为 C 矩阵。

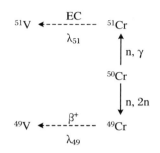

图 14.5.2 ^{50}Cr 的衰变推移

在实际计算中,确定时间步长 τ,求出 $C(\tau)$。由此得到

$$C(m\tau) = \mathrm{e}^{Am\tau} = C(\tau)^m \qquad (14.5.18)$$

因此,运行开始后,$t = m\tau$ 时的诱导放射能可以用下式求出(参考 19.2 节 1):

$$X(T_0 + m\tau) = C(\tau)^m X(T_0) \qquad (14.5.19)$$

反应堆停止后,$t = \ell\tau$ 时的诱导放射能,可以在公式(14.5.13)中设 $\phi_n = 0$,利用 A 矩阵,根据各个核素密度,进行求解。即在公式(14.5.19)中以反应堆停止时的 $X(T_0 + m\tau)$ 为初始值,将 $X(T_0)$ 更换为 $X(T_0 + m\tau)$,利用 $\phi_n = 0$ 的公式(14.5.19),求出 $X(T_0 + \ell\tau)$[15]。

14.6 放射性废弃物

中子使反应堆结构材料活化。降低反应堆结构材料的活化水平和减少放射性物质的数量,对于缩短维护时间、早期应对事故发生、减少放射性核废料数量等方面都非常重要。要求不产生长寿命核素的反应堆结构材料[25]。表 14.6.1 给出了主要长半衰期核素的半衰期。

表 14.6.1 主要的长半衰期核素

序号	核素	半衰期
1	^{54}Mn	312.3 天
2	^{55}Fe	2.73 年
3	^{60}Co	5.27 年
4	^{94}Nb	2.03×10^{4} 年
5	^{59}Ni	7.6×10^{4} 年

奥氏体不锈钢(SUS316)和铬钼钢(9Cr1Mo)含有的 Ni 和 Mo 会生成长半衰期核素。在目前考虑的 Fe-Cr-W 系列铁素体钢和 Fe-Mn-Cr 系列奥氏体钢中,将这些元素置换成放射性小的 Mn 和 W。钒 V 的高温性能优越,中子吸收截面积小,耐辐照损伤性能也好。作为有竞争力的材料,有 V4Cr4Ti 或者添加 Si 和 Y 改善耐氧化性的合金[26]。SiC 具有耐热性强、热传导性良好、耐氧化优越、耐中子辐照性能好的特点,由于是脆性材料,正在利用长纤维强化等方法进行改善,开发长纤维 SiC/SiC 复合材料。

图 14.6.1 为 10 MW_a/m^2 的中子累计辐照后的材料接触剂量率(contact dose rate)随时间变化的情况[25]。SUS316 和 9Cr1Mo 经过 100 年(3.15×10^{9} s)以上还残留接触剂量率。与此相比,Fe-Cr-W 系列铁素体钢和 Fe-Mn-Cr 系列奥氏体钢、V 合金、SiC/SiC

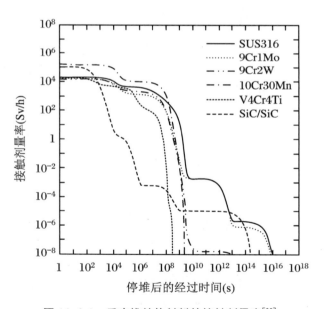

图 14.6.1 反应堆结构材料的接触剂量率[25]

复合材料的接触剂量率要少得多。其中,SiC/SiC 复合材料的接触剂量率衰减得很快,但经过 100 年还残留有接触剂量率。这是因为 ^{28}Si 在与中子的多段反应中生成长半衰期核素[26]Al(半衰期 7.17×10^5 a)。现在,作为低活化候选材料,正在研究铁素体钢、V 合金、SiC/SiC 复合材料。

14.7 设计示例

在 ITER 设计中,确定:① 反应堆停机约两周(10^6 s)后从业者进入地点的剂量率为 100 μSv/h 以下;② 从业者长时间作业的生物屏蔽体外侧(堆室)剂量率为 10 μSv/h 以下;③ 超导线圈的总核发热量在 14 kW 以下;④ 真空容器再焊接处的氦生成量约在 1 appm(atomic parts per million)以下,等等[27]。

1. 中子通量

ITER 屏蔽体的材料基本组成是不锈钢(SUS)-水结构。以 SUS:0.8 和 H_2O:0.2 的比例构成[28]。这是因为要通过中子弹性散射截面大的水的散射,以及 SUS 材料中铁的非弹性散射,使中子能量从 14 MeV 衰减下来。作为辅助性的措施,可以考虑使用 B_4C 和 Pb 或者 W 来提高屏蔽性能[29]。

ITER 中子通量的等高线图如图 14.7.1 所示。这是当中子壁负荷 $1MW/m^2$ 时,使用解析程序 DOT3.5 在 RZ 体系中求出的中子通量。可以看到大环内外的屏蔽体和低温恒温器外侧的生物屏蔽体中,中子通量急剧地衰减。但在通风管(窗口)部位的中子通量还是很大[30]。

2. dpa 分布

在第一壁中子辐射流 3 MW_a/m^2 下运行后,赤道面上不锈钢(SUS316)和铜的 dpa 分布如图 14.7.2 所示。以 ITER-CDA[29]为对象,对赤道面做一维圆柱体系建模,使用 ANISN 程序解析。第一壁的不锈钢和铜的 dpa 约为 30[1]。

在对真空容器与包层连接处附近的详细解析中,在 0.5 MW_a/m^2 的条件下,连接处的击出损伤约为 0.02 dpa。在真空容器上,该数值以指数函数方式衰减,所以能够确保反应堆材料的安全性[27]。

3. 氦生成量

在第一壁中子辐射流 1 MW_a/m^2 下运行后,氦的生成量如图 14.7.3 所示。以等离

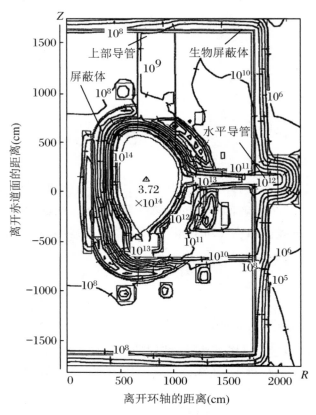

图 14.7.1　ITER 中子通量的等高线图(个/(cm² · s))[30]

子体中心为原点,由等离子体、刮削层、屏蔽体各层构成体系,建立一维圆模型并使用程序 ANISN 解析。图 14.7.3 的屏蔽体材料组成为钢材 80%、水 20%。氦生成量在改进型不锈钢(PCA)里为 139 appm,在 V5Cr5Ti 里为 46.6 appm[24]。在 ITER,当辐照量为 $0.3\,MW_a/m^2$ 时,包层模块之间的间隙后面氦生成量局部峰值达到约 0.8 appm,再焊接位置的氦生成量小于 1 appm[27]。

4. 剂量率

图 14.7.4 给出了 ITER 运行输出聚变功率 500 MW 时的剂量率。这是沿大环直径方向做一维近似球体模型,利用 ANISN 程序进行的解析。本计算中,生物屏蔽体外侧剂量率设为 10 μSv/h 以下,实际上存在多数窗口,需要利用三维解析结果进行确认。口径大并且笔直的 NBI 窗口及排气导管部的辐射流较大,口径小且为迷宫结构的窗口能够抑制辐射流。因此,需要对剂量率大的 NBI 窗口等处强化屏蔽性能。

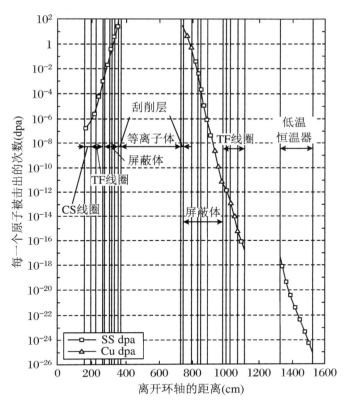

图 14.7.2　不锈钢与铜的 dpa 分布[1]

5. 空间辐射的剂量率

空间辐射的剂量率如图 14.7.5 所示。这是第一壁在中子辐射流 3 MWₐ/m² 下运行 1 天后，为了维修从顶部吊走 1 个区段时，反应堆建筑物周围的剂量率。建筑物为混凝土结构，屋顶厚度 1.6 m，侧壁厚度 2.5 m。解析中以大环轴为中心，在 RZ 体系里使用解析程序 DOT3.5。ITER 规定的用地边界剂量限度为 100 μSv/a 以下。为了使剂量率达到这个数值，规定了从反应堆建筑物到用地边界的距离[1,31,32]。这个评估以一年期间内从顶部吊出区段为前提。在将区段从顶部吊出的期间内，根据需要对屏蔽厚度进行修改，并考虑数值解析的误差等影响，以满足用地边界的剂量限度为条件来确定设计。

6. 核发热量等

ITER 核设计里得到的主要项目如表 14.7.1 所示[27]。包层模块的径向厚度为 45 cm，其中 Be 铠甲 1 cm、冷却系统 2 cm，剩余的 42 cm 为不锈钢（SUS）84% 和水 16% 的

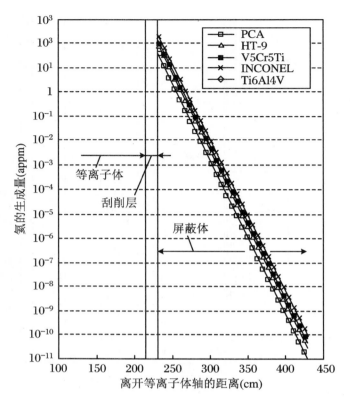

图 14.7.3　氦生成量的空间分布[24]

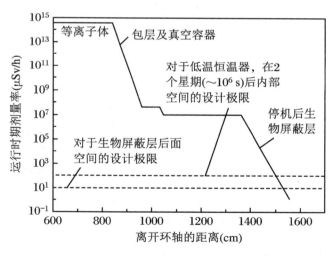

图 14.7.4　ITER 运行中的剂量率[27]

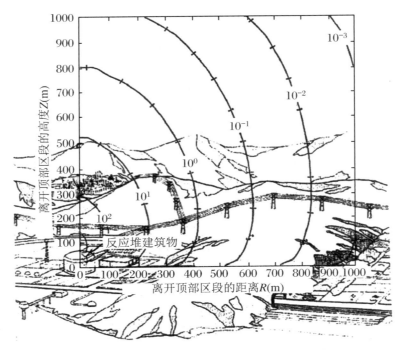

图 14.7.5　空间辐射的剂量率(单位:μSv/a)[31]

结构均匀的混合体模块,核发热量为包层内 502 MW、真空容器内 7.1 MW、偏滤器内 49.4 MW,共计 559 MW。中子能量为 400 MW,考虑到模块化、核数据误差等因素,取 $M = 1.44$。超导线圈总核发热量约为 13 kW,满足设定值小于 14 kW 的要求。

表 14.7.1　ITER 核设计里得到的主要项目

序号	项　　目	数　值
1	中子壁负荷(核聚变反应功率 500 MW 时)	平均 0.55 MW/m²
2	能量倍增率 M	1.44
3	超导线圈总核发热量	约 13 kW
4	^{16}N 放射能(上部窗口在冷却水中)	约 1.5×10^9 Bq/cm³
5	低温泵的核发热量	0.15 mW/m³

14.8　今后的课题

今后的课题内容如下：

（1）原型堆级之后，由于中子辐照量进一步增加，所以需要低活化、高耐热强度、耐辐照损伤性好的材料。作为结构材料的候选，目前正在研发低活化铁素体钢、钒合金、SiC/SiC复合材料等。低活化材料的研发对于缩短维护周期、减少放射性废料等非常重要。

（2）随着中子辐照量的增加，击出损伤、氦和氢的生成量、超导线圈等核发热量会随之增加。对于随着中子辐照量增大损伤会增加的部位（如超导线圈屏蔽体、包层更换时的再焊接处、第一壁、包层结构材料、大孔径窗口屏蔽体等），有必要对结构和构造面做进一步优化。

（3）真空容器、低温恒温器、生物屏蔽体等开有很多窗口。从装置研发的观点来看，窗口应小口径化，在设备的组装和安装时，应对设备之间的间隙进行严格的管理，有必要研发辐射量降低且无放射性泄漏的构造。

参 考 文 献

［1］ 真木紘一，関泰，佐藤聡，林克己，プラズマ・核融合学会誌，第 71 卷第 10 期，987-1001 (1995).

［2］ 日本アイソトープ協会，国際放射線防護委員会の 1990 年勧告，ICRP Publ. 60，丸善 (1991).

［3］ Y. Seki, H. Kawasaki, N. Yamamuro and S. Iijima, Japan Atomic Energy Research Institute, JAERI-M 91-109 (1991).

［4］ K. Shibata, O. Iwamoto, T. Nakagawa, et al., J. Nucl. Sci. Technol., Vol. 48, No. 1, 1-30 (2011).

［5］ 真木紘一，小迫和明，関泰，川崎弘光，日本原子力研究所，JAERI-M 91-072 (1991).

［6］ A. Hasegawa and N. Yamano, J. Nucl. Sci. Technol., Supplement 1, 723-727 (2000).

［7］ K. Kosako, F. Maekawa, Y. Oyama, et al, Japan Atomic Energy Research Institute, JAERI-Data/Code 94-020 (1994).

［8］ 竹内清，船舶技術研究所報告，第 9 卷第 6 期，323-389 (1972).

［9］ W. W. Engle, A User's Manual for ANISN, A One Dimensional Discrete Ordinate Transport Code with Anisotropic Scattering, K-1693, Union Carbide Corporation, Computing Technology Center（1967）.

［10］ W. A. Rhoades and F. R. Mynatt，The DOT-III Two Dimensional Discrete Ordinates Transport Code，ORNL-TN-4280，Oak Ridge National Laboratory（1973）.

［11］ X-5 Monte Carlo Team，MCNP- A General Monte Carlo N-Particle Transport Code，Version 5，Los Alamos National Laboratory，LA-UR-03-1987，LA-CP-03-0245，LA-CP-03-0284（2003）. J. S. Hendricks，G. W. McKinney，L. S. Waters，et al.，MCNPX EXTENSIONS VERSION 2.5.0，Los Alamos National Laboratory，LA-UR-05-2675（2005）.

［12］ E. A. Straker，et al.，The MORSE Code - A Multigroup Neutron and Gamma-Ray Monte Carlo Transport Code，ORNL-4585（1979）.

［13］ K. Niita，N. Matsuda，Y. Iwamoto，et al.，PHITS：Particle and Heavy Ion Transport code System，Version 2.23，JAEA-Data/Code 2010-022（2010）.

［14］ 川崎弘光，真木紘一，関泰，日本原子力研究所，JAERI-M 91-058（1991）.

［15］ Y. Seki，H. Iida，H. Kawasaki and K. Yamada，Japan Atomic Energy Research Institute，JAERI 1301（1986）.

［16］ 真木紘一，川崎弘光，小迫和明，関泰，日本原子力研究所，JAERI-M 91-073（1991）.

［17］ Weston M. Stacey，Jr.，FUSION An Introduction to the Physics and Technology of Magnetic Confinement Fusion，A WILEY-INTERSCIENCE PUBLICATION，JOHN WILEY & SONS，Inc.（1984）.

［18］ 中沢正治，核融合研究，第 56 巻第 3 期，196-204（1986）.

［19］ 井形直弘，核融合炉材料，培風館（1986）.

［20］ W. Eckstein，C. Garcia-Rosales，J. Roth，et al.，Sputtering yield，Max-Planck Institute Rep. No. IPP 9/82（1993）.

［21］ 「核融合炉調査」研究専門委員会，核融合研究の進歩と動力炉開発への展望，日本原子力学会（1976）.

［22］ 井手隆裕，関泰，飯田浩正，日本原子力研究所，JAERI-M 6672（1976）.

［23］ K. Maki，S. Satoh，H. Kawasaki，Japan Atomic Energy Research Institute，JAERI-Data/Code 97-002（1997）.

［24］ S. Mori，S. Zimin and H. Takatsu，Japan Atomic Energy Research Institute，JAERI-M93-175（1993）.

［25］ 野田哲二，J. Plasma Fusion Res.，Vol.79，No.5，452-459（2003）.

［26］ M. Sato，et al.，J. Nucl. Mater. Vol. 191-194，956（1992）.

［27］ http://www.fusion.qst.go.jp/ITER/FDR/PDD/index.htm，ITER Final Design Report，Plant Description Document，Ch.2.14，IAEA（2001）.

［28］ K. Maki，H. Takatsu，Y. Seki，et al.，Fusion Eng. Des.，22，427-434（1993）.

［29］ ITER management group，et al.，ITER CONCEPTUAL DESIGN REPORT，ITER Documentation Series，No.18，IAEA，VIENNA（1991）.

［30］ K. Maki，S. Sato，K. Hayashi，et al.，Fusion Eng. Des.，42，173-185（1998）.

［31］ K. Maki，S. Satoh，H. Takatsu and Y. Seki，Fusion Technol.，Vol.27，176-182（1995）.

［32］ 真木紘一，プラズマ・核融合学会誌，第74巻第7期，694-700（1998）.

第 15 章

运行维护

为了使核聚变反应堆成为核电站有效地运行,良好的运行维护性能非常重要。本章介绍运行维护技术。

15.1 运行维护应具备的功能

运行维护应具备的功能如下:

1. 高的设备利用率

设备利用率(plant availability)f_{ave}是指除了定期检查、维护以及因故障、事故停机时间外的发电比率,即 f_{ave} = 1 年期间实际发电量/额定输出下 1 年的发电量。运转率(availability)是系统和设备在某一段时间(例如 1 年)内正常运行时间所占的比例,即运转率＝（全部运行时间－故障时间）/全部运行时间。虽然有各种各样的定义，但在这里采用上述定义。另外，目前为止核聚变装置还没有发电，所以常用的还是运转率。如果为了比较轻水反应堆而采用设备利用率，由于现有基本负荷电源的设备使用率达到了80%以上，核聚变反应堆的设计目标也必须达到同等以上。

2. 与反应堆结构整合的维护方法

立足于降低环向磁场强度和环向磁场波动的观点，确定 TF 线圈的配置。基于等离子体平衡位形来确定所需要的 PF 线圈安装场所。维护所需要的窗口位于线圈与线圈之间，而线圈位置制约了窗口的孔径。

为了抑制等离子体破裂等产生的涡电流、降低电磁力，反应堆内设备按照环向方向和极向方向分割成模块。每个模块上安装冷却配管。由于在包层中进行氚增殖，所以有氚回收的管道。模块尺寸的确定方法将会影响维护时设备的安装数量以及配管的焊接、切割位置的数量，即影响着维护时间。可见反应堆结构与维护是相互影响的，所以需要与反应堆结构整合一致的维护方法。

3. 高效高可靠性的远程维护

核聚变反应堆内部部件受到核聚变反应产生的中子辐照而活化，堆停机后的剂量率最大达到 500 Gy/h[1]。为此，在维护反应堆内部部件时，从业者不能靠近堆内，只能对反应堆内部进行远程维护。因此，需要具有高效高可靠性的远程维护技术。

15.2 运行时间

在检查、维护中，需要明确对象设备的范围、检查维护频度、修理方法等。核聚变堆运行时间的分类如表 15.2.1 所示。

在核聚变堆调试运行中，与现今的大型托卡马克实验装置一样，首先，在没有等离子体的状态下确认设备的运行。其次，在等离子体产生的状态下进行实验，直到最终确认达到输出额定功率为止的设备运行试验。充分掌握与反应堆运行相关人员的数量，对于商用堆来说也很重要。为了提高设备利用率，缩短定期检查时间以及故障、事故的停机时间是很重要的。

表 15.2.1　核聚变堆的运行时间

序号	区　分	内　容
1	建设、调试运行	建设时间以及装置完成后调试运行(commissioning)的时间
2	运行	按照计划开展运行的时间
3	定期检查	对设备进行定期检查以确认设备的安全状态,按照计划进行维修的时间
4	故障、事故	因故障、事故引起的停机时间(计划外停机时间)
5	退役措施	按照退役措施(decommissioning),对退役时以及退役后的放射性核废料进行处理的时间

图 15.2.1 为确定修理方法的流程示意图。反应堆运行会产生图 14.7.4 所示的高辐射剂量率,因此从业者不能进入生物屏蔽墙内作业。在日常检查中,要用真空计、电压计、温度计、流量计等监控仪器来进行检查。发现异常情况时,进入故障、事故流程。

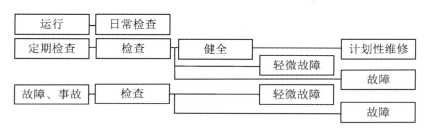

图 15.2.1　确定修理方法的流程示意图

定期检查是定期掌握设备的状态,判别是否安全、或者轻微故障、或者故障。安全的设备将在下次定期检查之前确认可以继续使用。轻微故障是指在堆外操作就能够修理的故障,如果判断为轻微故障,则通过堆外操作进行修理。如果判断为故障,则将损坏的设备移出堆外,需要在热室(hot cell)进行修理。

故障、事故发生时,首先进行检查,掌握设备的损伤程度。根据所了解的设备损伤程度,决定与之对应的修理方法。

考虑到维修作业时间,高效率的做法是,在热室中将损坏的设备搬运到修理区域,并立即将备用设备搬入并安装到原位置,然后在修理区域修理损坏设备。对于定期维修或者到达更换期的设备,可以采用同样的流程以缩短维修时间。这样操作带来的问题是需要预存设备而增加成本。

15.3　检查、维护对象设备

核聚变反应中产生的中子使核聚变堆部件活化。检查、维护的方法将受到作为检查、维护对象设备的活化状况以及作业环境空间辐射状况的强烈影响。表 15.3.1 是站在从业者的立场对检查、维护对象设备的分类示例[2]。

表 15.3.1　检查、维护对象设备的分类示例

序号	区　分	主要设备	从业者操作
1	真空容器内	包层、第一壁、偏滤器、真空抽气设备。 真空容器不属于更换设备	不可以
2	真空容器外的生物屏蔽体内侧	超导线圈、线圈供电电缆、氦配管、测量仪器、等离子体加热装置的窗口（ECH 镜子、NBI 束线设备等）。低温恒温器、超导线圈不属于更换设备	运行中：不可以；堆停机后：按照设计方案确认可否
3	生物屏蔽体外侧，辐射管理区域内	等离子体加热装置、真空抽气装置、燃料循环系统、冷却水设备、超导线圈电源、氦液化冷冻设备、弹丸注入装置、测量仪器等	可以（剂量率高的区域不可以）
4	辐射管理区域外	各种设备的电源、冷却水设备、氦液化冷冻设备、空调设备等	可以

在将第一壁安装在包层上并与包层一体化的设计中，可以将包层作为一体来操作。包层、偏滤器处于活化状态，从业者不能进入真空容器内处理这些设备，需要进行远程维护。

对于真空容器外侧与生物屏蔽体内侧的空间，为了消减其所占用的体积，多数是在紧邻低温恒温器的外侧安装生物屏蔽体。在低温恒温器内部，安装超导线圈、线圈供电电缆、氦管道、测量系统等。另外，在与真空容器直接相联的等离子体加热装置的窗口上，安装 ECH 镜子、NBI 束线设备等。即使不认为超导线圈是更换设备，其他设备也是需要维护和更换的。从业者在堆运行时不可以进入真空容器外侧、生物屏蔽体内侧进行操作。反应堆停机后，为了缩短维护时间，超导线圈即使在无励磁时也处于冷却状态，由于低温恒温器内保持真空，所以从业者也不能进入。为了设备的维护和更换，需要预先准备远程维护手段。另外,反应堆停机后,在从业者能够进入真空容器外侧、生物屏蔽体内侧作业的情况下,必须将安装维护和更换所需要设备的场所和用于超导线圈维持真空的场所区分开来。

在生物屏蔽体外侧、辐射管理区域内的设备中,对于不含有放射性物质的设备,从业者可以进行作业。包含有放射性物质的装置(NBI 装置、燃料循环系统、弹丸注入装置、维护时用屏蔽容器搬运的活化设备等)的辐射剂量率高,从业者不可以进入。对从业者不能进入的设备的维护,需进行远程操作。从业者能够进入的范围越广,作业效率就越高。

对于设置在辐射管理区外的设备,从业者可以进入。

15.4　维护频度

作为面向等离子体壁的第一壁和偏滤器,受到等离子体的侵蚀等而发生损耗。随着包层内填充的氚增殖材料中锂的密度减少,氚增殖比就会下降。根据损耗量、消费量和反应堆寿命期来确定各个设备的更换频度(参考 7.5 节)。检查、维护设备按频度分类,如表 15.4.1 所示。3 虽然不以更换为前提,但还是为更换准备了维护方案。

表 15.4.1　维护频度的分类示例

序号	维护频度	主要对象设备
1	定期更换	第一壁、包层、偏滤器、测量仪器
2	不定期更换	等离子体加热用发射装置部、低温泵
3	基本上不更换	真空容器、超导线圈、低温恒温器、热屏

15.5　远程维护方式

远程维护方式可以根据从真空容器抽出反应堆内部部件的方向、一次抽出内部部件的范围、在哪里进行维护等进行分类。表 15.5.1 为远程维护方式的特点[2,3]。远程维护方式大致分为反应堆内维护方式和热室内维护方式。堆内维护方式是在堆内对每个设备进行维护。热室方式是将设备的某个集成件运送到热室,更换备品后再将其安装到堆内。

表 15.5.1　远程维护方式的特点

方式	堆内维护方式	热室方式	
一次性抽出部件	模块	区段型	扇区型
抽出方向	水平抽出	水平及垂直抽出	水平抽出
搬运设备	堆内搬运设备 (参考 15.7 节)	水平抽出:推车 垂直抽出:吊车	推车
搬运重量	最轻	重	最重
切割场所	最多	少	最少
维护时间	最长	短	最短
对线圈的影响	小	尺寸要大	尺寸要大
电磁力	小	TF 线圈转动力矩大	TF 线圈转动力矩大
适用例子	ITER[4]	PPCS[5]	SlimCS[6],DREAM[7], CREST[8],ARIES-RS[9]

反应堆内维护方式中,一次性抽出部件若是包层模块标准件单位的话,包层模块尺寸为 $2 \text{ m} \times 1 \text{ m} \times 0.5 \text{ m}$,且数量较多,每个模块都要切割配管、再焊接、装配,所以维护时间花费多。为了减小切割、再焊接、装配的件数,可以采用增大模块尺寸、减少模块数量的方式,但这将增大作用于模块上的电磁力(参考 5.8.2 小节)。

热室方式中,由于堆内部件是从 TF 线圈之间抽出,所以沿环向方向进行切割,再分割成运输集合体(区段)抽出。作为区段可做如下考虑:① 分为内侧包层、外侧包层、偏滤器;② 分成 2 等分的内侧包层、3 等分的外侧包层、偏滤器等。抽出方向上有水平抽出和垂直抽出。采用大尺寸的区段,可以缩短维护时间,但维护窗口的大尺寸却成为难题。对于扇区抽出的情况,将堆内部件沿环向方向分割,将内侧包层、外侧包层、偏滤器一体化抽出。

ITER 采用的堆内维护方式将在 15.8 节讲述。图 15.5.1 为核反应堆远程维护热室方式。在热室方式中,当抽出位于 TF 线圈下部的堆内设备时,先沿环向方向移动后,再沿水平方向或垂直方向抽出。抽出时输送设备的使用次数越多,输送时间就越长。扇区型沿水平方向和垂直方向都可以抽出。对于垂直方向抽出的情况,反应堆建筑物的高度要加高。考虑到空间限制和搬运重量,扇区型应采用水平抽出。

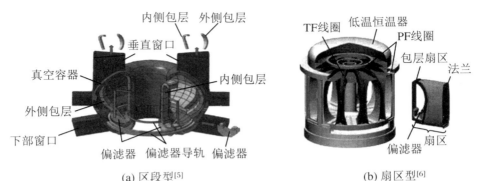

(a) 区段型[5]   (b) 扇区型[6]

图 15.5.1   核聚变堆远程维护的热室方式

反应堆内维护方式适用于质量轻的第一壁等,但定期维护时,设备数量多,维护需要时间长。热室方式的扇区型维护时间最短,不过维护窗口增大,对堆结构的影响大,也是一个难题。包层和偏滤器的损耗量不同,对于扇区型可以通过设计来调整更换频度,从而将包层和偏滤器一并抽出。

15.6   远程维护过程

对于热室的方式,表 15.6.1 表示一般的远程维护过程[10]。定期检查中依照计划更换设备时,不需要 1。堆内搬运设备是在堆内设备安装位置与真空容器窗口之间往返,搬运损伤设备的装置。在 4 和 5 卸下损伤设备后,在 11 和 12 将完好的设备安装到原来的位置。

堆内维护方式中,因为是在堆内更换设备,所以 6 至 10 的过程是在堆内进行的。除此以外,与热室方式基本相同。

表 15.6.1   远程维护过程

序号	维护过程	内 容	主要维护设备
1	堆内损伤场所的认定	利用检查设备认定损伤位置	测量设备
2	真空容器窗口开放	打开真空容器的窗口	窗口插件搬运设备
3	搬入堆内搬运设备	将堆内搬运设备搬入堆室	堆内搬运设备

序号	维护过程	内　　容	主要维护设备
4	卸下损伤部件	切割部件的配管	切割配管工具
5		解除部件的连接部	拆除螺栓工具
6	取出损伤部件	将部件搬运到真空容器窗口	堆内搬运设备
7	损伤部件移送热室	将损伤部件移送到修理设施(热室)	堆外搬运设备
8	在热室维修	将损伤部件与修理好的部件交换,损伤部件的维修与计划运行平行地进行	在热室内修理部件
9	运送部件	将部件运送到真空容器窗口	堆外搬运设备
10	将部件搬入堆内	将部件搬入堆内	堆内搬运设备
11	安装在原位置	固定部件	螺栓连接工具
12		焊接部件配管	配管焊接工具
13	搬出堆内搬运设备	将堆内搬运设备从堆室搬出	堆内搬运设备
14	真空容器窗口关闭	关闭真空容器的窗口	窗口插件搬运设备
15	装置安全性确认	确认装置的安全性	测量设备

15.7　堆内搬运设备

堆内搬运设备大致分为多关节吊杆型、轨道小车型、推车型三种方式,如表 15.7.1 所示[10]。

图 15.7.1 为利用多关节吊杆型对第一壁维修的示例[13]。该例中,吊杆前端安装了两个能载运 20 kg 的操作手。若并用绞车,则能够操作 50 kg 以内的重量[11]。轨道小车型在 15.8 节说明。

表 15.7.1　堆内搬运设备

序号	方　式	内　　容
1	多关节吊杆型	将多关节吊杆(boom)引入真空容器内,对目标设备进行拆装搬运。移动时不与堆内结构物接触。JET采用这种方式[11]。单梁结构可将吊杆向前延伸,但前端搬运部件较重时,容易产生振动形成大弯曲
2	轨道小车型	将圆弧状轨道沿真空容器剖面中心位置附近铺设,单轨上面行驶列车形状的运输小车,并在运输小车上安装操作手等进行设备的拆装搬运。从数个窗口的支点来支撑轨道,搬运重量可达数吨规模[12]。在辐射环境中,需要确实可靠地进行圆弧轨道的铺设
3	推车型	用于运送超过10 t的重物。沿窗口底部或者真空容器底部直接行走,或者在预先铺设的轨道上行走。需要能在真空容器底部沿环向方向行走的设备和沿半径方向行走的设备

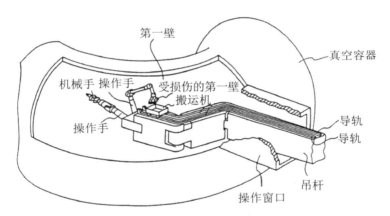

图 15.7.1　利用多关节吊杆型方式对第一壁的维护示例[13]

15.8　设计示例

以 ITER 作为设计示例进行说明。

1. 维护频度和维护时间

ITER 的维护频度和维护时间如表 15.8.1 所示[2]。ITER 设置了实验包层,需要更换。

表 15.8.1　ITER 的维护频度和维护时间

序号	维护频度		维护时间	维护对象设备
1	定期更换	3 次/10 年	<6 个月(全体更换)	偏滤器
2		~1 次/年	2 周~1 个月	实验包层
3		~10 次/20 年	<1 个月	测量插件
4	不定期更换	不定期	<2 年(全部更换)	包层模块
5		4 台/20 年	~1 个月	低温泵
6		<5 次/20 年	~1 个月	等离子体加热天线
7		<5 次/20 年	~1 个月	ECH 和 CD 系统
8	基本上不更换	—	—	真空容器、超导线圈、低温恒温器、热屏

2. 堆内搬运设备

ITER 采用堆内维护方式,作为堆内搬运设备,在包层维护中使用轨道小车型设备,在偏滤器和窗口插件的搬运中使用推车型设备。

(1) 包层模块的维护

图 15.8.1 为轨道小车型设备的轨道(rail)展开和固定的状态。小车通过齿轨与齿轮,在轨道上行走。首先在(a)中将小车固定在某一位置,在不固定轨道的状态下,启动

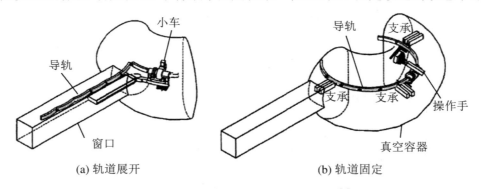

(a) 轨道展开　　　　　　　　　　(b) 轨道固定

图 15.8.1　轨道小车型设备的轨道展开[2]

行走机构。因为轨道不固定,所以轨道会被推送出去。轨道呈圆弧状,所以不断地送出轨道,轨道就会在真空容器内呈圆形状展开。其次在(b)中,将展开的轨道用支承部件固定后,卸下小车的固定件,启动行驶机构使小车行走,行驶到维护设备所在场所。在该处,使用装载在小车上的操作手进行作业。

包层模块重约 4.5 t,尺寸为(1.3~2.0) m×(0.9~1.2) m×0.45 m,共有 440 个。为了简化更换作业和确保其可靠性,包层模块使用如图 15.8.2 所示的键与槽结构。为了消除电磁力引起的间缝,安装精度要求在 0.5 mm 以下。

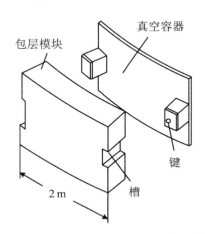

图 15.8.2　ITER 包层模块的支撑结构[2]

(2) 偏滤器维护

ITER 的偏滤器最初考虑使用图 15.8.3 所示的轨道小车型设备进行维护[13]。后来偏滤器形状更换为图 8.5.5 所示的半封闭型,因此偏滤器的更换方法也随之改变,对于内侧和外侧偏滤器一体化形成的偏滤器盒体,从下方窗口进行更换。

图 15.8.4 为偏滤器盒体,重量为 12 t,尺寸为 3.4 m×2.1 m×0.8 m,数量为54 个[2]。

3. 堆外搬运设备

堆外搬运设备在 ITER 被称为输送容器(也称为搬运输送容器),用于在真空容器和热室之间运送设备。被运送设备受到堆内的放射性物质污染,为了防止污染物向外部扩散,输送容器采用密闭结构。更换时将输送容器连接到真空容器的窗口,为了使得真空容器窗口门和输送容器门的外表保持清洁,不让污染面暴露在外,ITER 使用了双重密封门。

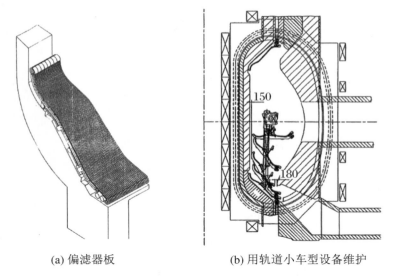

(a) 偏滤器板　　　　　　　　(b) 用轨道小车型设备维护

图 15.8.3　ITER 偏滤器使用轨道小车型设备维护[13]

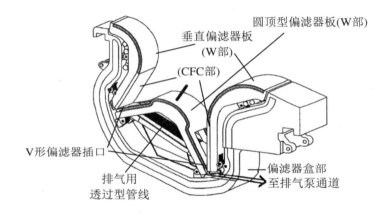

图 15.8.4　偏滤器盒体[14]

4. 管道切割/焊接工具

最初,设想包层模块与偏滤器一样,采用在配管内部自己行走,进行配管切割、焊接的方案,将配管切割/焊接工具从真空容器外部插入配管内。设计变更后,对于包层模块,将管道切割/焊接工具通过包层模块表面的操作孔,利用堆内运送设备的操作手插入配管。对于偏滤器,由于配管的管径改小,仅依靠在配管内自己行走的切割/焊接工具进行作业是很困难的,因此考虑从配管外面,利用偏滤器搬运推车上设置的操作手进行切割/焊接作业。另外,配管切割/焊接工具如何适应配管口径的变化,以及如何除去切割产生的熔化金属焊渣,均成为需要攻克的课题[10]。

5. 维护设备的故障

在辐射环境下,如果维护设备本身发生故障,从业者就无法对有故障的维护设备进行回收作业,因此有必要事先准备好对策。在ITER,正在进行故障模式影响分析FMEA (failure mode and effect analysis),并筛查故障模式,进行致命程度(failure criticality)的分类。致命程度分为,Ⅰ:设备功能完全不能发挥;Ⅱ:设备功能基本丧失;Ⅲ:设备功能虽然保持但不完全。在ITER,辐射环境下最可能发生故障的,是电气系统零部件绝缘劣化引起的电源或信号断线,导致电机不工作的事故现象等,因此将致命程度Ⅱ的事故作为设计的重点。例如,在轨道小车上设置了从外部驱动系统获得驱动力使驱动轴运转的冗余机构。在包层维护时,轨道上有4台小车(A~D)。根据设计,当轨道小车B发生致命程度Ⅱ的故障时,没有故障的小车A掌握住救援操作手,将其连接到小车B的冗余机构,给小车B的故障驱动系统提供驱动力[2]。

6. 热室建筑

热室建筑的功能是维修堆内部件,废弃处理维修中产生的不需要的活化部件。由于堆内部件活化,因此在热室内,每次操作要将区域划分为:① 为了防止污染扩大,对搬送到热室内的设备进行除污的除污区域;② 维修区域;③ 检查区域;④ 暂时保存区域;⑤ 废弃物处理区域。由于从业人员无法接近维修工作,所以全部由维修机器人进行。

15.9　今后的课题

今后的课题内容如下:

(1) 如果维护设备自身出现故障,且无法回收发生故障的设备,这对于反应堆来说是致命的,因此有必要研发出不容易发生故障,即使发生了也能可靠应对的维护设备和维护方法。如果使用驱动部件,会增加出现故障的概率。作为能够可靠实施的维护方法,有必要研发例如在真空容器外侧切割配管,沿水平方向一体化抽出的维护方法等。

(2) 为了提高核聚变电站的设备利用率,缩短维护周期,可以考虑更多地采用一体化抽出的部件,但这需要真空容器窗口尺寸大型化和TF线圈大型化,从而导致反应堆主体的成本增加。并且,不仅仅是堆本体,也会导致运送设备的大型化和热室维修能力加大,成本增加。需要开发出具有切实可行的维护手段、缩短维护时间、达到成本平衡的远程维护方式。另外,由于储备备用设备也需要增加成本,所以从降低成本的观点来看,需要研发更有效的热室内维修工艺。

(3) 在抽出一体化大尺寸内部部件时,由于伴随着较大的辐射源移动,所以搬运设备和热室的安全设计、搬运时的安全性评估等变得更加重要。

(4) 在远程维护技术中,有关管道切割时产生焊渣的清除技术以及维护后恢复真空度的相关技术的研发,对于原型堆之后的反应堆越来越重要,期待这些技术的加速研发。

(5) 由于维护设备在辐射环境下工作,所以耐辐射设备、驱动部分使用的不影响真空度的润滑剂、检测设备的位置和作用力的感测技术的研发也很重要。

(6) 在原型堆之后的反应堆中,预料辐射环境会更加恶劣,所以对于在真空容器外侧的低温恒温器内部的设备,也需要进一步研发自动化作业和远程操作的技术。

(7) 作为应对电磁力的对策,将包层分成多个模块,并且针对设备活化而需要进行远程维护。为了缩短维护时间,最根本的要素是研发低电磁力、低活化的技术。

<h1 style="text-align:center">参 考 文 献</h1>

［1］ 柴沼清,日本原子力学会誌,Vol.47,No.11,761-767(2005).

［2］ テキスト核融合炉専門委員会,プラズマ·核融合学会誌,第87卷増刊号(2011).

［3］ H.Utoh, K.Tobita, Y.Someya, et al., Fusion Eng. Des., Vol.98-99, 1648-1651(2015).

［4］ T.Honda, Y.Hattori, C.Holloway, et al., Fusion Eng. Des., Vol.63-64, 507-518(2002).

［5］ T.Ihli, L.V.Boccaccini, G.Janeschitz, et al., Fusion Eng. Des., Vol.82, 2705-2712 (2007).

［6］ K.Tobita, H.Utoh, S.Kakudate, et al., Fusion Eng. Des., Vol.86, 2730-2734(2011).

［7］ S.Nishio, S.Ueda, I.Aoki, et al., Fusion Eng. Des., Vol.41, 357-364(1998).

［8］ K.Okano, Y.Asaoka, T.Yoshida, et al., Nucl. Fusion, Vol.40, No.3Y, 635-646(2000).

［9］ F.Najmabadi, ARIES Team, Fusion Eng. Des., Vol.41, 365(1998).

[10] 武田信和,角館聡,中平昌隆,柴沼清,J. Plasma Fusion Res., Vol.84, No.2, 100-107 (2008).

[11] A.C.Rolfe, Fusion Eng. Des. Vol.36, 91(1997).

[12] K.Shibanuma, et al., Fusion Eng. Des. Vol.18, 487(1991).

[13] T.Honda, F.Davis, D.Lousteau, et al., ITER ASSEMBLY AND MAINTENANCE, ITER Documentation Series, No.34, IAEA, VIENNA(1991).

[14] G.Janeschitz, A.Antipenkov, G.Federici, et al., Nucl. Fusion 42, 14-20(2002).

第 16 章

冷却系统

前述各章介绍了构成核聚变反应堆的装置,第 16～18 章将分别介绍这些机器所共用的装置和系统。本章介绍冷却系统。

16.1　冷却系统应具备的功能

在核聚变堆的研发阶段,依据是否发电,其冷却系统的构成也有变化。因为最终是以发电为目标,下面介绍发电核聚变堆冷却系统应具备的功能[1]。

① 消除包层、偏滤器、屏蔽体上发生的热量(发生热),将装置及系统结构材料的温度维持在允许限度内。

② 控制冷却材料的温度,使其符合将发生热转换为电力的条件。

③ 回收冷却材料中的氚,维持冷却材料中氚的浓度,以及维持向系统外排放的氚在

允许限度内。

④ 具备烘烤功能。

⑤ 在冷却系统出现异常以及事故时,也要确保安全。

对于不发电的实验堆,不需要上述②的发电功能,发生热由冷却塔向大气中排放掉。

16.2　冷却系统的构成

1. 运行模式

核聚变堆的运行模式,有通常运行模式、待机模式、停机模式、试验模式等[2]。由于各装置和系统的发热量因运行模式不同而有差异,所以冷却系统要在适应发热量的运行下进行除热。这里针对通常运行模式进行叙述。

2. 冷却方式

冷却方式有风冷、气体冷却、液体冷却等,各种冷却方式或是根据温度变化利用自然对流方法,或是采用冷媒强制循环方法。其他还有相变冷却方式。在核聚变堆冷却中,由于发生热量很大,故采用强制循环的气体冷却或液体冷却方式。

3. 蓄热器

根据核聚变堆是脉冲运行还是稳态运行,冷却系统的构成也不相同。脉冲运行下,为了实现稳定放电,需要蓄热器(heat reservoir)[3,4]。表 16.2.1 根据核聚变装置种类不同列出是否需要蓄热器。

图 16.2.1 为核聚变实验堆冷却系统的示意图。冷却系统主要设备包括 1 次冷却系统、热交换器、氚水处理系统、2 次冷却系统和冷却塔。(a)表示没有设置蓄热器,(b)表示脉冲运行下进行蓄热器试验。

DT 反应产生的中子通过的地方会产生核发热,所以需要进行除热。这些地方的设备由包层、第一壁、偏滤器、屏蔽体、超导线圈、真空容器等组成。图 16.2.1 中仅表示了包层。冷却系统基本上是按照设备系统类别来构成的。

表 16.2.1 核聚变装置中蓄热器的有无

序号	种 类	运 行	核聚变反应	发电	蓄热器	冷却对象
1	实验装置	脉冲	无	无	不要	真空容器、线圈等
2	大型实验装置 JT-60 等	脉冲	无 个别有	无	不要	同上
3	实验堆	脉冲	有	无	在试验用时安装	真空容器、堆内 部件、线圈等
4		稳态	有	无	不要	同上
5	原型堆	脉冲	有	有	要	同上
6	商用堆	稳态	有	有	不要	同上

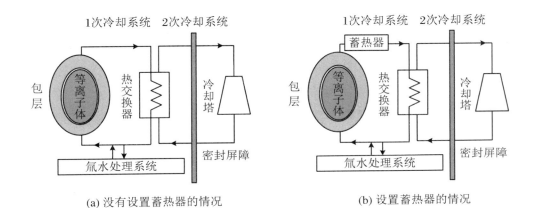

(a) 没有设置蓄热器的情况   (b) 设置蓄热器的情况

图 16.2.1 核聚变实验堆冷却系统示意图

包层的 1 次冷却系统中混入了氚,因此需要利用氚水处理系统回收氚,使冷却材料中氚的浓度维持在允许限度内(参考 12.8 节)。通过热交换器向 2 次冷却系统转移热量,并从冷却塔向大气中排放热。设定 2 次冷却系统压力高于 1 次冷却系统压力,可以防止氚的混入。1 次冷却系统和 2 次冷却系统之间用密封屏障进行隔离。

图 16.2.2 是脉冲运行的发电用核聚变反应堆的冷却系统示意图。利用蒸汽发生器产生的蒸汽推动发电机涡轮转动来发电。推动涡轮后的蒸汽通过冷凝器回收并返回蒸汽发生器。为了抑制 2 次冷却系统中蒸汽温度波动以维持稳定的发电量,在 1 次冷却系统里设置了蓄热器。

稳态运行发电的核聚变堆冷却系统如图 16.2.3 所示。因为稳态运行,所以不需要蓄热器。

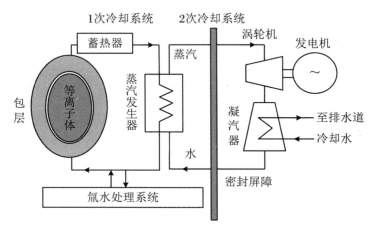

图 16.2.2　脉冲运行核聚变反应堆冷却系统示意图

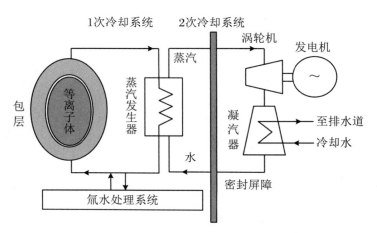

图 16.2.3　稳态运行核聚变堆冷却系统示意图

16.3　冷却性能

体积 $V(\mathrm{m^3})$ 的发热体以发热密度 $q(\mathrm{W/m^3})$ 发热时,为了冷却发热量 $\int q \mathrm{d}V$,选用比重 $\rho(\mathrm{kg/m^3})$、定压比热 $C_P(\mathrm{J/(kg \cdot K)})$ 的冷却材料,以流路截面积 $S(\mathrm{m^2})$、流速 $v(\mathrm{m/s})$ 进行冷却,设冷却材料入口与出口的温差为 ΔT,则有

核聚变堆设计

$$\int q\mathrm{d}V = S\int_T^{T+\Delta T} v\rho C_P \mathrm{d}T \qquad (16.3.1)$$

体积流量（m³/s）为 Sv，质量流量（kg/s）为 $Sv\rho$。选定冷却材料种类后，就确定了比重和定压比热。为了提高冷却性能，可以增大流速、流路截面积和温差，但必须考虑到下列因素[5]：

① 流速的增加会带来对冷却管壁的腐蚀、增大压力损失、增加泵动力。

② 增加流路截面积可以抑制流速。在包层中，流路截面积的增加会导致氚增殖材料体积减小，导致氚增殖比降低。

③ 温差的增加会促进腐蚀，增加结构材料的负担。

作为冷却材料的选择有轻水、氦、液态金属等。确定了冷却材料，就确定了配管系统的尺寸。此外，烘烤时可以使用轻水、氦等。

16.4　设计示例

16.4.1　冷却系统构成

作为设计示例，图 16.4.1 示出了 ITER 冷却系统的构成[6,7]。

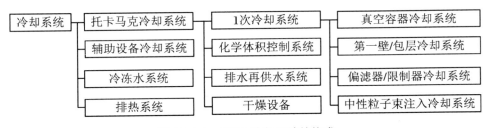

图 16.4.1　ITER 冷却系统的构成

ITER 冷却系统由托卡马克冷却系统（TCWS，tokamak cooling water system）、辅助设备冷却系统（CCWS，component cooling water system）、冷冻水系统（chilled water system）、排热系统（HRS，heat rejection system）等构成。冷却材料为水。

1. 托卡马克冷却系统

托卡马克冷却系统由 1 次冷却系统(PHTS, primary heat transfer system)、化学体积控制系统(CVCS, chemical and volume control system)、排水再供水设备(draining and refilling system)、干燥设备(drying system)等构成。

(1) 1 次冷却系统

1 次冷却系统由真空容器冷却系统(VV, vacuum vessel)PHTS、第 1 壁/包层冷却系统(PFW/BLK, primary first wall/blanket)PHTS、偏滤器/限制器冷却系统(DIV/LIM, divertor/limiter)PHTS、中性粒子束注入冷却系统(NBI)PHTS 等构成。

各系统的回路数少,回路的切断焊接时间就少,维护时间就有希望缩短。但是,单位回路冷却剂的量增加,单位回路放射性物质的量也会增加,所以,如果依靠建筑物来封闭冷却剂泄漏时的水蒸气,就需要加固建筑物的耐压强度,建筑物成本就会上升。建筑物内部压力设在 0.2 MPa 以下时,建筑物的成本处于比较妥当的水平,由此决定与之相符合的各系统回路数。表 16.4.1 列出了各个系统的主要参数。

表 16.4.1　ITER 的 1 次冷却系统主要参数

序号	项　　目		VV	PFW/BLK	DIV/LIM	NBI
1	1 个回路的热量(MW)		5	230	202	86.9
2	冷却水入口温度(℃)		100	100	100	75
3	冷却水出口温度(℃)		～103	148	150(VID) 128(LIM)	～110
4	冷却水入口压力(MPa)		1.1	3	4.2	2.0
5	压力损失(MPa)		～0.6	2.0	2.3	1.4
6	回路管道内径(m)		0.33	0.514	0.514	0.4286
7	回路数		2	3	1	1
8	1 个回路的流量(kg/s)		475	1130	1000	591.7
9	烘烤时	入口温度(℃)	200	240	240	—
10		出口温度(℃)	～200	～240	～240	—
11		压力(MPa)	2.4	4.4	4.4	—
12		压力损失(MPa)	～0.6	0.1	0.1	—
13		1 个循环流量(kg/s)	475	120	100	—

例如,假定对于 1 个回路热量 230 MW,利用入口温度 100 ℃的水冷却,出口温度为

148 ℃。作为平均值,120 ℃的水的定压比热 $C_p = 4245\ \mathrm{J/(kg \cdot K)}$,密度 $\rho = 943.1\ \mathrm{kg/m^3}$。管道内径 $0.514\ \mathrm{m}$ 的流路截面积 $S = 2.07 \times 10^{-1}\ \mathrm{m^2}$。若流速 $v = 5.77\ \mathrm{m/s}$,则质量流量为 $G = Sv\rho = 1.13 \times 10^3\ \mathrm{kg/s}$。设温差 $\Delta T = 48\ \mathrm{K}$,由公式(16.3.1)可知能够除去 230 MW 的热量。

（2）化学体积控制系统

化学体积控制系统,是进行连续循环的同时,维持 1 次冷却系统的冷却水量,除去放射性腐蚀生成物等杂质,起到维持冷却水的水质的作用。在 ITER 的化学体积控制系统中,从 1 次冷却系统主回路中通过过滤器抽出一部分水,经过冷却、减压后通过树脂床纯化冷却水,调整氢浓度后,再次加温、升压返回系统主回路。

（3）排水再供水设备

冷却系统维护、检修时,冷却水的一部分或全部将被排出,因此在排水再供水设备中设置有排出冷却水的储存罐。在再供水时,冷却水通过化学体积控制系统向 1 次冷却系统再供水。

（4）干燥设备

为了迅速进行反应堆内部部件的泄漏检测,使用干燥设备对排水后冷却水管内部残留水进行干燥,可以考虑用鼓风机送入高温氮气。

2. 辅助设备冷却系统

辅助设备冷却系统对没有活化的大型设备,如 1 次冷却系统的水泵、RF 加热驱动系统的电源、NBI 电源等供应 30～40 ℃的冷却水,将除掉的热量移送到排热系统。辅助设备冷却系统的除热量约为 120 MW。

3. 冷冻水系统

冷冻水系统将约 6 ℃的冷冻水输送给 HVAC（heating, ventilation and air conditioning）、电力供应系统的辅助冷却系统等,并将除去的热量移送到排热系统。冷冻水系统的除热量约为 41 MW。另外,冷冻水系统采用 2 个独立的回路,向含有放射性物质的热室等供给水,其除热量约为 4 MW。

4. 排热系统

排热系统是将 ITER 电站产生的全部热量通过冷却塔向大气排出的设备。

16.4.2　紧急状况时除去衰变热

对于紧急状况时,设想了两种除去衰变热的方法。一种是采用应急电源的方法,另一种是采用真空容器冷却系统的自然循环模式的方法。

1. 应急电源

衰变热比正常运行时的核发热量要小。在电源丧失的情况下,启动应急电源开动水泵,以确保流过正常流量的约 10% 来冷却堆内设备(参考 17.5 节)。

2. 自然循环模式

在电源完全丧失,并且除了真空容器冷却系统以外的 1 次冷却系统由于某种故障丧失冷却功能的情况下,将真空容器冷却系统切换到自然循环模式,起到将堆内设备衰变热除去的作用。

自然循环模式不需要电力,此时将冷却材料的入口设置在大环下部,出口设置在大环上部,通过对流形成自然循环。在真空容器中设置了两个独立系统的冷却回路,即使一个系统的回路发生故障,也能用另一个回路进行冷却,利用任一个系统的回路,都能够进行真空容器的自身冷却和辐射下堆内部件的冷却。真空容器沿极向方向按 40° 的间隔分割成为 9 个扇区,每个扇区的一半相互交差分割,利用 2 个系统的循环构成冷却回路。

16.5　今后的课题

今后的课题内容如下所示:

(1) 必须充分掌握真空容器冷却系统自然循环模式的特性,需要验证其功能确实能够发挥作用。

(2) 核聚变堆发电时,为了提高发电效率,需要冷却材料的高温化、高压化,需要研发与此相适应的冷却系统。

(3) 为了更进一步缩短维护时间,有必要研发冷却配管的装配、排水再供水方法、冷却配管的干燥方法等。

参 考 文 献

［1］ 核融合研究部炉設計研究室，日本原子力研究所，JAERI-M 7199（1977）.

［2］ 佐藤和義，橋本正義，永松伸英，等，日本原子力研究開発機構，JAEA-Technology 2006-006（2006）.

［3］ 迫淳，日本原子力研究所，JAERI-M 6099（1975）.

［4］ 炉設計研究室，日本原子力研究所，JAERI-M 6670（1976）.

［5］ テキスト核融合炉専門委員会，プラズマ・核融合学会誌，第 87 巻増刊号（2011）.

［6］ B. Kolbasov，C. Barnes，J. Blenvis，et al.，ITER PLANT SYSTEMS，ITER Documentation Series，No. 35，IAEA，VIENNA（1991）.

［7］ http：//www. fusion. qst. go. jp/ITER/FDR/PDD/index. htm，ITER Final Design Report，Plant Description Document，Ch. 3. 3，IAEA（2001）.

第 17 章

电源系统

本章介绍核聚变堆装置共用设备的电源系统。

17.1　电源系统应具备的功能

电源系统应具备的功能如下：

① 向需要电力的装置、设备,高效地提供稳定的电力。

② 即使在电气状况不佳的情况下,也要维持需要电力的装置和设备的健康性。

超导线圈会出现失超现象。电气状况不佳现象,是指线圈失超或需要在短时间内衰减线圈能量的电源损伤的现象;即使在这些现象里,也要在短时间内衰减掉线圈能量并维持包括线圈在内的需要电力的装置的安全,确保封闭放射性物质的设备的健康性。

17.2 电源系统的特性

17.2.1 电源设备容量

向电阻 R、自感 L、电容 C、电量 Q 的电路输入交流电 $V = V_0 \cos \omega t$，流过的电流为 I 时，有

$$L \frac{\mathrm{d}I}{\mathrm{d}t} + RI + \frac{Q}{C} = V \qquad (17.2.1)$$

设 $\mathrm{d}Q/\mathrm{d}t = I$，式(17.2.1)用复数来表示，对于复数 I，则有

$$L \frac{\mathrm{d}^2 I}{\mathrm{d}t^2} + R \frac{\mathrm{d}I}{\mathrm{d}t} + \frac{I}{C} = \frac{\mathrm{d}V}{\mathrm{d}t}, \quad V = V_0 \mathrm{e}^{\mathrm{i}\omega t} \qquad (17.2.2)$$

这个方程式解 I 的实部就是公式(17.2.1)的解。设 $I = I_0 \mathrm{e}^{\mathrm{i}\omega t}$，则公式(17.2.2)的解为

$$I = \frac{V}{Z} = \frac{V_0}{Z_0} \mathrm{e}^{\mathrm{i}(\omega t - \theta)} = I_0 \mathrm{e}^{\mathrm{i}(\omega t - \theta)} \qquad (17.2.3)$$

这里

$$Z = R + \mathrm{i}\left(L\omega - \frac{1}{C\omega}\right) = Z_0 \mathrm{e}^{\mathrm{i}\theta} \qquad (17.2.4)$$

$$Z_0 = \sqrt{R^2 + (L\omega - 1/C\omega)^2}, \quad \theta = \tan^{-1}\left(\frac{L\omega - 1/C\omega}{R}\right), \quad I_0 = V_0/Z_0$$

$$(17.2.5)$$

因此，公式(17.2.1)的解为 $I = I_0 \cos(\omega t - \theta)$。

在直流情况下，没有无功的电力，全部成为在电阻上产生热所消耗的功率(有效功率 P_R，effective power，active power，单位 W)。在交流情况下，因电源电压与电流的相位差 θ，电功率为产生热消耗的有功功率和不产生热消耗的无功功率 P_X(reactive power，单位 Var)。

交流功率在一个周期 T 内的平均值表示为有功功率：

$$P_{\mathrm{R}} = \frac{1}{T}\int_{t}^{t+T}\mathrm{d}t\,VI = \frac{1}{2}V_0 I_0 \cos\theta = V_{\mathrm{e}} I_{\mathrm{e}}\cos\theta \tag{17.2.6}$$

这里,有效电压是 $V_{\mathrm{e}} = V_0/\sqrt{2}$,有效电流是 $I_{\mathrm{e}} = I_0/\sqrt{2}$。

视在功率 P_{a}(apparent power,单位 VA)用 V_{e} 和 I_{e} 的乘积表示,即 $P_{\mathrm{a}} = V_{\mathrm{e}} I_{\mathrm{e}}$,包含有功功率 P_{R} 和无功功率 $P_{\mathrm{X}}(P_{\mathrm{a}}^2 = P_{\mathrm{R}}^2 + P_{\mathrm{X}}^2)$。有功功率和视在功率的比 $\cos\theta$ 称为功率因数(power factor)。功率因数越接近 1,电源的输出功率与消耗功率之间的差越小,意味着效率越高。相反,功率因素越接近 0,从电容器和线圈返回电功率的比例越大,电流的占比虽然多,实际消耗电功率所占的比例却少。电源设备容量是以视在功率为基础设计的。

17.2.2 电力供应的装置和设备

核聚变堆电源系统供电的主要装置和设备如表 17.2.1 所示[1,2]。变配电设备将从电网接收的电功率分配给这些装置和设备。1 组是耗电量大的装置和设备。其中,对于稳态运行的等离子体加热及电流驱动装置,提高公式(2.3.4)所示的从电源输出功率转换为加热及电流驱动功率的转换率 n_{d},对于减小电源设备的容量是非常重要的。下面以需要大功率供电的线圈电源为中心进行叙述。

表 17.2.1 电源系统供电的主要装置和设备

序号	区 分	主要装置和设备
1	维持等离子体的装置、设备	环向磁场线圈(TF 线圈)、极向磁场线圈(PF 线圈)、中心螺管线圈(CS 线圈)、等离子体加热及电流驱动设备
2	运行包层的设备	冷却设备、冷冻设备、燃料循环系统、真空抽气系统、测量控制设备
3	其他装置、设备	各种辅助设备

17.2.3 降低线圈电源设备容量的技术

随着等离子体和线圈性能的提高,线圈电源的设备容量发生了很大的变化。以下技术在降低线圈电源设备容量方面发挥了作用。

1. 混合线圈方式

如 9.6.5 小节所示,在按照功能分类线圈的方式(以下称为功能分类方式)中,依据必要的功能数量,设置产生垂直磁场、四重极磁场等单一功能磁场的线圈群;与此对应,在混合线圈方式(以下称为混合方式)中,将产生单一功能的磁场的电流分量,经过总计后流向各个线圈,所以浪费较少,能够减小 PF 线圈的电源设备容量[3]。

2. 超导化

为了提高等离子体性能,需要高磁场,随之带来 TF 线圈电流增大,焦耳热量也增加。还有,导线中通过的电流密度是有上限的,随着线圈电流增大,线圈尺寸也随之增大。

以使用超导线圈的 ITER 参数为例,尝试计算使用常规导电线圈的焦耳热。ITER 的额定线圈电流为 $I_{op} = 68$ kA,导体截面积为 $A = 1.5 \times 10^{-3}$ m²,长度为 $\ell = 5$ km。室温下铜的电阻率为 $\rho = 1.68 \times 10^{-8}$ Ω·m,电阻为 $R = \rho \ell / A = 5.60 \times 10^{-2}$ Ω。此时的焦耳热为

$$Q = R I_{op}^2 = 259 \, (\text{MW}) \tag{17.2.7}$$

当 TF 线圈数目 $N = 18$ 时,总发热量为 $QN = 4.66$ GW[4]。ITER 的核聚变输出功率为 0.5 GW,可见冷却线圈需要大于核聚变输出的功率。与此相对应的,当线圈为超导时电阻为零,线圈本身的焦耳发热量则为零。

另外,上例中的线圈电流密度为 $I_{op} / A = 45.3$ A/mm²。常规线圈能够达到除热的电流密度为 6 A/mm² 左右[3],上例中,为了能够冷却,导体截面积需要增大 7 倍以上,因而线圈尺寸增大,线圈安装位置对堆结构产生很大影响。因此,与常规导电线圈相比,超导线圈的电流密度能够更大,从而可以减小线圈的尺寸。根据以上理由,可知采用超导线圈的效果非常明显。

在使用超导线圈的情况下,会出现线圈从超导状态转变到常规导电状态的失超(quench)。随着 TF 线圈电流增大蓄能量也增大,失超后释放的能量的冲击很大,需要采取相应的对策。另外,因为当前还没有考虑超导输电线,所以与常规导电线圈一样,输电线的电阻不是零而有焦耳发热。因此需要考虑这一情况。

3. 稳态运行

将反应堆从脉冲运行转变为稳态运行时,等离子体不使用 CS 线圈提供伏秒的电磁感应电流驱动,而利用非电磁感应电流驱动的 RF 电流驱动和 NBI 电流驱动。关于核聚变堆整体的脉冲堆和稳态堆的比较如表 17.2.2 所示[5]。

表 17.2.2　脉冲堆与稳态堆的比较

序号	项　目	脉冲堆	稳态堆
1	堆结构材料反复热疲劳	大	小
2	线圈电源设备容量	大	小
3	蓄热器	必须	不要
4	在真空容器上安装高电阻部件的必要性	为了降低 CS 线圈引起的涡电流,需要安装高电阻部件	利用非感应电流驱动,不需要安装高电阻部件,不需要 CS 线圈,可能实现反应堆小型化
5	真空容器结构	高电阻部件的安装降低了结构强度,需要确保可靠性	由于不需要高电阻部件,真空容器结构简单,可靠性提高
6	远程维护	屏蔽体安装在真空容器内侧,所以远程维护时操作的重量大	能够将屏蔽体安装在真空容器外侧,降低了远程维护时操作的重量
7	非圆型等离子体垂直位形稳定壳的必要性	需要安装稳定壳结构	厚壁的真空容器具备稳定壳的效果,简化了结构

在 4 中使用 CS 线圈建立等离子体电流时,在真空容器中由于电磁感应会产生涡电流。如 11.3 节所述,这一涡电流会对等离子体位形等产生恶劣影响,因此为了降低涡电流,需要增大环向磁场圆周方向的电阻,为此将波纹管等高电阻性部件设置在真空容器中。在 6 中,为了减少射向真空容器的中子辐照量,需要在真空容器内侧安装屏蔽体。但是对于稳态堆,由于不需要高电阻性部件,所以真空容器的可靠性提高了,可以考虑在真空容器外侧安装屏蔽体。由此,远程维护从真空容器中取出堆内部件时,由于不需要取出屏蔽体,就可以减轻远程维护时操作的重量。在 7 中,在仅用非感应电流驱动来建立等离子体电流时,由于使用厚壁的真空容器,有可能简化结构。

表 17.2.3 归总了在降低线圈的电源设备容量方面发挥作用的主要技术。通过利用稳态运行,可以延长 TF 线圈电流的上升时间,降低 TF 线圈的电源电压。虽然利用 CS 线圈产生的击穿电压,可以产生等离子体,但利用电子回旋波等离子体加热(ECH)产生等离子体,能够降低或消除 CS 线圈的击穿电压,所以不需要产生击穿电压的 CS 线圈直流断路器。为了稳态运行而使用非电磁感应电流驱动,能够减少或消除 CS 线圈的伏秒供应量,所以能够减小 CS 线圈半径或者消除 CS 线圈,能够减小 CS 线圈的电源设备容量。

表 17.2.3　有助于降低线圈的电源设备容量的主要技术

序号	对象线圈	有助于降低线圈电源设备容量的主要技术		
		混合方式	线圈超导化	稳态运行
1	TF 线圈	—	减小焦耳热	TF 线圈电流上升时间可以延长,减小电压,减小电源设备容量
2	PF 线圈	减小设备容量		—
3	CS 线圈	—		通过采用非电磁感应电流驱动与 ECH,减少 CS 线圈伏秒供应量,减小 CS 线圈电源设备容量

17.2.4　电源结构

根据核聚变装置的类别,线圈电源结构如表 17.2.4 所示(表中混合方式表示为 HBD)。核聚变装置种类不同,线圈电源结构也有变化。最初,在等离子体实验装置进行的脉冲实验中,维持等离子体电流的时间为数百 ms 级别,线圈电源构成是直流发电机和电容器组。在 JT-60(日本)等大型实验装置中,等离子体电流维持时间延长到数十秒至百秒,电源结构采用了商用电网直接供电和带有飞轮(flywheel)的电动发电机供电的方式。

表 17.2.4　线圈电源的结构

序号	种　类	PF 线圈	常规/超导	运　行	核聚变反应	发电	电源结构
1	实验装置	功能类别方式	常规	脉冲(数百 ms)	无	无	直流发电机和电容器组
2	大型实验装置 JT-60 等	功能类别方式	常规	脉冲(百 s 左右)	无少数有	无	电网供电和带有飞轮的电动发电机
3	实验堆	HBD	超导	脉冲(数百 s)	有	无	电网供电和带有飞轮的电动发电机
4	实验堆	HBD	超导	稳态	有	无	电网供电
5	原型堆商用堆	HBD	超导	脉冲(数十 h)	有	有	电网供电和带有飞轮的电动发电机
6	原型堆商用堆	HBD	超导	稳态	有	有	电网供电

即便在核聚变反应堆中,对应脉冲运行或稳定运行的电源结构也有很大不同。脉冲运行情况下,等离子体上升时,需要 CS 线圈的电流急剧变化,所以需要带有飞轮的电动发电机。稳态运行情况下,除了第一次以外,等离子体电流上升都是在定期检查之后进行的,例如几年内上升一次,因此,等离子体电流能够缓慢上升,可以通过降低电源电压,达到减小电源设备容量的目的。稳态运行的商业堆还能够由商用电网直接供电。

17.3　环向磁场线圈电源

1. 自感

TF 线圈的自感利用全电感表示如下[6,7]:

$$L_{\mathrm{T}} = \mu_0 n^2 \kappa_{\mathrm{t}} (R_{\mathrm{t}} - \sqrt{R_{\mathrm{t}}^2 - a_{\mathrm{t}}^2}) \tag{17.3.1}$$

式中,$n = NT$ 是 TF 线圈导线总匝数(参考 9.3.2 小节),R_{t} 是 TF 线圈的大半径,a_{t}、b_{t} 是视 TF 线圈为椭圆形时的短半轴和长半轴,$\kappa_{\mathrm{t}} = b_{\mathrm{t}}/a_{\mathrm{t}}$ 是 TF 线圈的拉长比。

当 $a_{\mathrm{t}} \ll R_{\mathrm{t}}$ 时,取 $S = \pi k_{\mathrm{t}} a_{\mathrm{t}}^2, \ell = 2\pi R_{\mathrm{t}}$,得

$$L_{\mathrm{T}} = \mu_0 S n^2 / \ell \tag{17.3.2}$$

例如,设等离子体大半径 $R_0 = 5.5$ m,极向磁场 $B_0 = 5.7$ T,根据公式(9.3.1),所需的全部电磁力为 $NI = 157$ MAT。额定线圈电流为 $I_{\mathrm{op}} = 19.9$ kA 时,线圈的总匝数为 $n = 7.87 \times 10^3$。当 $R_{\mathrm{t}} = 6.25$ m,$a_{\mathrm{t}} = 3.65$ m,$b_{\mathrm{t}} = 5.21$ m,$\kappa_{\mathrm{t}} = 1.43$ 时,由公式(17.3.1)可得 $L_{\mathrm{T}} = 131$ H[3]。

2. 电源电压

施加在 TF 线圈的电源电压,可用线圈全电感 L_{T},以及电源与 TF 线圈之间的电阻 R 来表示:

$$V = L_{\mathrm{T}} \frac{\mathrm{d}I}{\mathrm{d}t} + RI \tag{17.3.3}$$

电阻 R 包含馈线电阻 R_{f} 和线圈电阻 R_{c},即 $R = R_{\mathrm{f}} + R_{\mathrm{c}}$。使用 TF 超导线圈时,由

于 $R_c = 0$，所以电源与 TF 线圈之间电阻为 $R = R_f$。电源与 TF 线圈之间使用长度 ℓ、电阻率 ρ、截面积 A 的馈线（bus bar）时，馈线电阻为 $R_f = \rho \ell / A$。因此，当 TF 线圈流过额定电流 I_{op} 时，稳态下需要的电源电压为

$$V_{op} = R_f I_{op} \tag{17.3.4}$$

稳态电功率 $P_{op}(\mathrm{W})$ 为

$$P_{op} = R_f I_{op}^2 \tag{17.3.5}$$

设 TF 线圈上升时间 T_{st} 按一定比例上升，上升时电压为

$$V_{st} = L_T I_{op} / T_{st} + R_f I_{op} \tag{17.3.6}$$

TF 线圈上升时间 T_{st} 越大，电压 V_{st} 越小。在不影响设备利用率（参考 15.1 节）的前提下增大 TF 线圈励磁时间 T_{st}，随着接近稳态时需要的电源电压 V_{st} 而同时减小 R_f，这对于减小电源设备容量十分必要。

例如，电源与 TF 线圈之间长度为 300 m，在电源与 TF 线圈之间连接进线和回线，因此 $\ell = 300\ \mathrm{m} \times 2$，采用宽度 300 mm、厚度 30 mm 的铝合金金属拉丝带时[8]，有

$$R_f = \frac{\rho \ell}{A} = 2.5 \times 10^{-8}\ \Omega \cdot \mathrm{m} \times \frac{300\ \mathrm{m} \times 2}{0.3\ \mathrm{m} \times 0.03\ \mathrm{m}} = 1.67 \times 10^{-3}\ \Omega \tag{17.3.7}$$

这里，$\rho = 2.5 \times 10^{-8}\ \Omega \cdot \mathrm{m}$。若 $I_{op} = 19.9\ \mathrm{kA}$，那么电源电压为

$$V_{op} = 1.67 \times 10^{-3}\ \Omega \times 19.9\ \mathrm{kA} = 33.2\ \mathrm{V} \tag{17.3.8}$$

假设 TF 线圈励磁时间 $T_{st} = 6\ \mathrm{h}$，全电感 $L_T = 131\ \mathrm{H}$，则 $L_T I_{op} / T_{st} = 121\ \mathrm{V}$。根据公式（17.3.6），TF 线圈励磁时的电压为 $V_{st} = 154\ \mathrm{V}$。

当其他设备的直流电压分量为 ΔV 时，TF 线圈电源的直流电压为 $V_{st} + \Delta V$。TF 线圈电源电路也包含无功功率，若功率因数为 $\cos\theta$，则 TF 线圈电源视在功率 $P_a(\mathrm{W})$ 为

$$P_a = \frac{(V_{st} + \Delta V) I_{op}}{\cos\theta} \tag{17.3.9}$$

这就是应该准备的电源设备容量。

为用于下述 3 的线圈保护而在各 TF 线圈安装保护电阻时，还需要考虑传输线电阻。传输线电阻 R_f 等于电源与 TF 线圈之间传输线电阻和连接各 TF 线圈的保护电阻的传输线电阻的总和。

3. 蓄能和线圈保护

TF 线圈的蓄能量为 $E_{ts} = (1/2) L_T I_{op}^2$。假若该能量在失超时集中在超导线圈某个

有限的地方,就会造成线圈的部分熔化。为了避免这种情况,有必要制定保护对策。

设 TF 线圈失超时消失常数为 T_q,则失超时产生的电压为

$$V_q = \frac{L_T I_{op}}{T_q} + R_f I_{op} \qquad (17.3.10)$$

设定失超时的消失常数为 $T_q/T_{st} \ll 1$,$V_q/V_{st} \gg 1$。

例如,在 $L_T = 31.3 \, \text{H}$,$I_{op} = 29.7 \, \text{kA}$ 时,设 $T_q = 6 \, \text{s}$[9],则失超时所产生的电压为 $V_q \approx L_T I_{op}/T_q = 155 \, \text{kV}$。在前述的 $L_T = 131 \, \text{H}$,$I_{op} = 19.9 \, \text{kA}$ 情况下,设 $T_q = 6 \, \text{s}$,则 $V_q \approx L_T I_{op}/T_q = 434 \, \text{kV}$。TF 线圈失超时产生的电压比 TF 线圈励磁时的电压大得多。

因为失超时电压比正常运行时电压大得多,预备失超时回收能量的电源,需要按照失超时的电压量进行准备,因而不够经济。为此,考虑在 TF 线圈中安装保护电阻,在失超发生时将电流转化为热量消耗掉。

为了降低失超时产生的电压,考虑将保护电阻分别设置在每个 TF 线圈中。设有 N 个 TF 线圈,每个保护电阻两端的电压为 $L_T I_{op}/(T_q N)$,则保护电阻的电阻值为 $R_q = L_T/(T_q N)$。每个保护电阻消耗的能量为 E_{ts}/N。

在上例中,$L_T = 31.3 \, \text{H}$,$I_{op} = 29.7 \, \text{kA}$,设 TF 线圈数 $N = 12$,保护电阻两端的电压为 $L_T I_{op}/(T_q N) = 12.9 \, \text{kV}$,保护电阻的电阻值为 $R_q = 0.435 \, \Omega$。TF 线圈的蓄能量 $E_{ts} = (1/2)L_T I_{op}^2 = 13.8 \, \text{GJ}$,每一个保护电阻消耗的能量为 $E_{ts}/N = 1.15 \, \text{GJ}$[9]。

4. 保护电阻

作为保护电阻,可以考虑网格电阻、液体电阻等,但是为了抑制直流关断时产生的浪涌电压,可以考虑选择电感小、大电流通电时承受电磁力强的 SUS 管同轴结构电阻。设 SUS 管截面积为 S、长度为 ℓ、比重为 γ、比热为 C_p、允许温度上升值为 ΔT 时,允许发热量为

$$Q = S \ell \gamma C_p \Delta T \qquad (17.3.11)$$

在设计中预备了能够承受更大发热量的电阻。设 SUS 管的电阻率为 ρ,则电阻为 $R = \rho \ell/S$。取 $Q = E_{ts}/N$,$R = R_q$,由下式求出截面积 S 和长度 ℓ:

$$S \geqslant \sqrt{\frac{\rho E_{ts}}{R_q \gamma C_p \Delta T N}} \qquad (17.3.12)$$

$$\ell = \frac{R_q S}{\rho} \qquad (17.3.13)$$

上例中,当 $\rho = 7 \times 10^{-7} \, \Omega \cdot \text{m}$,$\gamma = 8 \times 10^3 \, \text{kg/m}^3$,$C_p = 0.5 \, \text{kJ/(kg·K)}$,$\Delta T = 200 \, \text{K}$

时，有

$$S \geqslant 1.52 \times 10^{-3} \ \text{m}^2 \ = 1520 \ \text{mm}^2 \qquad (17.3.14)$$

作为满足该要求的 SUS 管，考虑使用外径 65 mm、壁厚 4 mm（766 mm²）的外管，和外径 47 mm、壁厚 6 mm（772 mm²）的内管，组成的同轴电阻管截面积 S 为 1540 mm²。在这种情况下，所需的长度为[9]

$$\ell = \frac{0.435}{7 \times 10^{-7}} \times (766 + 772) \times 10^{-6} = 956 \ (\text{m}) \qquad (17.3.15)$$

即在 1 个保护电阻 $R_q = 0.435 \ \Omega$ 上消耗的能量为 $E_{ts}/N = 1.15 \ \text{GJ}$，需要上述同轴电阻管的长度为 956 m，或者说，需要平行排列 2 根长度 478 m 的同轴电阻管。

17.4 极向磁场线圈电源

1. 电感

（1）互感
设 PF 线圈为圆形线圈，求出第 i 个和第 j 个 PF 线圈之间的互感。如图 17.4.1 所示，当将半径为 R_i 和 R_j、匝数为 N_i 和 N_j 的两个圆形线圈，沿同轴相距 d_{ij} 配置时，其互感为

$$M_{ij} = \mu_0 \sqrt{R_i R_j} \left\{ \left(\frac{2}{k} - k \right) K(k) - \frac{2}{k} E(k) \right\} N_i N_j \qquad (17.4.1)$$

$$k^2 = \frac{4 R_i R_j}{(R_i^2 + R_j^2) + d_{ij}^2} \qquad (17.4.2)$$

这里，$K(k)$、$E(k)$ 是第一类完全椭圆积分和第二类完全椭圆积分[6,10]。

图 17.4.1　圆形线圈的配置

（2）PF 线圈的自感

以下计算第 i 个 PF 线圈的自感。首先,当半径几乎相等的上述两个线圈接近（$R_i \approx R_j \equiv R_i$、$d_{ij} \ll R_i, R_j$）时,通过近似公式(17.4.1),可得互感如下[6]:

$$M(\delta) = \mu_0 R_i \left\{ \ell n \left(\frac{8R_i}{\delta} \right) - 2 \right\} N_i N_j \tag{17.4.3}$$

$$\delta = \sqrt{(R_i^2 - R_j^2) + d_{ij}^2} \tag{17.4.4}$$

设 PF 线圈的导体截面积为 S,取其中微小体积 $dS_1 dS_2$,它们之间中心距离为 δ_c 时,具有矩形截面的 PF 线圈的自感为

$$L_i = \iint_{SS} \frac{dS_i dS_j}{S^2} M(\delta_c) = \mu_0 R_i \left\{ \ell n \left(\frac{8R_i}{R_s} \right) - 2 \right\} N_i^2 \tag{17.4.5}$$

这里,匝数设为 $N_i = N_j$。

设矩形截面的边长为 a_i、b_i,则矩形截面形状的几何平均距离 R_s 为[10]:

$$\ell n(R_s) = \frac{1}{2} \ell n(a_i^2 + b_i^2) - \frac{b_i^2}{12a_i^2} \ell n \left(1 + \frac{a_i^2}{b_i^2} \right) - \frac{a_i^2}{12b_i^2} \ell n \left(1 + \frac{b_i^2}{a_i^2} \right)$$
$$+ \frac{2b_i}{3a_i} \tan^{-1} \left(\frac{a_i}{b_i} \right) + \frac{2a_i}{3b_i} \tan^{-1} \left(\frac{b_i}{a_i} \right) - \frac{25}{12} \tag{17.4.6}$$

具有小半径 r_i 的圆形截面、大半径 R_i 的 PF 线圈自感为[6,7]

$$L_i = \mu_0 R_i \left\{ \ell n \left(\frac{8R_i}{r_i} \right) - 1.75 \right\} N_i^2 \tag{17.4.7}$$

例如 $R_i = 10.8$ m,$a_i = b_i = 0.5$ m,$N_i = 210$ 的情况下,由公式(17.4.5)得到 $L_i = 2.37$ H。如果使用相同截面积,等效半径 $r_i = 0.282$ m 时,从公式(17.4.7)得出 $L_i = 2.38$ H。

（3）CS 线圈的自感

在混合方式中,PF 线圈是包含了 CS 线圈的总称,因此这里表示为 CS 线圈的自感。因为距离 d_{ij} 与大半径 R_i 相比不能算太小,CS 线圈就不能使用公式(17.4.5)。利用有限长度螺管线圈的电感,

$$L = K \mu_0 S N^2 / \ell \tag{17.4.8}$$

这里,K 是长冈系数,N 是全部匝数,设螺管线圈半径为 R,则截面积 $S = \pi R^2$,ℓ 是螺管线圈的长度。当 $2R/\ell = 1$ 时 $K = 0.688$,$2R/\ell = 2$ 时 $K = 0.526$,$2R/\ell = 10$ 时 $K = 0.203$[6]。

2. 电源电压

在混合方式下,CS 线圈包含在 PF 线圈中。因为各个线圈的磁力线是互交的,所以第 i 个 PF 线圈的电源电压为[3]

$$V_i = L_i \frac{\mathrm{d}I_i}{\mathrm{d}t} + \sum_j^n M_{ij} \frac{\mathrm{d}I_j}{\mathrm{d}t} + R_i I_i \qquad (17.4.9)$$

这里,I_i、I_j 是第 i、j 个线圈的电流($i,j=1\sim n$),V_i 是第 i 个线圈的电压,L_i 是第 i 个线圈的自感,M_{ij} 是第 i、j 个线圈之间的互感,$j\neq i$。R_i 是给第 i 个线圈供电传输线的电阻,但与其他 2 项相比很小可以忽略。

PF 线圈通过调节各个线圈电流变化,起到控制等离子体位置、形状的作用。利用 PF 线圈进行控制时,需要注意以下几点[9]:

① PF 线圈安装在 TF 线圈外侧,与作为控制对象的等离子体距离较远。

② PF 线圈和等离子体之间有很多导电性结构件,屏蔽了 PF 线圈产生的磁场,因此对等离子体起作用需要花费很长时间。其响应时间常数在 0.2~0.3 s。

因此,需要产生高磁场进行快速控制,要增大 PF 线圈电流,缩短响应时间,提高 $\mathrm{d}I_i/\mathrm{d}t$ 值。尤其 CS 线圈用于等离子体产生和维持等离子体电流上升,所以需要线圈电流快速变化。因此,$\mathrm{d}I_i/\mathrm{d}t$ 就要很大。为了使线圈电流快速变化,使用直流断路器[11,12]。为了进行这样的等离子体快速控制,就要增大 PF 线圈电源设备容量。

3. 电源设备容量

减小 PF 线圈电源设备容量的对策如下:

① 为了对需要快速响应要求的非圆截面等离子体的垂直位置不稳定性进行控制,可以设置非圆截面等离子体垂直位形的稳定屏,以及在 TF 线圈内设置位形控制磁场线圈,而让 PF 线圈分担的功能是在对等离子体电流、位置、形状进行控制时,具有比真空容器的时间常数更长的缓慢响应(1 s 左右)进行控制的功能。

另外,可以考虑表 17.2.3 列出的对策。

② 采用 17.2.3 节列出的混合方式。

③ 在稳定运行中,利用非电磁感应电流驱动建立等离子体电流,从而能够减小 CS 线圈的伏秒供应量。

④ 利用电子回旋波加热来建立等离子体,减小或消除了击穿电压,因此不需要直流断路器。

4. 储能

设 PF 线圈的个数为 n,则 PF 线圈的储能为

$$E_{ps} = \frac{1}{2}\sum_{i=1}^{n}L_iI_i^2 + \frac{1}{2}\sum_{i=1}^{n}\sum_{j=1}^{n}M_{ij}I_iI_j \qquad (17.4.10)$$

这里 M_{ij} 是互感,且 $M_{ij} = M_{ji}, i \neq j$。

5. 线圈保护

电源系统的供电方式有并联供电方式和单独供电方式,由于采用混合方式,所以对各线圈供电基本上是单独供电方式。在 PF 线圈电源中除了对线圈电流的控制外,还需要进行如下所述的失超时的线圈保护、等离子体破裂时的浪涌电压保护等。

（1）失超时

当 PF 线圈中某一个线圈发生失超时,为了使线圈电流迅速衰减下来,需要施加很大的电压,因此增大了电源设备容量。另外,快速的线圈电流衰减造成 dI_i/dt 变大,经由公式(17.4.9)所示的互感作用,升高了其他 PF 线圈的电压。

为了避免这种情况发生,当 PF 线圈中某一个线圈发生失超时,考虑让所有 PF 线圈的电流都发生衰减。这一设计与 TF 线圈的保护电路相同。

（2）等离子体破裂时

当等离子体破裂时,等离子体电流急剧减小。由于等离子体电流产生的磁力线与 PF 线圈互交,通过等离子体电流环与各个 PF 线圈之间互感,在各个 PF 线圈中感应出很大的浪涌电压。为了防止在线圈端产生这样的高电压,考虑使用晶闸管开关来短路线圈,以维持低电感[9]。

17.5　设计示例

作为设计示例,图 17.5.1 示出了 ITER 电源系统的结构[13]。ITER 的电源系统大致分为脉冲电力分配系统(pulsed power distribution system)和稳态电力网络(steady state electric power network)。脉冲电力分配系统从商用电力系统接收 400 kV 电压的交流电,将其转换为 69 kV 和 22 kV,按照所需电压提供给线圈电源、加热和电流驱动

（H&CD）电源。它的有功功率为 500 MW，无功功率为 400 MVar。稳态电力网络从商用电力系统接收电压 220 kV 功率 120 MW 的交流电，提供给冷却系统、冷冻系统等核电站内的各系统。应急电源使用两台柴油发电机，以两个独立的系统，为真空容器冷却系统的泵等供电。

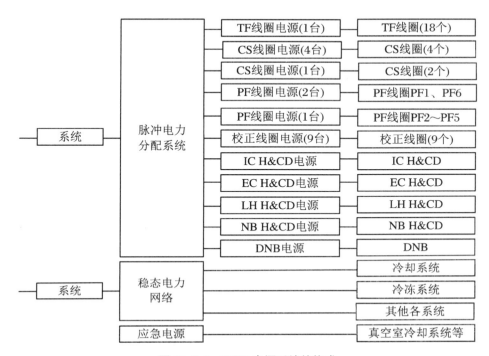

图 17.5.1　ITER 电源系统的构成

1. 线圈电源

TF 线圈电源为 1 台，转换后输出 68 kA、900 V，向 18 个 TF 线圈提供直流供电。CS 线圈如图 9.9.3 所示有 6 个。通过 4 台 CS 线圈电源，向 6 个 CS 线圈中的位于上、下侧的 4 个 CS2、CS3，分别提供直流电源。利用另 1 台 CS 线圈电源向位于上侧和下侧的 2 个 CS1 线圈供电。在图 9.4.4 中，PF1 和 PF6 分别由一台 PF 线圈电源供电，PF2～PF5 共由一台 PF 线圈电源提供直流供电。校正线圈电源为 9 台，分别向 9 个校正磁场线圈供给直流电源（参考图 18.5.3）。

为了降低 TF 线圈电源的无功功率，当 TF 线圈电流到达额定值时，立即将电压从 69 kV 切换到 22 kV。

当发生 TF 线圈失超时，或者能够在短时间内衰减线圈能量的电源出现损伤现象等时，考虑到 TF 线圈的储能（约 40 GJ）有可能损坏 TF 线圈自身，所以必须切断线圈电流以防止损坏。为此,在电路中安装保护电阻,将约35 GJ的能量以时间常数11 s在该处消耗掉,剩下约5 GJ能量耗散到真空容器、TF线圈散热器板和线圈壳体等。

图17.5.2为TF线圈电源的电路概念图。18个TF线圈以2个TF线圈为一组分成9组。各组的两端设置有终端电阻(terminal resistor)和高速放电单元FDU(Fast Discharge Unit)。FDU配置了两个断路器,即CCU(Current Commutation Unit)和PB(Pyrobreaker)的串联结构。PB使用炸药来切断电路,虽不适合反复使用,但可靠性高。如果需要切断,则CCU首先启动,如果还不能切断,则PB启动,断开电路。当电路被断开时,9组线圈和9组终端电阻形成回路,电流在终端电阻上发热而衰减。由于各TF线圈是串联排列,所以衰减中流入各TF线圈的电流值也相同,不会产生不均衡的电磁力。PF线圈和CS线圈中也分别安装了6个FDU,当TF线圈断开时,这些FDU也同时断开,从而维持了各个电磁力的均衡。

2. 加热电流驱动电源

IC H&CD电源、EC H&CD电源、LH H&CD电源从脉冲电力分配系统接收交流电力,转换为直流电后分别供应给H&CD系统的四极真空管、回旋管、速调管。NB H&CD电源、DNB(Diagnostic Neutral Beam)电源从脉冲功率分配系统接收交流电,转换为直流电以及交流电后,供给各个系统的离子源、加速器等。

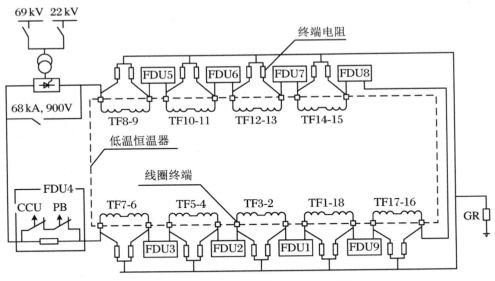

图17.5.2　TF线圈电源电路概念图[13]

17.6　今后的课题

今后的课题如下所示：

(1) 当超导线圈失超或发生故障时，在平衡各线圈电磁力的同时，使线圈所具有的储能衰减，这在保护线圈及保持核聚变堆主机结构的安全性方面极为重要。有必要进一步开发可靠性高的技术，采用可重复使用的保护电阻、电流断路器，以释放线圈储能。

(2) 在核聚变堆的电源中，像线圈电源和加热电流驱动电源那样大功率的电源大多数是直流电源，因此需要交流电转换到直流电的高效率功率转换。从减少电源设备容量的观点来看，需要通过有效地增大 TF 线圈的励磁时间，利用非电磁感应电流驱动等方法，进行电力换流装置的功率因数改善等补偿措施[9]，来削减无功功率，进一步推进电源系统合理化。

(3) 在稳态运行时，为了控制等离子体电流和等离子体位形稳定，使用线圈和加热电流驱动。在实验堆中，这个用电功率可以从商用电力系统获取，但在原型堆之后，将由核电站内发电的电力来供给。在核聚变堆稳态运行中蓄热器是不需要的，但是为了在核电站内调整消耗的电力波动，向商用电力系统稳定地输送电力，需要有能力调节波动的电能储存装置[14]，因此有必要开发这项技术。还有，为了应对包括核电站外的电力波动，包括利用可再生能源发出电力的波动以及商用电力系统的负荷变动，需要与反应堆运行方案同时开发出电能储存装置的技术。

(4) 原型堆以后装置的电源系统承担着受电和送电的功能，而且处理的电功率数量很大。需要利用电源系统的动特性模拟等来评估需要处理的电功率数量，从经济效益方面使之成为稳定供电的高效率系统。

参 考 文 献

[1]　B. Kolbasov, C. Barnes, J. Blenvis, et al., ITER PLANT SYSTEMS, ITER Documentation Series, No.35, IAEA, VIENNA (1991).

[2]　臨界プラズマ研究部，日本原子力研究所，JAERI-M 85-178 (1985).

[3]　炉設計研究室，日本原子力研究所，JAERI-M 84-212 (1985).

[4]　小泉徳潔，西村新，日本原子力学会誌，Vol.47，No.10，703-709 (2005).

［5］ T. Okazaki，K. Maki，T. Kobayashi，et al.，A Steady State Tokamak Reactor Using the Compressional Alfvén Wave，Nucl. Fusion，Vol. 24，No. 11，1451-1460（1984）.

［6］ 後藤憲一，山崎修一郎，詳解電磁気学演習，共立出版株式会社（1970）.

［7］ 西尾敏，東稔達三，笠井雅夫，西川正名，日本原子力研究所，JAERI-M 87-021（1987）.

［8］ 炉設計研究室，日本原子力研究所，JAERI-M 83-214，（1984）.

［9］ 中島国彦，石垣幸雄，尾崎章，山根実，日本原子力研究所，JAERI-M 87-144（1987）.

［10］ 吉田清，礒野高明，杉本誠，奥野清，日本原子力研究所，JAERI-Data/Code 2003-014（2003）.

［11］ 藪野光平，徳山俊二，嶋田隆一，核融合研究，第 51 巻第 6 期，428-453（1984）.

［12］ 金井康晴，プラズマ・核融合学会誌，第 73 巻第 4 期，434-438（1997）.

［13］ http://www. fusion. qst. go. jp/ITER/FDR/PDD/index. htm，ITER Final Design Report，PlantDescription Document，Ch. 3.4，IAEA（2001）.

［14］ テキスト核融合炉専門委員会，プラズマ・核融合学会誌，第 87 巻増刊号（2011）.

第 18 章

运行控制系统和测量系统

核聚变反应堆作为发电站需具备的重要因素之一是稳态运行。为此,需要建立实现这一要求的运行控制系统和收集所需要的运行控制状态信息的测量系统。本章介绍运行控制系统和测量系统。

18.1　运行控制系统和测量系统应具备的功能

作为发电站的核聚变反应堆的运行控制系统和测量系统应具备的功能如下:

① 对于运行控制系统,要求具有控制聚变输出功率、稳定地进行反应堆运行的功能;对于测量系统,要求具有为此而获取信息的功能。

② 对于运行控制系统,要求具有维持设备安全和环境安全的功能;对于测量系统,要求具有为此而获取信息的功能。

527

③ 对于运行控制系统,要求具有当反应堆偏离正常运行状态时,使反应堆安全停机的功能;对于测量系统,要求具有为此而获取信息的功能。

在聚变实验堆和原型炉,以及在需要更加提高性能的情况下,对于运行控制系统和测量系统,除了上述要求功能以外,还需要以下功能:

④ 对于运行控制系统,要求具有为了解析等离子体现象、提高性能而开展运行的功能;对于测量系统,要求具有为此而获取信息和数据的功能。

⑤ 对于运行控制系统,要求具有为了提高反应堆工程装置性能、确定商用堆建设的设计标准而开展运行的功能;对于测量系统,要求具有为此而获取信息和数据的功能。

在核聚变实验堆,由于首次通过真正的 DT 反应进行燃烧实验,需要对中子产量、中子空间分布和 α 粒子进行持续测量,把握核聚变反应状态和核聚变输出功率,开展反应堆运行。在原型堆,重要的是获得商用堆设计所需的信息。

在聚变实验堆之后的反应堆中,安装在包层附近、真空容器内、窗口等处的测量系统将应用于更加恶劣的辐照环境中,需要抗辐照性能优越的传感器和光学设备等。反应堆运行是长时间(至少 10^3 s 以上)或者稳态运行,因此,测量系统应满足如下的条件:

① 各测量值应满足测量范围、时间分辨率、空间分辨率、测量精度。

② 具有抗辐照性。

③ 能够长时间测量。

④ 为了确保氚增殖比,将限制测量系统在第一壁的开口面积,考虑到辐射屏蔽,安装位置要与反应堆结构和窗口结构保持协调。

⑤ 具有远程维护性能。

18.2 控制基础

1. 控制方式

控制方式有开环控制(open loop control,前馈控制,feedforward control)和闭环控制(closed loop control,反馈控制,feedback control,归还控制)。

前馈控制系统结构如图 18.2.1 所示。前馈控制是直接检测外部干扰并消除外部干扰的控制。这种方式具有一旦检测到外部干扰立即进行补偿的特性,但是由于是在检测到所有外部干扰后进行控制,所以在实际应用中受到很大制约[1]。

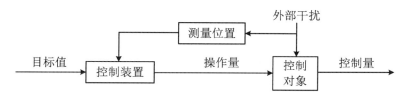

图 18.2.1　前馈控制系统结构

反馈控制系统的结构如图 18.2.2 所示。反馈控制是通过不断地测量控制量,使目标值和测量值的偏差趋于零的控制方式。当存在偏差时,利用调节部件调节操作量,利用操作部件改变操作量。该方式需要注意的要点是,如果从测量控制量到改变操作量的时间延迟较大,就会出现控制对象不稳定的情况。以下具体说明针对外部干扰进行精细对应的反馈控制。

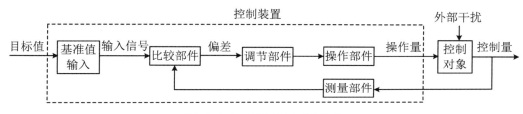

图 18.2.2　反馈控制系统结构

2. 传递函数

物理系统在多数情况下可以用非线性常微分方程来描述,但其求解过程一般很难。如果只考虑所关注状态的相近空间,就可以用恒定系数的线性常微分方程式来描述,这个方程式的一般解是能够求出的。如果将描述控制对象的恒定系数线性常微分方程设为 $g(t)$,则可以使用拉普拉斯变换得出解。

设拉普拉斯运算符为 $s = -\mathrm{i}\omega$,根据公式(3.4.9),得到拉普拉斯变换及其逆变换为

$$G(s) = L\big[g(t)\big] = \int_0^{+\infty} g(t)\mathrm{e}^{-st}\mathrm{d}t \tag{18.2.1}$$

$$g(t) = L^{-1}\big[G(s)\big] = \frac{1}{2\pi\mathrm{i}}\int_{C-\mathrm{i}\infty}^{C+\mathrm{i}\infty} G(s)\mathrm{e}^{st}\mathrm{d}s \tag{18.2.2}$$

这里,C 是实数常数。

当系统的输入为 $u(t)$,输出为 $y(t)$ 时,一般 $n \geqslant m$,设 a_i、b_i 为常数,则描述控制对象的恒定系数线性常微分方程可以表示如下:

$$a_n \frac{\mathrm{d}^n y(t)}{\mathrm{d}t^n} + a_{n-1} \frac{\mathrm{d}^{n-1} y(t)}{\mathrm{d}t^{n-1}} + \cdots + a_0 y(t)$$

$$= b_m \frac{\mathrm{d}^m u(t)}{\mathrm{d}t^m} + b_{m-1} \frac{\mathrm{d}^{m-1} u(t)}{\mathrm{d}t^{m-1}} + \cdots + b_0 u(t) \tag{18.2.3}$$

如果将 $y(t)$ 和 $u(t)$ 拉普拉斯变换后的函数记为 $Y(s)$、$U(s)$,则初始值为 0 时的输入输出变量比率称为传递函数 $C(s)$(transfer function)。即传递函数为

$$C(s) = \frac{Y(s)}{U(s)} = \frac{b_m s^m + b_{m-1} s^{m-1} + \cdots + b_0}{a_n s^n + a_{n-1} s^{n-1} + \cdots + a_0} \tag{18.2.4}$$

3. 系统的过渡响应

系统的过渡响应,可以通过向系统添加一些输入量并观察输出量来理解。在控制中,若输入中使用单位脉冲函数或单位步进函数,其输出分别称为脉冲响应和步进响应,对它们进行拉普拉斯变换时,$U(s) = 1$,$U(s) = 1/s$。使用单位步进函数时,式(18.2.3)变换如下:

$$Y(s) = \frac{b_m s^m + b_{m-1} s^{m-1} + \cdots + b_0}{a_n s^n + a_{n-1} s^{n-1} + \cdots + a_0} \frac{1}{s} \tag{18.2.5}$$

将其展开到部分分数,成为

$$Y(s) = \sum_{i=1}^{n+1} \frac{\beta_i}{s - \alpha_i} \tag{18.2.6}$$

这里 α_i、β_i 是常数。这是没有重根的情况,如果有重根,可以展开为包含 $\beta_i/(s - a_i)^2$ 的部分分数。输出 $y(t)$ 可以通过将公式(18.2.6)进行拉普拉斯逆变换得到:

$$y(t) = \sum_{i=1}^{n+1} \beta_i \exp(\alpha_i t) \tag{18.2.7}$$

在系统随着时间的推移接近稳定状态过程中,根 a_i 的实部必须为负。描述系统的微分方程系数不能改变,但通过添加控制系统来调整根,可以有效地稳定系统。

4. 反馈控制

反馈控制系统的框图如图 18.2.3 所示。当偏差 e、目标值 P 的拉普拉斯变换函数分别为 $E(s)$、$P(s)$ 时,因为被表示为 $Y(s) = G(s)E(s)$、$E(s) = P(s) - H(s)Y(s)$,所以有 $\{1 + G(s)H(s)\}Y(s) = G(s)P(s)$。从输入目标值 P 与输出控制量 Y 的比值,可得到该系统的传递函数:

$$C(s) = \frac{Y(s)}{P(s)} = \frac{G(s)}{1 + G(s)H(s)} \tag{18.2.8}$$

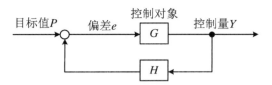

图 18.2.3　反馈控制系统框图

5. PID 控制

基本反馈控制里,有进行比例控制、积分控制、微分控制的 PID 控制(proportional-integral-differential(derivative) controller)。这些被广泛使用,在 JT-60(日本)等中也得到应用[2,3]。

(1) 理想 PID 控制

理想 PID 控制的框图如图 18.2.4 所示。在比例控制中,输入 $u(t)$ 和输出 $y(t)$ 的关系为 $y(t) = K_p u(t)$,传递函数为 $C(s) = K_p$。在积分控制和微分控制中,各自的传递函数为

$$y(t) = K_I \int u(t) \mathrm{d}t, \quad C(s) = \frac{K_I}{s} \tag{18.2.9}$$

$$y(t) = K_D \frac{\mathrm{d}u(t)}{\mathrm{d}t}, \quad C(s) = K_D s \tag{18.2.10}$$

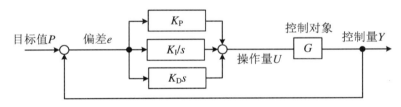

图 18.2.4　理想 PID 控制框图

设 $H(s) = 1$,由于 $Y(s) = G(s)U(s)$、$U(s) = (K_P + K_I/s + K_D s)E(s)$、$E(s) = P(s) - Y(s)$,则反馈控制系统整体的传递函数为

$$C(s) = \frac{Y(s)}{P(s)} = \frac{G(s)(K_P + K_I/s + K_D s)}{1 + G(s)(K_P + K_I/s + K_D s)} \tag{18.2.11}$$

系统整体的输出,可以由公式(18.2.7)求出。

在比例控制中,如果偏差小,则控制的响应性变差。单纯地增大 K_P,控制性会受到损害。积分控制随着时间延续而累计偏差,响应性能好。微分控制在偏差变化率大时,输出大控制量响应性较好,但高频噪声易过度放大,另外若偏差步进性变化时,要求输出无限大,从而导致不能控制。

(2) 实用非干涉型 PID 控制

消除了上述问题的控制称为实用 PID 控制。在实用 PID 控制中,加入了抑制包含在偏差内的高频信号成分的低通滤波器(low-pass filter),即所谓 1 次延迟滤波器。输入 $u(t)$ 和输出 $y(t)$ 的关系,可以通过以下方程式的解给出:

$$T \frac{\mathrm{d}y(t)}{\mathrm{d}t} + ay(t) = bu(t) \tag{18.2.12}$$

$u(t)$ 是单位步进函数,其解为

$$y(t) = \frac{b}{a}\left\{ 1 - \exp\left(-\frac{a}{T}t\right)\right\} \tag{18.2.13}$$

由于该解与单位步进函数相比较,显示出平滑地延迟上升,因此能够抑制上述问题。传递函数为 $C(s) = b/(Ts + a)$。

当 1 次延迟滤波器不仅只是在微分控制前插入,而且在 PID 控制前插入时,1 次延迟滤波器对比例控制、积分控制都有影响,因此称为实用干涉型 PID 控制。1 次延迟滤波器在微分控制前插入时,由于不影响比例控制、积分控制,所以称为实用非干涉型 PID 控制。图 18.2.5 为实用非干涉型 PID 控制的框图。

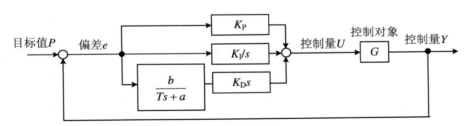

图 18.2.5　实用非干涉形 PID 控制框图

对于整个系统,因为可以表示如下:

$$Y(s) = G(s)U(s) \tag{18.2.14}$$

$$U(s) = \{K_P + K_I/s + bK_D s/(Ts + a)\}E(s) \tag{18.2.15}$$

$$E(s) = P(s) - Y(s) \tag{18.2.16}$$

所以整体传递函数为

$$C(s) = \frac{Y(s)}{P(s)} = \frac{G(s)\{K_P + K_I/s + bK_Ds/(Ts + a)\}}{1 + G(s)\{K_P + K_I/s + bK_Ds/(Ts + a)\}} \tag{18.2.17}$$

一般情况下,该式被经常使用。

对于控制对象,将具有多个操作量和控制量的系统称为多变量系统,传递函数用传递函数矩阵表示。如果一个操作量影响其他操作量,即存在相互干扰的情况,则控制变得复杂。另外,操作量、控制量也称为操作变量、控制变量。改变操作量的操作部件也称为调节器。核聚变堆的运行控制系统是具有多个调节器和控制变量组成的多变量系统。

18.3 运行控制系统

18.3.1 全系统控制

运行控制系统在管理、运行核聚变堆的同时,作为实验装置,还是一个与收集、分析、保存等离子体实验数据并且进行实验参数解析的数据处理装置相联系的系统,作为全系统控制设备是统一管理整个反应堆的中枢。

作为示例,图 18.3.1 给出了 JT-60(日本)的全系统控制设备[4]。在全系统控制设备中,从中央控制台通过计算机启动各控制设备。不仅在正常运行时,还包括在表 15.2.1 所示的核电站起动时的设备调试运行、定期检查、故障和事故在内的核聚变堆全部运行期间进行运行控制。在实验时,检查放电前装置的状态,按照预设的目标波形程序进行反馈实时控制,产生目标等离子体。

18.3.2 等离子体控制

运行控制大致分为等离子体控制和各设备系统控制。等离子体控制是运行的基础,以下将叙述等离子体控制。等离子体控制分为:① 等离子体电流、位形控制;② 等离子体燃烧控制;③ 杂质控制;④ MHD 控制;⑤ 破裂控制。

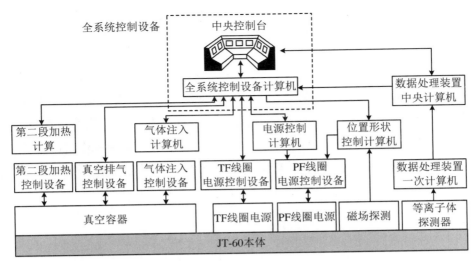

图18.3.1　JT-60(日本)的全系统控制设备[4]

在控制等离子体燃烧也就是核聚变输出功率中,如公式(2.4.4)所示,需要控制等离子体的温度、密度。等离子体温度、密度的大小,由约束能量、等离子体注入功率、等离子体辐射损失功率等决定。约束能量如公式(5.3.8)等所示,依赖于等离子体电流和等离子体位形。为了控制等离子体的辐射损失功率,需要控制偏滤器部位的杂质数量。为此,可以将① 等离子体电流、位形控制;② 等离子体燃烧控制;③ 杂质控制的相互关系,总结成如下的燃烧控制。

1. 燃烧控制

燃烧控制时,主要的调节器、操作变量、控制变量如表18.3.1所示[2]。

表18.3.1　核聚变输出功率控制

序号	区　分	调节器	操作变量	控制变量
1	等离子体电流、位形控制	PF 线圈、CS 线圈	极向磁场线圈、磁力线	等离子体电流 I_p、大半径 R_0、小半径 a、拉长比 κ、三角度 δ
2	等离子体燃烧控制	加热电流驱动装置(NBI、RF)	加热功率、电流驱动功率	温度 T_e、T_i,等离子体电流分布 j_p
3		燃料供应装置	燃烧粒子供应量	密度 n_e、n_i,温度 T_e、T_i,辐射功率 P_{rad},中子产生率
4	杂质控制	PF 线圈、真空抽气泵、杂质注入装置	零点(null)位置、粒子抽气速度、杂质注入量	偏滤器等离子体密度 n_{de}、n_{di},温度 T_{de}、T_{di},辐射功率 P_{rad},杂质密度 n_I

如上所述,等离子体是多变量系统,而且自律性强,具有如下所述的自我形成过程[5]。等离子体形状、等离子体电流分布(j_p分布)影响着等离子体输送(j_p分布→输运)。等离子体输送影响着等离子体温度、密度分布,也就是影响着压力分布(p分布)(输送→p分布)。压力分布影响着自举电流分布(p分布→j_p分布)。自举电流的比例很大(70%～80%),等离子体的各参数相互影响后,达到某个值,也就是呈现自我形成过程。等离子体电流分布控制的主要调节器是加热电流驱动装置(NBI、RF),约占等离子体电流的几分之一(20%～30%),需要控制好等离子体电流和压力分布,这是一个重要的课题。

2. MHD 控制

控制 MHD 不稳定模式的行为称为 MHD 控制,其内容如表 18.3.2 所示[6~8]。核聚变堆需要高 β 等离子体,为此需要控制 1:新经典撕裂膜模式 NTM(参考 4.7.2 小节),2:电阻壁模式 RWM(参考 4.9 节),3:锯齿波振荡(参考 4.11 节)等。另外,还需要控制高约束时产生的 4:边界局域模式 ELM(参考 4.12 节、5.4 节)等。

表 18.3.2　MHD 控制

序号	区分	调节器与动作	操作变量	控制变量
1	NTM	① 确定磁岛位置,利用 ECCD、NBCD 等对磁岛内失去的自发电流进行电流驱动,从而控制电流分布; ② 利用 ECH 对磁岛内进行局部加热	① ECCD、NBCD; ② ECH 功率、注入位置	① 等离子体电流分布 j_p; ② 电子温度 T_e。
2	RWM	① 对于应流过理想导体壁的涡电流中因壁电阻导致的发散成分,利用误差场校正线圈进行补偿,或者确定不稳定模式,利用外部磁场线圈进行抵消; ② 利用 NBI 转动等离子体,进行控制	① 磁场; ② NBI 注入方向、功率	① 磁场 B_r、B_θ; ② 等离子体旋转速度
3	锯齿波振荡	利用 ECCD、NBCD,对于 $q=1$ 有理面附近的电流分布进行控制	ECCD、NBCD 的功率、注入	等离子体电流分布 j_p
4	ELM	① 利用外部线圈施加扰动磁场,增大输运,降低 ELM 产生的压力梯度; ② 利用小球注入增加 ELM 释放频度,降低单次能量	① 扰动磁场; ② 注入粒子数、注入速度	① 产生 ELM 的压力梯度; ② 台基粒子数

除了上述之外，RMW 还建议了导体屏的安装和驱动自发环向磁场旋转的方法[9,10]。

对于 MHD 控制，除了上述 MHD 不稳定模式以外，还有以下内容。等离子体位置不稳定性（参考 4.3 节）通过施加垂直磁场而实现稳定。交换型不稳定性（参考 4.5 节）则考虑通过施加静态共振磁场来改善[8]。膨胀不稳定性（参考 4.6 节）与 ELM 有关，考虑的对策是 ELM 对策等方法。测试模式（参考 4.71 节），是利用 ECH 在磁岛内局部加热以及利用 LHCD 和 ECCD 的电流分布控制作为候选方案，与 NTM 控制大致相同。

关于漂移波（参考 4.8 节）和内部扭动模式之一的鱼骨振荡（参考 4.10.2 小节），目前正在开展进一步研究。当利用 DT 反应的燃烧等离子体激发，预测环向磁场固有模式 TAE（参考 4.10.1 小节）也成为控制的对象，将明确其稳定机制，并在控制系统中反映出来。

如上所述，虽然对于 MHD 抑制已开发出多种控制方法，但仍需要开发包括机制探索分析在内的控制方法，现在这些开发正在进行中。

3. 破裂控制

如 5.8.3 小节所示，破裂控制中重要的是捕捉预兆现象，并进行规避、缓和。破裂控制如表 18.3.3 所示。序号 1 是利用磁探针等时间系列的等离子体信息来预测破裂。作为控制，是对破裂的规避或者缓和，其操作变量和控制变量为序号 2～5 中的某几项。今后，随着进一步研发，规避和缓和的方法增多，操作变量和控制变量的组合也将会增加。

表 18.3.3　破裂控制

序号	区分	调节器与动作	操作变量	控制变量
1	预测	利用磁探针等测量扰动磁场和辐射损失并进行预测	2～5 的某几项	2～5 的某几项
2	规避	利用 ECH 加热 $q=2$ 的磁面附近，抑制磁岛生长	ECH 功率	磁岛涨幅
3	缓和	利用快速位置控制线圈，在中立平衡点熄灭等离子体	极向磁场	等离子体电流 I_p、等离子体垂直位置、弥散电流
4	缓和	利用气体和小球注入将杂质注入等离子体	杂质粒子密度	等离子体中杂质密度、辐射功率
5	缓和	利用磁共振扰动线圈施加磁共振扰动磁场	磁共振扰动磁场	逃逸电子数、逃逸电子的能量

18.4 测量系统

在早期(20 世纪五六十年代)的等离子体测量中,等离子体温度和密度比较低,与之对应使用了静电探针、磁探针等。后来,随着高温和高密度等离子体的产生,以及随着等离子体物理的发展,需要新的测量参数,测量范围扩大,随之开发出各种各样的测量方法。

在核聚变反应堆中,维持各设备、各系统的安全稳定性是极其重要的。为此,测量系统应具备用于控制等离子体和维持各设备、系统的功能。下面介绍作为运行基础的用于等离子体控制的等离子体测量。

18.4.1 被动性测量和主动性测量

等离子体测量大致分为被动性测量和主动性测量,如图 18.4.1 所示。在被动性测量中,被动地接受等离子体发出的电磁波(光)和粒子。在主动性测量中,有将探针插入等离子体并测量等离子体响应的测量方法;还有将电磁波和粒子射入等离子体,测量其与等离子体相互作用时释放的 2 次电磁波和粒子的测量方法[11]。

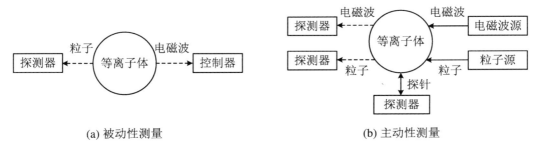

(a) 被动性测量　　　　　　　　　　　　　　(b) 主动性测量

图 18.4.1　等离子体测量

18.4.2　探针测量

探针测量是将探针插入等离子体中测量等离子体响应的主动性测量。探针测量的主要方法如表 18.4.1 所示。

表 18.4.1　探针测量的主要方法

序号	区　分	测量仪器/测量方法	测量变量
1		静电探针	电子密度 n_e,离子密度 n_i,电子温度 T_e,离子温度 T_i
2	主动性测量	磁探针,磁环	磁场
3		罗克斯基线圈	电流
4		反磁性线圈	等离子体储能 $W_\perp$

1. 静电探针

静电探针也称为朗缪尔探针(Langmuir probe),将针状的金属电极(探针)插入等离子体中,对等离子体施加正或负电压来测量流进探针的电流。在等离子体中进行热运动的电子、离子进入金属电极,根据电子、离子热速度的不同,以及所施加的电压,进入金属电极的量值会发生变化。利用该特性测量等离子体电子的密度、温度和离子密度。金属电极的形状除针状外,还有平板、圆柱、球状的单探针(单针),以及按一定间隔将两个电极插入等离子体的双探针等多种形式[12]。

2. 磁探针、磁环、罗克斯基线圈

图 18.4.2 为磁探针、磁环、罗克斯基线圈(Rogowski coil)[13]。

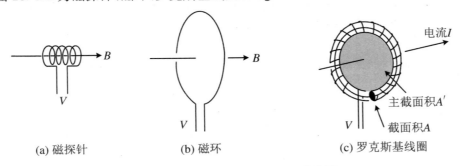

(a) 磁探针　　　　(b) 磁环　　　　(c) 罗克斯基线圈

图 18.4.2　磁探针、磁环、罗克斯基线圈

磁探针是导线缠绕的小线圈,当进入线圈的磁通量发生变化时会产生感应电压。假设线圈的截面积为 A,线圈的匝数为 N,则感应电动势为

$$V = -\frac{\partial}{\partial t}\int B \cdot \mathrm{d}A = -NA\frac{\partial B}{\partial t} \tag{18.4.1}$$

　　磁环是 $N=1$ 的线圈。通过积分这个电压,可以求出磁场。

　　设罗克斯基线圈导体的截面积为 A,环的主截面积为 A',沿线圈长度 1 单位长度的圈数为 n,当电流密度为 j,根据公式(3.1.4),在 $D=0$ 时,贯穿主截面积的电流为

$$I = \int j \cdot \mathrm{d}A' = \int \nabla \times H \cdot \mathrm{d}A' = \int H \cdot \mathrm{d}l \tag{18.4.2}$$

　　若 $N = n\,l$,根据公式(18.4.2),感应电动势为

$$V = -\frac{\partial}{\partial t}\int B \cdot \mathrm{d}A = -\frac{\partial}{\partial t}n\,l\,A\mu_0 H = -\mu_0 An\frac{\partial I}{\partial t} \tag{18.4.3}$$

通过积分这个电压,可以求出电流。

3. 反磁性线圈

　　等离子体压力平衡时,等离子体的内、外压力均衡,根据公式(4.1.15),当 $B_\mathrm{p}^2 \ll B_\mathrm{e}^2$,$B_\mathrm{i}^2$ 时,有

$$p + \frac{B_\mathrm{i}^2}{2\mu_0} = \frac{B_\mathrm{e}^2}{2\mu_0} \tag{18.4.4}$$

　　在 $\beta = p/(B_\mathrm{i}^2/2\mu_0) \ll 1$ 的情况下,由于 $B_0 = B_\mathrm{e} \approx B_\mathrm{i}$,所以

$$p = \frac{B_\mathrm{e}^2}{2\mu_0} - \frac{B_\mathrm{i}^2}{2\mu_0} = \frac{B_0}{\mu_0}(B_\mathrm{e} - B_\mathrm{i}) \tag{18.4.5}$$

　　当 B_0 与 B_e 在时间上一定时,磁环的感应电压为

$$V = -\frac{\partial}{\partial t}\int B_\mathrm{i}\mathrm{d}A = \frac{\mu_0}{B_0}\frac{\partial}{\partial t}\int p\,\mathrm{d}A \tag{18.4.6}$$

根据公式(6.1.38)、(6.1.39),在垂直磁场的方向,单位体积等离子体的蓄能为 $W_\perp = p$,因此通过积分这个电压,可以求出等离子体蓄积能量 $W_\perp$。

　　在这种磁测量中,需要将探针安装在等离子体中或者周围。因此,为适应等离子体的高温高密度,要求探针耐热性能强、耐辐照性能强。在磁测量中需要积分处理,积分后信号会与实际值有偏差(称为漂移)。这个偏差随着时间增加而增大,面对反应堆运行时

间的长期性、稳定性,需要制定相应的对策。在改进积分处理之外,旋转磁探针法也在研发之中[14,15]。

18.4.3　电磁波测量

电磁波测量的主要测量方法如表 18.4.2 所示。

表 18.4.2　电磁波测量的主要方法

序号	区　分	测量仪器/测量方法	测量参量
1		多普勒效应引起的谱线宽度的扩展	离子温度 T_i
2		塞曼效应引起的谱线宽度的扩展	磁场
3		舒尔克效应引起的谱线宽度的扩展	电子密度 n_e
4	被动性测量	谱线强度	粒子密度、温度
5		连续光谱	电子温度 T_e 等
6		电子回旋加速辐射(ECE)强度	T_e
7		辐射热测量仪	辐射功率
8		吸收法	粒子密度
9		干涉法	n_e
10		偏光法	磁场、n_e
11	主动性测量	反射法	n_e、电子密度分布
12		① 非协同汤姆孙散射法; ② 协同汤姆孙散射法; ③ 激光汤姆孙散射法	① n_e、T_e; ② T_i; ③ n_e、T_e 的空间分布
13		激光激发荧光测量法	粒子密度

1. 被动性电磁波测量

高温等离子体会辐射出各种电磁波(光)。在这个辐射(发光)过程中包括:① 当原子、分子、离子的束缚电子跃迁到其他能级位时,将多余能量以电磁波形式放出的自然辐射;② 当自由电子与离子重新结合跃迁到束缚状态时,放出重组辐射;③ 自由电子因离子库仑力沿轨道弯曲运动时放出制动辐射;④ 自由电子在磁场中进行回旋加速运动时放出回旋加速辐射光。如果自由电子的能量变大,承受到相对论效应时,称为同步辐射。

在自然辐射中发射线光谱,在重组辐射和制动辐射中发射连续光谱,在回旋加速辐射中发射回旋加速频率及其谐波的光谱。根据等离子体的温度、密度,发光波长在短波处涉及紫外线、X射线,在长波处涉及红外线、微波领域[11]。这些辐射的测量称为被动性电磁波测量,即发光光谱测量。

1)谱线宽度

以下为利用谱线宽度扩展的测量法:

(1)多普勒(Doppler)效应

发出光波长 λ 的离子以速度 v 移动时,根据多普勒效应(也称为多普勒位移),其扩展为[13]

$$\Delta\lambda/\lambda = v/c \tag{18.4.7}$$

当离子温度呈现麦克斯韦分布时,谱线的光谱强度为

$$I \propto \exp\left\{-\frac{m_i}{2kT_i}\left(c\,\frac{\Delta\lambda}{\lambda}\right)^2\right\} \tag{18.4.8}$$

其中,m_i 为离子质量,T_i 为离子温度(单位为 eV),c 为光速,$k = 1.6021\times10^{-19}$ J/eV。如图 18.4.3 所示,在麦克斯韦分布中,半高宽 $\Delta\lambda_T$(也称为半值宽)的大小是达到峰值一半时的宽度,即 $\Delta\lambda_T = 2\Delta\lambda$。该谱线的半高宽为

$$\frac{\Delta\lambda_T}{\lambda} = \frac{2(2\ell n\,2)^{1/2}}{c}\left(\frac{kT_i}{m_i}\right)^{1/2} \tag{18.4.9}$$

通过测量半高宽,可以求出离子温度 T_i。

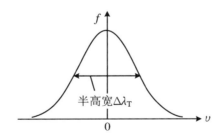

图 18.4.3　半高宽

(2)塞曼(Zeeman)效应

利用磁场分离等离子体中原子、离子的发光谱线的效应,即利用塞曼效应,从分离的扩展程度,可以测量出磁场[16]。

(3)斯塔克(Stark)效应

由于发光原子附近的多数电子和离子所制造的电场,电子轨道发生变化,能级出现

541

扩张或位移,使得辐射光谱也发生扩张或位移,即为斯塔克效应。根据这个扩张的半高宽,可以求出发光原子周围的电子密度[17]。

2) 谱线强度

从谱线的绝对强度可以测量粒子密度[11]。测量两个不同能级放出的谱线强度比,可以测量温度[17]。

3) 连续光谱

从制动辐射和重组辐射的连续光谱中,可以获得有效电子荷数和电子温度[17]。

4) 电子回旋辐射

图 18.4.4 为电子回旋辐射(ECE,electron cyclotron emission)的一维模型。ECE 从共振层辐射出来,在真空中观测点测量 ECE 辐射强度 I_O。共振层宽度为 2Δ,其两端命名为 A、B。

假设角频率为 ω,ECE 辐射强度为 $I^{[18,19]}$,则有

$$N^2 \frac{\mathrm{d}}{\mathrm{d}x}\left(\frac{I}{N^2}\right) = j_\omega - \alpha_\omega I \tag{18.4.10}$$

其中 N 是介质对辐射波的折射率,j_ω 为辐射率,α_ω 是吸收系数,x 是辐射波的传播路径。将光源函数 S 和光学厚度 τ 定义为

$$S = \frac{j_\omega}{N^2 \alpha_\omega}, \quad \mathrm{d}\tau = \alpha_\omega \mathrm{d}x \tag{18.4.11}$$

则公式(18.4.10)成为

$$\frac{\mathrm{d}}{\mathrm{d}\tau}\left(\frac{I}{N^2}\right) = -\frac{I}{N^2} + S \tag{18.4.12}$$

得到它的解为

$$\frac{I}{N^2} = S\{1 - \exp(-\tau)\}, \quad \tau = \int_0^x \alpha_\omega \mathrm{d}x \tag{18.4.13}$$

在图 18.4.4 中,共振层 B 侧与观测点之间,因为 $j_\omega = \alpha_\omega = 0$,所以由公式(18.4.10)得到 $I/N^2 = \mathrm{const}$,在观测点的值与在共振层 B 的 $x = R_0 + \Delta$ 处的值相等。另外,真空中的折射率为 $N = 1$,在观测点的值为 $I_O = I(R_0 + \Delta)/[N(R_0 + \Delta)^2]$。等离子体处于热平衡状态时,$S$ 等于真空中黑体辐射强度 I_B,因此,$S = I_B = (\omega^2/8\pi^3 c^2)kT_e$。根据公式(18.4.13),观测点 ECE 辐射强度为

$$I_O = I_B\{1 - \exp(-\tau_O)\} \tag{18.4.14}$$

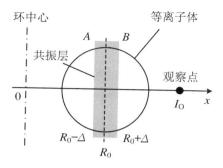

图 18.4.4 ECE 的一维模型

因为 α_ω 在 $R_0 - \Delta$ 和 $R_0 + \Delta$ 之间具有值，所以光学厚度可由下式表示：

$$\tau_O = \int_{R_0 - \Delta}^{R_0 + \Delta} \alpha_\omega \mathrm{d}x \tag{18.4.15}$$

如公式(9.3.5)所示，环向磁场 B_t 在等离子体截面内变化。当光学厚度很大时（$\tau_O \gg 1$），某个位置的 ECE 辐射波向等离子体外辐射，而不会在其他地方被吸收，因此通过测量 ECE 强度可以测得该局部温度。

5）热辐射计

热辐射计是测量等离子体辐射的各种波长领域的电磁波总辐射功率的仪器。电阻型热辐射计（resistive bolometer）是将电阻与黄金等金属薄膜内层相接触而成，接收到等离子体辐射功率后，金属薄膜温度上升，同时电阻的电阻值发生变化，在该电阻上施加电流或电压，测量电压或电流的值，然后将它们换算成辐射功率。

将电阻型热辐射计配置成一列，透过针孔（小孔）能够得到等离子体辐射功率的一维分布。但是，这种方式需要大量的电阻型热辐射计和电子线路。

红外热辐射成像计（IRVB，infrared imaging video bolometer）[20]可以解决这个问题。如图 18.4.5 所示，来自测量视野范围的辐射功率透过针孔，被金属薄膜接受，利用红外照相机直接测量金属薄膜的温度。利用金属薄膜中各点热传导率等，将热扩散效应换算成辐射功率后，得到辐射功率的二维分布。

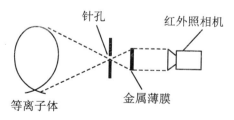

图 18.4.5 红外热辐射成像计示意图

2. 主动性电磁波测量

将电磁波注入等离子体时,电磁波通过与等离子体相互作用,产生反射、透射、吸收、折射、散射。对这些现象进行测量就属于主动性电磁波测量,采用激光的情况称为激光光谱测量。以下介绍各种测量法。

1) 吸收法

入射等离子体的电磁波在等离子体中传播、透射时,其强度与入射时相同,但当发生吸收后,强度会减小。透射与吸收具有这样的关系,在吸收法中,可以根据入射波(入射光)和透射波(透射光)的强度比,测量与吸收有关的粒子密度[11]。

2) 干涉法

干涉法利用了电磁波折射率依存于等离子体密度的关系。在等离子体中沿与磁场垂直方向传播的波中有正常波和异常波(参考10.5.6小节)。异常波的折射率依赖于电子密度和磁场,解析很复杂,所以干涉法采用不依赖磁场的正常波。设等离子体角频率 ω_{pe},入射电磁波角频率 ω,根据公式(10.5.56)、(10.6.45),当频率(等离子体中频率)为 k_p 时,正常波的折射率为

$$N^2 = (ck_p/\omega)^2 = 1 - \omega_{pe}^2/\omega^2 \tag{18.4.16}$$

假设电磁波传播的等离子体长度为 L,当真空中电磁波的频率为 $k = \omega/c$ 时,有无等离子体所产生的相位差为

$$\Delta\phi = (k - k_p)L = kL\left(1 - \sqrt{1 - \omega_{pe}^2/\omega^2}\right) \tag{18.4.17}$$

根据公式(10.5.24),ω_{pe} 依赖于电子密度 n_e,因此可以通过测量相位差求出电子密度 n_e。

干涉法是将光路长度变化作为条纹数变化进行测量的方法,例如有图18.4.6所示的马赫森干涉仪和迈克耳孙干涉仪[13]。

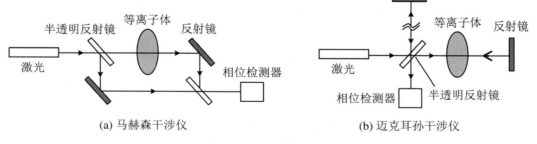

(a) 马赫森干涉仪　　　　　　　　(b) 迈克耳孙干涉仪

图18.4.6　干涉仪示意图

入射等离子体的电磁波的波长随着等离子体密度增大而趋向短波,从毫米波延伸到远红外领域,并且要求更加短。在远红外领域,激光器可使用 337 μm HCN 激光器、119 μm CH_3OH 激光器,更短波长的话,可使用 10.6 μm CO_2 激光器[21]。

3) 偏光法

一般来说,约束等离子体的磁场具有三维结构,因此在等离子体中沿磁场方向传播的直线偏振电磁波,会沿偏振面旋转。这称为"法拉第效应",其旋转角大小与电子密度和磁场分量的乘积成正比。偏光法利用这一效应,在磁场和电子密度任一个已知的条件下,可以求得另一个参数[18]。

4) 反射法

向等离子体射入电磁波激发正常波时,随着向等离子体中心深入,电子密度增加,正常波在公式(18.4.16)中 $\omega = \omega_{pe}$ 处(反射点)$N = 0$,在该处被反射。接收从等离子体出来的反射波,根据接收到的波的相位和到达时间,可以测量从等离子体表面到反射点的距离。并且,可以根据 $\omega = \omega_{pe}$ 求出反射点的电子密度。这样,利用入射电磁波,可知反射点位置和电子密度,所以通过扫描入射角频率,可以求得电子密度分布[18]。

5) 汤姆孙散射

电磁波(激光)入射到等离子体时,等离子体电子被强迫振动,辐射出 2 次电磁波(光),即辐射出散射波,这种现象称为汤姆孙散射。设入射电磁波的频率 k_i、角频率 ω_i,散射波的散射角 θ、频率 k_s、角频率 ω_s,则频率 $k = k_s - k_i$。图 18.4.7 示出了入射波与散射波的频率关系。设入射波波长为 λ_i,在 $k_i = k_s = 2\pi/\lambda_i$ 条件下,根据图 18.4.7,得到 $k = 2k_i \sin(\theta/2)$。若电子德拜长度为 λ_d,则定义散射参数 $\alpha = 1/(k\lambda_d)$。当 $\alpha = 1/(k\lambda_d)$ ≪1,即与散射相关的波长比电子德拜长度小得多时,散射受到热运动的各个电子随机运动的强烈影响,这称为非协同汤姆孙散射(incoherent Thomson scattering)。在 $\alpha > 1$ 时,出现屏蔽离子并且追踪离子的电子群的散射作用,散射波成为反映电子群协同行为的协同汤姆孙散射(collective Thomson scattering)。

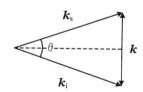

图 18.4.7 入射波与散射波的频率

(1)非协同汤姆孙散射法

关于非协同汤姆孙散射法,当电子以速度 v 运动时,散射波受到的多普勒位移为

$$\Delta\omega = \omega_s - \omega_i = \boldsymbol{k} \cdot \boldsymbol{v} = 2k_i v\sin(\theta/2) \qquad (18.4.18)$$

得到速度 v 为[13]

$$v = \frac{\lambda_i \Delta\omega}{4\pi\sin(\theta/2)} \qquad (18.4.19)$$

当 $\boldsymbol{k}$ 方向速度 v 以麦克斯韦分布时,根据公式(3.1.11),散射波的光谱强度为

$$F(\Delta\omega)\mathrm{d}(\Delta\omega) = n_e \left(\frac{m_e}{2\pi kT_e}\right)^{\frac{1}{2}} \frac{\lambda_i}{4\pi\sin\left(\frac{\theta}{2}\right)} \exp\left\{ -\frac{m_e}{2kT_e}\left[\frac{\lambda_i\Delta\omega}{4\pi\sin\left(\frac{\theta}{2}\right)}\right]^2 \right\}\mathrm{d}(\Delta\omega)$$

$$(18.4.20)$$

在公式(18.4.18)中,利用 $\omega_s\lambda_s = \omega_i\lambda_i = 2\pi c$,当 $\Delta\lambda = \lambda_i - \lambda_s$ 时,有

$$\Delta\omega = \omega_s - \omega_i = \frac{\omega_i}{1 - \Delta\lambda/\lambda_i}\frac{\Delta\lambda}{\lambda_i} \qquad (18.4.21)$$

在 $\Delta\lambda/\lambda_i \ll 1$ 能够近似成立的条件下,得到 $\lambda_i\Delta\omega = \omega_i\Delta\lambda = 2\pi c\Delta\lambda/\lambda_i$。将此代入公式(18.4.20),光谱强度的半高宽 $\Delta\lambda_T$ 为

$$\frac{\Delta\lambda_T}{\lambda_i} = \frac{2\Delta\lambda}{\lambda_i} = \frac{4\sin(\theta/2)}{c}(2\ell\mathrm{n}\,2)^{1/2}\left[\frac{kT_e}{m_e}\right]^{1/2} \qquad (18.4.22)$$

通过测量 $\Delta\lambda_T$,可以求出电子温度。另外,根据公式(18.4.20),光谱强度与电子密度成正比,因此利用瑞利散射等来校准光学系统,能够求出电子密度[22]。

如果散射角 θ 小,则很难区分入射波和散射波,现实中希望选 $\theta > 10°$ 的,越接近 $\theta = 90°$,测量就越容易。根据测量对象等离子体温度和密度来确定使用激光器的种类,常用的有红宝石激光器(694 nm)、YAG 激光器(1.06 μm)等。

(2) 协同汤姆孙散射法

当 $\alpha > 1$ 时,成为协同汤姆孙散射法。屏蔽离子的电子群受到多普勒位移,影响着电子和离子的速度分布函数。当 $\alpha \gg 1$ 时,对离子速度分布函数的影响增大。利用离子的速度分布函数可以求出离子温度。常用的激光器是 CO_2 激光器(10.6 μm)等。

(3) 激光汤姆孙散射法

发射电磁波脉冲并接收反射波,由时间差得到距离等空间信息的设备是雷达(RADAR,radio detection and ranging)。使用激光的设备称为激光雷达(LIDAR,light detection and ranging)。将短脉冲激光射入等离子体,对于向后方散射并反射回来的非协同汤姆孙散射光,采用与雷达相同的原理进行测量,得到电子温度、密度的空间分布,就

是激光汤姆孙散射法。该测量法与汤姆孙散射法相比,由于接收光与入射光在同轴上进行,所以光学处理得到大幅改善,与由背景光确定 SN 比的汤姆孙散射法相比,收集信号时间缩短,所以 SN 比得到提高[22]。

6)激光诱发荧光测量法

激光诱发荧光测量法(LIF,laser-induced fluorescence)是散射法的一种,将入射激光波长调节到与光粒子特定能级的迁移波长同频,经过有选择的激励,从发出的光强度里,可以测量得到相关联的下位能级的粒子密度[11]。

18.4.4 粒子测量

粒子测量分为测量等离子体辐射粒子的被动性测量,和向等离子体注入粒子的主动性测量。粒子测量的主要测量方法如表 18.4.3 所示。

表 18.4.3 粒子测量的主要测量方法

序号	区　分	测量仪器/测量法	测定量
1	被动性测量	① 电离现象,② 发光现象,③ 箔放射	中子束,中子能量
2		① n-p 反应,② n-p 反应以外的核反应	中子束,中子能量
3		多台中子探测器组合的测量	中子产生分布,密度比
4		中性粒子分析仪器(NPA)	粒子种类,粒子能量
5	主动性测量	中性粒子束衰减法	离子密度 n_i
6		中性粒子束散射法	离子温度 T_i
7		荷电交换光谱法(CXRS)	T_i、径向电场 E_r
8		动态斯塔克效应(MSE)	等离子体电流密度分布
9		重离子束探针(HIBP)	局部性的空间电位,密度

1. 被动粒子测量

1)中子数测量

中子数(中子束)的测量方法有:① 电离现象,② 发光现象,③ 箔放射,④ 利用被检测物质物理化学变化的方法等[23]。中子束监测器是测量中子束设备的总称。表 18.4.4 为主要的中子束监测器。依据能量范围分为高速中子和热中子。热外中子的测量与热中子的测量有很多类似之处,所以这里将热外中子包括在热中子里。

表 18.4.4　主要的中子监测器

序号	检测原理	主要对象	检测器
1	电离现象	热中子	^{3}He 正比计数管，BF_3 正比计数管，^{235}U 核裂变电离箱
2		高速中子	^{238}U 核裂变电离箱，Si 半导体检测器，钻石检测器
3	发光现象	热中子	^{6}Li 玻璃闪烁器
4	箔辐射	热中子	Au 箔放射性检测器
5		高速中子	Mg 箔放射性检测器

(1) 电离现象

在射线和物质相互作用中,电磁作用(主要是静电)参与的现象被称为电离作用。因为中子不带电荷,所以不会直接发生电离作用。为了检出中子,采用电离现象的检测器利用核反应将其变换成具有电离作用的射线,并在所安装的电极间施加电压,聚集离子、电子作为电信号,统计电离射线的数量,并根据电信号的大小测量其能量。这样的检测器包括电离箱、正比计数管和半导体检测器。

电离箱是测量电极间气体一次电离射线数量的设备,能够测量射线数量和能量。正比计数管利用电离箱升高电压,从而引起电子雪崩增大电信号电平,测量射线数量和能量。半导体检测器与电离箱的原理相同,不同之处是电离箱电极之间的是气体,而半导体检测器中射线注入半导体固体内。

热中子测量使用的是电离箱、^{3}He 正比计数管和 BF_3 正比计数管等,其中,电离箱利用热中子核反应截面大的 ^{3}He(n,p)T 反应,BF_3 正比计数管利用 ^{10}B(n,α)^{7}Li 反应,核裂变电离箱(fission ionization chamber)利用 ^{235}U 的电离箱[24]。

高速中子测量利用 ^{238}U 的核裂变电离箱。因为 ^{238}U 的核裂变反应截面在低能量下比较小,从大约 1 MeV 附近逐渐增大。它与利用 ^{235}U 的电离箱相比,灵敏度较差。另外,还有利用 ^{28}Si(n,α)^{25}Mg 和 ^{28}Si(n,p)^{28}Al 反应的 Si 半导体检测器,利用 ^{12}C(n,α)^{9}Be 反应的钻石检测器。

在 JT-60(日本)中,将 ^{235}U 的电离箱和 ^{238}U 的电离箱成对使用[25]。在 ITER 中,计划将小型核裂变电离箱安装在真空容器内。

(2) 发光现象

利用发光现象的检测器中有闪烁检测器,例如使用 ^{6}Li(n,α)T 反应的 ^{6}Li 玻璃闪烁器。在这种检测器中,射线与荧光体碰撞,受到激发的分子返回基态时放出荧光,然后对该荧光信号进行放大。

(3) 箔放射性

箔放射性是测量金属箔放射量的依据。箔放射性检测器利用中子和金属箔的核反应,在辐照前将金属箔用进气筒送到待测量的位置,辐照后回收并根据其放射量求出中子的产生量。假设中子束为 ϕ(单位制为 $cm^2 \cdot s^{-1}$),核反应截面积为 $\sigma(cm^2)$,金属箔中原子数为 n(个),生成放射性物质的衰变常数为 $\lambda(s^{-1})$,则生成的放射性物质原子数 N(个)满足:

$$\frac{dN}{dt} = \phi\sigma n - \lambda N \tag{18.4.23}$$

当辐照 t 秒后,生成放射性物质的原子数为

$$N = (\phi\sigma n/\lambda)[1 - \exp(-\lambda t)] \tag{18.4.24}$$

辐照能 $R = \lambda N$(Bq,参考 19.2 节)。通过测量活化金属箔的放射能,可以求出中子束 ϕ。测量精度高,但不适合于实时测量。

热中子的测量经常使用 $^{197}Au(n,\gamma)^{198}Au$ 反应的 Au 箔放射性检测器。在高速中子测量中,利用阈值反应排除热能等的散射成分或鉴别 DT 反应生成的中子与 DD 反应生成的中子。例如,利用 4.9 MeV 阈值的 $^{24}Mg(n,p)^{24}Na$、3.3 MeV 阈值的 $^{27}Al(n,\alpha)^{24}Na$ 等反应。

(4)利用检出物质的物理化学变化等的方法

利用检出物质的物理化学变化的方法,有胶片夹等。

2)中子能量测量

低能中子能量的测量可以利用上述检测器,这里主要介绍高速中子能量测量。表 18.4.5 为主要的中子能量光谱仪。测量中子能量谱的装置称为中子能量光谱仪。

表 18.4.5　主要的中子能量光谱仪

序号	核反应区分	检测方法	检测仪器
1		飞行时间法	双晶体飞行时间检测器
2	n-p 反应	反跳质子测量法	反跳质子计数望远镜
3		共轭粒子飞行时间法	共轭粒子飞行时间检测器
4	n-p 反应以外	带电粒子生成反应测量法	Si 半导体检测器,钻石检测器

(1)n-p 反应

高速中子的能量测量利用了高速中子和氢原子核(质子,p)的弹性散射(n-p 反应)。图 18.4.8 为中子-质子弹性散射的示意图[24]。能量 E_n 的中子撞击静止的质子,以反跳角 θ 反跳的质子能量是

$$E_p = E_n \cos^2\theta \tag{18.4.25}$$

以散射角 φ 散射的中子能量为

$$E'_n = E_n(1 - \cos^2 \theta) = E_n \cos^2 \varphi \qquad (18.4.26)$$

反跳角和散射角的关系为 $\theta + \varphi = \pi/2$。入射中子方向以准直仪限定,根据检测器位置确定唯一的 θ、φ,通过测量 E_p 或 E'_n,可以求出高速中子的能量 E_n,这已有很多种方法,代表性的如下所述[24,26]。另外,利用这种 n-p 反应也可以测量中子数。

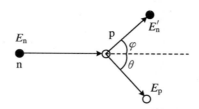

图 18.4.8　中子-质子弹性散射示意图

① 飞行时间法

该测量法通过固定 φ 来测量 E'_n。图 18.4.9 为飞行时间法使用的双晶体飞行时间检测器示意图。该检测器主体为中心位于准直的中子入射轴上、直径为 R 的球,在球表面安装起始检测器、终止检测器。中子在起始检测器中利用 n-p 反应散射,到达终止检测器。假设中子的质量为 m_n,则速度为 $v = \sqrt{2E_n/m_n}$,中子经过起始检测器和终止检测器之间的时间为

$$t = \frac{R\cos \varphi}{v\cos \varphi} = \frac{R}{\sqrt{2E_n/m_n}} \qquad (18.4.27)$$

可见该时间不依赖于散射角 φ。测量通过时间 t,利用公式(18.4.27)可以求得 E_n。作为获取起始信号和终止信号的中子检测器,可以使用响应性好的有机闪烁检测器。

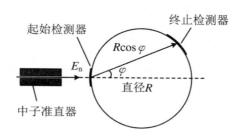

图 18.4.9　双晶体飞行时间检测器示意图[24]

② 反跳质子测量法

该测量法通过固定 θ 测量 E_p,由公式(18.4.25)求出 E_n。入射中子产生反跳质子的

物质叫作辐射器。在应用这种方法的反跳质子计数望远镜里,准直的中子撞击在聚乙烯等含氢物质的辐射器上,通过 n-p 反应生成反跳质子,利用 Si 半导体检测器和 Ge 半导体检测器测量反跳质子的能量。

另外,利用磁场偏转来测量反跳质子能量的反跳质子磁谱仪,能够根据磁场强度来选择反跳质子的能量,因此能够检测出在大量 DT 中子中含有的少量 DD 中子。

③ 共轭粒子飞行时间法

该测量法是组合上述①和②的方法,通过固定 θ、φ 测量 E_p、E'_n,提高了检测效率和能量分辨率。也就是说,该测量法将双结晶型飞行时间法的起始检测器替换为反跳质子计数望远镜,利用 Si 半导体检测器检测在起始检测器位置安装的辐射器释放出的反跳质子,并测量反跳质子的能量,同时作为中子入射的起始信号,利用飞行时间法从终止检测器的信号里同时也测量出散射中子能量。难点在于检测系统的组装和测量电路系统的调整、校对非常复杂。

(2) n-p 反应以外的核反应

使用 n-p 反应以外的核反应测量法,直接测量核反应生成的带电粒子能量来求出中子能量,称为带电粒子生成反应测量法,也是利用如表 18.4.4 所示电离现象的方法。作为使用该测量法的检测器,有 Si 半导体检测器、钻石检测器等。钻石检测器比 Si 半导体检测器的耐辐照性能好。

3) 中子产生分布及密度比的测量

(1) 中子产生分布

为了测量中子产生分布,采用扇形准直仪与多台中子检测器的组合,可以对等离子体整个剖面中子产量的空间分布和能量谱进行测量。

例如,某中子产生分布测量仪(JET)如图 18.4.10 所示。这里,利用水平方向 10 个通道,垂直方向 9 个通道的中子检测器(有机闪烁检测器),得到二维的中子产生分布。为了根据等离子体条件得到适当的计数率,采用通过远程控制能够选择准直器直径的方法。

(2) 密度比

根据公式(1.2.1)、(1.2.3),由于 DT 反应和 DD 反应产生中子的能量不同,所以测量各个反应中产生中子的数量,根据中子能量进行区别后,可以求出密度比 n_T/n_D[28]。

根据公式(1.2.15),DT 反应的中子产生率为

$$N_{DT} = n_D n_T \langle \sigma v \rangle_{DT} \tag{18.4.28}$$

DD 反应的中子产生率为

$$N_{DD} = n_D^2 \langle \sigma v \rangle_{DD}/2 \tag{18.4.29}$$

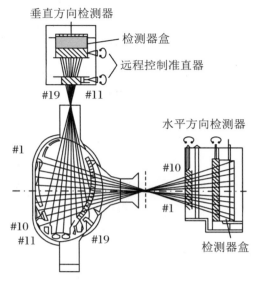

图 18.4.10 中子产生分布测量器(JET)[27]

其中,同种粒子相互总碰撞的次数 $C = n_D(n_D-1)/2 \approx n_D^2/2$。

当测量 N_{DT} 和 N_{DD} 时,有

$$\frac{n_T}{n_D} = \frac{1}{2}\frac{N_{DT}\langle\sigma v\rangle_{DD}}{N_{DD}\langle\sigma v\rangle_{DT}} \tag{18.4.30}$$

采用上式能够求出密度比 n_T/n_D。

4) 中性粒子测量

在等离子体中,存在离子和电子等带电粒子,以及面向等离子体壁再循环等引起的中性粒子。带电粒子围绕磁力线旋转,来自等离子体的主要粒子除了中子以外,还有高能离子与中性粒子电荷交换反应产生的高速中性粒子。高速中性粒子测量将具有等离子体离子能量的中性粒子作为对象,测量等离子体离子温度。另外,如果不是以离子温度为对象,而是以高能中性粒子为测量对象时,则能够得到这种中性粒子的信息。

测量这种高速中性粒子的设备有中性粒子分析仪(NPA,neutral particle analyzer)。它利用气体单元或薄膜(碳薄膜等),使等离子体出来的高速中性粒子离子化,再使其在电场或磁场中偏转,求出能量和动量,同时进行离子质量分析。在采用钻石检测器和 Si 半导体检测器测量中性粒子时,由于产生了与注入粒子的能量成正比的脉冲峰值,通过进行脉冲峰值识别(PHA,pulse height analysis)可以测量粒子能量[29]。

2. 主动性粒子测量

主动性粒子测量是让粒子注入等离子体中,测量等离子体和粒子相互作用放出的电

磁波和二次粒子的方法。

1）中性粒子束衰减法

当中性粒子束注入等离子体中时,通过与等离子体粒子的电荷交换和电离等使得束强度衰减,利用这种衰减可以测量离子密度[16,30]。

2）中性粒子束散射法

当中性粒子束入射到等离子体时,通过与等离子体粒子的碰撞引起动量迁移,束具有小角度能量扩展。若等离子体温度高,中性粒子束会强烈散射。通过测量这些束可以求出离子温度[16]。

3）电荷交换再结合光谱法

在电荷交换再结合光谱法(CXRS,charge exchange recombination spectroscopy,也简称为 CHERS、CXS、CER、CXR 等)中,等离子体中完全电离的杂质离子与注入等离子体的中性粒子进行电荷交换反应,得到 1 个电子而发射光,进而对该辐射光谱进行测量。

在等离子体中,一般存在的杂质为 He、C、O 以及外部进入的 Li、Ne 等。例如,氢的中性粒子束 H^0 与 C^{6+} 的反应如下[31]:

$$H^0 + C^{6+} \rightarrow H^+ + C^{5+}(n = 8) \rightarrow H^+ + C^{5+}(n = 7) + h\nu(529.05 \text{ nm})$$

$$(18.4.31)$$

其中 $n = 8$, $n = 7$ 的 n 是主量子数。通过测量该谱线的多普勒展宽,可以求出杂质碳离子的温度 T_I。当离子温度恢复时间比能量约束时间短时,可认为 $T_I = T_i$,因此能得到等离子体离子温度 T_i。另外,根据谱线的多普勒位移,可以求出等离子体电流的旋转速度 v。对于杂质离子来说,在关注径向并且没有动量注入、没有碰撞的情况下,由公式(3.3.27)可得到径向电场为

$$E_r = \frac{1}{eZ_I n_I} \frac{dp_I}{dr} - v_\theta B_\varphi + v_\varphi B_\theta \qquad (18.4.32)$$

式中下标 I 表示杂质,θ、φ 表示极向磁场和环向磁场分量。上式中,杂质的电荷数较大时,第一项可忽略,若极向磁场和环向磁场是已知的,该测量法由于沿着注入等离子体的中性粒子束的辐射光进行观测,能够测量等离子体电流的旋转速度,所以通过上式可以求出径向电场[32]。

4）动态斯塔克效应

静止原子的发光谱线受电场作用而扩展,这就是斯塔克效应。与此相对,原子在磁场 B 中以速度 v 运动时,加上塞曼效应,受到 $E = v \times B$ 的电场影响而谱线扩展。这称为动态斯塔克效应(MSE,motional Stark effect)。当速度增大时,MSE 比塞曼效应更有优势。

入射等离子体的中性粒子束在与等离子体碰撞中被激励而发出光谱,但受到电场 $E = v \times B$ 的影响,分成电场垂直方向的圆偏振和平行方向的直线偏振。当等离子体中存在的其他电场与电场 E 相比较小时,利用 MSE,测量圆偏振或直线偏振的偏振角,即测量 E 的方向,因为 v 是已知的,就能够求得 B 的方向(俯仰角)。将磁场的俯仰角作为约束条件,通过重新构建等离子体平衡,能够求得等离子体电流密度分布,即安全系数 q 分布[33]。

5)重离子束探测法

重离子束探测法(HIBP,heavy ion beam probe method)是将 1 价的重离子(Au^+、Tl^+ 等)注入等离子体中。因为重离子比氢重,所以在磁场中也能穿透等离子体。从等离子体出来的重离子的轨道和束强度发生改变,根据其变化可求出局部的空间电位和密度,能够测量电位波动和密度波动[32]。

18.5 设计示例

18.5.1 运行控制系统

运行控制系统这里以 ITER 为例介绍。

1. 工厂控制系统

ITER 工厂控制系统如图 18.5.1 所示[34]。工厂控制系统由监视控制系统(SCS,supervisory control system)、各个仪器控制系统、连锁系统、核聚变输出紧急停止系统(FPSS,fusion power shutdown system)等构成(FPSS 未在图中标出)。中央控制、数据收集、信息通信设备(CODAC,command control and data acquisition and communication)由监视控制系统和各仪器控制系统组成,在监视控制系统的管理下,通过各仪器控制系统,在正常运行时控制 ITER 工厂整体的运行。

运行控制系统监视 ITER 等离子体的运行状态。放电控制系统管理控制等离子体运行所需仪器的运行和放电序列。等离子体控制系统直接控制等离子体放电相关的仪器系统。

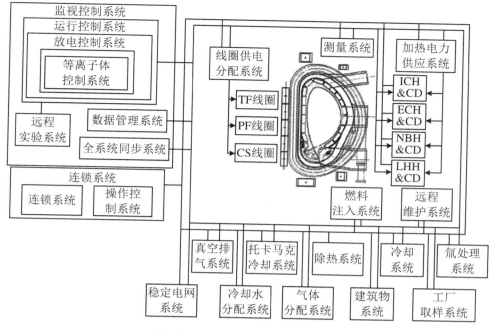

图 18.5.1　ITER 工厂控制系统[34]

2. 连锁等级

连锁系统是与 CODAC 相互独立的系统,在出现偏离正常运行的情况时,与 CODAC 协同处理,进行工厂整体设备的保护和从业人员的保护。另外,当 CODAC 失去功能时,连锁系统成为它的备份系统。

在出现偏离了正常运行的情况时,连锁系统的介入等级如表 18.5.1 所示(表中将超过等级 1,必须启动安全仪器的某种事件,记为等级 0)[34]。

表 18.5.1　连锁等级

序号	等级	对应措施
1	等级 0	在出现超过等级 1 的事件时,FPSS 注入气体停止核聚变输出
2	等级 1	连锁系统紧急停止等离子体放电
3	等级 2	CODAC 尝试停止等离子体放电,然后连锁系统动作
4	等级 3	不中断等离子体放电,正常结束等离子体放电,停止下一次等离子体放电

连锁等级 1 指的是有较大偏离正常运行的情况。连锁系统利用注入 D_2 气体、注入弹丸、停止追加热等方式,紧急停止等离子体放电。

连锁等级 2 指的是偏离正常运行,但没有像等级 1 那样偏离大,它容许在等离子体结束放电之前有 150 s 左右的时间。CODAC 设定正常等离子体的停止放电时间为 300 s 左右,当检测到偏离正常运行时,尝试在 150 s 左右停止等离子体放电。对于经过 150 s 左右时间仍不能改善的现象,连锁系统中止等离子体放电。

连锁等级 3 指的是出现较小偏离正常运行,不要求等离子体紧急停止放电的情况。如果发生在等离子体上升前,则中止等离子体启动。如果是在等离子体上升后,则将等离子体放电持续到结束,停止下一次等离子体放电。如果是在等离子体放电清洗,则立即中止放电清洗。

连锁等级 0 指的是在出现超过等级 1 的事件时,启动安全设备。FPSS 是安全设备的一种,它利用气体填充注入大量杂质,紧急停止核聚变输出。FPSS 独立于连锁系统,当出现真空容器外部冷却材料泄漏现象(参考 19.4 节)时进行动作。

3. 等离子体运行

等离子体运行的主要例子如下所示。

1) 正常运行方案

图 18.5.2 表示 ITER 一般的正常运行情况。首先,在等离子体点火前,预备 PF 线圈系统励磁,进行磁通量 ϕ_{CS} 充电。从 $t=0$ 起,开始改变 PF 线圈系统磁通量 ϕ_{SOP}(start of pulse),注入 ECH 功率 2 MW,点燃等离子体,等离子体电流以 0.15 MA/s 速度上升,

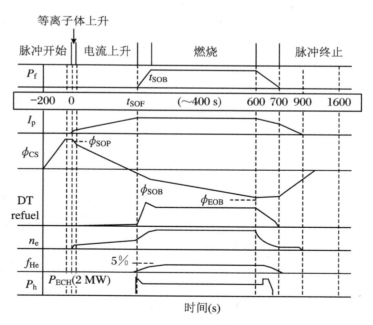

图 18.5.2　ITER 的正常运行方案[34]

形成单零偏滤器位形。当等离子体电流达到额定值时(start of flat top),进行外部加热功率 P_h 注入和供给燃料,开始 500 MW 程度的核聚变反应(燃烧)(start of burn)。随着燃烧积蓄了 He,所以控制燃料供给,维持约 400 s 的燃烧。当到达磁通量的下限 ϕ_{EOB} (end of burn)时,降低外部加热功率和燃料注入量,结束燃烧。然后,下降等离子体电流,结束一个等离子体运行循环。

在运行方案里变换核聚变输出、燃烧时间等,反复进行这一循环,进行实验。以下介绍等离子体运行中主要的等离子体控制。

2)等离子体电流和位形控制

如 9.6.2 小节所示,非圆截面等离子体位置处于不稳定状态。在非圆截面等离子体位置控制中,作为被动性设备是采用双壁结构真空容器和沿环向磁场方向连续环。作为主动性设备的反馈控制中,采用快控循环回路和慢控循环回路。它们的时间常数分别为 3 ms 及 150 ms。在等离子体电流中心位置垂直方向控制中,采用快控循环回路,在等离子体电流、等离子体位形的控制中,采用慢控循环回路。

3)MHD 控制

(1)NTM 控制

对于 NTM 控制,ITER 使用稳定化方法之一的 ECCD,模式为 $m/n = 3/2, m/n = 1/2$,计划注入功率 10~30 MW。调整 ECCD 的注入功率、注入方向,以较少的注入功率实现稳定的目的。

(2)RWM 控制

包围等离子体的容器不是完全导体壁时,RWM 处于不稳定状态。利用表 18.3.2 中控制法之一的校正线圈(correction coil)抑制误差场时,能够抑制锁相模并且维持等离子体旋转,因此使 RWM 稳定[34,35]。ITER 设置了如图 18.5.3 所示的校正线圈,通过控制校正线圈的电流来稳定 RWM。校正线圈由超导线圈制成,在大环的上部、侧边、下部,各

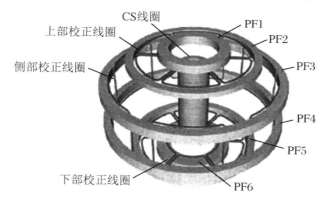

图 18.5.3　ITER 的校正线圈[36]

设置 1 组，各组由 6 个鞍形线圈组成。在上部、侧边、下部的各组中，分别流过以 140 kAT、200 kAT、180 kAT 为上限的电流。校正线圈作为稳定 RWM 的对策，可以替代采用 NBI 向等离子体注入动量以维持等离子体旋转的方法。

4）破裂控制

ITER 装置被设计成能够承受等离子体破裂产生的电磁力和热负荷等。有必要极力减少破裂发生的次数和影响，为此，要进一步开展对破裂发生的预测、缓和、规避的对策研究。对于预测，考虑了神经网络方法。对于缓和，考虑了等离子体平衡电流稳定以及杂质注入等。杂质注入有气体填充、液体喷射注入、固体颗粒注入等方式，冰球注入由于不适合于常态下经常性储备，所以考虑以 Be 等固体颗粒注入。

18.5.2　测量系统

ITER 考虑的主要测量仪器如表 18.5.2 所示[37~39]。ITER 使用的测量仪器安装在真空室内、上部窗口、水平窗口、下部窗口（偏滤器窗口），测量控制仪器则安装在连接窗口的位于生物屏蔽体外侧的小室（port cell）里。

表 18.5.2　ITER 使用的主要测量仪器

序号	测量区分	测量量	测量仪器
1	磁场、电流	等离子体位形的磁场	磁探针、磁环
2		等离子体电流，光晕电流	罗克斯基线圈
3		等离子体储能 $W_\perp$	反磁性线圈
4		安全系数 q 分布，径向电场 E_r	动态斯塔克效应（MSE）
5		安全系数 q 分布，平衡磁场	偏振计
6	等离子体温度、密度	电子密度，温度	激光汤姆孙散射测量（芯部）汤姆孙散射测量（边界）
7		电子密度	干涉仪
8		电子密度分布	反射仪
9		电子温度分布	ECE
10		离子温度分布	电荷交换再结合光谱（CXRS）
11	中子	中子产生分布，核聚变输出	中子产生分布测量仪
12		中子束	中子束监测仪（^{235}U 核裂变电离箱、箔放射性检测器等）

序号	测量区分	测量量	测量仪器
13	α粒子	α粒子密度	电荷交换再结合光谱(CXRS)
14		α粒子能量谱,密度比 n_T/n_D	中性粒子分析仪(NPA)
15	杂质	杂质密度	X射线光谱、VUV(真空紫外线、vacuum ultra violet)光谱、可见光谱
16	辐照功率	辐照功率分布	辐射热测量仪
17	面向等离子体壁,运行监测	偏滤器等离子体杂质数量	可见光谱
18		偏滤器板附近等离子体电子温度、密度	朗缪尔探针
19		偏滤器板温度分布、热流分布	红外线温度记录仪、热电偶
20		逃逸电子	硬X射线测量

安装在真空容器内的测量仪器有磁探针、磁环、辐射热测量仪、反射计、中子监测仪等。在上部窗口和水平窗口处,开口大的测量仪器安装在窗口中央,沿切线方向测量的仪器则安装在窗口的两侧。X射线光谱仪、VUV光谱仪、NPA安装在能够直接面对等离子体的位置。在偏滤器窗口上,测量仪器安装在偏滤器窗口内和偏滤器组件上。

测量系统与反应堆运行相关,要求具有高可靠性。特别是在偏离正常运行时,用于保护堆内仪器的测量系统必须具有很高的可靠性,要采用已有实际业绩的测量仪器。

18.6　今后的课题

今后需要研究的课题如下:

(1) 为了使核聚变反应堆能够稳定地提供电力,反应堆的稳定运行是必要的。即便设计成能够承受破裂时产生的电磁力和热负荷等,由于重新启动堆需要时间,也就不能提供稳定的电力。可以采取在破裂后也能够重新启动反应堆且不影响稳定供应电力的对策,或者采取避免发生破裂的对策。对于前者,需要17.6节3所示的电能储存装置等。对于后者,从正式运行开始就需要有预测破裂并且恢复额定运行的技术。对于每座核聚变堆,都有其固有的特性,需要开发例如在调试运行(commissioning)阶段通过学习就能够预测破裂的技术。

（2）需要进一步开发自律性强的等离子体燃烧的控制方法。另外，需要建立能够应对商用电力系统负荷变动的运行方案和控制方法。

（3）在核聚变实验反应堆以后的反应堆中，需要在更高的辐射环境下使用测量仪器。重要的是要明确真空窗、反射镜、光纤和信号传输电缆等的射线辐照影响，开发出耐辐照性、远程维护性更好的测量仪器。

（4）因为核聚变堆要进行稳态运行，而测量磁场的积分器在长时间使用时存在精度变差的问题，有必要开发出适合于稳态运行的测量仪器。

（5）核聚变实验反应堆的后代中变得特别重要的 DT 燃烧控制中，需要时刻监视 α 粒子和中子的空间分布，开发出分辨率更高的 α 粒子和中子的测量仪器是重要的。

参 考 文 献

［1］ 浜田望，松本直樹，高橋徹共著，现代制御理论入门，コロナ社（1997）.

［2］ 関昌弘编，核融合炉工学概論 未来エネルギーへの挑战，日刊工业新闻社（2001）.

［3］ 栗原研一，日本原子力学会誌，Vol.47，No.3，200-207（2005）.

［4］ 鈴木康夫，小方厚，畠山尚，等，日立评论，Vol.60，2 月号，特集・原子力 臨界プラズ マ试验装置(JT-60)の制御，(171)91 頁（1978）.

［5］ 鎌田裕，日本原子力学会誌，Vol.47，No.1，45-52（2005）.

［6］ 小関隆久，諌山明彦，プラズマ核融合学会誌，第 77 卷第 5 期，409-419（2001）.

［7］ 松永剛，古川勝，J. Plasma Fusion Res.，Vol.88，No.11，660-662（2012）.

［8］ 小関隆久，渡邊清政，J. Plasma Fusion Res.，Vol.83，No.5，446-452（2007）.

［9］ テキスト核融合炉专門委员会，プラズマ・核融合学会誌，第 87 卷增刊号（2011）.

［10］ J.E. Rice, A. Ince-Cushman, J. SdeGrassie, et al., Nucl. Fusion, Vol.47, No.11 1618-1624 (2007).

［11］ 濱本誠，J. Illum. Engng. Inst. Jpn.，Vol.91，No.9，574-577（2007）.

［12］ 雨宫宏，和田元，豊田浩孝，等，J. Plasma Fusion Res.，Vol.81，No.7，482-525（2005）.

［13］ 宫本健郎，核融合のためのプラズマ物理，岩波书店（1976）.

［14］ 榊原悟，栗原研一，J. Plasma Fusion Res.，Vol.80，No.5，364-371（2004）.

［15］ K. Kawahata, J. Fujita, K. Matsuura, et al., Japan Atomic Energy Research Institute, JAERI-Tech 95-041 (1995).

［16］ 池上英雄，山中龍彦，宫本健郎，等，核融合研究 I 核融合プラズマ，名古屋大学出版 会（1996）.

［17］ 山田 諄，プラズマ・核融合学会誌，第 69 卷第 7 期，784-792（1993）.

［18］ 間瀬淳，川端一男，J. Plasma Fusion Res.，Vol.87，No.5，315-325（2011）.

［19］ プラズマ・核融合学会編，プラズマ診断の基礎，名古屋大学出版会（1990）.

［20］ B. J. Peterson，S. Konoshima，A. Yu. Kostryukov，et al.，Plasma and Fusion Res.，Vol. 2，S1018（2007）.

［21］ 川端一男，岡島茂樹，プラズマ・核融合学会誌，第 76 巻第 9 期，845-847（2000）.

［22］ 村岡克紀，プラズマ・核融合学会誌，第 76 巻第 9 期，860-862（2000）.

［23］ 飯本武志，上蓑義朋，河野孝央，J. Plasma Fusion Res.，Vol. 89，No. 9，629-634（2013）.

［24］ 瓜谷章，J. Plasma Fusion Res.，Vol. 89，No. 10，686-690（2013）.

［25］ 西谷健夫，長壁正樹，篠原孝司，石川正男，J. Plasma Fusion Res.，Vol. 80，No. 10，860-869（2004）.

［26］ 井口哲夫，大山幸夫，プラズマ・核融合学会誌，第 72 巻第 2 期，142-153（1996）.

［27］ O. N. Javis and S. Conroy，Plasma Phys. Control. Fusion，44，1651（2002）.

［28］ K. Asai，N. Naoi，T. Iguchi，et al.，Rev. Sci. Instrum. 77，10E721（2006）.

［29］ 長壁正樹，草間義紀，岡村昇一，J. Plasma Fusion Res.，Vol. 80，No. 11，971-980（2004）.

［30］ 政宗貞男，図子秀樹，深尾正之，西原宏，核融合研究，第 40 巻第 5 期，552-560（1978）.

［31］ 門信一郎，J. Plasma Fusion Res.，Vol. 83，No. 2，176-187（2007）.

［32］ 井口春和，プラズマ・核融合学会誌，第 74 巻第 7 期，736-745（1998）.

［33］ 鈴木隆博，杉江達夫，J. Plasma Fusion Res.，Vol. 78，No. 5，411-416（2002）.

［34］ http://www.fusion.qst.go.jp/ITER/FDR/PDD/index.htm，ITER Final Design Report，Plant Description Document，Ch. 3.7，IAEA（2001）.

［35］ 武智学，松永剛，白石淳也，等，J. Plasma Fusion Res.，Vol. 85，No. 4，147-162（2009）.

［36］ http://www.fusion.qst.go.jp/ITER/FDR/PDD/index.htm，ITER Final Design Report，Plant Description Document，Ch. 1，IAEA（2001）.

［37］ http://www.fusion.qst.go.jp/ITER/FDR/PDD/index.htm，ITER Final Design Report，Plant Description Document，Ch. 2.6，IAEA（2001）.

［38］ 山本新，的場徹，核融合研究，第 65 巻第 5 期，508-527（1991）.

［39］ 伊丹潔，河野康則，波多江仰紀，等，J. Plasma Fusion Res.，Vol. 92，No. 6，433-439（2016）.

第 19 章

安全性

核聚变反应堆作为发电站应具备的重要功能之一是确保安全性。本章介绍核聚变反应堆的安全性。

19.1　安全性应具备的事项

核聚变反应堆存在各种各样威胁安全的因素，当然不用说，对于所有因素都需要确保安全。在讨论确保安全时，需要明确是从哪种观点来确保安全的。因为即便是讨论一个现象的安全性，如果观点不同，确保安全的方案就有可能完全不同[1]。

核聚变堆在释放所包含的各种能量时，会损害安全性。表 19.1.1 为核聚变堆包含的主要能量。当某种原因造成能量释放时，有可能会由于等离子体热能损坏仪器，由于冷却材料蒸发和冷冻材料泄漏造成压力上升而损坏设备，由于电磁力损坏设备等。还要考虑由于设备损坏有可能泄漏放射性物质，从而出现受到辐射的风险。面对装置自身损坏带来人员负伤的风险时，当然必须要确保安全，对于放射性物质泄漏方面，也必须要确保安全。这里所述核聚变堆安全应具备的事项，是针对辐射情况下的确保安全。

表 19.1.1　核聚变反应堆包含的主要能量

序号	区　分	内　　　容	风　险
1	等离子体	核聚变功率输出	装置受损、负伤伴随受损的放射性物质泄漏，被辐射
2		等离子体热能（储能）	
3		等离子体电流的电磁能量（储能）	
4	真空容器	冷却材料的内能	
5		伴随辐射的衰变能	
6	包层	增殖材料、倍增材料与冷却材料的化学反应能量	
7	超导线圈	超导线圈的磁场能量（储能） 冷冻材料的内能	
8	燃料循环系统	放射性物质，化学反应能量	

使用 DT 反应的核聚变堆中，中子使真空容器和堆内结构件活化而放出辐射。真空容器和堆内结构件是不具有活动性的。作为可活动性的放射性物质应考虑的有：

① 氚；

② 被活化的第一壁材料等因侵蚀而细微化所产生的放射性尘埃；

③ 冷却材料中的活化腐蚀生成物、水和空气中的活化生成物。

19.2　放射性物质

1．放射能

放射能（radioactivity）是指原子核放出射线，自发衰变为更稳定原子核的性质（能力）。放射能可以用单位时间衰变数，即单位时间内放射性衰变的原子个数来表示。放射能单位至今为止一直使用 Ci（居里），但在国际单位制 SI 中常常使用 Bq（贝克勒尔，Becquerel），1 Bq＝1 衰变数/秒（radioactive decay/s）。具有放射性的物质被称为放射性物质。

原子数为 N 的放射性物质,若衰变常数为 λ(decay constant),则放射能为

$$R = \lambda N \quad \text{(Bq)} \tag{19.2.1}$$

放射性物质在单位时间按照该量进行衰减,所以原子数 N 可以表示为

$$\frac{\mathrm{d}N}{\mathrm{d}t} = -\lambda N \tag{19.2.2}$$

设初始原子数为 N_0,从上式可得

$$N = N_0 \exp(-\lambda t) \tag{19.2.3}$$

N 衰减到 N_0 的一半所用时间称为半衰期 $T_{1/2}$,从 $\exp(-\lambda T_{1/2}) = 1/2$ 得出衰变常数 $\lambda = \ln 2 / T_{1/2}$。如 7.2.3 小节所示,氚是一种放射性同位素,其半衰期为 12.3 年,放出最大能量 18.6 keV、平均能量 5.7 keV 的 β 射线(电子),成为氦 3(^{3}He)。氚的衰变常数如下(参考公式(7.2.12)):

$$\lambda = \frac{\ln 2}{T_{1/2}} = \frac{0.693}{12.3 \times 365 \times 24 \times 3600} = 1.78 \times 10^{-9} \, (\text{s}^{-1}) \tag{19.2.4}$$

比放射能 S_R(specific radioactivity)表示放射性物质的单位质量放射能。氚的比放射能可用阿伏伽德罗常数表示如下:

$$S_R = 1.78 \times 10^{-9} \times \frac{6.02 \times 10^{23}}{3 \times 10^{-3}} = 3.58 \times 10^{17} \, (\text{Bq/kg}) \tag{19.2.5}$$

例如,在核聚变堆站内有氚 17 kg[2] 的条件下,站内放射能为 6.09×10^{18} Bq。另外,镭 ^{226}Ra 的半衰期为 $T_{1/2} = 1.6 \times 10^3$ a,其 1 g 的放射能为 3.7×10^{10} Bq。以该数值为基础,定义 1 Ci $= 3.7 \times 10^{10}$ Bq。

2. 辐照剂量

辐照剂量(exposure dose)是指 X 射线或 γ 射线照射 1 kg 空气时,由于电离作用产生的电子完全停止之前,在空气中产生的正负离子中某一方的全部电荷量,以 SI 单位制表示为 C/kg。在 1 kg 空气中产生 1 库仑(C)离子时,为 1 C/kg。旧单位制的伦琴(R)是对 1 cm^3 空气辐照时产生的正负离子中某一方的全部电荷量,以静电单位制(CGSesu)表示。0 ℃、1 个大气压的 1 cm^3 空气的重量为 1.29×10^{-6} kg,所以[3]

$$1 \, \text{R} = \frac{1 \, \text{CGSesu}}{1 \, \text{cm}^3} = \frac{3.34 \times 10^{-10} \, \text{C}}{1.29 \times 10^{-6} \, \text{kg}} = 2.58 \times 10^{-4} \, \text{C/kg} \tag{19.2.6}$$

3．吸收剂量

吸收剂量（absorbed dose）表示对 1 kg 物质辐照时给予的能量（J），在 SI 单位制中是 Gy（格雷，Gray），记为 1 Gy＝1 J/kg。在旧单位制中是拉德（rad），表示对 1 g 物质给予 100 erg 的辐照能量，记作 1 rad。即

$$1 \text{ rad} = \frac{100 \text{ erg}}{1 \text{ g}} = \frac{100 \times 10^{-7} \text{ J}}{10^{-3} \text{ kg}} = 10^{-2} \text{ Gy} \tag{19.2.7}$$

单位时间的吸收剂量被称为吸收剂量率（Gy/s）。

4．剂量当量/有效剂量当量

国际辐射防护委员会 ICRP（International Commission on Radiological Protection）是关于辐射防护的国际标准建议的国际委员会，国际辐射单位测量委员会 ICRU （International Commission on Radiation Units and Measurements）是进行射线单位和物理数据的维护等的国际性委员会。ICRP 和 ICRU 一直联合研讨辐射防护的单位制等。

即使给予相同的吸收剂量 D，由于射线的种类不同，其引起的生物效应也不同，因此 1954 年确定了使用生物效应比 RBE（relative biological effectiveness）作为对人体影响的射线剂量，定为剂量（rem）＝$RBE \times D$（rad）。备受关注的辐射 RBE，就是利用标准辐射（通常为 250 keV 的 X 射线）产生的生物学效应与产生同样生物学效应的吸收剂量的比值，这是通过实验得出的结果。也在此时，剂量单位 rem（雷姆，Rontgen，Equivalent in Man and Mammal）引入了吸收剂量的单位 rad。

1963 年，ICRP-ICRU 的共同 RBE 委员会建议用质量系数（quality factor）Q 替代 RBE，在 ICRP 1965 年的建议中，定义了剂量当量（dose equivalent）H，并使用 Q 来表示，即 H（rem）＝$Q \times D$（rad）。吸收 1 rad 的 X 射线剂量当量被定义为 1 rem。

ICRP 1977 年建议引入 SI 单位制，组织每一点的剂量当量 H 为

$$H(\text{Sv}) = Q \times D \quad (\text{Gy}) \tag{19.2.8}$$

剂量当量和吸收剂量的单位，分别为 Sv（西弗，Sievert）和 Gy。当质量系数为 1 时，Sv 的定义为 1 Sv＝1×1 Gy。射线质量系数是无量纲量，因此 Sv 的单位就是吸收剂量的单位 J/kg。有 1 rem＝10^{-2} Sv 的关系。赋予射线能量的平均有效射线质量系数，X 射线、伽马射线、电子均为 1，能量不明的中子、质子、静止质量比 1 个原子质量单位大且电荷等于 1 的粒子为 10，能量不明的 α 粒子和多重电荷粒子（以及电荷不明的粒子）为 20。另外，单位时间的剂量当量称为剂量当量率[4]。

对于全身辐照,使用有效剂量当量(effective dose equivalent)H_E:

$$H_E = \sum_T w_T H_T \tag{19.2.9}$$

这里,w_T 表示全身均等辐照时,全部风险下组织 T 的权重系数(weighting factor),其总和为 1。H_T 是组织 T 的剂量当量。

5. 等价剂量/有效剂量

剂量当量 H 是以组织的 1 点为对象定义的,而在 ICRP 1990 年建议中,以人体组织、脏器为对象,表示组织、脏器 T 的等价剂量(equivalent dose)H_T 如下:

$$H_T = \sum_R w_R D_{T,R} \tag{19.2.10}$$

H_T 的单位是 Sv;R 是射线种类;w_R 是辐射权重系数(radiation weighting factor);$D_{T,R}$ 是平均后的射线 R 对于组织、脏器 T 的吸收剂量(单位 Gy)。辐射权重系数分别如下:光子和电子为 1,中子按照能量分类为 $E < 10$ keV:5,10 keV $< E < 100$ keV:10,100 keV $< E < 2$ MeV:20,2 MeV $< E < 20$ MeV:10,$E > 20$ MeV:5,质子(反跳质子除外,$E > 2$ MeV)为 5,α 粒子、核裂变片、重原子核为 20。氚的辐射权重系数为 1[5,6]。

全身辐照时,使用的有效剂量(effective dose)为

$$E = \sum_T w_T H_T \tag{19.2.11}$$

ICRP 1990 年建议中修改了 w_T,与 ICRP 1977 年的建议相比,增加了组织数量,w_T 称为载荷的组织权重系数(tissue weighting factor),表示对于组织和脏器 T 赋予了等效剂量 H_T。

如上所述,将 ICRP 1977 年建议中的剂量当量、射线质量系数、有效剂量当量、权重系数,替换为 ICRP 1990 年建议中的等价剂量、辐射权重系数、有效剂量、组织权重系数。在 ICRP 2007 年建议中采用了有效剂量、组织权重系数等[3~6]。

6. 预托有效剂量

承受体外放射性物质的射线的外部辐照,取决于放射能强度和在辐照环境中停留的时间,离开了这个环境就不会受到辐射。在体内摄入放射性物质后,体内承受射线的内部辐照时,会持续到放射性物质消耗尽为止。

放射性物质的量因人代谢、排泄等功能而排出体外逐渐减少。假设其生物学半衰期为 T_b,摄取的放射性物质从初始量降到一半的有效半衰期为 T_{eff},核素的物理半衰期为 $T_{1/2}$,则得到

$$\frac{1}{T_{eff}} = \frac{1}{T_{1/2}} + \frac{1}{T_b} \qquad (19.2.12)$$

通常氚水的生物半衰期约为 10 天[7]。

从摄取到放射性物质的时刻 t_0 开始,到体内存留时间(累计时间)τ 为止,对接收到的等价剂量率 $H_T(t)$ 进行时间积分,称为预托等价剂量(committed equivalent dose),定义为

$$H_T(\tau) = \int_{t_0}^{t_0+\tau} H_T(t)\mathrm{d}t \qquad (19.2.13)$$

对于累计时间,成人为 $\tau = 50$ 年,儿童为 $\tau = 70$ 年。若采用预托等价剂量和组织负载系数 w_T,则预托有效剂量(committed effective dose)[5]为

$$E(\tau) = \sum_T w_T H_T(\tau) \qquad (19.2.14)$$

对于各放射性物质,每摄取相当于 1 Bq 的预托有效剂量,称为预托有效剂量系数(committed effective dose coefficient,也称为有效剂量系数),单位为 Sv/Bq。将体内摄入的放射性物质量乘以该系数,可求出预托有效剂量。另外,预托有效剂量被视为一年里所摄取的接受剂量,通过与当年外部辐射的有效剂量合计,以该合计值不能超过剂量限度为准,进行个人辐射剂量管理。

7. 氚的浓度限度

基于《防止放射性同位素等引起的辐射损害相关法律》《防止放射性同位素等引起的辐射损害相关法律施行令》及《防止放射性同位素等引起的辐射损害相关法律施行规则》,来确定释放射线的同位素数量等。

表 19.2.1 中摘录了与氚有关的内容,显示出吸入或经口摄入时成人的有效剂量系数[8,9]。人员经常进入场所的空气中放射性同位素的浓度限度,是规定 1 个星期内平均浓度的限制浓度。在排气或空气中,或者排液或排水中,放射性同位素的浓度限制,规定为相当于 3 个月平均浓度的限制浓度。

8. 潜在辐射风险指数

将核电站存在的放射性物质稀释到允许浓度所需的空气量(单位 m³),称为潜在辐射风险指数 BHP(生物学潜在危害,biological hazard potential),定义为

$$BHP = (放射性物质的放射能)/(最大容许浓度) \qquad (19.2.15)$$

BHP 越大，风险则越大。*BHP* 是存在不同放射性物质的核电站的比较指标之一。

表 19.2.1　有关氚的限制浓度

核素种类	化学形式等	吸入摄取情况下有效剂量系数(mSv/Bq)	口服摄取情况下有效剂量系数(mSv/Bq)	空气中浓度限制(Bq/cm^3)	在排气或空气中浓度限制(Bq/cm^3)	在排液或排水中浓度限制(Bq/cm^3)
^{3}H	元素状态氢	1.8×10^{-12}	—	1×10^4	7×10^1	—
^{3}H	水	1.8×10^{-8}	1.8×10^{-8}	8×10^{-1}	5×10^{-3}	6×10^1

如前所述，当核聚变堆存放 17 kg 氚时的放射能为 6.09×10^{18} Bq。若采用表 19.2.1 氚水的限制浓度 5×10^3 Bq/m^3，则 *BHP* $= 1.22 \times 10^{15}$ m^3。核裂变堆具有的主要放射性核素为 ^{131}I，若 ^{131}I 的放射能为 5.4×10^{18} Bq，则 ^{131}I 的限制浓度为 1×10^1 Bq/m^3，因此 *BHP* $= 5.4 \times 10^{17}$ m^3[2]。

19.3　确保安全的方法

19.3.1　安全上的特点

为了确保核聚变堆的安全，必须明确核聚变堆的安全特点，制定适合其特点的对策。核聚变堆安全上的主要特点如表 19.3.1 所示[10~12]。

核聚变堆为了满足等离子体平衡(参考 4.1 节)和能量平衡(参考 6.1、6.2 节)的条件，在燃烧控制(参考 18.3.2 节 1)中，通过注入加热电流驱动功率、供应燃料粒子、控制线圈电流等来维持等离子体燃烧。核聚变堆不是一开始就装载数年用量的燃料，而是持续地供应所需数量的燃料，所以只要终止燃烧控制，停止燃料供应，就可以结束燃烧。

即使发生注入功率控制或者停止燃料粒子供应控制的失败，使得等离子体密度和温度上升，然而由于超过密度极限、比压极限等的等离子体运行的限制值，使得等离子体瞬间熄灭(参考 5.8 节)，从而燃烧停止。假设燃烧还在继续，由于面向等离子体壁的温度上升，来自壁的杂质混入等离子体，燃烧也会停止。即核聚变反应最终会被动停止。

表 19.3.1　核聚变反应堆安全上的主要特点

序号	分　类	内　　容
1	堆运行时	等离子体压力和磁压力均衡下,利用等离子体平衡和能量均衡就能够维持核聚变反应,如果平衡出现崩溃,就停止核聚变反应。在核聚变反应中没有核裂变反应那样的连锁反应
2	堆停止后	引起放射性物质衰变的衰变热来自因中子作用而活化的核素,该热量小于核裂变堆。即使冷却功能丧失,通过自然循环等也能够应对
3	放射性物质	活化生成物大部分都在结构体内,所以只要阻止移动发生,放射性物质飞散放出的可能性就小。放射性物质氚容易移动,且分散存在于核聚变电站内,必须采取防止飞散放出的对策
4	维护修理时	维护维修采用远程操作。维护时需要移动大型结构件。与此同时,封闭于真空容器的活化生成物有可能发生移动,需要采取相应的阻止对策

核聚变堆的衰变热较小,而堆的结构件体型大、热容量大,因此设备因热而损坏的可能性低,预估依靠自然循环就能够实现冷却(参考 16.4.2 小节)。

在核裂变反应堆中,必须满足所谓三大条件,即"停止"核裂变反应,冷却"衰变热",封闭"放射性物质"。在核聚变反应堆中,"停止""冷却"在安全上是比较容易达到的。核聚变堆里活泼性较高的放射性物质氚,分散存放于堆芯、包层、冷却系统、燃料循环系统里,所以一次性释放出所有氚的可能性很低,但是"封闭"放射性物质依然是重要的。

19.3.2　安全性目标

核聚变反应堆的安全性目标,是将从业人员和普通公众(以下简称公众)受到的辐射剂量控制在允许值以下,并且尽可能降低到能够合理地达到的限度。

ICRP 2007 年的建议是将 ICRP 1990 年建议里列出的值,作为通常时期的剂量限度[6]。这里,通常时期是指计划处于被辐射状况的时期。

① 对从业人员,规定 5 年内有效剂量平均值为 20 mSv/a(100 mSv/5 a),并且任何 1 年内都不应该超过 50 mSv。

② 对于公众,有效剂量为 1 mSv/a,可以允许在单独一年内比这个更高的值,但是 5 年内平均值不能超过 1 mSv/a。

据此,按照《关于确定放射性同位素数量等的规定》(日本科学技术厅告示第 59 号)[13]规定的有效剂量限度,从业人员不得超过 100 mSv/5 a,并且 1 年内不得超过 50

mSv,女性不得超过 5 mSv/3 个月。另外,关于有效剂量的规定如下:

① 管理区域内人员经常出入的场所:1 mSv/星期。

② 管理区域内的边界:1.3 mSv/3 个月。

③ 办公场所内人员的居住区域及办公场所的边界:250 μSv/3 个月。

在办公场所边界必须依靠环境管理(空间剂量率,排气、排水中的放射性浓度),确保公众的射线防护,与排气或排水相关的剂量限度按照有效剂量规定为 1 mSv/a。

对于紧急状况,ICRP 2007 年建议采用有效剂量表示剂量限度,具体如下:

① 对于从业人员,在救护活动中,当为其他人提供有益便利而使得救护者的风险升高时,没有剂量限制。在其他紧急活动中,剂量限度为～500 mSv。

② 对于公众,在紧急状况(紧急辐照状况)下,确定在 20～100 mSv/a 范围内。在恢复重建状况(已有辐照状况)下,确定在 1～20 mSv/a 范围内。

在日本,将从事紧急作业的从业人员剂量限度,按照有效剂量确定为 100 mSv[13]。作为事故时应对措施,为了防止灾害扩大,作为特例将从业人员的剂量限度临时提高到 250 mSv。对于公众,在紧急状况时设定为 20 mSv/a,在恢复重建时设定为 1 mSv/a,这些都已有先例[14]。

19.3.3 确保安全的基本想法

1. 基本想法

核聚变堆与核裂变堆同样,虽然核反应元素种类不同,但都是利用核反应能量的一种形式,这就可以参考处理大量放射性物质的核设施(核裂变堆)中确保安全的基本想法[15]。核聚变堆确保安全的基本想法,是根据核聚变堆的安全特点及辐射风险规模来确定的。有关核聚变实验堆 ITER 确保安全的问题仍处于讨论阶段,有关核聚变堆规范体系和配备也正在持续讨论之中[2]。

ALARA 原则和深层防护(多重防护)原则,也适用于核聚变堆的确保安全的基本想法。

(1) ALARA 原则

在通常状态(正常运行的状态)下,公众及从业者所受到的辐射量,应遵循 ALARA (as low as reasonably achievable)的原则,合理地抑制在尽可能低的限度。

(2) 深层防护(多重防护)原则

在偏离正常运行的状态下,根据深层防护原则(the principle of defense in depth)操作,① 努力防止发生异常的情况;② 假若发生异常情况,要努力防止其扩大;③ 万一异常扩大,要努力缓和其影响。

在核聚变堆中,重要的是封闭放射性物质,关于放射性物质的封闭,根据适用多重防护的想法,例如有以下方案[10]:

① 作为一次封闭屏障,利用真空容器、氚燃料循环系统的管道类。

② 作为二次封闭屏障,利用低温恒温器、手套箱。

③ 作为三次封闭屏障,利用建筑物。

2. 确保安全的实施

基于确保安全的基本想法来实施安全确保,其示例如表 19.3.2 所示。采用多重防护的想法,通过提高运行设备的品质,采用主动性安全设备(active safety system)、被动性安全设备(passive safety system)、封闭屏障等方式来确保安全[16]。

表 19.3.2 确保安全的实施示例

序号	项 目	设备的质量提高	主动性安全设备	被动性安全设备
1	停止等离子体	通过燃烧控制,停止等离子体	利用快速位形控制,消除中立平衡点,通过杂质注入等停止等离子体	利用面向等离子体壁材料的杂质,停止等离子体
2	除去衰变热	通过冷却系统控制,进行冷却	利用应急电源进行冷却,切换到自然循环来冷却	通过辐射、热传导冷却来保持安全性
3	超导线圈	线圈电流的控制等	利用保护电阻消耗能量,在线圈无损状态下停止	采用线圈损伤不会影响真空容器的结构
4	利用真空容器封闭	利用真空容器,维持边界	通过隔离阀屏蔽隔断,利用惰性气体填充设备周围	建筑物,被动性过滤器/通气口
5	放射性物质的封闭	利用各个设备的容器壁封闭	利用惰性气体填充手套箱、设备周围	建筑物

19.3.4 安全设计的基本想法

对于安全设计,在核设施里采用单一故障标准(single failure criterion)。所谓单一故障,是指由于单一原因,一台设备失去所定的安全功能,也包括由于单一原因而必然引起的多重故障。在重要的安全设备及系统的设计中,要求假定设备出现单一故障不会损害该设备及系统的安全功能,这被称为单一故障标准[1]。由此,能够确认设备的多重性和多样性。

另外,在事故分析时,在假设的现象上,还要针对那些"事故"处理需要的设备及系统的分析结果中,将最为严重的设备单一故障作为假设情况,进行分析[17]。这里,所谓正常运行是指在规定的范围内,按照计划进行的运行。所谓异常状态,是指偏离正常运行的状态,分为"运行时异常过渡变化"以及超越这个变化的"事故"。

核聚变堆也需要基于确保安全的基本想法来构建安全设计的基本想法。对于核聚变堆,重要的安全设备是封闭放射性物质的设备,在设计核聚变堆的重要安全设备时,可以考虑采用单一故障标准的想法。但是,考虑到核聚变堆和核设施的风险大小不同,需要确定核聚变堆的安全设计等级。

作为安全设计的基本方针,可以考虑如表 19.3.3 所示的方针[2]。对于进行安全设计的设备,从安全的角度来确定它们的相对重要性,并提出适当的要求[18]。

表 19.3.3　安全设计的基本方针

序号	项目	内容
1	正常运行时的辐射防护	配备适当的辐射屏蔽、通风设备、排气和排水设备,限制放射性物质的泄漏。努力防止放射性物质造成的污染,减小作业氛围中放射性物质的浓度,减小向周边环境的释放量及放射性物质的浓度
2	防止异常状态的发生及扩大	确保包含放射性物质设备等的结构安全性,同时防止放射性物质向设备外部的异常泄漏
3	缓和异常状态的影响	对于缓和放射性物质释放影响的设备,要在假设商用电源和主动性设备都不能使用的前提下,进行设计
4	品质保证	对于火灾、地震进行防护,对包含放射性物质的设备以及缓和异常状态影响的设备,在设计、制作、安装等各阶段都要实施适当的质量保证

为了确保根据设备结构的重要程度进行安全设计的安全性,基本的原则是根据核聚变堆的结构特点,制定规格和基准类别,并根据这些进行设计及制造[19]。目前正在依据核聚变反应堆结构的主要特点,研究讨论基准方案。

19.3.5　安全设计的评估

通过现象解析来评估安全设计的恰当性，这一步骤称为安全设计评估。选址评估指的是对于选址条件进行适当性评估。在核电站安全评估里必须进行这样的评估[17]。下面介绍安全设计评估。在对于正常状况的评估中，进行辐射屏蔽分析，对伴随排气和排水引起的放射性物质的释放进行有效剂量的分析。在异常状况的评估中，检查放射性物质释放引起的现象，并进行分析。

作为检查现象的方法，现在有 FMEA（failure mode and effect analysis）和 FTA（fault tree analysis）。FMEA 是分析结构要素的故障模型及其影响的方法。FTA 是定义不希望出现的现象并且寻找产生该现象的原因的方法[20]。

在选定理应评估的现象时，通过解析某种有限数量的现象来评估整体现象，再从类似的现象群中，根据发生频度、影响大小等观点中提取包络现象。

例如，采用以下的方针来选定事件[21]：

① 代表类似现象的事件。

② 通过选定的事件，能够检查异常状态的发生，检查与防止扩大相关联所有设备和系统。

③ 通过选定的事件，能够检查与缓和异常状态影响的相关联所有设备和系统。

选定的主要现象如表 19.3.4 所示[16,21]。这些现象，根据释放的放射性物质产量和发生频度等，分类为运行时的异常过渡变化和事故。随着安全设计的推进，选定的现象数量会逐渐减少。

表 19.3.4　主要的分析现象

序号	现　象	内　容
1	真空容器内冷却剂丧失现象 In-LOCA（inside-vacuum vessel loss of coolant accident）	堆内设备壁冷却系统的冷却剂丧失，并且冷却剂进入到真空容器内部的现象
2	真空破裂现象 LOVA（loss of vacuum accident）	真空容器边界损坏并且空气进入到真空容器内部的现象
3	冷却材料流量丧失现象 LOFA（loss of flow accident）	由于冷却管道堵塞等，冷却材料的流量降低的现象

序号	现　象	内　容
4	氚处理系统的现象 (tritium processing system accident)	因氢爆炸及地震时,氚处理系统配管损坏的现象
5	超导线圈冷冻材料丧失现象 (loss of magnet coolant accident)	由于冷冻材料丧失导致线圈损坏,损伤封闭屏障的现象
6	真空容器外冷却材料丧失现象 Ex-LOCA（external-vacuum vessel loss of coolant accident)	堆内设备冷却系统在真空容器外的地方丧失冷却剂的现象
7	真空容器外冷却剂丧失和真空破裂同时发生的现象 Ex-LOCA with LOVA	真空容器外冷却剂丧失现象和真空破裂现象同时发生的现象
8	商用电源丧失现象 LOPA（loss of power accident)	商用电源丧失的现象

安全分析程序中,包括氚行为分析 TMAP[22]、TPERM[23]、冷却系统异常管路分析程序 ATHENA[24]、传热流动解析程序 MECLOR[25]、气溶胶输运解析程序 NAUA[26]、真空破裂现象解析程序 INTRA[27]、等离子体运动特性解析程序 SAFALY[28] 等[10]。利用这些解析程序对选定现象进行分析,从而确认安全设计的妥当性。

19.3.6　废弃物处理

随着核聚变堆的运转,老化的机器需要更换,更换下来的机器作为废弃物处理。另外,当反应堆废弃后,堆主体结构件和屏蔽混凝土等都成为废弃物。这些废弃物,一般在除去氚及放射性尘埃等后,能移动的设备会搬运到废弃物保管楼内,不能移动的大型机器会原地保留在托卡马克堆内。核聚变堆的放射性废弃物中,不会有像核裂变堆那样的高剂量超寿命的放射性废物(核废料和核裂变生成物)[11]。核聚变堆废弃物将会直到放射性水平降低时都受到充分的管理,之后则可以作为一般废弃物处理。这个期间的安全管理是必不可少的。

19.4　设计示例

以 ITER 为例,介绍关于确保安全的设计[29]:

1.　剂量限度

确保安全的目的,是为了让从业人员和公众免于放射性伤害的担心。基于 ICRP 1990 年的建议,ITER 确定的剂量限度为:从业人员为 5 mSv/a 以下,换班作业(shift)为 0.5 mSv/shift 以下,对公众为 1 mSv/a 以下。另外,制定了如下有关向环境泄漏放射性的 ITER 指导方针:

① 正常运行:HT 为 1 gT,HTO 为 0.1 gT,面向等离子体壁的活化生成物(AP)为 5 g metal,活化腐蚀生成物(ACP)为 1 g metal,在 1 年内任一项都在这些值以下。

② 异常状态:HT 为 1 gT,HTO 为 0.1 gT,AP 为 1 g metal,ACP 为 1 g metal,这些项的组合,在一个事件里有一项小于这些值。

③ 事故:HT 为 50 gT,HTO 为 5 gT,AP 为 50 g metal,ACP 为 50 g metal,这些项的组合,在一个事件里有一项小于这些值。

这里,将事件分类为"正常运行"(normal operation)、偏离正常运行状态而在电站寿命中可能发生一起或一起以上事件的"异常"(incident)、在电站寿命中不应该发生而在安全评估上假设的"事故"等。

2.　确保安全的基本想法

ITER 确保安全的基本想法如下所述:

① ALARA 原则。

② 深层防护原则。

③ 被动性安全的有效利用。

④ ITER 实验堆固有安全的有效利用,即 a. 等离子体中作为辐射物质的燃料量少; b. 核聚变输出功率小;c. 燃烧容易停止,利用物理性限制熄灭;d. 衰变热小;e. 大型设备的热容量大;f. 结构上具有对放射性物质封闭屏障的防泄漏紧固体,等等。

3. 确保安全的实施

根据以上确保安全的基本思路,进行以下确保安全的实施:

(1) 减少放射性物质的量

放射性物质有氚、活化尘埃、活化腐蚀生成物。为了确保辐射防护的安全,首先要降低放射性物质的量。

(2) 放射性物质的封闭屏障

放射性物质的封闭屏障采用多重防护。放射性物质的封闭概念如图 19.4.1 所示。一次封闭屏障包括真空容器、NBI 和 RF 加热电流驱动系统以及测量系统的窗口、托卡马克冷却系统(TCWS,16.4 节)的管道类、氚室的处理系统(12.11 节)、热室的处理系统(15.8 节)等设备。二次封闭屏障包括低温恒温器、真空容器压力冷凝系统(VPSS,vacuum vessel pressure suppression System)塔、氚室的手套箱、热室建筑物的热室/热罐器等。建筑物形成三次封闭屏障。在磁约束核聚变堆中,真空容器和低温恒温器原本就是反应堆结构的必要设备,可以将它们用作安全上的封闭屏障,既简化了反应堆配置,又提高了经济性。

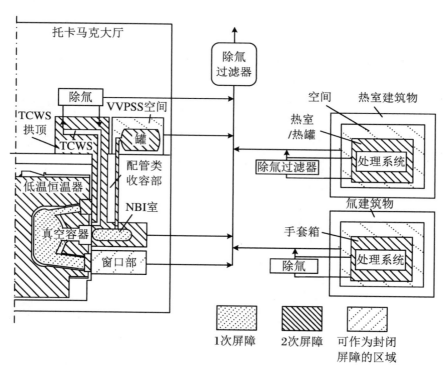

图 19.4.1　ITER 放射性物质封闭概念[29]

核聚变堆设计

（3）损坏封闭屏障的能量

表 19.1.1 所示的能量中,对于 ITER 来说,等离子体热能和电磁能量损坏封闭屏障的可能性小。另外,正在讨论应对破裂时产生电磁力的应对策略。可能损伤封闭屏障的能量有冷却材料或冷冻材料产生的压力、化学能、衰变热、超导线圈储能。

① 在真空容器内,当冷却材料泄漏产生水蒸气,使真空容器内压力升高时,破裂盘动作,将水蒸气通入水里而冷凝,输送到真空容器压力冷凝系统的储罐。利用这个真空容器压力冷凝系统来抑制真空容器内压力的上升。对于冷冻材料泄漏的情况,也能用真空容器压力冷凝系统来抑制真空容器的压力升高。

② 对于化学能反应,有作为燃料的氢同位素(D,T)和空气的反应,等离子体对面壁材料的 Be/C/W 和水蒸气/空气的反应等。为了降低氢同位素与空气反应,可以采取以下措施:a. 防止氢同位素的泄漏;b. 在 2 次封闭屏障内填充惰性气体或使屏障内保持真空;c. 适当进行空气调节,使氢气与空气不能达到易燃烧的混合状态。为了减小 Be/C/W 与水蒸气/空气的反应,可以采取的措施有:a. 减小易发生化学反应的 Be/C/W 粉尘产量;b. 对等离子体对面壁除热,避免达到发生化学反应的温度。

③ ITER 堆停止后的衰变热随时间的变化如图 19.4.2 所示。中子束率为保守性的 $0.5\ \mathrm{MWa/m^2}$。刚停堆后的衰变热约为 11 MW,停堆一天后降到 0.6 MW。对这个衰变热可采取多重防护措施来冷却。其防护措施包括:a. 常规冷却系统;b. 在真空容器冷却系统循环中设置两个独立的循环;c. 电源丧失时使用应急电源冷却;d. 真空容器冷却系统的自然循环;e. 向线圈及低温恒温器辐射热量;f. 向低温恒温器内注入气体,通过降低低温恒温器的真空隔热性能来冷却。

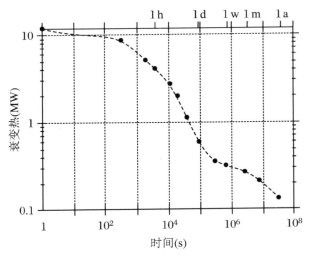

图 19.4.2　ITER 堆停止后的衰变热[29]

④ 超导线圈与作为封闭屏障的真空容器处于交叉位置,如不拆卸真空容器,基本上就很难修理。并且,超导线圈具有很大的储能,紧邻真空容器而设置。为此,在设计、制造、组装、运行的各个阶段,尤其需要确保超导线圈的安全和可靠。在超导线圈与真空容器之间设置适当的间隔,这样即使超导线圈因储能产生形变,也能确保真空容器的安全性,不会出现放射性物质的泄漏。超导线圈是大型设备,热容量大,即使有电弧等引起的热损伤,对于封闭屏障也不会有影响。

(4) 区划管理

维护时,要基于从业人员辐射防护的角度进行区划管理。将各区域分为非监视区域、监视区域、管理区域等,进行阶梯性负压管理。将污染可能性最大区域设置为最低的负压,阶梯性减小负压。区域间的差压在 $50\sim100\,\text{Pa}$,建筑物的换气利用过滤器等除去埃尘,一边监视放射性核素的浓度,一边从排气塔排气。

4. 安全设计

基于确保安全的基本想法进行安全设计,ITER 结构上的主要特性如下[19]:

(1) 考虑到 ITER 是实验装置,有一定频度的破裂发生,在进行安全设计中将其定位在正常运行范围。对于设想的正常运行范围内的电磁力负荷,在弹性范围内进行真空容器和超导线圈等设计以确保结构强度。破裂时产生的电磁力最大(参考 5.8.2 小节),因此若将其定义在正常运行的范围,对于偏离正常运行事故时的载荷,也能够确保所要求的结构强度。

(2) ITER 的设备结构,是以真空容器、包层、偏滤器等堆内设备,以及超导线圈等为代表的复杂的三维结构,电磁力成为主要负载荷重。另外,由于这些设备的工作温度不同,因此需要柔性的支撑结构。

(3) 真空容器构成放射性物质的封闭屏障。真空容器为双层壁结构的大环形状,焊接采用局部熔化焊接等特殊的连接形状。由于真空容器环抱着超导线圈进行组装,因此现场焊接及检查时受到场地限制。

(4) 连接到真空容器窗口的延长管等也是放射性物质的封闭障碍,其中的一部分由窗口和馈管形成,它们采用氧化铝陶瓷等非金属。设计时要求即使这些部件万一破损,通过设置的排气设备,也不会对公众造成过度辐射伤害。

(5) 包层、偏滤器等堆内设备的制造采用 HIP(hot isostatic pressing)等特殊连接方法,采用铜合金等特殊材料作为结构材料。这些作为所定位置上的测试设备,不附加安全上的要求。即在安全设计上假定这些设备破损,冷却水泄漏产生水蒸气,引起真空容器内压力上升,通过设置在真空容器内的压力逃逸机构来应对。

(6) 超导线圈的结构材料使用在极低温下(约 4 K),如果变形超出弹性范围,就不能维持超导状态。超导线圈虽然不是包含放射性物质的设备,但是从确保安全的角度考虑,仅要求其支撑强度不会对作为真空容器放射性物质封闭屏障造成影响。

(7)构成燃料处理系统放射性物质封闭屏障的结构,它的使用条件是在大气程度以及大体上室温,在结构设计上重要的是应对地震的对策。

(8)真空容器及连接窗口构成放射性物质的封闭屏障。在构成封闭屏障的设备中,形成了 LBB(leak before break),即使微小贯通龟裂中流出微小渗漏冷却水,也会停止等离子体燃烧。

根据这些整理出规格和基准,按照这些进行设计和制造。

5. 现象解析

(1)解析现象

主要的解析现象如表 19.4.1 所示。该表主要描述事故现象。在 ITER 将设想的现象使用 FMEA 和自上而下法(top-down study)查找出来,提取所包络的现象。FMEA 是结构要素的故障模型,即相对于自下而上法(bottom-up study)将其影响作为现象进展序列进行追踪。自上而下法则是按照逆序列找出产生那些不好的现象的所有原因。这两种方法互为补充。

表 19.4.1　主要的解析现象

序号	现象	内容
1	真空容器内冷却剂泄漏现象 (in-vessel coolant leak)	冷却剂从面向等离子体壁的冷却系统侵入真空容器内的现象。燃烧停止,水蒸气导致真空容器内压力升到 0.2 MPa 以下,冷却剂中放射性物质在真空容器内扩散,滞留在真空容器压力冷凝系统,泄漏量比 ITER 准则(以下称为准则)规定的异常时数值少两个数量级以上
2	真空容器外冷却剂泄漏现象 (ex-vessel coolant leak)	从真空容器外的偏滤器冷却系统泄漏冷却剂的现象。由于面向等离子体壁的温度上升带来的杂质混入和主动性注入杂质而燃烧停止,真空容器内的冷却系统损伤导致冷却剂侵入,真空容器内压上升到 0.2 MPa 以下,真空容器内放射性物质从真空容器外冷却系统损伤部位向 TCWS 拱顶泄漏。在 TCWS 拱顶压力恢复期间,有少量(手册事故时数值的约 1/3)放射性物质泄漏到环境中

序号	现　象	内　容
3	真空破坏现象 (loss of vacuum)	真空容器连接窗口延长管的窗和阀门损坏导致空气侵入真空容器内的现象。假设同时商用电源也持续断电1小时。因空气侵入,燃烧停止,真空容器和放置受损设备房间的压力在约25分钟达到相等,因温度上升有限,面向等离子体壁和空气不会发生化学反应,侵入的空气被真空排气系统排出,真空容器内放射性物质对环境的释放很少(手册事故时数值的1/8左右)
4	氚处理系统管路泄漏现象 (tritium process pipe leak)	氚处理系统1次封闭屏障受到损伤的现象。2次封闭系统由于填充了惰性气体等,不会发生化学反应。2次封闭系统与氚除去系统连接,因而向氚系统之外的泄漏量低于正常运行的手册数值
5	超导线圈的现象 (events related with coils)	(1) 线圈短路现象。短路线圈及邻近线圈的线圈壳体变形,发生热屏蔽损伤和由此引起的低温恒温器真空度劣化等现象,但对作为封闭屏障的真空容器和低温恒温器没有影响。 (2) 失超时放电失败导致线圈内产生电弧的现象。电弧的影响停留在线圈壳体内。线圈外电弧有熔化电流引线等的可能性,但对真空容器没有影响。 (3) 冷却剂和冷冻剂泄漏到低温恒温器的现象。低温恒温器内压力上升,但水蒸气在线圈等处凝结。通过排气系统,低温恒温器内压力得到恢复,冷却剂中放射性物质对环境释放较少(比手册事故时数值少3个数量级以上)

除了表19.4.1所述的分析现象,还要加上两项评估。

第一项是作为外部因素的自然灾害,假设以一万年为周期考虑的表面最大加速度(peak ground acceleration)为 $0.2g(=196.2$ Gal,g 是重力加速度,1 Gal $=10^{-2}$ m/s^2,分析中使用过去发生的地震,EL CENTRO(1940):341.7 Gal,TAFT(1952):175.9 Gal,等等)的地震,考虑到此时无法控制而追加了破裂或 VDE 的现象。在该现象中,可以认为托卡马克和托卡马克建筑物的位移都在有限允许范围内。

第二项是比上述分析现象更为严峻的现象,即假设一次和二次放射性物质屏障都受到损坏,所有的冷却系统都停止等6种现象。经过解析,在 ITER 设计中采用了可以确保公众安全的高等级防护。

（2）安全解析程序

关于安全解析程序，如 19.3.5 小节所述各种程序正在开发中。这些程序用于掌握核聚变堆固有现象序列，而用于分析等离子体过渡现象与真空容器内设备传热流动特性变化之间相互影响作用的程序也正在开发[28]。使用这些程序可以解析所设想的现象。

19.5　今后的课题

基于至今为止的安全评估，现将核聚变堆固有的安全性归纳如下：

（1）等离子体被动性停止。

（2）核聚变堆在结构上需要真空容器和低温恒温器，它们在安全上成为放射性物质的封闭屏障。低温恒温器内的超导线圈壳体处于极低温下，在安全上具有在异常状态下冷凝因冷却水泄漏产生的水蒸气的功能。与真空容器相连接的低温泵也具有同样的功能。

（3）真空容器等结构件被设计成能够承受电磁力，等离子体及超导线圈等包含的能量不会大到损伤放射性物质封闭屏障的程度。

（4）衰变热不大，可通过自然循环除去，另外，真空容器等大重量结构件的热容量大，堆内结构件温度上升有限。

在原型堆以后，要进行真正的氚增殖，并且为了发电而升高冷却材料温度，所以和实验堆的状况不同。不过，核聚变堆的安全性在本质上没有大的改变。因此，今后的研究课题如下：

（1）为了确保辐射的安全，首先，重要的是减少核聚变堆内放射性物质的质量。由于在原型堆以后将真正进行氚增殖，所以活泼性高的放射性物质（氚、活化尘埃、活化生成物等）在堆内存在量有可能增加。通过选用氚吸收量少的材料作为面向等离子体壁等，开发能够减少这些活泼性高的放射性物质的技术。虽然活化后的堆结构材料是不可移动的，但是在堆退役时减少活化后的废弃物量，对安全来说也非常重要。必须开发这样的减少废弃物的技术。

随着核聚变堆建设的进行，氚增殖生成的氚只要满足电站自身消耗的量即可，这就可以减少核聚变堆内存放的氚量，进一步提高核聚变堆的安全性。

（2）考虑到 ITER 是实验装置，将破裂定位在正常运行的范围内，但是对于设想电磁力及热负荷都很大的设想中的商用堆，有必要修改是否将破裂放入正常运行中。

真空容器和超导线圈等能够承受破裂时产生的电磁力及热负荷,有必要对这一点进行分析确认,确保其所具有的结构强度不会影响放射性物质封闭屏障的功能。如果能够确认的话,则考虑在规定的运行状态限制内,可以将破裂引入正常运行。基于这样的讨论,有必要明确真空容器和超导线圈在安全设计中的位置。

从设备利用率的观点来看,如 18.6 节 1 所示,重要的是即使发生破裂,也能够再次恢复堆运行,不影响稳定供电。

(3) 核聚变堆中散布着活泼性高的放射性物质。利用这种分散的特点,可以对核聚变堆内容纳设备的多个小室(贮藏室(vault)、收容箱(cell))进行安全上更加合理的配置,构建成能够抑制一次泄漏放射性物质过多的结构。

(4) 关于核聚变反应堆的安全性,包括安全设计等,有必要更加明确法律框架。

参 考 文 献

［1］ 佐藤一男,原子力安全の理論,日刊工業新聞社 (1984).

［2］ テキスト核融合炉専門委員会,プラズマ・核融合学会誌,第 87 巻増刊号 (2011).

［3］ 中村尚司,放射線物理と加速器安全の工学,地人書館 (2001).

［4］ 日本アイソトープ協会,仁科記念財団,国際放射線防護委員会勧告,ICRP Publ. 26,丸 善 (1977).

［5］ 日本アイソトープ協会,国際放射線防護委員会の 1990 年勧告,ICRP Publ. 60,丸善 (1991).

［6］ 日本アイソトープ協会,国際放射線防護委員会の 2007 年勧告,ICRP Publ. 103,丸善 出版 (2009).

［7］ 一政祐輔,富山大学水素同位体機能研究センター研究報告書,10・11,17-25 (1991).

［8］ 日本アイソトープ協会,アイソトープ法令集(I)2001 年版,丸善 (2001).

［9］ 日本アイソトープ協会,作業者による放射線核種の摂取についての線量係数,ICRP Publ. 68,丸善(1996).

［10］ 関泰,プラズマ・核融合学会誌,第 73 巻第 8 期,769-775 (1997).

［11］ 関泰,プラズマ・核融合学会誌,第 74 巻第 8 期,795-801 (1998).

［12］ 大平茂,日本原子力学会誌,Vol. 47,No. 12,839-845 (2005).

［13］ 「放射線を放出する同位元素の数量等を定める件(平成 12 年科学技術庁告示第 5 号) 最終改定」平成 24 年 3 月 28 日 文部科学省告示 59 号.

［14］ http://www.env.go.jp/chemi/rhm/h27kisoshiryo.html,環境省「放射線による健康影 響等に関する統一的な基礎資料(平成 27 年度版)」第 4 章,防護の考え方(2015).

［15］ 都甲泰正,岡芳明共著,原子工学概論,コロナ社 (1987).

［16］ J. Raeder, S. Piet, R. Buende, et al., ITER SAFETY, ITER Documentation Series, No. 36,

IAEA, VIENNA (1991).

[17] 科学技術庁原子力安全局原子力安全調査室，原子力安全委員会安全審査指針集，大成出版社 (1991).

[18] T. Okazaki, Y. Seki, T. Inabe, I. Aoki, Fusion Eng. Des., Vol.30, 201-216 (1995).

[19] 多田栄介，羽田一彦，丸尾毅，等，J. Plasma Fusion Res., Vol.78, No.11, 1145-1156 (2002).

[20] 炉設計研究室，日本原子力研究所，JAERI-M 83-214 (1984).

[21] 岡崎隆司，関泰，稲邊輝雄，青木功，日本原子力研究所，JAERI-M 93-112 (1993).

[22] G. R. Longhurst, et al., TMAP4 User's Manual, EGG-FSP-10315, June 12 (1992).

[23] K. Nakahara and Y. Seki, 日本原子力研究所，JAERI-M 87-118 (1987).

[24] K. E. Carlson, et al., ATHENA Code Manual, Volume 1 and 2, EGG-RTH-7379, September (1986).

[25] R. M. Summers, et al., MELCOR 1.8.0: A Computer Code for Nuclear Reactor Severe Accident Source Term and Risk Assessment Analyses, NUREG/CR-5531 and SAND90-0364, Sandia National Laboratories, January (1991).

[26] H. Bunz, et al., NAUA Mod 4, A Code for Calculating Aerosol Behaviour in LWR Core Melt Accidents, Code Description and Users Manual, KfK 3554, KFK, Germany, August (1983).

[27] H. Jahn, INTRA, In-Vessel Transient Analyses Code, Manual and Code Description, Draft, GRS, State January 11 (1996).

[28] T. Honda, H.-W. Bartels, N. A. Uckan, M. Sugihara, T. Okazaki, and Y. Seki, J. Nucl. Sci. Technol., Vol.35, No.12, 916-927 (1998).

[29] http://www.fusion.qst.go.jp/ITER/FDR/PDD/index.htm, ITER Final Design Report, Plant Description Document, Ch.5, IAEA (2001).

第 20 章

分析程序

设计核聚变堆时,除了堆芯等离子体性能外,还需要对构成核聚变堆的机器性能、结构强度等进行评估。进行这些评估,需要有堆芯等离子体分析程序,机器分析、设计程序,安全分析程序等各种各样的分析程序。本章以堆设计系统程序为中心,介绍这些分析程序。

20.1 堆设计流程

20.1.1 设计流程

一般来说,制造物品时,要以"准备要制造的物品"的构想、设想为基础,按照设计、制造、维护的流程进行工作。设计又大致可分为概念设计、基本设计、详细设计、生产(制造)设计。在概念设计中,明确"准备要制造的物品"的功能,考虑发挥这些功能的物理结构,完成计划图。在基本设计中,以计划图为基础,设计结构和形状,完成基本图。有时也将上述的概念设计和基本设计综合在一起称为概念设计。在详细设计中,以基本图为基础,设计组成产品结构的部件,制作部件图、组装图。在制造设计中,设计部件的加工、组装等生产工艺。如果需要用于制造的设备,则还需要进行设备设计。

20.1.2 堆设计流程

这里的"准备要制造的物品"就是核聚变堆。这里所说的设计属于概念设计的范围。图 20.1.1 表示堆设计的流程。这个堆设计流程并不是唯一的东西,而只是一个示例。

1. 作为发电堆的要求

首先,利用核聚变堆进行发电时,必须要明确对于发电堆所要求的事项。作为发电堆,要考虑到接入电力系统时的影响,确定发电输出的大小、经济性(发电单价、建设单价、设备利用率)、安全性等。

2. 构筑堆的概念

要构筑实现核聚变堆的堆概念。为了从等离子体物理和反应堆工程角度确定堆概念,要明确所要求的项目,即在等离子体物理中,根据发电输出的大小来确定核聚变输出的大小 P_f(W)。根据公式(2.5.1)、(6.3.5),有 $P_f \propto n^2 T^2 2\pi R_0 \pi a^2 \kappa$,从等离子体位形确定等离子体参数中的 n、T、R_0、a、κ 的大体值(初始值)。确定运行方案后,再确定等离子体加热、电流驱动方式。在反应堆工程方面,对于 DT 反应的核聚变堆来说,还有关于核聚变堆增设速度的氚增殖比的数值的要求,能在所产生的中子环境下使用的堆结构材料的要求,以及维护性能、安全性能等的要求。

3. 明确制约条件

在等离子体物理方面和反应堆工程方面,还有各自的制约条件,为了实现堆概念,必须考虑这些制约条件。从现在所获得的等离子体性能来说,这些制约条件有能量约束时间、比压极限、密度极限、安全系数、环向磁场纹波度等。比压极限如公式(5.5.1)表示,安全系数如公式(4.2.54)表示,环向磁场如公式(5.5.2)表示。安全系数受到 MHD 稳定性的制约。根据这些因素来确定 I_p、B_0 等的大体值(初始值)。

设计开始
作为发电堆的要求
发电输出
发电单价、建设单价
设备利用率
安全性
构筑堆的概念
等离子体物理的要求
核聚变热输出
等离子体位形
运行方案(燃烧时间等)
加热、电流驱动方式
堆工程的要求
氚增殖比
中子壁负荷
维护方案
安全方案
等离子体制约条件
能量约束时间
比压极限
密度极限
安全系数
环向磁场纹波度
计算等离子体参数的初始值
堆工程制约条件
从纹波度求TF线圈数
从中子数求TF线圈屏蔽厚度
从环向场求线圈电流
从向心力、垂直力、倾覆力引起的应力，求TF线圈壳体厚度、CS线圈配置、伏秒
计算径向构造的初始值
堆芯等离子体设计
等离子体功率平衡分析
加热、电流驱动装置设计
包层设计
偏滤器设计
屏蔽设计
等离子体参数整合性
No
堆结构设计
等离子体平衡
PF线圈配置、设计
TF线圈设计
倾覆力
TF线圈壳体设计
燃烧时间
伏秒计算
支撑圆筒应力
用于维护时的窗口尺寸
真空容器、真空排气设计
径向构造整合性
No
Yes
发电厂设计
发电系统设计
电源设备设计
冷却、冷冻系统设计
氚处理系统设计
建筑物平面设计
安全分析、确保安全性
No
Yes
计算成本、确保经济性
No
Yes
设计结束

图 20.1.1　堆设计流程

作为反应堆工程方面的制约条件,根据环向磁场纹波度来确定 TF 线圈数量,根据核聚变热输出确定中子发生数量,进而确定 TF 线圈数量的屏蔽厚度的大体值(初始值)。还有,根据环向磁场 B_0 的大小,确定 TF 线圈电流值。根据产生的应力,确定 TF 线圈壳体的厚度(初始值)。根据运行方案,确定 CS 线圈配置,进而确定 CS 线圈应该供给的伏秒(volt-second)、CS 线圈直径、支撑圆筒(backing cylinder)直径(初始值)。

4. 堆芯等离子体设计

根据从等离子体物理方面和反应堆工程方面的制约条件确定的等离子体参数、构造的大体范围(初始值),分析等离子体功率平衡式,从而确定等离子体参数。在等离子体加热、电流驱动装置设计、包层设计、偏滤器设计、屏蔽设计中,分别做成机器简易评估式,与上面的等离子体参数的初始值一起,用于等离子体功率平衡式的分析。这样,反复进行等离子体功率平衡式的分析,直至得到等离子体物理方面和反应堆工程方面的制约条件与各机器设计的整合性,然后进行堆芯等离子体设计,确定等离子体参数。

5. 堆结构设计

根据等离子体平衡分析,确定 PF 线圈配置,进行 PF 线圈设计,以及进行 TF 线圈设计。根据等离子体平衡分析,可以知道极向磁场的大小,从而求得正确的倾覆力。根据 TF 线圈壳体中产生的应力,确定 TF 线圈壳体的厚度。根据运行方案,确定燃烧时间,从而确定 CS 线圈应该供给的伏秒(volt-second)。正确知道了支撑圆筒中产生的应力后,确定支撑圆筒的厚度。根据 TF 线圈的数量,确定包括维护时所使用的窗口尺寸等在内的真空容器结构,并与维护方案进行整合。反复进行上述操作,直至获得堆芯等离子体设计与径向构造的整合性。

6. 发电厂设计

进行发电系统设计,电源设备设计,冷却、冷冻系统设计,氚处理系统设计,建筑物平面设计等发电厂设计。进行安全分析,确认能够确保安全性。如果不能确保安全性,则重新进行堆芯等离子体设计,直至能够确保安全性为止。同样,进行经济性评估,反复进行堆芯等离子体设计,直至确保经济性为止。当确认了经济性后,设计阶段结束。

20.2 各种分析程序

分析程序大致可以分成堆芯等离子体分析程序,机器分析、设计程序,安全分析程序,详细分析程序。

1. 堆芯等离子体分析程序

堆芯等离子体分析程序又可如表 20.2.1 所示进行分类,开发有许多种类的程序。由于等离子体内的现象会相互发生影响,欧美、日本一直在开发将这些现象统合在一起的堆芯等离子体统合分析程序[1]。在日本,已有用于等离子体模拟的统合程序 TOPICS (Tokamak Prediction and Interpretation Code System)[2]、托卡马克输送分析统合程序 TASK(Transport Analyzing System for Tokamak)[3] 等。还有,等离子体处于湍流状态,需要分析复杂的输运现象,目前正在开发大规模的用于模拟的程序。

表 20.2.1　堆芯等离子体分析程序

序号	项　目	内　容
1	平衡分析	分析等离子体的位置、形状、磁岛等
2	输运分析	以等离子体粒子、能量平衡为基础,分析输运过程。分析考虑了湍流输运的等离子体的温度密度
3	稳定性分析	分析等离子体的 MHD 稳定性、等离子体形状变形等
4	粒子/加热、电流驱动分析	分析 NBI、弹丸投射。分析等离子体的波动的激发、传播、吸收
5	周边等离子体分析	考虑等离子体壁相互作用,分析周边等离子体的温度密度,分析中性粒子、杂质、辐射的输运过程

2. 机器分析、设计程序

针对各个机器分别开发有机器分析、设计程序,包括线圈分析、偏滤器等离子体分析、氚行为分析等。包层的分析、设计中,采用 14.2.2 小节 3 中介绍的中子与 γ 射线的分析程序。

3. 安全分析程序

安全分析程序中,需要有 19.3.5 小节中所示的许多程序。安全分析程序的目的在于进行实验验证,把握分析精度,提高可靠性。

4. 详细分析程序

在通用的详细分析程序中,有作为结构分析程序的 ABAQUS、ADINA,作为结构、传热分析程序的 ANSYS,作为热流体分析程序的 CFD 等。

20.3 堆设计系统程序

1. 系统程序的作用

核聚变堆是由众多的机器组成的装置。在核聚变堆设计中,重要的是要一边维持机器之间的平衡,一边有效地发挥核聚变堆的功能。因此,堆设计系统程序(以下称为系统程序)必须在满足关于等离子体和堆工程的成立条件(也称制约条件)的前提下,一边协调机器之间的整合性,一边确定核聚变堆的基本规格。

图 20.3.1 表示系统程序与各分析程序之间的关系。为了理解等离子体内发生的各种现象,要利用实验数据和分析这些数据的等离子体分析程序。但是,庞大数据的处理分析非常复杂,需要庞大的计算容量和时间。如果将分析这些现象的程序原样组合在一起,则愈发变得庞大复杂,因此利用简易评估公式来表示等离子体内发生的现象。在堆工程条件中,包括确保中子的屏蔽厚度、承受电磁力的结构等,与等离子体的情况一样,

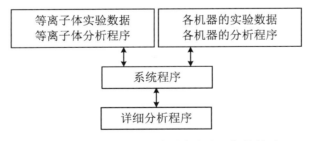

图 20.3.1　系统程序与各分析程序之间的关系

利用各机器的众多实验数据及其分析程序，通过简易评估公式来表示。将这些简易评估公式输入系统程序，获得系统整体的整合性，确定堆设计参数。

通过系统程序确定了基本规格之后，利用通用的详细分析程序，分析评估机器结构强度、冷却系的传热特性等，进行机器的详细设计。另外，为了在适当条件下运行反应堆，需要利用运行控制模拟程序，确认运行范围的妥当性，确认反应堆运行的安全性。

核聚变堆现在还处于开发阶段。在构筑反应堆概念时，应该避免对特定机器要求过高目标，避免特定机器的开发体量过大，从而推进平衡的具有良好效率的开发过程。系统程序对于这一评估也是有效的。

2. 各种系统程序

许多系统程序的结构都包括等离子体分析、机器分析、成本分析等，各系统程序的特征在于其重点不同。如表 20.3.1 所示，大致可以根据堆概念设计、经济性评估、等离子体动态特性评估的重点放置状态，对系统程序进行分类。

关于将重点放置于堆概念的系统程序，日本国内有 TORSAC（Tokamak Reactor System Analysis Code）、TRESCODE（Tokamak Reactor System Conceptual Design Code）、TPC 程序（Tokamak Plasma Power Balance Calculation Code）等。日本以外则有美国的 ASC（ARIES System Code，ARIES：Advanced Reactor Innovation and Evaluation Study）、英国的 PROCESS（Power Reactor Optimization Code for Environmental and Safety Studies）、法国的 HELIOS、SYCOMORE（System Code for Modeling Reactor）、德国的 TREND（Tokamak Reactor Code for the Evaluation of Next-step Devices）等[17]。对于螺旋管型核聚变堆设计，有 HELIOACOPE（Heliotron System Design Code for Reactor Performance Evaluation）[18]等。

将重点放置于经济性评估的系统程序中，包括有可以说已成为许多系统程序的源泉的 Generomak（Generic Fusion Physics，Engineering and Costing Model）、FUSAC（Fusion Power Plant System Analysis Code）、PEC（Physics-Engineering-Cost）等。

将重点放置于等离子体动态特性评估的系统程序有 SAFALY（Time Dependent Safety Analysis Code on Plasma Anomaly Events in Fusion Reactors）。

表 20.3.1　系统程序

序号	项　目	程序名	内　容
1	堆概念设计	TORSAC	稳态 0D 功率平衡、TF 线圈形状、真空排气系统的机器评估等[4]
2		TRESCODE	稳态 0D 功率平衡、TF 线圈形状、应力计算、电源设备评估等[5]
3		TPC	基于 ITER 物理指南[6]，由 TRESCODE 发展而来[7]
4		ASC	稳态 0D 功率平衡，真空容器、堆内机器、线圈等的主要机器的形状，成本评估等[8]
5		PROCESS	稳态 0D 功率平衡、TF 线圈形状间的 NB 窗口尺寸、运行率、发电厂整体的能量平衡评估等[9]
6		HELIOS	稳态 0D 功率平衡、等离子体截面形状、温度密度分布详细化、发电厂整体的能量平衡评估等[10]
7		SYCOMORE	在稳态 0D 功率平衡中，又采用 HELIOS 等离子体模块，发展偏滤器尺寸评估等而成[11]
8		TREND	稳态 0D 功率平衡、偏滤器板的热负荷、第一壁寿命、发电厂整体的能量平衡评估等[12]
9	经济性评估	Generomak	稳态 0D 功率平衡、ORNL（Oak Ridge 国立研究所）开发的概括性成本评估软件[13]
10		FUSAC	稳态 0D 功率平衡、基于 TRESCODE 的堆内机器评估、基于 Generomak 的成本评估等[14]
11		PEC	能够适用于托卡马克型、螺旋器型，评估内容包括从包层厚度到决定径向构造的机器物量、成本等[15]
12	等离子体动态特性评估	SAFALY	稳态 0D 功率平衡与堆内机器的传热模型的联立过渡分析[16]

20.4　堆概念设计程序

以 TRESCODE 为例，介绍重点放置于堆概念设计的系统程序。

1. 功率平衡（单位时间的能量平衡）

为了简便起见，许多系统程序采用的不是一维功率平衡，而是 0 维功率平衡。TRESCODE 的稳态 0D 功率平衡公式是将公式（6.2.10）、（6.2.11）所示的电子、离子的各自功率平衡式加在一起的方程式：

$$P_{con} + P_{sy} + P_{br} = P_\alpha (1 + 5/Q) + P_J \tag{20.4.1}$$

$$P_{con} = \frac{3kT}{2} \left(\frac{n_e}{\tau_{Ee}} + \frac{n_i}{\tau_{Ei}} \right) \quad 或 \quad P_{con} = \frac{3kT}{2} \frac{n_e + n_i}{\tau_E^{global}} \tag{20.4.2}$$

这里，$T_e = T_i = T$，$P_d = 5P_\alpha/Q$。P_{imp} 很小，可以忽略不计。

DT 核聚变截面积为

$$\langle \sigma v \rangle = 1.0 \times 10^{-22} \exp [a_1 \{\ell n (T_i/10^3)\}^3 + a_2 \{\ell n (T_i/10^3)\}^2 + a_3 \{\ell n (T_i/10^3)\} + a_4] \tag{20.4.3}$$

$a_1 = 0.038245$，$a_2 = -1.0074$，$a_3 = 6.3997$，$a_4 = -9.75$，T_i 单位为 eV

根据公式（6.2.14），α 加热功率为

$$P_\alpha = n_D n_T \langle \sigma v \rangle k E_{\alpha 0} f_\alpha \tag{20.4.4}$$

其他各项采用公式（6.2.16）、（6.2.18）、（6.2.19）。将相对于离子密度 n_i 的比例 $f_{ei} = n_e/n_i$、$f_D = n_D/n_i$、$f_T = n_T/n_i$、$f_I = n_I/n_i$ 以及高速 α 粒子压力相对于等离子体压力的比值 Γ_α 作为输入值，以此为基础，求出密度 n_e、n_D、n_T、n_I。

能量约束关系采用如下定标率：

Mirnov 定标率[19] $\quad \tau_E = 1.55 \times 10^{-7} a I_p \kappa^{0.5}$ $\tag{20.4.5}$

Optimized 定标率[20] $\quad \tau_E = 4.6 \times 10^{-2} a R_0 B_0 M^{0.5}$ $\tag{20.4.6}$

INTOR/Alcator 定标率[21] $\quad \tau_E = 5.0 \times 10^{-21} n_e a^2 \kappa$ $\tag{20.4.7}$

Neo-Alcator 定标率[22] $\quad \tau_E = 7.0 \times 10^{-22} n_e a R_0^2 q_I \quad q_I = 2\pi \kappa^2 a^2 B_0 / (\mu_0 R_0 I_p)$

$$\tag{20.4.8}$$

ASDEX-H 定标率[23] $\quad \tau_E = 6.4 \times 10^{-8} I_p B_0 M^{0.5}$ $\tag{20.4.9}$

T-11 定标率[24] $\quad \tau_E = 1.4 \times 10^{-22} n_e a^{0.25} R_0^{2.75} M^{0.5} T^{-0.5}$ $\tag{20.4.10}$

Goldston 定标率[25] $\quad \tau_E = 2.3 \times 10^{-5} I_p \kappa^{0.5} a^{-0.37} R_0^{1.75} M^{0.5} P_{in}^{-0.5}$ $\tag{20.4.11}$

其中单位为：等离子体电流 I_p 为 A，温度 T 为 eV，等离子体的入射功率 P_{in} 为 MW，其他为 MKS。考虑比压极限、密度极限后，确定等离子体参数。安全系数为

$$q_\Psi = \frac{2\pi}{\mu_0} \frac{aB_0}{AI_p} \frac{1+\kappa^2}{2} \left(1 + \frac{0.16 + 0.633\delta}{A^{0.5}}\right) \left\{1 + \frac{\beta_p(0.45 + \delta)}{A^{1.5}}\right\} \quad (20.4.12)$$

这里,δ 为三角度。

如 5.3 节所示,随着能量约束关系研究的进展,与之相随的系统程序中所适用的能量约束关系也发生变化,0D 功率平衡也得到改善。

2. 径向构造

图 20.4.1 表示径向构造。等离子体大半径 R_0 为

$$R_0 = R_{CS} + \Delta_{CS} + \Delta_{g1} + \Delta_{BC} + \Delta_{c1} + \Delta_T + \Delta_{c2} + \Delta_{g2}$$
$$+ \Delta_{TS} + \Delta_V + \Delta_S + \Delta_B + \Delta_{SL} + a \quad (20.4.13)$$

这里,TF 线圈分成:TF 线圈的外侧壳体厚度 Δ_{c1},TF 线圈的厚度 Δ_T,TF 线圈的内侧壳体厚度 Δ_{c2}。

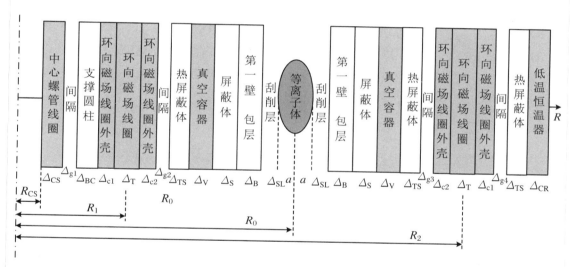

图 20.4.1 径向构造

图 20.4.1 中虽然没有表示,但在各机器之间还存在间隙,必须考虑到这个因素。热屏蔽体的厚度 Δ_{TS} 采用 13.3 节中确定的数值。各机器的厚度如以下"3. 伏秒"至"7. 放射性屏蔽"各项内容所示。要调整径向构造,以满足各机器厚度的要求。

3. 伏秒

只靠 CS 线圈启动并维持等离子体时,等离子体电流驱动所需要的伏秒如公式 (6.5.5)所示。TRESCODE 中采用如下参数:

$$\phi_{op} = \phi_{Ramp} + \phi_{Ejima} + \phi_{Burn} \tag{20.4.14}$$

$$\phi_{Ramp} = L_p I_p = \mu_0 \{\ell n(8A) - 2\} R_0 I_p \tag{20.4.15}$$

$$\phi_{Ejima} = C_{Ejima} \mu_0 R_0 I_p = 1.35 \times 10^{-6} R_0 I_p \tag{20.4.16}$$

$$\phi_{Burn} = R_p I_p t_B = 2.092 \times 10^{-3} \frac{Z_{eff} t_B}{\kappa a^2 T_e^{1.5}} R_0 I_p \tag{20.4.17}$$

根据公式(9.8.5)，CS 线圈的伏秒为

$$\phi_{CS} = \frac{2\pi B_{pmax}}{\alpha_C} (1 - f_{EQ}) \left(R_{CS}^2 + \Delta_{CS} R_{CS} + \frac{\Delta_{CS}^2}{3} \right) \tag{20.4.18}$$

这里，引入与等离子体位形相关的修正系数 f_{EQ}。确定了必要的伏秒 ϕ_{op} 后，为了供给这一数值，令 $\phi_{CS} = \phi_{op}$，确定 CS 线圈的内侧半径 R_{CS} 与 Δ_{CS}。

关于伏秒，① TORSAC、TPC、PROCESS、TREND 考虑了 PF 线圈的伏秒贡献；② PROCESS 采用了 PF 线圈截面为矩形的自感；③ TRESCODE、TPC、PROCESS、TREND 考虑了启动时电阻引起的磁束消费量；④ TPC、PROCESS、SYCOMORE、TREND 采用的公式(4.1.43)中，等离子体的自感包括了内部电感，而其他系统程序则没有考虑这个问题。除了伏秒，在其他项目中，系统程序之间也存在差异。重要的是，简易评估式存在误差，在构筑系统程序时，需要考虑各项目的误差大小。

4. TF 线圈形状

从环中心到 TF 线圈的内脚中心之间的距离 R_1 为

$$R_1 = R_{CS} + \Delta_{CS} + \Delta_{g1} + \Delta_{BC} + \Delta_{c1} + \frac{\Delta_T}{2} \tag{20.4.19}$$

将公式(20.4.19)代入公式(9.3.22)，可得卷线部的平均电流密度 j_{tw} 为

$$j_{tw} = \frac{b(d + \Delta_T)}{(2d + \Delta_T)\Delta_T} \tag{20.4.20}$$

$$d = R_{CS} + \Delta_{CS} + \Delta_{g1} + \Delta_{BC} + \Delta_{c1}, \quad b = \frac{2B_{tmax}}{\mu_0 \alpha_T f_{ts}}$$

最大经验磁场 B_{tmax} 由公式(9.3.21)确定。

TF 线圈的形状可利用 3 圆弧近似求得，由 9.3.4 小节 2 确定。TF 线圈的高度是确定垂直构造时的重要项目之一。利用环形磁场纹波度的公式(9.3.4)，得到 TF 线圈的外缘中心位置 R_2 如下式所示：

$$R_2 = (R_0 + \alpha)\left[\left\{\frac{\delta}{1.5} + \frac{1}{(R_0 + \alpha)^N/R_1^N - 1}\right\}^{-1} + 1\right]^{\frac{1}{N}} \qquad (20.4.21)$$

5. 作用在 TF 线圈形状上的电磁力

根据公式(9.3.21),TF 线圈形状上的全电磁力 NI 为

$$NI = \frac{2\pi(R_1 + \Delta_T/2)(B_{tmax}/\alpha_T)}{\mu_0} \quad (AT) \qquad (20.4.22)$$

利用这一公式,下面表示作用在图 20.4.2 所示的 TF 线圈截面上的应力。

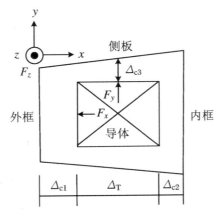

图 20.4.2　TF 线圈截面

(1) 垂直力引起的拉伸应力

如图 9.3.7 所示,TF 线圈的形状近似于 3 圆弧。在图 20.4.3 中,圆中心的坐标分别为 (x_1, z_1)、(x_2, z_2)、(x_3, z_3)。x 方向的距离分别为

$$R_2 = x_1 + \ell_1, \quad R_3 = x_1 + \ell_1\cos\theta_1, \quad R_4 = x_2 + \ell_2\cos(\theta_1 + \theta_2),$$
$$R_5 = x_3 + \ell_3\cos(\theta_1 + \theta_2 + \theta_3) = R_1 \qquad (20.4.23)$$

还有,利用扩展力(参考 9.3.3 小节),作用在 TF 线圈上的 z 轴方向的力为 $dF_z = F_a \sin\theta\, \ell\, d\theta$。TF 线圈的与 z 轴平行的部分(长度 h_L 的部分)为 $\theta = \theta_1 + \theta_2 + \theta_3 = \pi$,对 z 轴方向的力没有贡献。作用在 1 个 TF 线圈上的垂直力(vertical force,单位 N)可以通过对 dF_z 沿 θ 方向积分求得,如下式所示:

$$F_z = \int_0^{\theta_1} \frac{\mu_0 NI^2\, \ell_1 \sin\theta}{4\pi(x_1 + \ell_1\cos\theta)}d\theta + \int_{\theta_1}^{\theta_1 + \theta_2} \frac{\mu_0 NI^2\, \ell_2 \sin\theta}{4\pi(x_2 + \ell_2\cos\theta)}d\theta$$

$$+ \int_{\theta_1 + \theta_2}^{\theta_1 + \theta_2 + \theta_3} \frac{\mu_0 N I^2 \ell_3 \sin \theta}{4\pi (x_3 + \ell_3 \cos \theta)} \mathrm{d}\theta$$

$$= -\frac{\mu_0 N I^2}{4\pi} \left(\int_{R_2}^{R_3} \frac{\mathrm{d}R}{R} + \int_{R_3}^{R_4} \frac{\mathrm{d}R}{R} + \int_{R_4}^{R_1} \frac{\mathrm{d}R}{R} \right)$$

$$= \frac{\mu_0 N I^2}{4\pi} \int_{R_1}^{R_2} \frac{\mathrm{d}R}{R} = \frac{\mu_0 N I^2}{4\pi} \ell \mathrm{n} \left(\frac{R_2}{R_1} \right) \qquad (20.4.24)$$

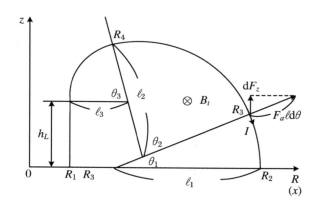

图 20.4.3　作用在 TF 线圈上的扩张力

如果 1 个 TF 线圈的线圈壳体的截面积为 S_{can}，由于有外缘支架和内缘支架 2 个脚，垂直力引起的拉伸应力(tensile stress)则为

$$\sigma_1 = \frac{F_z}{2 S_{can}} \qquad (20.4.25)$$

(2) 向心力引起的面压

TF 线圈的全向心力 F_{ct} 如果改写成 x 轴方向的力 F_x，根据公式(9.3.6)、(9.3.21)，则有

$$F_x = \frac{\pi}{\mu_0} \left(R_1 + \frac{\Delta_T}{2} \right) (B_{tmax} / \alpha_T)^2 \quad (\text{N/m}) \qquad (20.4.26)$$

利用周长 $2\pi R_1 f_{ts}$，全向心力作用在 TF 线圈壳体的外框上的面压为

$$\sigma_2 = \frac{F_x}{2\pi R_1 f_{ts}} \qquad (20.4.27)$$

这里，f_{ts} 为 TF 线圈的导体在环方向所占的比例。

（3）倾覆力引起的弯曲应力

公式（9.3.7）所示的倾覆力如果写成 y 轴方向的力 F_y，利用 FEM 分析结果得到的简略公式，倾覆力作用在 TF 线圈壳体的外框、内框、侧板上的弯曲应力则为[27]

$$\sigma_{3o} = \frac{F_y}{2\Delta_{c1}}\left(1 + \frac{\Delta_T}{4\Delta_{c1}}\right), \quad \sigma_{3i} = \frac{F_y}{2\Delta_{c2}}\left(1 + \frac{\Delta_T}{8\Delta_{c2}}\right), \quad \sigma_{3s} = \frac{0.91F_y\Delta_T}{\Delta_{c3}^2} \quad (20.4.28)$$

F_y 的单位为 N/m。确定 Δ_{c1}、Δ_{c2}、Δ_{c3}，以满足上述关系。

6. 支撑圆筒

支撑圆筒用于对 TF 线圈的向心力进行支撑。根据支撑圆筒设置于线圈的外侧还是内侧，在支撑圆筒上产生的应力也不相同。这里，对于外侧设置的情况，在图 20.4.4 中表示支撑圆筒上产生的应力。

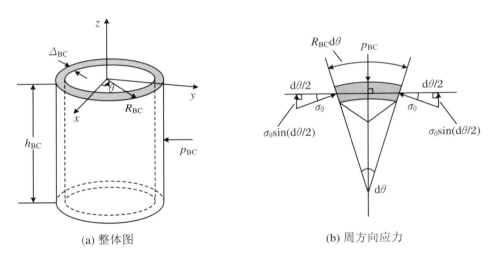

| (a) 整体图 | (b) 周方向应力 |

图 20.4.4　支撑圆筒上产生的应力

由于 TF 线圈的向心力 F_x，产生径方向的压缩应力（compressive stress）σ_R 和周方向的压缩应力 σ_θ。TF 线圈的全向心力作用在支撑圆筒上的面压为

$$p_{BC} = \frac{h_{BC}F_x}{2\pi R_{BC}h_{BC}} = \frac{F_x}{2\pi R_{BC}} \quad (20.4.29)$$

这里

$$R_{BC} = R_{CS} + \Delta_{CS} + \Delta_{g1} + \Delta_{BC} \quad (20.4.30)$$

径方向应力为 $\sigma_R = -p_{BC}$。

从图 20.4.4(b) 得知，周方向应力 σ_θ 满足

$$2\Delta_{BC}\sigma_\theta\sin(d\theta/2) = p_{BC}R_{BC}d\theta \tag{20.4.31}$$

近似有 $\sin(d\theta/2) \approx d\theta/2$，则

$$\sigma_\theta = R_{BC}p_{BC}/\Delta_{BC} \tag{20.4.32}$$

σ_R、σ_θ 为主应力，且 $R_{BC}/\Delta_{BC} \gg 1$，所以应力强度 σ_S 为

$$\sigma_S = |\sigma_R| + |\sigma_\theta| = p_{BC} + \frac{R_{BC}}{\Delta_{BC}}p_{BC} = \frac{F_x}{2\pi\Delta_{BC}} \tag{20.4.33}$$

确定了 F_x 之后，只从支撑圆筒的厚度 Δ_{BC}，就可以确定应力强度 σ_S。

利用材料的屈服应力 σ_y、最大拉伸应力 σ_u，可得容许应力为

$$S_m = \min\left\{\frac{2}{3}\sigma_y, \frac{1}{3}\sigma_u\right\} \tag{20.4.34}$$

明确设计标准后，以此为基础规定产生的应力，从而确定线圈壳体的厚度。

7. 放射性屏蔽

从等离子体至 TF 线圈的厚度为

$$\Delta = \Delta_{SL} + \Delta_B + \Delta_S + \Delta_V + \Delta_{TS} + \Delta_{g2} + \Delta_{c2} \tag{20.4.35}$$

对于放射性屏蔽的有效屏蔽厚度为

$$\Delta_{eff} = f_B\Delta_B + f_S\Delta_S + f_V\Delta_V + f_{TS}\Delta_{TS} + f_{c2}\Delta_{c2} \tag{20.4.36}$$

这里，f_B、f_S、f_V、f_{TS}、f_{c2} 分别为表示包层、屏蔽体、真空容器、热屏蔽体、TF 线圈壳体的有效屏蔽效果的单位厚度的衰减率。还有，核发热、中子辐照损伤等也由中子负荷来确定。考虑这些因素，将相对于 TF 线圈的放射性屏蔽厚度分配给这些机器。

8. 垂直构造

图 20.4.5 表示单零偏滤器位形的垂直构造。κ_u、κ_N 分别表示至上部等离子体、下部零点的非圆拉长比，Δ_D 为偏滤器部的厚度，Δ_{BU} 为上部的第一壁与包层的厚度，Δ_{SU} 为上部的屏蔽体的厚度。在偏滤器部的下方，大多不设置下部包层或下部屏蔽体。从等离子体的平衡分析求出零点位置。

对于单零偏滤器位形、双零偏滤器位形、限制器位形的情况，等离子体的高度 h_p 分别为

$$h_P^S = \kappa_u \alpha + \kappa_N \alpha \qquad (20.4.37)$$

$$h_P^D = 2\kappa_N \alpha \qquad (20.4.38)$$

$$h_P^L = 2\kappa \alpha \qquad (20.4.39)$$

这里，κ 为限制器位形的非圆拉长比。

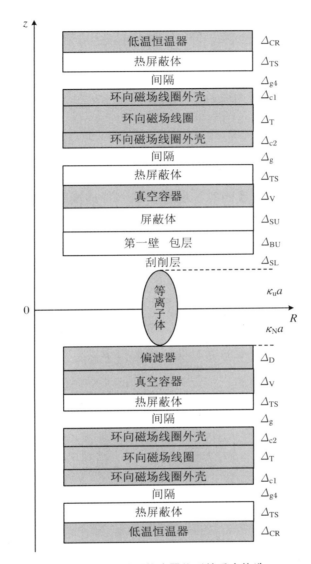

图 20.4.5 单零偏滤器位形的垂直构造

对于单零偏滤器位形的情况，TF 线圈的高度为

$$h_z^S = \kappa_u \alpha + \Delta_{SL} + \Delta_U^S + \kappa_N \alpha + \Delta_D + \Delta_L^S \qquad (20.4.40)$$

599

$$\Delta_U^S = \Delta_{BU} + \Delta_{SU} + \Delta_v + \Delta_{TS} + \Delta_g + \Delta_{c2} + \Delta_T + \Delta_{c1} \qquad (20.4.41)$$

$$\Delta_L^S = \Delta_v + \Delta_{TS} + \Delta_g + \Delta_{c2} + \Delta_T + \Delta_{c1} \qquad (20.4.42)$$

对于双零偏滤器位形的情况,TF 线圈的高度为

$$h_z^D = \kappa_N \alpha + \Delta_D + \Delta_U^D + \kappa_N \alpha + \Delta_D + \Delta_L^D \qquad (20.4.43)$$

这里,$\Delta_U^D = \Delta_L^D = \Delta_L^S$。对于在低磁场侧设置限制器的限制器位形的情况,TF 线圈的高度为

$$h_z^L = \kappa \alpha + \Delta_{SL} + \Delta_U^L + \kappa \alpha + \Delta_{SL} + \Delta_L^L \qquad (20.4.44)$$

这里,$\Delta_U^L = \Delta_L^L = \Delta_U^S$。

9. 电源设备容量

（1）TF 线圈

利用 17.3 节所示的 TF 线圈的蓄积能量 E_{ts}、TF 线圈上升时间 T_{st},通过下式求得 TF 线圈的电源设备容量 P_{tc}[5]:

$$P_{tc} = E_{ts}/T_{st} \qquad (20.4.45)$$

（2）PF 线圈

PF 线圈电源由变换器和变压器组成。第 i 个 PF 线圈的电源电压 V_i 为公式（17.4.9）。通过线圈电流 I_i,第 i 个 PF 线圈的视在功率为 $P_{pi} = I_i V_i$。因为是直流,所以这也是有功功率。全 PF 线圈的电源设备容量为 $P_{pc} = \sum_i P_{pi}$。全 PF 线圈的蓄积能量为

$$E_{ps} = \sum_i \int_{-T_p}^{T} P_{pi} \mathrm{d}t \qquad (20.4.46)$$

这里,T_p 为预备励磁时间,T 为反应堆的运行时间。当利用装备飞轮的电动发电机供应电源时,将该蓄积能量蓄积在飞轮上。

20.5 经济性评估程序

以 Generomak[13]、FUSAC[28] 为例,介绍经济性评估。如表 20.3.1 所示,这些系统

程序中,采用的是稳态 0D 功率平衡。公式(2.3.1)所示的总热输出 P_t 在这里表示为发电的热循环可以利用的比例,α 粒子功率 P_α 的利用率为 η_{alpha},加热、电流驱动功率 P_h 的利用率为 η_{heat},则有

$$P_{\text{TH}} = MP_n + \eta_{\text{alpha}} P_n + \eta_{\text{heat}} P_h \tag{20.5.1}$$

利用这一公式,可以计算出向发电厂外输送的净剩电力输出 P_{net}^e。作为物理条件,考虑比压极限、密度极限、约束性能,并考虑 CS 线圈的伏秒、TF 线圈的电磁力支撑结构,进而确定径向构造。下面说明建设成本以及发电成本的评估方法。

1. 发电单价

发电厂的经济性评估指标之一是发电单价 COE(cost of electricity)。发电单价的单位有日元/kWh、\$ /kWh、mills/kWh(1 US \$ = 1000US mills)等。

发电单价的表示方法中,包括通货的购买力(货币价值)恒定、与时间无关的 Constant Dollar Mode 和通货的购买力随时间变化的 Current Dollar Mode。下面为了简单起见,采用 Constant Dollar Mode 的 COE 来表示:

$$COE = \frac{F_{\text{CR}} C_C + C_R + C_{\text{OM}} + C_F + C_{\text{DD}}}{365 \text{ day} \times 24 \text{ hour/day} \times f_{\text{ave}} P_{\text{net}}^e} \tag{20.5.2}$$

这里,C_C 为初期的总资本费;F_{CR} 为将总资本费换算成 1 年的比例(年资本比例,equivalent fixed charge rate on capital),随着采用的是法定耐用年数还是物理耐用年数而变化,也随着税率、人工费、修缮费等的计入方法而变化;C_R 是年间定期更换费;C_{OM} 是年间运行维持费;C_F 是年间燃料费;C_{DD} 是换算为 1 年的废弃物处理费、退役费;f_{ave} 是设备利用率;P_{net}^e 是向系统送电的发电厂发电量(plant net electric power,单位为 kW_e,下面表示为 kW)。分子的年间总发电经费的单位是 \$,COE 的单位是 \$ /kWh。

2. 总资本费

初期的总资本费(initial capitalized investment)为

$$C_C = C_D + C_{\text{IND}} + C_{\text{IDC}} = C_D f_{\text{IND}} f_{\text{IDC}} \tag{20.5.3}$$

这里,C_D 为直接建设费(direct cost),C_{IND} 为间接费(indirect cost),C_{IDC} 为建设中利息(interest during construction)。也可以利用间接建设费相对于直接建设费的倍率 f_{IND}、建设中利息相对于直接建设费的倍率 f_{IDC} 来计算总资本费。

3. 直接建设费

直接建设费中包括① Balance of Plant(BOP)成本:C_{BOP},② 建筑物(reactor building)成本:C_{RB},③ 核聚变堆的堆芯固有的机器(fusion island)成本:C_{FI},④ 氚的初始装量部分(tritium)的成本:C_{TR},⑤ 安全系统(safety)的成本:C_{SA}。所谓 Balance of Plant (BOP),指的是供应燃料和冷却剂等的泵以及控制发电的电气回路等的发电辅助机器类的总称,包括涡轮机发电设备、锅炉设备所附带的机械设备(泵类、应急发电机、配管设备等)、电气设备(直流电源设备、电缆设备等)。

构成发电厂的机器的成本评估方法大致有两种,一种是与发电厂和构成机器的建设成本 C 以及发电厂的特征参数(发电输出等)的比值的指数成比例,即定标法(scaling):

$$C = C_0 (P/P_0)^\gamma \tag{20.5.4}$$

这里,C_0 为基准发电厂的建设成本,P_0 为基准发电厂的特征参数,P 为要评估的发电厂的特征参数,γ 为定标指数。这一方法只在能够规定特征参数时才有效。

另一种方法是根据物量基础的计算法,按照各机器或设备对发电厂进行分类,根据各自的物量和单价,计算出机器或设备的成本,然后合计后,评估为发电厂整体的建设成本,即建设成本可定义如下:

$$C = \sum_i c_{i0} (q_i/q_{i0}) \tag{20.5.5}$$

这里,c_{i0} 为作为基准的机器或设备 i 的基准单价,q_{i0} 为作为基准的机器或设备 i 的物量,q_i 为要评估的机器或设备 i 的物量。这种评估法实际用于建设费的概算,但设计进度必须已经到了可以对物量进行概算的地步。评估 C_{BOP} 或 C_{RB} 时,可以参照轻水堆,根据相对于热输出或发电输出的定标法,进行求解。评估 C_{FI}、C_{TR}、C_{SA} 时,可以采用物量基准或者定标法。

采用这些评估法,得到直接建设费为

$$C_D = (1 + f_{con})(C_{BOP} + C_{RB} + C_{FI} + C_{TR} + C_{SA}) \tag{20.5.6}$$

f_{con} 为调整比例(contingency factor),可以列入建设期间和试验运行期间难以预料的费用,即自然现象或与设计无关的问题所导致的不确定费用。

4. 年间定期更换费

年间定期更换费 C_R(annual cost of component replacement at specific intervals)包括① 包层的年间定期更换费用:C_{RB},② 偏滤器的年间定期更换费用:C_{RD},③ 加热电流驱动系统的年间定期更换费用:C_{RH},则有

$$C_R = C_{RB} + C_{RD} + C_{RH} \tag{20.5.7}$$

5. 年间运行维持费

年间运行维持费(annual cost of operation and maintenance)严格来说,包括与维持运行有关的各项目之和,也可以将总资本费 C_C 与年间定期更换机器的初期装料部分费用 C'_R 之和再乘以比例系数 f_{OM},即利用下式计算:

$$C_{OM} = f_{OM}(C_C + C'_R) \tag{20.5.8}$$

6. 年间燃料费与废弃物处理、退役费

年间燃料费(annual fuel cost)C_F 包括氚的费用 C_{FD}、核聚变-核裂变混合堆中装料的核燃料费用 C_{FF},即

$$C_F = C_{FD} + C_{FF} \tag{20.5.9}$$

作为燃料的氚,需要有初始装料费,但由于在运行时会自己生成,因此不需要年间燃料费。这里,没有假定为核聚变-核裂变混合堆,故 $C_{FF} = 0$。

废弃物处理、退役费(annual cost of waste disposal and decommissioning)C_{DD} 为换算为 1 年间的废弃物处理费 C_{DIS} 和退役费 C_{DEC} 之和:

$$C_{DD} = C_{DIS} + C_{DEC} \tag{20.5.10}$$

在 Generomak 中,根据核裂变堆的经验计算出这一数值。

为了降低发电单价 COE,重要的是要削减机器和设备的物量,提高设备的利用率等。

20.6 等离子体动态特性评估程序

定量把握核聚变发电厂整体的状态,对于核聚变发电厂的安全运行来说十分重要。因此,需要对等离子体与反应堆结构体的连接过渡进行分析。这里,作为等离子体动态特性评估程序,介绍等离子体物理中采用了 ITER 物理指南[29]的 SAFALY[16,30]。

1. 粒子平衡、能量平衡

(1) 粒子平衡式
采用 0D 模型进行等离子体分析。为了简便起见,令 $n_D = n_T = n_i/2$,根据公式

(6.2.3)、(6.2.4)、(6.2.6)，粒子平衡式为

$$\frac{\mathrm{d}n_i}{\mathrm{d}t} = S_i - \frac{n_i}{\tau_{Pi}} - 2\left(\frac{n_i}{2}\right)^2 f_p \langle \sigma v \rangle \tag{20.6.1}$$

$$\frac{\mathrm{d}n_\alpha}{\mathrm{d}t} = -\frac{n_\alpha}{\tau_{P\alpha}} + \left(\frac{n_i}{2}\right)^2 f_p \langle \sigma v \rangle \tag{20.6.2}$$

$$\frac{\mathrm{d}n_I}{\mathrm{d}t} = \frac{n_i}{\tau_{Pi}} f_{z1} f_{z2} + S_{imp} - \frac{n_I}{\tau_{PI}} \tag{20.6.3}$$

$$n_e = n_i + 2n_\alpha + \sum_{j=I} n_j Z_j \tag{20.6.4}$$

这里，F_α 很小，可以忽略。公式(6.2.4)中的 S_I 在公式(20.6.3)中分成第一壁溅射对等离子体的杂质混入，和随着面向等离子体壁的温度上升引起的对等离子体的杂质混入 S_{imp}。f_{z1} 是在等离子体泄漏的燃料离子中进入第一壁的比例，f_{z2} 是溅射收得率，S_{imp} 如后续 6 所示。$\tau_{P\alpha}$、τ_{Pi}、τ_{PI} 分别表示 α 粒子、等离子体离子、杂质粒子的约束时间。f_p 是表示 DT 反应的分布效果的系数：

$$f_p = (-0.395 + 1.128\alpha_n + 3.777\alpha_T - 1.022\alpha_n\alpha_T)T_{ekeV}^\lambda \tag{20.6.5}$$
$$\lambda = 0.0090 - 0.023\alpha_n - 0.385\alpha_T + 0.15\alpha_n\alpha_T$$

这里，α_n、α_T 分别为表示等离子体密度、温度分布的系数，在 SAFALY 中的输入值为 $\alpha_n = 0.1$、$\alpha_T = 1.0$；T_{ekeV} 是电子温度，单位为 keV；f_{z1}、f_{z2} 的值现在还难以确定，在 SAFALY 中，通过输入值来调整 f_{z1}，从而确定稳定状态的适当的杂质来源，f_{z2} 则固定为 $f_{z2}=1$。当为了紧急停止等离子体而注入杂质时，在公式(20.6.3)中，追加利用注入率（个/(m³·s)）来注入杂质的杂质注入项后，再进行分析。

（2）能量平衡式

能量平衡式包括电子与离子，有

$$\frac{\mathrm{d}}{\mathrm{d}t}\left(\frac{3}{2}n_e T_{ekeV}\right) = (1-f_{ai})P_\alpha + (1-f_{Hi})P_H + P_J - P_{ei} - P_{br} - P_{sy} - P_{li} - \frac{3}{2}\frac{n_e T_{ekeV}}{\tau_{Ee}} \tag{20.6.6}$$

$$\frac{\mathrm{d}}{\mathrm{d}t}\left(\frac{3}{2}n_e T_{ekeV}\right) = f_{ai}P_\alpha + f_{Hi}P_H + P_{ei} - \frac{3}{2}\frac{n_i T_{ikeV}}{\tau_{Ei}} \tag{20.6.7}$$

这里，电子与离子的温度 T_{ekeV}、T_{ikeV} 的单位为 keV。

α 加热功率（keV/(m³·s)）为

$$P_\alpha = \left(\frac{n_i}{2}\right)^2 f_p \langle \sigma v \rangle \left(E_\alpha - \frac{3}{2}T_{ikeV}\right) \tag{20.6.8}$$

这里，α 粒子能量为 $E_{\alpha} = 3.52\ \mathrm{MeV}$。$\alpha$ 粒子加热等离子体离子的比例可用下式求得：

$$f_{\alpha i} = 1.0 - \{1.0 - (T_{ekeV}/50) - 0.37\ (T_{ekeV}/50)^{1.75}\} \tag{20.6.9}$$

利用能量倍增率 Q，得到加热功率（$\mathrm{keV/(m^3 \cdot s)}$）为

$$P_H = \frac{1}{Q}\left(\frac{n_i}{2}\right)^2 f_p \langle \sigma v \rangle E_f \tag{20.6.10}$$

这里，DT 核聚变能量 $E_f = 17.62\ \mathrm{MeV}$。$f_{Hi}$ 是加热功率中用于加热等离子体离子的比例。

电子-离子之间的能量传送（$\mathrm{keV/(m^3 \cdot s)}$）为

$$P_{ei} = 1.5 \times 10^{-19} n_e \ell n\ \Lambda \sum_j \frac{Z_j^2 n_j}{A_j} \frac{T_{ekeV} - T_{ikeV}}{T_{ekeV}^{1.5}} \tag{20.6.11}$$

A_j 为离子 j 的质量数。

韧致辐射功率（$\mathrm{keV/(m^3 \cdot s)}$）为

$$P_{br} = 3.34 \times 10^{-21} C_{br} n_e \sum_j Z_j^2 n_j T_{ekeV}^{1/2} \tag{20.6.12}$$

这里，C_{br} 为表示关于韧致辐射的分布效果的系数。

回旋辐射功率（$\mathrm{keV/(m^3 \cdot s)}$）为

$$P_{sy} = 2.57 \times 10^5 n_e^{1/2} \alpha^{-1/2} T_{ekeV}^{5/2} B_0^{5/2}\ (1 + \chi_{sy})^{1/2}\ (1 - R_{wall})^{1/2} \tag{20.6.13}$$

这里，χ_{sy} 为辐射谱的多普勒效应的修正系数，R_{wall} 为壁的反射率。

焦耳加热功率（$\mathrm{keV/(m^3 \cdot s)}$）为

$$P_J = 1.01 \times 10^{19} C_J \frac{j_{zMA}^2 Z_{eff} \ell n\ \Lambda}{T_{ekeV}^{3/2}} \tag{20.6.14}$$

$$C_J = \{(1 + \alpha_n)/(1 + \alpha_n + \alpha_T)\}^{3/2} (1 + 3\alpha_T/2)$$

这里，j_{zMA} 为等离子体电流密度（$\mathrm{MA/m^2}$），C_J 为表示关于焦耳加热的分布效果的系数。库仑对数采用与公式（6.1.23）相同的值：

$$\ell n\ \Lambda = 16.09 - 1.15 \ell og_{10}\ n_{e20} + 2.30 \ell og_{10}\ T_{ekeV} \tag{20.6.15}$$

P_{li} 为线辐射损失功率（$\mathrm{keV/(m^3 \cdot s)}$）。等离子体中如果混有氩等高 Z 杂质，会产生线辐射损失。在 SAFALY 中，利用与边缘等离子体的辐射损失 P_{rad}^{edge} 的比值，来赋予线辐射损失（$P_{li} = f_{li} P_{rad}^{edge}$，$f_{li} \approx 1/3$，$P_{rad}^{edge}$ 在输入时采用常数）。

约束时间以电子的约束时间为基准。采用系数 C_{Pi}、C_{P_α}、C_{PI}、C_i 时,有

$$\tau_{Pi} = C_{Pi}\tau_{Ee}, \quad \tau_{P_\alpha} = C_{P_\alpha}\tau_{Ee}, \quad \tau_{PI} = C_{PI}\tau_{Ee}, \quad \tau_{Ei} = C_i\tau_{Ee} \quad (20.6.16)$$

在输入时赋予系数。

在 SAFALY 中,也可考虑等离子体的约束模式的迁移(参考 5.3 节)。

2. 比压极限

在 SAFALY 中,设定在超过比压极限或密度极限时,发生等离子体破裂。比压极限采用公式(5.5.1)所示的 Troyon 极限法则。等离子体的比压极限由下式计算:

$$\beta_t(\%) = \beta_{th} + \beta_\alpha = \beta_{th}(1 + \gamma_\alpha) = \frac{n_e kT_e + n_i kT_i}{B_0^2/2\mu_0}(1 + \gamma_\alpha) \times 100 \quad (20.6.17)$$

密度和温度的单位分别为 m^{-3} 和 eV。γ_α 是 α 粒子对比压值的贡献部分[29]。

3. 密度极限

作为等离子体密度极限,采用公式(5.6.1)所示的格林沃尔德(Greenwald)密度极限:

$$n_g = C_{Gw}I_p/(\pi a^2) \quad (20.6.18)$$

这里,引入在输入时指定的系数 C_{Gw}。在之前的实验中,C_{Gw} 大于 2。这个值可以根据物理知识和安全方面进行确定。

还有,单零偏滤器位形中,采用的 Borrass 密度极限为

$$n_{20}^{Br} = \frac{n_{e20}}{n_{s20}} C_{Br} \frac{Q_\perp^{5/8} B_0^{5/16} (1 - f_{rad})^{11/16}}{(qR_0)^{1/16}} \quad (20.6.19)$$

这里,密度 n_{20}^{Br} 的单位为 10^{20} m^{-3};n_{s20} 为分界面上的密度,单位为 10^{20} m^{-3};$Q_\perp$ 是流入分界面的能量;f_{rad} 是偏滤器处的杂质引起的辐射的比例[29];C_{Br} 是常数,$C_{Br} \approx 2.37$;密度比 n_{e20}/n_{s20} 为 0.4~0.7,但会受到等离子体表面处的输运等的影响。杂质引起的辐射的比例在 SAFALY 中,由偏滤器的辐射损失公式(20.6.29)所确定。

在 SAFALY 中,也具有双零偏滤器位形的 Borrass 密度极限:

$$n_{20}^{Br} = 3.5 n_{cr} \quad (20.6.20)$$

$$n_{cr} = 1.8 Q_\perp^{0.53} B_0^{0.31}/(qR_0)^{0.22} \quad (20.6.21)$$

这里,n_{cr} 为等离子体边缘的密度极限。

4. 面向等离子体壁的热负荷

根据公式(20.6.6)、(20.6.7)，流入刮削层的功率为

$$P_{SOL} = P_\alpha + P_H + P_J - P_{br} - P_{sy} - P_{li} - \sum_{j=e,i} \frac{d}{dt}\left(\frac{3}{2} n_j T_{jkeV}\right) \quad (20.6.22)$$

右边最后一项为保守起见，以下给予忽略。流入第一壁的功率为

$$P_{fw} = P_{br} + P_{sy} + P_{li} + P_{rad}^{edge} \quad (20.6.23)$$

在 SAFALY 中，来自等离子体边缘的辐射损失功率 P_{rad}^{edge} 近似为

$$P_{rad}^{edge} = C_{rad}^{edge} P_{rad0}^{edge} (f_z^{edge})^{0.75} (n_e^{edge})^{0.75} \quad (20.6.24)$$

式中，C_{rad}^{edge} 是系数，这里令 $C_{rad}^{edge} = 1$；P_{rad0}^{edge} 是等离子体边缘的辐射功率的恒定值；f_z^{edge}、n_e^{edge} 分别是等离子体边缘处的杂质比例、电子密度。

第一壁的热负荷可从下式求得：

$$q_{fw} = P_{fw} f_{peak} V_p / S_f \quad (20.6.25)$$

其中 f_{peak} 为峰值系数，V_p 为等离子体体积，S_f 为第一壁面积。

如 8.2.3 小节所示，对于偏滤器等离子体来说，存在两种情况。一种是当偏滤器等离子体与偏滤器板发生接触的状态(attach)；另一种是流入偏滤器板的等离子体粒子的能量、动量减少，偏滤器等离子体离开偏滤器板，处于非接触的状态(detach)。偏滤器等离子体处于接触状态时的偏滤器热流束为[31]

$$q_{div} = C_d \left(\frac{P_{div}}{V_p}\right)^{14/11} \left(\frac{n_e}{n_s}\right)^{7/11} \left(\frac{B_0}{n_e q R_0}\right)^{7/11} q R_0 \alpha^{13/11} \quad (20.6.26)$$

C_d 是与偏滤器位形等相关的系数。这里保守考虑，认为接触状态时流入偏滤器的功率（$P_{div} = P_\alpha + P_H + P_J - P_{fw}$）全部流入偏滤器板，利用偏滤器的受热面积 S_{div}，则偏滤器热流束为

$$q_{div} = P_{div} / S_{div} \quad (20.6.27)$$

由于偏滤器部处的辐射功率使得流入偏滤器板的功率减少，因此非接触状态时的偏滤器热流束为

$$q_{div} = (P_{div} - P_{rad}^{div}) / S_{div} \quad (20.6.28)$$

P_{rad}^{div} 是偏滤器部的辐射功率，作为评估模型，可以用如下公式：

$$P_{rad}^{div} = C_{rad}^{div} P_{rad0}^{div} (f_z^{div})^{0.75} n_e^{div} P_{div}^{0.5} \quad (20.6.29)$$

式中，C_{rad}^{div} 为系数，这里令 $C_{rad}^{div}=1$；P_{rad0}^{div} 是偏滤器的辐射功率的恒定值；f_z^{div}、n_e^{div} 分别是偏滤器部处的杂质比例、电子密度。偏滤器板的热负荷这里采用初期的模型。今后需要随着对非接触状态的偏滤器理解的不断加深，对这一模型进行改良。

5. 核发热率分布

中子造成的结构材料中的核发热率分布可用下式计算：

$$q_n(r,t) = P_n(r)q_n(t)/q_{n0} \tag{20.6.30}$$

这里，$P_n(r)$ 是恒定状态的核发热率分布，$q_n(t)$ 是与时间有关的中子壁负荷，q_{n0} 是恒定状态的中子壁负荷。

6. 等离子体的杂质混入模型

关于从堆内机器向等离子体的杂质混入，采用下面的简易模型。从堆内机器向等离子体混入的杂质量为

$$S_{imp} = C_S Y(1-\tau_E)/V_p \tag{20.6.31}$$

式中，C_S 为屏蔽因子，表示堆内机器产生的杂质混入等离子体的比例；$Y(1-\tau_E)$ 是堆内机器的杂质产生率，产生的杂质混入等离子体内所需的时间为约束时间 τ_E 左右。堆内机器壁的杂质产生机制是高温引起的材料表面的蒸发（升华）。真空中的蒸发率（m/s）可以用下面的公式试算：

$$\dot{\delta}_{ev} = \alpha_{ev} C_{ev} \frac{1}{\sqrt{T_w}} \exp\left(-\frac{\Delta H}{RT_w}\right) \tag{20.6.32}$$

这里，α_{ev} 为升华系数，C_{ev} 为与物质有关的常数，T_w 为堆内机器壁的表面温度（K），ΔH 为堆内机器壁材料的活性能（J/mol），$R = k_B N_A$ 为气体常数（J/(K·mol)），$\Delta H/R$ 的单位为 K。以此为基础，杂质发生率（1/s）为

$$Y(t) = N_A \rho_w A_w \dot{\delta}_{ev}/m_w \tag{20.6.33}$$

这里，N_A 为阿伏伽德罗常数，ρ_w 为材料的密度（kg/m³），A_w 为堆内机器壁的表面积（m²），m_w 为材料物质的摩尔质量。

7. 堆结构体传热模型

图 20.6.1 表示堆结构体传热模型。中子壁负荷具有极向方向分布，因此采用在极

向方向分割成复数个(图中为 20 个)模块的准二维的堆结构体。以各模块的厚度方向为一维模型,对热传导、热传递、辐射的传热形态进行分析。

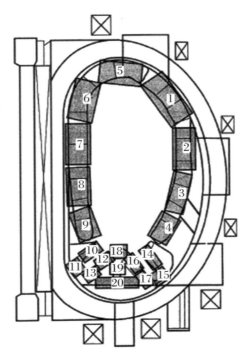

图 20.6.1　堆结构体模型[30]

热传导方程为

$$\rho_w c_{shc} \frac{\partial T_w}{\partial t} = \kappa_{tc} \frac{\partial^2 T_w}{\partial x^2} + Q \qquad (20.6.34)$$

这里,ρ_w、c_{shc}、κ_{tc} 分别为材料的密度(kg/m^3)、比热(J/(kg·K))、热传导率(W/(m·K)),Q 为堆结构体内的发热率(W/m^3)。各模块的面向等离子体壁表面($x = 0$)的边界条件为

$$- \kappa_{tc} \frac{\partial T_w}{\partial x} = q_p - \sum_n q_{rad,n} - q_{ev} \qquad (20.6.35)$$

这里,q_p 为从等离子体到面向等离子体壁表面的热流束,$q_{rad,n}$ 为其他的到达面向等离子体壁表面的辐射传热的热流束,q_{ev} 为蒸发从面向等离子体壁表面夺走的热流束。蒸发从面向等离子体壁表面夺走的热流束可以表达为

$$q_{ev} = \rho_w H_{ev} \dot{\delta}_{ev} \qquad (20.6.36)$$

这里，H_{ev} 为材料的蒸发潜热(J/kg)。

作为堆内构造物的第一壁、包层、偏滤器均通过冷却剂进行冷却。冷却剂流路的热传递的边界条件为

$$-\kappa_{tc} \frac{\partial T}{\partial x} = h(T - T_w) \qquad (20.6.37)$$

这里，h 为热传递率(W/(m² · K))，T_w 为冷却剂温度(K)。

辐射传热的边界条件为

$$-\kappa_{tc} \frac{\partial T_w}{\partial x} = \sigma\varepsilon(T_w^4 - T_B^4) \qquad (20.6.38)$$

这里，σ 为斯蒂芬-波尔茨曼常数(W/(m² · K⁴))，ε 为材料辐射率，T_B 为对面的表面温度(K)。堆构造体的冷却温度与热传达系数采用其他程序获得的数据，并考虑冷却剂的过渡相应。

SAFALY 程序简化了等离子体物理模型和堆构造模型，需要随着等离子体物理和堆构造设计的进步而不断改进。SAFALY 程序正在进行的改进中包含有追加等离子体电流的时间变化功能等[32]。

8. 分析示例

作为过渡事件，有燃料注入过量，燃料补给的突然停止，等离子体加热功率的入射过量或突然停止，能量约束时间的急剧改善，等等。SAFALY 可以对上述过渡事件进行分析。作为利用 SAFALY 的分析示例，图 20.6.2 表示以 ITER 为对象，对燃料注入过量时的等离子体过渡事件进行分析的结果[30]。这里，分析的是注入了规定值的 2.2 倍燃料的情况。

作为一系列发生的事件，由于注入过量的是冷燃料，注入后立刻会出现等离子体温度暂时下降，但随着燃料密度的增加，核聚变输出增加，偏滤器板的热负荷也随之增加。偏滤器等离子体从非接触状态转变为接触状态，偏滤器板温度急剧上升，偏滤器板(此时是 CFC)出现升华，碳作为杂质混入等离子体，等离子体中的杂质密度急剧增加。这样，电子密度上升，超过格林沃尔德密度极限和 Borrass 密度极限，发生等离子体破裂，从而核聚变反应停止。

偏滤器等离子体从非接触状态转变为接触状态，偏滤器板的热负荷从 17 MW/m² 上升到 33～36 MW/m²。偏滤器板工程上能够承受的热负荷为 20 MW/m² 左右(参照表8.5.3)(不过实验中获得的除热性能超过了这一数值)，由于冷却系统控制不能响应这一急剧增加的热负荷，发生冷却剂烧干(dry out)，从而偏滤器板可能发生损伤。为了在等

离子体破裂之后尽快恢复运行,需要避免偏滤器板的损伤。

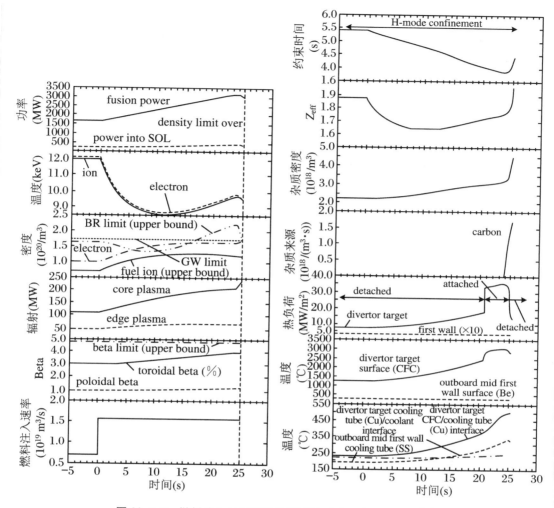

图 20.6.2　燃料注入过量时的等离子体过渡现象分析结果[30]

今后,需要提高等离子体物理模型的精度,通过这种过渡现象的分析,评估维持安全运行的可能性,深化有关安全运行的知识,并根据需要,追加安全设计,从而确保核聚变堆能够安全稳定地运行。

20.7　今后的课题

今后的课题如下：

（1）对于堆芯等离子体分析，关于湍流输运现象、MHD 稳定性、偏滤器等离子体等的物理模型需要进一步高精度化。各机器的设计程序中也需要进一步高精度化。对于系统程序，重要的是在此基础上构筑高精度的简易模型。需要开发实现了进一步高精度化的各简易模型的系统程序。

（2）重要的事情是要以 ITER 等为基础，进一步提高原型堆等的各机器单价的评估精度，在经济性评估中，提出降低 COE 的方案。必须考虑机器开发的体量，对于成本比重大的机器，进一步推进低成本化技术的开发。

（3）等离子体动态特性评估程序需要将等离子体等的行为预测与实验数据进行比较，以验证分析结果的妥当性。为了针对核聚变堆的输出变动运行等的运行控制，对堆芯等离子体进行实际时间模拟、安全事件分析，需要开发以包括等离子体整体为对象的发电厂动态特性评估技术。

参 考 文 献

［1］ 福山淳，矢木雅敏，J. Plasma Fusion Res.，Vol. 81，No. 10，747-754（2005）.

［2］ H. Shirai，T. Takizuka，Y. Koide，et al.，Plasma Phys. Control. Fusion，42，1193-1217（2000）. N. Hayashi，T. Takizuka，T. Ozeki et al.，Nucl. Fusion，47，682-688（2007）.

［3］ A. Fukuyama，et al.，Proc. of 20th IAEA Fusion Energy Conf. IAEA-CSP 25/TH/P2- 3（2004）.

［4］ 西尾敏，東稔達三，笠井雅夫，西川正名，日本原子力研究所，JAERI-M 87-021（1987）.

［5］ T. Mizoguchi，M. Sugihara，K. Shinya，et al.，Japan Atomic Energy Research Institute，JAERI-M 87-120（1987）.

［6］ N. A. Uckan and ITER Physics Group，ITER Documentation Series，No. 10，IAEA/ITER/DS/10，IAEA，VIENNA（1990）.

［7］ 藤枝浩文，村上好樹，杉原正芳，日本原子力研究所 JAERI-M 92-178（1992）.

［8］ Z. Dragojlovic，A. R. Raffray，F. Najmabadi，et al.，Fusion Eng. Des.，85，243- 265

(2010). L. Carlson, M. Tillack, F. Najmabadi and C. Kessel, IEEE Transactions on Plasma Science, Vol. 40, No. 3, 552-556 (2012).

[9] M. Kovari, R. Kemp, H. Lux, et al., Fusion Eng. Des. 89, 3054-3069 (2014). M. Kovari, F. Fox, C. Harrington et al., Fusion Eng. Des., 104, 9-20 (2016).

[10] J. Johner, Fusion Sci. Technol., Vol. 59, No. 2, 308-349 (2011).

[11] C. Reux, L. Di Gallo, F. Imbeaux, et al., Nucl. Fusion, 55, 073011 (2015).

[12] T. Hartmann, Dissertation at theTechnische Universität München (2013).

[13] J. Sheffield, R. A. Dory, S. M. Cohn, et al., Oak Ridge National Laboratory Report, ORNL/TM-9311 (1986). J. G. Delene, R. A. Krakowski, J. Sheffield, R. A. Dory, Oak Ridge National Laboratory Report, ORNL/TM-10728 (1988).

[14] R. Hiwatari, Y. Asaoka, K. Okana, et al., Nucl. Fusion 44, 106-116 (2004). 日渡良爾, J. Plasma Fusion Res., Vol. 87, No. 9, 622-627 (2011).

[15] K. Yamazaki, T. J. Dolan, Fusion Eng. Des., 81, 1145-1149 (2006). K. Yamazaki, T. Oishi and K. Mori, Nucl. Fusion, 51, 103004 (2011).

[16] T. Honda, H.-W. Bartels, N. A. Uckan, Y. Seki and T. Okazaki, J. Nucl. Sci. Technol., Vol. 34, No. 3, 229-239 (1997).

[17] 後藤拓也, J. Plasma Fusion Res., Vol. 92, No. 8 588-592 (2016).

[18] T. Goto, Y. Suzuki, N. Yanagi, et al., Nucl. Fusion 51, 083045 (2011).

[19] J. C. Deboo, et al., Nucl. Fusion, 26, 211 (1986).

[20] Y. Shimomura, et al., Japan Atomic Energy Research Institute, JAERI-M 87-080 (1987).

[21] INTOR, Phase One, IAEA, VIENNA (1982).

[22] W. Pfeiffer, et al., Nucl. Fusion, 19, 51 (1979). INTOR, Phase Two A, Part II, IAEA, VIENNA (1986).

[23] M. Keilhacker, et al., 4th Int. Symp. Heating in Toroidal Plasmas, Rome (1984). NET Status Report, NET team (1985).

[24] INTOR, Phase Two A, Part I, IAEA, VIENNA (1983). V. M. Leonov et al., Plasma Phys. Control. Nucl. Fusion Res., 393, IAEA, VIENNA (1980).

[25] R. J. Goldston, Plasma Phys. Control. Fusion, 26, 87 (1984).

[26] M. Sugihara, et al., J. Nucl. Sci. Technol., Vol. 19, 628 (1982).

[27] 三木信晴, 飯田文雄, 鈴木昌平, 等, 日本原子力研究所, JAERI-M 87-153 (1987); 三木信晴, 飯田文雄, 和智良裕, 等, 日本原子力研究所, JAERI-M 88-110 (1988).

[28] 日渡良爾, J. Plasma Fusion Res., Vol. 87, No. 9, 633-639 (2011).

[29] N. A. Uchkan, et al., Fusion Technol., 30, 551-557 (1996).

［30］ T. Honda，H.-W. Bartels，N. A. Uckan，M. Sugihara，T. Okazaki，and Y. Seki，J. Nucl. Sci. Technol.，Vol. 35，No. 12，916-927（1998）.

［31］ K. Itoh，S-I. Itoh and A. Fukuyama，Fusion Eng. Des.，15，297（1992）.

［32］ 仙田郁夫，藤枝浩文，閨谷譲，等，日本原子力研究所，JAERI-Data/Code 2003-008（2003）；仙田郁夫，藤枝浩文，閨谷譲，等，日本原子力研究所，JAERI-Data/Code 2003-012（2003）.